LEÇONS

DE PHYSIQUE.

La précipitation apportée dans la publication de ces leçons imprimées, que j'avais pris l'engagement de livrer au public deux ou trois jours au plus après les leçons orales, a dû rendre quelques erreurs inévitables. Je saurai beaucoup de gré aux personnes qui auront la complaisance de me les signaler, et je m'oblige à remettre un exemplaire de cet ouvrage pour chaque erreur que l'on me mettrait à même de corriger.

Un *erratum* général paraîtra dans le mois de septembre, aux adresses indiquées sur le titre.

Il est superflu d'ajouter que c'est à moi seul qu'il faut attribuer les erreurs qui peuvent s'être glissées dans ces leçons, malgré tout le soin que j'ai pris pour reproduire aussi fidèlement que possible les paroles des deux savans professeurs, MM. Gay-Lussac et Pouillet.

IMPRIMERIE DE E. DUVERGER,
RUE DE VERNEUIL, N. 4.

LEÇONS

DE PHYSIQUE

DE LA FACULTÉ DES SCIENCES DE PARIS,

RECUEILLIES ET RÉDIGÉES

Par M. GROSSELIN,
Sténographe.

PREMIÈRE PARTIE,
PROFESSÉE
PAR M. GAY-LUSSAC.

A PARIS,

Chez
GROSSELIN, RUE DES SAINTS-PÈRES, N° 75;
PAPINOT, RUE DE SORBONNE, N° 14;
HACHETTE, RUE PIERRE-SARRAZIN, N° 12;
GAUTIER, A LA TENTE, PALAIS-ROYAL, GALERIE VITRÉE.

1828

COURS

DE PHYSIQUE,

PAR M. GAY-LUSSAC,

A LA FACULTÉ DES SCIENCES DE L'ACADÉMIE DE PARIS,

RECUEILLI ET PUBLIÉ

PAR M. GROSSELIN,

STÉNOGRAPHE.

LEÇON PREMIÈRE.

(Mardi, 6 Novembre 1827.)

NOTIONS PRÉLIMINAIRES.

BIEN qu'il soit difficile, au commencement de l'étude d'une science, d'en bien comprendre le but et toute l'étendue, nous essaierons cependant, avant d'entrer en matière, d'arrêter votre pensée sur les principaux objets dont nous devrons vous entretenir.

A l'époque peu éloignée où la physique n'avait point fait les acquisitions, aussi importantes qu'inattendues, qui en ont changé la face, elle embrassait l'astronomie et la mécanique ; aujourd'hui, l'enseignement de ces deux sciences doit être exclu de la physique. Ainsi dépouillée, mais riche d'un fonds immense, la physique offre encore à l'esprit un aliment inépuisable.

En se renfermant dans le monde physique, l'homme attentif y reconnaît de la matière inerte et des forces qui l'agitent, et auxquelles elle obéit. Ces forces ou agens, susceptibles d'augmentation ou de diminution, susceptibles de produire des effets infiniment variés, sont la partie la plus importante de l'étude de la physique. Mais, pour mieux vous faire sentir le

1

but de cette science, sans nous arrêter à des définitions qu'une trop grande généralité rendrait obscures, il nous suffira de considérer les divers points de vue sous lesquels on peut étudier les corps. Étudier les corps, c'est chercher à reconnaître tout ce qu'ils présentent à l'observation, soit en les prenant isolément, soit dans leurs rapports avec les autres corps. Les corps que l'on étudie isolément ne peuvent présenter à l'observateur que les propriétés que l'on peut découvrir dans ces corps sans les altérer ou les détruire : telles sont, par exemple, la forme, la couleur, etc. Cette manière d'étudier les corps appartient à la science connue sous le nom d'histoire naturelle. En effet, cette science a pour objet d'observer exactement ces diverses propriétés, et de s'en servir ensuite comme d'autant de caractères propres à distinguer les corps les uns des autres. Si l'on nous présente un morceau de soufre, par exemple, nous remarquons qu'il est jaune, fragile, etc. C'est au moyen de la réunion de ces diverses propriétés qui font un véritable signalement, que nous distinguons le soufre de tous les autres corps.

Après avoir ainsi étudié les corps, on peut les mettre en rapport les uns avec les autres, et alors naissent des phénomènes extrêmement variés qui sont du ressort de la chimie. Dans cette action mutuelle des corps, ils doivent être mis dans des circonstances particulières, ils doivent être réduits en particules extrêmement ténues ; car autrement, si on les présente les uns aux autres, à l'état solide, ils ne feront que se juxta-poser, adhérer quelquefois, mais ils ne manifesteront pas d'action. Si, au contraire, ils ont été réduits à l'état de molécules très ténues, ils peuvent agir les uns sur les autres et produire de nouveaux composés.

Le but du chimiste ne se borne pas à opérer ce simple contact des corps ; il se propose de parvenir à la connaissance intime de la matière particulière qui entre dans tels ou tels corps. Peut-être la matière n'est-elle qu'une dans son essence intime ; mais pour nous, nous devons prendre cette matière telle qu'elle se présente à nous ; et jusqu'à présent l'observation a montré que la matière n'était pas une ; qu'elle jouissait de propriétés particulières qui devaient, par conséquent, faire distinguer cette matière en autant d'espèces qu'on avait trouvé de différences bien caractérisées. C'est ainsi que le plomb, pour nous, est tout-à-fait différent du cuivre, le cuivre de l'étain, l'étain du soufre ; et ainsi de suite, de manière que nous avons la matière en général qui se subdivise ensuite en matières particulières qui constituent ce qu'on appelle des élémens. Le chimiste se propose de reconnaître quels sont les élémens divers qui entrent dans la composition d'un corps ; car les corps ne sont point formés d'une matière simple et unique, mais de plusieurs matières. Réciproquement, quand le chimiste est parvenu à isoler ces matières particulières et à les avoir dans un état de pureté parfaite, il peut les mettre en contact les unes avec les autres, et produire une foule de composés nouveaux qui ne se rencontrent pas dans la nature ; ce qui ne tient pas à l'impuissance de la nature, mais uniquement à ce que le chimiste peut réunir dans son laboratoire ou dans les grands laboratoires des arts, des circonstances qui ne se présentent pas immédiatement dans la nature.

AGENS DE LA NATURE.

Si la matière était absolument inerte, en rapprochant des matières, elles ne feraient que se juxta-poser. Il n'en est pas ainsi : la vie est partout dans la nature; des causes particulières animent en quelque sorte la matière, et ces causes sont assez nombreuses. Elles sont les forces, les agens de la nature, agens d'une subtilité extrême, qui, pour cette raison, ont échappé pendant long-temps à l'observation.

CHALEUR.

Au nombre de ces agens qui entretiennent la vie autour de nous, et parmi les plus énergiques, se trouve la chaleur. Au printemps, en effet, lorsque le soleil la verse en plus grande abondance qu'en hiver, elle ranime la végétation qui était devenue languissante; les animaux se montrent également sensibles à son action : et au milieu des glaces du Nord, l'homme resterait engourdi, ou, pour mieux dire, il ne pourrait exister si, par une chaleur artificielle, il ne suppléait à celle que la nature lui refuse. Appliquée aux corps, la chaleur augmente leurs dimensions dans tous les sens, en longueur, en largeur, en profondeur; cette augmentation s'appelle dilatation. Il faut remarquer que ces agens, qui peuvent être inhérens à la matière, doivent nécessairement, pour produire des phénomènes variés, être susceptibles d'augmentation ou de diminution. Si la chaleur était toujours à un degré constant, nous n'aurions pas, par exemple, le phénomène de la pluie qui n'est produite que par une variation de la chaleur. C'est parce que les différens agens de la nature sont susceptibles d'augmentation et de diminution, que les corps ne parviennent jamais à un équilibre stable qui serait la mort. La chaleur donc, pour vous donner une idée des effets et de l'importance de cet agent, la chaleur portée à un certain degré, opère la fusion des corps : la glace, le soufre, exposés à l'action de la chaleur, deviennent bientôt liquides. Tous les corps peuvent être fondus par des moyens puissans que possèdent la physique et la chimie. Après la fusion, les corps peuvent passer à un autre état que nous nommerons état de fluide élastique ; état où les corps se dérobent à la vue, comme l'air, et où ils ont des propriétés particulières que nous ferons connaître dans la suite de ce cours. Ces changemens qui s'opèrent dans les corps, à des points déterminés d'intensité de la chaleur, sont extrêmement importans à constater. Les corps qui, par une augmentation graduelle de chaleur ont passé successivement à l'état de liquide et à l'état de fluide, peuvent ensuite, par une diminution graduelle de chaleur, être ramenés à leur premier état. J'ai pris la pluie pour exemple : l'eau élevée dans l'atmosphère par l'augmentation de la chaleur, lorsque cette chaleur l'abandonne, retombe en pluie ou bien en neige, ou même en grêle, si l'abaissement de la chaleur est suffisant pour cela. Outre ces phénomènes qui rendent la chaleur si digne d'être étudiée, nous devrons considérer la chaleur en elle-même.

ÉLECTRICITÉ OU FLUIDE ÉLASTIQUE.

Indépendamment de ce premier agent, il y en a un autre qui n'est pas moins important ; c'est celui que l'on a désigné par le nom d'électricité ou de fluide électrique. Cet agent est répandu partout autour de nous, mais il est plus difficile de rappeler ses principaux effets, parce qu'il se dérobe plus facilement que la chaleur à l'observation. Il nous suffira de vous dire qu'il est la cause du tonnerre ; qu'il est inhérent aux particules de tous les corps ; qu'il joue un grand rôle dans les phénomènes de la vitalité, de la végétation, et qu'il est aujourd'hui, pour le physicien et le chimiste, la cause la plus probable de ce qu'on appelle l'attraction à de petites distances ou bien l'affinité chimique.

MAGNÉTISME.

Le magnétisme a été aussi considéré comme un agent particulier de la nature ; mais il peut être regardé aujourd'hui comme un effet particulier de l'électricité. Néanmoins son étude est des plus intéressantes, parce qu'il joue un grand rôle dans la physique du monde.

LUMIÈRE.

Le quatrième agent est aussi important que la chaleur et l'électricité : c'est la lumière. C'est elle qui nous fait voir les corps sous des couleurs très variées ; la lumière est encore indispensable au développement de la végétation ; dans l'obscurité, une plante s'étiole promptement, la végétation languit et bientôt le végétal périt. Les animaux ne peuvent point s'en passer, et il est certain que l'homme qui resterait plongé dans une obscurité profonde aurait une très courte existence.

Dans l'état actuel de nos connaissances, nous distinguons soigneusement la chaleur de l'électricité, et l'électricité de la lumière, quoiqu'on connaisse des rapports intimes entre ces divers agens.

PESANTEUR OU GRAVITATION.

Indépendamment de ces agens, il y en a un autre, qui est la pesanteur ou la gravitation, en vertu de laquelle les corps se portent les uns vers les autres. C'est la pesanteur qui fait qu'un corps suspendu dans l'air, et qu'on rend ensuite à la liberté, se précipite à la surface de la terre.

Cette propriété paraît d'abord ne dépendre que d'une action particulière de la terre sur les corps, parce qu'en effet par l'expérience que nous avons de ce phénomène, nous ne voyons point les corps aller se chercher réciproquement, ni tomber ainsi les uns vers les autres ; nous les voyons tous tomber à la surface de la terre. Néanmoins, cette cause ne se borne pas uniquement à faire tomber un corps sur la surface de la terre ; elle détermine tous les corps à se porter les uns vers les autres. Si nous concevions, à une distance un peu grande au-dessus de nos têtes, deux corps tombant librement, ces corps se rapprocheraient insensiblement, et, arrivés à la surface de la terre, ils auraient pu se toucher. Cette action réciproque des corps est remarquable ; on peut la démontrer par des expériences qui sont très délicates et qui ne sont pas susceptibles d'être faites dans ces amphithéâtres. Mais le fait est constant, et nous devons en conclure que la pesanteur est aussi un agent qui est général dans la nature, qui étend son action, non-seulement sur les corps qui sont à la surface de la terre, mais encore sur ceux qui sont répandus dans l'espace. C'est elle qui règle le cours des astres, et par suite celui des saisons. Son principal effet est de mettre les corps en mouvement suivant des lois déterminées qui sont du ressort de la géométrie. La physique ne considère ce mouvement que pour rendre palpable l'existence de la loi que la géométrie a d'abord découverte. Ce sera même l'objet d'une des séances prochaines.

Si nous considérions les diverses forces qui agissent dans la nature, nous mettrions au rang de ces forces ce qu'on peut appeler l'organisation. Et, en effet, l'organisation peut être considérée comme une force, puisqu'elle produit dans l'économie animale et dans l'économie végétale des effets qui ne pourraient être produits par aucun autre agent ; telles sont les sécrétions, etc.

Les agens que la nature emploie et qui semblent l'animer, ne sont point matériels, nous ne pouvons constater en eux les propriétés que possède la matière ; ils se dérobent à nos sens. Ce n'est réellement qu'au moment où on a trouvé des moyens de les fixer qu'on a pu alors bien constater leur existence, et découvrir une foule de propriétés qui se sont développées depuis quelques années, pour ainsi dire, miraculeusement. C'est ce qui est arrivé pour toute la partie de la physique qu'on appelle électricité.

Indépendamment de ces différens agens, nous aurons encore quelques objets particuliers à examiner ; ce serout les caractères ou propriétés générales de la matière ; les propriétés des corps sous chacun des trois états, solide, liquide ou fluide élastique ; la mesure de la quantité de matière contenue dans les corps, qu'on appelle la détermination des densités ; les propriétés de l'air, les phénomènes météorologiques. Mais la plupart de ces objets sont eux-mêmes des conséquences de l'action des agens que nous venons de signaler. Nous avons donc eu raison de dire, au commencement de cette leçon, que le principal objet de la physique était réellement l'étude des agens de la nature ; et vous devez sentir, par cette définition très simple, qui vous peut donner une idée suffisante de l'objet de la physique, quel vaste champ nous avons à parcourir.

Dans l'étude de la physique, on observe ce qu'on appelle des faits particuliers, mais qui ne sont point isolés, qui ne sont point indépendans les uns des autres, qui sont au contraire liés entre eux par des lois que le physicien met tous ses soins à découvrir ; c'est même là ce qui mesure le véritable progrès de la science. Ce n'est pas un fait nouveau, s'il a un analogue, qui peut avoir quelque intérêt; il n'y a que les faits qui ne se rangent pas dans une série de faits connus, qui méritent une attention particulière. Si l'imagination devait retenir tous les faits particuliers, elle ne pourrait y suffire, et la science n'existerait pas; mais lorsque ces faits peuvent être liés par des lois générales et par des théories, lorsqu'un grand nombre de ces faits peut être représenté par un seul, on peut les retenir plus facilement, on peut généraliser ses idées, on peut comparer un fait général à un autre fait général, et les découvertes peuvent se succéder. Ce n'est que lorsque les lois peuvent être introduites dans les sciences qu'elles prennent un véritable caractère de sciences.

C'est pour parvenir à découvrir les lois qui peuvent lier les phénomènes entre eux, qu'il est important de s'aider de l'instrument si puissant du calcul, au moyen duquel on peut saisir plus facilement les relations entre les corps. J'en préviens ici ceux qui veulent faire des progrès dans la physique, il est indispensable pour eux d'avoir les premières notions des mathématiques, pour pouvoir suivre facilement les phénomènes physiques.

Je ferai également remarquer dans l'intérêt du cours, et vous sentez que je ne puis y rester indifférent; je ferai remarquer à ceux qui ne sont pas familiarisés avec la manière d'acquérir des connaissances, qu'il est indispensable de recueillir quelques notes, et ensuite, avec ces notes, de faire une rédaction.

D'après ces observations que je viens de faire dans notre intérêt commun, nous allons nous occuper de l'objet principal de ce cours et entrer en matière.

MATIÈRE.

Nous avons déjà prononcé le mot de matière, et il faut définir ce que nous entendons par ce mot. On donne le nom de matière à tout ce qui nous paraît étendu, pesant, et qui produit en nous un certain nombre de sensations. Ainsi, tout ce qui nous fera éprouver une certaine résistance pour le déplacer, pour le soulever, qui nous paraîtra, par conséquent, pesant, qui nous paraîtra terminé, qui produira certaines sensations sur le sens du goût, de l'odorat, sera ce qu'on appelle de la matière. Nous avons dit un certain nombre de sensations, parce qu'il ne faudrait pas s'en rapporter uniquement à la vue.

Nous verrons qu'on peut avoir des images des objets qui ne sont point les objets eux-mêmes, et qui nous les représentent d'une manière si parfaite, qu'on peut se tromper et prendre l'image pour la réalité.

Le mot de corps, pris généralement, peut aussi être employé comme synonyme de matière. Cependant quand on emploie le mot corps, la matière est un peu plus définie.

PROPRIÉTÉS DES CORPS.

La faculté qu'ont les corps de produire en nous certaines sensations, est ce qu'on a désigné par le nom de propriétés. Le nombre de ces sensations est relatif au nombre de nos sens, et en même temps aux moyens d'observation que nous avons pour multiplier en quelque sorte ces sensations. Il y a tels corps qui pourraient se dérober à nous, si nous ne trouvions le moyen, par des artifices ou par des instrumens que l'homme a créés, de suppléer à la faiblesse de nos organes, si nous ne mettions les corps dans des circonstances où leurs propriétés pussent se manifester à nous. On a cru pendant long-temps que l'air n'était rien, parce que nos sens ne pouvaient nous donner la sensation de son existence; c'est au moyen d'artifices que l'on a démontré que l'air était quelque chose.

On distingue dans les corps deux espèces de propriétés : les propriétés qui n'appartiennent pas à tous les corps au même degré, et les propriétés qui appartiennent à tous les corps au même degré.

PROPRIÉTÉS PARTICULIÈRES.

Les propriétés qui n'appartiennent pas à tous les corps au même degré sont dites particulières. La couleur, par exemple, peut appartenir à tous les corps, mais l'un sera jaune, l'autre rouge, l'autre noir; et même pour ceux qui auront la même couleur, il peut y avoir des teintes, des nuances extrêmement différentes : voilà une propriété particulière. Nous en dirons autant de la fragilité ; la fragilité peut appartenir à des corps à un degré d'intensité différent dans chaque corps.

Je ferai remarquer, relativement à ces diverses propriétés, que c'est précisément parce que ces propriétés sont particulières qu'elles peuvent servir de caractères aux corps. Si tous les corps étaient jaunes, la couleur jaune ne pourrait plus servir pour les définir ; s'ils étaient tous également fragiles, la fragilité ne pourrait plus servir pour les définir, etc. Les propriétés particulières, pour servir de caractères aux corps, doivent nécessairement être différentes. Quant aux propriétés générales, il est évident qu'on n'en peut employer aucune pour remplir ce but. Nous ne pouvons dire, en parlant d'un corps dont nous voudrions donner l'idée : c'est un corps pesant, divisible, impénétrable. Nous ne pouvons nous servir de ces propriétés pour le définir, parce qu'elles appartiennent à tous les corps.

Nous n'entrerons dans aucun développement sur les propriétés particulières; nous aurons occasion de les observer successivement à mesure que nous avancerons; il y en a même dont nous ne pourrions parler maintenant; la couleur, par exemple, ne peut être bien étudiée que dans la partie de la physique qui traite de la lumière.

PROPRIÉTÉS GÉNÉRALES.

Il existe, au contraire, des propriétés qui appartiennent à tous les corps au même degré; ce sont ces propriétés ou caractères de la matière qu'on a appelées générales, parce qu'elles appartiennent à tous les corps. Ainsi, par exemple, on ne peut dire que l'étendue soit une propriété particulière à tels corps. Nous concevons que tous les corps peuvent avoir la même étendue, qu'on peut remplir le même espace de soufre, de plomb, etc.

Si nous parlons de la divisibilité d'un corps, nous reconnaîtrons que tous les corps peuvent être divisés par des moyens convenables, en faisant abstraction de la facilité plus ou moins grande avec laquelle la division peut être faite.

Les propriétés que nous considérons comme générales sont: l'étendue, par laquelle nous commencerons, l'impénétrabilité, la mobilité, c'est-à-dire, la faculté qu'ont les corps d'être transportés, et enfin la pesanteur. Nous allons les exposer successivement, ou pour mieux dire, en donner la définition : nous ne pouvons faire autre chose, et même, pour cette définition, nous aurons recours aux notions que nous avons déjà acquises par notre propre expérience.

ÉTENDUE.

Tout le monde sait qu'un corps que l'on considère n'est point concentré en un seul point, mais qu'il a des dimensions. Cependant, si l'on veut définir ce que c'est que l'étendue en général, on ne peut y parvenir. Seulement nous pourrions dire que l'étendue est l'espace immense dans lequel les corps sont plongés, et dont l'imagination chercherait en vain les limites.

L'étendue considérée dans les corps, est la portion de l'espace qu'ils occupent. On donne aussi, à la portion d'espace qui est occupée par le corps, le nom de volume. Ce volume est régulier ou irrégulier ; s'il est régulier, si c'est un cube, par exemple, la géométrie apprend à le mesurer. En un mot, si c'est un corps régulier, et qui dit régulier veut dire géométrique, on peut le mesurer exactement. Si le corps est irrégulier, dans ce cas, la physique donne le moyen de déterminer, avec une précision qu'on pourrait appeler mathématique, le véritable volume de ce corps. C'est ce que nous verrons en faisant l'application de ce qu'on appelle le *principe d'Archimède*.

Le volume d'un corps est distingué en ce qu'on appelle le *volume réel* et le *volume apparent*. Par volume réel, on entend la portion de l'espace que le corps occupe réellement ; et par volume apparent, la portion de l'espace qu'il semble occuper, mais qu'il n'occupe pas en réalité. En retranchant le volume réel du volume apparent, ce qui reste nous donne l'espace qui n'est point occupé par la matière du corps, et qui est réservé à ce qu'on appelle les *pores*. Vous aurez une idée bien simple du volume apparent en jetant les yeux sur une éponge. Quand on presse une éponge, son volume apparent se rapproche de plus en plus de son volume réel ; mais jamais on ne peut la presser au point de ne laisser aucun intervalle entre ses parties. Ce que nous disons ici de l'éponge s'applique à tous les autres corps ; il n'en est aucun qui n'ait des intervalles entre ses particules ; et quelle que soit la compression à laquelle on soumette ces corps, ils auront toujours des pores. Il en résulte que, bien que nous puissions concevoir par la pensée le volume réel, ce volume ne se rencontre jamais dans la nature.

C'est en général par l'existence des vides que nous parviendrons à démontrer qu'un corps n'occupe pas tout l'espace qu'il paraît occuper. Mais les vides ne seront pas toujours aussi grands que ceux qui existent dans une éponge ; et l'usage immédiat de nos sens ne nous suffira pas toujours pour constater cette existence ; il nous faudra avoir recours à des moyens plus précis. Nous avons des corps très subtils, tels que l'eau, par exemple, qui pénètrent dans les corps qui présentent le tissu le plus serré. Si nous plongeons dans ce liquide un morceau de bois, dont l'œil peut à peine distinguer les vaisseaux, le gonflement de ce morceau de bois nous annoncera qu'il s'est laissé pénétrer par l'eau, et nous conclurons de cette expérience qu'il n'avait qu'un volume apparent. En général, nous constaterons qu'un corps n'occupe point tout le volume qu'il semble occuper, en cherchant à introduire dans ce corps un corps étranger, de l'eau, de l'air, un fluide élastique quelconque.

Telle est la manière simple de découvrir quand un corps a des vides entre ses particules : ces vides sont appelés des pores. Ces pores sont grossiers dans une éponge : dans d'autres corps, comme les métaux, ils sont imperceptibles : mais l'expérience démontre qu'ils existent. Si l'on fait passer une lame de métal entre deux cylindres, le métal s'écrouit et diminue de volume; par conséquent sa matière s'est rapprochée. De ce fait qui est général, nous devons conclure que les corps, même les plus compactes, n'occupent pas réellement tout l'espace qu'ils paraissent occuper. On doit faire une distinction extrêmement grande entre les premiers vides, qui sont des solutions de continuité, et les vides dont nous acquérons seulement la certitude par la compression. Tous les corps de la nature offrent des vides de la dernière espèce; il n'en est pas un seul qui, étant soumis à une pression convenable, ne puisse diminuer plus ou moins de volume. Nous concevons, par conséquent, que les particules matérielles des corps ne se touchent pas immédiatement ; car s'il n'y avait aucun vide entre elles, nous ne pourrions concevoir le rapprochement de ces particules. Mais, je le répète, il faut bien distinguer entre cette espèce de porosité, et celle qui constitue une véritable solution de continuité.

Les corps diminuent aussi de volume quand la chaleur les abandonne, ils augmentent par l'accumulation de la chaleur. Ce phénomène contribue encore à démontrer que les particules des corps ne sont pas en contact.

IMPÉNÉTRABILITÉ.

Une autre propriété générale dont nous allons parler, et qui est plus importante que la précédente, parce qu'elle sert mieux à bien constater l'existence des corps, est l'impénétrabilité. Ce n'est que par nos sens que nous pouvons acquérir la certitude de l'existence de la matière, et notre expérience nous apprend que si nous voulons mettre un corps dans la même place qui est déjà occupée par un autre corps, nous éprouvons une difficulté qui peut d'abord paraître faible, mais qui finit par être insurmontable. C'est cette propriété des corps de ne pouvoir occuper en même temps la même place, qu'on a désignée sous le nom d'impénétrabilité. Il y a à cet égard plusieurs anomalies, et nous sommes obligés de nous arrêter pour les expliquer. Commençons par celles qu'il est le plus facile de résoudre. Si l'on prend une éponge et que l'on applique sur cette éponge un autre corps, un morceau de bois, par exemple, et que l'on presse ensuite ces deux corps l'un contre l'autre, le bois occupera une partie de l'espace qui était occupé par l'éponge ; mais il sera facile de voir que ces deux corps n'occupent pas en même temps le même espace. Si l'on verse de l'eau sur un morceau de craie, cette eau pénétrera peu à peu dans la craie, et finira par être absorbée entièrement ; et cependant le volume du morceau de craie ne sera pas augmenté. L'explication de ce phénomène est toute naturelle. Les particules de craie liées au moyen de l'eau et d'une légère compression, ne se touchent pas et laissent des vides qu'on pourrait voir au moyen d'instrumens grossissans ; on conçoit donc que l'eau ait pu pénétrer dans la craie et s'y loger en quantité assez considérable.

Il est une autre anomalie qu'il n'est pas aussi facile de résoudre, mais que nous résoudrons cependant au moyen de ce que nous avons dit sur la porosité, en distinguant soigneusement la porosité qui indique une solution de continuité, de celle qui appartient à la constitution des corps et qui n'indique pas une solution de continuité. Les corps peuvent être considérés comme formés de particules matérielles qui sont dans un espace déterminé. Si nous échauffons de l'eau, elle va occuper en se réduisant en vapeur, un espace qui sera mille sept cents fois plus grand. Mais dans cette opération, nous n'avons point changé la nature de l'eau, c'est toujours de l'eau ; seulement elle est dans un état différent, les particules sont plus écartées les unes des autres que lorsque ces particules occupaient un volume mille sept cents fois plus petit. Ainsi, nous concevons parfaitement que les particules des corps ne se touchent pas, qu'elles sont à des distances plus ou moins grandes, toujours relatives à l'action de la chaleur ou d'autres forces. Ceci va nous servir à expliquer facilement une espèce de pénétration qui a lieu entre deux corps qui n'ont point de pores visibles. Si l'on verse dans un tube une certaine quantité d'eau, et par-dessus une certaine quantité d'un autre liquide susceptible de se mêler avec l'eau, de l'al-

cool, par exemple, de manière que ces deux liquides, avant
le mélange, remplissent exactement tout le tube, et qu'ensuite
on agite ce tube, on remarquera d'abord une élévation de
température qui annonce l'action intime et réciproque de
l'eau et de l'alcool ; et l'on verra aussi que le volume de
mélange se trouve moindre que celui que les deux corps occupaient avant d'être mélangés. Voilà le fait bien établi ; il
s'agit d'en donner l'explication. Nous admettons que les particules de l'eau et de l'alcool sont à une distance quelconque,
déterminée par la chaleur : quand on mêle ces deux corps,
ils se réunissent, il y a une combinaison, une action très
intime ; de cette action il résulte qu'une particule d'alcool et
une particule d'eau se réunissent ensemble ; mais comme cette
réunion est déterminée par une tendance qu'elles ont à se
porter l'une vers l'autre, il arrive qu'elles se rapprochent plus
que les molécules de deux corps n'étaient rapprochées entre
elles. En dernier résultat, vous avez le même nombre de molécules ; mais ces molécules occupent un espace plus petit.
Il n'y a point d'exception à cette règle ; lorsqu'on mêle des
corps qui peuvent se réunir chimiquement, il y a une diminution de volume. Cette pénétration ne contredit pas le
principe que nous avons établi, que deux corps ne peuvent
occuper en même temps le même espace.

Cette impénétrabilité, si évidente dans les corps solides,
existe même dans les corps les plus subtils. L'air nous paraît
pénétrable parce qu'il n'oppose aucune résistance à nos mouvemens : c'est là ce qui a fait que l'existence de l'air a été
inconnue pendant si long-temps. Ce qu'on appelle le vent et
qui produit souvent des chocs très violens, n'est que de l'air
mis en mouvement ; mais cette comparaison ne se présente
pas immédiatement à l'esprit. Aujourd'hui il est démontré
que l'air est un corps qui ne laisse point prendre sa place
sans résistance ; on ne pourrait jamais faire que de l'air fût
réduit dans le même espace qu'un autre corps qui voudrait
prendre sa place. Si l'on plonge dans un vase rempli d'eau
une cloche que l'on tient renversée, cette cloche ne se remplira pas d'eau, à moins qu'il n'y ait dans la partie supérieure
une ouverture par laquelle l'air puisse s'échapper. Si l'eau
monte un peu dans la cloche, cela tient à ce que l'air est
compressible ; mais jamais on ne parviendra à le réduire à
un espace qui serait entièrement nul.

DIVISIBILITÉ.

Une troisième propriété générale des corps est celle qu'on a désignée par le nom de divisibilité. La divisibilité, considérée d'une manière générale, ne présente aucune espèce de difficulté. Vous concevez par la pensée un cube, vous pouvez le diviser en 2, en 4, en 8, en 16 cubes, enfin en tel nombre de cubes de plus en plus petits que vous voudrez. Cette division ne peut avoir de limite, et si nous concevons une quantité si petite qu'elle soit, nous pourrons toujours en prendre la moitié, le centième, le millième.

Quand on applique la divisibilité aux corps, il peut se présenter des questions extrêmement intéressantes. On peut se demander si les corps sont divisibles à l'infini, et s'il n'y a pas au contraire un terme à cette divisibilité. D'abord, que les corps soient extrêmement divisibles, nous ne disons pas divisibles à l'infini, c'est ce qu'on peut rendre facilement palpable. En effet, quelques gouttes d'une matière très colorante, comme l'indigo dissous dans de l'acide sulfurique, suffisent pour colorer une quantité d'eau assez considérable; et par conséquent il a fallu que chaque molécule des millions de gouttes d'eau reçût sa part de la goutte de liqueur colorante.

Nous pouvons citer comme un autre exemple de l'extrême divisibilité de la matière, le musc ou toute autre matière très odorante, comme l'essence de rose. Il suffirait qu'un flacon, contenant de l'essence de rose ou du musc fût placé sur cette table, pour que l'amphithéâtre fût bientôt imprégné de ces odeurs; et cependant, si nous prenions le poids de la quantité de la matière odorante qui serait disparue du flacon, nous la trouverions extrêmement petite; peut-être ne serait-elle pas égale à la tête d'une épingle. Quel devrait donc être le nombre de parties dans lesquelles cette particule de matière se trouverait divisée, puisqu'il ne serait pas un point dans ce vaste amphithéâtre qui n'en aurait en sa part?

La division des corps solides peut aussi être poussée extrêmement loin; c'est ainsi que 200,000 feuilles d'or ne forment que l'épaisseur d'un pouce.

Les corps peuvent être ainsi divisés, je ne dis pas à l'infini, mais extrêmement loin, sans changer de nature; car, dans les exemples que nous avons cités, la couleur de l'indigo n'est qu'affaiblie. À l'égard des odeurs, on reconnaîtra toujours l'odeur du musc ou celle de l'essence de rose.

Maintenant la division peut-elle aller à l'infini? nous ne savons pas ce qui peut arriver à la matière divisée très loin ; mais tout semble nous prouver que la divisibilité a un terme, et je pourrais en donner des preuves. Ainsi, on peut faire à un vase une fêlure telle que l'eau qui sera renfermée dans ce vase ne s'échappera pas ; que l'air atmosphérique lui-même y restera confiné. Mais si l'on y met un gaz plus subtil, comme du gaz hydrogène, ce gaz s'en ira par la fêlure. Il faut conclure de là que les particules de l'air sont plus grossières que celles du gaz hydrogène.

ATOMES.

Pour exprimer cet état particulier de la matière qui ne pourrait se diviser au-delà d'un certain terme, les anciens employaient un mot qui est conservé dans le langage chimique et physique : c'est celui d'atôme, qui veut dire *qui ne peut être divisé*. Les atômes sont des corps que l'on ne peut plus diviser, qui sont insécables.

Ce mot d'atôme est pris maintenant dans un sens beaucoup plus général. Ainsi nous employons le mot d'atôme, non pas pour désigner les particules de la matière au moment où elles ne peuvent plus se diviser, mais pour désigner des particules de matière infiniment petites. Pour le chimiste et le physicien un atôme est comme l'infiniment petit du géomètre. Les atômes sont synonymes des molécules des corps ; cependant le mot atôme est employé en général pour exprimer des quantités plus petites.

On peut concevoir les atômes groupés ensemble au nombre de trois, de cent, de mille ; c'est cette réunion qu'on peut appeler plus proprement des particules. Les particules sont la réunion d'un nombre que l'on ne définit pas d'atômes ou de molécules.

Il faut bien entendre le sens des expressions : atômes, molécules, particules, en général, sont appliqués à des quantités de matière extrêmement petites et de même nature. Atôme est le dernier terme de la division, ce qui est tout-à-fait hypothétique ; le mot de molécule est pris souvent pour atôme, et enfin le mot de particule nous représente une agrégation de plusieurs atômes réunis ensemble.

On a mis de l'importance à insister sur ce que les atômes n'étaient plus divisibles, parce que les atômes, en se réunissant entre eux, doivent nécessairement produire le corps. Or, si les molécules élémentaires pouvaient être divisées ou

altérées d'une manière quelconque , cette altération en produirait nécessairement une dans les corps qui résultent de
leur union, et conséquemment la nature des corps changerait
avec celle des élémens qui les composent. La permanence de
la nature d'un corps suppose la permanence dans les élémens
de ce corps.

IMPRIMERIE DE E. DUVERGER,
RUE DE VERNEUIL, N° 4.

COURS DE PHYSIQUE.

LEÇON DEUXIÈME.

(Samedi, 10 Novembre 1827.)

RÉSUMÉ DE LA PREMIÈRE LEÇON.

Nous avons cherché, dans la dernière séance, à définir la physique et à vous faire bien comprendre ce qui la distinguait des autres sciences naturelles. Nous avons dit que son objet principal était l'étude des forces ou agens auxquels la matière inerte est soumise. Nous vous avons cité les principaux de ces agens : la chaleur, le fluide électrique, le fluide magnétique, la lumière, la pesanteur ou gravitation. Après être entrés dans quelques détails sur ces divers agens, nous avons défini la matière, et nous avons parlé ensuite des propriétés générales que l'on pouvait considérer dans la matière. Nous avons fait remarquer la différence qui existait entre les propriétés communes à tous les corps, et les propriétés particulières à quelques-uns d'entre eux.

Parmi les propriétés générales nous avons considéré l'étendue qui appartient à tous les corps, mais que l'on peut aussi concevoir sans les corps, et l'impénétrabilité, qui est le vrai caractère de l'existence de la matière. Nous avons aussi considéré une autre propriété qui appartient à tous les corps : c'est la divisibilité. Nous avons été conduits à une question sur laquelle nous avons dit qu'il était parfaitement inutile de s'arrêter : celle de savoir si la matière est divisible à l'infini. Nous avons fait voir que, physiquement parlant, un corps est divisible dans des limites très étendues. Nous l'avons prouvé en mettant une matière colorante dans de l'eau. Nous avons cité également les odeurs, et ce sont même les odeurs qui nous ont présenté l'exemple de la divisibilité la plus parfaite que l'on puisse voir. Les particules des corps sont alors tellement ténues qu'elles échappent, pour ainsi dire, à nos sens ; si l'on n'en considérait qu'une seule, nous ne pourrions la voir ; ce n'est que lorsqu'on les considère en masse qu'elles deviennent perceptibles à la vue. Mais les molécules de la matière peuvent-elles être divisées indéfiniment ? Nous avons dit que nous ne savions rien de bien positif à cet égard. Seulement nous avons fait remarquer qu'il était probable que cette division s'arrêtait à un certain terme.

Nous avons cité une expérience qui consiste à enfermer du gaz hydrogène dans un vase qui aurait une petite fêlure par laquelle l'air atmosphérique ne pourrait passer ; et nous avons dit que ce vase, dans lequel l'air atmosphérique resterait ainsi confiné, pourrait néanmoins laisser échapper le gaz hydrogène.

Nous avons dit enfin que l'on ne pouvait concevoir que les corps pussent être divisibles à l'infini ; car, si ce qu'on appelle les atômes d'un corps pouvaient encore être divisés ou altérés de quelque manière que ce soit, il en résulterait que ces atômes ne pourraient plus former le corps dont ils sont dérivés. Du reste, nous ne sommes plus au temps où l'on peut s'arrêter à des discussions de cette nature.

MOBILITÉ.

Nous allons continuer l'examen des propriétés générales ou des caractères généraux qui appartiennent à la matière. La propriété que nous avons à étudier en ce moment, est la mobilité. On entend par mobilité la faculté qu'a un corps de pouvoir être transporté d'un lieu dans un autre ; et pendant qu'il est ainsi transporté, il est dit en mouvement ; en d'autres termes, nous disons qu'un corps est en mouvement, lorsqu'il nous paraît correspondre à plusieurs points dans l'espace, lorsqu'il n'occupe pas toujours la même place et qu'il en prend successivement d'autres. L'état opposé à l'état de mouvement est le repos.

On divise le mouvement et le repos en *mouvement absolu* et *mouvement relatif*, *repos absolu* et *repos relatif*. Par mouvement et par repos absolus, on entend le mouvement et le repos qui auraient lieu dans l'espace par rapport à trois points fixes, car il faut trois points fixes pour déterminer la position d'un corps.

Le repos relatif s'entend de celui qui n'est vrai que par rapport à certains corps. Dans cette salle, nous paraissons tous en repos, et, en effet, nous sommes en repos relativement aux murs et au plafond. Cependant nous sommes emportés dans l'espace d'un mouvement très rapide : car la terre tourne sur elle-même et nous tournons avec elle : nous ne sommes donc pas réellement en repos.

Le mouvement peut aussi être relatif. Par exemple, un corps peut paraître en repos et être réellement en mouvement, et réciproquement. On sait que la terre tourne sur son axe et fait sa révolution en vingt-quatre heures ; chaque point de sa surface est animé d'une vitesse d'autant plus grande que ce point est plus éloigné de l'axe. C'est sous l'équateur que cette vitesse est la plus considérable ; aux pôles, au contraire, absolument parlant, il est un point tout-à-fait stable ; mais, à partir de là jusqu'à l'équateur, la vitesse des points placés à la surface de la terre va toujours en augmentant. Si donc l'on conçoit que l'on tire un boulet de canon dans une direction tout-à-fait opposée au mouvement de la terre, le mouvement de ce boulet pourra n'être qu'un mouvement relatif, et le boulet être en réalité immobile dans l'espace. En effet, ce boulet est entraîné par la terre avec une certaine vitesse. Si on a lancé le boulet en sens contraire du mouvement qui lui est commun avec la terre, et que la vitesse qu'on lui ait imprimée soit justement égale à la première, il restera réellement en repos. Ainsi vous concevez très bien ce que l'on doit entendre par mouvement et par repos relatifs.

Lorsqu'on voit un corps, qui est dans l'état de repos, passer à l'état de mouvement, il faut nécessairement qu'il y ait une cause quelconque qui produise ce changement ; et la règle qu'il n'y a point d'effet sans cause, reçoit ici une juste application. Cette cause qui met un corps en mouvement nous est inconnue dans son essence, dans sa nature intime. On la désigne par le nom de *force*. Ainsi, un corps n'est mis en mouvement que par ce qu'on appelle une force, et force est la cause inconnue qui produit le mouvement.

INERTIE.

Cette propriété fort remarquable que l'on peut observer dans un corps, et qui fait que ce corps, une fois qu'il est dans l'état de repos, persiste indéfiniment dans cet état, à moins qu'il n'y ait une cause étrangère qui l'en fasse sortir, et qui fait que lorsqu'il est une fois en mouvement, il persiste également dans cet état, à moins qu'il n'y ait aussi une cause particulière qui l'en fasse sortir ; cette propriété est celle que l'on désigne sous le nom d'inertie, que l'on exprime encore en disant qu'un corps ne peut se donner ni s'ôter de mouvement, et qu'il faut une cause quelconque pour le faire passer de l'état de repos à l'état de mouvement, et réciproquement.

Nous savons par notre propre expérience qu'un corps quelconque ne peut de lui-même prendre du mouvement. Si, étant d'abord suspendu, il vient à tomber, nous concevons que c'est le support qui le soutenait qui a manqué. Ainsi, un corps dans l'état de repos ne peut en sortir de lui-même, cela est évident.

Je dis que lorsqu'il est en mouvement, il persiste aussi dans cet état, à moins qu'il n'y ait des causes opposées à ce mouvement, et qui le détruisent. Ceci ne vous paraît pas aussi évident ; nous pouvons en donner une démonstration positive, en observant ce qui se passe à la surface de la terre. Nous remarquons que lorsque nous lançons un corps sur une surface unie, ce corps va plus ou moins loin, suivant la force avec laquelle il a été lancé. Sur un billard, dont le tapis serait tout neuf ou très grossier, les billes ne se meuvent pas très long-temps. Lorsque le tapis est très fin, qu'il offre beaucoup moins d'aspérités, les billes peuvent faire un bien plus grand nombre d'allées et venues. Enfin, si, au lieu d'un tapis, on se servait d'une table en bois, en verre, en marbre, les joueurs seraient impatientés par le grand nombre des allées et venues des billes, qui mettraient un temps considérable à revenir à l'état de repos. Nous voyons par-là que les billes tendent à persister dans le mouvement qu'on leur a imprimé, et qu'elles y persisteraient, si une cause étrangère ne venait pas détruire ce mouvement. Puisque la bille va plus loin lorsqu'elle glisse sur un tapis qui offre moins d'aspérités, nous pouvons conclure, par une espèce d'analogie, qu'elle irait indéfiniment, si elle ne rencontrait aucune aspérité.

Nous pouvons faire une expérience bien simple qui fera voir l'influence de ce qu'on appelle des résistances. Si l'on suspend, dans l'air, une boule de métal à un fil, ce que l'on nomme un pendule, et que l'on écarte cette boule de la verticale, elle fera des allées et des venues continuelles que l'on appelle des oscillations, et ces oscillations dureront très longtemps. Si l'on suspend à un fil une boule de même volume, de même poids, et qu'on la fasse osciller dans l'eau, les oscillations, seront d'une très courte durée, et la boule que l'on mettra ainsi en mouvement dans l'eau reviendra à l'état de repos long-temps avant la boule qui oscille dans l'air. Quelle différence y a-t-il relativement à l'eau et à l'air, sous le rapport de notre expérience? C'est que l'eau est plus pesante, dirait-on; nous, nous dirons, c'est qu'elle a plus de matière, qu'elle est plus résistante. Voilà, en effet, ce qui arrive : la boule qui est dans l'air ne peut point marcher sans déplacer l'air qui est, nous pouvons le dire, un corps, une substance matérielle. Or, nous savons tous qu'un corps ne peut mettre un autre corps en mouvement qu'en perdant du sien; parce qu'autrement on concevrait qu'au moyen d'une boule lancée avec la main, on pourrait mettre en mouvement une masse considérable; et qu'un boulet de canon pourrait forcer la terre à se mouvoir, ce qui serait absurde. Ainsi donc, la boule qui marche dans l'air perd de son mouvement par les rencontres successives qu'elle fait des couches d'air.

La même chose arrive dans l'eau, c'est-à-dire, que la boule ne peut avancer dans le liquide sans le déplacer, sans lui communiquer du mouvement, et sans, par conséquent, perdre du sien. Mais sous un même volume, l'eau renferme une bien plus grande quantité de matière que l'air, et conséquemment la boule qui oscille dans l'eau doit perdre beaucoup plus de mouvement que celle qui oscille dans l'air, puisqu'à chaque instant elle en communique une plus grande quantité. Vous voyez donc que lorsqu'un corps rencontre des obstacles, et qu'il leur communique du mouvement pour les déplacer, il ne le fait qu'aux dépens du sien propre, et qu'à force d'en donner il finit par donner tout ce qu'il avait, et alors il reste en repos. D'après cette expérience, nous pouvons conclure, par analogie, que si un corps en mouvement nous paraît s'arrêter, c'est parce qu'une cause étrangère le détermine au repos; et puisque le corps continue son mouvement d'autant plus long-temps que les obstacles qu'il rencontre sont plus petits, nous concevons très bien que si le corps ne rencontrait point d'obstacles, il continuerait toujours son mouvement. C'est là un résultat auquel nous nous élevons par l'analogie qui est une très bonne manière de raisonner.

A l'exemple que nous venons de citer, nous pourrions ajouter celui d'un boulet de canon qui sort d'une pièce avec une vitesse très grande, environ 500 mètres par seconde, et qui cependant finit par s'arrêter. La vitesse du boulet est différente à chaque point de sa course. Quand il sort de la pièce, c'est le moment où cette vitesse est la plus grande ; mais à mesure qu'il avance, il faut qu'il déplace de nouvelles couches d'air, qu'il leur communique, par conséquent, du mouvement aux dépens du sien propre ; et lorsqu'il a ainsi dépensé tout son mouvement, il s'arrête. Dans ce cas, outre la résistance de l'air, il y a encore une autre cause qui s'oppose à ce que le boulet continue son mouvement, c'est la pesanteur.

Nous venons de dire que les corps en repos se mettaient en mouvement par une cause inconnue que nous avons désignée par le nom de force. On pourrait d'abord croire que la main, par exemple, qui pousse un corps est la force qui imprime le mouvement à ce corps, mais il faut observer que la main n'est elle-même qu'une substance matérielle, qui a reçu d'une cause que nous ignorons le mouvement qu'elle ne fait que transmettre. Il est donc vrai que ce qu'on appelle force est la cause inconnue qui donne le mouvement à un corps. Si cette cause est inconnue, nous ne pouvons en connaître ni la direction, ni l'intensité. Nous savons seulement qu'elle a un effet : le mouvement. Or, ce mouvement n'aura pas lieu dans toutes les directions. Il est évident qu'un corps ne peut pas aller à la fois dans toutes les directions, qu'il ne peut en prendre qu'une seule. La direction que prendra le corps a nécessairement une liaison intime avec celle de la force. Ainsi la direction de la force peut nous être inconnue, mais quand nous aurons vu le corps en mouvement suivre une certaine direction, nous dirons : La force qui l'a mis en mouvement avait une direction semblable à celle qu'a prise le corps.

Tel est l'effet de la force : elle met le corps en mouvement. Mais un corps en mouvement se déplace et parcourt l'espace, et, pour le parcourir, il met plus ou moins de temps. Un homme qui marche va moins vite qu'un oiseau qui vole ; c'est ainsi que nous prenons l'idée de la vitesse, par l'idée d'un espace parcouru dans un temps donné. Pour pouvoir comparer les vitesses avec lesquelles se meuvent les différens corps, il importe de rapporter les espaces parcourus à une unité de temps, une heure, une minute, une seconde. Ainsi un homme fait une lieue à l'heure : ici l'heure est l'unité de temps, et l'on dit que cet homme marche avec une vitesse d'une lieue à l'heure ; si un autre fait deux lieues à l'heure, on dit qu'il a une vitesse double du premier.

L'effet immédiat de la force, ainsi que nous l'avons vu, est de mettre le corps en mouvement et de lui donner une certaine vitesse. Il se présente ici une question des plus importantes; quel rapport y a-t-il entre une force qui agit sur un corps et le chemin que fait ce corps dans un temps donné ou, en un mot, sa vitesse? Vous admettez sans difficulté que plus la vitesse sera grande, plus la force doit aussi être grande: il y a une liaison nécessaire entre l'effet et la cause, cela est évident; mais la mesure de cet effet n'est pas toujours évidente. Ainsi, par exemple, la vitesse que donnera une force double sera-t-elle double de la force, sera-t-elle triple, etc? C'est ce qu'on ne voit pas immédiatement et *à priori*. — Nous voici amenés à cette question principale et importante, la mesure des forces. Si nous ne pouvons saisir les forces, c'est par leurs effets que nous devons chercher à les mesurer.

Nous allons prouver que deux forces différentes dans la même direction, qui agissent sur le même corps, communiquent à ce corps des vitesses qui sont proportionnelles aux forces.

Ainsi nous avons d'abord une force qui donne une certaine vitesse à un corps : par exemple, une vitesse d'un mètre par seconde. Concevons, à présent, une force double agissant sur le même corps; je dis qu'elle fera parcourir au corps, dans la même unité de temps, un espace double. Généralement, la vitesse est proportionnelle à la force, et réciproquement, la force est proportionnelle à la vitesse. C'est ce que nous allons chercher à établir par des considérations tout-à-fait physiques; car autrement, nous tomberions dans le domaine de la géométrie, et cela n'est pas notre objet.

Afin de vous rendre plus palpable la démonstration que nous devons faire, nous aurons encore recours à notre propre expérience. Nous paraissons tous en repos dans cet amphithéâtre, mais nous savons que ce repos n'est que relatif, et que dans la réalité nous sommes tous emportés dans le mouvement très rapide de la terre. Si l'un de nous veut se mouvoir, je dis que son mouvement aura lieu, par rapport aux corps environnans, comme si nous étions tous en repos.

Prenons un autre exemple plus simple encore, et qui vous fera mieux concevoir ce principe. Supposons-nous dans un vaisseau mis en mouvement par le vent, sur une mer qui n'est pas trop agitée. Si on veut se mouvoir sur ce vaisseau, on s'y mouvra absolument de la même manière, et avec les mêmes vitesses que si le vaisseau était en repos. Vous serez obligé d'employer la même force pour monter et pour descendre, pour passer d'un lieu du vaisseau dans un autre, etc. En un mot, votre mouvement sera tout-à-fait indépendant de l'état de repos ou de mouvement des corps qui vous environnent, et qu'on désigne par le nom de système de corps.

Voici un autre exemple beaucoup plus démonstratif pour les personnes qui ne doutent pas que la terre tourne dans les vingt-quatre heures d'un mouvement extrêmement rapide, et qu'en outre, elle est transportée dans l'espace. Mais la considération du mouvement de rotation suffit pour notre démonstration. Je dis que tous les corps, placés à la surface de la terre, ont un mouvement propre qui est complètement indépendant de celui de la terre, et je vais en donner une preuve des plus rigoureuses : Supposons que nous ayons deux horloges qui soient parfaitement réglées à la seconde et qu'elles soient placées dans des positions différentes. (On n'a point égard, quand on place des horloges, à la position qu'on leur donne.) Si ces horloges ont été bien réglées, elles indiqueront toujours la même heure, quoique les balanciers oscillent dans des directions différentes. Et, puisqu'il en est ainsi, il faut nécessairement que le mouvement par lequel la terre est emportée avec rapidité d'orient en occident, n'ait aucune influence sur le mouvement du corps qui détermine celui de l'horloge. Si effectivement il avait une influence quelconque, le mouvement de la terre, ne conspirant pas de la même manière avec le mouvement du balancier, les horloges n'indiqueraient pas la même heure, et il faudrait, pour qu'elles s'accordassent ensemble, qu'elles fussent orientées de la même manière. Or on n'a pas besoin d'avoir égard à la manière dont elles sont orientées ; donc le mouvement du pendule est indépendant de celui de la terre.

Ce que nous venons de dire s'applique au mouvement de tous les corps faisant partie d'un système de corps emportés d'un mouvement commun.

Ce principe admis, et vous ne pouvez refuser de l'admettre, puisque c'est un résultat de l'expérience, qui jamais ne nous égare, il est facile de prouver que la vitesse est proportionnelle à la force. En effet, concevons que deux billes posées sur une table reçoivent le même mouvement ; elles vont cheminer ensemble et ne se sépareront pas. Si pendant que ces billes sont ainsi en mouvement, vous communiquez à celle qui se trouve la première une force égale à celle qui lui a déjà été communiquée, vous aurez là un système de corps entraînés par un mouvement commun, puisque nous avons supposé que les deux corps avaient d'abord reçu l'impulsion de la même force ; mais, comme vous avez communiqué à l'un des corps une force égale à celle précédemment donnée, ce corps va prendre plus de vitesse et va s'écarter de l'autre tout autant que si les deux corps eussent été primitivement en repos.

De cette expérience, nous concluons qu'une force double qui agira sur un corps lui communiquera une vitesse qui sera double.

COMPOSITION DES FORCES.

Ce principe admis, nous allons parler de la composition des forces, non pas sous le point de vue géométrique, mais d'après des considérations tout-à-fait physiques.

Lorsqu'un corps est soumis à une force, si cette force devient double, le corps prendra exactement une vitesse double.

Si deux forces égales sont directement opposées, l'une tendra à faire marcher le corps dans un sens, l'autre, à le faire marcher dans un sens opposé ; or, comme nous supposons les forces égales, il est évident qu'il n'y a pas de raison pour que le corps cède à l'une plutôt qu'à l'autre, et par conséquent ce corps doit rester en repos.

Si toutes les forces qui agissent sur un corps sont égales et opposées deux à deux, le corps restera en repos.

Si deux forces agissant sur un corps n'ont pas la même direction, le corps ne pouvant se trouver à la fois dans deux endroits différens, ne peut suivre qu'une seule direction. Il s'agit de déterminer cette direction unique : cela se fait au moyen de ce qu'on appelle la composition des forces.

Supposons qu'un corps quelconque A, fig. 1, soit poussé par deux forces que représentent les flèches AX et AY; la première force, agissant seule, fera parcourir en temps égaux, au corps A, des espaces égaux Ab, bc, cd...., sur la ligne droite Ax, prolongement de AX. La seconde force agissant seule, fera parcourir durant les mêmes temps égaux, au corps A, des espaces égaux Ab', bc', cd',.... sur la ligne droite Ay, prolongement de AY. Si, durant le premier temps, la force AX agit seule, elle transporte le corps A en b; ensuite, si la force AY agit seule durant un temps égal, dans sa direction propre, elle fait parcourir au corps A une ligne bB égale et parallèle à Ab'. Si la force AX agit seule durant les deux premiers temps, elle transporte ce corps A en c; ensuite, si la force AY agit seule durant deux temps égaux aux deux premiers, elle fait parcourir au corps A une ligne cC égale et parallèle à Ac; et ainsi de suite.

Enfin, les points *B*, *C*, *D*, où le corps se trouve transporté lorsqu'on fait agir ainsi tour à tour les deux forces *AX* et *AY*, sont les points où ce corps arriverait, si l'on supposait que les deux forces agissent à la fois durant un même temps. De plus, la propriété des lignes proportionnelles,

$$Ab : bB :: Ac : cC ; : Ad : dD\ldots$$

exige que les points *A*, *B*, *C*, *D*..... soient en ligne droite, et que les figures *AbBb'*, *AcCc*, *AdDd*, ..— soient des parallélogrammes ayant tous leur diagonale placée sur la ligne droite *ABCD*..... Donc, quand un corps est sollicité par deux forces, il se meut en ligne droite, et suit la diagonale du parallélogramme, dont chaque côté représente l'espace que parcourrait ce même corps, s'il n'était poussé durant le même temps que par une des deux forces composantes.

Ainsi, quand les deux forces composantes sont représentées en grandeur et en direction par des lignes droites *Ab*, *Ab'*, leur résultante est également représentée en grandeur et en direction par la diagonale du parallélogramme *AbBb'*, dont *Ab*, *Ab* sont les côtés. Voilà ce qu'on doit entendre par le *parallélogramme des forces*, qui est le principe fondamental de toute la statique.

C'est un grand point de savoir ainsi unir deux forces en une seule; cela conduit à réunir trois, quatre, cent mille forces. Il suffit pour cela de chercher la résultante des deux premières; puis la résultante de cette résultante, et de la troisième force, et ainsi de suite.

Une conséquence à tirer de cette composition des forces, c'est qu'étant donné réciproquement une force, on peut la décomposer en deux autres qui produiront le même effet.

Cette décomposition des forces est extrêmement importante; il est bon de se familiariser avec elle, car elle reçoit son application dans beaucoup de circonstances. Un exemple qu'on peut citer est celui du plan incliné. Un corps placé sur un plan incliné est soumis à l'action de la pesanteur qui le détermine à tomber vers la terre dans la direction de cette pesanteur, laquelle est perpendiculaire à la surface de la terre, ou plutôt à la surface des eaux; or, ce corps ne peut tomber suivant cette direction, parce que le plan s'y oppose; il glisse le long de ce plan. La force de la pesanteur se trouve décomposée en deux forces: l'une qui pousse le corps perpendiculairement, l'autre qui le pousse dans le sens du plan. Cette dernière force est d'autant plus grande que le plan est plus incliné, et qu'il se rapproche plus de la verticale.

MOUVEMENT UNIFORME ET MOUVEMENT UNIFORMÉMENT VARIÉ.

Nous avons deux espèces de mouvemens à considérer relativement au phénomène de la pesanteur sur lesquelles nous voulons fixer particulièrement votre attention. L'une est le mouvement qu'on appelle *uniforme*, et l'autre le mouvement *uniformément varié*.

MOUVEMENT UNIFORME.

Par le mouvement uniforme, on entend celui que produit une force qui agit sur un corps instantanément, et qui l'abandonne aussitôt. Les espaces que parcourt un corps mis en mouvement par une force semblable sont proportionnels au temps.

Une fois qu'un corps est mis en mouvement, nous avons dit, qu'en faisant abstraction des causes étrangères qui pouvaient l'arrêter, ce corps ne pouvait plus ni se donner ni s'ôter du mouvement. Il doit donc marcher d'un pas toujours uniforme; s'il marchait plus vite, il se donnerait du mouvement; s'il marchait plus lentement, il s'en ôterait. Nous ne voyons point de mouvement semblable dans la nature; nous ne voyons le mouvement uniforme que dans un homme qui marche, parce qu'à chaque instant la cause qui produit la marche se renouvelle. Concevez qu'un homme qui marche ne le fait point par son mouvement musculaire, mais par une force qui lui a donné une impulsion unique, et vous aurez l'idée d'un mouvement uniforme. Dans le mouvement que je viens de définir, la vitesse est constante, et par conséquent, les espaces parcourus pendant une série d'unités de temps sont proportionnels au temps. Voilà l'expression la plus simple que je puisse donner du mouvement uniforme.

MOUVEMENT UNIFORMÉMENT VARIÉ.

Il y a une autre espèce de mouvement qu'on appelle le mouvement uniformément varié. Voici en quoi il consiste : supposons un corps emporté d'un mouvement uniforme; si la force qui avait cessé d'agir, vient donner à ce corps une nouvelle impulsion égale à la première, ce corps qui, en vertu de cette première impulsion, avait déjà une certaine vitesse, va en prendre une nouvelle égale à la première, et qui s'ajoutera à celle-ci. Par conséquent le corps va se mouvoir avec une vitesse double. Si le corps reçoit une troisième impulsion égale à chacune des deux autres, il prendra une vitesse triple; et si la force agit ainsi sur le corps, et lui donne à chaque instant une nouvelle impulsion, il est évident que la vitesse de ce corps ne sera plus constante, mais qu'elle ira croissant. Si elle croît d'une manière quelconque variable, on aura ce qu'on appelle, en général, un mouvement varié. Mais si nous admettons que la vitesse que reçoit le corps, à chaque unité de temps, aille en augmentant de la même quantité, nous dirons que le mouvement est uniformément varié. En d'autres termes, la vitesse est proportionnelle au temps. Si donc le corps, au bout de la première unité a une vitesse de trois pieds par seconde, au bout de deux secondes, il parcourra six pieds; au bout de trois secondes, il en parcourra neuf; ainsi de suite; au bout de cent secondes, il aura, en vertu de l'action successive de la force sur le corps, une vitesse cent fois plus grande. Voilà ce qui caractérise le mouvement uniformément varié.

Dans ce mouvement les espaces ne sont plus proportionnels au temps, comme dans le mouvement uniforme; mais ils sont proportionnels au carré du nombre d'unités de temps écoulées. C'est ici une des choses les plus difficiles que nous ayons à considérer, vous serez obligé de l'admettre comme un fait démontré par la géométrie. C'est ainsi que les sciences empruntent à d'autres sciences des résultats qu'elles admettent comme des vérités, quoiqu'elles n'en aient point la démonstration. De même nous empruntons à la géométrie la règle que nous venons de rappeler, et que nous ne pouvons démontrer parce qu'il faudrait remonter à d'autres principes de géométrie tout-à-fait étrangers à l'objet qui nous occupe. Nous donnerons seulement les formules qui servent à exprimer les lois du mouvement uniformément accéléré.

Si nous représentons par g la vitesse imprimée au corps par la force qui renouvelle son effet, par exemple, à chaque seconde de temps, nous aurons:

Au bout de $\quad$ o″, 1′, 2″, 3″,……$t″$

Les vitesses $\quad$ og, 1g, 2g, 3g,……tg

En vertu de ces vitesses successives qu'a prises le corps, il parcourt nécessairement un certain espace. Cet espace sera exactement le même que si le corps se fût mû avec une vitesse moyenne entre la plus grande et la plus petite.

Toutes les lois du mouvement uniformément accéléré sont comprises dans les deux formules suivantes :

$$v = gt$$
$$e = \frac{gt^2}{2},$$

dans lesquelles t est le temps qui s'est écoulé depuis le départ du corps; g la vitesse qu'il a acquise après une unité de temps; v celle qu'il a acquise après le temps t, et e l'espace qu'il a parcouru dans le même temps.

PESANTEUR.

Nous arrivons au phénomène de la pesanteur auquel nous ferons l'application de ce que nous venons de dire.

Nous présentons ici la pesanteur comme une propriété générale, c'est-à-dire, comme appartenant à tous les corps, et leur appartenant au même degré. Cependant, nous pouvons faire abstraction de la pesanteur, et concevoir qu'elle ne soit pas essentielle aux corps. Si nous concevons un corps sans la pesanteur, il est possible que ce soit uniquement par l'ignorance où nous sommes des qualités qui doivent appartenir à la matière. Il est très possible que la matière ne puisse pas exister sans cette propriété que l'on désigne par le nom de pesanteur.

En dernier résultat, nous considérons la pesanteur comme un caractère, comme une propriété qui appartient à tous les corps au même degré.

J'ai dit que la pesanteur appartient à tous les corps sans exception; nous le prouverons en cherchant à nous assurer que tous les corps tombent vers la surface de la terre. Car la pesanteur est une force qui détermine les corps à se porter à la surface de la terre, et généralement parlant, elle les sollicite à se porter les uns vers les autres. Si l'idée que nous avons de la pesanteur se rattache à cette définition qu'elle est une force qui fait tomber les corps à la surface de la terre; je vais prouver que tous les corps se portent vers la surface de la terre et que, quand ils ne le font pas, cela résulte de causes particulières qu'il est facile de déterminer.

Pour nous, tous les corps se précipitent à la surface de la terre, les pierres, les bois, les métaux, le liége, l'ivoire, etc. Je ne vois comme exceptions que certains corps, comme la fumée et les vapeurs, qui au lieu de tomber à la surface de la terre, semblent au contraire la fuir. Ce n'est là qu'une anomalie que nous allons expliquer.

Si tenant dans la main des boules de métal, d'ivoire, de liége, nous ouvrons notre main, nous voyons toutes ces boules tomber à la surface de la terre et nous demeurons convaincus qu'elles sont soumises à l'action de la pesanteur. Substituons à l'air dans lequel nous venons de faire cette expérience, un liquide tel que l'eau, par exemple, et laissons y tomber les mêmes boules. Qu'arrivera-t-il dans cette seconde expérience ? Les boules de métal et d'ivoire vont au fond, mais la boule de liége surnage, et même, si par une pression quelconque nous enfonçons cette boule dans l'eau, elle remonte aussitôt que la pression cesse. Cependant le liége est pesant, personne n'en doute, et si, malgré la pesanteur, il reste à la surface de l'eau, cela tient uniquement à un principe d'hydrostatique qui deviendra sensible par la suite. La fumée est justement par rapport à l'air ce que le liége est par rapport à l'eau. La fumée monte, parce que le volume d'air qu'elle déplace renferme plus de matière qu'elle ; mais ceci ne peut être bien conçu que plus tard. Toutefois nous en avons assez dit pour montrer que cette anomalie ne présente aucune difficulté.

Il reste maintenant à prouver que la pesanteur appartient à tous les corps au même degré. C'est une grande découverte de Galilée, d'avoir démontré cette vérité. Avant lui, on avait à cet égard des idées tout-à-fait erronées. On admettait, comme chez les anciens, que les corps tombaient avec d'autant plus de vitesse qu'ils étaient plus pesans. Le plomb était censé tomber beaucoup plus vite que la cire, par exemple ; et précisément, dans le rapport des pesanteurs. Galilée faisait alors ses études à Pise ; et fort jeune encore, la réflexion le conduisit à douter de la vérité de ce principe. Il fit faire des petites boules d'or, le corps le plus pesant que l'on connût alors, de plomb, de cuivre, de porphyre, qui pèse à peu près trois fois plus que l'eau, et une boule de cire, toutes de même diamètre. Il monta sur la cathédrale de Pise, et les fit tomber en même temps, pendant qu'un observateur, placé en bas, devait remarquer les intervalles entre la chute des boules. Toutes, à l'exception de la boule de cire, tombèrent à terre au même instant. Mais la différence entre les temps de la chute fut très petite, quoique cependant la boule de cire fût vingt-cinq fois plus légère. Galilée conclut de cette expérience que, puisque l'or, le plomb, le cuivre, le porphyre et la cire étaient tombés au même instant, le principe admis jusqu'alors était faux. Ce résultat fut contredit par beaucoup de personnes, et suscita même de nombreux ennemis à Galilée ; ce qui l'obligea de quitter Pise et d'aller reprendre le cours de ses expériences dans une autre ville.

Il s'agit maintenant de montrer pourquoi les corps ne tombent pas en même temps, car cela est un fait constant que tous les corps ne tombent pas en même temps. Un morceau de papier tombe très lentement, tandis qu'un morceau de métal se précipite, en un instant, à la surface de la terre. Expliquons cette difficulté, qui semble contredire le principe de Galilée. Je puis citer une expérience bien simple, que M. Prévost a indiquée, et qui démontre que c'est l'air qui est la cause de la différence que l'on observe dans le temps que des corps partant d'un même point mettent à tomber à la surface de la terre. Il suffit de mettre sur un disque d'argent, un morceau de papier posé et non collé, pour que le papier et le disque d'argent tombent en même temps, et ne se séparent pas dans leur chute.

On fait une expérience plus décisive encore à laquelle on ne peut opposer aucune espèce d'objection. On se sert à cet effet d'un tube que l'on a vidé d'air, après y avoir introduit de petits morceaux d'or, de plomb, et des matières très légères, comme le papier, le duvet. Si on renverse rapidement ce tube, toutes les matières qu'il renferme tombent en bloc, et l'on ne peut apercevoir aucune différence dans leur chute. C'est ici la même expérience que Galilée faisait d'une hauteur plus considérable; mais qu'il faisait dans l'air, ce qui pouvait produire quelque erreur. L'expérience peut acquérir plus de certitude par les circonstances nouvelles avec lesquelles on peut la répéter. Si l'on fait entrer un peu d'air dans le tube, on verra que les corps ne tombent plus en même temps : le papier et le duvet restent un peu en arrière. La différence devient plus grande à mesure qu'on laisse rentrer une plus grande quantité d'air; et enfin, si on laisse entrer dans le tube tout l'air qu'il peut contenir, on observe une différence très grande dans la chute des corps. Nous conclurons de là que si les corps ne paraissent pas tomber en même temps à la surface de la terre, la différence de leur chute est due uniquement à la résistance de l'air; car dès qu'on a enlevé cet air, les corps, légers comme le papier ou pesans comme l'or, tombent tous en même temps.

IMPRIMERIE DE E. DUVERGER,
RUE DE VERNEUIL, N. 4.

COURS DE PHYSIQUE.

TROISIÈME LEÇON.

(Mardi , 13 Novembre 1827.)

RÉSUMÉ DE LA DEUXIÈME LEÇON.

Après avoir cherché dans la dernière séance à vous donner une idée générale de la propriété qu'on a désignée sous le nom de mobilité, nous avons d'abord fait remarquer que les corps jouissent tous de la propriété appelée *inertie;* c'est-à-dire qu'un corps ne peut de lui-même se donner ni s'ôter du mouvement ; que, par conséquent, une fois qu'il est dans l'état de repos, il doit persister dans cet état jusqu'à ce qu'une cause étrangère l'en fasse sortir ; et que pareillement, lorsqu'il est une fois en mouvement, il faut qu'une cause étrangère intervienne pour faire cesser cet état de mouvement. La première proposition est évidente ; la seconde ne l'est pas autant, c'est pourquoi nous en avons donné la démonstration, en faisant remarquer qu'un corps qui roule sur un plan continue son mouvement d'autant plus long-temps que ce plan est plus uni, et qu'on doit en conclure, par analogie, que si le corps roulait sur un plan n'offrant aucune espèce de résistance, il devrait se mouvoir indéfiniment.

Nous avons dit ensuite que la cause du mouvement qui nous était inconnue dans son essence intime, était désignée par le nom de *force.* Le résultat de l'action d'une force sur un corps étant de mettre ce corps en mouvement d'une part, et ensuite de lui faire parcourir, dans un certain temps, certains espaces, vous avez très bien conçu que la longueur de l'espace parcouru devait avoir un certain rapport avec l'intensité de la force.

Il s'agissait de démontrer quel était ce rapport.

Pour parvenir à cette démonstration, nous avons rappelé un fait extrêmement intéressant en lui-même : c'est que le mouvement relatif d'un corps, par rapport à d'autres corps dont il est censé faire partie, s'exécute absolument de la même manière que si tout le système avait été primitivement en repos.

Pour citer un fait contre lequel il n'y ait aucune objection à faire, nous avons fait remarquer que toutes les horloges sont orientées d'une manière quelconque, sans qu'on soit tenu d'avoir égard à la position qu'on leur donne, et que si le mouvement du balancier de ces horloges pouvait être influencé d'une manière quelconque par le mouvement des autres corps dont il fait partie, et notamment de la terre, il est bien certain que les horloges, lorsque le mouvement du balancier coïnciderait avec celui de la terre, auraient une position plus favorable.

Ce fait admis, nous en avons tiré cette conséquence, que la vitesse est proportionnelle à la force, et réciproquement que la force est proportionnelle à la vitesse.

Cela posé, nous avons été conduits à nous représenter physiquement ce qu'on appelle la composition des forces. Nous avons fait voir qu'un corps sollicité par deux forces, ne pouvant suivre à la fois la direction de chacune d'elles, suit un chemin unique qui est la direction de la diagonale du parallélogramme construit sur les deux forces agissantes. Il faut concevoir que quand un corps a été ainsi sollicité à se mouvoir par deux forces, l'effet est absolument le même que s'il eût été sollicité primitivement par une seule et unique force, qui aurait eu la direction de la diagonale, et dont l'intensité aurait été représentée par la longueur de cette diagonale. Puisque les vitesses sont proportionnelles aux forces, on convient de représenter l'intensité des forces par la longueur des chemins parcourus, pendant l'unité de temps, en vertu de l'action de chacune des forces.

Quand on sait composer plusieurs forces en une seule, on peut, étant donné une force, la décomposer en deux ou plusieurs autres. Nous avons cité le plan incliné comme pouvant fournir une application de cette décomposition. Un corps placé sur un plan incliné tend, en vertu de la pesanteur, à tomber verticalement vers le centre de la terre; mais le plan que nous supposons suffisamment résistant, s'oppose à ce que le corps exécute ce mouvement; et alors la force de la pesanteur se décompose en deux autres forces, dont l'une, perpendiculaire au plan, est détruite par la résistance du plan, et dont l'autre, qui agit dans le sens de ce plan, est employée à faire glisser le corps le long de ce même plan.

Nous avons ensuite exposé les deux principaux mouvemens que nous avions à considérer pour en venir au phénomène de la pesanteur, qui était notre objet principal. Nous avons distingué deux espèces de mouvemens : le mouvement uniforme et le mouvement uniformément varié. Nous avons dit que le mouvement uniforme était celui produit par l'action d'une force qui agirait instantanément sur un corps, et qui cesserait aussitôt, comme un choc. Si l'on admet qu'il n'y ait pas de résistances qui s'opposent au mouvement de ce corps, d'après le principe de l'inertie, ce corps une fois en mouvement doit persister dans cet état de mouvement ; et, comme il n'y a point de raison pour qu'il se donne du mouvement ou qu'il s'en ôte, les espaces parcourus par ce corps, dans des temps égaux, doivent être parfaitement égaux.

Le mouvement uniformément varié est celui qui est produit par l'action successivement continuée d'une force sur un corps. Ainsi, nous pouvons concevoir que la terre, en vertu de cette force qu'on appelle la pesanteur, agit sur ces corps dans un premier instant, et lui imprime un mouvement qu'on peut regarder comme uniforme ; mais l'action de la pesanteur est toujours présente ; par conséquent, elle agit encore au second instant comme elle avait agi au premier, elle agit au troisième comme elle avait agi au second, et ainsi de suite. Or, comme le corps avait reçu d'une première action une certaine vitesse, il reçoit d'une seconde action une vitesse égale à la première, etc. ; de manière que dans ce mouvement, produit par une force toujours présente, toujours agissante, le corps reçoit, pendant qu'il est en mouvement, des surcroîts de vitesse à chaque instant, et par conséquent il doit en résulter une vitesse qu'on appelle accélérée.

Dans ce cas, il est évident que les espaces parcourus ne doivent plus rester proportionnels au temps ; cette loi n'a lieu que dans la première hypothèse. Lorsque la vitesse va en augmentant, il faut que les espaces parcourus suivent un rapport plus grand. On démontre facilement que les espaces sont proportionnels, non plus simplement au temps, mais au carré du nombre d'unités de temps.

Après avoir indiqué ces circonstances du mouvement, nous avons examiné la pesanteur comme propriété générale des corps, et nous avons fait voir qu'en effet elle appartenait à tous les corps ; c'est-à-dire que tous les corps abandonnés à eux-mêmes se précipitaient à la surface de la terre.

Nous avons cité quelques corps, comme la fumée, les vapeurs, qui semblent s'éloigner de la surface de la terre, et que,

par conséquent, l'on pourrait regarder comme n'étant pas
soumis à l'action de la pesanteur. Nous avons fait voir que
c'était là une anomalie, un fait qui n'était pas contraire au principe général que nous avions énoncé. Pour le rendre palpable,
après avoir laissé tomber une boule de liége dans l'air, et nous
être bien convaincus, en la voyant se précipiter à la surface
de la terre, qu'elle était, comme tous les autres corps, soumise
à l'action de la pesanteur, nous avons supposé que nous laiss-
sions tomber cette même boule de liége dans un réservoir d'eau ;
et nous avons dit qu'au lieu d'aller au fond de l'eau, elle resterait à la surface, et que même, si par une force quelconque
on l'enfonçait dans le liquide, elle remonterait aussitôt que
cette force aurait cessé son action, et que cette boule de liége
paraîtrait ainsi fuir la surface de la terre et n'être pas soumise
à l'action de la pesanteur. Nous avons dit que ce qui se passait
dans l'air, relativement à la fumée, était analogue à ce qui se
passait dans l'eau relativement au liége.

Après avoir démontré que tous les corps étaient soumis à
l'action de la pesanteur, nous nous sommes demandé s'ils
étaient tous également pesans. Depuis Aristote jusqu'au temps
de Galilée, on avait cru généralement que les corps se précipitaient d'autant plus vite à la surface de la terre qu'ils étaient plus
pesans. Galilée démontra la fausseté de ce principe, en prenant
des corps qui paraissaient inégalement pesans ; comme des
boules d'or, de cuivre, de plomb, de porphyre et de cire, qu'il
laissa tomber d'une certaine hauteur. Ces corps qui différaient
essentiellement par ce qu'on appelait la pesanteur, c'est-à-dire,
la quantité de matière qu'ils renfermaient, arrivèrent sensiblement à la surface de la terre dans le même temps.

Pour mettre cette vérité à l'abri de toute objection, nous
avons fait voir qu'en effet c'était la résistance de l'air qui s'opposait à ce que les corps tombassent dans le même temps.
Nous avons pris un grand tube dans lequel nous avions fait le
vide. Dans ce tube se trouvaient des matières différentes,
comme du papier, du duvet, des feuilles d'or, etc. Le vide étant
parfait, tous ces corps se sont précipités en même temps au
fond du tube ; en laissant entrer un peu d'air dans le tube, une
petite différence s'est fait remarquer dans la chute de ces corps ;
enfin, nous sommes revenus aux circonstances où l'on est placé
naturellement à la surface de la terre, et les corps sont alors
tombés dans des temps très inégaux.

De cette expérience, on peut conclure manifestement que
la cause qui empêche les divers corps de tomber dans le même

temps à la surface de la terre, vient de ce que l'air oppose à leur chute une résistance d'autant plus grande que ces corps présentent plus de surface relativement à la quantité de matière qu'ils peuvent renfermer. Une balle de plomb de même volume qu'une balle de liége renferme une quantité de matière beaucoup plus grande, et, par conséquent, la résistance que l'air oppose à la chute de ces deux balles influe beaucoup plus sur le mouvement de la balle de liége que sur le mouvement de la balle de plomb.

Cette quantité de matière renfermée dans les corps est ce qu'on appelle leur masse.

La pesanteur dans les corps est proportionnelle à leur masse.

Si l'on prend deux boules inégales, mais de même matière; par exemple, deux boules d'ivoire dont l'une contienne douze fois plus de matière que l'autre, je dis que ces deux boules, quoique d'inégale grosseur, tomberont dans le même temps. Voici comment on peut concevoir cette chute des corps qui ont des masses différentes. Vous pouvez considérer la boule qui est douze fois plus grosse, comme étant divisée en douze boules égales à la petite. Il est évident que toutes ces boules, que l'on suppose placées sur une même ligne, vont tomber avec la même vitesse, puisqu'elles sont égales, et qu'il n'y a, par conséquent, aucune raison pour que la pesanteur agisse d'une manière différente sur l'une que sur l'autre.

Maintenant, si vous réunissez ces douze petites boules en une seule, il est évident qu'elles ne doivent pas tomber plus vite lorsqu'elles sont réunies que lorsque chacune tombait pour son propre compte. Elles ne reçoivent toujours que la même action de la pesanteur; seulement cette action se répète un nombre de fois égal à celui des petites boules que l'on peut supposer dans la grosse.

A présent je dis que les corps de nature différente, comme, par exemple, une boule de plomb et une boule d'argent, sont dans le même cas que les corps de même nature. En effet, sans avoir égard à l'espèce de matière dont les corps sont composés, on peut les supposer divisés en particules matérielles que l'on peut concevoir de même nature, et qui reçoivent alors une égale action de la pesanteur; et alors les corps de nature différente se précipitent à la surface de la terre de la même manière que les corps de même nature, c'est-à-dire dans un temps égal, abstraction faite de la résistance de l'air.

LOIS DE LA CHUTE DES CORPS.

Après ces notions générales sur la pesanteur, il s'agit de connaître la loi suivant laquelle se fait la chute des corps.

Galilée, quelques années après avoir démontré que tous les corps étaient également soumis à l'action de la pesanteur, démontra la véritable loi de la chute des graves; c'est-à-dire il démontra, contre ce que l'on croyait alors, que les espaces parcourus par un corps sollicité par la pesanteur, et qui lui obéissait, étaient proportionnels au carré des temps.

C'est cette loi découverte pas Galilée qu'il s'agit de démontrer : et il importe de faire cette démonstration dans un cours de physique, parce que cette loi sert à expliquer une foule de phénomènes qui se passent autour de nous relativement à la chute des corps.

Il faut d'abord concevoir que la pesanteur qui est supposée résider dans la masse entière de la terre, agit constamment sur les corps qui sont soumis à son action. Ainsi le corps qui est en repos est constamment sollicité à descendre. Il faut que l'obstacle qui s'oppose à sa chute présente une résistance suffisante; si l'obstacle était ôté, le corps tomberait aussitôt.

Si la pesanteur agit constamment sur les corps, on ne voit pas pourquoi la pesanteur qui agit sur les corps en repos cesserait d'agir lorsqu'ils seraient en mouvement. On conçoit cependant que cela peut bien ne pas s'accorder immédiatement. Une démonstration devient donc nécessaire.

La pesanteur a une intensité telle que les vitesses qu'elle communique au corps sont trop grandes pour qu'on puisse les apprécier immédiatement. Nous serons obligés, po... rendre le phénomène de la pesanteur saisissable, d'affaiblir son action de manière qu'elle conserve, sinon la même intensité au moins la même loi. Vous pouvez concevoir, par exemple, que la pesanteur à la surface de la lune ait moins d'intensité qu'à la surface de la terre, et s'exerce néanmoins suivant les mêmes lois; de sorte que l'intensité étant plus petite, les espaces parcourus seraient aussi plus petits.

Pour nous représenter les mouvemens successifs que reçoit un corps pesant ou grave, soumis à l'action de la pesanteur, nous supposerons un corps à l'instant zéro, pour le temps, et ensuite nous concevrons le temps divisé en parties égales, en secondes, par exemple. Dès le premier instant zéro, le corps commence à être soumis à l'action de la pe santeur. Depuis le moment zéro jusqu'à une seconde, il y a une infinité d'instans infiniment petits : par exemple on peut supposer la seconde divisée en un million d'instans. En réalité, la pesanteur agit sur le corps à tous ces instans infiniment petits, et lui communique une série d'accroissemens qui sont toujours proportionnels au temps écoulé. Pour fixer nos idées, nous supposerons que le corps, partant de l'instant zéro, pour arriver à une seconde, a reçu tout à coup la vitesse qu'il se trouve avoir acquise en passant de l'instant zéro à une seconde. Au bout de la deuxième seconde, nous supposerons également que le corps a reçu tout d'un coup la nouvelle vitesse qu'il se trouve avoir acquise en passant d'une seconde à deux secondes, et qui est égale à celle qu'il avait acquise à la fin de la première seconde. Ainsi, au bout de la deuxième seconde, le corps aura acquis une vitesse double ; au bout de la troisième seconde il aura acquis une vitesse triple ; et enfin, au bout d'un nombre quelconque de secondes qu'on peut exprimer par la lettre t, il aura acquis une vitesse qui sera égale à la première répétée autant de fois qu'il y a d'unités dans le temps.

En supposant que g soit l'accroissement de vitesse que le corps abandonné à l'action de la pesanteur, acquiert à chaque seconde de sa chute, nous pouvons représenter de la manière suivante les vitesses acquises au bout d'un certain nombre de secondes.

Unités de temps. . . . $0''$, $1''$, $2''$. $3''$, . . . t''.

Vitesses acquises. . . . 0, g, $2g$, $3g$, . . . tg.

Nous exprimons un tel accroissement de vitesse d'une manière générale, en disant que, dans le cas d'une force constamment agissante sur un corps, la vitesse est proportionnelle au temps écoulé.

Quant aux espaces parcourus, puisque la vitesse va constamment en augmentant, il est évident que les espaces parcourus doivent être proportionnels à autre chose qu'au temps écoulé. Et, en effet, ces espaces sont alors proportionnels au carré des temps.

Telles sont les deux lois relatives à la chute des corps graves en général. Ce sont ces lois que nous allons chercher à vérifier.

Aux deux extrémités d'un fil qui passe sur une poulie, sont suspendus deux corps MM de poids égal. Ces deux corps se tiennent en équilibre, car si l'un voulait descendre l'autre s'y opposerait ; et comme ils sont supposés égaux, il est évident qu'il n'y a pas de raison pour que l'un l'emporte sur l'autre.

Nous avons, donc, un système de corps soustrait à l'action de la pesanteur, dans ce sens que nous empêchons tout-à-fait l'action de la pesanteur de produire son effet ; car, puisque ces corps ne tombent pas, c'est comme s'ils n'étaient pas pesans.

Si, maintenant, on met sur l'un des deux corps une petite masse que nous désignerons par m, le corps sur lequel elle est placée va se mouvoir, non point par l'action que la pesanteur exercerait sur lui, nous avons vu que cette action est nulle, mais par l'action de la pesanteur sur la petite masse.

Supposons que tout le système, les deux masses MM avec la petite masse m, fassent ensemble 100 parties, et que la petite masse fasse un centième; que, par exemple, tout le système pèse 100 grains, et que la petite masse pèse un grain. Si cette petite masse tombait seule, elle tomberait avec toute la vitesse que lui communique la pesanteur; mais obligée de partager cette vitesse avec tout le système que nous supposons représenté par 100, cette vitesse sera nécessairement cent fois plus petite que celle avec laquelle la petite masse se mouvait lorsqu'elle tombait seule.

On peut ainsi, en prenant une masse, m, qui soit respectivement la dixième, la millième, la dix-millième partie du système total, imprimer à ce système une vitesse qui sera dix, mille, dix mille fois plus petite que celle qu'aurait la masse m tombant seule. De cette expérience, on peut déduire ce principe que la vitesse que reçoit un corps est en raison inverse de la masse.

Si nous concevons bien ceci, nous n'aurons aucune difficulté pour comprendre la machine d'Atwood.

Cette machine, réduite à sa plus simple expression, n'est autre chose que l'appareil dont nous venons de parler.

Ce qu'on a ajouté de plus à la machine d'Atwood n'a pour objet que de rendre les mouvemens plus doux. Ainsi les axes de la poulie sur laquelle passe le fil qui tient les deux masses MM suspendues, portent non pas sur une simple chape, mais sur deux autres roues qui permettent à la roue supérieure de se mouvoir plus facilement. On a joint à cette machine une échelle divisée en mètres et fractions de mètre, afin de pouvoir mesurer les espaces parcourus; on y a joint également un pendule qui bat les secondes, pour pouvoir mesurer le temps; au moment où l'aiguille de la pendule arrive au point zéro, un petit mécanisme fait partir une détente qui soutient la masse $M + m$.

Quant aux calculs, ils sont extrêmement simples. Si l'on représente par 999 les deux masses MM, et par 1 la petite masse m, la vitesse que la masse m imprimera au système entier sera mille fois plus petite que la vitesse qu'aurait la masse tombant librement.

Je fais remarquer que dans la machine d'Atwood, outre les masse M, M, on doit faire entrer en considération la masse des poulies, et concevoir que la petite masse doit mettre non-seulement en mouvement les masses M, M, dont l'une monte et l'autre descend, mais aussi toutes les poulies qui entrent dans la composition de la machine.

La machine a été calculée de manière à donner une chute de 19 centimètres au bout de trois secondes. Si on fait l'expérience, on compte en effet trois secondes, depuis que le corps part du point zéro pour arriver au point de l'échelle qui marque 19 centimètres. Cette hauteur est peu considérable relativement à celle que nous sommes accoutumés à voir dans la chute des corps.

Le corps ayant parcouru 19 centimètres en trois secondes, cherchons l'espace qui serait parcouru en 9 secondes. Si les espaces étaient proportionnels au temps, nous aurions, pour l'espace parcouru pendant 9 secondes, 19 multiplié par 3, c'est-à-dire 57. Mais les espaces parcourus par un corps qui est soumis à l'action de la pesanteur sont proportionnels au carré des temps et par conséquent l'espace parcouru par le corps au bout de 9 secondes, sera non pas comme 19 multiplié par 3, mais bien comme 19 multiplié par 9, c'est-à-dire 171; et en effet, si on compte les secondes que le corps met à descendre jusqu'au point de l'échelle correspondant à 171 centimètres, on voit qu'il lui faut 9 secondes pour parcourir cet espace : de sorte qu'il demeure constant que les espaces croissent proportionnellement au carré des temps.

Ainsi, la loi que nous avons admise pour la pesanteur se trouve complètement justifiée par l'expérience.

Il est encore un autre moyen de vérifier cette loi. Vous avez vu comment nous étions parvenus à trouver la vitesse ; Lorsqu'on avait $\qquad$ $0''$, $1''$, $2''$, $3''$,... t'', les vitesses successives que le corps avait au bout de chacune de ces unités de temps étaient $\qquad$ 0, g, $2g$, $3g$,... tg; c'est-à-dire que les vitesses allaient croissant proportionnellement au temps.

Pour connaître ensuite les espaces parcourus, nous nous sommes dit : le corps se mouvant avec une vitesse qui varie à chaque instant d'une manière uniforme, les espaces parcourus par le corps, pendant le temps qu'il reçoit ainsi des accroissemens égaux de vitesse, doivent être les mêmes que si le corps, au lieu d'avoir ces vitesses variables, avait eu une vitesse constante qui eût été moyenne entre toutes ces vitesses. Par conséquent, nous pouvons concevoir que la vitesse moyenne sera la somme des deux extrêmes divisée par deux, c'est-à-dire $\dfrac{gt}{2}$

Si l'on conçoit que le corps se meut avec cette vitesse moyenne, il faudrait, pour avoir l'espace parcouru, multiplier la vitesse moyenne par le nombre d'unités de temps durant lesquelles le corps a été en mouvement.

Si l'on conçoit que le corps continue à se mouvoir avec la vitesse qu'il a acquise au moment où la pesanteur cesse d'agir sur lui, par conséquent, avec une vitesse double de la vitesse moyenne, il parcourra, dans le même temps, un espace double de l'espace qu'il avait parcouru au moment où la pesanteur a cessé d'agir sur lui.

Dans le premier cas, la vitesse moyenne du corps étant simplement égale à la moitié de la vitesse extrême, à $\frac{1}{2}\,gt$, le corps doit parcourir, dans ce cas, un espace égal à la moitié de celui qu'il parcourrait pendant le même temps, s'il se mouvait avec la vitesse extrême.

C'est ce qu'il est facile de vérifier par l'expérience.

Si, après avoir placé sur une des masses M, M, la petite masse m, et avoir, par ce moyen, obtenu une vitesse qui va toujours en augmentant, on enlève tout à coup la masse m, le système continue son mouvement, non plus alors avec une vitesse accélérée, mais simplement avec la vitesse qu'il a acquise au moment où la masse m l'a abandonné.

On peut répéter l'expérience avec la machine d'Atwood.

On dispose la machine de manière que le corps qui tombe pendant cinq secondes, avec une vitesse croissante, parcourt 5o centimètres. Au moment où le corps est arrivé au point correspondant à 5o secondes, une fourche enlève la masse m, et on laisse encore écouler 5 secondes; on calcule l'espace parcouru pendant ces 5 dernières secondes, et on trouve qu'il est égal à 1oo centimètres, c'est-à-dire, qu'il est double de l'espace parcouru par les corps pendant les cinq premières secondes.

Ainsi, on peut vérifier de deux manières la loi de la pesanteur; 1° en atténuant l'action de la pesanteur sans porter atteinte à la loi; et 2° en démontrant qu'une fois qu'un corps a été soumis à l'action de la pesanteur, laquelle lui a fait parcourir un certain espace, si la pesanteur cesse d'agir sur lui, alors ce corps continue à se mouvoir avec la vitesse qu'il a acquise au moment où la pesanteur a cessé son action, et avec cette vitesse il parcourt un espace double, dans le même temps.

On peut démontrer les lois de la pesanteur au moyen du plan incliné, et varier le mouvement avec autant de facilité que dans la machine d'Atwood. Si le plan est parfaitement horizontal, alors le corps placé sur le plan ne se meut pas; c'est le cas des deux masses égales. Si l'on incline tant soit peu le plan, il en résulte une certaine vitesse, mais que l'on peut mesurer facilement; si l'inclinaison du plan devient plus grande, la vitesse devient aussi plus grande. Enfin, la vitesse peut toujours aller en augmentant jusqu'à ce qu'on arrive à la vitesse que la boule aurait si le plan était tout-à-fait vertical.

On peut calculer l'intensité de la pesanteur pour une inclinaison donnée, c'est un résultat très simple que je crois devoir vous indiquer. Cela me fournira d'ailleurs l'occasion de rappeler ce que je vous ai dit dans la dernière séance, sur la nécessité de savoir décomposer des forces.

Soit le plan incliné ADE : la ligne AD sera ce qu'on appelle la hauteur du plan, la ligne AE sera la longueur. Supposé qu'un corps soit placé à la partie supérieure du plan, au point A. Ce corps est soumis à l'action de la pesanteur, et cette force, si le corps pouvait tomber librement, le déterminerait à descendre le long de la ligne verticale AD, et au bout d'une seconde, lui aurait fait parcourir un espace que nous pouvons représenter par une ligne AB, qui mesurera aussi l'intensité de la pesanteur. Le plan s'opposant à la chute du corps le long de la verticale AD, la force de la pesanteur se décompose en deux autres forces, l'une perpendiculaire au plan et représentée par la ligne BC, est détruite par la résistance de ce plan; l'autre, représentée par la ligne AC tendant à pousser le corps en avant. Dans ce cas, l'action de la pesanteur est réduite dans le rapport de la ligne AB à la ligne AC. Ce rapport étant supposé g', on a, en représentant la longueur par l et la hauteur par h, la proportion $g : g' :: l : h$, d'où l'on déduit :

$g' = g$ multiplié par la hauteur divisée par la longueur.

Par conséquent, lorsque la hauteur sera cent fois plus petite que la longueur, la vitesse g' sera égale au centième de la vitesse g, laquelle est la vitesse que l'action de la pesanteur tend à donner au corps.

On voit, d'après cette démonstration, qu'on peut, au moyen du plan incliné, atténuer autant qu'on veut l'intensité de la pesanteur, en conservant la loi qui, ainsi que nous l'avons dit, consiste en ce que les espaces parcourus sont proportionnels au carré des temps.

IMPRIMERIE DE E. DUVERGER,
RUE DE VERNEUIL, Nº 4.

COURS DE PHYSIQUE.

QUATRIÈME LEÇON.

(Samedi, 17 Novembre 1827.)

RÉSUMÉ DE LA TROISIÈME LEÇON.

Dans la dernière séance, nous nous sommes proposé de démontrer, par l'expérience, les lois de la pesanteur.

D'abord, nous avons admis que la pesanteur agit sur un corps en mouvement comme sur un corps en repos. Nous avons dit ensuite que la vitesse d'un corps abandonné à lui-même, vitesse que l'on pouvait considérer comme étant d'abord zéro, allait ensuite en augmentant progressivement de quantités égales pour des temps égaux ; de sorte qu'en prenant la seconde pour unité de temps, le corps, au bout d'une seconde, a acquis une certaine vitesse ; au bout de deux secondes, il a acquis une vitesse double ; au bout de trois secondes, une vitesse triple, etc.; de manière que les vitesses sont toujours proportionnelles aux temps écoulés.

Nous avons dit qu'en raison d'une vitesse qui variait ainsi à chaque instant, l'espace parcouru n'était plus proportionnel aux temps écoulés, mais bien proportionnel au carré des temps. De sorte que si un corps a parcouru un mètre en une seconde, il parcourra en quatre secondes, non pas quatre mètres, mais le carré de quatre, c'est-à-dire seize mètres.

Nous avons dit aussi que, dans cette espèce de mouvement, si le corps qui a déjà acquis une certaine vitesse vient à être soustrait à l'action de la pesanteur, et continue à se mouvoir avec la vitesse acquise, il parcourra, dans un temps donné, un espace double de celui qu'il a parcouru pour arriver à avoir cette vitesse.

Nous avons rendu raison de ce dernier phénomène en disant que lorsqu'un corps ne reçoit que successivement sa vitesse, au bout d'un moment que l'on considère, il a parcouru le même espace que s'il eût eu une vitesse moyenne ; moitié de la vitesse zéro et de la vitesse extrême. Il est évident, dans

4

ce cas, que l'espace parcouru avec la vitesse moyenne doit être moitié de l'espace parcouru avec la vitesse extrême, ou, ce qui est la même chose, que l'espace parcouru avec la vitesse extrême doit être double de l'espace parcouru avec la vitesse moyenne.

La manière la plus simple de vérifier ces lois de la pesanteur serait de laisser tomber un corps d'une certaine hauteur, et de mesurer ensuite les espaces parcourus relativement au temps; mais ce moyen est impraticable à cause de la grande vitesse que les corps acquièrent en tombant même de petites hauteurs, et enfin parce que l'expérience ne pourrait être faite que dans l'air, qui amènerait nécessairement des erreurs, par la résistance qu'il oppose au mouvement des corps.

Il a fallu recourir à une espèce d'artifice qui consiste à conserver la loi de la pesanteur en diminuant son intensité, c'est-à-dire à faire en sorte que la pesanteur, au lieu de faire parcourir au corps un espace égal à dix mètres, par exemple, ne lui fasse parcourir que la centième ou la millième partie de cet espace. Nous avons fait diverses expériences, d'abord avec un appareil très simple, et ensuite avec un appareil plus compliqué, connu sous le nom de *machine d'Atwood*.

Vous avez vu que ces deux appareils étaient fondés sur ce principe que lorsqu'une certaine force donne à un corps une certaine vitesse, si la masse du corps devient double, ou triple, ou quadruple, la même force ne donnera plus au corps que la moitié, le tiers ou le quart de la vitesse primitive.

Faisant l'application de ce principe, nous avons dit que, lorsque la petite masse additionnelle dont nous nous sommes servis dans nos expériences était la dixième, la centième, la millième partie de tout le système auquel elle était obligée de communiquer le mouvement, la vitesse devenait la dixième, la centième, la millième partie de la vitesse que la petite masse aurait eue tombant librement.

INTENSITÉ DE LA PESANTEUR.

A présent que nous pouvons regarder comme tout-à-fait incontestable que la pesanteur agit continuellement sur les corps, il s'agit de connaître l'intensité de cette pesanteur. Nous ne pouvons la connaître que par l'effet qu'elle produit sur les corps, c'est-à-dire par l'espace qu'elle leur fait parcourir pendant un temps déterminé.

Si le mouvement dû à la pesanteur n'était pas trop rapide, et s'il n'y avait des causes perturbatrices, comme, par exemple, la résistance de l'air, il suffirait, pour connaître l'intensité de la pesanteur, de prendre un corps, de le porter à une certaine hauteur, au moment zéro temps, de le laisser tomber et de voir l'espace qu'il parcourt pendant une seconde. On trouverait que cet espace est de $4^m,8088$ à peu près, ou bien de 15 pieds en nombre rond. On convient de prendre, pour la mesure de l'intensité de la pesanteur, non pas cet espace parcouru, mais une quantité double, c'est-à-dire l'espace que le corps parcourrait si, après être tombé pendant une seconde et avoir acquis une série de vitesses, il était abandonné à lui-même. En effet, le corps aurait alors une vitesse telle, qu'au lieu de parcourir 15 pieds 1 pouce 2 lignes, il parcourrait 30 pieds 2 pouces 4 lignes.

PENDULE.

Il s'agit de déterminer cet espace parcouru, c'est-à-dire, le double de l'espace parcouru pendant une seconde. Je viens de dire comment on pourrait le faire; mais c'était uniquement pour faire concevoir la chose. Il faut avoir recours à un autre moyen, c'est aux oscillations de ce qu'on appelle le *pendule*. Il ne peut entrer dans notre objet d'expliquer la théorie du pendule; théorie que je pourrais appeler tout-à-fait mathématique, et qui, par conséquent, n'est point de notre ressort. Nous voulons seulement faire sentir comment on peut passer des oscillations d'un pendule à l'intensité de la pesanteur.

On donne le nom de pendule à un point matériel ou à un corps très petit, qui serait suspendu par un fil qui n'aurait point de roideur, qui serait très fin, et qui serait attaché dans sa partie supérieure à un point fixe. Le petit corps est soumis à l'action de la pesanteur et tend à tomber; retenu par la résistance du fil, il cause la tension de ce fil et lui fait prendre la direction de la pesanteur qui, ainsi que nous l'avons déjà vu, est perpendiculaire à la surface de la terre, ou pour mieux dire, à la surface des eaux. Si maintenant on écarte le pendule de la verticale, qu'on le mette dans une position oblique, et qu'on l'abandonne ensuite à lui-même, le petit corps tombe, et comme il est soutenu par le fil que nous supposons inextensible, il décrit un arc de cercle. Quand il arrive au point le plus bas de cet arc, il remonte d'une quantité parfaitement égale à celle dont il est tombé; quand il a fait ainsi son mouvement ascensionnel, il tombe de nouveau, remonte au point d'où il était parti, et ainsi de suite. Ce sont ces allées et ces venues successives du pendule que l'on désigne par le nom *d'oscillations*.

Il s'agit de vous démontrer que c'est la pesanteur qui est la cause de ce mouvement.

Nous avons dit un mot du mouvement d'un corps sur un plan incliné, et vous avez très bien conçu que c'était la pesanteur qui faisait tomber le corps le long de ce plan. Supposons qu'au lieu d'avoir un plan droit, on prenne un plan creux qui ait une courbure appartenant au rayon du fil du pendule. Alors le petit corps que nous mettrons au point A de cette espèce de canal, se mouvra absolument de la même manière, soit que le canal n'existant pas, il soit à l'extrémité du fil, ou que le fil n'existant pas, la petite boule parcoure la rainure circulaire. On ne peut donc douter que la pesanteur ne soit réellement la cause de ce mouvement.

D'ailleurs nous pouvons remarquer ici tout ce qui a lieu dans le mouvement dû à la pesanteur. Pendant que le petit corps tombe du point A pour arriver au point C, la pesanteur agit constamment sur lui, et il reçoit des augmentations continuelles de vitesse qui ne seront pas, il est vrai, les mêmes que lorsque le corps tombe librement. Il y a, pour chaque position du fil, des vitesses communiquées qui sont différentes.

Quand le corps est parvenu au point C, sa vitesse est à son maximum. D'après le principe qu'un corps qui a acquis une certaine vitesse doit, s'il continue à se mouvoir avec cette vitesse acquise, parcourir un espace double, le corps, en vertu de la vitesse acquise, tournerait toujours, s'il n'était pas soumis à l'action de la pesanteur. Mais la pesanteur ne quitte jamais le corps, et tandis qu'en vertu de la *vitesse* acquise, le corps tend à s'élever, la pesanteur tend à le faire descendre; de manière que les divers accroissemens que le corps a reçus en tombant du point A jusqu'au point C, sont détruits par des actions en sens contraire de la pesanteur qui ne cesse pas un seul instant d'agir sur lui; et lorsque le corps est parvenu au point B, à une hauteur justement égale à celle qu'il avait au moment du départ, la pesanteur ayant détruit toute la vitesse qu'elle avait donnée au corps, celui-ci tombe de nouveau pour revenir au point A, et retomber encore; et ainsi de suite.

Si on mesure les écarts qui ont lieu des deux côtés de la verticale, on trouve que les angles de ces écarts sont sensiblement les mêmes. Le déplacement de l'air par la boule détermine dans les oscillations une perte à chaque instant; mais cette perte est très peu de chose pour un nombre d'oscillations assez considérable. Ainsi on peut considérer les oscillations, de part et d'autre, comme étant absolument les mêmes, c'est-à-dire, qu'en vertu de la vitesse acquise le corps s'élève à une hauteur justement égale à celle dont il est tombé.

Nous pouvons généraliser ce fait et en déduire ce principe, que lorsqu'un corps tombe par l'action de la pesanteur, et qu'il cesse de lui obéir, ce corps, en vertu de la vitesse acquise, s'élèvera à une hauteur justement égale à celle de laquelle il est tombé

Le mouvement d'un pendule, une fois déterminé, continuerait à avoir lieu indéfiniment, sans la résistance de l'air et divers frottemens qui produisent à chaque instant une perte de forces.

Maintenant que vous concevez bien tout ce que je viens de vous dire, j'ajouterai une chose fort remarquable : quoique les amplitudes totales du pendule soient inégales, ces amplitudes, un peu plus grandes ou un peu plus petites, se font toutes dans le même temps. Cela néanmoins n'a pas lieu dans toutes les positions du pendule ; il faut supposer qu'on ne s'écarte de la verticale que d'une petite quantité. Cette propriété fort remarquable, qu'on appelle l'*isochronisme*, nous fournit un moyen fort simple de mesurer le temps et de constater la durée de divers phénomènes d'une manière parfaitement exacte.

Il faut remarquer aussi que la pesanteur, faisant tomber tous les corps dans le même temps, comme c'est une véritable chute qui a lieu dans le mouvement du pendule, il en résulte que si, au lieu de prendre une boule d'ivoire, on prend une boule d'argent ou de platine, ces pendules feront le même nombre d'oscillations dans le même temps. C'est même là un des moyens dont Galilée s'est servi pour démontrer que la pesanteur agissait de la même manière sur tous les corps.

On peut supposer que la boule du pendule soit comme un bassin qu'on peut remplir de diverses matières ; dans ce cas on aura un pendule qui fait le même nombre d'oscillations dans le même temps, quelle que soit la nature des matières contenues dans le bassin ; et réciproquement on peut se servir de ces oscillations qui se font dans le même temps pour démontrer que l'action de la pesanteur sur tous les corps est absolument la même.

Les deux pendules *A*, *B*, fig.   , qui ont des boules semblables, ne font pas leurs oscillations dans le même temps. Le petit fait ses oscillations beaucoup plus rapidement que le grand. Le calcul démontre que les durées des oscillations sont proportionnelles aux racines carrées des longueurs des fils de suspension. Ainsi, si la longueur du pendule A est quatre fois plus grande que la longueur du pendule B, la racine carrée de 4 étant 2, il en résultera que la durée des oscillations du grand pendule sera deux fois plus grande que la durée des oscillations du petit.

On est parvenu à déterminer la longueur du pendule qui faisait ses oscillations pendant une seconde. Vous pouvez concevoir qu'on peut trouver une longueur telle par l'expérience. En supposant qu'on n'ait point d'autre moyen que le tâtonnement, pour parvenir à trouver un pendule dont la longueur serait telle que les oscillations se feraient dans une seconde, quand on a ainsi proportionné cette longueur, que l'on peut apprécier immédiatement, on trouve d'un autre côté, la relation qui existe entre la durée d'une oscillation et la longueur du pendule, et en même temps l'intensité de la pesanteur. Car la pesanteur agit de telle sorte, que si elle devenait plus grande, les oscillations se feraient beaucoup plus vite; si elle devenait moindre, les oscillations diminueraient aussi.

Cette relation entre la durée d'une oscillation et l'intensité de la pesanteur et en même temps la longueur du pendule, est telle que le temps d'une oscillation est égal au rapport du diamètre à la circonférence, multiplié par la racine carrée du rapport de la longueur du pendule à la pesanteur. Ce qu'on exprime par la formule suivante :

$$T = \pi \; V \frac{g}{l}, \text{ d'où } g = \frac{\pi^2 l}{T^2};$$

C'est-à-dire que l'intensité de la pesanteur est égale au carré du rapport de la circonférence au diamètre, multiplié par la longueur du pendule, divisé par le carré du temps d'une oscillation.

C'est ainsi qu'on a trouvé pour la longueur du pendule qui bat les secondes à Paris, le nombre suivant :

$$l = 0,^{m}99584:$$

Tel est le résultat donné par Borda, que l'on a corrigé depuis ; mais nous devons dire que le nouveau résultat diffère très peu de celui de Borda.

Si on fait les opérations indiquées, on trouve pour la valeur de g :

$$g = 9,^{m}8008.$$

g est la vitesse que le corps a acquise lorsqu'il est tombé pendant une seconde.

C'est-à-dire, le corps abandonné à lui-même tombe pendant une seconde, d'un $\frac{1}{2} g$, de 4^m 9 dixièmes ; et au bout de cette seconde il a acquis une vitesse avec laquelle il parcourrait un espace égal à 9^m, 8088.

Quand on connaît le rapport que nous venons de déterminer, il est facile de trouver les variations de la pesanteur en différens points de la surface de la terre. En faisant osciller le même pendule, vers l'équateur ou vers le nord, on peut connaître le nombre d'oscillations qui s'y feraient dans un temps déterminé, ou bien, prenant le même nombre d'oscillations et le temps variable, connaître le temps pendant lequel se ferait un nombre donné d'oscillations.

Si on prend le même temps à Paris et sous l'équateur, on trouve que la pesanteur à Paris, est à la pesanteur sous l'équateur, comme le carré des oscillations faites à Paris, est au carré des oscillations faites sous l'équateur.

Si on prend le nombre des oscillations comme constant, on trouve que la pesanteur à Paris, est à la pesanteur sous l'équateur, comme le carré du temps des oscillations à Paris est au carré du temps des oscillations sous l'équateur.

Je n'en dirai pas davantage sur cet objet qui est du ressort du cours d'astronomie, enseignée d'une manière spéciale dans cet établissement. J'empiéterais sur les droits du professeur, en entrant dans plus de détails à cet égard.

Je ferai seulement observer qu'on a pu obtenir une très grande précision dans l'évaluation de l'intensité de la pesanteur. En effet, dans 9^m, 8088, nous avons le décimètre, le millimètre et le dixième de millimètre. On a poussé même plus loin l'observation, mais les fractions qui viennent ensuite sont si petites, qu'on peut les négliger.

Concevant comment on peut mesurer l'intensité de la pesanteur, nous allons résumer les principaux phénomènes qu'elle nous présente, et citer même quelques faits dont nous n'avions pas parlé.

La pesanteur agit entre tous les corps, dans quelque état qu'ils se trouvent, ce qui veut dire, soit qu'ils soient solides, liquides ou fluides élastiques ; et nous ajouterons, soit qu'ils soient en repos, soit qu'ils soient en mouvement.

Cavendish est le premier qui ait démontré l'attraction réciproque des corps, par une expérience extrêmement délicate et qui a demandé toute la sagacité de cet habile physicien. Cette expérience n'est pas susceptible d'être faite dans cet amphithéâtre. Cavendish est parvenu à démontrer que quand on a deux corps librement suspendus, une boule de plomb ayant un pied anglais de diamètre, et une petite boule qui n'avait qu'un pouce, la petite boule était déterminée à se porter sur la grande, par une action analogue à celle qui détermine les corps à se précipiter à la surface de la terre. Mais il y a une différence extrêmement grande, relativement à l'intensité de l'action. Quand nous laissons tomber un corps à la surface de la terre, sa masse étant des milliards de fois plus petite que celle de la terre, il en résulte qne l'action réciproque de deux corps, pris à la surface de la terre, doit paraître des milliards de fois plus petite que l'action de la terre. La pesanteur agit proportionnellement aux masses; voilà pourquoi nous voyons les corps tomber si rapidement. Mais deux corps en présence l'un de l'autre n'en sont pas moins soumis à cette action, et lorsqu'ils sont abandonnés à eux-mêmes, ils se rapprochent; ils se précipitent l'un vers l'autre. C'est là le fait constaté par Cavendish. Je ne puis que vous le rappeler, et non en faire la démonstration.

La terre nous présente une surface fort inégale, en partie couverte d'eau, en partie couverte avec des continens qui sont eux-mêmes couverts de nombreuses aspérités. Cependant, la terre est sensiblement ronde, et on peut la concevoir comme composée de couches concentriques d'une densité uniforme. Les plus hautes montagnes disparaissent quand on les compare aux dimensions de la terre. Le Chimboraço, si on représentait la terre par une boule d'un mètre de rayon, serait figuré sur cette boule par une petite aspérité qui ne serait pas la millième partie du rayon.

Par un temps calme, la surface des eaux ne présente point d'aspérités, elle est comme un vaste miroir sphérique.

En parlant de la pesanteur, nous avons dit qu'elle est perpendiculaire à la surface de la terre, il faut entendre qu'elle est perpendiculaire à la surface des mers, ou à cette surface supposée prolongée jusqu'au lieu que l'on considère. Nous verrons plus tard que, si la pesanteur n'était pas perpendiculaire à la surface de l'eau, l'eau étant soumise à l'action de la pesanteur, ne pourrait se maintenir en équilibre.

De ce que la terre est ronde, il en résulte que si on considère des lieux un peu distans, la direction de la perpendiculaire change nécessairement. Mais comme la terre est très grande, si nous considérons la pesanteur dans un espace comme Paris, par exemple, nous pouvons supposer, sans erreur sensible, que dans cette étendue, les directions de la pesanteur sont parallèles.

Nous avons établi que la pesanteur était proportionnelle

aux masses ; maintenant nous ajouterons que l'action de la pesanteur est réciproque au carré de la distance.

Pour bien comprendre ceci, il faut concevoir que la masse entière de la terre s'est réunie à son centre, et alors l'action de cette masse, ainsi concentrée, serait la même sur un corps placé à une distance déterminée, que si la masse entière de la terre était placée à sa surface.

Nous venons de mesurer l'intensité de la pesanteur, nous avons vu qu'elle était exprimée par $9^m,8088$. Si nous allions à une distance égale au double du rayon de la terre, la pesanteur ne serait plus simplement moitié, elle serait devenue quatre fois plus petite. Si nous supposons qu'on soit placé à une distance mesurée par trois fois le rayon, la pesanteur sera neuf fois plus petite. Elle diminue ainsi à mesure qu'on s'élève dans l'espace.

Sur la plus haute montagne, le Chimboraço, dont la hauteur est égale au 946e du rayon de la terre, la pesanteur diminue d'une quantité appréciable.

Ainsi que nous venons de le dire, une sphère matérielle attire absolument comme si toute sa matière se trouvait réunie à son centre.

Maintenant, si l'on conçoit une sphère creuse, formée de surfaces concentriques, un point matériel placé dans l'intérieur de cette sphère est en équilibre partout, et ne peut tomber.

Si nous concevons qu'on s'enfonce dans l'intérieur de la terre, l'action de la pesanteur ira toujours en diminuant, parce qu'en descendant on cesse d'être soumis à l'action de toutes les couches matérielles qu'on laisse au-dessus de soi.

Il nous reste maintenant à considérer la pesanteur comme caractère dans les corps. Nous avons dit que le véritable caractère des corps est l'impénétrabilité dont nous nous apercevons par la résistance qu'un corps oppose lorsqu'un autre corps veut prendre la place qu'il occupe lui-même. Ce caractère n'est pas toujours bien facile à constater, ni surtout facile à mesurer, au lieu que la pesanteur, que nous venons de démontrer appartenir à tous les corps au même degré, et qui peut être mesurée facilement, sera pour nous un caractère beaucoup plus précieux. C'est pourquoi nous considérerons désormais la pesanteur comme le véritable caractère servant à mesurer les corps.

POIDS DES CORPS.

La pesanteur, en agissant sur les corps, anime toutes les

particules matérielles que l'on peut concevoir dans ces corps. En d'autres termes, elle est proportionnelle aux masses. En vertu de cette action de la pesanteur, le corps tombe s'il est abandonné à lui-même. S'il ne tombe pas, il faut qu'il soit soutenu par un obstacle, et alors il exerce contre l'obstacle un effort que l'on désigne sous le nom de pression.

On peut concevoir toutes les actions particulières de la pesanteur, sur les molécules des corps, réunies en une seule et même force. On a donné le nom de résultante à la somme de toutes ces forces. Cette résultante prend aussi un nom particulier, on l'appelle poids; ainsi le poids d'un corps est la somme ou, pour mieux dire, la résultante de toutes les forces de la pesanteur qui agissent sur le corps : comme ce sont toujours des forces parallèles, cette résultante est égale à leur somme.

Il est évident que le nombre de ces actions particulières de la pesanteur est d'autant plus grand, qu'il y a plus de matière dans le corps. D'après cela, il est clair que le poids est proportionnel à la masse des corps.

Un corps composé de molécules matérielles soumises à l'action de la pesanteur a une seule et même résultante. Cette résultante ne passe pas indifféremment par tel ou tel point du corps; elle passe toujours par un point fixe. C'est ce point que l'on désigne par le nom de *centre de gravité*, ou centre de forces parallèles. Ce point est unique dans les corps, et si on met un obstacle dans la direction de ce point, cet obstacle détruira l'action de la pesanteur et empêchera le corps de tomber. C'est ainsi qu'une règle peut rester en équilibre sur la pointe d'une aiguille, si la résultante de toutes les actions de la pesanteur passe par l'extrémité de cette aiguille.

Si on prend une ligne composée de points matériels, mais supposée sans épaisseur sensible, le centre de gravité passera justement par le milieu de cette ligne, parce que nous aurons autant de points d'un côté que de l'autre.

Si l'on prend une surface, un rectangle, par exemple, on trouvera facilement le centre de gravité en cherchant un point symétrique dans ce rectangle. Ce point est celui d'intersection de deux lignes, dont l'une divise le rectangle en deux dans le sens de sa longueur, et l'autre le divise également ment en deux dans le sens de sa hauteur.

Si c'était un rectangle ayant de l'épaisseur, le centre de gravité devrait se trouver sur un plan qui couperait le rectangle en deux dans un sens, en deux dans l'autre, et enfin perpendiculairement à sa longueur. Il en résulterait trois lignes qui se couperaient en un point qui est la position du centre de gravité.

Nous n'avons besoin de parler du centre de gravité, dont la détermination repose sur des considérations tout-à-fait géométriques, que pour faire sentir ce qui se passe dans la balance. Par conséquent, il est inutile de nous appesantir d'avance sur cet objet.

COMPOSITION DES CORPS.

Après avoir épuisé ce que nous avions à dire relativement aux propriétés générales des corps et nous être beaucoup étendus sur la pesanteur, nous devons, avant de passer à d'autres matières, exposer la manière dont nous concevons que les corps sont formés.

Il existe deux systèmes sur la composition des corps : le système *atomistique* et le système *dynamique*. Le premier est adopté généralement en France et en Angleterre ; l'autre système a prévalu dans une grande partie de l'Allemagne.

Dans le premier système, on conçoit que les corps sont composés d'atomes. Nous avons déjà défini ce mot ; ce sont des particules extrêmement ténues, jouissant des propriétés générales de la matière, c'est-à-dire, impénétrables, ayant une figure déterminée, ayant aussi, pour expliquer la nature diverse des corps, une nature particulière relativement à chaque corps, placées à des distances respectives les unes des autres, et soumises à des forces, attractives d'une part, répulsives de l'autre, qui maintiennent ces atomes dans leurs positions respectives.

Nous admettons essentiellement dans les corps des distances ; ce qui permet de concevoir que ces distances peuvent diminuer et par conséquent qu'elles peuvent augmenter. Lorsqu'on comprime un corps, on diminue les distances, et l'on conçoit alors la diminution de volume que le corps éprouve.

Le système dynamique admet, au contraire, qu'il n'y a pas de vide dans les corps. En exceptant les solutions de continuité apparentes comme dans l'éponge, d'après ce système, les corps occupent tout l'espace qu'ils semblent occuper. A cela on ajoute une propriété que l'on regarde comme essentielle ; c'est que la matière est douée de compressibilité et d'élasticité, c'est-à-dire qu'elle peut être réduite par des forces suffisantes à occuper un espace plus petit, et se dilater lorsque l'action de ces forces diminue.

Je ne m'étendrai pas sur ce système qui, loin de rendre raison des phénomènes qui se passent sous nos yeux, conduit souvent à des absurdités. C'est ainsi qu'il faudrait admettre dans ce système, que lorsque deux corps de nature différente se combinent, ils se combinent intimement; ce que nous ne voyons point arriver pour les corps.

Je fais remarquer que ces systèmes sont des conceptions qu'on a imaginées. Le premier a l'avantage de l'analogie et en même temps celui de se prêter plus facilement à l'explication d'un grand nombre de phénomènes. Nous l'adopterons donc avec la plupart des physiciens. Mais, je le répète, c'est une conception de notre esprit de nous représenter ainsi les corps; nous ne savons pas ce que sont véritablement les atomes.

Je puis prouver cependant que les corps sont réellement composés de particules ou d'atomes qui ont une forme déterminée et régulière. Si l'on prend, par exemple, un morceau de spath d'Islande, et qu'on le brise par un choc ou qu'on le divise avec une lame de couteau, on obtient d'autres corps plus petits qui ont une forme absolument semblable au grand. Dans le spath d'Islande, cette forme est le rhomboïde. Si je réduis ces corps en poussière, et que mon œil ne puisse plus distinguer de formes, avec une loupe ou un microscope j'apercevrai des corps qui seront parfaitement semblables au premier. Quand enfin je ne pourrai plus, même au moyen de ces instrumens puissans, distinguer la forme de ces corps, m'appuyant sur l'analogie, je dirai que si je pouvais voir, je verrais encore des corps réguliers. Une foule d'autres corps nous présentent des phénomènes semblables, tels sont le sel marin, le bismuth, etc.

Il y a néanmoins un grand nombre de cas dans lesquels on ne voit pas de prime abord qu'un corps doit être cristallisé. Un bâton de soufre, par exemple, que l'on brise, ne présente aucune forme de cristallisation. Mais je dis que l'apparence est trompeuse, et qu'en réalité ce corps est réellement formé de particules régulières; c'est ce qu'on peut démontrer facilement. Il suffit de fondre du soufre, de le verser dans un vase, puis, quand la surface supérieure s'est couverte d'une croûte, l'intérieur étant encore liquide, de briser cette surface. On prend alors la nature sur le fait, et on voit une foule d'aiguilles, de prismes parfaitement déterminés.

Si l'on attend, au contraire, que la masse soit entièrement coagulée, on ne voit plus de ces aiguilles. Mais il est évident que puisqu'elles ont existé, et qu'aucune cause n'est venue les détruire, elles doivent exister encore, et que si elles ne paraissent pas, c'est qu'étant agglutinées les unes avec les autres par la solidification, elles ne peuvent se détacher.

Il en est de même à l'égard de la glace. Si vous attendez que l'eau soit tout-à-fait congelée, vous n'avez qu'une masse transparente, et vous n'apercevez, en la brisant, aucune apparence de cristallisation. Mais si vous brisez la glace avant que la congélation soit entière, vous distinguerez de très beaux hexaèdres.

Nous pouvons donc concevoir que les corps mêmes qui se présentent à nous, sans aucune espèce de cristallisation, n'en sont pas moins composés d'une infinité d'atomes qui ont une forme régulière et déterminée. C'était là ce que nous devions prouver.

MESURE DES CORPS.

Je vais maintenant dire quelques mots sur les moyens que nous emploierons pour mesurer les corps, non que je veuille rappeler le système nouveau des poids et mesures avec détails ; ces notions doivent être familières à la plupart d'entre vous. Mon unique intention est de vous faire sentir l'importance et l'avantage de ce système, qui consiste à avoir adopté une seule unité qui, quoiqu'elle ne soit pas encore généralement adoptée en France, l'est du moins par toutes les personnes qui ont besoin de faire des calculs.

Pour se mettre à l'abri de la jalousie des peuples, on a conçu une grande idée, c'est de prendre l'unité de mesure dans les dimensions mêmes de la terre. La terre a été mesurée avec beaucoup d'exactitude par des académiciens français. Quoiqu'on ne soit pas parvenu jusqu'au pôle, on a pu, cependant, d'après la loi que suit la courbure de la terre, calculer rigoureusement le quart du méridien, c'est-à-dire la distance depuis le pôle jusqu'à l'équateur. Cette distance sera invariable aussi long-temps que la terre n'éprouvera point de catastrophes ; si, donc, on perdait l'unité de mesure, il serait facile de la retrouver.

C'est la dix-millionième partie de cette distance du pôle à l'équateur qu'on a prise pour unité de longueur, et à laquelle on a donné le nom de *mètre*. La mesure de l'arc du méridien ayant été faite avec la toise, on a trouvé pour la longueur de cet arc, depuis le pôle jusqu'à l'équateur, 5,130,074 toises ; le mètre étant égal à la dix-millionième de cette quantité, on a pour la valeur du mètre 0ᵗ,513,074, c'est-à-dire qu'il est à peu près égal à la moitié de la toise.

De la mesure de longueur, on passe facilement aux mesures de surface et ensuite aux volumes, qui ont pour élémens des lignes : ainsi nous avons le mètre carré et le mètre cube.

On peut prendre la dixième partie du mètre, et on a le *décimètre*; la centième partie, et on a le *centimètre*; la millième partie, et on a le *millimètre*, qui est une quantité extrêmement petite, à peu près équivalente à une demi-ligne. Le grand avantage des nouvelles mesures est que ces mesures suivent le même décroissement que la numération décimale; ce qui permet de faire avec la plus grande facilité toute espèce de calculs.

Il s'agit de passer aux mesures de capacité. On conçoit qu'il faut ici plusieurs unités en raison des choses que l'on veut mesurer. On ne peut prendre la même mesure pour du blé et pour du vin. On a donc pour les capacités des unités variables; mais l'unité principale est le *décimètre cube*, c'est-à-dire, le cube de la dixième partie du mètre. Supposez ce cube creux, remplissez-le, vous aurez le décimètre cube en volume ou ce qu'on appelle le *litre*. On emploie le plus souvent cette mesure sous forme de cylindre.

Supposez qu'on ait rempli le décimètre cube d'eau à une température fixe, dont nous parlerons par la suite, et qu'on en prenne le poids, on aura la nouvelle unité de poids ou ce qu'on appelle le *kilogramme*. Ainsi un kilogramme ou un décimètre cube d'eau, c'est absolument la même chose. Ce rapport, extrêmement simple, permet de passer avec la plus grande facilité du poids des corps à leur volume.

Comme on avait besoin d'unités plus petites, on a pris la dixième partie du décimètre, qu'on appelle un *centimètre*; on en a fait un petit cube qu'on a aussi rempli d'eau à une température fixe, et on a eu le *gramme*, qui est l'unité dont on se sert en physique, où les corps que l'on a besoin de peser n'ont jamais un poids bien considérable. Le gramme se divise en dix parties, qu'on appelle chacune un *décigramme*, lequel se divise lui-même en *centigrammes*. On va même jusqu'au *milligramme*, qui est la millième partie du gramme, et par conséquent la millionième partie d'un kilogramme. Le milligramme est nécessaire pour les monnaies.

Vous remarquerez que pour chaque chose que l'on veut mesurer, il est indispensable d'avoir une unité particulière. L'unité est une chose que l'on prend pour terme de comparaison, et qui est de même nature que celle que l'on veut mesurer; car nous ne pouvons mesurer les choses en elles-mêmes et d'une manière absolue.

Il nous reste à indiquer ce que nous appellerons les moyens précis de mesure, car ce n'est pas tout que de pouvoir dire qu'un corps pèse tant, qu'il contient tant de matière. Il y a une foule de circonstances, et surtout dans les phénomènes de physique, où on a besoin de pousser la précision jusqu'à des dixièmes de millimètre, d'aller même jusqu'à des centièmes.

Nous parlerons d'abord des moyens de mesurer avec précision des longueurs. Le décimètre a été divisé en dix parties qu'on appelle des centimètres; chaque centimètre a été divisé à son tour en dix parties qu'on appelle des millimètres. Ces divisions sont assez petites pour les besoins ordinaires; mais en physique il faut des précisions beaucoup plus grandes.

Un moyen qui se présente d'abord serait de concevoir que le millimètre est lui-même divisé en dix parties. Mais, pour peu qu'on soit familier avec les instrumens, on sent qu'il serait difficile de diviser avec une précision suffisante un millimètre en dix parties; et en supposant même qu'on ait un instrument capable d'opérer ces divisions, l'œil n'apercevrait pas la division sur laquelle tomberait l'extrémité du corps qu'il s'agirait de mesurer. On s'est mis à l'abri de ces inconvéniens majeurs qui auraient fait rester la physique en arrière, faute de moyens précis de mesure, par l'invention d'un instrument que l'on désigne sous le nom de *vernier*, et qui permet d'évaluer des dixièmes et même des cinquantièmes de millimètre.

Voici en quoi consiste cet instrument. Soit une règle *AB*, divisée en un certain nombre de parties que nous supposerons être des décimètres. Si l'on veut avoir des dixièmes de décimètres, on prend neuf de ces parties avec lesquelles on forme la règle *ab*, que l'on divise ensuite en dix. Puisque l'on a dix parties dans la même longueur, où il n'y en avait d'abord que neuf, il est évident que les dix parties de la règle *ab* seront plus petites que dix parties de la règle *A B*. Appelant *A* une des grandes divisions, et *a* une des petites, nous aurons :

$$A : a :: 10 : 9, \text{ d'où } a = A \times \tfrac{9}{10}.$$

Par conséquent, la petite division sera les neuf dixièmes de la grande.

Si l'on met les deux règles l'une au-dessous de l'autre, de manière que leurs extrémités *A*, *a*, se correspondent, les divisions de la petite règle étant plus petites d'un dixième que les divisions de la grande, la première division de la petite règle se trouvera en arrière d'un dixième, la deuxième division sera en arrière de deux dixièmes; en un mot, chaque division se trouvera en arrière d'un nombre de dixièmes égal à son numéro.

Si maintenant l'on fait avancer la petite règle de manière que la première division coïncide avec la première division de la grande règle, il en résultera que la petite règle se sera avancée d'un dixième ; si la coïncidence se fait sur la deuxième division, elle se sera avancée de deux dixièmes, et ainsi de suite. Tel est l'artifice de ce moyen de division : voilà maintenant le parti qu'on en tire.

Soit une règle *DE* qu'on se propose de mesurer à un dixième de décimètre près, on porte cette règle sous la grande règle, de manière que l'une de ses extrémités corresponde au point *A*, on trouve d'abord deux décimètres et une fraction. Pour connaître cette fraction, on applique contre l'autre extrémité la petite règle *a b ;* la coïncidence a lieu à la neuvième division, d'où l'on conclut que la petite règle a pour mesure deux décimètres et neuf dixièmes.

Si, au lieu de prendre neuf parties, on en prenait 99 que l'on eût ensuite divisées en 100, on aurait eu des centièmes de décimètre ou des millimètres. En prenant 999 parties, on obtient des millièmes de décimètre, c'est-à-dire des dixièmes de millimètre. Si l'on veut aller au-delà, il y a une chose qui arrive dans le cas d'une très grande division, c'est qu'on ne peut plus apercevoir sur quelle division la coïncidence a lieu. Ce n'est qu'en se tenant sur des vingtièmes de millimètre qu'on peut compter sur des coïncidences frappantes.

Le vernier peut s'appliquer également au cercle et fournit le moyen de mesurer des angles d'une extrême petitesse.

Indépendamment de ce moyen de mesurer les longueurs par le vernier, il en est un autre de multiplier, pour ainsi dire, la précision ; soit un double compas fig. dont les branches *AB, AC* soient, par exemple, dix fois plus grandes que les deux branches *A D, A E.* D'après le principe des figures semblables, si on mesure une certaine longueur avec les deux petites branches, cette longueur sera répétée dix fois par les grandes, et réciproquement ; si donc, après avoir obtenu au moyen du vernier, un dixième de millimètre, on porte sur cette longueur les deux grandes branches de compas, les petites indiqueront une longueur dix fois plus petite, c'est-à-dire, un dixième de millimètre. Tel est le principe sur lequel est construit l'instrument nommé *comparateur.*

IMPRIMERIE DE E. DUVERGER,
RUE DE VERNEUIL, N° 4.

COURS DE PHYSIQUE.

LEÇON CINQUIÈME.

(Mardi, 20 Novembre 1827.)

RÉSUMÉ DE LA QUATRIÈME LEÇON.

Dans la dernière séance, nous avons cherché plutôt à vous faire sentir qu'à vous démontrer comment on était parvenu à déterminer l'intensité de la pesanteur, c'est-à-dire, à mesurer l'espace qu'elle fait parcourir à un corps. Nous avons dit qu'un corps librement abandonné à lui-même, parcourt, pendant une seconde, qui est l'unité de temps, un espace égale à 4^m, 9 dixièm. C'est le double de cet espace qu'on a pris pour mesure de l'intensité de la pesanteur.

. Nous avons ensuite exposé les principaux résultats de la pesanteur, nous les rappellerons en raison de leur importance.

RÉCAPITULATION DES EFFETS DE LA PESANTEUR.

Nous avons dit que la pesanteur était une force qui animait toutes les molécules des corps, dans quelque état que ces corps se trouvassent, à l'état de solides, à l'état de liquides, ou à l'état de fluides élastiques.

La pesanteur anime les corps proportionnellement à leur masse, c'est-à-dire, à la quantité de matière que les corps renferment. Lors donc que dans un corps il y a plus de particules matérielles que dans un autre, la pesanteur animant chacune de ces particules de la même manière, la chute de ces corps doit se faire dans le même temps.

Nous avons dit que la pesanteur agit dans l'endroit où l'on se trouve, perpendiculairement à la surface de la terre ; or, la terre ayant une forme arrondie, la pesanteur doit agir pour faire tomber les corps vers le centre. Par conséquent, les directions de la pesanteur, dans deux lieux très distans l'un de l'autre, ne sont point parallèles. Mais en raison de la grande dimension de la terre, relativement à l'espace dans lequel se fait la chute des corps, on peut regarder, dans un même lieu, deux lignes qui aboutissent au centre de la terre comme sensiblement parallèles.

La pesanteur agit instantanément sur les corps, et se propage avec une vitesse infinie. On conçoit d'après cela comment la pesanteur agit sur les corps, lorsqu'ils sont en mouvement, comme lorsqu'ils sont en repos, et que dans des temps égaux elle leur communique des accroissemens de vitesse qui sont parfaitement égaux.

Nous avons dit que l'attraction exercée par la terre décroît avec la distance, et réciproquement au carré de cette distance. C'est-à-dire, que prenant pour unité l'intensité de la pesanteur dans un lieu donné, à Paris, par exemple, où nous nous trouvons à la latitude moyenne depuis l'équateur jusqu'au pôle, et où l'intensité de la pesanteur est égale à $9^m, 8088$, si nous nous supposons transportés dans l'espace à une distance double du centre de la terre, la pesanteur ne sera pas simplement moitié, elle sera devenue quatre fois plus petite, c'est-à-dire, qu'elle ne sera plus égale qu'à $2^m, 4522$; si nous nous supposons transportés à deux rayons de la surface de la terre, ce qui fait trois rayons à partir du centre, la pesanteur sera devenue neuf fois plus petite, c'est-à-dire, qu'elle ne sera plus que de $1^m, 0898$. C'est ainsi que la pesanteur s'étend dans l'espace et qu'elle va jusqu'à la lune pour la déterminer à tendre vers la terre, d'après des lois qui sont connues.

On peut supposer que toute la masse de la terre est réunie à son centre; et, dans cette supposition, qu'on admet pour simplifier les questions, les corps placés à la même distance où ils sont maintenant se précipiteraient sur cette surface idéale avec la même vitesse.

Nous avons également fait remarquer qu'à mesure qu'on descendait dans l'intérieur de la terre, la pesanteur diminuait; et cela se conçoit très bien : puisque vous laissez au-dessus de vos têtes une certaine quantité de matière, vous n'êtes plus attirés que par les couches inférieures. La loi suivant laquelle cette attraction diminue est extrêmement simple.

Un corps pesant placé en un point quelconque dans l'intérieur d'une sphère creuse est en équilibre partout, la plus légère force suffit pour le faire voyager dans toutes les directions. D'après ce principe, on conçoit que si on descend à une certaine profondeur, à la moitié du rayon de la terre, par exemple, on peut imaginer qu'il y a une surface sphérique qui passe par le point où l'on se trouve, et qui a le même centre que la grande. Dans ce cas, on ne sera plus soumis qu'à l'attraction de cette sphère, et on peut démontrer que la pesanteur étant alors proportionnelle au rayon, les corps tomberaient avec une vitesse non pas égale à $9^m,8088$, mais égale à la moitié de cette quantité.

La vitesse que les corps acquièrent en vertu de l'action de la pesanteur paraît très considérable, et, d'après cela, vous pourriez croire que cette force est réellement très grande. Mais avec un peu de raisonnement, on voit que c'est, au contraire, une force extrêmement petite. Deux corps librement suspendus s'attirent, pour ainsi dire, insensiblement ; et les corps ne tombent avec rapidité qu'en raison de la grande masse de la terre. Cette force de la pesanteur qui résulte des attractions individuelles de toutes les molécules de la terre, est réellement très petite relativement à beaucoup d'autres forces que nous observons entre les corps. Ainsi la pesanteur est des millions de fois plus petite que l'attraction qui réunit les molécules dans les corps liquides, et des milliards de fois plus petite que celle qui réunit les molécules dans les corps solides.

L'intensité de la pesanteur dont nous avons parlé a été déterminée à la latitude moyenne, c'est-à-dire à 45 degrés ; mais cette intensité, et par conséquent la pesanteur elle-même varie suivant les divers lieux dans lesquels on se transporte. Si l'on s'avance vers l'équateur, on trouve qu'elle diminue ; elle va en augmentant lorsqu'on s'avance vers les pôles. Si nous prenons pour unité l'intensité de la pesanteur dans l'endroit où nous sommes, c'est-à-dire à la latitude de 45 degrés à peu près, et si nous prenons ensuite la somme des variations qui ont lieu autour de ce point, nous trouverons que la variation moyenne est du 176e de l'intensité de la pesanteur sous le 45e degré.

Maintenant, la pesanteur peut varier dans le même lieu, suivant la hauteur. Je suppose que l'on soit dans un ballon, et que l'on connaisse le rayon moyen de la terre dans l'endroit au-dessus duquel on se trouve ; ce rayon moyen est pris pour la France entière et l'Allemagne ; on prend la hauteur à laquelle on s'est élevé, on divise ensuite l'intensité de la pesanteur par le carré du rayon, et l'on a alors la diminution de la pesanteur. On a trouvé, par des observations faites sur le haut du Pichincha, montagne de l'Amérique qui a $4,744$ mètres de hauteur, que la pesanteur dans cet endroit était à peu près d'un millième plus petite que celle qui aurait lieu à la même latitude à la surface de la terre. Sans l'influence de la montagne, la diminution eût été un peu plus forte ; elle aurait pu aller, par exemple, à 15 dix-millièmes. Il y a dans une montagne une masse considérable de substances matérielles qui fait que la pesanteur ne diminue pas autant que si on s'élevait dans la verticale.

Ces diminutions sont toujours des quantités assez petites dans le même lieu. Pour peu que l'on ne s'élève que d'un millième, on peut regarder, dans la même verticale, la pesanteur comme constante ; mais si vous vous transportez vers l'équateur ou vers le pôle, vous aurez des variations notables.

Admettons pour un instant que la terre soit parfaitement sphérique et qu'elle soit immobile, ou que du moins elle n'ait point de mouvement de rotation ; car son simple mouvement de translation ne s'opposerait point à l'effet dont nous allons parler. Si la terre était sphérique et sans mouvement de rotation, alors la pesanteur serait partout la même, en admettant que la terre soit un corps homogène.

Supposez maintenant que la terre vienne à tourner, et alors, en raison de ce mouvement de rotation, et en prenant le plus grand cercle de la terre, qui est l'équateur, dans le sens de ce mouvement, la vitesse à l'équateur va devenir très grande. Il est facile de calculer cette vitesse. Il suffit de diviser la circonférence à l'équateur par la durée d'une révolution entière de la terre, et on trouve que la vitesse qu'a un corps placé à l'équateur, uniquement en vertu du mouvement de rotation de la terre, est à peu près égale à celle d'un boulet de canon : c'est-à-dire d'environ 500^m par seconde ; ce qui peut nous donner une idée des énormes dimensions de la terre, puisqu'il nous faut répéter cette vitesse 86,400 fois pour revenir au même endroit. De cette grande vitesse résulte une force centrifuge, en vertu de laquelle les corps qui sont placés à la surface de la terre tendent à s'en éloigner. Tout le monde sait que lorsqu'on prend une pierre attachée à l'extrémité d'un fil, ce qu'on appelle une *fronde*, et qu'on fait tourner la fronde, le fil est tendu avec une force d'autant plus grande que la vitesse est plus grande. Cette force est proportionnelle au carré de la vitesse qu'a le corps. La force centripète est celle qui tend à ramener vers le centre le corps que la force centrifuge tend à faire fuir.

Un corps soumis à ces deux forces tend à aller vers le centre avec la différence des deux forces.

A l'équateur, la force centrifuge diminue la pesanteur d'un 289e. Cette quantité est donc tout-à-fait dépendante de la vitesse de la terre ; et si la terre avait sous l'équateur un mouvement dix-sept fois plus rapide, et si par conséquent elle opérait sa révolution en une heure sept vingt-quatrièmes, la force centrifuge serait égale à l'attraction vers le centre de la terre ; et les corps seraient en équilibre, ils ne pèseraient pas. Si la vitesse était plus de dix-sept fois plus grande, les corps seraient lancés dans l'espace, et il se ferait une excavation sous l'équateur ; mais à mesure qu'on pénétrerait dans l'intérieur, la force centrifuge deviendrait plus petite, et l'équilibre finirait par se rétablir.

Pareille chose ne pourrait avoir lieu sur tous les points de la surface de la terre. Les points qui sont placés aux diverses latitudes de la terre n'ont pas nécessairement la même vitesse, parce que la grandeur des cercles décrits va en décroissant : cette grandeur est proportionnelle au co-sinus de la latitude.

Ce sont ces cercles qui mesurent l'espace parcouru par un corps placé à la circonférence de chacun d'eux. Au pôle, le cercle se réduit à un point ; par conséquent, la force centrifuge au pôle est absolument nulle, tandis qu'à l'équateur elle est à son *maximum*. On a déterminé les lois suivant lesquelles la force centrifuge croît ou décroît, entre le pôle et l'équateur ; je ne vous citerai pas les expressions algébriques de ces lois.

Il y a encore une autre cause qui fait diminuer l'intensité de la pesanteur. La terre n'est pas une sphère parfaite ; il y a une différence d'environ cinq lieues entre les rayons à l'équateur, et le rayon qui part du centre et va vers le pôle. Par conséquent, les corps placés au pôle étant plus rapprochés du centre de cinq lieues seront plus attirés par la terre.

Je ferai remarquer aussi, avant d'aller plus loin, quelques conséquences qui m'étaient échappées. Il se passe dans le ciel des phénomènes qui méritent de fixer l'attention. Nous voyons tomber à la surface de la terre des corps qu'on nomme *aérolites*, et dont l'origine est un problème. Les uns les font venir de l'atmosphère, les autres de la lune ; d'autres les font venir de l'espace. On peut, d'après les phénomènes de la pesanteur, d'après la rapidité du mouvement qu'elle communique aux corps, faire voir quelle est l'hypothèse la plus vraisemblable.

On remarque que ces corps se meuvent avec une rapidité extrême ; ils ne font que passer, aussi prompts que l'éclair. Des observateurs, placés à des distances de cinquante, même de cent lieues, ont aperçu ces corps en même temps, ce qui ne peut avoir lieu que pour des corps qui sont à une hauteur très considérable dans l'espace.

Si ces corps se formaient dans l'atmosphère, ne pouvant

se donner du mouvement à eux-mêmes, ils ne pourraient en recevoir que de la part de la terre. Or, à la première seconde de leur chute ils auraient une certaine vitesse qui ne serait pas de 9ᵐ, 8088 puisqu'ils sont à une hauteur considérable où la pesanteur est moindre qu'à la surface de la terre. Supposons qu'ils aient la moitié de cette vitesse au bout de la première seconde. Ensuite la vitesse irait croissant proportionnellement au temps. Cherchons à nous faire une idée de cette vitesse au moyen de quelques exemples. Si un corps tombait du haut du Munster, à Strasbourg, l'un des édifices les plus élevés qui se trouvent en France et même en Europe, il faudrait à ce corps, pour tomber de cette hauteur, cinq secondes et quatre dixièmes. Pour qu'un corps acquît la vitesse d'un boulet de canon, vitesse qui est de 5oo mètres environ par seconde, il faudrait qu'il tombât d'une hauteur de 12,744 mètres, et il lui faudrait 51 secondes. Si les aérolites s'étaient formés dans l'atmosphère, ils n'auraient pu prendre qu'une vitesse telle que l'œil eût pu les suivre dans leur chute. Or, ces corps ne font que passer, ils paraissent se porter d'un point de l'horizon à l'autre en un instant. Il faut donc qu'ils viennent de l'espace où ils ont reçu depuis la distance de laquelle ils viennent des accroissemens de vitesse à chaque unité de temps ; de sorte qu'en arrivant dans notre atmosphère, ils avaient déjà une vitesse énorme.

Ces aérolites viennent-ils de la lune ? Il faudrait supposer alors que ce sont des volcans qui les ont lancés. C'est une explication qui a été abandonnée. Il faut supposer que ce sont de petits corps qui nagent dans l'espace comme les planètes jusqu'à ce qu'ils tombent dans l'atmosphère de la terre qui, par son attraction, les force à se précipiter à sa surface.

Ces phénomènes ont été ignorés pendant long-temps, c'est-à-dire que pendant long-temps on a refusé de les admettre ; car les pierres tombaient autrefois comme elles tombent aujourd'hui. Il y a de ces pierres qui, dans certains pays, sont regardées comme des objets de vénération parce qu'on avait cru les voir tomber du ciel avec accompagnement de nuages, d'éclairs et de bruit. Ces chutes sont tellement fréquentes aujourd'hui, qu'il ne se passe pas une année sans qu'il y ait en Europe une ou plusieurs de ces chutes dont l'existence est maintenant parfaitement constatée.

Je reviens maintenant à l'objet principal dont nous devions nous occuper.

Nous avons dit que les corps étaient soumis à l'action de la pesanteur, et que la pesanteur, agissant également sur toutes les particules des corps, on pouvait se servir de son action pour mesurer la quantité de matière contenue dans les corps.

Un corps tend à tomber avec une certaine force, en raison précisément de la quantité de particules matérielles qu'il renferme. La somme de ces actions est ce qu'on appelle la résultante de la pesanteur ou poids. Plus il y a de particules matérielles dans un corps, plus ce corps est pesant. Vous voyez donc bien clairement que dans les corps le poids est proportionnel à la masse.

Nous voilà parvenus à un moyen bien simple de mesurer la quantité de matière dans les corps. Ce sera de mesurer leur poids, c'est-à-dire l'effort qu'ils font pour se précipiter à la surface de la terre. Si c'est un fil qui supporte ces corps, il s'agira de mesurer la tension de ce fil ; si c'est un obstacle qui les soutient, il s'agira de mesurer l'effort exercé contre cet obstacle.

Pour mesurer cette nouvelle propriété dans les corps, il nous faudra une unité particulière et de même nature que la chose qu'on veut mesurer. Nous ne pouvons mesurer des poids que par des poids. Nous serons obligés de prendre une matière arbitraire, de l'or, de l'argent, du cuivre, etc., nous en prendrons une quantité déterminée que nous appellerons unité de poids. On est convenu de prendre pour cette unité l'eau qui est un corps qu'on peut avoir très pur dans tous les temps, dans tous les lieux. Il s'agit seulement d'en avoir le volume, on prend le décimètre cube, on le remplit d'eau, et on a le *kilogramme*. On divise cette unité en mille unités plus petites, et on a ce qu'on appelle le *gramme* ; on divise ensuite le gramme en *décigrammes*, en *centigrammes*, en *milligrammes*. Mais l'eau ne serait pas un poids très commode dans la pratique, on prend alors le poids qui ferait équilibre au poids de l'eau. Ainsi nos poids sont en fer, en argent, en or, en platine même, lorsqu'on veut avoir des poids qui ne s'altèrent pas. Nous dirons tout à l'heure comment on mesure exactement les poids des corps.

Nous avons d'abord parlé de la manière de mesurer les longueurs. Les longueurs sont les élémens des surfaces et les élémens des volumes ; par conséquent, si on sait mesurer exactement une ligne, à un centième de millimètre près, nous aurons, avec la plus grande précision, les longueurs, les surfaces et les volumes.

Comment mesure-t-on les longueurs ? On prend une échelle bien faite qui sera le mètre pour les grandes divisions, le millimètre pour les petites. Mais on veut avoir des divisions plus petites que le millimètre, et voici l'artifice qu'on a employé. On a imaginé de prendre seulement une quantité de 9 millimètres, de diviser cette quantité en dix parties, et alors chaque nouvelle division sera d'un dixième plus petite qu'un millimètre. Si on prend 99 millim., et qu'on divise cet espace en cent parties, ce qui est aussi facile que de diviser en dix, on aura des centièmes de millimètre. Tel est le principe sur lequel est construit l'instrument appelé *vernier*. Je vous ai montré le moyen de s'en servir.

On emploie le vernier dans le compas d'épaisseur, qui a pour objet de déterminer le diamètre des corps.

Nous avons encore parlé d'un autre instrument propre à multiplier pour ainsi dire la précision, c'est le *comparateur*. Je vous ai démontré comment, en réunissant cette espèce de compas de proportion au vernier, on pouvait lire facilement des centièmes de millimètre: on pourrait même avoir des deux-centièmes de millimètre. Voilà la plus grande précision qu'on cherche à obtenir en général. Cette quantité, qui est contenue cinq cents fois dans une ligne, devient tout-à-fait négligeable dans les circonstances ordinaires.

Enfin il existe un troisième moyen d'obtenir des mesures très précises, c'est en se servant de la vis. Vous savez qu'une vis est un corps cylindrique évidé en spirale ; chaque révolution de la spirale s'appelle pas de la vis, ces pas peuvent être plus ou moins écartés. Supposons que nous ayons fait des pas de vis justement d'un millimètre, c'est-à-dire qu'il faille faire faire un tour à la tête de la vis, pour que sa pointe s'enfonce d'un millimètre. Cette supposition admise, imaginons un cercle ou cadran dont l'aiguille soit attachée à la tête de la vis, de manière qu'elle puisse en suivre le mouvement. Ce cercle pourra se diviser facilement en 200 parties. Si l'on fait tourner la vis de manière que l'aiguille partant du point zéro revienne à ce même point, on peut assurer que la vis s'est enfoncée d'un millimètre ; si l'aiguille n'a fait qu'un centième de tour, la vis ne se sera enfoncée que d'un centième de millimètre. Si je n'ait fait avancer l'aiguille que d'un 500ᵉ, quoiqu'une aussi petite division ne soit pas appréciable à l'œil, vous ne pourrez me refuser, rigoureusement parlant, que la vis ne se soit réellement enfoncée que d'un 500ᵉ de millimètre.

Ce moyen de mesure est extrêmement simple et très précis ; mais malheureusement il ne se prête pas à toutes les opérations qui ont pour objet de mesurer les corps. Ainsi, suivant les circonstances, on emploie ou le vernier, ou le comparateur, ou la vis micrométrique.

TEMPS.

Dans l'observation des phénomènes de la nature, le temps est un élément de la plus haute importance. Je n'entrerai pas dans le détail des instrumens qui servent à le mesurer : ces instrumens reposent tous sur l'habileté des artistes. Je rappellerai seulement à ceux qui veulent faire des expériences ce mot de Franklin : « Il faut qu'un physicien qui veut faire de la physique sache percer avec une scie et scier avec une vrille. » Cela est vrai jusqu'à certain point ; il faut qu'un physicien sache tirer parti de tout ce qu'il a sous la main. J'ai besoin de mesurer la durée d'un phénomène, je prends une balle de plomb, une pierre, une clé, ce qui me tombera sous la main, je le suspends par un fil que je fais plus ou moins long. Après cela je n'ai qu'à écarter ce fil de la verticale, aussitôt j'ai des oscillations qui sont isochrones, c'està-dire qui se font dans le même temps ; et comme dans les phénomènes de la nature ce sont des rapports que l'on cherche, et non le temps absolu, en comptant le nombre des oscillations qui ont lieu pendant deux phénomènes, le rapport entre ces oscillations donnera le rapport entre la durée des phénomènes.

Si vous trouvez que les oscillations sont un peu trop lentes, vous raccourcissez le fil, et vous avez des oscillations plus rapides ; vous trouvez que les oscillations se font trop vite, vous allongez le fil, et leur nombre diminue dans le même temps. Enfin, vous pouvez proportionner votre fil de telle sorte que vous pourrez mesurer en nombre rond la durée d'un phénomène.

On divise aussi le temps par l'écoulement des liquides. On a un vase qui a dans le bas une ouverture fermée par un robinet : en ouvrant ce robinet, l'eau coule, et l'on compte combien il faut de secondes pour vider ce vase, et l'on se fait ainsi une unité qui sert ensuite à mesurer la durée des phénomènes.

BALANCE.

Nous savons mesurer les longueurs, les volumes, les surfaces ; nous savons comment on mesure le temps : il nous reste à dire comment on peut mesurer les masses des corps, c'est-à-dire comment on prend les poids des corps Cela se fait d'une manière bien simple avec un instrument que nous connaissons tous sous le nom de *balance*, fig. 1. Je prends, pour vous en donner une idée, la balance ordinaire, telle qu'on la construit, c'est-à-dire assez grossièrement, parce qu'il s'agit simplement de comprendre ce que c'est qu'une balance. La balance est un levier qu'on appelle un fléau, lequel porte dans son milieu un axe ou couteau posant sur des surfaces planes ou arrondies. Ce fléau, qu'on suppose parfaitement symétrique de part et d'autre de son axe, porte deux plateaux à ses extrémités, et c'est dans ces plateaux que l'on met les poids et les corps que l'on veut peser. Peser un corps, c'est chercher à lui faire équilibre avec un autre corps, c'est chercher, en d'autres termes, le nombre d'unités de poids nécessaire pour faire équilibre au poids du corps.

D'abord il faut remarquer que, dans la balance ordinaire, on s'attache avec le plus grand soin à avoir deux bras parfaitement égaux. Si les bras ne sont pas égaux, des poids inégaux peuvent produire l'équilibre de la balance, et alors on serait trompé sur le poids des corps. Or, c'est une chose rigoureusement exigée, même par les réglemens de police, qu'on ne soit pas trompé dans les pesées.

Il y a cependant un moyen de se rendre indépendant de cette inégalité : c'est de peser deux fois le corps, c'est-à-dire de le peser une fois dans un plateau, en cherchant le poids qu'il faut pour lui faire équilibre, et ensuite, quand on a trouvé ce poids, de changer le corps de plateau ; et si l'équilibre existe encore, vous pouvez en conclure l'égalité des deux bras de la balance.

Il est une autre manière d'éviter les erreurs, qui est employée plus généralement dans les pesées. Elle consiste à faire deux pesées dans le même plateau, à faire ce qu'on appelle la pesée par tare. C'est celle-là qu'on emploie en physique et en chimie, quand on veut une grande précision.

Soit un corps dont on veut connaître le poids. On le met dans un des plateaux de la balance, et on lui fait équilibre au moyen d'un corps quelconque, de la grenaille de plomb, par exemple, sans s'inquiéter nullement de l'égalité des bras. On ôte ensuite ce corps, et on le remplace par des poids en nombre suffisant pour maintenir l'équilibre. Il est évident, dans ce cas, que puisque le corps que l'on a ôté, et les poids par lesquels on l'a remplacé, font équilibre au même poids, ils sont égaux, d'après l'axiome, que deux quantités égales à une troisième, sont égales entre elles. Nous aurons donc le véritable poids du corps, indépendamment de la longueur réelle des deux bras du fléau. On appelle aussi cette manière de peser les corps, méthode de Borda, parce que c'est ce physicien qui l'a le premier imaginée. Elle n'a qu'un inconvénient, c'est d'être plus longue, parce qu'il faut faire deux pesées bien exactes, tandis que si l'on avait une balance dont les bras fussent parfaitement égaux, une seule pesée suffirait.

Après avoir indiqué comment on peut prendre le poids d'un corps, il s'agit de savoir comme on parvient à une extrême précision. Ici, il n'y a pas d'artifice particulier comme pour la mesure des longueurs; tout consiste dans l'habileté de l'artiste et le fini de l'exécution. Il faut, par exemple, que l'axe, au lieu d'être arrondi, soit tranchant comme un rasoir et repose sur des corps très durs, attendu que ces corps déterminent la sensibilité de l'instrument. En un mot il faut remplir les conditions de la manière la plus avantageuse. Avec des balances parfaitement exécutées, on parvient à mesurer facilement des millionièmes de kilogramme; ce qui est une quantité presque inappréciable. On peut aller jusqu'à mesurer des quantités dix fois plus petites, c'est-à-dire des dix-millionièmes de kilogramme, avec des balances qui ne sont destinées qu'à de petits poids. Ces dernières balances exigent beaucoup de délicatesse dans leur exécution, et doivent être d'une très petite masse.

Quand on veut avoir des balances destinées à recevoir des poids considérables, il faut nécessairement donner à ces balances une résistance assez grande; et comme il y a dans les masses considérables des frottemens qui sont très grands, on ne pourrait, avec ces balances, peser au-delà d'un millionième de kilogramme. Il faut remarquer aussi que la sensibilité ne reste pas la même pour tous les poids; ainsi, quoiqu'on puisse avoir des millionièmes de kilogramme, on ne peut avoir des millionièmes de milligramme.

Si vous prenez des balances très légères, un fléau qui sera une simple aiguille, vous pourrez peser alors le gramme et toutes les divisions du gramme, comme cela a lieu dans les monnaies.

Du reste, les principes de construction de toutes les balances sont absolument les mêmes. Nous allons les exposer très brièvement, parce que, je le répète, la bonté de l'instrument dépend tout-à-fait du talent de l'artiste.

Je remarquerai d'abord que la balance réside, pour ainsi dire, en entier dans le fléau, et dans la manière dont il est disposé. Nous allons vous présenter quelques considérations qui serviront à vous faire bien comprendre que la disposition du fléau est la chose la plus importante à observer.

Soit une règle $A\,B$ placée sur une arête, fig. 2. Toutes les particules qui composent cette règle étant soumises à l'action de la pesanteur, si cette règle ne tombe pas et reste en équilibre, il faut que toutes les actions de la pesanteur aient une résultante, et que cette résultante passe par la verticale qui passe elle-même par le point d'appui. Si cette résultante ne passait pas par la verticale, alors nécessairement la règle tournerait.

La première condition à remplir pour l'équilibre du fléau d'une balance, c'est que la résultante de la pesanteur, autrement dit le poids, passe par la verticale passant elle-même par le centre de suspension. Supposons une règle dans laquelle on ait percé plusieurs trous sur la verticale qui passe par le centre de gravité en-dessus et en-dessous de ce centre de gravité. On peut faire de chacun de ces trous un axe de suspension, et alors plusieurs cas peuvent se présenter. En supposant la règle homogène, le centre de gravité passera par le trou du milieu. Si l'on suspend la règle par le trou inférieur, on peut bien établir l'équilibre, mais on a beaucoup de peine à le trouver, et quand on l'a trouvé, un rien peut le détruire. Si on construisait une balance semblable, et qu'il y eût une grande distance entre le centre de gravité et l'axe de suspension, on aurait ce qu'on appelle une balance folle; en supposant qu'on soit parvenu à trouver l'équilibre, le plus léger souffle suffirait pour faire pencher la balance.

Ceci nous conduit à remarquer dans les corps deux espèces d'équilibres; l'un, que nous appellerons stable, a lieu lorsque le centre de gravité est en-dessous du centre de suspension. En se servant de la règle dont je parlais tout à l'heure, si on prend le point de suspension en-dessus du centre de gravité, et qu'on dérange cet équilibre, la règle oscille, tend à revenir à sa position primitive, et l'on a un équilibre stable.

Si, au contraire, l'axe de suspension se trouve au-dessous du centre de gravité, on dit que l'équilibre est instable. Ce cas se présente dans une foule de circonstances. Un bâton peut rester en équilibre, posé sur son extrémité inférieure; mais si un rien le dérange, il tombe aussitôt.

Un parallélipipède posé sur sa large base est en équilibre stable. S'il est posé sur une arête, l'équilibre peut exister, mais il est instable.

Revenons maintenant à la balance. Quand le centre de suspension est placé au-dessous du centre de gravité, nous avons une balance folle. Quand l'axe de suspension est au-dessus du centre de gravité, la balance est dite paresseuse, et elle sera d'autant plus paresseuse que la distance entre le centre de suspension et le centre de gravité sera plus considérable.

Enfin quand le centre se trouve exactement sur l'axe de suspension, la balance reste dans toutes les positions qu'on lui donne; elle est dite insensible.

Que faut-il faire au milieu de tous ces effets variés qui résultent de la position respective du centre de gravité et du centre de suspension? c'est de faire en sorte que la balance ne soit ni trop folle ni trop paresseuse. On obtient la sensibilité convenable en plaçant l'axe de suspension légèrement au-dessus du centre de gravité. Dans ce cas, lorsqu'on fait pencher un peu la balance, le centre de gravité déplacé tend à revenir dans la verticale, et il s'établit une série d'oscillations tout comme dans le pendule.

Il nous reste maintenant à parler des plateaux. Lorsqu'on a une force fixe qui doit agir sur un point, on peut appliquer cette force là où l'on veut, et l'on n'établit pas moins l'équilibre des plateaux soit que les fils qui les soutiennent soient plus longs ou plus courts. Ces fils sont supportés par des couteaux. Une condition nécessaire à remplir, c'est que la ligne qui joint les deux couteaux passe par l'axe de suspension. Je ne dis pas par le centre de gravité, parce qu'il faut remarquer que la matière que nous regardons comme ayant le plus de rigidité est encore très flexible. Si nous prenons, par exemple, une barre de fer d'un pouce d'épaisseur, qui par conséquent vous paraît devoir être très résistante, et que nous la mettions en équilibre sur une arête, cette barre ne restera pas en ligne droite, elle fléchira. C'est à cause de cette flexion nécessaire des matières même les plus rigides, flexion qui est déterminée dans une balance, par les poids qui chargent les plateaux, qu'il faut avoir le soin de mettre les points d'attache de ces plateaux sur la même ligne que le centre de suspension.

Il faut de plus qu'il y ait dans les points d'attache une mobilité parfaite. C'est pour cette raison que l'axe, déjà très mobile, porte un petit crochet également très mobile, auquel sont attachés les fils du plateau.

Supposons, par exemple, qu'au lieu de se mouvoir avec une grande facilité autour de leur axe de suspension, les plateaux soient attachés d'une manière invariable à l'extrémité du fléau. Que va-t-il arriver dans ce cas? si l'on met un poids dans l'un des plateaux, ce plateau va se rapprocher de la verticale, l'autre s'en écarter, par conséquent les plateaux exerçant leur action sur les extrémités du fléau à des distances inégales du centre de suspension, empêchent qu'on ne connaisse le véritable poids des corps. Donc il faut donner aux axes de suspension des plateaux la plus grande mobilité possible, afin que les plateaux soient toujours dans deux verticales et à la même distance du centre de suspension.

Il ne reste plus qu'une dernière attention à avoir; elle est relative au couteau. J'ai dit qu'il fallait que ce couteau fût tranchant comme un rasoir. C'est trop dire, car dans ce cas il s'égrènerait très facilement. Mais il faut que le tranchant soit aussi fin que possible. Je suppose, en effet, qu'au lieu d'avoir un couteau vous ayez un axe arrondi; que va-t-il arriver? Si j'incline tant soit peu le fléau reposant sur un axe supposé arrondi, cet axe va se développer, pour ainsi dire, sur le plan, et le point de contact de l'axe et du fléau, au lieu de se faire au milieu de ce fléau se trouvera à une distance inégale des deux extrémités. C'est ce qu'il est facile de voir au moyen des fig. 3 et 4, dont l'une représente un fléau posé sur un couteau, et l'autre représente un fléau posé sur un axe arrondi.

Pour qu'une balance soit parfaite, il faut qu'elle ne se fatigue pas, et c'est pour cela qu'on a imaginé d'avoir deux branches verticales qui sont mobiles, et qui peuvent s'affaisser ou se soulever au moyen d'une manivelle. Ces branches portent deux fourchettes qui soutiennent le fléau, et l'empêchent de porter sur le couteau qui est alors soulagé.

Enfin, une pièce d'une grande importance qu'on joint aux balances, c'est une aiguille qui sert à indiquer à celui qui pèse les oscillations de la balance, sans qu'on soit obligé d'avoir les yeux sur les plateaux.

ÉTATS DES CORPS.

Nous allons maintenant entrer véritablement en matière, et examiner les propriétés des corps. Dans cette séance même, nous allons définir les divers états sous lesquels les corps se présentent à nous.

Les corps se présentent à nous sous trois états différens dont nous avons tous une idée, je ne dirai pas exacte, mais au moins confuse. L'un de ces états est l'état *solide*, le second est l'état *liquide*, et le troisième est l'état qu'on a désigné par le nom d'*aériforme* ou de *fluide élastique*.

L'état solide est connu de tout le monde. Ce qui nous frappe immédiatement dans un solide, c'est la difficulté avec laquelle les molécules des corps peuvent être séparées. De ce que les particules d'un corps résistent à la séparation, il faut conclure que ces particules sont liées par une force. Car dès que je veux les séparer, c'est une force que j'emploie, et si cette force ne peut produire son effet, il faut qu'il y ait une force opposée qui détruise son action. Nous parlerons plus tard de la mesure de cette force.

Puisque les molécules sont liées entre elles, vous concevez facilement qu'elles ne peuvent glisser les unes sur les autres ; vous concevez encore que les corps ayant une forme déterminée, doivent la conserver, et qu'ils conserveront la forme propre que vous leur donnerez.

Si je place un corps solide sur ma main, et que je le presse de haut en bas, la pression sera transmise à ma main, sans que le corps soit sensiblement défiguré ; c'est pour cela qu'on dit que les solides transmettent la pression dans le sens qu'ils la reçoivent.

Cependant, si nous pouvions pénétrer dans l'intérieur des corps, et observer ce qui se passe entre leurs molécules, nous verrions que lorsque le corps éprouve une pression du haut en bas, cette pression se transmet réellement dans tous les sens. Mais les pressions latérales se trouvent détruites par la résistance des molécules qui, comme je l'ai dit, sont liées entre elles par une certaine force.

Prenons pour exemple une substance qui ne soit pas trop rigide, c'est-à-dire, dont la force de cohésion ne soit pas très grande, comme du sucre, et supposons qu'on en fasse une colonne d'une hauteur un peu considérable, la force résultante de la pression étant alors plus grande que la force qui s'oppose à la séparation des molécules, cette colonne se brisera.

ÉTAT LIQUIDE.

Le second état des corps est l'état liquide. Dans les liquides une chose nous frappe au premier abord, c'est une extrême mobilité dans toutes leurs particules. Promenez la main dans un liquide, vous n'éprouvez aucune résistance, une molécule se substitue à l'autre avec la plus grande facilité ; de sorte que les positions des molécules, les unes par rapport aux autres, sont tout-à-fait indifférentes ; tandis que dans les corps solides, la position des molécules est nécessaire, invariable.

Nous supposons ici des propriétés extrêmes ; mais dans la réalité, les propriétés des corps ne sont pas telles. Ainsi les corps peuvent être plus ou moins solides, le fer est plus solide que le plomb. De même dans les liquides, dont je suppose la mobilité parfaite, cette mobilité est très variable. Les molécules de l'eau sont très mobiles, mais celles de l'esprit-de-vin le sont davantage ; les huiles, les sirops sont visqueux, et leurs molécules adhèrent beaucoup plus que celles de l'eau.

Tel est donc le véritable caractère des liquides, une grande mobilité : toutes les autres propriétés qu'on peut observer dans les liquides dérivent de cette propriété principale.

Je vois d'abord qu'en vertu de cette grande mobilité les liquides doivent avoir leur surface de niveau. En effet, les liquides sont des corps soumis, comme la balance nous le montrera, à l'action de la pesanteur qui s'exerce suivant la verticale. Si leur surface n'était pas de niveau, ou, en d'autres termes, si elle n'était pas perpendiculaire à la direction de la pesanteur, alors l'équilibre dans ces liquides n'aurait pas lieu. Les molécules qui se trouveraient plus élevées glisseraient vers la partie inférieure, absolument comme un corps placé au haut d'un plan incliné descend le long de ce plan ; et ce serait le cas de faire ici l'application du principe de la décomposition des forces, dont nous avons parlé dans l'une des séances précédentes : cela se continuerait tant que l'équilibre ne serait pas établi. Il faut donc, si l'on admet l'équilibre, que la surface du liquide soit parfaitement de niveau. On conçoit très bien comment les liquides remplissent parfaitement les vases dans lesquels on les met : c'est une conséquence de leur mobilité.

En vertu de cette mobilité parfaite, la pression exercée à la surface d'un liquide, je dirai même en un point quelconque de son contour extérieur, se transmet également dans tous les sens. Si donc l'on suppose un vase rempli d'un liquide, et que l'on fasse une ouverture en un point quelconque de ce vase, et qu'on mette sur cette ouverture un piston chargé d'un poids, on exerce sur la partie du liquide qui correspond à l'ouverture une pression qui se transmet dans toutes les parties de la masse, de manière que si l'on conçoit en un point quelconque du vase une ouverture dont le diamètre soit égal à celui de la première ouverture, il faudra, pour empêcher le liquide de s'échapper par cette ouverture, une force parfaitement égale à la pression exercée. Cette opération n'est pas susceptible d'être faite dans un cours, j'indique seulement le fait, et vous pouvez le croire : c'est même un résultat que l'on accorde tout de suite lorsque l'on est familier avec les phénomènes de la nature.

IMPRIMERIE DE E. DUVERGER,
RUE DE VERNEUIL, N° 4.

COURS DE PHYSIQUE.

LEÇON SIXIÈME.

(Samedi, 24 Novembre 1827.)

RÉSUMÉ DE LA CINQUIÈME LEÇON.

Dans la dernière séance, nous avons commencé à nous oc‑
cuper des corps sous le point de vue des divers états dans
lesquels ils se présentent à nous. Nous avons distingué l'état
de solides, l'état de liquides et l'état de fluides élastiques.

Nous avons dit que l'état solide se distinguait pour ainsi
dire, au premier aspect, par une propriété qui en entraîne
beaucoup d'autres ; savoir, l'adhérence réciproque des molé‑
cules, qui est plus ou moins grande, et en vertu de laquelle
les corps opposent plus ou moins de résistance à la sépara‑
tion. Nous avons dit que c'est en vertu de cette adhérence
que les corps conservent leurs formes, et qu'ils transmettent
la pression exercée sur eux , dans le même sens qu'ils l'ont
reçue. Nous avons dit que cette pression exercée sur les so‑
lides tendait à être transmise dans toutes les directions, mais
que l'adhérence des molécules s'opposait à ce que cette trans‑
mission fût sensible, et qu'il n'en résultait qu'un gonflement
de ces molécules. Cependant, si l'on supposait qu'un solide
dont l'adhérence des molécules n'est pas très grande fût sou‑
mis à une pression considérable, dans ce cas, la force résul‑
tant de la pression l'emportant sur la force d'adhérence, le
solide se briserait nécessairement par suite des pressions laté‑
rales qu'il éprouverait.

MOBILITÉ DES LIQUIDES.

Nous avons ensuite passé à l'examen des propriétés carac‑
téristiques qui appartiennent à ce qu'on peut appeler l'état
liquide. Nous avons dit que cet état était éminemment carac‑
térisé par la mobilité parfaite des molécules.

De cette propriété principale dérivent plusieurs autres propriétés que nous allons examiner successivement.

Une première conséquence de la mobilité parfaite des molécules dans les liquides, c'est que ces molécules peuvent glisser facilement les unes sur les autres, et qu'il est indifférent de prendre une des molécules d'un liquide et d'en substituer une autre à la place. Les molécules peuvent être dérangées sans que l'état des corps change ; tandis que dans un solide, si on dérange une seule molécule, il y a rupture et l'état du corps a changé. Nous reviendrons tout à l'heure sur plusieurs propriétés qui dépendent de la mobilité dans les molécules.

Je dois vous faire remarquer dès à présent que le troisième état, que nous avons désigné par le nom d'état de fluides élastiques, a beaucoup de propriétés communes avec l'état liquide. Les fluides jouissent de cette mobilité parfaite qui fait le véritable caractère des liquides, et ils en jouissent à un degré infiniment plus grand que les liquides. Ainsi, lorsque vous plongez votre main dans l'eau, vous éprouvez une certaine résistance, il faut une certaine force pour séparer les molécules les unes des autres. Une goutte d'un liquide reste suspendue à un tube de verre, ce qui annonce certainement une certaine adhérence entre les molécules. Dans les fluides élastiques il n'y a rien de semblable, et les molécules sont dans une liberté parfaite. Toutes les autres propriétés qu'on peut assigner aux liquides, et qui dérivent de la mobilité des molécules, doivent être appliqués aux fluides élastiques.

Qu'est-ce donc qui distingue les fluides des liquides ? Le voici. Dans les liquides, on conçoit une masse de molécules ne présentant pas de tendance à se fuir les unes les autres ; au contraire, elles jouissent d'une force attractive qui tend à les rapprocher, à les réunir ; force qu'on a désignée par le nom d'attraction moléculaire. Dans les fluides, loin qu'il y ait une résistance à la séparation de leurs molécules, il y a, au contraire, une force répulsive en vertu de laquelle ces molécules tendent à se fuir et à s'écarter de plus en plus ; de telle sorte que, si l'on conçoit une masse de ce qu'on appelle fluide aériforme, et on peut prendre pour exemple l'air atmosphérique, et que tout autour il n'y ait aucun obstacle qui s'oppose à son expansion, cette masse occupera un espace indéfini. Qu'on prenne un centimètre cube d'air, qui est un très petit volume, si tout l'espace qui l'environne est vide, qu'il n'y ait aucun corps étranger, ce centimètre cube d'air se gonflera successivement de manière à occuper tout cet espace. Nous ne pouvons assigner de limites à cette expansion.

Je dois ajouter que, par cela même que les molécules des fluides aériformes tendent à se fuir indéfiniment, réciproquement, quand les molécules se sont ainsi écartées en vertu de leur force répulsive, et qu'elles se sont répandues dans l'espace libre qu'elles ont trouvé, on peut, par une force contraire qui s'oppose à la force expansive, contraindre ces molécules à revenir sur elles-mêmes et à occuper un espace plus petit.

C'est parce que les fluides peuvent se dilater qu'on a désigné cette espèce de corps par le nom de *fluides expansifs* ; et c'est parce qu'ils peuvent se comprimer qu'on leur donne aussi le nom de *fluides compressibles*.

Avant d'en venir aux développemens dans lesquels nous devrons entrer relativement aux fluides élastiques, je vous citerai une expérience très simple au moyen de laquelle vous pourrez vous convaincre que les fluides élastiques jouissent de cette propriété d'avoir leurs molécules dans un état de répulsion, et de pouvoir en même temps être comprimés par une force contraire à leur force répulsive. Soit un tube fermé par l'un de ses bouts, et dans lequel on introduit un piston : si l'on presse ce piston avec la main, l'air renfermé dans le tube se comprime, et il peut être réduit d'une quantité considérable ; mais si la main cesse de presser sur le piston, le fluide, en vertu de la force répulsive de ses molécules, revient aussitôt au volume qu'il occupait primitivement.

Cette propriété des fluides n'appartient pas aux liquides, ou du moins ne leur appartient qu'à un petit degré : il faudrait une force immense pour les faire diminuer d'une très petite quantité. Les solides ne sont pareillement que très peu compressibles, relativement à des masses assez considérables.

Revenons maintenant à quelques propriétés capitales que présentent les liquides, et que nous pouvons considérer comme dépendantes de cette propriété principale, que nous avons appelée mobilité parfaite dans les molécules.

ÉGALITÉ DE PRESSION DANS LES LIQUIDES.

Nous remarquerons d'abord que la pression que l'on exerce sur une portion de surface que l'on considère dans une masse liquide, se transmet également dans tous les sens ; de manière qu'il faut, pour que les liquides ne s'échappent pas, que les parois des vases qui les contiennent offrent une résistance au moins égale à l'effort qu'on a fait pour les comprimer.

Nous concevrons, pour mieux comprendre les choses, que les parois n'opposent pas de résistance.

Soit un tube ouvert par les deux bouts, et rempli d'un liquide : ce liquide étant, comme tous les autres corps, soumis à l'action de la pesanteur, tend à se précipiter par la partie inférieure, en raison de son poids, et il se précipiterait en effet si je n'opposais un obstacle à sa chute, par exemple, en appliquant mon doigt à l'ouverture inférieure du tube : puisque le liquide ne tombe pas, c'est évidemment parce que mon doigt exerce en sens contraire une pression justement égale à celle du liquide ; si elle était plus faible, mon doigt serait écarté et le liquide s'échapperait.

Soit maintenant un vase parfaitement fermé et rempli d'eau : j'introduis dans ce vase, par une ouverture pratiquée dans sa partie supérieure, un tube dans lequel est renfermée une colonne de liquide. Cette colonne tend à tomber ; elle ne tombe pas, par conséquent, il faut que la colonne de liquide trouve une résistance en sens contraire égale à celle qu'elle exerce.

A présent, imaginons que le même vase, au lieu de n'avoir qu'une ouverture, en ait deux, dans chacune desquelles on a introduit un tube rempli de liquide, nous aurons deux colonnes de liquide qui seront égales. Ne portant d'abord notre attention que sur l'une d'elles, nous verrons qu'elle doit exercer sur sa base une pression égale à sa hauteur. Si je considère ensuite l'autre colonne, je vois que cette colonne, qui tend à se précipiter, ne se précipite pourtant pas : puisqu'elle est soutenue, il faut nécessairement qu'il y ait en sens contraire une pression suffisante pour contrebalancer le poids de cette colonne ; cette pression ne peut provenir que de celle que la première colonne exerce sur le liquide contenu dans le vase, et que ce liquide transmet à travers sa masse. Si cela n'était pas, comment concevrions-nous que la seconde colonne serait soutenue ; et en effet, si on enlève la première colonne, l'autre tombera tout aussitôt.

Ainsi, nous regarderons comme incontestable ce fait, que la pression exercée sur un liquide est transmise par ce liquide dans tous les sens. Cette vérité demande, au reste, un peu de réflexion pour être admise sans réserve. A mesure que nous avancerons, les difficultés qui pourraient se présenter maintenant disparaîtront.

Si, dans l'expérience que nous venons de citer, on remplace l'une des colonnes liquides par un piston, il faudra

mettre sur ce piston un poids justement égal à celui de la colonne qu'il remplace.

ATTRACTION MOLÉCULAIRE DANS LES LIQUIDES.

Si maintenant nous portons notre attention sur une masse
liquide, nous voyons qu'elle est soumise à deux espèces de
forces. Il y a d'abord la force intérieure ou la force moléculaire, en vertu de laquelle les molécules ont une certaine
adhérence; et pour la démontrer, il suffit de plonger le doigt
dans l'eau. Lorsqu'on l'en a retiré, on voit des gouttes d'eau
qui s'y sont attachées et qui y restent suspendues. Puisqu'elles
ne tombent pas, il faut qu'il y ait une adhérence entre les
diverses particules de ces gouttes. Supposons, en effet, un
plan qui passe par le milieu de la goutte d'eau, la partie inférieure à ce plan tend à se précipiter, elle est soutenue par
l'autre partie qui se trouve au-dessus du plan; il y a donc
nécessairement une force attractive entre ces deux parties,
et qui empêche la partie inférieure de tomber. L'attraction
dans les molécules d'eau est évidente aussi bien que dans les
solides; mais elle est incomparablement plus petite. Nous ne
connaissons aucun liquide qui ne nous présente plus ou moins
cette force d'attraction entre ses molécules, et c'est ce qui nous
explique pourquoi tous les liquides ont la propriété de former
des gouttes.

Concevez une masse liquide livrée à elle-même, qui ne soit
pas retenue dans des vases, par exemple, la pluie qui tombe.
Si cette pluie en tombant vient à éprouver une congélation,
elle arrivera à la surface de la terre sous la forme de petites
sphères.

On a fait une heureuse application de cette propriété des
liquides de former des gouttes sphériques dans la fabrication
du plomb de chasse. Après avoir fait fondre du plomb, on
le fait tomber à travers un petit crible, d'une hauteur suffisante pour que dans le temps de sa chute, il ait le temps de se
congeler.

Nous n'avons point à examiner ici tous les effets de cette
force qui tend à rapprocher les molécules des corps; nous
n'en avons parlé que pour vous signaler son existence dans
les liquides.

EFFET DE LA PESANTEUR SUR LES LIQUIDES.

Il y a une autre force sur laquelle nous porterons plus particulièrement notre attention, c'est l'action de la pesanteur. Les liquides sont soumis à la pesanteur, et comme tels ils présentent quelques propriétés remarquables. D'abord, la surface des liquides est perpendiculaire à la direction de la pesanteur; et en effet, si cette surface n'était pas perpendiculaire, qu'elle fût inclinée, par exemple, relativement à la pesanteur qui s'exerce verticalement, il n'y aurait pas équilibre dans le liquide. La pesanteur agissant d'une manière oblique sur le liquide, pourrait se décomposer en deux forces; l'une perpendiculaire à la surface du liquide serait sans effet, l'autre agissant dans le sens de cette surface tendrait à faire descendre les molécules supérieures jusqu'à ce qu'il n'y eût plus de chute et que la surface du liquide fût devenue parfaitement horizontale.

Ainsi, en vertu de la mobilité des molécules, l'équilibre s'établit toujours dans les liquides. Donc, la surface des liquides est perpendiculaire à la direction de la pesanteur. Or, comme la pesanteur doit être considérée comme une force tendant au centre de la terre, il en résulte qu'à des distances un peu considérables, les directions de la pesanteur font des angles sensibles entre elles, et que, conséquemment, la surface d'un liquide considérée sur une étendue un peu considérable, ne peut constituer un plan; il faut, qu'étant toujours perpendiculaire à la direction de la pesanteur, elle affecte une forme sphérique. C'est ce qui arrive effectivement, pour les grandes masses d'eau, pour les mers, par exemple; on ne peut considérer les eaux comme présentant une surface plane, que pour des masses peu étendues. Ceux qui habitent sur les bords des mers, connaissent par expérience cette forme sphérique qu'affectent les grandes masses liquides. Lorsque des vaisseaux sont à une grande distance en mer, on commence par apercevoir les mâts, et ce n'est qu'à mesure que les bâtimens approchent qu'ils paraissent se détacher peu à peu des eaux.

Cette propriété des liquides, d'avoir leur surface perpendiculaire à la direction de la pesanteur, dérive nécessairement de la mobilité des molécules.

Dans les solides, nous pouvons concevoir des surfaces qui auront toutes sortes de directions non perpendiculaires à la direction de la pesanteur. Ce n'est pas que ces surfaces ne tendent aussi à devenir horizontales, mais l'attraction des molécules est une force prépondérante qui s'y oppose complètement.

Une autre propriété qui dérive évidemment de la mobilité parfaite des molécules dans les liquides, c'est qu'ils doivent remplir parfaitement les vases qui les contiennent.

Indépendamment des propriétés que nous venons d'énumérer, il faut, s'il y a une mobilité parfaite dans les liquides, qu'une molécule quelconque que l'on considère dans l'intérieur d'une masse liquide, soit, pour qu'elle reste en équilibre, également pressée de toutes parts. Nous venons de dire que quand on exerce une pression sur un liquide, cette pression se transmet dans tous les sens. Supposons que l'on considère une petite portion de liquide. Pour qu'elle soit en repos, qu'elle ne tende pas à aller à droite ou à gauche, à monter ou à descendre, il faut nécessairement qu'elle soit également pressée dans tous les sens, sans quoi nous ne pourrions concevoir pourquoi elle ne se mouvrait pas du côté où elle éprouverait une moindre pression. Or, comme nous admettons, comme un fait nécessaire, l'état d'équilibre, nous admettons comme condition de cet équilibre, que la molécule est pressée dans tous les sens; de sorte que si elle supporte une pression égale à la colonne liquide qui pèse sur elle, il faut, pour qu'elle n'obéisse pas à cette pression, qu'il y ait une pression en dessous, parfaitement égale; sans quoi, la molécule descendrait jusqu'à ce qu'elle ait trouvé les parois du vase, elle n'irait pas plus loin. On raisonnerait de même pour les pressions latérales.

PRESSIONS SUR LA BASE.

En vertu de ces pressions exercées d'une manière quelconque, soit par une force, soit par un obstacle, soit par une colonne liquide, il en résulte dans les vases des efforts pour que le liquide s'échappe dans tous les sens. C'est ainsi qu'on distingue les pressions sur le fond du vase et les pressions latérales. Il s'agit d'examiner quelles sont ces pressions et comment on en obtient la mesure. Pour cela, nous n'avons qu'à prendre un tube parfaitement cylindrique, afin d'écarter toute espèce d'objection. C'est une vérité palpable que la pression exercée par toutes les molécules d'un liquide renfermé dans un tube parfaitement cylindrique, sera égale, dans le bas, au poids de toutes les molécules qui sont dans ce tube.

Personne ne peut se refuser à admettre cette vérité. Nous partirons de là, pour concevoir la pression qui a lieu lorsque le vase a des formes tout-à-fait différentes.

Soit un tube ouvert par les deux bouts, que je remplis d'eau et que je place verticalement dans un réservoir d'eau. L'eau, dans ce tube, reste au même niveau que l'eau du réservoir qui l'entoure de toutes parts. Ainsi, la colonne de liquide renfermée dans le tube est soutenue. Or, puisqu'elle est pesante, qu'elle tend à tomber, que cependant elle ne tombe pas, il est de toute nécessité qu'elle trouve un obstacle en sens contraire qui s'oppose à sa chute. Cet obstacle provient nécessairement de la pression exercée par la large colonne de liquide contenue dans le réservoir. Si je ne puis évaluer cette pression directement, j'ai, d'un autre côté, dans l'intérieur du tube, une pression exercée sur le bas que je puis évaluer et que je sais être égale au poids de toute la colonne liquide, égale à la base multipliée par la hauteur, c'est-à-dire, au poids de toutes les molécules liquides contenues dans le tube. Or, puisque cette colonne ne tombe pas et qu'elle fait équilibre à des quantités inconnues, ces quantités inconnues deviennent par cela même connues. D'où je conclus que le liquide extérieur exerce, sur le liquide renfermé dans le tube, une pression de bas en haut qui est justement égale à celle de la colonne contenue dans le tube. C'est là ce que je voulais prouver.

Il sera facile maintenant de parvenir à concevoir la pression qui aurait lieu sur une base appartenant à un vase de forme quelconque.

Soit, fig. 1, un vase $ABCD$ très large dans le haut et étroit dans le bas, et demandons-nous quelle serait la pression de toute la masse de liquide renfermée dans ce vase sur le diaphragme qui en fermerait la partie inférieure. Pour parvenir à trouver cette pression, il faut concevoir ce vase plongé dans un autre vase plus grand, dont le niveau soit le même que dans celui dont on veut connaître la pression. Il sera facile de démontrer, dans ce cas, que la pression exercée sur la base sera égale à une colonne liquide qui aurait pour base la base du vase, et pour hauteur la profondeur du liquide, comme dans le vase cylindrique. En effet, le fait que j'ai établi est indépendant de l'épaisseur des parois du vase; j'aurais pu prendre un tube épais comme deux doigts, comme trois doigts, etc., la même chose serait arrivée. Supposons donc qu'au lieu de prendre un vase à parois très minces, nous prenions un vase qui aurait toutes les parties e, d, en fer-blanc, de manière que l'eau ne pût s'y introduire. Dans un cas semblable, nous savons que la pression exercée par le liquide extérieur serait égale à une colonne d'eau ayant pour base la base du vase, et pour hauteur la profondeur du liquide. C'est ce que nous avons démontré pour le cas d'un vase cylindrique : donc il faudra, puisque le niveau reste le même, que la pression exercée par la masse liquide renfermée dans ce vase soit pareillement égale au poids d'une colonne liquide qui aurait pour base la base du vase, et pour hauteur la profondeur du liquide.

On démontrera de même que si l'on a fig. 2, un vase $ABCD$ large dans le bas et étroit dans le haut, la pression exercée par la masse liquide renfermée dans ce vase sera égale au poids d'une colonne liquide ayant pour base la base du vase, et pour hauteur la profondeur du liquide. Je suppose également ce vase avec des parois représentées par d, e, et plongé dans une masse liquide. Dans ce cas, la pression exercée de bas en haut par le liquide extérieur sur la base du vase est égale au poids d'une colonne de liquide ayant pour base la base du vase, et pour hauteur la profondeur du liquide ; car, comme le niveau reste le même, il faut en conclure que la pression du liquide du vase faisant équilibre à la pression du liquide extérieur, doit avoir la même mesure, c'est-à-dire être égale à une colonne qui aurait pour base la base du vase, et pour hauteur la profondeur du liquide.

Ainsi donc, étant donné un vase de forme quelconque, on n'aura besoin, pour mesurer la pression exercée sur le fond par le liquide renfermé dans ce vase, de porter son attention que sur la base, et l'on dira en général, quelles que soient les parois, qu'elles soient cylindriques ou qu'elles aillent en s'élargissant ou en se rétrécissant, que la pression sur la base est égale au poids de la colonne cylindrique de liquide qui aurait pour base la base du vase, et pour hauteur la profondeur du liquide.

Si donc nous supposons trois vases $c\,a\,b\,d$, $e\,a\,b\,f$, $g\,a\,b\,i$, fig. 3, de forme différente, mais ayant tous même base $a\,b$, et même hauteur h, nous aurons pour mesure de la pression exercée par le liquide renfermé dans ces vases, en représentant par B la base.

$$B \times h.$$

Il résulte de là une conséquence qui va paraître singulière, c'est que si nous avons une quantité de liquide aussi petite que vous voudrez la donner, et nous prendrons, par exemple, un demi-litre, avec cette quantité je parviendrai à enfoncer le vase le plus résistant : je n'aurai qu'à faire l'application de ce que je viens de dire.

J'aurai un vase à peu près semblable à celui représenté fig. 4, dont les deux parois horizontales soient très rapprochées, de manière que la partie du vase comprise entre ces deux parois ne contienne pas plus d'un quart de litre d'eau. J'adapterai ensuite à la partie supérieure un tube que je puis faire aussi fin qu'un cheveu, en un mot, un tube capillaire, auquel je donnerai, par exemple, la hauteur d'une lieue. Puisque ce tube est si mince, il faudra très peu d'eau pour le remplir ; cependant, la pression exercée sur la base du vase sera toujours égale à la base multipliée par la hauteur, c'est-à-dire à la pression qui serait exercée par une colonne cylindrique qui aurait pour base la base du vase, et pour hauteur une lieue. Or, vous sentez combien une colonne semblable serait pesante.

On peut, au moyen d'une disposition semblable, faire crever un tonneau : il suffit de mettre sur ce tonneau un tube vertical de dix mètres, de vingt mètres s'il le faut, communiquant avec l'intérieur du tonneau, supposé rempli d'un liquide. Si l'on verse du liquide dans le tube, le tonneau crèvera nécessairement ; car quelque solides que soient les cercles, ils ne pourraient résister au poids d'une colonne qui aurait pour base la section du tonneau, et pour hauteur celle que vous auriez donnée au tube.

Voilà un résultat extrêmement intéressant, dont on a tiré parti pour la construction de la presse hydraulique, qui repose entièrement sur le principe dont nous venons de démontrer l'existence. Avec une très petite quantité de liquide, on parvient, au moyen de la presse hydraulique, à produire des efforts immenses.

PRESSIONS LATÉRALES.

Connaissant la pression sur la paroi inférieure, il s'agit de connaître maintenant celle qui est exercée sur les côtés. Il faut d'abord remarquer que si nous considérons une molécule dans l'intérieur d'un liquide, nous pouvons concevoir, passant par cette molécule, un petit canal vertical, qui viendrait jusqu'à la surface du liquide, et qui l'isolerait ainsi du reste des molécules. Il est évident que cette molécule supporte la pression de toutes les molécules qui sont contenues dans le petit canal. Or, puisque cette molécule est en repos, il faut qu'elle éprouve en sens contraire une pression égale à celle qui s'exerce de haut en bas. Non-seulement cette molécule ne monte ni ne descend, elle ne va ni à droite ni à gauche, il faut donc qu'elle reçoive latéralement des pressions égales à celles qu'elle reçoit dans le sens de la verticale de haut en bas et de bas en haut.

Vous concevez bien ceci ; qu'une molécule est pressée dans tous les sens par une force égale. Elle est pressée également contre la paroi ; car c'est le vase qui empêche cette molécule de s'en aller ; donc le vase est pressé par une colonne liquide correspondant à la profondeur de la molécule.

Il ne s'agit plus maintenant que de connaître la pression totale qui serait produite contre la paroi du vase par toutes les couches d'eau qui sont dans ce vase.

Nous ne considérerons d'abord qu'une section faite dans le vase, et ce que nous dirons à l'égard de cette section s'étendra à toutes les sections parallèles.

Ainsi soit *ABCD*, fig. 5, une section faite dans un vase. Il est évident qu'à la surface du liquide, la pression exercée contre la paroi du vase est zéro ; au fond du vase, il est évident que la pression est à son maximum ; car cette pression est mesurée par la profondeur même du liquide. La pression va en augmentant depuis la surface jusqu'à la base. Supposons que l'on rabatte sur la base *BC* la ligne *AB*, qui représente la hauteur du liquide, et qu'on mène les parallèles *a b, c d, e f, g h,* etc., ces parallèles représenteront la pression exercée sur le point de la paroi où elles correspondent, et leur somme exprimera la totalité des pressions exercées sur la paroi. Or, il est aisé de concevoir que la pression sur la paroi, qui est nulle à la surface, qui, sur la base, est égale à la profondeur du liquide, il est aisé de concevoir qu'elle est égale à une colonne qui aurait pour base la paroi du vase, et pour hauteur une ligne moyenne entre le haut et le bas, c'est-à-dire une ligne égale à la moitié de la profondeur.

Mais il ne faut pas perdre de vue que cette pression est variable. Et c'est à quoi il importe surtout de faire attention lorsqu'on construit des cuves très profondes, telles, par exemple, que celles qu'on appelle gazomètres, dont on fait usage dans les établissemens pour l'éclairage par le gaz. Il est important de calculer la force que doivent opposer les élémens de la cuve aux différens endroits que l'on considère. Les cercles n'auront pas besoin d'être très forts dans la partie supérieure, mais dans le bas ils doivent avoir une force considérable. Nous savons suivant quelles lois la résistance des cercles doit augmenter.

Cela n'est pas tout, il faut faire attention à un autre élément, c'est le diamètre du vase, c'est-à-dire que si vous prenez des cercles très petits ils pourront fort bien résister à une pression même considérable; mais si vous donnez à vos cuves un diamètre beaucoup plus grand, l'effort que les cercles devront opposer ne sera plus simplement proportionnel à la profondeur du liquide, il sera proportionnel au diamètre des cuves. En effet, si l'on suppose deux cuves, dont l'une ait une circonférence double de l'autre, il est évident qu'il y aura deux fois plus de force agissant sur la première que sur la seconde, et que, par conséquent, la résistance qu'on doit donner aux cercles dépend de deux choses : de la pression que le cercle doit supporter suivant le plus ou moins de profondeur du liquide, et en même temps du diamètre de la cuve à laquelle ces cercles appartiennent, c'est-à-dire qu'un cercle qui serait suffisant pour une cuve d'un certain diamètre ne serait plus suffisant pour une cuve d'un diamètre double.

Nous venons de voir que la pression sur le fond d'un vase est exprimée par le produit de la base par la hauteur. Il résulte de là une espèce d'anomalie qui demande une explication. Je suppose qu'on ait une balance dont un des plateaux formerait le fond d'un vase, lequel serait terminé par un tube très étroit. Il semble que puisque le plateau de la balance supporte alors une pression qui est égale au poids de la colonne liquide qui aurait pour base la base du vase, et pour hauteur la hauteur du liquide, il semble, dis-je, que pour faire équilibre à ce vase, il faudra mettre dans l'autre plateau un poids égal à celui de la colonne liquide. Mais il n'en est point ainsi, et il suffit de mettre dans le plateau, pour établir l'équilibre, un poids égal à la somme des molécules, sans avoir égard à leur disposition particulière.

Soit, fig. 5, un vase *a b c d* dont le fond forme le plateau d'une balance, et qui est terminé par un tube vertical accroché au fléau de la balance. Nous avons dit que la pression exercée par ce liquide sur le fond d'un vase semblable est égale à celle qui serait exercée par une colonne cylindrique qui aurait pour base la base du vase, et pour hauteur la hauteur du liquide. Puisque le vase tend à descendre avec cette pression, il est donc naturel de penser qu'il faudra mettre de l'autre côté de la balance un poids justement égal au poids de cette colonne cylindrique. Cependant l'équilibre s'établira au moyen d'un poids égal au poids du vase et de l'eau qu'il renferme. En effet, la petite colonne exerce une pression qui se transmet dans tous les sens. En conséquence, puisque la pression se transmet dans tous les sens, il faut que la paroi supérieure du vase soit pressée de bas en haut avec une force égale à une colonne d'eau qui serait mesurée par la base, multipliée par la hauteur du liquide, à partir de la base supérieure. Ainsi donc le plateau est sollicité par deux forces, l'une qui tend à le faire descendre et qui est égale à la base $B \times h$, l'autre qui tend à le pousser de bas en haut avec une force égale à la base B, multipliée non plus par h mais par h' qui représente la hauteur à partir de la base supérieure. Par conséquent le tableau ne tend plus à descendre qu'avec la différence de ces deux forces, c'est-à-dire avec $Bh - Bh'$. Or, cette différence est justement la masse du liquide renfermé dans le vase. Ainsi, en faisant abstraction du poids de la matière qui forme le vase, il suffira, pour faire équilibre au liquide, d'un poids égal à celui des molécules contenues dans ce liquide, quelles que soient d'ailleurs les pressions que ce liquide peut exercer, en vertu de dispositions particulières.

Ainsi donc un liquide renfermé dans ce vase exerce des pressions sur le fond, qui tendent à le faire descendre. Il exerce aussi des pressions latérales sur les parois du vase. Ces pressions latérales seront-elles égales en en considérant deux qui soient directement opposées. Cette question est importante à résoudre, car si ces pressions n'étaient pas égales, le vase tendrait à marcher du côté où la pression serait la moins forte : je dis que si on décompose ces pressions pour avoir les pressions horizontales, qui seules tendraient à faire marcher le vase, les pressions verticales étant détruites par la résistance du sol, les pressions horizontales seront parfaitement égales; de manière qu'un vase de forme quelconque renfermant un liquide ne tend à aller dans aucun sens, et restera par conséquent en repos.

Il en résulte que puisque les pressions sont égales, le vase ne tend à s'en aller ni à droite ni à gauche, et qu'il restera en repos. C'est ce que nous pouvons vérifier par l'expérience. Soit un vase rempli d'eau, on rend ce vase très mobile en le faisant poser sur deux pivots. Il porte dans sa partie inférieure deux bras percés à leur extrémité d'un petit trou que l'on ferme au moyen d'un petit bouton de cire. Les trous étant supposés fermés, le liquide exerce sur les parois du vase une pression qui est la même pour chaque paroi opposée, par conséquent le vase reste en mouvement. Si maintenant on enlève les morceaux de cire, l'eau qui s'échappe cessant de presser la paroi, le vase prend aussitôt un mouvement, qui est ici circulaire à cause de la disposition particulière du vase.

Vous concevrez peut-être ce résultat d'une manière plus simple, au moyen d'un autre appareil : Je suppose que nous ayons un vase rempli d'eau, et que ce vase porte une anse par laquelle nous le suspendions à un fil. Le vase restera parfaitement en équilibre. Si maintenant on fait un trou à la paroi, aussitôt le vase fuit en sens contraire de l'ouverture. Cela s'explique en disant que l'eau exerçant dans ce vase une pression égale dans tous les sens, il est évident que si l'on fait une ouverture d'un côté du vase, l'eau qui s'échappera par cette ouverture ne pressera plus sur ce côté. Mais la pression du côté opposé existe toujours, et c'est cette pression qui force le vase à fuir du côté opposé à l'ouverture.

C'est ainsi qu'on explique l'ascension des fusées. On donne au fluide élastique qui se développe une issue par la partie inférieure, et alors il ne reste plus que la pression sur la partie supérieure, laquelle force la fusée à s'élever.

Ainsi donc, un liquide renfermé dans un vase exerce des pressions qui sont relatives à la profondeur du liquide. La pression sur le fond est exprimée par le poids de la colonne liquide qui aurait pour base la base du vase, et pour hauteur la hauteur même du liquide, sans avoir aucun égard à la forme du vase. Quant aux pressions latérales, ces pressions sont toujours égales à la pression de la colonne verticale qui correspond au point de la partie que l'on considère, et sur des surfaces que l'on considère sur toute leur étendue, la pression totale est exprimée par une colonne liquide qui a pour base la base de la paroi du vase, et pour hauteur la moitié de la hauteur du liquide. Ces pressions latérales sont telles que le vase ne tend point à se donner du mouvement. Mais si la pression est détruite sur une paroi, en un point quelconque, la pression opposée produit tout son effet, et le corps est poussé de ce côté avec une force d'autant plus grande que la colonne liquide est plus élevée.

On a fondé sur le principe dont nous venons de parler, la construction de moulins.

PRINCIPE D'ARCHIMÈDE.

Puisque les pressions qui ont lieu sur les parois ont aussi lieu sur le liquide lui-même, cela nous conduit à exposer un principe très fécond, connu sous le nom de *principe d'Archimède*, au moyen duquel on apprend à déterminer le volume

d'un corps quelconque. Je me bornerai, dans cette séance,
à énoncer ce principe.

Lorsqu'on a un liquide en repos, toute masse que l'on peut
concevoir dans l'intérieur du liquide est elle-même en repos ; et comme elle est pesante, qu'elle tend à tomber et que
cependant elle ne tombe pas, il faut nécessairement que cette
masse de liquide soit soutenue, ou que son poids soit détruit
par la réaction de toutes les parties environnantes. Puisque
cette masse de liquide a ainsi perdu tout son poids ou pour
mieux dire, que son poids est tenu en équilibre par les réac-
tions, les pressions du liquide ; si nous concevons à la place de
cette masse un corps solide quelconque que nous supposons,
pour le moment, peser autant que l'eau elle-même, ce corps
restera suspendu. D'où nous conclurons que ce corps aura
perdu de son poids une quantité justement égale au poids du
volume d'eau qu'il déplace. Si maintenant ce corps pesait
davantage que l'eau, les actions dont je viens de parler, qui
s'opposent à la chute du corps, seront les mêmes, c'est une
quantité constante. Par conséquent un corps quelconque qui
sera ainsi suspendu, pèsera moins, d'une quantité égale au
poids de l'eau qu'il a déplacée.

IMPRIMERIE DE E. DUVERGER,
RUE DE VERNEUIL, N. 4.

COURS DE PHYSIQUE.

LEÇON SEPTIÈME.

(Mardi, 27 Novembre 1827.)

RÉSUMÉ DE LA SIXIÈME LEÇON.

Dans la dernière séance, nous avons examiné les pressions qu'un liquide enfermé dans un vase exerce contre les parois de ce vase. En concevant que ce vase soit cylindrique et rempli de liquide, il est évident que les diverses particules matérielles qu'il renferme étant soumises à la pesanteur, chaque molécule pèse sur celles qui sont immédiatement au-dessous d'elle, de manière qu'en raison de la résistance qu'opposent les diverses molécules, le fond doit supporter les actions de toutes ces molécules. C'est ce qu'on exprime en disant que la pression exercée sur le fond d'un vase cylindrique est égale au produit de la base par la hauteur.

Ce premier fait, qui ne présente aucune espèce de difficulté, étant admis, nous avons cherché à démontrer quelle est la pression que le fond supporte lorsque les parois, au lieu d'être verticales, sont inclinées en-dedans ou en-dehors. Nous avons vu que le fond supporte toujours une pression qui est exprimée par le produit de la base pour la hauteur; de sorte que cette pression est absolument indépendante de la forme du vase, le fond restant le même. Nous avons dit que cette propriété résulte de ce que dans les liquides le mouvement se transmet dans tous les sens.

Nous avons dit que, par une conséquence de cette propriété dans les liquides, on pouvait, avec une très petite quantité de liquide, faire crever le vase le plus résistant; qu'il suffisait pour cela d'avoir un vase dont la paroi supérieure et la paroi inférieure fussent très rapprochées, et qui serait terminé par un tube vertical très étroit, qui, en raison de sa capillarité pourrait être prolongé à une très grande hauteur et ne contenir néanmoins qu'une très petite quantité de liquide. Dans ce cas la pression sur le fond du vase serait égale au poids d'une colonne cylindrique ayant pour base la base du vase, et pour hauteur la hauteur du liquide.

Je vous ai fait remarquer qu'il fallait bien distinguer le poids d'un liquide de la pression exercée par ce liquide. Le poids est toujours déterminé par la quantité de matière que le liquide renferme ; tandis que la pression peut être modifiée par la forme du vase. Cette remarque nous a conduits à expliquer une espèce d'anomalie. Si, par exemple, on conçoit que le plateau d'une balance soit formé par un vase ayant la paroi supérieure et la paroi inférieure très rapprochées l'une de l'autre, et terminé par un tube étroit, il semble, au premier abord, qu'il faudra, pour faire équilibre à ce vase, mettre dans l'autre plateau de la balance un poids égal à celui d'une colonne de liquide qui aurait pour base la base du vase, et pour hauteur la hauteur du liquide. Nous avons démontré que cela n'était point, et qu'il suffisait, pour établir l'équilibre, d'un poids égal à celui des molécules liquides contenues dans le vase.

Quant aux pressions exercées sur les parois latérales, nous avons vu que la pression dans chaque point de la paroi est toujours exprimée, quelle que soit la forme du vase, par une colonne d'eau qui aurait pour base la partie de la paroi que l'on considère, et pour hauteur la distance de son centre à la surface du liquide ; et que si l'on considère la pression totale, elle est égale à une colonne liquide qui aurait pour base la paroi que l'on considère, et pour hauteur la demi-hauteur du liquide, ou, pour mieux dire, la moyenne entre la plus grande et la plus petite profondeur.

Nous avons dit que ces pressions latérales tendaient à écarter les vases et à les ouvrir, mais qu'elles ne leur donnaient aucun mouvement, et qu'en supposant ces vases librement suspendus ou posés sur des roulettes, ces vases restaient parfaitement en équilibre. Nous avons fait voir qu'en effet les pressions horizontales, les seules qui pourraient déterminer le mouvement des vases se détruisaient réciproquement, et que si l'on détruisait une seule de ces pressions, alors le vase se mettait aussitôt en mouvement, en vertu de la pression opposée qui n'était plus contrebalancée. C'est ce que nous avons démontré par l'expérience, au moyen d'un petit appareil qu'on appelle *tourniquet hydraulique*.

Nous avons terminé en examinant quelle était la pression d'un liquide sur un corps qui serait renfermé dans ce liquide, pour parvenir à la démonstration d'un principe très simple, connu sous le nom de *principe d'Archimède*, et qui est d'un très grand secours pour déterminer le volume des corps et connaître leur densité.

PRINCIPE D'ARCHIMÈDE.

Nous allons reprendre ce que nous avons commencé, et même revenir sur le peu que nous avons dit.

Nous avons supposé, pour donner l'explication de ce principe, une masse liquide dans l'intérieur même du liquide que l'on considère : cette masse, qu'on peut se représenter ou colorée ou gelée, aura dans le liquide une immobilité parfaite. Or, puisque cette masse ne tombe pas et que cependant elle est pesante, car elle se précipiterait si elle était isolée à la surface de la terre, il faut nécessairement que son poids soit détruit par les pressions environnantes. Ces pressions, nous les connaissons, nous savons que si nous prenons un point sur le cube *a b c d*, plongé dans un liquide, fig. 1, ce point supportera une pression égale à la colonne d'eau qui va de ce point à la surface supérieure du liquide. Mais nous n'avons pas besoin de nous occuper de la mesure de ces pressions; il nous suffit de savoir qu'elles existent, et qu'elles détruisent le poids de la masse liquide que l'on considère.

Concevons maintenant qu'au lieu de l'eau, nous mettions dans le liquide un corps quelconque supposé de même forme et de même volume que la masse de liquide. Les pressions ne doivent pas varier parce qu'il nous plaira de mettre tantôt une masse d'eau, tantôt un autre corps. Lorsque c'était de l'eau que nous avions, ces pressions faisaient équilibre au poids de cette eau : donc elles doivent faire équilibre à un corps qui a même poids et même volume.

Si le corps a plus de poids que l'eau, c'est-à-dire s'il contient plus de matière sous le même volume, il y aura alors une partie de ce poids auquel les pressions environnantes feront équilibre, et cette partie sera égale au poids du volume d'eau que le corps déplace. D'où je conclus qu'un corps quelconque plongé dans de l'eau et, en général, dans un liquide, y perd une portion de son poids égal au poids du volume d'eau qu'il déplace. De sorte que si le corps est de même densité que l'eau, c'est-à-dire, s'il a sous le même volume la même quantité de matière, ce corps plongé dans l'eau y restera en équilibre.

Si ce corps a une plus grande densité que l'eau, si, par exemple, il renferme deux fois plus de matière sous le même volume, il ne pèsera plus dans l'eau que comme un, au lieu de peser comme deux, parce que la moitié de son poids sera détruite par les pressions du liquide. Dans ce cas le corps ira au fond du vase.

Enfin, si le corps est plus léger que l'eau, il surnagera. Si, par exemple, il est moitié plus léger que l'eau, et il faut toujours entendre sous le même volume, il n'entrera dans l'eau qu'à moitié. Dans ce cas, il faut concevoir que la moitié supérieure du corps s'est concentrée dans la partie immergée. Le poids du corps sera égal au poids du volume d'eau déplacé par la moitié de ce corps. Tels sont les résultats auxquels conduit le principe d'Archimède.

Nous allons vous démontrer ces résultats par l'expérience. Soit, fig. 2, un corps solide *A*, qui entre comme un piston dans un cylindre *B*, et qui en remplisse parfaitement la cavité. Il en résulte par conséquent que ce corps solide a pour volume la capacité du cylindre creux. Suspendons ce corps et le cylindre au plateau d'une balance, et établissons l'équilibre au moyen de poids mis dans l'autre plateau. Après avoir ainsi pesé le corps dans l'air, plongeons-le dans un vase de liquide, en le laissant toujours suspendu au plateau de la balance, l'équilibre est aussitôt détruit : il devient donc évident que le corps plongé dans l'eau y pèse moins que dans l'air. Quelle est la quantité de poids qu'il perd ? Nous avons dit que cette quantité est justement égale au poids du volume d'eau qu'il déplace, et il est facile de nous en convaincre. Il suffit de remplir d'eau le cylindre creux attaché sous le plateau, ce qui nous donnera un volume d'eau justement égal au volume du corps, et l'équilibre se trouvera alors rétabli : c'est ainsi que se trouve confirmé par l'expérience le principe que nous avions établi par le simple raisonnement.

Vous admettrez donc désormais comme un fait incontestable, qu'un corps plongé dans l'eau y perd une portion de son poids égal au poids du volume d'eau qu'il a déplacé. Cela nous conduit à déterminer avec la plus grande facilité le volume d'un corps tout-à-fait irrégulier comme le serait un minéral. En effet, lorsque nous voudrons connaître le volume d'un corps quelconque, nous commencerons par le peser dans l'air, ce qui nous donnera un certain poids. Nous pèserons ensuite ce corps dans l'eau, il y perdra une partie de son poids; cette perte est facile à évaluer : il suffit, pour cela, de retrancher du poids dans l'air le poids dans l'eau ; la différence nous donnera évidemment le poids de l'eau déplacée par le corps, et dont, par conséquent, le volume est égal au volume du corps. Nous nous rappellerons que le poids d'un centimètre cube d'eau est représenté par un gramme. Si par conséquent nous avons, pour la perte de poids dans l'eau, dix grammes, j'en conclurai que le volume du corps est représenté par un volume d'eau de dix centimètres cubes. Voici donc quels sont les calculs qu'on doit faire pour connaître le volume d'un corps quelconque.

Je pèse le corps dans l'air, et je trouve que son poids est, par exemple, de . . . , ... 8,^{gr} 345

Je pèse ensuite dans l'eau, et je trouve que le poids du corps n'est plus que de . . . . 5,^{gr} 843

Je prends la différence. . . . . .2,^{gr} 502

Il reste donc 2,^{gr} 502 pour le poids de l'eau déplacée par le corps, et remarquez que cette quantité d'eau a un volume justement égal au volume du corps.

Or 2,^{gr} 502 d'eau nous représentent un volume de ce liquide égal à 2,$^{centim.\ cub.}$ 502. Nous n'avons donc qu'à changer l'unité et dire que le volume de l'eau déplacée, ou, ce qui est la même chose, le volume du corps lui-même a pour mesure 2,$^{centim.\ cub.}$ 502.

Il y aurait à la vérité quelques petites corrections à faire: nous les indiquerons par la suite.

Ainsi, nous savons maintenant comment on peut déterminer le volume d'un corps avec une extrême précision, et d'une manière beaucoup plus prompte qu'on ne pourrait le faire, si on voulait employer les moyens géométriques et qu'il fallût mesurer avec beaucoup de soin les arêtes d'un corps pour en conclure le volume. Ici nous l'avons immédiatement. Nous ferons un grand usage de ce moyen de connaître le volume des corps, quand nous parlerons de la densité. Nous ne considérons pas ici le phénomène dans toute son étendue, parce que nous n'avons besoin que d'exposer ce qui est relatif à notre objet actuel, c'est-à-dire, à la démonstration du principe d'Archimède.

VASES COMMUNICANS.

Supposons que nous ayions des vases renfermant le même liquide, et qui soient mis en communication : on demandera, dans ce cas, ce qui doit arriver relativement au niveau du liquide dans chaque vase. Notre propre expérience nous a instruits depuis long-temps que les liquides se maintiennent de niveau dans deux réservoirs qui sont en communication: il s'agit de le démontrer physiquement.

Ayez deux réservoirs A, B, fig. 5. placés à une distance plus ou moins considérable, et concevez que par le bas on ait établi un petit canal de communication *C*. Si l'un des réservoirs, celui *A*, par exemple, est plus plein que le réservoir *B*, il y aura affluence de l'eau du grand vase dans le petit, et bientôt nous verrons une surface qui sera parfaitement de niveau dans l'un et dans l'autre ; l'eau sera disposée absolument de la même manière que si elle était dans un seul et même vase.

Ainsi donc, en concevant un canal qui débouche dans chaque vase, la pression à l'orifice du vase de gauche est nécessairement égale au poids de la colonne qui vient depuis la surface du liquide jusqu'à cet orifice. Il en est de même pour la pression qui s'exerce de l'autre côté : cette pression est égale au poids de la colonne liquide qui vient depuis la surface du liquide contenu dans le vase de droite jusqu'à l'orifice de ce vase, qui débouche dans le canal. Or, ces pressions se transmettent dans tous les sens, et, par conséquent, si vous concevez dans le canal une petite tranche liquide, il est évident que si le niveau n'était pas le même de part et d'autre, ou que les distances entre les surfaces supérieures et les points de communication ne fussent pas les mêmes, les molécules composant la petite tranche seraient plus pressées d'un côté que de l'autre, et il ne pourrait alors y avoir équilibre. Puisque l'équilibre existe, il faut nécessairement que, dans le canal, la molécule qu'on considère soit pressée également de part et d'autre, et que le liquide soit parfaitement de niveau dans chaque vase.

PRESSE HYDRAULIQUE.

Cette vérité, toute simple qu'elle est, reçoit une application extrêmement importante dans une machine dont on a tiré une très grande utilité, et qui est connu sous le nom de *presse hydraulique*. Cette presse a été imaginée et conçue par Pascal, mais elle est restée long-temps sans application, parce qu'on n'avait pu parvenir à construire une machine qui pût bien fonctionner. C'est de nos jours que l'exécution de cette machine a été tentée avec le plus grand succès, en Angleterre, par Bramah, qui en a fait un instrument qui est aujourd'hui très répandu.

Cette machine est absolument fondée sur l'équilibre de deux colonnes liquides communiquant ensemble. Supposez un réservoir très large, et à côté un réservoir d'un diamètre beaucoup plus petit, mais communiquant avec le premier : le liquide se tiendra de niveau dans tous les deux ; vous pouvez réduire l'un à n'avoir qu'un diamètre d'un millimètre, tandis que l'autre en aurait un de plusieurs mètres. Si vous

mettez de l'eau dans des vases qui aient entre eux cette proportion, vous aurez deux colonnes d'eau, l'une dont le poids
réél sera très considérable et sera exprimé par le poids d'une
colonne cylindrique ayant pour base la base du large réservoir, et pour hauteur celle à laquelle vous aurez élevé le liquide dans ce réservoir; l'autre très étroite, et qui fera néanmoins équilibre à la large colonne.

Imaginons que nous ayions un diaphragme mobile comme
un piston, au point *A*, fig. 3. La colonne liquide au-dessus
de ce diaphragme le presse de tout son poids; mais il est tenu
en équilibre par la pression qu'exerce de bas en haut le liquide
contenu dans la petite branche. Si nous supposons que le
petit tube soit enlevé, la large colonne tomberait de tout son
poids. Au moyen du petit tube, elle ne tombe pas. Par conséquent, en supposant que la large colonne n'existe plus, et
que nous conservions la pression du petit tube, il est évident
que puisque auparavant elle faisait équilibre au poids de la
large colonne, il faudra, puisque le poids de la petite colonne
n'a pas changé, que le diaphragme soit poussé de bas en haut
avec le poids de toute la colonne qui était contenue dans
le grand vase.

C'est là le principe très simple sur lequel repose la théorie
de la presse hydraulique. Avec cette machine, un homme
d'une force moyenne, qui peut supporter, par exemple, un
poids de 5o kilogrammes peut produire facilement une pression sur un décimètre carré de 5o,ooo kilog. ou de cent milliers, en ne tenant pas compte du temps, et portant uniquement son attention sur la pression à exercer.

Je suppose donc un homme pouvant supporter 5o kilogrammes d'eau; 5o kilogrammes d'eau nous représentent en
volume 5o décimètres cubes; remarquez bien cette liaison
entre les poids et les volumes, qui nous permet de passer
facilement de l'un à l'autre.

En donnant à la colonne liquide un décimètre carré de
base, nous n'aurons pour hauteur de la colonne que 5o décimètres ou 5 mètres. Mais si nous réduisons le diamètre de
la colonne à n'avoir qu'un centimètre carré, au lieu d'un décimètre, le décimètre contenant cent centimètres, nous aurons pour hauteur de la colonne 5 mètres multipliés par 1oo,
c'est-à-dire, 5,ooo mètres; et cette colonne n'exercera toujours sur la main de l'homme qui la supporte, qu'un effort
représenté par le poids des molécules liquides qu'elle contient, c'est-à-dire, par 5o kilogrammes.

Si maintenant nous faisons communiquer avec un tube

étroit un autre tube qui ait un décimètre carré de base, en donnant à ce tube la même hauteur qu'à l'autre, il pourra contenir une colonne liquide de 5o,ooo décimètres cubes, à laquelle l'autre colonne ferait parfaitement équilibre.

On peut ne donner à la petite colonne que 5oo mètres, et en employant un levier dont le petit bras est le dixième du grand, ce qui donne une force dix fois plus grande, on exerce une pression égale à 5o,ooo mètres.

Nous n'avons pas de modèle à vous présenter de la presse hydraulique ; mais vous pouvez vous rendre raison de cette machine en vous pénétrant bien que la puissance de la machine dépend du diamètre de la large colonne et en même temps de la hauteur de la petite. Plus cette colonne sera petite, plus le poids que vous pourrez supporter atteindra à une hauteur considérable.

Pour que les liquides se tiennent parfaitement de niveau dans deux vases communiquant ensemble, il faut que ces liquides soient de la même nature. Si nous supposons que ce soit des liquides de nature différente, le niveau ne peut plus avoir lieu. Ceci nous conduit à vous parler pour la première fois des liquides, n'ayant pas ce qu'on appelle la même densité, et nous devons vous définir ce que nous entendons par là ; nous y reviendrons plus tard pour apprendre à mesurer les densités avec précision.

DENSITÉ DES CORPS.

On entend par *densité* le rapport de la quantité de matière contenue dans un corps, à la quantité de matière contenue dans un autre corps, qu'on prend pour unité, toujours sous le même volume.

Supposons que nous ayions d'abord rempli un vase d'eau, et qu'après avoir enlevé cette eau nous ayions mis du mercure à la place, nous nous apercevrons facilement par l'effort qu'il faudra faire pour soulever le vase, dans l'un et l'autre cas, qu'il y a plus de matière dans le mercure que dans l'eau sous le même volume. Nous exprimons cela d'une manière générale en disant que le mercure est plus pesant que l'eau, mais cette expression n'est pas exacte. Pour qu'elle soit juste il faut prendre en considération le volume du corps. Quoiqu'on dise que le plomb est plus pesant que l'eau, on peut avoir une telle quantité d'eau qu'elle soit plus pesante qu'une quantité de plomb. Ainsi, quand on dit qu'un corps est plus pesant qu'un autre, tacitement on admet que c'est sous le même volume. Cette quantité de matière que nous connaissons uniquement par l'effort qu'il faut faire pour soutenir les corps, n'est pas la même pour tous les corps pris sous le même volume. Pour mesurer cette quantité de matière, il faut nécessairement prendre un terme de comparaison.

Admettez qu'on ait mis tous les corps sous le volume d'un décimètre cube, qu'on les ait pesés ainsi; qu'on prenne ensuite pour *un* la quantité de matière contenue dans l'eau, et qu'on cherche combien de fois cette unité est contenue dans le poids des autres corps, l'on connaîtra la densité de tous ces corps.

Prenant pour exemple le mercure, nous avons dit qu'il était plus pesant que l'eau. Pesons successivement une bouteille remplie d'eau et de mercure; après avoir, dans les deux cas, défalqué le poids de la bouteille, supposons qu'on ait trouvé pour le poids de l'eau 5 grammes, et pour le poids du mercure 65 grammes.

Prenant pour terme de comparaison la quantité de matière contenue dans l'eau sous le même volume que le mercure, nous appellerons cette quantité *un*. Par conséquent 65 grammes contiendra 5 un certain nombre de fois, qui représentera la densité du mercure ou la quantité de matière qu'il renferme sous le même volume que l'eau. Effectuant la division, nous trouverons qu'il y a 13 fois plus de matière dans le mercure que dans l'eau, et nous dirons que le mercure est 13 fois plus pesant que l'eau, bien entendu sous le même volume, ce qui s'exprime d'une manière beaucoup plus simple et plus abrégée, en disant que le mercure a une densité 13 fois plus grande que celle de l'eau.

Si nous avons un liquide ayant une densité deux fois plus grande que l'eau, vous concevez que pour faire équilibre, dans deux vases communiquans, à une colonne d'eau, il ne faudra qu'une colonne moitié plus petite du liquide qui est deux fois plus dense; car les pressions exercées dans le même liquide sont bien dépendantes de la hauteur, mais lorsqu'il y aura deux fois plus de matière dans une colonne, la pression exercée dans le vase sera deux fois plus grande. On voit d'après cela que les hauteurs des colonnes de deux liquides sont en raison inverse des densités, c'est-à-dire que lorsque, comme pour le mercure, la densité sera 13 fois plus grande, il faudra, pour faire équilibre à une colonne d'eau, une colonne qui n'en soit que le treizième.

C'est ce que nous allons démontrer au moyen d'un appareil

très simple. Soit, fig. 4, un syphon dans lequel on a déjà mis du mercure. Le liquide étant de même nature, de même densité, le niveau s'établit et le mercure monte à la même hauteur dans les deux branches. On verse ensuite de l'eau dans la longue branche du syphon. Nous avons deux colonnes hétérogènes, mais nous pouvons les réduire facilement à des colonnes homogènes. Concevons un plan horizontal qui vient couper la colonne de mercure au point a de la branche B et passe dans l'autre branche par la ligne de séparation des deux liquides. En considérant les deux colonnes qui se trouvent au-dessous du plan horizontal, on remarque que ces colonnes étant égales et composées du même liquide, doivent être en équilibre. Mais il reste au-dessus du point a une colonne qui n'est pas soutenue par le mercure de l'autre branche; or puisqu'elle ne tombe pas, il faut que ce soit l'eau qui se trouve dans l'autre branche qui lui fasse équilibre. Si nous mesurons les deux colonnes au-dessus du plan, nous trouverons que la colonne de mercure est 13 fois plus petite que la colonne d'eau. Par conséquent, pour obtenir la même pression avec de l'eau et du mercure, il faudra avoir une colonne d'eau 13 fois plus haute qu'une colonne de mercure.

On se sert encore d'un autre appareil pour démontrer que les hauteurs des colonnes de liquides différens qui se font équilibre, sont toujours en raison inverse des densités. Cet appareil rentre dans celui dont nous aurons besoin par la suite pour parvenir à déterminer la hauteur de l'atmosphère. Supposons, fig. 5, un tube AB, dans lequel est un tube plus étroit ab. Nous avons déjà vu que si l'on remplissait d'eau des tubes ainsi disposés, l'eau se mettait de niveau dans tous les deux, et que le liquide contenu dans le petit tube était tenu en équilibre par les pressions environnantes du liquide extérieur. Au lieu d'eau, c'est du mercure que nous avons mis dans les tubes, et il est d'abord de niveau dans l'un et dans l'autre. Mais si l'on verse de l'eau à l'extérieur, le mercure monte d'une légère quantité dans le petit tube. Par conséquent, la pression totale de l'eau qui est déterminée par la hauteur du liquide extérieur, est mesurée en mercure par la colonne qui s'est élevée dans le petit tube. Si nous mesurons cette colonne de mercure au-dessus du niveau extérieur, nous trouvons qu'elle est le treizième de la longue colonne.

Faites bien attention à cette expérience, parce qu'elle nous conduira à concevoir très facilement la pression atmosphérique, et comment on peut la mesurer au moyen du baromètre.

Lorsque des liquides de densités différentes seront simplement juxta-posés, qu'arrivera-t-il ? Supposons, par exemple, que nous ayons de l'eau et du mercure renfermés dans un vase, et qu'ayant le même niveau, ils soient séparés par une cloison verticale. Si nous considérons une molécule de mercure en un point quelconque sur le diaphragme qui sépare les deux liquides, cette molécule sera pressée par une colonne de mercure qui a la même hauteur que la colonne d'eau, mais qui est treize fois plus pesante. Par conséquent, cette molécule cédera à cette pression et tombera au fond ; on raisonnera de même à l'égard de toutes les autres molécules : et l'équilibre n'existera que lorsque toutes les molécules de mercure occuperont le fond du vase.

Si au lieu de supposer le diaphragme vertical, nous le supposons horizontal, et que nous mettions du mercure en haut et de l'eau en bas ; dans ce cas, si nous considérons une molécule de mercure en un point quelconque sur le diaphragme, cette molécule sera plus pressée de haut en bas, qu'elle ne le sera de bas en haut, et par conséquent elle se précipitera au fond du vase. On conçoit cependant qu'il peut exister une espèce d'équilibre, comme dans un corps suspendu ; mais cet équilibre sera peu stable, et le plus léger mouvement suffira pour le détruire, et déterminer les liquides à se placer au rang que leur assigne leur densité respective.

Ce fait rencontre des applications fréquentes dans la nature, et il se renouvelle tous les jours dans les appartemens. Si vous avez du feu dans une chambre, la chaleur ayant pour effet d'augmenter le volume des corps, il en résultera que l'air de la chambre sera moins dense que l'air extérieur. Aussitôt qu'on ouvre la porte, l'air froid du dehors vient se jeter par dessous l'air chaud de la chambre et forme un courant d'air froid, tandis que l'air chaud, qui est plus léger, s'élève et se déverse en sens contraire. Il s'établit ainsi deux courans opposés qui se continuent tant que l'équilibre n'est pas établi. Il est facile, au moyen d'une bougie allumée, de s'assurer de l'existence de ces courans. Si on tient cette bougie dans le bas, la flamme sera chassée du côté où se trouve l'air chaud ; si vous élevez la bougie, la flamme sera chassée en sens contraire, car l'air froid ne peut entrer sans qu'il sorte de l'air chaud. Vous concevez, d'après cela, qu'il doit y avoir un point intermédiaire où il n'y ait pas de courant, et la bougie l'annoncera, parce que, placée dans ce point, la flamme restera droite.

ÉCOULEMENT DES LIQUIDES.

Nous avons supposé, jusqu'à présent, les liquides contenus dans des vases dont les parois étaient suffisamment résistantes pour les empêcher de s'écouler. Si nous supposons à ces parois une ouverture placée au-dessous de la surface du liquide, le liquide s'échappera aussitôt avec une vitesse plus ou moins grande. Il s'agit de connaître cette vitesse.

En général, un liquide s'écoulant par une ouverture de un, deux, trois centimètres, plus grande ou plus petite, peu importe, pratiquée dans un vase, que nous supposerons ici avec des minces parois, s'écoulera avec une vitesse égale à celle qu'aurait un corps abandonné à la pesanteur, et tombant depuis la surface du liquide jusqu'à l'orifice.

Ainsi nous avons, par exemple, un vase de trois mètres de profondeur; l'ouverture est tout-à-fait dans le fond, et par conséquent il y aura trois mètresde distance entre l'orifice et le niveau supérieur du vase. On laisse l'ouverture libre, et le liquide s'écoule avec une certaine vitesse. Nous savons tous par expérience que plus l'épaisseur d'un liquide est grande, plus la vitesse d'écoulement est grande. Lorsqu'on perce un tonneau plein, le liquide s'écoule d'abord très vite; mais à mesure que le niveau du liquide baisse, la vitesse diminue. Nous ne connaissons pas encore cette vitesse avec laquelle le liquide s'écoule. Voici le principe découvert par Torricelli : c'est qu'un liquide s'écoule avec une vitesse égale à celle qu'aurait ce même liquide tombant depuis le niveau du liquide jusqu'à l'orifice.

Nous savons comment on trouve cette vitesse; elle est proportionnelle à la racine carrée des hauteurs ; c'est-à-dire que si nous avons un vase, et qu'on fasse une ouverture à une distance exprimée par l'unité, au-dessous de la surface, et une autre ouverture à une distance quatre fois plus grande : la racine carrée de 4 étant 2, le liquide s'écoulera par l'endroit où le liquide est à quatre unités de distance avec une vitesse qui sera double de celle avec laquelle l'écoulement aura lieu par l'endroit où le liquide n'est qu'à une unité de distance de la surface.

C'est ce qu'il s'agit de faire concevoir physiquement. Si nous faisons une ouverture latérale dans le fond d'un vase, et que nous y adaptions un petit tuyau qui se courbe et se dirige parallèlement au vase, le liquide s'élève alors sous forme de jet, et la hauteur à laquelle il parvient est précisément celle du liquide dans le vase, abstraction faite des résistances. Or, si cela est, et cela est incontestable, il faut nécessairement que le liquide ait reçu une vitesse telle qu'il ait pu remonter à cette hauteur.

Vous vous rappelez que lorsqu'un corps tombant d'une certaine hauteur arrive à la surface de la terre, si on le lance en sens contraire avec une vitesse égale à celle que lui avait donnée la pesanteur, il reviendra justement à la même hauteur de laquelle il était tombé. Donc si le liquide s'échappant remonte justement à la hauteur du liquide, il faut nécessairement qu'il ait été lancé avec une force telle, que sa vitesse soit précisément celle qu'il aurait acquise s'il fût tombé de la surface du liquide. Voici une manière de concevoir le phénomène. Il y en a une autre que je vais vous exposer.

Supposons le liquide coupé en tranches horizontales extrêmement minces ; chacune de ces tranches est animée par la pesanteur et tend à tomber, et dès l'instant que le vase serait ouvert dans le bas, toutes ces tranches se suivraient et prendraient la même vitesse, parce que la pesanteur agit sur elles au même instant. Mais si le liquide ne s'échappe pas, la première couche pèse sur la deuxième, la deuxième sur la troisième, et ainsi de suite jusqu'à la centième, la millième, si vous voulez. Par conséquent, dès l'instant où l'on fera une ouverture dans le bas, la couche qui va s'échapper est sollicitée par sa pesanteur propre d'abord, et ensuite par la pesanteur de toutes les couches que nous avons supposées au-dessus. Cette dernière couche sera donc poussée par le poids de toutes les colonnes supérieures. Or, il est évident que si la couche supérieure était tombée librement, en descendant parallèlement à elle-même, elle aurait acquis, à chaque point où elle serait arrivée dans la verticale, une vitesse qui serait relative à sa hauteur ; elle aurait ramassé, en quelque sorte, la somme de toutes les vitesses que chacune des couches doit prendre par l'action de la pesanteur. En bas, elle est pressée par toutes ces couches ; elle doit prendre au premier instant une vitesse égale à celle que toutes les couches recevraient au même instant, et par conséquent celle qu'elle aurait acquise si elle fût tombée librement de la hauteur du liquide.

La première manière de concevoir le phénomène vous paraîtra peut-être plus simple.

Ainsi donc pour rappeler en peu de mots les principes que nous venons d'exposer, nous dirons que si un liquide, s'échappant par une ouverture pratiquée dans le bas d'un vase, peut s'élever à la hauteur du liquide dans ce vase, on doit conclure qu'il a une vitesse égale à celle qu'il aurait eue s'il fût tombé librement de la surface du liquide.

Ou bien on doit concevoir que la molécule qui est en bas, prête à s'échapper, supporte le poids de toutes les colonnes immédiatement au-dessus d'elle, et qu'au moment où elle peut s'en aller, elle reçoit le mouvement de toutes les tranches supérieures.

Les liquides de densité différente s'écoulent exactement dans le même temps, et cela doit être puisque tous les corps, qu'ils soient très denses ou peu denses, tombent tous dans le même temps. Il s'ensuit que si l'on conçoit des colonnes liquides, l'une d'eau, l'autre de mercure, l'autre d'éther, etc., l'écoulement va se faire avec la même vitesse. Ce serait un liquide aussi subtil que l'air, qu'il s'écoulerait avec la même vitesse que le mercure. Ainsi la vitesse d'un liquide ne dépend nullement de sa densité; elle dépend uniquement de la hauteur du liquide. De sorte qu'une colonne de mercure étant de la même hauteur qu'une colonne d'eau, le mercure ne s'écoulerait pas plus vite que l'eau; sauf quelques circonstances particulières dont nous allons parler tout à l'heure.

Nous venons de considérer l'écoulement qui a lieu par un orifice, et nous avons dit en mince paroi; vous allez en sentir la raison.

Nous avons prétendu que la vitesse d'un liquide devait être la même que celle d'un corps qui tombait. Tel est le résultat théorique, il est incontestable; mais lorsqu'on vient à faire l'expérience on trouve un écart assez notable entre le résultat de l'expérience et celui de la théorie, de sorte qu'il va vous paraître que ce que nous avons dit n'est pas exact.

Lorsqu'un liquide s'écoule par une ouverture qu'on a faite à un vase, il prend la forme d'un filet auquel on donne en général le nom de *veine*. La veine liquide a pour diamètre à l'orifice le diamètre même du trou qu'on a fait dans le vase. Ce trou peut avoir une forme quelconque, et les phénomènes dont nous allons parler ont lieu, quelle que soit l'espèce et la nature de l'ouverture qu'on fait au vase.

CONTRACTION DE LA VEINE FLUIDE.

Si l'on suit bien exactement la forme de la veine liquide, on remarque que d'abord elle a le même diamètre que l'ouverture faite dans le vase, cela doit être; mais à partir de cette ouverture et tout de suite, elle va en diminuant, de manière qu'elle tend à former une surface conique; elle se relève ensuite, de manière qu'il y a une section de la veine qui est plus petite que toutes les autres. L'endroit où la section se trouve la plus petite, s'appelle section de la veine contractée, et ce phénomène est exprimé par le nom de *contraction de la veine fluide*.

On voit, fig. 6, la forme de la veine contractée. Le liquide s'échappe du vase *AB* par une ouverture circulaire *d*. La veine, au lieu de former un cylindre, se rétrécit, se relève en suite et s'échappe enfin en s'éparpillant. C'est ce rétrécissement, représenté en *a b*, qu'on appelle contraction de la veine.

Si l'on mesure la quantité d'eau qui s'écoule pendant un temps donné, on trouve que cette quantité diffère d'un tiers à peu près de celle qu'indique la théorie. Ainsi, au lieu d'obtenir 100 parties, par exemple, on n'en obtient que 75. On obtient facilement le résultat de la théorie : étant donné une ouverture, et connaissant la vitesse qui est due à la hauteur et qui croît comme les racines carrées des hauteurs, on suppose que l'eau s'écoule en formant un cylindre parfait ; on calcule la quantité de liquide qui s'écoule pendant une seconde, et on a l'écoulement dû à la théorie. Mais si on mesure l'eau qui s'écoule réellement, on trouve qu'au lieu d'avoir un, par exemple, on n'a que 0,64.

La différence entre la quantité que donne la théorie et celle que donne l'expérience provenant de la contraction de la veine, nous fournit le moyen de mesurer cette contraction.

On a remarqué que la contraction, et que par conséquent, la différence d'écoulement décroît avec les dimensions de l'orifice. Ainsi, plus l'orifice est petit, et plus la différence entre la théorie et l'expérience diminue. Si l'on a une ouverture qui soit d'un millimètre, la contraction est de 0,31 ; mais si l'ouverture est d'un demi-millimètre, la contraction est seulement de 0,23, et vous aurez 0,77 au lieu de 0,64. Le résultat général est que la contraction décroît avec le diamètre de l'orifice.

Lorsqu'on a des orifices qui ont 10 millimètres et plus, la contraction est de 0,37 à 0,40. En général, la différence varie entre 6 et 7 dixièmes.

La forme de l'orifice n'apporte aucun changement dans le phénomène dont nous parlons.

Enfin, la contraction ou la différence entre le résultat de la théorie et celui de l'expérience diminue avec la hauteur. Par exemple, si l'on a un orifice de 27 millimètres de diamètre, sous une hauteur de 150 millimètres la contraction est de 40 centièmes. Si l'on suppose que l'on ait toujours le même orifice, et que la hauteur, au lieu de 150 millimètres, ne soit plus que de 16 millimètres, la contraction est de 31 centièmes. Ainsi, plus la hauteur diminue, plus la contraction est petite.

Il est assez difficile de donner une explication bien satisfaisante du phénomène de la contraction de la veine. Voici cependant comme on pourrait le concevoir. Si le liquide qui doit s'écouler avait, au moment où il arrive vers l'orifice, une vitesse qui fût dans la direction même de l'axe de l'ouverture, alors on ne concevrait pas pourquoi la quantité d'eau écoulée ne serait plus celle que donne la théorie. Mais les molécules qui s'approchent de l'ouverture n'ont point du tout une vitesse dans le sens de l'axe; elles ont au contraire des vitesses dans toutes sortes de sens, de sorte que ces vitesses sont extrêmement variables : c'est justement cette différence dans les vitesses qui produit la contraction de la veine.

AJUTAGES.

Voici maintenant un autre genre de phénomène qui est aussi singulier que celui dont nous venons de parler : nous venons de voir le résultat de la théorie, démenti par l'expérience. Nous pouvons, par des moyens très simples, parvenir à rétablir l'écoulement précisément au même terme que dans la théorie, et même avoir des écoulemens plus grands. Nous pouvons parvenir à faire passer par la même ouverture, et cela sans force, sans moyen extraordinaire, une quantité de liquide plus grande que celle que donne la théorie. C'est là ce qu'on fait en employant un simple ajutage. Un ajutage est un tuyau cylindrique, ou conique, ou composé d'un cylindre et d'un cône qu'on applique à l'ouverture des vases. C'est à cause de l'influence que vous allez reconnaître dans ces ajutages, que nous avons eu besoin de dire jusqu'à présent, que nous considérions l'écoulement comme ayant lieu en mince paroi, c'est-à-dire comme s'il s'opérait par une ouverture pratiquée dans une feuille de papier. Vous concevez très bien que si vous preniez un vase dont les parois fussent formées par des planches, nous rentrerions dans le cas des ajutages, et ce que nous avons dit ne serait plus exact; car dès qu'on ajoute des tuyaux aux ouvertures, on a des résultats tout-à-fait différens.

Venturi a fait sur les ajutages une série d'expériences dont je vous citerai les principaux résultats.

Venturi prit un vase assez grand qu'il tenait constamment

rempli d'eau à la hauteur de 32 pouces et demi, au moyen d'un réservoir. Il fit à ce vase une ouverture de 18 lignes de diamètre. Il a remarqué d'abord que si l'on mettait à cette ouverture un tuyau ayant justement la forme de la veine, le résultat restait le même que s'il n'y avait pas d'ajutage ; et, en effet, puisque l'eau toute seule prend cette forme, si vous lui donnez une enveloppe, cela ne changera rien. Il a mesuré, dans ce cas, quelle était la dépense de l'eau ; il a trouvé que l'écoulement produisait 4 pieds cubes en 41 secondes. Il a ensuite mis à cette même ouverture un tube qui se prolongeait et qui avait pour longueur trois fois le diamètre de l'ouverture ; l'écoulement est alors devenu beaucoup plus considérable, et pour obtenir les 4 pieds cubes, au lieu de 41 secondes, il n'en a fallu que 31.

Prenant donc pour terme de comparaison la quantité d'eau qui s'écoule en minces parois, et qui est les 0,64 de ce que donne la théorie ; et, multipliant 0,64 par 41 et le divisant par 31, nous aurons pour résultat 0,84, valeur qui, comme vous voyez, se rapproche de la théorie.

$$0,64 \times \frac{41}{31} = 0,84$$

Venturi a pris ensuite divers tuyaux ; mais je ne vous citerai que celui qui a donné le résultat le plus marqué.

Il a pris un tuyau qui, au lieu d'être cylindrique, était conique, mais toujours ayant la forme de la veine au moment de la sortie. Voici quelles étaient les principales dimensions de ce tuyau : 18 lignes à l'entrée ; 148 lignes, depuis l'étranglement de la veine jusqu'à l'extrémité ; 27 lignes d'ouverture à la sortie. Avec un tuyau semblable, la dépense des 4 pieds cubes s'est faite en 21 secondes. Par conséquent, l'effet total est exprimé par 0,64, multiplié par 41 divisé par 21, c'est-à-dire, est égal à 1,25.

$$0,64 \times \frac{41}{21} = 1,25$$

Ainsi, au moyen de ce dernier ajutage, la dépense, au lieu d'être un, comme le donne la théorie, s'est trouvée d'un quart plus considérable : c'est là le plus grand effet que Venturi a pu produire.

Remarquez un phénomène qui se présente constamment, tant que l'écoulement est augmenté au moyen des ajutages ; si, par exemple, on met un ajutage, et que le tuyau ne soit pas entièrement plein, le résultat est le même que s'il n'y avait pas d'ajutage. On parvient facilement à remplir cette

condition ; il suffit de faire un trou sur le tuyau vers l'étranglement, pour que l'air puisse entrer. Dans ce cas, le résultat
tombe aux 0,64 que donne l'expérience sans ajutage.

Quand le tuyau est entièrement plein, alors nous avons un
écoulement augmenté ; quand le tuyau n'est pas plein, que
le liquide est détaché du tuyau, c'est comme s'il n'y avait pas
d'ajutage. Ceci nous peut aider à concevoir comment il peut
y avoir une augmentation d'écoulement, et pourquoi il est
plus grand dans un tuyau conique. Il est bon de remarquer que
le cône ne doit pas être très ouvert, Venturi a reconnu qu'à
l'angle de 16 degrés le résultat était beaucoup diminué, et que
l'angle qui donnait le plus grand effet était celui de 3 degrés.

Le liquide a une certaine adhérence entre ses molécules,
le liquide en a une autre pour le corps ou la matière de l'ajutage, en vertu de laquelle, comme nous le verrons, les liquides mouillent les corps solides avec une force plus grande
que la force même qui lie leurs molécules. Sous ce rapport,
l'eau n'est pas comme le mercure. Par conséquent, une fois
qu'on a mouillé un solide, le phénomène se passe non pas
entre l'eau et la matière de l'ajutage, mais entre l'eau et l'eau.
Or, il y a une certaine adhérence entre ces molécules ; si le
tuyau est un peu large, le liquide tend alors à adhérer aux
parois, et cela détermine une expansion ; la couche qui s'écoule est obligée de se dilater, et par conséquent la vitesse doit
en augmenter.

C'est ce phénomène d'adhérence du liquide avec le tube et
par suite avec lui-même, qui fait que le tuyau étant rempli,
il peut passer, dans le même temps, une quantité de liquide plus grande que lorsque le liquide est détaché du
tuyau.

IMPRIMERIE DE E. DUVERGER,
RUE DE VERNEUIL, N. 4.

COURS DE PHYSIQUE.

LEÇON HUITIÈME.

(Samedi, 1ᵉʳ Décembre 1827.)

RÉSUMÉ DE LA SEPTIÈME LEÇON.

Nous commencerons par rappeler en peu de mots les principaux objets de la séance dernière. Nous avons établi ce qu'on appelle le principe d'Archimède, et qui consiste en ce qu'un corps plongé dans un liquide, y perd une portion de son poids, égale au poids du volume d'eau qu'il déplace. Nous avons dit que si l'on se représentait une portion d'une masse liquide, comme, par exemple, un décimètre cube, ce décimètre cube était en équilibre, et que, puisqu'il ne tombait pas, quoiqu'il fût soumis à l'action de la pesanteur, il fallait nécessairement qu'il y eût des forces opposées qui pussent contrebalancer le poids de ce corps. Nous avons fait remarquer que ces forces étaient évidemment les pressions que le liquide exerçait dans tous les sens, soit en haut, soit en bas, soit sur les côtés ; qu'on pouvait même ne faire nulle attention aux pressions latérales qui se détruisaient évidemment.

Ce principe ayant été établi d'une manière incontestable, nous avons ensuite remarqué que lorsqu'on a des liquides dans des vases différens, mais qui sont en communication par un canal horizontal ou incliné, ouvert dans la partie inférieure, le liquide que l'on suppose ici de même nature, tend à s'élever à la même hauteur dans les deux réservoirs. Cela nous a conduits à donner une idée de la presse hydraulique, machine de la plus haute importance qui sert pour exercer des pressions considérables.

Nous avons examiné quelle était la vitesse avec laquelle un liquide devait s'écouler. Nous avons rappelé ce principe que lorsqu'un corps tombe librement d'une certaine hauteur, il arrive à la surface de la terre avec une vitesse telle que si le corps s'élevait ensuite de bas en haut avec la même vitesse, il parvenait à la même hauteur de laquelle il était tombé. De même, dans un liquide, la vitesse qu'il a lorsqu'il s'échappe par un orifice, est justement égale à celle qu'il aurait s'il tombait de la profondeur du liquide. Nous avons expliqué deux différentes manières dont on pouvait concevoir ce phénomène.

Nous avons dit que la vitesse d'écoulement est la même pour un liquide très dense, comme pour un liquide peu dense, même pour un fluide élastique comme l'air : propriété qui est d'ailleurs commune à tous les corps qui, quelle que soit leur densité, tombent de la même hauteur dans le même temps, lorsqu'on fait abstraction des résistances de l'air.

Dans l'écoulement des liquides, on trouve une différence entre le résultat que donne l'expérience et celui que donne la théorie. Cette différence est en général de 3 à 4 dixièmes, c'est-à-dire, qu'au lieu d'avoir une quantité représentée par 100, on a 64. On trouve la cause de cette différence dans ce qu'on appelle la contraction de la veine. D'après la théorie, une veine liquide sortant par un orifice circulaire pratiquée dans le bas d'un vase devrait former un cylindre ayant pour base l'orifice, et pour hauteur l'espace que la vitesse due à la chute, pendant une seconde, fait parcourir au corps. Au lieu de former un cylindre, la veine se contracte et tend à former un cône. Cette contraction de la veine explique suffisament pourquoi il ne s'écoule pas une quantité de liquide aussi considérable que s'il n'y avait pas de contraction.

Cette contraction de la veine est due à ce que les diverses molécules liquides n'arrivent pas avec des directions qui soient parallèles à l'axe d'écoulement que l'on peut concevoir perpendiculaire à la paroi, et arrivent au contraire avec des directions inclinées dans toutes sortes de sens.

Nous avons vu qu'on pouvait remédier en quelque sorte à cette diminution de l'écoulement que donne la théorie, par des appareils particuliers, appelés ajutages. Les ajutages sont des tuyaux coniques, cylindriques, paraboliques et, en général, d'une forme quelconque, que l'on applique à l'ouverture. Dans certaines circonstances, à l'aide de ces ajutages, on augmente réellement l'écoulement, de manière à rétablir le résultat de la théorie, et même à le dépasser; c'est là ce qu'il y a de plus curieux.

Avec un tuyau cylindrique qui aurait une longueur égale à trois fois le diamètre de l'orifice, le résultat peut être porté de 64 à 84. Mais si on fait des tuyaux qui soient légèrement évasés, de manière à former un angle de trois degrés, on peut obtenir un écoulement qui irait à 125 au lieu de 100.

On a remarqué ce fait général que lorsque le tuyau est rempli complètement par le liquide, lorsque le liquide coule, comme on dit, à plein tuyau, alors l'augmentation a lieu. Si malgré l'addition des ajutages, le liquide se détache des parois, ou s'il ne peut remplir le tuyau, ce qui arrive lorsqu'on a fait le tuyau trop large, ou, en supposant qu'on lui donne les dimensions mêmes de l'orifice, si on fait un trou dans la partie supérieure ou inférieure de l'ajutage, pour laisser entrer l'air; dans tous ces cas, le liquide qui s'écoule ne donne plus que le résultat de l'expérience, c'est-à-dire qu'il ne donne plus que 64 au lieu de 100. On a reconnu que quand il y a de l'air dans le tuyau, l'eau ne le mouille jamais. Mais dès l'instant que l'air ne peut entrer, si l'ouverture n'est pas trop grande, le liquide adhère au tuyau, et il éprouve alors une dilatation réelle, en raison de l'attraction du liquide pour le tuyau et du liquide pour lui-même. C'est à cette dilatation du liquide que l'on doit attribuer l'augmentation d'écoulement. Tels sont les principaux phénomènes dus à l'emploi des ajutages dans l'écoulement des liquides.

Nous connaissons les liquides, les principaux phénomènes dus à leurs pressions, les phénomènes de leur écoulement. Les liquides possèdent sans doute encore d'autres propriétés physiques; mais ce n'est pas le moment de nous en occuper.

AIR.

Nous allons maintenant chercher à apprécier les circonstances dans lesquelles nous sommes placés, c'est-à-dire, à déterminer la quantité d'air qui pèse sur les corps qui sont à la surface de la terre.

PESANTEUR DE L'AIR.

Nous savons déjà que l'air est un corps, bien qu'il semble opposer très peu de résistance au mouvement. D'abord nous pouvons peser l'air au moyen de la balance, et nous trouverons que son poids est 770 plus petit que celui de l'eau, sous le même volume, bien entendu. Ainsi un litre d'eau pesant 1000 grammes, un litre d'air pèserait à peu près 1,$^{gr.}$ 30 : ce qui est une quantité appréciable, et qu'on est parvenu à déterminer avec une grande précision. Si l'on avait des doutes sur le poids de l'air, on n'aurait qu'à se rappeler les principaux phénomènes que présente le mouvement de ce fluide. D'abord on peut remarquer qu'un corps léger tombe lentement dans l'air, ce qui ne peut venir que d'une résistance matérielle que celui-ci oppose. Si on veut faire mouvoir un corps présentant une grande surface, on éprouve une grande résistance. On sait qu'un moulin à vent se meut aussi par le mouvement de l'air; or il est évident qu'une masse aussi considérable qu'un moulin ne peut être mue sans une cause matérielle, et l'on peut juger par les effets de la grandeur de la cause. Nous voyons l'air en mouvement former quelquefois des vents impétueux; il peut alors renverser des édifices et déraciner des arbres. En un mot, tout nous prouve que l'air est un corps; nous ne nous arrêterons donc pas à le démontrer, d'autant plus que cela résulte de ce que nous avons déjà vu.

Ainsi nous établissons en principe que réellement l'air est un corps. Il s'agit maintenant de savoir quelle est la quantité de cet air que nous avons au-dessus de nos têtes.

L'air, avons-nous déjà dit, jouit comme les liquides, d'une mobilité parfaite dans les molécules, et même il en jouit à un plus haut degré que les liquides. En considérant cette propriété, tout ce que nous avons dit des liquides s'applique également à l'air. Ainsi un corps plongé dans l'air y perd une portion de son poids égale au poids du volume d'air qu'il déplace. L'écoulement de l'air se fait de la même manière que celui des liquides; les pressions qu'il exerce ont lieu suivant les mêmes règles que les pressions exercées par les liquides; dans l'écoulement de l'air, le phénomène de la contraction de la veine a lieu comme dans les liquides, et d'une quantité à peu près semblable; c'est-à-dire que la quantité d'air qui s'écoule n'est que les deux tiers de celle qui devrait s'écouler d'après la théorie.

Ce qui distingue l'air des liquides, c'est que ses molécules, au lieu de s'attirer, sont au contraire dans un état continuel de répulsion. C'est là, en effet, le grand caractère des fluides élastiques. Cette propriété n'empêche pas que ces molécules ne soient soumises à l'action de la pesanteur, et que l'air ne soit un corps pesant. Pendant long-temps cette pesanteur a été méconnue, et la découverte du baromètre est une des plus belles et des plus utiles découvertes que l'on ait faites en physique. Car jusqu'à l'invention du baromètre par Toricelli, on n'avait que des notions extrêmement vagues sur les phénomènes naturels, et on avait recours, pour leur explication, à des causes qu'on désignait par le nom de *causes occultes.* Depuis la découverte du baromètre, on consulta beaucoup plus l'expérience, et c'est de cette époque, de l'année 1643, que date, pour ainsi dire, l'origine de la nouvelle physique. Dès l'instant où l'on eut découvert que l'air était un corps, les expériences se multiplièrent de toutes parts, et l'on parvint à des résultats très importans.

MESURE DE LA PRESSION ATMOSPHÉRIQUE.

Comme nous ne voyons pas l'air, nous ne pourrions nous former de suite une idée bien nette de la manière de déterminer son poids total. Nous entendons par poids total de l'air le poids d'une colonne qui irait depuis la surface de la terre jusqu'au haut de l'atmosphère, et qui aurait pour base une base déterminée prise pour unité.

L'air pèse très peu, si on ne prend qu'une colonne de quelques mètres de hauteur ; mais si nous considérons cette colonne prolongée jusqu'en haut de l'atmosphère son poids devient considérable. C'est la détermination de ce poids qui forme le problème que nous nous proposons de résoudre maintenant.

Au reste, nous devons concevoir que la masse entière de l'air qui porte le nom d'atmosphère repose sur tous les corps placés à la surface de la terre : nous devons, dis-je, concevoir que cette masse d'air, s'étendant partout, enveloppe la terre entière, et qu'elle est en équilibre, de manière qu'en déterminant la pression exercée dans un endroit, nous aurons la pression exercée en un endroit quelconque.

Pour nous faire une idée nette de cette pression, nous allons supposer que nous avons à déterminer la pression non pas de l'air, mais d'une colonne d'eau qui serait dans un réservoir ; ces deux circonstances sont absolument les mêmes. Si vous vous représentez un réservoir ou un vase rempli d'eau, les corps qui sont placés au fond de ce réservoir sont pressés par toute l'eau qui est immédiatement au-dessus d'eux, c'est-à-dire par toute la colonne liquide qui va depuis l'endroit où sont les corps jusqu'à la surface de l'eau. De même les corps placés à la surface de la terre sont pressés par tout l'air qui va depuis cette surface jusqu'au haut de l'atmosphère.

Nous avons toutes les idées nécessaires pour déterminer la pression d'une colonne liquide ; car, dans les séances précédentes, nous avons dit que si on a une colonne liquide reufermée dans un tube supposé cylindrique, cette colonne liquide exerce sur la base une pression qui est exprimée par le poids de cette colonne, c'est-à-dire, qui est représentée par la surface de la base multipliée par la hauteur.

Nous avons vu, et nous le rappellerons dans cette séance, que si nous avons un réservoir, fig. 5, 7ᵉ leçon, au fond duquel il y ait du mercure, qu'ensuite on fasse plonger dans ce mercure un tube ouvert par le bas, puis qu'on verse de l'eau tout autour de ce tube, alors le mercure s'élève d'une certaine quantité qui fait justement équilibre à la pression de toute la colonne d'eau qui est immédiatement au-dessus du mercure; de sorte que nous pouvons, sans mesurer cette colonne, déterminer réellement sa hauteur : il suffit pour cela de nous rappeler que lorsqu'on a des liquides de densité différente les colonnes qui se font équilibre sont en raison inverse de leur densité. Or, comme nous savons que le mercure est treize fois et demie plus dense que l'eau, nous en conclurons qu'une colonne de mercure doit faire équilibre à une colonne d'eau qui serait treize fois et demie plus élevée. Ainsi vous voyez qu'étant placés au fond de ce réservoir, si nous pouvons mesurer la colonne de mercure, laquelle fera nécessairement équilibre au poids de toute la colonne d'eau, nous pourrons déduire facilement de la mesure de cette colonne celle de la colonne d'eau.

Maintenant, imaginons qu'on ait un réservoir de mercure absolument pareil à celui de l'expérience précédente, et supposons un tube plongeant dans le mercure et s'élevant jusqu'au haut de l'atmosphère, de manière que l'air ne puisse y entrer : alors l'atmosphère qui pèse autour du tube fait absolument ce que faisait l'eau tout à l'heure ; elle exerce une pression qui détermine le mercure à s'élever d'une certaine quantité dans le tube. Il est évident que la colonne de mercure ainsi soulevée fait équilibre au poids d'une colonne d'air qui va depuis la surface du mercure jusqu'au haut de l'atmosphère.

Nous ne pouvons faire cette expérience, mais comme nous savons que le mercure ne s'élèvera dans le tube qu'à une certaine hauteur, nous pouvons supprimer toute la partie du tube dans lequel le mercure ne doit pas s'élever. Ainsi, je prends un tube fermé par un bout ; je le remplis de mercure ; je mets mon doigt dessus, et je le renverse dans cet état ; le mercure, comme corps pesant, tend à tomber, et il exerce sur mon doigt une pression qui est considérable.

Si maintenant je plonge l'extrémité de ce tube dans du mercure, et que j'ôte mon doigt, le mercure tombe d'une certaine quantité, mais il ne va pas jusqu'en bas, et il reste un espace où il n'y a plus d'air, et où il y a ce qu'on appelle le vide. De ce que la colonne de mercure est pesante, et que cependant elle ne tombe pas, j'en conclus qu'elle est soutenue par les pressions extérieures de quelque chose. Ce quelque chose ne peut être que la pression de l'air; cet air, il faut le concevoir environnant le tube de toutes parts; car si vous conceviez un espace vide, l'air s'y précipiterait aussitôt, en vertu de l'action de la pesanteur qui agit sur lui. De plus, en vertu de sa grande mobilité, il faut que l'air soit uniformément répandu dans une couche horizontale, et qu'il exerce des pressions qui se transmettent dans tous les sens, de haut en bas et de bas en haut. Ce sont ces pressions exercées de bas en haut qui soutiennent le mercure.

Les deux expériences sont absolument les mêmes; il n'y a que cette différence que, dans la première, nous voyons l'eau qui presse, tandis que, dans l'autre, nous ne voyons pas l'air.

Avant que Toricelli eût ainsi calculé la pression de l'air, on savait que l'eau pouvait s'élever à une hauteur de 32 pieds, dans les pompes aspirantes, dont on se servait depuis un temps immémorial; et, pour expliquer ce phénomène, on avait dit que la nature avait horreur du vide; mais on remarqua que l'eau ne s'élevait jamais au-delà de 32 pieds : alors il fallut en conclure que la nature n'avait horreur du vide que jusqu'à 32 pieds. Toricelli, en réfléchissant sur ce fait et en faisant attention que l'air était un corps pesant, ce qui avait été démontré par Galilée, pensa que si, comme il le soupçonnait, l'eau ne s'élevait dans les pompes que par les pressions extérieures de l'air, le mercure, treize fois plus pesant que l'eau, ne devait s'élever que d'une hauteur treize fois plus petite. Il fit l'expérience, et il eut la satisfaction de voir qu'en effet le mercure s'était arrêté à une hauteur treize fois plus petite que la hauteur à laquelle l'eau s'élevait dans les pompes.

BAROMÈTRE.

Voilà le baromètre tel que Toricelli l'avait d'abord imaginé; mais cet instrument, pour devenir tout-à-fait usuel, pour que ses indications soient fidèles et exactes, demande plusieurs attentions et des détails de construction dont nous allons nous occuper.

Nous savons qu'il y a toujours un peu d'humidité à la surface du verre, bien qu'elle n'apparaisse pas ; nous savons de plus que l'air reste aussi adhérent en petite quantité, soit à la surface du verre, soit à celle du mercure. Si on formait des baromètres dans lesquels il y eût un corps étranger, ce corps pourrait nuire à ses indications, et le mercure descendrait au lieu de rester à la hauteur où la pression de l'atmosphère le maintiendrait, si l'espace qui se trouve dans la partie supérieure du tube était parfaitement vide.

Cette partie vide est ce qu'on appelle le *vide barométrique* ou la *chambre barométrique*, quand le vide est aussi parfait que possible. La colonne de mercure s'appelle la *colónne barométrique*.

Une première chose à faire pour éviter les causes d'incertitude dont je viens de parler, c'est d'avoir du mercure qui soit bien bouilli, ce qu'on appelle bien purgé d'air et de vapeurs. Or, on y parvient facilement en faisant bouillir le mercure dans le tube lui-même. Pour cela, on commence par remplir le tube à peu près au tiers ; l'on a ensuite un brasier fort ardent sur lequel on promène le tube, de manière à porter le mercure à l'ébullition. On peut, en effet, faire bouillir le mercure comme de l'eau, c'est un phénomène tout-à-fait analogue. Il n'y a que cette différence, que l'ébullition do l'eau se fait à un degré qui n'est pas très élevé, et que le mercure demande une chaleur qui est à peu près trois fois et demie plus grande que celle qu'exige l'eau pour entrer en ébullition.

Il est bon que vous voyiez faire cette expérience pour pouvoir la répéter ensuite vous-même avec toute certitude.

On commence par chauffer la partie du tube qui s'élève au-dessus du mercure. Si on n'avait pas cette attention, et qu'on chauffât d'abord la partie du tube qui renferme le mercure, il se formerait un fluide élastique qui rejetterait devant lui le mercure en lui faisant faire des espèces de bonds ; et comme ce mercure serait chaud, il pourrait faire casser le tube.

Lorsqu'on vient à faire chauffer le mercure, la colonne paraît comme criblée et poreuse à sa surface, dans l'endroit qui est exposé à la chaleur, et on aperçoit une infinité de petites bulles. C'est l'eau qui s'échappe sous l'état de fluide élastique. Cette eau, qui formait une quantité inappréciable, devient très visible lorsqu'elle s'est convertie en fluide élastique, parce qu'alors elle occupe un volume 1700 fois plus grand, et quelquefois même 3000 fois plus grand. Cette vapeur est incomparablement plus légère que le mercure ; par conséquent, elle ne peut rester dans le bas du tube ; aussi l'on voit le-

bulles, à mesure qu'elles grossissent, se détacher et monter à la surface supérieure. Quand on a fait ainsi chauffer le tube dans une partie, et qu'on n'aperçoit plus de bulles, on fait chauffer une partie un peu plus éloignée.

Cette opération est, comme vous le voyez, extrêmement facile, et un quart d'heure suffit pour faire bouillir une colonne de mercure. Lorsque nous aurons fait bouillir la première partie de mercure, il faut attendre qu'elle soit bien refroidie ; car si on s'avisait de mettre du mercure froid dans le tube pendant qu'il est encore chaud, ce tube casserait aussitôt.

Enfin, lorsqu'on remet du mercure pour la dernière fois, et on le met ordinairement en trois fois, il faut le mettre à quelques centimètres de l'orifice, parce qu'on ne peut faire bouillir complètement les dernières parties, car la chaleur faisant augmenter le mercure de volume, il sortirait du tube. Si vous voulez avoir un baromètre dans lequel tout le mercure ait bouilli, prenez un tube un peu plus long que vous ne devez faire votre baromètre, puis, l'ébullition terminée, vous donnez un coup de lime au tube, ou vous le coupez avec une pierre à fusil. Si le tube n'est justement que de la grandeur du baromètre, on ne fait pas chauffer jusqu'au point d'ébullition la dernière quantité de mercure que l'on met dans le tube, mais on y fait entrer un fil de fer chaud pour détacher les bulles qui se forment dans le mercure et contre les parois du tube.

Cette opération terminée, on laisse refroidir le mercure, on retourne le tube, et on a un baromètre parfait, qui s'accordera parfaitement avec un autre baromètre préparé de la même manière dans un lieu très éloigné, si les variations se font sentir en même temps.

On enfonce l'extrémité du tube ainsi préparé dans un vase un peu large, que l'on appelle *cuvette*, et l'on a le baromètre fondamental, celui qu'on appelle *baromètre à cuvette*.

Il s'agit maintenant, pour avoir l'instrument complet, de pouvoir mesurer la longueur de la colonne de mercure. Pour cela, on a une échelle divisée en centimètres ou en pouces, ancienne mesure, sur laquelle la colonne barométrique s'applique. On s'arrange pour que le zéro de l'échelle soit tangent à la surface même du mercure dans la cuvette.

Si le baromètre ne variait point, il ne faudrait pas tant de précaution, et le baromètre aurait moins d'importance. Mais tout le monde sait que le baromètre est un instrument qui varie à chaque minute ; je dirai même à chaque seconde. Si nous ne nous apercevons pas de ces variations continuelles, c'est qu'elles sont trop petites pour être aperçues. Nous ne considérons que les variations que nous pouvons facilement distinguer, et il s'agit de pouvoir les mesurer exactement. Le zéro étant placé à la surface du mercure, vous concevez que la colonne ne peut monter dans le tube sans que la quantité de mercure dont elle se trouve augmentée soit prise dans la cuvette, et sans, par conséquent, que le niveau baisse dans cette cuvette. Réciproquement, si la colonne baisse, la quantité de mercure dont elle se trouve diminuée se loge nécessairement dans la cuvette, et le niveau s'élève.

C'est pour éviter ces causes d'erreur et conserver le zéro de la division aussi parfaitement qu'il est possible, qu'on prend une cuvette un peu large. Alors la quantité de mercure qui descend dans la cuvette ou qui en est ôtée pour former la colonne additionnelle ne change pas sensiblement le niveau. Néanmoins cela ne peut s'entendre que pour des baromètres dans lesquels on ne chercherait pas une très grande précision. Lorsqu'on se borne à avoir les variations pour connaître le temps, on n'a pas besoin de porter son attention sur les variations de niveau dans la cuvette.

Vous voyez, fig. 1, un baromètre très simple formé d'un tube et d'une cuvette extrêmement large, avec une échelle qui donnera la hauteur de la colonne avec une précision égale à celle qu'on aura mise dans les divisions, et relativement au vernier qu'on aura employé.

On a cherché à remédier à l'inconvénient qui résulte des variations de niveau de beaucoup de manières. Il y a peut-être cinquante baromètres différens, tant pour la construction de la cuvette que pour le haut de l'instrument. Parmi tous ces baromètres, il y en a un qui mérite la préférence, et dont par conséquent nous devons parler. C'est celui qui est disposé de telle manière que l'on peut avoir dans la cuvette un niveau toujours constant.

Comme les baromètres sont destinés à être transportés, s'ils avaient des cuvettes larges ils seraient peu portatifs. Or on peut avoir une cuvette qui sera très étroite, et cependant avoir un niveau constant. Pour cela que faut-il faire ? Il suffit que le fond intérieur de la cuvette soit mobile. Nous avons vu tout à l'heure que si le mercure montait dans le tube, le niveau baisserait de suite dans la cuvette. Imaginons que le fond soit mobile, que ce soit, par exemple, un piston que nous puissions faire monter et descendre. Nous pourrons alors faire remonter le niveau d'une quantité égale à celle dont il aurait baissé. Il s'agit d'avoir un point fixe qui sera le point de départ de notre échelle. C'est ce que l'on a fait dans l'instrument que l'on a représenté, fig. 2, et qui est construit par l'un de nos plus célèbres artistes, M. Fortin.

En considérant ce baromètre on remarque en *A* une pointe qui est ici en ivoire, et que l'on fait quelquefois en platine.

L'ivoire réussit parfaitement; il ne change pas sensiblement de longueur, par les variations de température, quand on le prend dans le sens des fibres; on peut donc négliger ces variations. Si on prenait du fer, il est exposé à se rouiller; si on prenait de l'argent, il s'amalgamerait avec le mercure; il en serait de même de l'or; mais le platine peut être employé avec succès. Ainsi une pointe, soit en ivoire, soit en platine, est fixée au couvercle de la cuvette; le zéro part de l'extrémité de cette pointe, et l'échelle se prolonge ensuite le long du tube. Il s'agit maintenant de ramener toujours la surface du mercure à toucher cette pointe : cela est extrêmement facile. Le fond de la cuvette est fermé par un morceau de peau de daim, attaché autour d'un cylindre que l'on fait monter ou descendre au moyen d'une vis. Lorsqu'on tourne la vis de manière à faire monter le cylindre, le mercure s'élève; lorsqu'on fait tourner la vis en sens contraire, la poche tombe et le mercure descend. Rien ne sera plus aisé maintenant que de faire que l'extrémité de la pointe rase la surface du mercure. Le mercure forme un miroir parfaitement plan; or, vous savez que quand un objet est placé devant un miroir, l'image paraît autant éloigné derrière le miroir que l'objet lui-même en est éloigné. Ainsi, nous voyons d'abord l'objet réel, c'est-à-dire la pointe, et ensuite l'image qui paraît au-dessous de la surface du mercure, à une distance justement égale à celle qui se trouve entre le mercure et la pointe. Par conséquent, cette distance entre l'objet et l'image nous paraît double de la distance réelle; de sorte que nous pourrons facilement apercevoir une distance d'un vingtième de millimètre entre l'extrémité de la pointe et la surface du mercure; car cette distance nous paraîtra comme un dixième de millimètre, quantité qu'on peut apprécier parfaitement, en faisant passer un rayon lumineux entre la pointe et la surface du mercure. On peut ainsi ramener les deux pointes, l'image et l'objet, à se toucher, et le niveau est alors établi.

C'est par cet artifice qu'on obtient le point zéro de l'échelle. Il y a d'autres manières de déterminer ce point; mais elles ne valent pas celle-ci; par conséquent je ne m'y arrêterai pas.

Cet instrument qui est destiné pour le cabinet, sert en même temps pour les voyages. Seulement pour l'observer, il faut le déballer, et le disposer convenablement, ce qui demande un quart d'heure environ : ce n'est pas beaucoup, quand il s'agit d'avoir une grande précision, et l'instrument en donne réellement une très grande.

Dans ce baromètre, le tube de verre est renfermé dans un tube de métal, fendu des deux côtés dans sa partie supérieure, et un vernier mobile glisse le long de ce tube. Je dois vous faire remarquer que la colonne de mercure n'est pas terminée par une surface parfaitement plane ; cette surface est convexe ; de sorte que, pour avoir la hauteur de la colonne, il faut avoir l'attention de placer l'œil dans un plan horizontal qui est tangent à la convexité de mercure. On y parvient facilement au moyen du vernier cylindrique qui enveloppe le plan, et dont les deux bords sont dans un plan horizontal ; on monte ou l'on descend le vernier jusqu'à ce que le rayon visuel rase en même temps le point le plus élevé de la colonne cylindrique et les deux bords du vernier ; et alors l'endroit de l'échelle où ces bords correspondent marque la véritable hauteur de la colonne barométrique.

Tel est l'instrument le plus parfait que je puisse vous présenter ; il est, comme je vous l'ai dit, de la construction de M. Fortin.

Si l'on n'avait pas l'avantage de pouvoir ramener le niveau à être toujours constant, vous concevez qu'il faudrait alors corriger les variations du baromètre d'après le diamètre du tube et celui de la cuvette. Les artistes donnent ordinairement ces diamètres pour qu'on puisse faire ces corrections. C'est un calcul très simple à faire ; je n'entrerai donc pas dans les détails de ce calcul, d'autant plus qu'on ne le fait pas ordinairement avec le baromètre construit comme nous venons de le dire.

Il y a une autre espèce de baromètre, qu'on appelle *baromètre à syphon*, et qui a des avantages particuliers sur celui dont nous venons de parler. Le baromètre de Fortin, quoique la cuvette n'en soit pas très large, est néanmoins fort lourd ; il peut peser de trois à quatre kilogrammes. Dans un voyage, un pareil poids ne laisse pas que d'être embarrassant : c'est pourquoi on a imaginé des baromètres ayant un poids beaucoup moins considérable.

Il y a le baromètre à syphon, représenté fig. 3 ; c'est un tube fermé par le haut, recourbé ensuite, et dont la petite branche est ouverte.

Voici l'avantage que ce baromètre a sur l'autre ; il est d'abord beaucoup plus léger ; car la cuvette est ici réduite à un tube qui a le même diamètre que l'autre. Il sera par conséquent d'un transport beaucoup plus facile.

Relativement à la mesure de la colonne, il faut d'abord remarquer que nous avons deux niveaux, l'un en N, l'autre en nn ; si vous menez un plan horizontal tangent au niveau inférieur, vous allez détacher deux parties an, an, qui vont se faire parfaitement équilibre. Mais la colonne qui s'élève en dessus de ce plan horizontal n'est plus soutenue que par la pression de l'air. C'est par conséquent cette colonne même, c'est-à-dire la différence entre la grande colonne aN, et la petite colonne an, qui mesure la pression de l'air ; et, en effet, si nous mesurons la longueur de cette colonne, nous la trouverons justement égale à celle qui s'élève dans le baromètre ordinaire.

Comme dans ce baromètre le niveau est variable à chaque instant, et que s'il y a une variation d'un millimètre en haut il y a en bas une variation aussi d'un millimètre, on a imaginé d'avoir une échelle qui va jusqu'en bas, et de placer le zéro au point o, par exemple ; et comme toute observation du baromètre se réduit à avoir la différence entre ces deux colonnes, on lit la hauteur de la grande colonne, on lit la hauteur de la petite, on retranche celle-ci de la première, la différence donne la hauteur de la colonne qui fait équilibre à la pression atmosphérique.

D'autres fois, on place le zéro de l'échelle dans le milieu ou en un point quelconque au-dessus du niveau inférieur ; et alors pour avoir la hauteur de la grande colonne, on compte d'abord depuis le zéro en remontant jusqu'au niveau supérieur, et ensuite depuis ce même point zéro, en descendant jusqu'au niveau inférieur. On ajoute ces deux quantités, et on a la hauteur de la colonne qui mesure la pression atmosphérique. Dans ce cas, au lieu d'une soustraction, c'est une addition qu'il fant faire.

Cette dernière manière de calculer a un grave inconvénient, qui résulte de ce qu'on est obligé de compter les divisions dans deux sens différens. Aussi je vous conseille de vous servir de préférence, du baromètre où l'on trouve la pression atmosphérique au moyen d'une soustraction.

Néanmoins ce baromètre n'est pas parfait ; on est obligé, pour le transporter, de le tenir renversé, et alors il peut arriver que l'air pénètre à travers le mercure, et aille se loger dans le haut de la colonne barométrique. Lorsque cela arrive, le baromètre est tout-à-fait perdu. En effet, quand le baromètre est parfait, qu'il n'y a rien au-dessus de la colonne, cette colonne seule fait équilibre au poids de l'atmosphère ; mais si nous introduisons de l'air dans cet espace, les molécules d'air étant dans un état continuel de répulsion, c'est comme un ressort que nous mettrions dans ce même espace ; de manière que la pression de l'air qui tout à l'heure était mesurée par une colonne de mercure que nous pouvions apprécier, est mesurée maintenant par une colonne de mercure, et, de plus, par l'effort de l'air qui est renfermé dans cette colonne en quantité qui nous est inconnue, et que nous ne pouvons mesurer. En effet, si l'on compare un baromètre dans lequel l'air a pénétré avec un autre baromètre, ils n'auront pas la même hauteur.

On a cherché divers moyens pour empêcher le mercure de tomber ; on y a adapté des robinets en verre, en fer, etc. Mais tout cela fait des instrumens d'un transport fort difficile et qui se dérangent facilement. Nous allons vous indiquer un baromètre dans lequel ces inconvéniens n'existent pas.

Soit, fig. 4, un baromètre également à syphon, car on n'a pas changé les propriétés caractéristiques de l'instrument. Pour que le mercure ne s'échappe pas, il y a deux attentions à avoir.

En faisant non pas toute la colonne, mais seulement une partie $A\ B$ d'un diamètre beaucoup plus étroit que le reste du tube, nous éviterons l'inconvénient dont nous parlions tout à l'heure, c'est-à-dire le passage de l'air à travers le mercure. Avec une disposition semblable, si ayant retourné l'instrument on remplit de mercure ce large tube, le mercure ne peut être divisé par l'air.

Maintenant on peut avoir du mercure en excès, et dans ce cas, si on renversait le tube, ce mercure tomberait nécessairement. Pour l'empêcher de tomber il suffit de fermer l'extrémité du tube en C. Mais alors comment l'air entrera-t-il dans le tube s'il est complètement fermé ? Ce ne sera plus un baromètre, car le baromètre ne peut servir à mesurer la pression atmosphérique que lorsqu'il est en communication libre avec l'air extérieur. Cette communication sera conservée en pratiquant sur le côté du tube, vers l'extrémité C, une ouverture comme la pointe d'une aiguille, ce qu'un artiste fait très aisément. L'air, qui est un corps d'une grande subtilité, entre par ce petit trou ; mais le mercure peut passer sur le même trou sans s'échapper.

Quand on s'est servi de ce baromètre pour faire une observation, on le met dans une position inclinée et non pas horizontale.

Pour éviter même la crainte que l'air puisse entrer dans le tube, M. Bunten a imaginé de faire à ce tube une addition qui n'est pas réellement nécessaire, et qui a le grave inconvénient de rendre l'instrument plus fragile.

Les tubes très étroits, qui peuvent être employés dans les baromètres à syphon, ne peuvent l'être sans inconvénient dans les baromètres à cuvette, lorsque les cuvettes sont très larges. Le mercure, dans un tube très large, se tient dans ce tube à une certaine hauteur. Si maintenant ce tube devient tout à coup plus étroit, le mercure se tient beaucoup plus bas. Si nous avions deux baromètres à cuvette, l'un formé avec un tube très large et l'autre avec un tube très étroit, le premier indiquerait une hauteur beaucoup moindre que le second. Cela tient à ce que le mercure descend dans ces tubes en raison de leur diamètre, ou à ce qu'on appelle le phénomène de la *capillarité*. De manière que dans un baromètre à cuvette, la véritable pression de l'air n'est point donnée par la colonne de mercure que l'on a dans le tube; il faut en faire la correction. Vous trouverez les tables pour faire ces corrections dans les ouvrages de physique. Dans le baromètre à syphon cette correction n'existe pas, parce que la partie inférieure étant du même diamètre que la partie supérieure, il y a compensation. Ainsi, toutes choses égales d'ailleurs, les baromètres à syphon ont l'avantage sur les baromètres à cuvette.

Enfin, le baromètre à syphon présente un autre avantage qu'il est bon que vous connaissiez. Dans les voyages, on est toujours pressé, et on fait d'autant plus d'observations, qu'il faut moins de temps pour les faire. Je disais qu'il fallait un quart d'heure pour faire une observation avec le baromètre de Fortin; cela empêche de faire beaucoup d'expériences. Le baromètre à syphon, comme celui dont nous venons de parler, peut être observé en voiture; il suffit de faire arrêter la voiture pendant deux minutes au plus, pour qu'on ait le temps de faire l'observation.

Le baromètre à syphon a de plus cet avantage qu'on n'a pas besoin de lire la hauteur de la haute colonne et de la petite. Les variations dans le haut sont toujours moitié de la variation réelle qui a lieu; et par conséquent vous n'aurez qu'à doubler la variation dans la grande colonne pour avoir la variation réelle. Cela se conçoit très bien : puisque dans le baromètre, et il faut supposer ici que les deux branches ont un égal diamètre, la haute colonne ne peut descendre d'un centimètre, par exemple, sans que la petite colonne ne monte de la même quantité, il s'ensuit que la différence entre les deux niveaux, au lieu de n'être que d'un centimètre, est de deux centimètres, et que par conséquent il est vrai de dire que la variation dans le haut est justement la moitié de la variation réelle.

Nous allons terminer ce que nous avons à dire sur les baromètres par la description d'un baromètre très singulier qui est dû à Amontons, célèbre physicien qui vivait dans l'année 1700, et faisait ses expériences en l'année 1702. Ce baromètre est fondé sur cette propriété du mercure, de ne point se diviser facilement qnand il est en colonne très étroite. Ce baromètre est sans cuvette, et il doit paraître fort extraordinaire, car c'est un tube tout droit (fig. 5). Ce tube doit être tel que la partie du haut soit plus large que le bas; ce qui se fait en choisissant un tube conique, ou en soudant ensemble un tube cylindrique plus large à un tube cylindrique plus étroit.

Dans les baromètres ordinaires, il est clair que la pression de l'air s'exerce de bas en haut. Nous pouvons au moyen d'un appareil qui se compose d'un tube recourbé (fig. 6), prouver que la pression de l'air s'exerce dans tous les sens; car si l'on remplit un pareil tube de mercure, il s'y soutient de la même manière que dans les autres baromètres.

Je dirai un mot du baromètre en usage pour connaître les variations du temps (fig. 7). Il est formé par un grand cadran sur lequel est une aiguille qui se meut autour de ce cadran, en se rapprochant des indications : beau temps, beau fixe, etc. Ce baromètre est très simple; voici quelle est sa construction : c'est un baromètre à syphon, mais dont la petite branche est assez large ; on lui donne ordinairement de quatre à six millimètres de diamètre. Dans cette courte branche, et sur la surface du mercure, repose un petit flotteur qui monte ou descend avec le mercure. Ce flotteur est attaché à l'extrémité d'une corde passant sur une poulie ; à l'axe de cette poulie est fixée l'aiguille qui sert à indiquer sur le cadran les variations de la colonne de mercure dans le tube.

Enfin on doit à Amontons un baromètre qui peut se mettre dans la poche. On est obligé de renfermer dans ce baromètre, représenté fig. 8, du mercure et un autre liquide. Ce baromètre a une foule d'inconvéniens, et je ne le cite que comme un fait curieux qui est propre à exercer l'esprit, mais qui n'est d'ailleurs d'aucune application.

IMPRIMERIE DE E. DUVERGER,
RUE DE VERNEUIL, N° 4

COURS DE PHYSIQUE.

LEÇON NEUVIÈME.

(Mardi, 4 Décembre 1827.)

Nous nous sommes occupés dans la dernière séance d'une question très importante, qui était la détermination de la pression de l'air à la surface de la terre. Nous avons vu que ce problème était tout-à-fait identique avec celui de déterminer la profondeur d'un réservoir d'eau au moyen d'une colonne de mercure.

Après avoir dit que la pression de l'air se mesurait au moyen d'un instrument appelé baromètre, nous avons distingué les différens baromètres en usage. Nous avons parlé du baromètre à large cuvette, que l'on prend ainsi très large pour éviter les corrections qu'il serait nécessaire de faire, lorsque le baromètre viendrait à varier. Le baromètre varie avec le jour, la nuit, avec les vents particulièrement, et de quantités très sensibles, jusqu'au quatorzième de sa hauteur et même davantage, si on prend les extrêmes. Tels sont les baromètres dont on se sert pour l'observation du temps, parce qu'on ne tient qu'à avoir des variations un peu grandes qui se manifestent indépendamment des petites variations de la cuvette.

Nous avons dit qu'on pouvait se mettre à l'abri de ces variations et les corriger facilement au moyen d'un niveau constant. Nous avons décrit un petit appareil au moyen duquel on obtenait le niveau constant.

Il y un autre genre de baromètre appelé baromètre à syphon. J'en ai fait sentir les avantages, qui consistent en ce que le diamètre du réservoir est égal au diamètre du tube; ce qui évite une cause d'erreur qu'on observe dans les baromètres ordinaires et qui est due à la capillarité, c'est-à-dire que la colonne barométrique s'élève à une hauteur moindre dans les tubes larges que dans les tubes étroits

9

parce que le mercure se déprime dans les tubes de verre, et d'autant plus que le tube est plus étroit ; de sorte que pour avoir un baromètre exempt de corrections, il faudrait que le tube eût au moins un centimètre et demi de diamètre. Dans ce cas, la correction est tellement petite qu'on peut la négliger. Mais si le tube n'a qu'un diamètre de trois, quatre ou cinq millimètres, il y a une correction très sensible.

Dans le baromètre à syphon, comme on peut prendre le diamètre de la petite branche égale à celui de la grande, les effets de la capillarité se contrebalancent, se détruisent réciproquement, et cet instrument indique exactement la pression de l'air, par la différence de niveau entre la grande et la petite branche.

Le baromètre à syphon dont nous venons de parler a l'inconvénient de ne pouvoir être facilement transporté. Nous avons indiqué comment on pouvait réunir les conditions d'un baromètre à syphon avec une facilité de transport très grande.

En adaptant au baromètre à syphon, dans la partie inférieure, un tube très étroit, et en ne laissant qu'une très petite ouverture qui, en livrant passage à l'air, ne puisse cependant laisser échapper le mercure, on a un instrument qui présente tous les avantages qu'on peut désirer.

J'ai parlé du baromètre vertical d'Amontons. Il présente un fait curieux, c'est la suspension du mercure, qui fait voir clairement que la pression de l'air s'exerce de bas en haut.

On peut recourber la partie inférieure de ce baromètre et la rendre horizontale ; la colonne barométrique n'en reste pas moins suspendue à la même hauteur, ce qui prouve que la pression de l'air se transmet latéralement.

On peut donner à cette extrémité, entre la direction verticale et la direction horizontale, une infinité de directions intermédiaires, et l'on verra que la pression de l'air s'exerce dans tous les sens.

Enfin, je vous ai fait remarquer un baromètre d'Amontons très ingénieux, mais qui n'est d'aucun usage. C'est un baromètre qu'on peut faire aussi court qu'on le désire.

Nous voilà parvenus à déterminer la pression de l'air ou, du moins, à traduire cette pression en celle exercée par une colonne de mercure.

Le baromètre variant à chaque instant, on a pris ce qu'on appelle la hauteur moyenne du baromètre. A la surface de la terre et dans des circonstances bien déterminées relativement à la température, cette hauteur moyenne est égale à une colonne de mercure de 76 centim., ou de 28 pouces environ. Quelle que soit la largeur de cette colonne, elle montera toujours à la même hauteur.

Voilà la pression en mercure ; voulons-nous la traduire en pression exercée par l'eau ? Cela est très aisé. Nous savons que l'eau pèse 13, 59 fois moins que le mercure, ou que le mercure pèse 13, 59 plus que l'eau. D'après cela, si nous voulons avoir la longueur de la colonne d'eau qui fait équilibre à la pression atmosphérique, il suffira de multiplier la colonne de mercure, c'est-à-dire, 0^m, 76, par la densité de l'eau relativement au mercure, ou 13, 59, et nous aurons pour faire équilibre à la colonne de mercure, et par suite à la colonne d'air, une colonne d'eau qui sera exprimée par 10^m, 336. Si donc, nous voulions nous servir d'un baromètre à eau, au lieu d'un baromètre à mercure, il faudrait prendre un tube de 33 à 34 pieds de longueur fermé par un bout. En le remplissant entièrement d'eau, mettant le doigt à l'extrémité ouverte, et retournant ce tube dans un bain d'eau, nous verrions l'eau se détacher de la partie supérieure, et descendre de manière à n'avoir qu'une hauteur de 10^m, 336, c'est-à-dire, à peu près 30 pieds.

HAUTEUR DE L'ATMOSPHÈRE.

Nous avons vu comment l'on parvenait à connaître, sans la mesurer immédiatement, la hauteur d'une colonne d'eau qui faisait équilibre à une colonne de mercure. Il nous a suffi pour cela de multiplier la colonne de mercure par la densité de l'eau par rapport au mercure. Appliquons le même raisonnement à la détermination de la profondeur de l'air ; c'est-à-dire, imaginons que l'air forme une espèce de liquide terminé à une certaine hauteur, et homogène dans toutes les parties d'une colonne verticale ; et voyons quelle serait, dans ce cas, la hauteur de l'atmosphère. Vous vous rappelez que la densité de l'air est 770 fois moindre que celle de l'eau ; ou, en d'autres termes, que l'air pèse 770 fois moins que l'eau sous le même volume, et à la température ordinaire. Or, puisque les colonnes qui se font équilibre sont en raison inverse des densités, il faudra, pour avoir la longueur d'une colonne d'air capable de faire équilibre à une colonne d'eau de 10^m, 336, multiplier 10^m, 336 par 770 ; ce qui nous donnera 7,958^m, 726. Par conséquent, dans l'hypothèse d'une homogénéité parfaite dans la verticale, nous aurons, pour hauteur de l'atmosphère, une colonne de 7,958^m, 726, ou, en nombre rond, 8,000^m.

Ainsi l'atmosphère aurait à peu près deux lieues de hauteur, si elle était homogène ; mais l'air étant un fluide élastique dont les molécules sont dans un état continuel de répulsion, et les couches supérieures soumises à une moindre pression étant beaucoup plus dilatées que les couches inférieures, il en résulte que la hauteur de l'atmosphère est beaucoup plus considérable ; nous prouverons qu'elle est au moins de quatorze lieues.

Connaissant la pression de l'air qui est égale à une colonne de mercure de $0^m,76$, ou à une colonne d'eau de $10^m,336$, examinons cette pression sur une surface donnée, sur un décimètre carré, par exemple : ce décimètre carré étant alors la base d'une colonne d'air qui irait jusqu'au haut de l'atmosphère. Une surface d'un décimètre supporte la pression d'une colonne d'air qui est équivalente à celle d'une colonne d'eau qui aurait pour base un décimètre carré, et pour hauteur $10^m,336$ ou 103 décimètres 36 centièmes. Or si nous concevons la colonne divisée en décimètres, nous aurons une série de petits cubes, dont chacun pèsera un kilogramme ; car vous vous rappelez qu'un kilogramme est le poids de l'eau contenue dans un décimètre cube.

Donc le poids de la colonne d'eau de 103 décimètres 36 centièmes, qui équivaut au poids de la colonne atmosphérique, sera égal à 103 kilog.,36, ou à 206 livres. Cette pression est, comme vous voyez, assez considérable.

Si nous voulions connaître la pression de l'atmosphère sur un centimètre carré, le centimètre carré étant la centième partie d'un décimètre carré, il suffirait de prendre la centième partie de 103 kilog., 36, c'est-à-dire que la pression exercée par l'air sur une surface d'un centimètre est un peu plus de 1 kilog. ou 2 livres.

En général, il est très facile de trouver la pression atmosphérique sur une surface donnée ; il ne s'agit que de considérer la surface dans son rapport avec le décimètre carré.

Si nous cherchons à nous représenter quelle est la pression exercée sur l'homme par l'atmosphère, nous serons effrayés du poids énorme qu'il supporte sans s'en apercevoir. Un homme d'une haute stature a une surface qu'on peut évaluer à 200 décimètres carrés. Or, chaque décimètre supporte, comme nous l'avons vu, une pression de 103 kilogrammes. Multipliant 103,36 kilogrammes par 200, nous aurons, pour la pression que l'homme supporte, 20,672 kilogrammes, c'est-à-dire, plus de 40 milliers de livres. Un homme de petite taille, dont la surface peut être évaluée à 150 décimètres carrés, supporte une pression sur tout son corps, qui est égale à 15,504 kilogrammes, c'est-à-dire à 5o milliers de livres. Cette pression paraît énorme, et cependant elle existe réellement.

La surface de notre main est égale à un décimètre carré ; par conséquent, notre main supporte une pression de 1o3 kilogrammes. Il est évident qu'il serait impossible de tenir la main sous un poids aussi considérable ; mais comme une pression parfaitement égale a lieu de l'autre côté de la main, elle reste en équilibre entre ces deux pressions égales et peut se mouvoir avec la plus grande facilité.

Le seul effet de ce poids considérable, exercé sur les deux parties de la main, est de comprimer la matière dont elle est composée ; et comme la main est soumise habituellement à cette pression, elle prend un volume correspondant, de sorte qu'elle est absolument dans le même état que si elle n'était pas comprimée.

Il en est de même pour les diverses parties du corps. Le corps, pressé de toutes parts par un poids considérable, pourrait être écrasé par ce poids ; mais il faut remarquer que dans les parties où il y a des liquides, les liquides étant peu compressibles, ce sont eux qui résistent à cette compression, et que dans les parties où il y a des cavités, comme dans la poitrine, il y a dans ces cavités de l'air qui lui-même exerce intérieurement une pression justement égale à celle exercée en dehors ; de sorte que le corps n'est point affaissé sous ce poids si considérable qui pèse tout autour de lui.

LOI DE MARIOTTE.

Connaissant la pression de l'air, il sera facile de résoudre maintenant une question très importante, celle de déterminer suivant quelle loi le volume de l'air, et, en général, celui des fluides élastiques, diminue quand on les comprime de quantités connues. Cette question ne pouvait pas être traitée plus tôt, parce qu'il fallait nécessairement que nous connussions déjà la compression que l'air ou tout autre fluide élastique éprouvait ; ayant maintenant la mesure de cette compression, nous pouvons la faire varier, et observer les volumes successifs que prendra la même masse d'air que nous allons considérer.

Prenons un volume d'air dans une couche à la surface de la terre, et mesurons-le exactement. Nous savons que ce volume d'air supporte une pression équivalente à celle de 76 centimètres de mercure. Ajoutons, maintenant, une pression double, triple, quadruple, etc. , et voyons ensuite comment ce volume variera. Vous vous rappelez que nous avons défini les fluides élastiques des corps dont les molécules sont dans un état de répulsion continuelle, et qui peuvent occuper un espace infiniment grand si aucun obstacle ne s'oppose à leur expansion, ou être ramenés dans un espace infiniment petit si l'on a des moyens de compression suffisans. Nous allons voir suivant quelle loi cette dilatation et cette compression des fluides ont lieu; en un mot, nous allons déterminer la *loi de Mariotte*.

Pour cela, nous prendrons un turbe recourbé, représenté fig. 1, fermé à l'extrémité de la petite branche, et ouvert à l'autre extrémité. Ce tube s'appelle *tube de Mariotte*. On verse dans l'intérieur de ce tube, supposé cylindrique et divisé en parties parfaitement égales, une certaine quantité de mercure, de manière à intercepter la communication de l'air renfermé dans la petite branche du tube, avec l'air extérieur qui pèse dans la grande branche. On s'arrange de telle sorte, que le mercure, que l'on a d'abord versé dans le tube en petite quantité, ait le même niveau dans les deux branches. Il est évident, dans ce cas, que les deux petites colonnes de mercure se font réciproquement équilibre, et que, par conséquent, l'air renfermé dans la petite branche du tube supporte la pression atmosphérique et lui fait équilibre. Je lis le volume de cette portion d'air que l'on a ainsi isolé, et je vois qu'il occupe, par exemple, onze parties de l'échelle tracée sur le tube. Je regarde ensuite le baromètre, et je suppose qu'il marque 76.

Je verse maintenant du mercure dans la grande branche, et vous allez voir ce qui arrive par l'effet de la pression que j'exerce. A mesure que je verse du mercure, vous devez vous apercevoir que l'air renfermé dans la petite branche du tube diminue de volume; de sorte qu'il doit vous paraître évident que c'est ce mercure que j'ai versé dans la grande branche du tube qui a déterminé la réduction du volume de l'air. Il s'agit de savoir dans quel rapport le volume de l'air varie relativement à la hauteur de la colonne de mercure.

Mais avant de nous occuper de déterminer ce rapport, je dois vous faire remarquer que l'air que l'on force ainsi à occuper un moindre espace dans la petite branche du tube, ne change point pour cela de nature. Nous pouvons le faire revenir précisément à son premier état, soit en retirant le mercure que nous avons versé dans le tube, soit même en inclinant seulement ce tube. Car la pression exercée par les liqui-des, n'ayant lieu qu'en raison de leur hauteur, quelle que soit la forme des vases qui les contiennent, il s'ensuit que si nous diminuons la hauteur du mercure en inclinant le tube, le volume de l'air augmentera, et qu'enfin quand le tube sera tout-à-fait horizontal, le volume de l'air reviendra à son état primitif.

Pour parvenir à connaître le rapport entre le volume de l'air et les pressions auxquelles il est soumis, il faut avoir une échelle graduée en millimètres, par exemple, et connaî-tre en même temps le volume exact de la quantité d'air sur laquelle on opère. Soit la petite branche du tube, fig. 1, divi-sée en cent parties depuis le point zéro qui correspond au niveau des deux petites colonnes de mercure m, n. Nous al-lons maintenant verser du mercure dans le tube, de manière à ce que la pression que nous allons exercer soit la même que celle que nous avons déjà. Or cette pression qui existe déjà est celle de l'atmosphère, équivalente, comme nous le savons, à une colonne de mercure de 76 centimètres. Par conséquent nous mettrons du mercure de manière à avoir une colonne de 76 centimètres ; alors l'air enfermé dans la petite branche se trouvera pressé d'abord par la pression de l'air qui existait déjà, et qui s'exerce par la longue branche du tube, et ensuite par la colonne additionnelle de mercure équivalente à la pression atmosphérique ; de telle sorte, qu'il sera pressé par deux fois la pression de l'air ou, en d'autres termes, qu'il sera soumis à une pression double de celle qu'il supportait primitivement. Dans cette position, si nous me-surons la diminution de volume, nous trouverons qu'il est devenu deux fois plus petit, c'est-à-dire que le volume de l'air sera toujours en raison inverse des pressions que cet air éprouve, et réciproquement. Ainsi, nous avions un volume d'air exprimé par onze parties, nous l'avons ramené à avoir un volume de moitié plus petit, c'est-à-dire que maintenant il n'occupe plus qu'un volume représenté par cinq et demi.

Nous ne pouvons pousser l'expérience plus loin, parce que le tube dont nous nous servons ne peut contenir une colonne de mercure plus haute que 76 centimètres. Mais si vous supposiez un tube qui fût trois fois plus long, dans lequel, par conséquent, nous eussions pu mettre une co-lonne de mercure trois fois plus longue que la colonne ba-rométrique, nous dirions : l'air qui est enfermé dans cette petite branche est comprimé par trois fois la colonne baro-métrique, plus ensuite la colonne barométrique qui me-

sure la pression de l'air qui agit par le tube. Par conséquent, l'air se trouve comprimé quatre fois plus qu'il ne
l'était primitivement; et si nous considérions le volume
qu'occuperait alors l'air ainsi comprimé, nous le trouverions
réduit à deux parties trois quarts, si primitivement il occupait onze parties, c'est-à-dire qu'il serait réduit au quart du
volume primitif, c'est-à-dire enfin, que quand la pression
devient quatre fois plus grande, le volume de l'air devient
quatre fois plus petit. Généralement le volume est toujours
en raison inverse de la pression.

On peut énoncer ce principe d'une autre manière. La
quantité matérielle d'air sur laquelle nous opérons est constante, elle ne se perd pas; ainsi donc, puisqu'il ne se perd
pas de matière et que nous forçons cette matière à occuper
un espace de plus en plus petit, il est évident que la densité
ou que la quantité de matière contenue dans le même espace
va en augmentant proportionnellement à la pression. Ainsi,
on peut dire que lorsqu'on comprime de l'air, les volumes
sont en raison inverse des pressions que ces volumes éprouvent, ou bien que la densité de l'air croît proportionnellement à la pression. Vous voyez bien en effet que lorsque le
volume de l'air a été réduit, par exemple, à la moitié par
une pression double, la densité ou la quantité d'air qu'il y a
dans un espace pris pour unité, est deux fois plus grande.
On peut donc dire, et cette loi est un résultat simple d'expérience, que quand on comprime de l'air ou un fluide élastique, la densité de cet air ou de ce fluide élastique est
toujours proportionnelle à la pression.

Cette loi a été vérifiée sur l'air atmosphérique par des pressions allant jusqu'à vingt-trois pressions égales à celle de
l'atmosphère, et la loi s'est soutenue parfaitement; de sorte
qu'en attendant que des expériences poussées plus loin viennent nous apprendre plus tard le contraire, on peut généraliser le fait que nous venons de démontrer, et dire que,
quelle que soit la pression que l'air éprouve, son volume est
toujours réciproque au poids comprimant, et sa densité proportionnelle au poids comprimant.

Il ne faut pas appliquer ce résultat à toute espèce de fluides
élastiques. Il y en a quelques-uns que nous aurons soin de
distinguer dans une des séances prochaines, qui ont la propriété de devenir liquides quand on les comprime suffisamment, ou bien quand on les expose à un froid assez
grand; comme, par exemple, l'acide sulfurique, le gaz
hydro-sulfurique, le gaz ammoniac, etc., etc. Mais pour

chacun de ces gaz, le terme de la liquéfaction est plus ou moins éloigné. Pour cette classe de fluides élastiques qui peuvent ainsi changer d'état par l'augmentation de pression ou par une diminution convenable de température ; la loi est vraie pendant un certain temps, pendant que la pression n'est pas très forte : mais ensuite, en approchant, et même d'assez loin, du terme où le fluide va changer d'état et devenir liquide, les écarts de la loi sont manifestes ; il y a des contractions qui augmentent dans un plus grand rapport que les pressions.

Pour les fluides élastiques, comme l'air, l'azote, par conséquent, et l'oxigène, principes constituans de l'air, comme pour l'hydrogène, on doit regarder la loi de Mariotte comme étant exacte, même sous des pressions considérables.

Nous venons de prouver que quand on comprime une masse d'un fluide, la diminution de volume était proportionnelle aux poids comprimans, ou bien que les densités étaient proportionnelles aux poids comprimans. Il est bon de prouver aussi que lorsqu'on prend un volume donné d'air déjà comprimé, comme il l'est sous le poids de l'atmosphère, si on diminue la pression de moitié, le volume de l'air deviendra précisément double ; si on réduit la pression au quart, le volume deviendra quatre fois plus grand ; si on réduit la pression au centième, le volume deviendra cent fois plus petit ; ainsi de suite. C'est ce qui peut se démontrer au moyen de l'appareil, fig. 2.

Cet appareil se compose d'un tube, AB, divisé en un certain nombre de parties égales, servant de réservoir, dans lequel on peut enfoncer un autre tube, ab, plus petit, fermé par son extrémité supérieure. CD est une cuvette contenant du mercure. Je suppose que nous ayions enfoncé le tube ab, de manière que le niveau du mercure dans ce petit tube corresponde au niveau extérieur du mercure dans la cuvette. Nous aurons dans la partie ab, du petit tube, un volume d'air qui supportera la pression de l'atmosphère. Car les deux colonnes de mercure, l'une qui se trouve dans le petit tube, l'autre dans le grand, se font équilibre, et leurs pressions se détruisent complètement. Par conséquent, l'air renfermé dans le petit tube fait seul équilibre à la pression atmosphérique.

A présent je fais sortir ce petit tube, et vous allez voir ce qui va arriver ; à mesure que j'élève le tube, le volume de l'air augmente. Il faut, avant de passer à l'explication de ce phénomène, que vous conceviez bien que l'air étant un fluide élastique, n'est pas contenu dans la partie du tube ab, il occupe tout l'espace *ac*. Ainsi, en supposant que l'espace *ac* soit double de l'espace *ab*, le volume de l'air sera devenu double. Maintenant je mesure la colonne de mercure renfermée dans le petit tube et s'élevant au-dessus du niveau de la cuvette, et je trouve que cette colonne est égale à la moitié de 76, c'est-à-dire à 38. Interprétons ce résultat. Nous avons vu que l'air renfermé dans ce tube supportait toute la pression atmosphérique ; mais nous avons dans ce même tube une colonne de mercure qui s'élève au-dessus du niveau, qui tend, par conséquent, à se précipiter, et qui agit précisément en sens contraire de la colonne barométrique. Or, cette colonne qui contrebalance la pression atmosphérique est égale à 38 centim. Par conséquent, l'air du tube ne sera plus soumis qu'à une pression égale à la différence entre la colonne barométrique et la colonne du tube, c'est-à-dire à la moitié de cette dernière colonne. Mais le volume de l'air est devenu deux fois plus grand.

Par conséquent, quand le volume de l'air a doublé, la pression qu'il supporte est devenue moitié moindre, et réciproquement quand la pression est devenue deux fois plus petite, le volume de l'air est devenu deux fois plus grand ; ou, en d'autres termes, quand la pression est devenue deux fois plus petite, la densité de l'air est aussi deux fois plus petite.

Si nous répétons l'expérience et que nous fassions sortir le petit tube *ab* jusqu'à ce que l'air soit venu à occuper un espace trois fois plus grand, nous trouverons que la colonne de mercure dans le petit tube sera des deux tiers de la colonne barométrique, par conséquent l'air du tube ne sera plus soumis qu'à une pression trois fois plus petite ; mais son volume est devenu trois fois plus grand. Donc le volume est toujours en raison inverse de la pression, ou bien la densité est proportionnelle à la pression.

Ainsi vous voyez que, de quelque manière qu'on s'y prenne, soit en comprimant l'air, soit en le dilatant, on parvient à constater toujours cette loi, que le volume est en raison inverse des poids comprimans, ou que les densités d'une même masse d'air sont toujours proportionnelles aux pressions que cet air éprouve.

Il faut tâcher de bien se familiariser avec cette loi, qui est d'ailleurs extrêmement simple, parce qu'on a l'occasion d'en faire l'application à chaque instant, particulièrement en chimie et en physique.

Il y a, dans les appareils mêmes, des volumes qui sont soumis à des pressions qui varient continuellement, ainsi que peuvent le savoir ceux qui ont assisté à quelques leçons de chimie. Lorsqu'on écrit sur la physique ou sur la chimie, il faut nécessairement, pour pouvoir s'entendre, adopter une manière toujours uniforme de s'expliquer. Si, par exemple, l'un parlait de l'air sous la pression de 75 centimètres, si un autre en parlait sous la pression de 72 centimètres, si un autre enfin parlait de l'air sous la pression de 77 centimètres, tous ces résultats ne seraient pas comparables. On est donc convenu, lorsqu'on parle des fluides et de leur volume, de ramener toujours ces volumes à ce qu'ils seraient sous une pression constante que l'on suppose alors de 76 centimètres, qui est la pression moyenne de l'atmosphère. Ainsi, lorsqu'on dit que l'air pèse 770 fois moins que l'eau, cela suppose que l'air a été pesé lorsqu'il était sous une pression mesurée par une colonne de 76 centimètres. Si cette pression était deux fois plus petite, le même volume d'air pèserait moitié moins. Vous sentez donc combien il est important de faire attention à la pression sous laquelle on opère, et voilà pourquoi on est convenu de ramener à une pression constante les fluides et les gaz.

Cette réduction de volume n'éprouve aucune espèce de difficulté.

Soit, par exemple, un volume donné V d'un corps, sous une pression que nous supposerons, pour fixer les idées, de 71 centimètres de mercure. On veut savoir ce que deviendrait ce volume sous la pression de 76 centimètres.

Nous savons que les volumes sont en raison inverse des pressions; par conséquent, représentant par x le volume cherché, nous établirons la proportion suivante :

$$V : x :: 76 : 71.$$

D'où nous déduirons, pour la valeur de x,

$$x = V \times \frac{71}{76}$$

Il y a néanmoins à faire quelques corrections que nous citerons plus tard.

ÉLASTICITÉ OU RESSORT DE L'AIR.

Une portion quelconque d'air que nous isolons par la pensée, a ses molécules rapprochées, puisqu'elles sont comprimées de toutes parts par l'atmosphère, dont la pression nous est connue. Supposons, pour mieux fixer nos idées, que ce soit de l'air enfermé dans un flacon : toutes les molécules qui sont dans ce flacon sont comprimées par la colonne d'air qui exerce sa pression par l'ouverture du flacon; cette pression est celle du baromètre. Les molécules qui sont dans le vase, jouissant, comme nous l'avons établi, d'une force répulsive, font effort contre les parois de ce vase pour augmenter; et si les parois devenaient tout-à-fait flexibles, et qu'il n'y eût point d'air autour du vase, les molécules s'éloignant de plus en plus, le volume augmenterait indéfiniment. En effet, nous avons dit qu'un volume d'air égal à un centimètre carré pourrait remplir tout cet amphithéâtre, si aucun obstacle ne s'opposait à son expansion.

Par conséquent, puisque l'air tend sans cesse à augmenter de volume, et qu'il ne le fait pas par un obstacle qui agit contre lui, il réagit donc lui-même, et fait un effort pour augmenter de volume. C'est cet effort qu'il fait constamment que l'on désigne par le nom d'*élasticité*, par le nom de *force élastique*, qu'on désigne encore par le nom de *tension de l'air*.

Puisque l'air a été ramené à cet état de compression qui le fait ainsi réagir comme un ressort, par la pression seule de l'air, il est évident qu'il se sera comprimé tant que la pression aura été prépondérante; mais nécessairement il arrivera un terme où il y aura équilibre entre la pression de l'air et la force élastique; car si la pression de l'air était plus grande que la force élastique, c'est-à-dire que la réaction fût moindre que l'action, l'air diminuerait encore de volume; si la pression était plus petite, l'air augmenterait de volume. Ainsi donc la force élastique de l'air est toujours mesurée par la pression que ce même air éprouve.

Cette pression de l'air n'est autre chose que son poids. Dans une colonne liquide, le poids de cette colonne est déterminé par la somme de toutes les molécules qui composent cette colonne. De même, dans l'atmosphère, le poids d'une colonne fluide et la pression qui en résulte est égale à la somme de toutes les molécules matérielles composant cette colonne.

Supposons maintenant que le vase que nous considérions tout à l'heure comme ouvert, soit fermé : l'air enfermé dans ce vase se trouve dans le même état qu'auparavant; il exerce toujours une pression semblable à celle qu'il exerçait d'abord; mais, puisque la communication avec l'air extérieur est interceptée, il en résulte que l'effort que l'air enfermé dans le vase fait contre les parois n'est plus déterminé ici par le poids de l'atmosphère, mais seulement par le ressort de l'air, qui est déterminé par la pression atmosphérique. Par conséquent, la colonne barométrique mesurera deux choses : elle mesurera le poids réel de l'air, considéré comme matière. Que ce soit un solide, un liquide ou un fluide élastique, le baromètre mesurera toujours le même poids à la surface de la terre. La colonne barométrique mesurera de plus la force élastique de l'air, c'est-à-dire, cette résistance que l'air oppose à la compression, et qui est toujours égale à la force comprimante.

C'est ce que l'on démontre plus clairement au moyen de l'appareil, fig. 5, qui n'est autre chose qu'un baromètre à syphon dont on a fermé, à la lampe, la petite branche, après y avoir laissé entrer de l'air soumis à la pression ordinaire de l'atmosphère. Lorsque le baromètre était en communication avec l'air, la colonne de mercure mesurait le poids de l'air, maintenant que le baromètre est fermé, la colonne reste à la même hauteur. Mais nous ne pouvons plus dire, alors, que la colonne fait équilibre au poids de l'air, puisqu'elle a cessé d'être en communication avec ce poids. Le mercure fait donc équilibre à autre chose qu'à la colonne d'air.

L'air qui était dans la petite branche du baromètre primitivement en communication, s'est comprimé, et, en se comprimant, il fait un effort de plus en plus grand contre l'obstacle. C'est cette réaction qu'il exerce de toutes parts contre la paroi, que nous appelons la force élastique. Cette force élastique est mesurée par la pression de l'air. En interceptant la communication, la force élastique soutiendra la colonne barométrique; et nous pourrons dire que la colonne barométrique mesure le poids de l'air; si le baromètre est ouvert, ou s'il est fermé, nous dirons qu'elle mesure alors, non plus le poids, mais la force élastique de l'air.

Il faut tâcher de nous rendre bien familiers avec ces expressions qui se rencontrent à chaque instant dans l'étude de la physique. C'est pourquoi je crois devoir vous citer encore quelques exemples.

Supposons un baromètre dans la cour; vous concevez très bien que c'est l'air qui agit verticalement pour faire monter le mercure. Je suis sûr qu'à beaucoup de personnes se présentera cette objection, que dans un appartement comme celui-ci, où nous avons un plafond qui paraît soutenir le poids de l'air, le baromètre ne devrait pas s'élever à la même hauteur que dans la cour. Cette objection ne serait pas fondée. L'air n'entrerait ici que par une ouverture extrêmement petite, que le baromètre serait à la même hauteur que dans la cour.

Toutes les couches inférieures de l'air sont au même degré

de compression, laquelle compression est déterminée par le poids de la colonne immédiatement au-dessus. Ainsi, dans cette enceinte, l'air a été comprimé par la pression de l'air qui se transmet dans tous les sens à la hauteur de la couche où se trouve l'ouverture ; de manière à opposer ensuite une résistance du dedans au dehors, justement égale à la compression qu'il aurait éprouvée. Car il a été comprimé jusqu'à ce que sa force élastique fût en équilibre avec la pression qu'il supporte.

Le baromètre peut donc, d'après cela, être considéré comme étant la mesure de deux choses liées ensemble ; car ce n'est que la traduction d'une chose dans une autre. Il mesure évidemment la pression de l'air ; c'est ce que vous avez très bien conçu, et ensuite la force élastique de l'air qui est mesurée par la pression que cet air supporte.

Pour bien concevoir l'effet de cette force élastique de l'air, nous n'avons qu'à nous représenter un ressort. Vous savez que tout ressort que l'on comprime tend toujours à réagir, et qu'il résiste d'autant plus que l'on cherche à le fermer davantage. Si vous mettez sur ce ressort un certain poids, il se fermera d'une certaine quantité ; si vous mettez un poids plus considérable, il se fermera davantage ; en un mot, pour un poids déterminé, il aura toujours une fermeture déterminée.

Il en est absolument de même de l'air ; il faut considérer comme des ressorts les petites molécules dont il est composé, et qui se repoussent indéfiniment, lorsqu'aucun obstacle ne s'oppose à leur expansion.

L'air que vous considérez dans les régions inférieures de l'atmosphère, est comprimé par la colonne qui va jusqu'au haut de l'atmosphère. Toutes les molécules qui, comme nous l'avons dit, forment autant de petits ressorts, se sont rapprochées de manière à faire équilibre au poids de la colonne qui pèse sur elles. Supposons que la communication entre l'une de ces molécules et l'atmosphère soit interceptée, le ressort n'en reste pas moins tendu et réagissant avec la même force. La tension élastique de la molécule sera donc toujours égale à la pression qu'elle a éprouvée.

Le baromètre dont je vous ai parlé tout à l'heure, et qui est maintenant fermé, peut être considéré comme un ressort qui ne se détruira pas pendant longues années, parce que la seule altération qu'on pourrait craindre ne pourrait provenir que de l'oxidation du mercure, mais le mercure n'est pas sujet à s'oxider.

On pourra se servir de cet appareil pour mesurer l'intensité de la pesanteur dans divers lieux de la terre ; nous avons vu que le pendule peut aussi servir à cet usage.

Ainsi l'air renfermé dans notre baromètre est un véritable ressort, et ce ressort sera toujours le même tant que la température ne variera pas.

Supposons que nous transportions cet appareil vers les régions polaires où la pesanteur est plus considérable ; sa pesanteur étant plus grande, que va-t-il arriver ? La colonne de mercure sera évidemment devenue plus pesante ; or le ressort est resté le même. Donc, la colonne de mercure ne pourra plus conserver la même hauteur, elle diminuera. Pour prendre des nombres ronds, supposons que la pesanteur soit deux fois plus grande vers les pôles. Alors une colonne de mercure moitié plus petite pèserait autant sous le pôle que dans l'endroit où nous sommes. Par conséquent pour faire équilibre au ressort de l'air, la colonne de mercure se réduirait à moitié. En général nous verrions que les intensités de la pesanteur sont en raison inverse de la colonne de mercure. Il faudrait supposer que la température fût exactement la même dans les deux endroits où l'observation se ferait. On parviendrait facilement à remplir cette condition en plongeant le baromètre dans un bain d'eau que l'on ramènerait à une température constante.

Maintenant que nous connaissons la loi suivant laquelle l'air diminue de volume par la compression, nous pouvons nous faire une idée plus exacte que nous ne l'avons fait jusqu'à présent, de l'air dans lequel nous nous trouvons. L'air est un fluide compressible, et vous concevrez tout de suite que, si nous nous élevons dans l'atmosphère au moyen d'un ballon, ou sur une montagne, à mesure que nous nous élevons, nous laissons des couches d'air au-dessous de nous, qui, par conséquent, ne pèsent plus sur nous ni sur notre instrument. De sorte qu'à mesure que nous nous élevons, la hauteur du baromètre doit aller nécessairement en diminuant. Ainsi sur une montagne très élevée le baromètre peut descendre au-dessous de 3o centimètres, et cela est tout simple, puisqu'il n'y a que les couches qui pèsent sur le baromètre qui déterminent la colonne barométrique à s'élever.

D'après la loi de la compressibilité des fluides, il est évident que les couches d'air n'ont pas la même densité à des hauteurs différentes, puisque, dans chaque endroit, il y aurait une hauteur barométrique différente. Or l'intensité de l'air, ou sa force élastique, est toujours relative à la force comprimante. Ainsi donc, lorsque nous nous serons élevés à une hauteur telle que la pression atmosphérique serait réduite à moitié, la couche d'air aurait une densité moitié moindre. Nous reviendrons sur cet objet dans le résumé de cette séance.

IMPRIMERIE DE E. DUVERGER,
RUE DE VERNEUIL, N. 4.

COURS DE PHYSIQUE.

LEÇON DIXIÈME.

(Samedi, 8 Décembre 1827.)

RÉSUMÉ DE LA NEUVIÈME LEÇON.

Dans la dernière séance, nous avons démontré la loi suivant laquelle variait un volume d'air soumis à des pressions déterminées. Nous avons vu que le volume était toujours en raison inverse de la pression, ou, en d'autres termes, que la densité était proportionnelle à la pression. Nous avons dit qu'on pouvait encore, en considérant toujours la même masse d'air, exprimer la loi en disant que le produit de la force élastique, ou de la pression par le volume, est constant. Ainsi, lorsque le volume a été réduit à la moitié, ce volume, multiplié par la pression devenue deux fois plus forte, est égal au volume primitif multiplié par la pression que l'air supportait alors.

Nous avons vu que cette loi de la compressibilité des fluides, appelée *Loi de Mariotte*, s'étendait au cas où, au lieu de comprimer l'air, on le dilatait. L'expérience a été faite sur une échelle assez grande pour qu'on puisse généraliser ce résultat et l'étendre à des compressions très fortes. Les expériences de MM. Dulong et Arago ont été faites sous des pressions de vingt-quatre à vingt-cinq atmosphères; et la diminution de volume de l'air a constamment eu lieu suivant la loi que nous avons énoncée.

Nous avons dit que lorsqu'on opérait sur des gaz qui pouvaient changer d'état par la pression, la loi ne restait plus constante, près du moment où les fluides devaient changer.

Hors ce cas on peut regarder les fluides élastiques, tels que l'air atmosphérique, l'azote, l'oxigène et l'hydrogène, comme présentant la loi dont nous venons de parler.

Je remarque ici en passant que lorsque nous aurons à parler de pressions considérables, nous nous servirons souvent, pour abréger, du mot atmosphère. C'est un mot qu'on emploie pour les machines à feu. Lorsqu'on dit, par exemple, qu'une machine a une force de deux, de trois, de quatre atmosphères, il faut entendre par là que le fluide employé pour faire agir la machine a une force élastique telle qu'elle fait équilibre à deux, à trois, à quatre atmosphères.

Nous avons fait voir qu'on devait considérer les molécules des fluides élastiques comme des ressorts. Or les ressorts agissent avec une force beaucoup plus grande, comme ressorts qu'en vertu de leur propre poids. Si, par exemple, on voulait fermer un ressort d'une force convenable comme dans le dynamomètre de Renier, il faudrait un effort considérable pour fair ployer les lames d'une certaine quantité. Il en est de même pour l'air, il agit comme ressort beaucoup plus qu'il ne pourrait agir par son propre poids. Nous pourrons donc donner cette définition des fluides élastiques, en disant que ce sont des corps qui peuvent exercer dans les vases qui les contiennent une pression beaucoup plus grande que leur poids; ce qui nous servira à rendre plus palpables certains phénomènes dont nous aurons à parler par la suite.

DENSITÉ DE L'AIR ATMOSPHÉRIQUE.

Nous avons commencé à examiner suivant quelle loi les couches d'air se comportent relativement à leurs densités; nous allons reprendre cet objet.

Nous avons supposé d'abord que l'air avait des propriétés analogues à celles des liquides, et qu'on devait seulement le regarder comme un liquide très rare. Le baromètre nous a fait connaître alors le poids de toute la colonne de matière, qui s'étendait depuis le bas de l'atmosphère jusqu'en haut; le baromètre est absolument indépendant de l'état dans lequel se trouvent les molécules; qu'elles s'attirent ou qu'elles se repoussent, la pesanteur n'agit pas moins sur ces molécules qui pèsent alors sur le baromètre, et déterminent l'ascension de la colonne de mercure.

Dans l'hypothèse d'une homogénéité parfaite dans toutes les couches de l'atmosphère, nous avions été conduits à ce résultat, que la hauteur de l'atmosphère était égale à deux lieues. Mais maintenant que nous savons que les molécules de l'air se repoussent, nous devons en conclure que cette hauteur doit être beaucoup plus grande. Imaginons, en effet, dans le bas de l'atmosphère, une couche d'une certaine épaisseur dans laquelle nous plaçons un baromètre. Il faut concevoir un plan passant par la cuvette, et c'est le poids de toutes les couches d'air qui sont au-dessus de ce plan qui soutient la colonne barométrique. Les couches d'air qui sont au-dessous n'ont aucune action pour faire monter le mercure, parce que la pesanteur n'agit que de haut en bas.

Si maintenant nous nous élevons à une certaine hauteur, il est évident que la couche que nous avons laissée sous nos pieds ne peut plus peser sur le baromètre. Par conséquent le mercure doit baisser d'une certaine quantité. Si nous nous élevons plus haut encore, nous devrons faire le même raisonnement.

En effet, on a observé en s'élevant sur une montagne et même sur une tour, une différence sensible entre la hauteur du baromètre sur cette montagne ou sur cette tour, et la hauteur du baromètre à la surface de la terre.

Ce phénomène n'a rien d'étonnant, et il aurait lieu quel que fût l'état de l'air, que ce fût un solide ou un liquide.

Mais si nous prenons une balance, et que nous remplissions successivement le même vase d'air pris dans ces diverses couches, nous trouverons qu'à chaque station, l'air varie de pesanteur. Ainsi, en remplissant ce vase d'air à la surface de la terre, nous reconnaissons, après avoir fait la part du vase, que la quantité d'air que ce vase renferme pèse, par exemple, un gramme; ensuite nous nous élèverons à une hauteur telle que le baromètre marque la moitié seulement de ce qu'il marquait à la surface de la terre, et alors, l'air contenu dans le même vase pèsera moitié moins; parce que, d'après la loi de Mariotte, le volume sera devenu deux fois plus considérable, et que par conséquent le vase ne pourra contenir que la moitié de l'air qu'il contenait d'abord. Ainsi donc, à mesure qu'on s'élève, on trouve à l'air des poids différens pour le même volume : de sorte que si nous supposons l'atmosphère divisé en couches horizontales allant depuis le bas jusqu'au haut de l'atmosphère, et que chacune de ces couches renferme la même quantité de matière, c'est-à-dire qu'elles fassent équilibre chacune à la même colonne de mercure, il est évident que les hauteurs de ces couches seront variables, et que leur densité sera toujours relative à la pression qu'elles supporteront au-dessus.

Vous concevez très bien, d'après cela, que l'atmosphère doit avoir une hauteur beaucoup plus considérable que celle qu'il aurait s'il était composé de couches parfaitement homogènes et ayant toutes la même densité. Lorsque nous serons à une hauteur, moitié de l'atmosphère, la couche dans laquelle nous nous trouverons, ne supportant plus qu'une pression moitié moindre, doit avoir un volume double. Si nous supposons l'atmosphère divisée en 76 couches, faisant chacune équilibre à un centimètre de mercure, la 76ᵉ, qui serait tout-à-fait la dernière, aurait un volume qu'on pourrait dire infini, puisque rien ne la retiendrait. La 75ᵉ, qui ne serait pressée que par la 76ᵉ, ne supporterait qu'une pression comme un, tandis que la 1ʳᵉ supporterait une pression comme 75. Par conséquent, elle aurait pris un volume 75 fois plus considérable que la première couche. Ainsi, les diverses couches auront, en raison de la pression, un volume différent. Il résulte de cette loi, que la géométrie démontre que les couches vont ainsi en augmentant en raison inverse de la pression qu'elles supportent, et que si l'on suppose le baromètre divisé en parties égales, et ensuite les hauteurs correspondantes dans l'atmosphère à chacune de ces couches, alors on démontre par le calcul que quand les hauteurs dans le baromètre suivent une progression arithmétique, les lieux dans l'atmosphère auxquels le baromètre marque telle ou telle hauteur suivent une progression géométrique.

Cette relation, d'abord très simple, se complique de quelques corrections qu'il est indispensable de faire : ces corrections, qui sont très petites, tiennent aux variations de la pesanteur, et principalement à la température. On a ainsi un moyen très précieux pour la géodésie de pouvoir, avec quelques observations barométriques, déterminer avec une précision suffisante la véritable hauteur du lieu dans lequel on se trouve dans l'atmosphère, lorsqu'on s'élève dans un ballon ou sur une montagne.

Le ballon nous offre un exemple remarquable de cette variation de densité de l'air. On se sert pour remplir le ballon de gaz hydrogène, lequel est un fluide élastique très léger. Ce gaz qui, sous le même volume, pèse quatorze fois moins que l'air atmosphérique, déplace un volume d'air dont le poid est beaucoup moins considérable que le sien ; ce qui lui permet de s'élever, emportant avec lui l'enveloppe du ballon, les agrès et enfin plusieurs personnes. Quand on quitte la terre, on ne remplit le ballon qu'à moitié, et on se munit de lest. A mesure que le ballon s'élève, il se gonfle, ce qui n'arriverait pas si les molécules du gaz ne se repoussaient pas réciproquement. Le ballon parvenu à une certaine hauteur supporte une pression moindre que lorsqu'il était à la surface de la terre. Dès lors le gaz se dilate jusqu'à ce que son ressort fasse équilibre au ressort de l'air extérieur. Le gaz se dilate ainsi à mesure que le ballon s'élève. Lorsque le ballon ne sera plus extensible, le fluide qu'il renferme et qui est plus léger que l'air extérieur, pourra le faire monter encore jusqu'à ce que la densité du gaz hydrogène qui ne peut plus s'étendre fasse équilibre avec tout l'ensemble du ballon au poids de l'air extérieur. Lorsque le ballon est tout-à-fait gonflé et qu'il monte encore, le ressort du gaz, augmentant continuellement à mesure qu'on s'élève, la pression intérieure devient plus grande que la pression extérieure, et alors le ballon pourrait finir par crever, si on n'avait la précaution d'ouvrir la soupape pour lâcher du gaz. Alors le ballon perdant du principe qui le tient suspendu, redescend, et il reviendrait jusqu'à terre; mais on referme la soupape, on jette du lest, et le ballon remonte. Comme vous le voyez, l'ascension des ballons est une chose extrêmement simple.

VIDE.

Maintenant que nous connaissons la pression de l'air, et que nous savons que l'air est partout, il s'agira de résoudre un problème fort important en physique, qui est de trouver le moyen d'ôter cet air des endroits où il se trouve; en un mot, de faire le *vide* dans un endroit déterminé. C'est de cette question dont nous allons nous occuper.

Le vide le plus parfait que l'on puisse obtenir est celui que l'on fait en construisant le baromètre de Toricelli. Effectivement, si ce baromètre a été bien fait, et s'il a été bien purgé, le mercure doit aller facilement contre la partie supérieure y frapper un corps sec, et l'on ne doit point apercevoir la moindre bulle. Voilà quel est le vide le plus parfait, mais ce n'est pas le vide absolu. Par vide absolu, on entend l'absence de toute matière. Or le mercure, qui entre en ébullition, mais seulement à un degré de chaleur trois fois et demie plus grand que celui qui fait bouillir l'eau, le mercure peut donner encore un peu de vapeur qui s'aperçoit, lorsque, par exemple, un baromètre est exposé au soleil. Cette vapeur qui existe alors dans l'espace, au-dessus de la colonne de mercure, est tellement rare, qu'elle ne ferait pas équilibre à un centième de millimètre, ni peut-être même à un millième de millimètre, ni peut-être à une quantité infiniment plus petite. Ce qui le prouve, c'est qu'on peut conserver pendant un temps indéfini du mercure dans un vase exposé à l'air, et nous verrons par la suite que le mercure se réduirait en vapeur tout aussi bien dans l'air que dans le vide, sans que le poids de ce mercure change sensiblement. Donc si le mercure forme une vapeur, ce que j'admets, je dis qu'elle est extrêmement rare.

Quoi qu'il en soit, le vide barométrique est le plus parfait qu'on puisse obtenir. Mais dans beaucoup de circonstances ce vide ne serait pas commode, parce que les corps qu'on y porterait seraient mouillés par le mercure.

Il s'agit de pouvoir obtenir un vide beaucoup plus grand et en même temps plus commode. On pourrait se servir d'un moyen analogue à celui dont nous venons de parler, et, au lieu d'un baromètre à mercure, se servir d'un baromètre à eau. Il suffit de concevoir un tonneau bien fait, porté par un tube vertical qui aurait jusqu'à dix mètres au moins, et de remplir d'eau le tonneau et le tube; en un mot, on ferait un baromètre à eau, dans lequel la colonne se soutiendrait à une hauteur de 32 pieds environ, et laisserait un vide dans la partie supérieure. Mais ce vide ne serait pas aussi parfait que celui que l'on forme dans le baromètre à mercure, parce que l'eau produit une vapeur et contient d'ailleurs une certaine quantité d'air. Ce moyen n'est donc pas applicable en général.

Pour obtenir un vide d'une manière commode, imaginons un cylindre $ABCD$ parfaitement rodé, qui soit fermé dans le bas, et en même temps un corps solide P appelé piston, qui s'ajuste parfaitement dans le cylindre creux, et imaginons que le piston porte un manche M, afin qu'on puisse l'enlever facilement. Supposons que ce piston soit tout-à-fait abaissé et repose sur le fond parfaitement uni du cylindre. Dans cette position, si on retire le piston, l'air ne pourra pénétrer par aucun endroit dans la partie inférieure, et nous aurons par conséquent un espace vide.

Mais il sera difficile de porter dans cet espace les corps que nous voulons soumettre au vide. Car si nous faisions une ouverture quelconque pour y introduire le corps, l'air entrerait beaucoup plus vite, et le corps ne serait plus par conséquent placé dans le vide. Imaginons qu'à côté de notre cylindre nous ayions un vase V fermé de toutes parts, dans lequel nous ayions mis d'avance le corps sur lequel nous voulons opérer; supposons que le cylindre et le vase soient en communication par un tube T, et que nous puissions ouvrir ou fermer cette communication à volonté. Après avoir fait le vide dans le cylindre, en retirant le piston, j'ouvre la communication avec le vase; aussitôt l'air qui est contenu dans le vase, en raison de sa force élastique qui le détermine à se précipiter dans les endroits où il trouve moins de résis-

tance, va venir se répandre dans l'espace vide, de manière
que la force élastique de l'air qui reste dans le vase soit égale
à la force élastique de l'air qui s'est précipité dans le cylindre.

Nous n'avons fait le vide qu'en partie. Voyons ce que nous
devons faire à notre appareil pour parvenir à obtenir un plus
grand résultat. Supposons que nous ayions un diaphragme
ou une soupape S qui tantôt se lève et tantôt s'abaisse pour
ouvrir ou fermer la communication entre le cylindre et le
vase. Au moment où nous faisons le vide dans le cylindre en
levant le piston, la soupape S qui se trouve pressée par l'air
qui est contenu dans le vase, se lève pour laisser passer cet
air dans le cylindre. Lorsqu'ensuite on baisse le piston, la
soupape se ferme ou par son propre poids, ou bien parce que
dans le moment où on pousse le piston, l'air qui presse contre
cette soupape la force à se fermer. Alors la communication
est interceptée entre le cylindre et le vase.

Maintenant que va-t-il arriver à l'air qui est contenu sous
le piston. Cet air était d'abord plus rare que n'était l'air extérieur, mais en descendant le piston, il y aura réduction continuelle de volume, par conséquent nous aurons une série de
densités de l'air différentes. Nous arriverons à un point où
l'air contenu sous le piston aura une densité égale à celle de
l'air extérieur; si, arrivé à ce point, on pousse encore le piston, la densité de l'air intérieur augmentera et par conséquent
sa force élastique. Comme cet air ne peut s'échapper, nous
éprouvons une résistance de plus en plus grande. Il faut
donc nous débarrasser de cet air. Pour cela imaginons que
notre piston soit percé sur le côté et mettons à cette ouverture
une soupape s; alors, dès l'instant où le ressort de l'air intérieur sera plus grand que le ressort de l'air extérieur, il forcera la soupape à se lever, l'air s'échappera et rien ne s'op-
posera à ce que le piston ne puisse descendre jusqu'en bas.
Quand il sera appliqué sur le fond du cylindre, la soupape
retombera naturellement par son propre poids. On retirera
le piston une seconde fois, le vide se formera de nouveau au-
dessous, la soupape s se trouvant plus pressée de haut en bas
que de bas en haut restera nécessairement fermée ; mais la
soupape s sera plus pressée de bas en haut que de haut en
bas; elle s'ouvrira par conséquent pour livrer passage à l'air
du vase qui se mettra en équilibre.

Par des allées et des venues successives du piston, on retire
à chaque fois une certaine quantité d'air. Cela se fait suivant
une loi bien simple, c'est-à-dire que si nous supposons que

le vase ait une capacité égale à celle que le piston laisse libre
en s'élevant, un premier coup de piston va enlever la moitié
de l'air ; un second coup de piston va enlever la moitié de ce qui
reste et il ne restera plus qu'un quart. ; ainsi de suite. C'est-
à-dire les quantités d'air qui resteront successivement dans
ce vase seront égales à $\frac{1}{2}$, $\frac{1}{4}$, $\frac{1}{8}$, $\frac{1}{16}$, $\frac{1}{32}$, $\frac{1}{64}$, $\frac{1}{128}$, etc.

Si le premier coup de piston a retiré une portion d'air
moindre que la moitié, alors il faudra un plus grand nombre
de coups de piston.

Cependant comme cette progression ne peut devenir zéro,
on voit par là que le vide ne pourra jamais être fait d'une
manière complète ; mais on pourra en approcher d'aussi près
qu'on voudra, et parvenir à avoir un vide tel que ce qui restera d'air serait au-dessous d'une quantité qu'on pourrait
assigner.

Ainsi nous concevons très bien comment il est réellement
possible de faire le vide par des allées et venues successives
d'un piston, dans un appareil tel que celui représenté fig. 1.
Nous pouvons réaliser ceci au moyen d'un autre appareil qui
n'est pas précisément destiné à cet objet.

Soit, fig. 2, un cylindre *A B*, dans lequel joue un piston *P*,
et qui ne se trouve fermé que par l'eau contenue dans le vase
C D. Nous nous proposons d'ôter l'air qui est renfermé dans
ce cylindre qu'on appelle un corps de pompe. Le piston est au
bas de sa course, je l'élève ; qu'arrive-t-il alors ? Puisque une
portion de l'air s'est précipitée dans l'espace que le piston a
laissé libre en s'élevant, le volume de l'air a augmenté et le
ressort a diminué. Par conséquent le ressort de l'air extérieur
ne peut plus faire équilibre au poids de l'air extérieur, lequel
est resté constant, et il faut que l'eau monte dans le cylindre
pour compenser la perte de ressort de l'air intérieur. Je ferme
le robinet situé en *R*, que j'avais ouvert avant de soulever le
piston. Je redescends ensuite le piston ; l'air se comprime,
ouvre la soupape et passe au-dessus du piston, j'ouvre de
nouveau le robinet *R*, et je soulève le piston. Même raisonnement que tout à l'heure, l'air se précipite dans la partie laissée
libre par le piston ; le volume devient plus grand, son ressort
diminue, et la colonne d'eau s'allonge de nouveau pour rétablir l'équilibre ; en sorte que la colonne d'eau qui est soulevée, plus la force de ressort de l'air renfermé sous le piston,
fait équilibre à la colonne barométrique de 76 centimètres de
mercure ou de 30 mètres d'eau.

En effet, la colonne d'eau qui est dans le cylindre tend à
tomber ; d'un autre côté, il y a une quantité d'air au-dessus

de cette colonne. Or nous savons que l'air a une force élastique; nous savons aussi que l'air extérieur qui agit par son
poids peut soutenir une colonne de mercure de 76 centimètres, ou une colonne d'eau de 10 mètres. Cet air agit sur la
surface de l'eau, et tend à faire monter une colonne de 10
mètres dans l'espace compris sous le piston, et la ferait monter en effet, si cet espace était vide. Cette colonne ne monte
pas, il faut donc qu'il y ait autre chose qui, réuni avec cette
colonne d'eau, puisse faire équilibre à l'air extérieur qui pèse
avec une force égale à 10 mètres. Cette autre chose, c'est le
ressort de l'air qui, mesuré en eau et puis ajouté à la colonne
d'eau dans le cylindre, fait équilibre au poids de la colonne
atmosphérique.

MACHINE PNEUMATIQUE.

Il faut toujours dans un instrument distinguer deux choses:
ce qui est essentiel dans cet instrument, et ensuite la construction que l'on a employée pour plus de commodité. Ainsi
il ne faut pas voir dans la machine pneumatique un instrument compliqué.

Il faut simplement concevoir un cylindre $ABCD$, fig. 1,
portant un piston P, armé d'une soupape s qui s'ouvre de
bas en haut; il faut concevoir ce cylindre communiquant par
un tube inférieur T, avec le vase V dans lequel on fait le
vide, et qui porte une soupape S s'ouvrant dans le même
sens que la première. Voilà quelles sont les conditions essen-
tielles à remplir indépendamment de la perfection du travail
que je suppose toujours. Une autre condition nécessaire est
que le piston puisse s'appliquer exactement sur le fond du
cylindre, et qu'il ne laisse absolument aucun espace si petit
qu'il soit, où l'air puisse se loger. Ainsi il faut que la soupape étant fermée se noie absolument, de manière que sa
surface inférieure soit de niveau avec le reste du piston; car
si elle était saillante, le piston ne pourrait s'appliquer exactement sur le fond; si elle était rentrante, il y aurait un espace dans lequel l'air pourrait se loger.

Supposons, en effet, que cette condition dont nous venons
de parler ne soit pas remplie et que le piston, gêné par un
obstacle, ne puisse venir s'appliquer sur le fond de ce cylindre, de manière que l'espace qui reste en dessous et où une
certaine quantité d'air pourrait se loger, soit, par exemple,
la dixième partie de l'espace total du corps de pompe. Je dis
que dans ce cas, on ne pourrait faire le vide dans ce vase,

qu'à un dixième près. Si cet espace est d'un centième, on ne pourra faire le vide qu'à un centième près; si cet espace est d'un millième, on ne pourra faire le vide qu'à un millième près. Mais un millième est déjà un très beau résultat, et on n'a point de pompe qui aille réellement au-delà.

Il est aisé de concevoir pourquoi cette condition est essentielle. Quand le piston en descendant laisse un espace d'un dixième d'air, lorsqu'on vient à soulever le piston, cet air occupe un espace dix fois plus grand, et la raréfaction dans ce vase latéral parvenue à ce terme, l'air ne pourra jamais venir de ce vase dans le cylindre, puisque nous aurons un dixième de part et d'autre.

Par conséquent le degré de vide sera déterminé par le rapport de l'espace laissé libre au-dessous du piston à l'espace total.

Les machines pneumatiques ordinaires se composent de deux corps de pompes. Les tiges des pistons sont à crémaillère et s'engrènent sur un pignon, de sorte que quand l'un monte, l'autre descend. Cette disposition permet de faire le vide plus promptement que si l'on n'avait qu'un seul corps de pompe. Il ne suffit pas que deux surfaces soient taraudées avec soin et qu'elles soient parfaitement usées l'une contre l'autre. Si on ne met un corps gras entre ces deux surfaces, il est impossible de faire tenir le vide. Voilà pourquoi on enduit toujours ou de suif ou d'huile les pistons ainsi que les bords des vases que l'on doit mettre sur la platine de la machine pneumatique.

ÉPROUVETTES.

Maintenant que nous savons comment on peut faire le vide dans un appareil, nous allons effectivement le faire, et reconnaître à chaque instant dans quel état se trouve l'air que nous raréfierons successivement. Au lieu d'une cloche simple, nous allons nous servir d'une cloche *A B*, fig. 3, garnie de deux tubes, dont vous allez très facilement concevoir l'usage. Portons d'abord notre attention sur le tube *d e*, qui est un baromètre à syphon dont la branche ouverte se trouve sous la cloche. L'air qui se trouve sous la cloche a un ressort égal à celui de l'air extérieur, et lorsque la cloche est placée sur la platine de la machine pneumatique, la colonne barométrique se soutient comme avant qu'on ait intercepté la communication avec l'air extérieur. Si à présent je donne un, deux, trois coups de piston, j'enlève une certaine quantité d'air de dessous le vase ; enlever de l'air, c'est diminuer le nombre des ressorts. Par conséquent la colonne se trouvant moins pressée doit baisser : c'est effectivement ce qui arrive. Si je continue à faire jouer le piston, j'ôte de plus en plus d'air. A chaque nouveau coup, la densité de l'air qui reste, ou si vous voulez, sa force élastique va en diminuant, et par conséquent la colonne qui n'est soutenue que par cette force élastique, doit baisser de plus en plus, et descendre jusqu'au niveau de l'autre. C'est ce qui arrive sensiblement, et ce qui arriverait rigoureusement si le vide était parfait ; mais nous avons vu qu'on ne pouvait parvenir à obtenir un vide parfait.

Portons maintenant notre attention sur l'autre tube fg, qui est une autre espèce de baromètre composé d'un réservoir soumis à la pression de l'air extérieur et d'un tube qui s'élève à la hauteur des baromètres ordinaires, se recourbe ensuite et descend sous la cloche où il est également ouvert. Supposant que l'air sous la cloche ait le même ressort que l'air extérieur, le mercure doit être de niveau dans le réservoir, puisqu'il est également pressé des deux côtés. Lorsqu'on a fait le vide sous la cloche, l'air n'exerce plus d'action de ce côté, par conséquent la colonne de mercure ne se trouve plus soumise qu'à la pression extérieure, et elle doit s'élever à une hauteur de 76 centimètres pour faire équilibre à cette pression.

Si maintenant je remets les choses dans leur état primitif, c'est-à-dire, si je rétablis la communication entre l'intérieur et l'extérieur de la cloche, à mesure que l'air entrera, le mercure montera dans le tube de, et descendra dans le tube fg.

Ces deux instrumens, au moyen desquels on peut s'assurer à quel point on a fait le vide dans l'appareil, s'appellent des *éprouvettes*.

Ces grands tubes sont incommodes, et d'ailleurs, quand on fait le vide, on veut le faire aussi parfait que possible : on n'a donc pas besoin de connaître ce qui se passe avant d'arriver jusqu'au vide. C'est pourquoi on se sert de petits tubes qui peuvent se placer sous la cloche même. Nous allons répéter notre expérience avec trois petits tubes a, b, c, de diverses grandeurs qui sont des baromètres à cuvettes, et avec un petit tube recourbé, d, qui forme un baromètre à syphon, fig. 4. Ces petits tubes ne peuvent faire baromètre que dans une atmosphère qui serait très rare. Car pour faire baromètre, il faut nécessairement que le mercure se détache du haut du tube ; c'est dans ce cas seulement que nous pouvons être sûrs que la colonne fait réellement équilibre au poids de l'atmosphère. Tant qu'il reste collé contre la partie supérieure, rien ne nous indique que la colonne est suffisante pour faire équilibre à la pression de l'atmosphère. Lors donc que j'ai enfermé ces petits tubes sous une cloche placée sur la platine de la machine pneumatique, et que je donne un, deux, trois coups de piston, je n'aperçois aucun changement dans les petites colonnes de mercure.

En continuant à faire jouer le piston, j'arrive à un terme où la colonne la plus longue commence à laisser un espace vide au-dessus. J'en conclus que la colonne qui reste suspendue fait équilibre à la pression de l'air intérieur, ou, pour mieux dire, à son ressort. Les autres colonnes n'ont pas encore changé ; mais si je continue à faire le vide, elles se détachent l'une après l'autre, et finissent toutes par marcher de front. Comme je cherche le moment où j'aurai fait le vide, je n'ai pas besoin de prendre un tube très long, et avec le petit tube *c* j'en saurai autant qu'avec les autres ; seulement la colonne se déprimera plus tard.

Ce sont ces petites éprouvettes qui sont connues sous le nom d'*éprouvettes de Mairan* ; parce que c'est lui qui le premier les a adaptées aux machines pneumatiques, pour connaître le degré de vide que l'on faisait.

On peut regarder les machines pneumatiques comme parfaitement construites, lorsqu'elles ne donnent pas une différence de niveau, dans les éprouvettes, qui dépasse un millimètre : parce qu'il suffit qu'il y ait dans l'appareil quelques traces d'humidité, pour que l'eau, se réduisant en vapeur, détermine une certaine élévation du mercure.

MACHINES A COMPRESSION.

Connaissant la machine à faire le vide, nous n'aurons qu'un mot à ajouter pour faire comprendre la théorie de la machine au moyen de laquelle on comprime de l'air dans un espace déterminé. On se sert à cet effet d'un appareil analogue à celui qu'on emploie pour faire le vide, avec cette différence seulement que les soupapes, au lieu d'ouvrir de bas en haut, s'ouvrent de haut en bas.

Nous voulons, par exemple, faire entrer de l'air dans un vase, *V*. fig. 5, supposons que les soupapes *S s* étant ouvertes, on descende le piston. L'air qui est en dessous du piston se comprime, et il ne peut s'échapper dans l'atmosphère, parce qu'en se comprimant, il ferme la soupape *s*. Mais la soupape *S*, restant ouverte, l'air se loge dans le vase *V*. On retire ensuite le piston, et alors la soupape inférieure se ferme nécessairement, parce que nous avons le vide en dessus de cette soupape et qu'en dessous il y a une pression considérable. Mais la soupape supérieure est pressée par l'air extérieur qui la force à s'ouvrir de manière qu'on soulève le piston avec une grande facilité. On redescend de nouveau le piston, et l'air se comprime dans le vase. On parvient ainsi à comprimer de l'air de manière à avoir deux, trois, quatre, vingt atmosphères. La compression se mesure par une éprouvette analogue à celle dont on se sert pour mesurer le degré de vide dans la machine pneumatique.

Nous allons passer à quelques applications relatives à la pression de l'air.

Nous examinerons d'abord quelles sont les pressions qui ont lieu dans la colonne barométrique. Il est évident que l'extérieur du tube supporte dans toute sa longueur la pression de l'air atmosphérique exprimée par 76. Dans l'endroit du tube où il n'y a rien, où l'espace est vide, il faut que les parois offrent une résistance capable de résister à la pression extérieure de l'air. Si nous prenons un endroit quelconque de la colonne, l'air extérieur agit toujours avec le même poids, et tend à enfoncer l'endroit du tube sur lequel il pèse. Mais nous avons, depuis la surface supérieure du mercure jusqu'à l'endroit que nous considérons, une colonne qui exerce dans tous les sens une pression seulement égale à sa hauteur. Si nous prenons un point plus bas, nous ferons le même raisonnement ; mais la pression de l'air extérieur ne changeant pas, et la pression intérieure, qui est toujours mesurée par la colonne de mercure au-dessus du point que l'on considère, augmentant de plus en plus, on arrive à un terme où les parois du tube sont également pressées en dedans et en dehors. Ce point est celui du niveau du mercure, parce qu'alors la pression intérieure est mesurée par 76 centimètres, qui est aussi la mesure de la pression extérieure.

Si donc on devait construire le tube de manière à résister à la pression de l'air, il faudrait porter toute sa force sur la partie supérieure du tube ; car c'est là où rien ne contrebalance, dans l'espace vide, l'effort de l'air extérieur. On peut diminuer la force de résistance des parois à mesure qu'on descend, parce que la colonne barométrique contrebalance, en raison de sa hauteur, la pression extérieure. Enfin, au

niveau, où les deux pressions sont égales, les parois pourraient être extrêmement minces.

Nous avons dit tant de fois que l'air supporte une colonne
de mercure de 76 centimètres, ou une colonne d'eau de 10
mètres, que nous pouvons maintenant rendre ceci bien palpable, en maintenant une colonne suspendue par la seule
pression de l'air. Supposons que nous ayions rempli d'eau
un vase AB si nous retournons ce vase, l'eau se précipitera
aussitôt, parce que la colonne sera divisée par l'air, qui glis-
sera le long des parois et viendra se loger dans la partie supérieure, où il agira pour faire tomber la colonne, non pas
en vertu de son poids, qui est infiniment petit, mais en vertu
de sa force élastique, qui est égale à 76 centimètres de mercure. Pour empêcher la colonne de tomber, il suffit d'appliquer une feuille de papier sur la partie supérieure du tube
supposé parfaitement rempli ; et, dans ce cas, lorsqu'on re-
tournera le tube, la colonne ne tombera pas, parce que l'air
extérieur agit de bas en haut avec une force égale à 32 pieds
d'eau ; de sorte que la colonne pourrait être de 32 pieds et
ne pas tomber, si l'air ne pouvait s'introduire dans la colonne
et la diviser.

Une seconde application de la pression de l'air consiste à
avoir une vessie dont les parois soient supposées flexibles, et
dans laquelle nous ne laissons qu'une très petite quantité
d'air. Dans cet état, l'air intérieur est tellement pressé, que
par son ressort il fait équilibre à la pression de l'air extérieur.
S'il n'y avait pas équilibre, si, par exemple, le ressort intérieur était plus faible, la vessie se rapprocherait davantage.
Si le ressort intérieur était plus fort, il écarterait les parois
de la vessie, et le volume de l'air augmenterait. Nous allons
prouver ce que nous avons déjà avancé en parlant des fluides
élastiques, que leurs molécules sont dans un état de répulsion, de manière qu'en diminuant la résistance qui s'oppose
à cet écartement, le volume devient de plus en plus grand.
C'est ce qu'on démontre en mettant la vessie sous le récipient
de la machine pneumatique, après l'avoir fermée au moyen
d'un robinet qu'on y adapte. A mesure qu'on fait le vide, le
volume de la vessie augmente et il finit par occuper tout
l'espace laissé libre sous le récipient. Si on fait rentrer l'air,
les molécules de l'air renfermé dans la vessie se rapprochent
jusqu'à ce qu'elles fassent équilibre par leur ressort à celui
de l'air extérieur.

Une troisième application consiste à faire le vide sous un

vase qui, au lieu d'avoir une paroi supérieure très résistante, est fermé par une peau de vessie ; à mesure qu'on fait le vide, la pression extérieure devenant à chaque instant plus forte que la pression intérieure, la peau se courbe et devient concave. En continuant à faire le vide, la vessie qui ne peut résister à une pression égale au poids d'une colonne de mercure qui aurait pour base la paroi du vase, et pour hauteur 76 centimètres, doit finir par se crever, et en effet elle éclate avec un bruit semblable à un coup de pistolet.

HÉMISPHÈRES DE MAGDEBOURG.

Une autre expérience, propre à montrer la pression de l'air, mais qui n'est pas nécessaire pour vous en convaincre, est une des premières expériences qui aient été faites après la découverte de la machine pneumatique, découverte due à un bourgmestre de Magdebourg, qui avait borné la machine pneumatique à une pompe qui était dans l'origine très grossière. Ce n'est que successivement que la machine pneumatique a été portée à ce degré de perfection qu'elle a aujourd'hui.

Cette expérience consiste à prendre deux moitiés d'une sphère creuse qu'on appelle les *hémisphères de Magdebourg*. Les bords de ces deux hémisphères sont usés de manière à s'adapter parfaitement l'un contre l'autre. Dans cette position on peut les séparer facilement avec un effort égal au poids du disque supérieur ; mais si on fait le vide dans l'espace compris entre ces deux hémisphères, il faudra, pour les séparer, une force capable de faire équilibre à une pression mesurée par une colonne de mercure qui aurait pour base la surface des hémisphères et pour hauteur 76 centimètres, c'est-à-dire, par une colonne qui pèserait plus de 300 livres.

Enfin, la dernière expérience, par laquelle nous allons terminer, consiste à faire passer des liquides à travers des corps poreux en augmentant la pression d'un côté ou en la diminuant de l'autre. Je suppose que l'on prenne une rondelle de bois coupée perpendiculairement au fil. Le bois est poreux, les instrumens d'optique très précis permettent d'apercevoir ces pores ; mais ils sont assez petits pour que du mercure ne puisse s'y introduire ; de manière qu'un vase fait avec un morceau de bois ne laisse pas échapper le mercure. D'un autre côté il faut remarquer que le mercure est pressé à sa surface supérieure par tout le poids de l'air, et ensuite que l'air passant par toutes ces petites ouvertures, le presse en dessous avec une force parfaitement égale.

Si, maintenant, on prend un tube fermé dans le haut par la rondelle de bois, qui forme le fond d'un vase, le mercure que nous mettrons dans cette espèce de coupe ne tombera pas. Mais si on met ce tube sur la platine de la machine pneumatique et qu'on fasse le vide, l'air extérieur pèsera seul sur le mercure, et cette pression que nous connaissons forcera ce mercure à traverser la rondelle de bois et à tomber dans le tube sous forme de pluie.

Ceci trouve naturellement une application dans le corps de l'homme et dans ce qu'on appelle l'écoulement des liquides par des tuyaux très fins.

IMPRIMERIE DE E. DUVERGER,
RUE DE VERNEUIL, N. 4.

COURS DE PHYSIQUE.

LEÇON ONZIÈME.

(Mardi, 11 Décembre 1827.)

RÉSUMÉ DE LA DIXIÈME LEÇON.

En terminant la séance dernière, nous avons dit que si l'on plaçait du mercure sur un corps ayant des pores très fins, le mercure ne s'introduisait pas dans ces pores; mais que si l'on établissait une pression plus forte d'un côté du mercure on le forçait alors à passer à travers ces pores. C'est en effet ce que nous vous avons fait voir, en mettant du mercure sur une rondelle de bois qui formait une espèce de coupe au-dessus d'un tube. En faisant le vide dans ce tube, vous avez vu le mercure tomber aussitôt sous forme de gouttelettes très fines.

Si l'on renferme du mercure dans un sachet de peau, il ne s'échappe pas; mais si l'on presse ce sachet, le mercure jaillit de toutes parts et tombe sous forme de pluie.

Dans les corps organisés, pareille chose se présente. Ces corps plongés dans l'air se trouvent soumis à la même pression de toutes parts. Si par un moyen quelconque on soustrait la pression sur une partie, la pression intérieure qui agit toujours de la même manière n'étant plus contrebalancée peut forcer les liquides qui sont dans les vaisseaux à s'échapper, et peut même déterminer leur rupture si les parois ne sont pas suffisamment résistantes.

VENTOUSES.

Les *ventouses* ne sont autre chose qu'un instrument au moyen duquel on fait le vide sur une partie du corps humain. Ce vide peut être produit par la machine pneumatique. C'est ainsi qu'on peut, en appliquant le doigt sur l'ouverture du récipient de la machine, en faire sortir du sang. Sans obtenir un vide aussi parfait, on peut avec la seule force d'aspiration faire venir le sang. Cette force est assez considérable puisqu'elle peut soulever une colonne de plus de 38 centimètres de mercure, c'est-à-dire qu'elle peut faire équilibre à plus de la moitié d'une atmosphère.

Les ventouses sont en général des instrumens munis d'une petite pompe pour faire le vide. Mais il est un moyen plus simple, c'est d'avoir une petite bouteille dans laquelle il y ait une goutte d'eau. En faisant chauffer la bouteille, d'une part on raréfie l'air; ensuite l'on réduit l'eau en vapeur, et on lui fait par conséquent occuper un volume 770 fois plus considérable; de sorte que si l'on applique la bouteille ainsi remplie de la vapeur que la goutte d'eau a fournie, et qu'ensuite on la laisse refroidir, l'eau qui s'était réduite en vapeur revient à son état primitif et par conséquent il s'établit dans la bouteille un vide suffisant pour attirer le sang avec une force très grande.

TUBES DE SÛRETÉ.

Nous allons continuer l'examen de divers appareils dans lesquels l'air atmosphérique ou, pour mieux dire, son ressort joue un grand rôle. Nous allons nous occuper de ce qu'on appelle les *tubes de sûreté*, qui sont d'un très grand usage en chimie. Cela nous mettra à même de revenir sur les choses principales que nous avons dites en parlant de l'air et des pressions qu'il exerce ; et nous fera bien comprendre de quelle manière interviennent ces pressions qui se déguisent sous des formes très variées.

Soit un vase AB, fig. 1, qui porte plusieurs tubes ab, cd, ef, dont nous allons voir l'objet. Le tube ab, qu'on appelle *tube à boule*, est destiné à apprécier l'augmentation ou la diminution d'élasticité que reçoit l'air renfermé dans le vase AB.

Cet air est supposé d'abord en communication avec l'air extérieur par le tube cd. Si l'on souffle dans ce dernier tube on fait entrer de l'air dans le vase ; et comme, d'après la loi de Mariotte, la force élastique est proportionnelle à la quantité d'air qui se trouve dans le même espace, en introduisant du nouvel air dans le vase AB, on n'a fait autre chose qu'augmenter la force élastique de l'air renfermé dans ce vase. La force élastique intérieure, qui se trouve plus grande que la force élastique extérieure, s'exerçant par le haut du tube ab, force le liquide qui se trouvait de niveau dans la partie de ce tube qui est en forme de syphon à s'élever dans la branche b. En faisant passer un plan horizontal n, n', par la plus petite branche, je détache deux colonnes égales, et il reste une colonne qui tend à tomber, qui n'est tenue suspendue que par l'accroissement de force élastique de l'air dans le vase *A B*, et qui, par conséquent, peut servir à mesurer cet accroissement.

Cette espèce de monomètre appelé tube de *Welter*, qui en est l'inventeur, est d'un fréquent usage dans toutes les expériences de chimie, toutes les fois qu'on veut connaître la différence d'élasticité de l'air comprimé dans un vase avec la force élastique de l'air extérieur.

La boule qui fait partie du tube *a b* a des avantages extrêmement précieux; elle fournit la colonne qui s'élève en *b*, lorsqu'on augmente la force élastique de l'air intérieur. Si cette boule n'existait pas, vous concevez qu'à moins de faire l'autre branche du tube très longue, la colonne qui se trouve dans cette dernière branche serait de suite épuisée, lorsqu'on souffle dans le vase.

Cette boule a encore un autre avantage. Je suppose que je rétablisse la communication en débouchant le tube *c d* que l'on ferme toutes les fois qu'on introduit de l'air dans le vase *A B*, pour augmenter le ressort intérieur. Le niveau se rétablit aussitôt dans le tube *a b*; ce qui indique que l'air intérieur a la même force élastique que l'air extérieur. Maintenant je fais l'inverse de ce que j'avais fait tout à l'heure, c'est-à-dire, qu'au lieu d'introduire de l'air dans le vase *A B*, j'en extrais; pour cela il suffit d'aspirer par le tube *c d*. Alors la colonne qui s'était élevée dans la première expérience se déprime maintenant, et la boule reste toujours à moitié pleine, de manière à pouvoir fournir du liquide lorsque la pression intérieure vient à augmenter.

On adapte encore au même appareil un tube droit dont l'invention est également due à Welter. Il plonge, à travers un bouchon, dans le liquide à une profondeur de 1, 2, 3 ou 4 millimètres. Il sert également de monomètre et remplit le même objet que le tube en *S* dont nous venons de parler. Lorsqu'on augmente le ressort intérieur en soufflant dans le vase, le liquide monte dans le tube d'une certaine quantité qui mesure exactement l'augmentation de ressort que l'air a reçue. Le même tube peut aussi servir pour mesurer la diminution d'élasticité qui aura lieu. Lorsqu'il y a diminution de ressort, le niveau du liquide dans le tube se trouve au-dessous du niveau du liquide dans ce vase. Dans ce cas, la diminution d'élasticité est mesurée par la différence des niveaux.

On se sert souvent en chimie de séries de vases communiquant les uns avec les autres, et dans lesquels se trouvent différentes substances, qu'il importe de ne pas brouiller ensemble. Il peut arriver, par une cause quelconque, que le ressort de l'air ou des gaz diminue dans ces vases, lorsque, par exemple, il y a des substances qui absorbent les gaz. Si, dans le cas d'absorption, l'air ne pouvait rentrer dans les vases, ce sont les liquides eux-mêmes qui passeraient d'un vase dans l'autre.

Lorsqu'on suppose qu'il peut y avoir absorption, il faut avoir soin que le tube ne plonge que très peu dans le liquide. Alors, pour peu que le ressort intérieur diminue, l'air atmosphérique rentre dans le vase par le tube, et rétablit l'équilibre.

Il est facile, d'après cela, de comprendre ce qui se passe dans une série de vases, appelée *appareil de Woulf*, représenté fig. 2.

FONTAINE DE COMPRESSION.

Il y a un appareil que l'on désigne sous le nom de *fontaine de compression*, dans lequel l'eau s'élève en vertu de la force de ressort de l'air. Nous allons d'abord montrer l'appareil, pour ainsi dire dans toute sa simplicité, et même dans l'état où il est aujourd'hui le plus généralement employé.

Soit un vase *A B*, fig. 3, renfermant de l'eau; un tube affilé par l'une de ses extrémités, plonge dans le liquide, en traversant un bouchon qui ferme hermétiquement le vase *A B*. La pression dans le vase étant la même qu'au dehors, le liquide se tient au même niveau à l'intérieur et à l'extérieur du tube. Si, maintenant, je porte de l'air dans le vase, j'augmente la force élastique de l'air proportionnellement à la quantité d'air introduit. Par conséquent l'équilibre est détruit et le liquide qui est dans le tube étant plus pressé de bas en haut par l'air comprimé dans le vase, qu'il ne l'est de haut en bas par l'air extérieur, va s'élever à une certaine hauteur qui varie à chaque instant, parce qu'à mesure que l'eau sort, l'air occupe un plus grand volume et perd par conséquent une partie de son ressort. On a fait d'un pareil instrument un arrosoir dont on se sert dans les laboratoires de chimie pour arroser les filtres.

La fontaine de compression est représentée plus en grand, fig. 4. Au lieu de souffler pour augmenter le ressort de l'air on a adapté au vase *A B* une pompe aspirante qui prend l'air de côté, et le foule ensuite dans l'intérieur du vase. On peut ainsi faire élever l'eau à une hauteur très considérable. Il n'y a pas d'autre limite que la pression qu'on peut exercer dans le vase. S'il y avait un tube très prolongé, il n'y a pas de doute que l'eau s'élèverait dans ce tube jusqu'à ce qu'elle fît équilibre à la pression exercée sur la base de ce tube ; ce tube n'existant pas, l'eau doit s'élever à la même hauteur dans l'air qu'elle se serait élevée dans le tube.

Afin de vous faire mieux connaître la fontaine de compression, il est bon de vous faire voir ce qui arrive lorsqu'on met l'appareil représenté, fig. 3, sous le récipient de la machine pneumatique. Tant qu'on n'a pas fait jouer le piston, l'air intérieur a la même élasticité que l'air extérieur et l'eau reste au niveau dans ce tube et dans le vase. Mais aussitôt que nous faisons le vide autour de l'appareil, le ressort de l'air extérieur est détruit ; le ressort de l'air intérieur est resté constant. Par conséquent, il n'y aura plus équilibre entre les deux forces, et il est évident que le liquide éprouvant une pression de bas en haut de la part de l'air intérieur, tandis que la pression exercée de haut en bas est nulle, doit s'élever dans le tube et s'échapper sous forme de jet.

FONTAINE DE HÉRON.

On donne le nom de *fontaine de héron* à un appareil qui est en usage dans quelques circonstances, particulièrement pour les lampes hydrostatiques. Il faut encore examiner cet instrument dans toute sa simplicité afin de mieux voir en quoi il consiste.

Vous remarquerez dans l'appareil, fig. 5, une boule A, et en dessous de cette boule un tube recourbé ab, qui se termine par une pointe très fine. Au-dessus, la même boule est en communication par un autre tube recourbé cd, rempli d'air, avec une seconde boule B, dans la partie inférieure de l'appareil. Enfin cette dernière boule communique par un tube ef, qui peut être plus ou moins long, avec une capacité C qui sert de réservoir.

Pour mettre cet instrument en jeu, on verse de l'eau dans la capacité C. Remarquez bien ce qui a lieu ; une colonne liquide qui vient aboutir par le tube ef dans le réservoir d'air inférieur, se trouve soutenue. Par conséquent elle comprime l'air intérieur dans la boule B, et le degré de compression est mesuré par la différence des deux colonnes ef et en. Or, comme l'air de la boule B est en communication par le tube ab avec la boule supérieure A, où il y a de l'eau, cette eau se trouve pressée premièrement par le poids de l'air et ensuite par le poids de la colonne suspendue, ou, en d'autres termes, par l'air qui a reçu une augmentation d'élasticité exprimée par la hauteur de la colonne liquide qui se trouve soutenue au-dessus du niveau $n'n$, tandis qu'à l'extrémité du tube ab, elle n'est pressée que par la pression extérieure. L'eau doit donc jaillir par ce tube à une hauteur égale à celle de la colonne liquide, soutenue dans le tube ef.

Vous pouvez voir représentée, fig. 6, ce qu'on appelle proprement la fontaine de Héron. Je vais dire quelques mots sur la manière dont elle est construite.

Il y a de même un réservoir A, communiquant par sa partie supérieure avec un réservoir inférieur B, au moyen du tube cd. Il y a un troisième réservoir C, en forme d'entonnoir, dans lequel on verse de l'eau. Cette eau tombe par un tube ef dans le réservoir inférieur B, et comprime l'air qui s'y trouve. L'air comprimé presse à son tour sur le liquide du vase A, avec lequel il communique au moyen du tube cd. Par conséquent, le liquide se trouvant soumis à une pression égale au ressort ordinaire de l'air, plus à l'augmentation de ressort, exprimée par la hauteur de la colonne liquide dans le tube ef, doit s'échapper par le tube ab, où il n'éprouve que la pression ordinaire.

FONTAINE INTERMITTENTE.

Il existe encore une autre espèce de fontaine que l'on désigne par le nom de *fontaine intermittente*, c'est-à-dire dont l'écoulement s'arrête pendant un certain temps, recommence, s'arrête de nouveau, ainsi de suite. Pour vous donner une idée nette de cette espèce de fontaine, nous allons également l'analyser et la réduire à sa plus grande simplicité.

Supposons d'abord un vase A, fig. 7, en forme de boule, terminée par un tube ab. Ce vase est rempli d'eau, et plonge par un tube, échancré à son extrémité inférieure, dans un bassin B, également rempli d'eau. L'eau reste suspendue dans le vase, et vous en savez la raison; c'est la pression de l'air extérieur qui soutient la colonne liquide. Si nous supposons que le bassin B ait une ouverture dans sa partie inférieure, à mesure que l'eau s'écoulera par cette ouverture, le niveau finira par baisser dans le bassin B, au-dessous de l'échancrure du tube ab. Aussitôt que cette échancrure sera découverte, l'air s'élèvera sous forme de bulles dans le haut du vase A, et forcera une certaine quantité d'eau à tomber. Cette eau fera remonter le niveau, et le vase A ne se videra plus, jusqu'à ce qu'une seconde fois le niveau ait baissé au-dessous de l'échancrure. L'air s'élèvera alors dans le vase A, et de nouveau il forcera le liquide à tomber.

Ce mouvement ascensionnel des bulles d'air s'arrêtera et recommencera ainsi successivement, jusqu'à ce que le matras A soit complètement vidé.

Le jeu de ce petit appareil étant bien conçu, il vous sera facile de comprendre ce qui se passe dans la *fontaine intermittente*, fig. 8 ; cette fontaine consiste dans un réservoir, A, communiquant par sa partie inférieure, au moyen d'un tube, ab, échancré à sa partie inférieure, avec un premier bassin, B', $t\,t'$ sont les tuyaux d'écoulement; C est un second bassin qui se trouve au-dessus du bassin B, et il est destiné à recevoir l'eau qui s'écoule de celui-ci.

Lorsque l'échancrure, e, se trouve découverte, l'air pénètre dans le réservoir A, et produit l'écoulement du liquide par les tuyaux tt, qui fournissent au bassin B plus d'eau qu'il n'en reverse dans le bassin C. Par conséquent, le niveau s'élève de plus en plus dans le premier bassin, et l'eau finit par baigner entièrement l'échancrure. Dès ce moment, l'air ne peut plus s'introduire dans le réservoir A, et l'écoulement s'arrête. Pendant ce temps, le bassin B se vide, l'échancrure se dégage, l'air s'introduit de nouveau, et l'écoulement recommence, et ainsi de suite.

Des appareils analogues à ceux que nous venons de décrire se rencontrent dans la nature. Ce phénomène de l'intermittence dans l'écoulement doit se présenter pour les fontaines qui contiennent des fluides élastiques.

Nous ne nous arrêterons pas plus long-temps sur cette espèce de fontaine, qui a, d'ailleurs, très peu d'applications.

SYPHON.

Nous allons nous occuper d'un instrument beaucoup plus précieux, le *syphon*. Cet instrument, dont la théorie est extrêmement simple, est fondé en partie sur la pression de l'air.

On donne le nom de *syphon* à un tube recourbé, en verre ou en métal, qui a pour objet de vider un vase contenant un liquide, sans que l'on soit obligé de percer le vase dans la partie inférieure ; ce qu'il est utile d'éviter en beaucoup de circonstances.

Soit un vase V, fig. 9, qu'il s'agit de vider; je commence par remplir d'eau **le syphon**, ce qui s'appelle *amorcer* le **syphon**. Je le renverse ensuite en plongeant sa plus courte branche dans le liquide du vase, et aussitôt l'écoulement commence par la plus longue branche du syphon, et ne s'arrête que lorsque le liquide a baissé jusqu'au niveau de la courte branche.

Tel est le jeu du syphon. Il s'agit maintenant de savoir à quelle cause il est dû. Pour cela, il faut examiner quelles sont les forces qui interviennent dans cet instrument. Ces forces sont les pressions qui agissent aux deux extrémités du syphon. Si nous supposons des diaphragmes fermant les deux ouvertures, il s'agit d'examiner dans quel sens ces diaphragmes vont marcher. Il est d'abord évident que nous avons à chaque extrémité du syphon la même pression atmosphérique ; mais il ne faut pas considérer seulement la pression de l'air, il faut aussi porter votre attention sur la pression exercée par la colonne liquide elle-même. Or, comme nous avons deux branches inégales, les colonnes que ces branches contiennent seront pareillement inégales et exerceront, par conséquent, des pressions différentes. Je désignerai par H la hauteur de la longue branche, et par h la hauteur de la petite. J'exprimerai par P la pression de l'air.

Ainsi le syphon étant plongé dans l'eau par sa plus petite branche, cherchons les pressions qui ont lieu à chaque ouverture. Nous avons d'abord la pression de l'air qui tend à faire monter l'eau dans la petite branche du syphon. Nous avons une pression exercée en sens contraire, c'est celle du liquide qui tend à tomber. Par conséquent, la pression qui a lieu à l'extrémité de la petite branche est exprimée par :

$$P - h.$$

À l'autre extrémité du syphon, nous avons également la pression atmosphérique qui s'exerce de bas en haut, pour soulever la colonne liquide dans la longue branche du syphon ; et nous avons une pression en sens contraire, qui est celle exercée par le liquide qui est contenu dans cette longue branche, et qui tend à tomber. Par conséquent, la pression qui a lieu à l'extrémité de la longue branche est exprimée par :

$$P - H.$$

Ainsi $P - h$ et $P - H$, sont les deux forces qui agissent aux deux extrémités du syphon.

Il est clair que, puisqu'il y a des pressions différentes. le liquide va marcher du côté où la pression sera la plus forte.

Puisque H est plus grand que h, il s'ensuit que $P - H$ est plus petit que $P - h$. Si donc l'on retranche $P - H$ de $P - h$, l'on aura $P - h - P + H$. Retranchant de part et d'autre $\times P$ et $- P$, qui se détruisent, il reste $- h + H$; ou, ce qui est la même chose, $H - h$.

C'est-à-dire que l'écoulement aura lieu par la branche H, avec une force exprimée par $H - h$, c'est-à-dire avec la différence du niveau dans les deux branches.

Comme à mesure que le liquide s'écoule, la différence de niveau entre les deux colonnes diminue, il s'ensuit que la vitesse d'écoulement doit aller constamment en diminuant. De telle sorte que si la branche du syphon qui plonge dans le liquide était assez longue, l'écoulement cesserait lorsque la différence entre les deux niveaux serait nulle.

Voici maintenant de quelle manière l'air intervient dans le syphon. Si vous aviez un syphon dont les deux branches s'élevassent à plus de 10 mètres, la pression de l'air ne pouvant faire monter l'eau au-delà de 10 mètres, le syphon fera baromètre, c'est-à-dire que dans le haut, les deux colonnes se sépareront, et dans ce cas l'écoulement ne pourrait avoir lieu.

Si l'on employait pour faire écouler du mercure un syphon dont les branches eussent un mètre ou même seulement 80 centimètres au-dessus du niveau du liquide dans le vase que l'on veut vider, le mercure ne pourrait s'écouler.

Toutes les fois qu'on reste au-dessous de 10 mètres pour l'eau, ou de 76 centimètres pour le mercure, on peut faire abstraction de l'intervention de l'air dans le jeu du syphon, c'est-à-dire faire abstraction de P et P, et considérer seulement H et h, c'est-à-dire les hauteurs des colonnes liquides dans les deux branches du syphon.

La fig. 10 représente une disposition particulière du syphon qu'on emploie pour les acides et les corps corrosifs. On adapte à ce syphon un petit tube latéral $a b$; et lorsqu'on veut amorcer le syphon, on plonge sa petite branche dans le liquide que l'on veut faire écouler; on bouche l'ouverture de la longue branche, et on aspire par le petit tube $a b$ jusqu'à ce que le liquide soit arrivé au-dessous de l'orifice du petit tube dans le corps du syphon, et l'écoulement commence aussitôt.

Il y a des circonstances où le syphon peut être employé en grand. Si, par exemple, on se proposait d'avoir de l'eau dans une petite vallée, et qu'il y eût une colline qui n'eût pas 32 pieds au-dessus du niveau de l'eau dans l'autre vallée, on pourra facilement produire l'écoulement avec un syphon. Concevez un tuyau qui, plongeant dans l'eau de la vallée, s'élève en rampant jusqu'au sommet de la colline et redescende ensuite dans l'autre vallée. Pour amorcer ce syphon, il faut supposer qu'il soit fermé dans le bas et qu'ensuite on fasse le vide dans l'intérieur. L'eau remplira le syphon, et alors si l'on débouche l'ouverture, elle s'écoulera, jusqu'à ce que l'eau de la première vallée soit épuisée, ou que la plus courte branche du syphon ne plonge plus dans l'eau; ou enfin que le niveau se soit abaissé de plus de 10 mètres au-dessous du sommet de la colline.

Il y a une attention à avoir lorsqu'on emploie un syphon d'un diamètre un peu grand, c'est que l'air peut diviser la colonne, filer le long des parois du syphon et parvenir dans la partie supérieure où il opère une solution de continuité entre les deux colonnes, et par suite fait cesser l'écoulement. Pour éviter cet inconvénient, il faut tenir l'extrémité de la branche par laquelle s'écoule le liquide, plongée dans un seau ou dans un tonneau rempli d'eau.

Dans ce cas l'air ne peut pénétrer dans la colonne liquide pour la diviser et le syphon fonctionne parfaitement. Cette application du syphon peut se présenter dans la nature et éviter un canal, si l'on voulait vider une vallée à travers une colline qui serait difficile à percer.

On peut présenter comme exemple du syphon un petit appareil qu'on appelle *vase de Tantale*, dans lequel on peut verser continuellement de l'eau sans qu'il soit jamais plein. Il y a dans ce vase, représenté fig. 11, un tube ayant la forme d'un cercle, qui a deux ouvertures, l'une dans l'intérieur du vase et l'autre en dessous : ce tube se trouve, par cette disposition, avoir deux branches inégales et forme un véritable syphon. Si l'on verse de l'eau dans le vase, il va la contenir, jusqu'à ce que le liquide soit parvenu à une certaine hauteur qui est celle du tube. Dès que le niveau du liquide a dépassé ce tube, le syphon s'amorce, l'écoulement a lieu, et le vase se vide entièrement.

Il y a une variation de ce même appareil, qui a plus d'importance. C'est un vase, fig. 12, également traversé par un tube ouvert par les deux bouts; ce vase peut être rempli d'eau, et la contenir jusqu'à l'orifice du tube, et si l'on remplit le vase au-dessus de cet orifice, il ne pourra se vider que jusqu'à la hauteur du tube.

Si l'on prend maintenant une petite cloche ou bien un tube un peu large, fermé par un bout, et qu'on le renverse sur l'autre tube, l'écoulement va avoir lieu aussitôt et le vase va se vider entièrement.

Cet appareil mérite de fixer notre attention plus que l'autre, parce que cette disposition est réalisée en quelque sorte dans les grands réservoirs de gaz inflammable pour l'éclairage.

GAZOMÈTRES.

Soit, fig. 13, la coupe d'un gazomètre AB, suspendu par une chaîne qui s'enroule sur une poulie. Le gazomètre repose sur une grande cuve d'eau, du fond de laquelle s'élève un tuyau vertical T, qui vient s'ouvrir au-dessus du niveau de l'eau. C'est par ce tuyau que le gaz s'écoule, pour ensuite parcourir les diverses rues que l'on doit éclairer. Je suppose que le niveau se trouve à une petite distance de l'orifice du tuyau, et qu'on vienne à soulever le gazomètre; en soulevant le gazomètre, on va nécessairement soulever en même temps la colonne d'eau que le gazomètre renferme; car l'air qui se trouve dans la partie E en se dilatant, va, d'après la loi de Mariotte, perdre de son ressort. Or la pression extérieure est restée la même; par conséquent la colonne d'eau va s'élever d'une certaine quantité pour compenser la perte d'élasticité de l'air intérieur; il peut même arriver que l'eau se soulève au point qu'elle vienne au-dessus de l'orifice du tube T, et dès l'instant que cela a lieu, l'eau se précipite dans ce tube, et la citerne se vide. Il faut, pour éviter un aussi grave inconvénient, avoir l'attention que l'orifice du tube se trouve toujours au-dessus du niveau de l'eau de la citerne.

ÉCOULEMENT CONSTANT.

Nous avons parlé déjà plusieurs fois de l'écoulement des liquides, et nous avons vu que cet écoulement qui a lieu dans un vase, est nécessairement variable, parce que la vitesse d'écoulement a pour expression la racine carrée de la hauteur, ou, pour mieux dire, que la vitesse d'écoulement est la même que celle d'un corps qui tomberait depuis le niveau supérieur du réservoir jusqu'à l'orifice. Or, à mesure que le liquide baisse, la hauteur diminue, et dès lors la vitesse va constamment en diminuant.

On peut se proposer d'avoir des écoulemens constans, c'est-à-dire de faire couler d'un vase des quantités d'eau égales dans des temps parfaitement égaux. C'est là la question dont nous allons nous occuper, sans rappeler toutefois les divers appareils dont on peut se servir pour obtenir ce résultat. Nous ne parlerons que de ceux qui sont utiles en physique.

Supposons que nous prenions un vase V, fig. 14, rempli d'eau et qui soit entièrement fermé dans le bas, mais qui porte une petite ouverture latérale v, et dans le haut un petit tube qui traverse le liquide et qui soit parfaitement mastiqué autour de l'ouverture ; de sorte que l'air ne puisse avoir d'accès dans le vase que par le moyen de ce tube. Examinons ce qui aura lieu dans cette hypothèse. Nous avons une ouverture v, et nous la prenons assez petite pour que la colonne liquide qui doit s'échapper par cette ouverture ne puisse point être divisée par l'air. Lorsqu'on prend un tube dont le diamètre soit de 1, 2, 3, 4, quelquefois de 5 et même de 6 millimètres, à moins que le tube ne reçoive de fortes secousses, la colonne ne peut se diviser.

Le tube qui plonge dans le vase est ouvert dans la partie supérieure comme dans la partie inférieure. L'air extérieur presse par ce tube ouvert sur l'eau contenue dans ce vase, de même que l'air presse par la petite ouverture, l'eau se trouve ainsi soumise à deux pressions égales ; ainsi, sous ce rapport il n'y aurait pas de raison d'écoulement. Mais si nous supposons que le tube soit plein, nous aurons une colonne liquide qui sera pressée tant en haut qu'en bas par une atmosphère ; mais cette colonne sera de plus pressée de haut en bas par son propre poids. Elle devra donc obéir à cet excès de pression qu'elle éprouve de haut en bas et elle s'abaissera d'une certaine quantité. Jusqu'où descendra-t-elle ? évidemment jusqu'à la hauteur du niveau d'écoulement dans l'appareil, car à ce point le liquide n'est plus soumis qu'à deux pressions égales de part et d'autre, la pression atmosphérique qui s'exerce par le tube et la pression atmosphérique qui s'exerce par l'ouverture et qui est la même dans toute l'étendue de la couche liquide qui se trouve de niveau avec cette ouverture. Par conséquent, si le tube descend dans le vase au-dessous de l'orifice d'écoulement, il se videra jusqu'à ce que la colonne soit descendue dans le tube au niveau de l'ouverture.

Supposons maintenant que ce tube, au lieu de descendre au-dessous de l'ouverture, s'arrête à une certaine hauteur au-dessus de l'orifice. On conçoit très bien que le tube va se vider entièrement ; mais voyons ce qui aura lieu pour le reste du liquide. D'abord, quant au liquide qui se trouve au-dessus de l'orifice, le vase étant fermé dans la partie supérieure, cette portion de liquide recevant la pression atmosphérique qui s'exerce à l'orifice du tube, dans le vase, ne doit pas tomber.

Quant au liquide au-dessous de l'orifice du tube, ce liquide étant soumis à la pression atmosphérique, c'est comme si nous avions un vase ordinaire rempli d'eau jusqu'en AB, par conséquent l'écoulement aura lieu en vertu de la hauteur de la colonne liquide comprise entre le niveau AB et le niveau de l'ouverture. Mais à mesure que le liquide s'écoule, l'air qui a un libre accès dans le vase par le tube, le remplace, et nous pouvons supposer qu'il se forme une petite couche d'air en AB. Or l'air est spécifiquement plus léger que l'eau, par conséquent il traversera le liquide et ira se loger dans la partie supérieure du vase, en déplaçant une quantité correspondante de liquide, de telle sorte que le vase $ABCD$ restera toujours plein. La hauteur du liquide étant toujours la même, nous aurons une vitesse d'écoulement constante. Car vous devez rappeler que les vitesses d'écoulement sont comme les racines carrées des hauteurs. Par conséquent, puisque nous avons ici une vitesse constante, nous aurons un écoulement qui sera aussi constant; la hauteur du liquide dans le vase AB et par suite la vitesse d'écoulement, étant dues à la différence du niveau entre l'orifice et l'extrémité du tube, nous pourrons faire varier à volonté la vitesse de l'écoulement. Il suffira de remonter le tube, si nous voulons un écoulement plus rapide, et de le descendre si nous voulons avoir un écoulement plus lent. Cet appareil est dû à Mariotte.

La fig. 15 représente un appareil connu depuis long-temps, et qui est absolument fondé sur le principe que nous venons de démontrer. Ce vase sert comme encrier, il sert aussi pour donner à boire aux oiseaux. L'eau se tient constamment à la même hauteur dans le petit godet a; à mesure qu'on le vide, l'air gagne la partie supérieure et fait descendre une quantité d'eau correspondante.

On a tiré du vase, fig. 14, une heureuse application pour avoir un écoulement de gaz constant. Si nous avons un vase rempli de gaz, et que nous voulions procurer à ce gaz un écoulement constant, il suffira de faire entrer dans ce vase des quantités d'eau parfaitement égales dans des temps égaux. Il est évident qu'une certaine quantité d'eau forcera une pareille quantité de gaz à sortir du vase.

On obtient encore l'écoulement constant d'un gaz, au moyen d'un syphon dont la petite branche plonge dans un vase qui est disposé comme celui représenté, fig. 14.

CLOCHE DU PLONGEUR.

Je vais terminer cette leçon en disant quelques mots de la *cloche du plongeur.*

La cloche du plongeur est un instrument dont on se sert pour descendre dans l'eau à des profondeurs considérables, pour explorer le fond d'une rivière, le fond de la mer. On leste cette cloche de manière à ce qu'elle soit spécialement plus pesante que le volume d'eau qu'elle déplace. De plus, comme des hommes doivent rester sous cette cloche, il faut qu'elle ne puisse se **remplir** d'eau et qu'elle tienne l'air parfaitement.

Concevez une cloche suspendue par une chaîne, s'enroulant sur une poulie, de manière qu'on puisse la faire monter ou descendre. Lorsqu'on enfonce cette cloche dans l'eau, l'air qu'elle contient ne peut s'échapper, mais à mesure que la cloche descend à des profondeurs de plus en plus considérables, la pression de l'eau extérieure force le niveau de l'eau intérieure à s'élever de plus en plus dans la cloche. De sorte que si l'on voulait, par exemple, descendre dans une rivière de 32 pieds, sans mettre de nouvel air dans la cloche, arrivé au fond de l'eau, l'air se trouverait réduit à moitié, et conséquemment la cloche se trouverait remplie à moitié. Cela arrivant, l'homme se trouverait séparé du sol. Pour éviter cet inconvénient, un tube communique de l'intérieur de la cloche avec l'air extérieur, et à l'extrémité de ce tube est une pompe aspirante qui prend l'air du dehors et le foule dans l'intérieur de la cloche, de manière à tenir cette cloche toujours parfaitement remplie, afin que l'homme puisse reposer sur le sol et l'explorer commodément. Comme la respiration vicie l'air au bout d'un certain temps, on est obligé d'entretenir et de renouveler constamment l'air.

Vous pouvez, d'après ce que je viens de dire, vous former une idée simple et suffisante de la cloche du plongeur. On peut d'ailleurs la diviser en divers compartimens. Il y a même des cloches auxquelles on fait des ouvertures fermées par des plaques de verre, de manière que le plongeur peut explorer parfaitement tous les objets dont il est environné. Il y a une communication de l'intérieur à la surface, pour que le plongeur puisse faire connaître quand il faut changer la cloche de place ; ce qui lui permet de parvenir aux objets qu'il a intérêt de remarquer.

IMPRIMERIE DE E. DUVERGER,
RUE DE VERNEUIL, N. 4.

COURS DE PHYSIQUE.

LEÇON DOUZIÈME.

(Samedi, 15 Décembre 1827.)

POMPES A EAU.

Nous allons terminer ce que nous avons à dire sur les instrumens dans lesquels l'air joue un grand rôle, par l'examen
des machines connues sous le nom de *pompes à eau*. Ces machines sont à proprement dire du ressort de la mécanique,
mais comme elles ont la plus grande analogie avec la pompe
à air, il n'est pas inutile d'en parler dans un cours de physique.

On distingue deux espèces de pompes : la *pompe aspirante*,
et la *pompe aspirante et foulante*.

POMPE ASPIRANTE.

Cette pompe, fig. 1, qui a beaucoup de rapports avec la
pompe pneumatique ordinaire, se compose de deux parties
distinctes : l'une appelée le *corps de pompe ;* l'autre, *le tuyau
d'aspiration.*

Le corps de pompe est un cylindre d'une certaine largeur,
qui se réunit à un tube plus étroit plongeant dans un réservoir
d'eau. Le corps de pompe est séparé du tuyau d'aspiration
par une soupape S qui s'ouvre de bas en haut. Le piston P
est percé dans son milieu et porte une soupape qui s'ouvre
dans le même sens que l'autre. L'étendue que le piston parcourt s'appelle la course du piston.

Le piston étant au bas de sa course et repoussant sur le fond
du corps de pompe, les deux soupapes se trouvent fermées.
Si on soulève le piston, il est évident qu'il se fait un vide sous
ce piston, mais dès l'instant où il y a un vide, l'air qui se
trouve dans le tuyau d'aspiration soulève la soupape S et pénètre dans le corps de pompe. Dès lors cet air occupant un
espace plus grand que celui qu'il occupait, ne peut plus, par

son ressort, faire équilibre au poids de l'air extérieur. Il faut par conséquent que le liquide s'élève à une certaine hauteur, de manière que la colonne d'eau soulevée, plus le ressort qui reste, fassent équilibre à la pression extérieure de l'air. Le piston redescend ensuite. Le ressort de l'air qui était diminué devient égal au ressort de l'air extérieur et finit même par devenir plus grand. Une fois que cette condition est remplie, la soupape *s* qui est soumise alors à une pression plus forte de bas en haut que de haut en bas, s'ouvre, l'air s'échappe, et le piston est ramené sans effort jusqu'au bas de sa course. On remonte de nouveau le piston, la soupape *s* se ferme aussitôt, et s'il y a encore de l'air dans le tuyau d'aspiration, il soulève la soupape *S* qui s'était refermée lors de la descente du piston, et se précipite dans l'espace vide. Cet air perdant de son ressort, et augmentant de volume, ne peut plus faire équilibre à l'air extérieur, par conséquent il faut que l'eau monte d'une certaine quantité. Après plusieurs coups de piston, l'eau montera jusqu'à la soupape *S* ou même jusque dans le corps de pompe. Si l'eau a pu s'élever dans le corps de pompe, le piston en descendant, fera fermer la soupape inférieure; la soupape supérieure s'ouvrira, et l'air s'échappera. En retirant le piston, nous ferons un vide, et comme la pression extérieure est constante, il en résultera que l'eau s'élèvera d'une certaine hauteur jusqu'à ce que la colonne soulevée fasse équilibre à la pression extérieure. En descendant encore le piston l'eau traversera la soupape *s* et viendra se loger dans la partie supérieure. Enfin, en continuant le jeu du piston, on forcera l'eau à s'élever à une hauteur indéfinie, si la force qui fait mouvoir la pompe est suffisante.

Telle est la construction de la machine extrêmement simple appelée pompe aspirante. Il s'agit d'examiner plus particulièrement les circonstances nécessaires pour le jeu de cette machine. Pour pouvoir au moyen de la pompe aspirante, élever l'eau à une hauteur quelconque, il est évident qu'il faut que l'eau parvienne au-dessus de la tête du piston. Or pour qu'elle parvienne au-dessus de la tête du piston, il faut que le corps de pompe ne soit pas placé à une hauteur plus grande que celle à laquelle la pression atmosphérique peut élever l'eau. Imaginez, en effet, que la distance entre le corps de pompe et le niveau du liquide soit de quarante pieds ou plus. En faisant le vide, en aspirant, c'est le mot scientifique qu'on emploie, vous élèverez la colonne d'eau à trente-deux pieds, mais vous ne pourrez aller au-delà. La colonne soulevée à une hauteur de trente-deux pieds fera baromètre.

Voilà donc un premier principe que nous pouvons établir à l'égard de la pompe aspirante ; c'est que le corps de pompe doit être établi à une hauteur moindre de 32 pieds, ou, pour mieux dire, à une hauteur inférieure à celle à laquelle l'eau peut être élevée par la pression atmosphérique. Car si nous étions sur une montagne, la pression de l'air ne serait pas suffisante pour soulever une colonne d'eau de 32 pieds.

Néanmoins, même en se mettant à une hauteur moindre que celle à laquelle l'air soutient l'eau, l'eau pourrait bien s'arrêter. C'est un cas qui est analogue à celui qui arrive dans la machine pneumatique ordinaire, lorsque le piston ne vient pas toucher exactement sur le fond. Vous vous rappelez que nous avons établi qu'une condition à laquelle il fallait avoir égard, pour que la machine pneumatique fît le vide aussi parfaitement que possible, était que la base du piston vînt s'appuyer exactement sur le fond du corps de pompe, et qu'il ne restât aucun espace où l'air pût se loger, et que le vide qu'on obtenait était déterminé par le rapport de cet espace où l'air se loge à l'espace total que laisse le piston quand il est au haut de sa course : de manière que si dans le corps de pompe, le piston, au lieu de venir toucher exactement sur la partie inférieure, s'arrête, par exemple, à la moitié de sa course, alors l'air qui se trouve en dessous du piston ne pourra jamais être réduit qu'à moitié de sa densité, et nous ne pourrons, par conséquent, faire le vide qu'à moitié. Nous avons vu qu'il faut dans la pompe aspirante remplir cette condition que le ressort de l'air extérieur, plus la colonne d'eau soulevée, fassent équilibre au poids total de l'atmosphère. Si donc le ressort de l'air intérieur ne peut, à cause de l'obstacle qui retient le piston au milieu de sa course, être réduit qu'à moitié, l'eau ne pourra s'élever que de 5 mètres ; en admettant que 10 mètres soient la hauteur à laquelle l'eau puisse être élevée par la pression de l'air extérieur. En effet, la moitié de cette pression se trouve contrebalancée par l'air intérieur réduit seulement à la moitié du ressort de l'air extérieur. Celui-ci n'agit donc plus sur la colonne d'eau qu'avec une force moitié moindre, et, par conséquent, au lieu de soulever cette colonne à une hauteur de 10 mètres, il ne pourra la soulever qu'à une hauteur de 5 mètres.

Pour empêcher cette circonstance de se présenter, il y a un moyen bien simple : il consiste à faire en sorte que le piston descende et vienne s'appliquer exactement sur la base inférieure. Dans ce cas, en vous mettant à 9 mètres, vous pourrez encore élever l'eau. Cependant, il faut prendre garde de ne pas aller jusqu'à la limite ; parce que les pompes ne sont pas faites avec la précision qu'on met pour des instrumens de physique. Les corps de pompe sont, au contraire, faits un peu grossièrement. En général, on établit les corps de pompe à 15, 18, 20 et 24 pieds. Si on s'approchait trop de la limite, pour peu que les pistons ne jouassent pas parfaitement, et qu'il s'introduisît un peu d'air dans le corps de pompe, vous ne pourriez élever l'eau.

Quel est l'effort qu'il faut faire pour faire monter l'eau dans la pompe aspirante? Lorsqu'on soulève le piston, l'effort à faire est égal à la colonne totale soulevée. Ainsi je suppose que vous ayez placé le corps de pompe à une hauteur de 20 pieds, et qu'il s'agisse d'élever l'eau à une hauteur totale de 50 pieds. Nous aurons une colonne d'eau au-dessus du corps de pompe qui sera égale à 30 pieds. L'effort qu'il faudra faire pour soulever le piston sera égal à la somme des deux colonnes inférieure et supérieure, c'est-à-dire, à 50 pieds. En effet, examinons les pressions qui ont lieu dans la partie supérieure du piston et dans la partie inférieure, c'est la différence entre ces deux pressions qui mesurera l'effort qu'on devra faire pour soulever l'eau.

Dans la partie supérieure nous avons la pression de l'air qui agit sur la tête du piston. Lorsqu'on soulève le piston, on supporte la colonne d'eau qui repose sur ce piston. Désignant par P la pression atmosphérique et par H la colonne d'eau qui est portée par le piston, nous aurons pour la pression supportée par la tête du piston :

$$P + H.$$

Sur la partie inférieure du piston, nous avons d'abord la pression de l'air qui agit par l'intermédiaire de l'eau ; mais nous avons une colonne qui va depuis la base inférieure du piston jusqu'au réservoir, et qui agit en sens contraire de la pression atmosphérique ; par conséquent, en désignant cette colonne d'eau par h, la pression exercée sur la base inférieure du piston sera exprimée par

$$P - h$$

Ainsi $P + H$ est la pression exercée de haut en bas sur le piston ; $P - h$ est la pression exercée de bas en haut. Par conséquent c'est la différence de ces deux quantités qui mesure l'effort à faire pour soulever le piston.

Si de $P + H$ nous retranchons $P - h$, il nous restera $P + H - P + h$. Supprimant P et P qui se détruisent il restera $H + h$, c'est-à-dire la colonne d'eau au-dessus du piston, plus la colonne d'eau inférieure, pour mesure de l'effort nécessaire pour soulever le piston.

En descendant quel effort a-t-on à faire ? On n'a que l'effort nécessaire pour vaincre les frottemens. Car dès le moment qu'on descend le piston, la soupape intérieure se ferme ; la soupape supérieure s'ouvre, et le piston nage librement dans l'air ou le liquide.

C'est un grand inconvénient d'avoir ainsi des efforts inégaux, et d'être obligé d'employer toute sa force pour soulever le piston et de n'avoir aucun effort à exercer pour le faire descendre.

POMPE ASPIRANTE ET FOULANTE.

La pompe aspirante et foulante, fig. 2, a comme la première, un corps de pompe et un tuyau d'aspiration qui sont séparés par une soupape s, qui s'ouvre de bas en haut. Mais au lieu d'avoir le piston percé et garni d'une soupape, le piston est solide et la soupape s est placée sur le côté du corps de pompe, à l'orifice d'un tuyau latéral qui d'abord marche presque horizontalement, et s'élève ensuite parallèlement au corps de pompe. La soupape s'ouvre du dedans au dehors.

Supposons que le piston soit au bas de sa course, les soupapes S, s, fermées. En retirant le piston, on fait le vide dans l'intérieur, au-dessous du piston. La soupape latérale reste fermée par la pression extérieure de l'air qui agit par le tube ; mais la soupape inférieure doit s'ouvrir d'après sa position. Par conséquent raréfaction de l'air, par conséquent élévation d'une certaine colonne d'eau, comme dans la première pompe. On descend ensuite le piston ; le piston, en descendant, diminue l'espace, il comprime l'air, la soupape inférieure se ferme. Mais la soupape latérale doit s'ouvrir, lorsque l'effort intérieur sera plus grand que l'effort extérieur, et l'air s'échappera par cette soupape ; de manière que le piston pourra être ramené en bas immédiatement en contact avec le fond du corps de pompe. En remontant le piston, on fera de nouveau le vide, l'air se précipitera en ouvrant la soupape, et l'eau montera à une certaine hauteur. Après plusieurs coups de piston nous introduirons l'eau dans le corps de pompe ; pourvu que nous ayons rempli cette condition de nous placer à une hauteur moindre de 32 pieds. Dans ce cas, nous ferons monter l'eau dans le corps de pompe, comme dans la première pompe. Une fois l'eau arrivée là, vous pourrez la porter à une hauteur indéfinie en raison de la puissance qu'on peut employer. En effet, une fois que l'eau est dans le corps de pompe, le piston en descendant presse l'eau et la force à ouvrir la soupape latérale pour se loger dans le tuyau. La colonne dans le tuyau presse sur la base en raison de sa hauteur; si vous avez une puissance supérieure à cette pression, vous pourrez faire monter l'eau à une hauteur très grande.

Tel est le jeu de la pompe aspirante et foulante qui est, comme vous le voyez, d'une extrême simplicité.

L'eau arrivant dans le corps de pompe en raison de la pression de l'air extérieur, il faudra placer le corps de pompe à une hauteur inférieure à 32 pieds, première condition à remplir.

A présent, quel est la force qu'il faut employer pour faire marcher cette machine? Ici les efforts sont plus régularisés, c'est-à-dire, que chaque mouvement, en montant et en descendant, exige une certaine force. Ainsi nous venons de démontrer que dans la pompe aspirante, dans le moment où on aspire, on fait un effort égal à la colonne soulevée jusqu'au piston. Si l'eau est au-dessus du piston, on fait un effort additionnel égal à cette seconde colonne. Dans la pompe aspirante et foulante, l'eau ne dépassant jamais le piston, l'effort qu'il faut faire pour monter ce piston est mesuré par le poids de la colonne d'eau soulevée par aspiration. Après cela, quand le piston descend, il ne nage plus librement, il faut qu'il comprime l'eau et la force à passer par la soupape latérale pour s'élever dans le tube parallèle du corps de pompe; et, par conséquent, il faut un effort qui soit égal au poids de la colonne dans le tube.

Ainsi, dans cette pompe, en aspirant, vous ferez premièrement un effort égal au poids de la colonne soulevée, et, en second lieu, en descendant le piston, vous ferez un effort égal au poids de la colonne qui est dans le tube latéral, c'est-à-dire que vous faites un effort en montant et en descendant. Vous sentez qu'il y a un grand avantage à régulariser ces deux efforts, de manière que le piston, quand il monte, demande un effort égal à celui qu'il exige quand il descend. Cela est très facile, toutes les fois qu'il s'agit d'élever l'eau à une hauteur qui ne dépasse pas 60 pieds. Supposons, par exemple, qu'il s'agisse d'élever de l'eau à 50 pieds, je divise cette hauteur en deux parties égales, et je place le corps de pompe à 25 pieds du niveau du réservoir dont je dois élever l'eau. Dans ce cas, l'effort que j'aurai à faire pour soulever le piston sera exprimé par la colonne d'eau soulevée en aspirant, c'est-à-dire 25 pieds ; et l'effort que j'aurai à faire pour descendre le piston sera exprimé par la colonne d'eau que je devrai élever dans le tube, c'est-à-dire, par 25 pieds : ce qui me donne deux efforts parfaitement égaux.

Si on devait élever l'eau à 60 pieds, vous sentez bien qu'alors, comme on ne peut se placer à 30 pieds au-dessus du réservoir, il faudrait faire un effort plus grand pour élever l'eau dans le tube, que pour la faire arriver dans le corps de pompe ; c'est-à-dire, que l'effort nécessaire pour faire descendre le piston serait plus grand que l'effort nécessaire pour soulever ce même piston. Mais toutes les fois qu'on doit élever l'eau jusqu'à 40 ou même 50 pieds, on peut rendre les efforts en montant et en descendant parfaitement égaux. .

DÉTERMINATION DE LA DENSITÉ DES CORPS.

Nous ne nous étendrons pas davantage sur les machines qui se rapportent à la pression de l'air. Laissant de côté les divers instrumens qu'on pourrait encore présenter, mais dont les explications découleraient naturellement des principes qui ont été établis, nous allons passer à une autre question, et nous occuper de la détermination de ce qu'on appelle la *densité des corps*, ou bien de la détermination de la quantité de matière que les corps enferment sous le même volume.

L'expérience nous apprend que les corps, sous le même volume, ne contiennent pas la même quantité de matière. Je prends un morceau de plomb et un égal volume de liége, par exemple, et je trouve une différence extrêmement grande entre ces deux corps. C'est là un phénomène qui ne peut nullement nous échapper.

C'est une question fort curieuse de déterminer cette quantité de matière pour tous les corps. Généralement parlant, la densité d'un corps serait la quantité de matière renfermée dans ce corps, sous un volume constant, que l'on prend pour tous les corps. Autrement, cela ne voudrait rien dire.

Imaginez qu'on ait taillé en cube tous les solides, et que l'on ait rempli une capacité d'un décimètre cube des divers liquides et fluides élastiques ; qu'on ait déterminé ensuite la quantité de matière que les solides, liquides ou fluides renfermaient sous ce volume ; les nombres qui exprimeront cette quantité seront ce qu'on appelle, en général, la *densité d'un corps*.

Comment connaissons-nous la matière? **Nous avons vu** qu'il n'y a pas de meilleur moyen de l'apprécier que par les poids qui sont proportionnels aux masses des corps, ou à la quantité de matière qu'ils renferment. C'est donc par les poids que nous jugerons de la quantité de matière. Si nous avions pris un volume déterminé, il faudrait rester toujours fidèle à celui que l'on aurait adopté, et rapporter tous les corps à ce même volume. Ce volume est tout-à-fait arbitraire : on pourrait prendre deux décimètres cubes, trois décimètres cubes, etc., et alors nous aurions, pour ainsi dire, suivant la volonté des individus, des nombres différens pour exprimer les densités ; et cependant les nombres seraient exacts, pourvu qu'on ait pris le même volume pour tous les corps. Comme nous ne pouvons connaître la quantité de matière d'une manière absolue, il y a un moyen bien simple d'exprimer la densité, et de nous rendre indépendans du volume, c'est-à-dire de n'avoir pas besoin de faire dépendre la densité du volume que l'on prend. Il suffit de prendre pour terme de comparaison la quantité de matière contenue dans un corps, et de mesurer la quantité de matière contenue dans les autres corps avec cette unité entière ou ses divisions. Alors les densités seront pour nous les rapports des quantités de matière contenue dans un corps à la quantité de matière contenue dans celui dont nous aurons pris la matière pour unité.

Quel corps prendrons-nous? Sera-ce du plomb, de l'or, de l'argent, du verre, etc.? Nous pourrions prendre une substance quelconque pour unité ; mais comme il faut nécessairement, lorsque l'on compare les quantités de matière de deux corps et des corps en général, qu'on puisse les avoir sous le même volume, or, cette opération deviendrait très difficile, souvent même impossible, si l'on prenait pour unité un corps solide, au volume duquel il faudrait ramener tous les autres corps.

Si nous prenons un liquide pour terme de comparaison, rien ne sera plus facile que d'avoir tous les corps sous le même volume, ou d'avoir au moins l'unité, et puis le corps dont nous voulons prendre la densité précisément sous le même volume. Tous les liquides pourraient remplir cet objet ; mais, comme parmi les liquides l'eau en est un qu'on obtient parfaitement pur dans tous les temps et dans tous les lieux, c'est à l'eau qu'on a recours ; c'est-à-dire qu'on prend la quantité de matière que renferme l'eau sous le volume convenu pour unité, et qu'on exprime la densité des corps sous le même volume en unités qu'on vient de prendre.

D'après cela, la densité d'un corps peut se définir d'une manière bien simple, en disant que la densité du corps est le rapport de la quantité de matière que ce corps renferme à la quantité de matière que renferme l'eau sous le même volume. Nous réduisons ainsi la question à un rapport; les rapports ne changeant pas lorsqu'on multiplie ou qu'on divise les deux termes par un même nombre; pourvu que le volume du corps et le volume de l'eau restent les mêmes, nous aurons avec une facilité extrême le poids ou la quantité de matière du même volume d'eau et du corps dont nous voulons connaître la densité, en faisant usage du principe d'Archimède. D'après ce principe, lorsqu'un corps est plongé dans l'eau, il perd une portion de son poids justement égale au poids du volume d'eau qu'il déplace. Or, il déplace évidemment un volume d'eau égal au sien; nous aurons donc ici les deux données suffisantes pour obtenir les densités.

Ainsi nous prenons un certain volume d'eau, et nous appelons la matière contenue dans ce volume *un;* nous prenons ensuite un corps qui aura le même volume; nous le pesons avec l'unité que nous venons de déterminer, c'est-à-dire avec le poids de l'eau. Nous trouverons, par exemple, que ce corps pèse deux fois, trois fois, quatre fois, etc., plus que l'eau, nous en conclurons par conséquent qu'il renferme deux fois, trois fois, quatre fois, etc., plus de matière.

Ainsi, en pesant un corps dans l'air, nous avons le poids de ce corps; en le pesant dans l'eau, il fait une perte, et cette perte est précisément le poids de l'eau déplacée par ce corps, c'est-à-dire le poids d'un volume d'eau égal au volume du corps. Il ne s'agira plus que de savoir combien de fois le poids de cette eau déplacée est contenu dans le poids du corps. Le résultat de la division du premier nombre par le second donne ce qu'on appelle la densité.

Ainsi, soit un corps quelconque dont je veuille connaître la densité, je pèse ce corps dans l'air, et je trouve qu'il pèse . . . . 124 $^{gr.}$.

Je le pèse ensuite dans l'eau, et je trouve qu'au lieu de peser 124 $^{gr.}$, il ne pèse plus que . . . . . . 104 $^{gr.}$.

La différence entre ces deux quantités est de . . . 20 $^{gr.}$.

Ces 20 $^{gr.}$ sont précisément le poids d'un volume d'eau égal au volume du corps. J'appelle cette quantité *un*, et pour avoir la quantité de matière du corps exprimée avec cette nouvelle unité, il faut chercher combien de fois 20 $^{gr.}$ est contenu dans 124, ou diviser 124 par 20, ce qui nous donnera $6 \frac{2}{10}$: c'est-à-dire que l'unité est contenue $6 \frac{2}{10}$ de fois dans le poids du corps. Ainsi, ce nombre $6 \frac{2}{10}$ sera la quantité de matière que le corps renferme comparativement à celle que renferme l'eau sous le même volume ; en d'autres termes, il exprimera la densité du corps.

Voyons maintenant comment on parvient à faire ces deux opérations d'une manière facile.

BALANCE HYDROSTATIQUE.

On se sert pour peser les corps dont on veut connaître la densité d'une balance appelée *balance hydrostatique*. Le corps est suspendu à un fil métallique attaché au-dessous d'un des plateaux de la balance. Il faut tenir compte du poids de ce fil lorsqu'on veut faire l'opération d'une manière très exacte. On pèse d'abord le corps dans l'air ; ensuite, en le plongeant dans l'eau, on trouve une perte de poids, et la question se résout en général à rétablir l'équilibre ; ce qui se fait ou en mettant des poids sur le plateau sous lequel le corps est suspendu, pour compenser la perte de poids, ou en ôtant des poids de l'autre plateau. C'est ce dernier moyen de faire l'équilibre qu'on emploie le plus ordinairement. Dans ce cas les poids qui restent indiquent le poids du corps dans l'eau , et en retranchant ce poids du poids du même corps dans l'air, on a, comme nous l'avons vu, le poids du volume d'eau déplacée, volume évidemment égal à celui du corps. Il ne reste donc plus qu'à diviser le poids du corps dans l'air, par la différence entre les deux poids, c'est-à-dire par le poids d'un volume d'eau égal au volume du corps, pour avoir la densité de ce corps.

Le plus souvent on attache au-dessous de l'un des plateaux de la balance hydrostasique, un petit bassin en verre. Après avoir pesé le corps dans le bassin supérieur, on le met dans le petit bassin en verre que l'on fait plonger dans l'eau , et on pèse le corps de nouveau. Il y a encore ici une petite cause d'erreur qui est due à l'adhérence de l'eau. Lorsque le petit bassin est suspendu à trois fils qui sortent tous de l'eau, l'erreur est triple ; c'est pourquoi on attache le bassin de manière que les trois fils se réunissent au-dessous de la surface de l'eau et qu'il n'y en ait qu'un seul qui sorte du liquide, ainsi qu'il est représenté fig. 3.

Tous les corps solides peuvent être soumis à la même expérience, et il est facile de déterminer ainsi leur densité.

FLACON A MESURER LES DENSITÉS.

Il y a un autre moyen de déterminer les densités qui demande une pesée de plus, mais qui ne donne lieu à aucune espèce d'incertitude, et peut s'appliquer à tous les corps.

Ce moyen extrêmement simple consiste à prendre un flacon, fig. 4, à large ouverture, que l'on ferme avec un bouchon conique. Ce bouchon s'adapte parfaitement dans l'ouverture du flacon, de manière que quand on le met sur le flacon rempli d'eau, il chasse constamment la même quantité de liquide, à un milligramme près. Par conséquent ce vase nous fournit une manière simple d'intercepter facilement un volume d'eau constant.

DENSITÉ DES SOLIDES.

Il s'agit, par exemple, de connaître la densité d'un morceau de bismuth. Je commence par en prendre le poids exact dans l'air, avec la balance ordinaire. Après cela, il faut trouver le poids du volume d'eau qu'il déplace. Je prends le flacon dont je viens de parler, je le remplis d'eau distillée, et je le ferme avec le bouchon conique. Cela fait j'enlève l'eau qui mouille l'extérieur du vase avec un linge ou avec du papier brouillard ou papier à filtrer : car c'est une condition indispensable qu'il ne reste pas d'eau autour du vase ; il faut même attendre quelque temps pour que la couche d'humidité qui reste, quoiqu'on ait bien essuyé, ait été enlevée par l'air. Lorsque l'extérieur du flacon est bien sec, on en prend le poids. Si maintenant j'enlève le bouchon, sans perdre de l'eau, et si je mets dans le vase le morceau de bismuth, n'est-il pas évident que ce corps tient la place d'un volume égal d'eau ; par conséquent, si je remets le bouchon, il faudra nécessairement qu'il s'en aille de l'eau, de manière que j'aie dans le vase une quantité d'eau moindre que celle qui y était, de tout le volume du corps.

Je suppose que l'eau qui est sortie du flacon ne se soit pas perdue, et qu'elle se soit logée dans un appendice autour du col du vase. Il est évident qu'en pesant le flacon il doit être plus pesant de tout le poids du corps qui est dedans. Mais si je laisse tomber l'eau, le flacon avec le corps sera plus léger de toute la quantité d'eau qui s'est échappée, c'est-à-dire du poids d'un volume d'eau égal au volume du corps.

Je suppose, par exemple, qu'on ait pris un morceau de

verre, et que ce morceau de verre pèse dans l'air.   16 gr. 213;

Qu'on ait pris un flacon plein d'eau, et que le flacon, plus l'eau qu'il contient, pèse. . . . . . 120 gr. 102;

Et enfin qu'on ait pris le poids du flacon rempli d'eau, mais renfermant aussi le corps, et que le flacon, plus l'eau qui peut y rester, plus le corps, pèse. . . . . 129 gr. 775.

Que faut-il avoir? il faut avoir le poids de l'eau qui s'est échappée. Nous avons le poids du corps dans l'air, lequel est égal à 16 gr. 213; puis le poids du flacon plein d'eau, lequel est égal à 120 gr. 102. Ces deux quantités réunies donnent. . . . . 136 gr. 315.

Maintenant nous avons pour le flacon contenant de l'eau et le corps. . . . . 129 gr. 775.

En retranchant cette dernière somme de 136 gr. 315 nous aurons. . . . .   6 gr. 540.

Cette quantité de 6 gr. 540 est égale au poids de l'eau que le corps a déplacée.

Il ne reste plus qu'à diviser le poids du corps, 16 gr. 213 par 6 gr. 540. Le résultat de la division sera 2,4792; ce qui veut dire que le verre pèse près de deux fois et demie plus que l'eau, sous le même volume, ou que la densité du verre est près de deux fois et demie plus grande que celle de l'eau.

Cette méthode est indépendante de la cause d'erreur que nous avons signalée dans la balance hydrostatique, et qui provient de ce que l'eau tend à adhérer au fil.

Au lieu de se servir d'un flacon, on peut avoir un cylindre *AB*, fig. 5, que l'on remplit d'eau, et que l'on ferme au moyen d'un disque *a b* qui s'adapte parfaitement sur les bords supérieurs du cylindre.

Les corps plus légers que l'eau, comme la cire, ne présentent pas plus de difficultés que les corps solides. L'opération se fait absolument de la même manière. Le disque force ces corps à plonger dans l'eau, au lieu que dans la balance hydrostatique il faut employer des moyens particuliers lorsque l'on a à connaître la densité de corps plus légers que l'eau.

On a souvent à prendre les densités de corps réduits en poudre très fine. Or les corps en poudre logent de l'air en quantités plus ou moins considérables, et vous sentez que, si vous ne délogez pas cet air, quand la poudre sera plongée dans l'eau, elle occupera un plus grand espace et déplacera par conséquent un plus grand volume d'eau. On peut être ainsi trompé sur la véritable densité des corps; et l'erreur que l'on est exposé à commettre est telle qu'il est arrivé que certains corps qu'on a trouvés plus légers que l'eau, pèsent néanmoins trois fois davantage. Il faut donc avoir égard à la quantité d'air qui peut se trouver dans les interstices ; et pour déterminer la véritable densité d'un corps il faut commencer par déloger cet air.

Cette observation s'applique non-seulement aux poudres, mais aussi aux corps solides. En plongeant ces corps dans l'eau, il y a une foule d'endroits, de petites cavités où l'eau ne pourrait se loger, parce que l'air y restera. Dès lors, la nécessité de placer le corps dans le vide.

Si après avoir mis le corps dans un vase plein d'eau on met ce vase sous le récipient de la machine pneumatique, et qu'on fasse le vide, on voit aussitôt une grande quantité de bulles s'élever du corps. Ces petites bulles, qui étaient imperceptibles pour nous, occupent, quand on a fait le vide, un espace 5oo et 6oo fois plus grand ; devenant par conséquent incomparablement plus légères que l'eau, elles doivent s'élever à sa surface.

Cette opération terminée, on fait rentrer l'air sous le récipient ; on prend le vase qui contient le corps et on le pèse dans cet état ; on peut même retirer le corps pour le remettre dans un autre vase, parce que restant mouillé d'eau, l'air ne peut rentrer dans les interstices où il était logé avant qu'on eût fait le vide.

Ainsi une attention que je recommande expressément, avant de peser un corps dans l'eau, est de soumettre ce corps à l'action du vide, afin que l'air qui était dans les interstices puisse s'échapper.

Mais on ne peut porter le vide qu'à deux millimètres, et par conséquent il pourrait rester de l'air dans les cavités du corps. Je vais vous faire connaître un procédé au moyen duquel on parvient beaucoup mieux à chasser l'air qui se trouve dans les interstices du corps.

Je prends un petit flacon, j'y loge une certaine quantité de verre en poudre, dont je veux connaître la densité. Il y a beaucoup d'air dans les interstices que laissent entre elles les particules du verre. Je dis que nous pourrons chasser cet air sans nous servir de la machine pneumatique ; ce qui est un très grand avantage pour les personnes qui n'ont pas un cabinet de physique tout monté, et même on pourra faire beaucoup mieux que la machine, c'est-à-dire qu'on pourra dépouiller complètement d'air les interstices. Il suffira de faire bouillir l'eau, et de l'agiter avec une baguette. Les bulles d'air monteront à la surface du liquide, parce qu'une fois que l'eau sera en ébullition, pour une goutte d'eau qui se vaporisera, vous aurez un volume de vapeur 1700 fois plus grand ; cette vapeur chassera l'air, et n'en laissera pas un millième, pas même un vingt-millième.

Si on faisait cette opération dans un flacon très épais, il pourrait arriver que ce flacon se brisât par l'action de la chaleur. On peut, au lieu d'un flacon épais, se servir d'un petit matras mince à col épais, qu'on fait boucher à l'émeri, de manière qu'on pourra le faire chauffer sans aucun danger. Quand on a fait bouillir le liquide, on laisse refroidir ; l'air ne peut plus se loger dans les interstices ; on achève de remplir le vase d'eau, on le bouche, et on en prend le poids.

Cette méthode se prête à tout, aux corps solides comme aux poudres, ce qui est une chose extrêmement importante.

Relativement aux poudres, voici une question qui peut se présenter et qui est assez curieuse.

Un solide aura-t-il la même densité qu'un corps en poudre ? c'est-à-dire un corps solide, réduit en poudre, conservera-t-il dans ces deux circonstances la même densité ? D'après le raisonnement, nous devons trouver rigoureusement la même densité pour le corps dans ces deux états différens.

Voici cependant une cause qui pourrait changer la densité, c'est que tous les corps solides, même ceux qui nous paraissent avoir le moins d'affinité pour l'eau, adhèrent avec ce liquide. Ainsi je prends un morceau de métal que je plonge dans l'eau ; je l'en retire mouillé ; les gouttes qui restent suspendues après ce morceau de métal me montrent que par une attraction entre l'eau et le corps, il y a une action chimique qui s'exerce aux surfaces. Or, quel est le résultat de l'action chimique ? c'est de rapprocher les molécules des corps, conséquemment d'augmenter leur densité, en dégageant une quantité de chaleur qu'on peut apprécier dans un grand nombre de circonstances.

S'il se dégage de la chaleur, il faut une certaine condensation à la surface du corps solide et de l'eau. Il en résulte donc qu'en prenant un corps solide, il aura dans cet état une surface déterminée. Si vous le réduisez en poudre, il aura une surface mille, cent mille fois plus grande : car réduire un corps en poudre, c'est en augmenter les surfaces. Ainsi le corps étant mis dans l'eau, s'il y a une certaine cause d'erreur due aux surfaces, plus il sera réduit en poudre, et plus l'erreur sera grande. Voyons si effectivement du verre pris en masse, et ensuite ce même verre réduit en poudre, aura la même densité. L'expérience a été faite avec soin, et l'on a trouvé qu'il n'y avait pas de différence sensible. D'où il faut conclure que quand l'eau mouille le verre, la condensation qu'elle éprouve est infiniment petite. Si elle était tant soit peu notable, le corps paraîtrait plus dense. À présent supposons que l'eau restant constante, ce soit le corps qui ait éprouvé ce changement. C'est comme si effectivement il avait éprouvé une augmentation de densité. Or on n'a trouvé pour le verre rien de semblable, il faut donc en conclure que l'action chimique est assez faible pour ne pas diminuer le volume du verre.

On a pris les densités des corps, vous en trouverez des tables qu'il vous sera facile de comprendre, dans les ouvrages de physique et de chimie. On a pris la densité de la glace ou de l'eau qui se congèle. La glace a une densité exprimée par 914, la densité de l'eau étant 1000, ou, si nous prenons la densité de l'eau pour 1, celle de la glace est exprimée par 0,914. C'est pour éviter ces fractions décimales qu'au lieu d'exprimer la densité de l'eau par *un*, on l'appelle *dix, cent, mille*.

DENSITÉ DES LIQUIDES.

Nous venons de parler de la densité des solides, passons maintenant à la densité des liquides.

Il s'agit également d'avoir le poids du corps liquide et le poids d'un pareil volume d'eau. Pour cela, je prends un flacon dont le bouchon soit bien fait et ferme hermétiquement le flacon. On commence par dessécher le flacon intérieurement; ce qui se fait en le faisant chauffer et en y portant, lorsque la vapeur est formée, un courant d'air qui chasse la vapeur. Voilà un moyen bien simple, mais qui est indubitable pour dessécher complètement un vase.

Quand ce vase est bien sec, il faut le laisser refroidir. Car si vous le pesiez dans cet état, vous le trouveriez plus léger, tant à cause de la dilatatiou de l'air par la chaleur, que parce qu'il s'établit au-dessus du vase des courans produits par les différentes densités de l'air échauffé.

Nous voulons prendre, par exemple, la densité de l'huile de vitriol ou acide sulfurique. Je remplis le vase d'huile de vitriol, j'applique le bouchon exactement, j'essuie le vase et je le pèse. Il est évident qu'en retranchant du poids du vase contenant l'acide sulfurique, le poids du vase vide, la différence me donne le poids de ce liquide.

Cette opération faite, j'enlève tout l'acide sulfurique et je mets à la place de l'eau distillée, j'applique le bouchon, j'essuie le vase et je pèse. Il est clair que retranchant du poids de ce vase plein d'eau le poids du vase vide , j'aurai le poids de l'eau. Comme nous opérons dans le même vase, il est évident que nous avons le même volume et d'acide sulfurique et d'eau. Par conséquent, en divisant le poids de l'acide par le poids de l'eau, nous aurons la densité de l'acide.

Comme vous le voyez, la détermination des densités des liquides est extrêmement facile.

DENSITÉ DES FLUIDES ÉLASTIQUES.

Un moyen analogue s'emploie pour la détermination de la densité des fluides élastiques.

Soit un ballon, fig. 6, que l'on a parfaitement vidé d'air, pesé dans cet état, son poids est égal à $0^{kil.}543,265$

D'un autre côté nous savons que le poids de ce ballon rempli d'eau est égal à $8^{kil.}575,905$

A présent ouvrons la communication avec l'air extérieur. L'équilibre que nous avions établi avec le ballon vide ne se maintiendra plus, le ballon deviendra plus pesant; nous attendons que le ballon soit parfaitement plein d'air, nous le pesons dans cet état et nous trouvons que le poids du ballon rempli d'air est égal à $0^{kil.}553,697$

Avec ces données que nous obtenons successivement, nous avons ce qui est nécessaire pour connaître la densité de l'air comparée à celle de l'eau.

En effet, retranchons le poids du ballon vide du poids du ballon plein d'eau , il restera en eau $8^{kil.}032,640$

Retranchons ensuite du poids du ballon plein d'air, le même poids du ballon vide; il restera pour l'air contenu dans le ballon $0^{kil.}010,432$

Ainsi nous avons le poids de l'eau et de l'air sous le même volume. En divisant le second poids par le premier , nous aurons une quantité qui, exprimée en fraction ordinaire, nous donnera pour la densité de l'air comparée à celle de l'eau $\frac{1}{770}$, en supposant que nous nous trouvions à ce qu'on appelle la pression de 76; et à zéro degré de chaleur, auquel la glace commence à se fondre.

Nous pourrons avec le même ballon connaître la densité du gaz hydrogène, de l'azote, de l'oxigène, etc. Il suffira de faire le vide dans ce ballon et d'y mettre successivement ces divers gaz.

IMPRIMERIE DE E. DUVERGER,
RUE DE VERNEUIL, N. 4.

COURS DE PHYSIQUE.

LEÇON TREIZIÈME.

(Mardi, 18 Décembre 1827.)

RÉSUMÉ DE LA DOUZIÈME LEÇON.

Dans la dernière séance, nous nous sommes occupés de la question des densités, c'est-à-dire de rechercher, de mesurer la quantité de matière qui était contenue dans les corps. Pour y parvenir, nous avons pris pour unité la quantité de matière contenue dans un corps que l'on peut se procurer parfaitement pur tel que l'eau; et la question s'est alors réduite à chercher combien de fois, sous le même volume, un corps contient de matière relativement à l'eau. Il ne s'agit donc que d'avoir deux données pour en conclure la densité; le poids du corps et le poids d'un égal volume d'eau : on divise le poids du corps par le poids de l'eau, et le résultat de la division donne ce qu'on appelle la densité relative. Ainsi tous les nombres qu'on trouve dans les tables ayant en tête *Densités*, représentent la quantité de matière qui est contenue dans les corps relativement à l'eau sous le même volume.

Vous avez vu comment nous obtenions facilement les données qui nous étaient nécessaires, au moyen de la balance hydrostatique, pour les solides; ensuite, au moyen d'un flacon, pour les solides et les liquides, et enfin pour les fluides élastiques, au moyen d'un ballon.

Les méthodes employées pour la détermination des densités dont nous vous avons parlé dans la dernière séance, s'étendent à tous les corps, et nous n'avons rien de plus précis à vous montrer, quant à la manière d'opérer. Ainsi les divers instrumens accessoires dont on peut se servir pour déterminer les densités, sont quelquefois plus commodes; mais ils ne donnent jamais plus d'exactitude, et souvent même ils en donnent moins.

CORRECTIONS DANS LES PESÉES.

Pour compléter ce que j'avais à dire sur ces méthodes, il reste à parler des corrections qu'il est essentiel de faire dans les pesées pour connaître les densités avec une grande exactitude. Pour ne pas compliquer la question, nous avons dû commencer par en faire abstraction. Il faut revenir maintenant sur nos pas et voir quelles sont ces corrections. Elles tiennent à ce que nous pesons les corps dans l'air, au lieu de les peser dans le vide, et que nous n'avons jamais, par conséquent, le véritable poids des corps. En effet, quand on pèse un corps dans l'eau, il pèse moins que dans l'air; quand on le pèse dans l'air, il pèse moins que si on le pesait dans le vide. Ainsi donc, comme nous avons pesé le corps dans l'air, nous avons commis une petite erreur, qu'il est extrêmement facile de corriger.

Il faut d'abord remarquer que relativement aux poids, il n'y a aucune correction à faire. Comme ce sont des rapports que nous cherchons, lorsque nous avons pris le poids du corps, et que nous l'avons exprimé en grammes, lorsque nous avons également exprimé en grammes le poids d'un égal volume d'eau, nous n'avons pas besoin de nous inquiéter de la valeur du gramme, et le rapport entre le poids du corps et celui d'un égal volume d'eau sera le même, soit qu'on ait pris pour peser le corps et l'eau un poids plus grand ou plus petit. Les poids perdant dans l'air, c'est comme si l'on s'était servi de poids plus légers. En effet, le poids qu'on a employé disparaît complètement dans les calculs, et il ne reste qu'un nombre abstrait qui est le résultat de la division du poids du corps dans l'air par le poids d'un volume d'eau égal au volume du corps. Ainsi, il est tout-à-fait inutile de faire la correction de l'air relativement aux poids.

Il n'en est pas de même de la correction de l'air relativement aux autres corps. Cette correction est d'autant plus sensible qu'il y a plus de différence entre la densité du corps et celle de l'eau. Ainsi, lorsqu'on prend un corps qui est volumineux, vous sentez qu'il pèse moins de tout le volume d'air qu'il déplace. Si nous prenons ensuite un corps qui soit cinq ou six fois plus dense que le premier, vous aurez les mêmes poids de part et d'autre par hypothèse. Mais le volume de l'un étant six fois plus considérable que celui de l'autre, il en résulte que la correction sera différente pour ces deux corps.

Nous avons toutes les données nécessaires pour cette correction, dans les résultats que nous obtenons en pesant le corps
dans l'air et en le pesant dans l'eau.

En effet, que faut-il avoir pour faire la correction? Il faut
avoir le volume du corps, qui nous donnera évidemment le
volume de l'air déplacé. Pour parvenir à connaître le volume du corps, après avoir pesé ce corps dans l'air, et trouvé
un certain poids, je le pèse dans l'eau, j'obtiens un nouveau
poids que je retranche du premier, et la différence me donne
le poids de l'eau déplacée par le corps : or d'après la liaison
qui existe entre les poids et les volumes, lorsque nous avons
le poids de l'eau déplacée, en changeant simplement le nom
de l'unité, nous avons immédiatement le volume. Si, par
exemple, j'ai trouvé que l'eau déplacée pesait trois grammes,
j'en conclus que le volume de cette eau est de trois centimètres
cubes, et, par conséquent, que le volume du corps est aussi
de trois centimètres cubes.

Nous savons que l'eau pèse 770 fois plus que l'air. Connaissant le poids d'un volume d'eau égal au volume d'air que
nous voulons connaître, rien ne sera plus facile que d'en déduire le poids du volume d'air et, par suite, ce dont le corps
pèse moins dans l'air.

Ainsi, désignant par P le poids du corps dans l'air, et par
p le poids du même corps dans l'eau, la différence entre ces
deux quantités exprime ce que le corps a perdu, en d'autres
termes, le poids de l'eau déplacée par le corps. Or, puisque
$P - p$ représente le poids d'un volume d'eau égal au volume
du corps, pour avoir le poids du volume d'air déplacé par ce
même corps, il suffira d'exprimer $P - p$ en centimètres cubes,
de multiplier cette quantité par un et de la diviser par 770, et
l'on aura évidemment le poids du volume d'air déplacé par
le corps.

Ainsi, puisque le corps perd dans l'air une portion de son
poids égale au volume d'air qu'il déplace, lorsque nous pesons un corps dans l'air, le poids que nous trouvons est réellement trop petit de cette quantité; par conséquent, si nous
le pesons dans le vide nous aurions, pour le véritable poids
du corps, P plus ce dont ce poids était trop petit; c'est-à-dire,
que le corps pèserait dans le vide :

$$P + (P - p)\, \tfrac{1}{770}$$

Mais cette quantité $(P - p)\, \tfrac{1}{770}$ doit être également ajoutée au poids du volume d'eau déplacée, c'est-à-dire que l'eau
pesée dans le vide pèserait plus, du poids d'un volume d'air
égal au sien, de manière que la densité est maintenant exprimée par la formule suivante :

$$D = \frac{P + (P-p)\frac{1}{770}}{P-p + (P-p)\frac{1}{770}}$$

Voilà la densité corrigée. Rigoureusement parlant, il y aurait une série de termes qui seraient les carrés de cette fraction; mais les quantités qu'on obtiendrait étant infiniment petites peuvent être complètement négligées.

C'est peut-être une chose qui serait superflue pour beaucoup de personnes que de savoir faire ces corrections. Car, dans les densités telles qu'on les prend ordinairement, ces corrections ne portent que sur des millièmes. On peut donc, dans un assez grand nombre de circonstances, se dispenser d'y avoir égard. Cependant, comme il y a une erreur réelle dans le poids d'un corps, lorsque ce corps est pesé dans l'air, nous avons cru devoir indiquer les moyens de corriger cette erreur.

Je vais vous citer un exemple qui vous montrera l'influence de ces corrections. Je suppose que nous voulions connaître d'une manière très exacte la densité du diamant. Nous le pesons d'abord dans l'air, et nous trouvons que son poids est exprimé par . . . . $P = 2,^{gr.}452$.

Nous le pesons ensuite dans l'eau, et son poids est alors exprimé par. . . . . $p = 1,^{gr.}758$.

Par conséquent, la perte de poids que le diamant éprouve est exprimée par. . . . $P - p = 0,^{gr.}694$, qui est le poids de l'eau déplacée par le diamant, c'est-à-dire le poids d'un volume d'eau égal au volume du diamant : par

conséquent, la densité $D = \dfrac{P}{P-p} = \dfrac{2,^{gr.}452}{0,^{gr.}694} = 3,533$;

c'est-à-dire que le diamant pèse 3 fois et 533 millièmes plus que l'eau. Voilà la densité du diamant sans aucune espèce de correction. Si je veux avoir cette densité d'une manière rigoureuse, il faut faire la correction de l'air. Et voici comment j'y parviens.

Le diamant déplace un volume d'eau de 694 milligrammes. Puisque l'air pèse 770 moins que l'eau, il n'y aura qu'à prendre le 770ᵉ de 694, ce qui nous donnera $0,^{milligr.}901$, qu'il faudra ajouter au poids du diamant dans l'air, pour avoir le poids du diamant dans le vide. Il faudra ajouter au poids du corps dans l'eau cette même quantité et nous aurons alors :

Dans le premier cas, sans correction, $D = 3,5531$.

Dans le second cas et avec la correction, $D = 3,5298$.

La différence n'est pas très grande, ainsi que vous pouvez le voir.

Lorsque les corps diffèrent peu en densité, la correction a moins d'influence. Lorsque, par exemple, on pèse des liquides qui diffèrent peu de l'eau, vous concevez que, comme ce sont des quantités égales qu'on ajoute au dénominateur et au numérateur, on ne change pas sensiblement le rapport.

Mais lorsque les corps sont très différens, la correction a d'autant plus d'influence que la différence de densité est plus grande.

Il est assez curieux, en faisant l'application de ce que nous venons de dire, de rechercher quel serait le véritable poids d'un homme dont la densité est à peu près la même que celle de l'eau. Supposons un homme qui pèse dans l'air 75 kil., environ 150 livres. Cet homme pèse dans l'air moins que dans le vide. De quelle quantité pèse-t-il moins ? Pour déterminer la perte de poids qu'il éprouve, il faut se rappeler que l'homme a la même densité que l'eau, c'est-à-dire qu'il a le même poids que l'eau sous le même volume. Or, puisque cet homme pèse 75 kilog., il déplacera 75 kilog. d'eau, ou, ce qui est absolument la même chose, un volume d'eau de 75 décimètres cubes.

Par conséquent, quand il est dans l'air, il déplace un volume d'air de 75 décimètres cubes, et comme l'air est 770 fois plus léger que l'eau, nous aurons pour le poids du volume d'air déplacé 75 kilog. divisés par 770, c'est-à-dire à peu près 97 grammes 42 centièmes, ou plus de 3 onces ½. L'homme dans l'air pèse moins, de toute cette quantité, que s'il était dans le vide. Lorsqu'il s'élève sur une montagne, il déplace toujours le même volume d'air, mais la densité de l'air diminuant à mesure qu'on s'éloigne de la surface de la terre, il en résulte que l'homme perd d'autant moins de son poids qu'il s'élève davantage.

Nous sommes conduits par tout ce que nous venons de dire à avoir la capacité réelle d'un vase ; ce qui est utile dans quelques circonstances, particulièrement en chimie. Je suppose, par exemple, que je veuille prendre la densité du chlore. Ce gaz attaque avec la plus grande facilité tous les métaux ; de sorte que si on se servait pour peser le chlore d'un ballon armé d'un robinet en cuivre, le chlore ayant le contact du métal se combinerait avec lui ; et il entrerait dans le ballon une quantité de gaz plus grande que celle qui y serait entrée sans cette circonstance. On est donc obligé d'éviter l'emploi des métaux ; et on prend un flacon dont le bouchon a été bien travaillé, bien usé. Comme nous ne pouvons nous servir d'un robinet en métal, mais seulement d'un robinet en verre, nous ne pourrions faire le vide dans le flacon qu'en enduisant ce robinet avec un corps gras, avec du suif, par exemple. Mais le chlore se combine aussi très promptement avec les corps gras. Ainsi, je ne puis peser ce vase vide, et cependant cela serait nécessaire pour avoir la densité véritable du chlore. Car vous avez vu, dans la dernière séance, que lorsqu'il s'agissait de connaître la densité des gaz, il fallait avoir le poids du ballon sans air. Il s'agit donc de parvenir à connaître le poids du vase comme s'il était vide. Telle est la question que nous nous proposons, et qu'il nous sera facile de résoudre.

Je prends le vase et je le pèse avec l'air qu'il renferme. Il est donc trop pesant puisque j'y suppose de l'air. Je le pèse ensuite après l'avoir rempli d'eau, et l'avoir bien essuyé. Je prends la différence entre le poids du vase plein d'eau et le poids du vase plein d'air; j'obtiendrai ainsi une différence qui sera un poids en eau, et ce poids en eau sera lui-même une capacité ou un volume; car vous vous rappelez qu'en changeant seulement le nom de l'unité, d'un poids d'eau, on fait un volume.

Il y a évidemment une erreur puisque je n'ai pas eu le poids du vase vide; mais vous concevez que j'ai, dans cette différence, une première approximation à un 770e près, puisque ce n'est que de cette quantité que le poids du vase est trop grand.

Le vase plein d'eau $= P$
Le vase plein d'air $= p$

En retranchant p de P, j'aurai $P - p$ pour le poids en eau. Mais cette quantité sera trop petite de tout l'air contenu dans le vase. Or ce vase contient évidemment un volume d'air égal au volume de l'eau. Par conséquent si je divise le poids de l'eau par 770, j'aurai le poids de l'air dont le volume est égal à celui de l'eau. Donc je n'ai qu'à ajouter à $P - p$ qui est la capacité trop petite la correction $P - p\,\frac{1}{770}$ et j'aurai la capacité d'une manière suffisamment exacte; et, si je veux l'avoir

avec une plus grande exactitude, j'y ajouterai $(P - p)\frac{1}{770}^2$.

Nous voici donc arrivés à résoudre un problème assez curieux, celui de donner le poids d'un vase comme s'il était vide, et sans pouvoir faire le vide. C'est ce que je viens de faire au moyen de la connaissance de la densité de l'air par rapport à l'eau. Je le répète, ceci n'est pas un simple jeu propre à exercer l'esprit, mais présente des applications importantes, particulièrement en chimie, où l'on a besoin souvent de connaître la densité de fluides élastiques qu'on ne peut renfermer dans des vases métalliques. Ce moyen de déterminer les densités des gaz a d'ailleurs un très grand avantage pour les personnes qui n'ayant point à leur disposition de machine pneumatique ni de ballon, se trouveraient, par là, dans l'impossibilité de faire une expérience curieuse.

Au moyen d'un simple vase, connaissant le rapport des densités de l'air et de l'eau, vous pouvez connaître exactement le poids du vase vide, le volume de gaz que ce vase renferme, le poids de ce gaz, et enfin sa densité.

DÉTERMINATION DE LA DENSITÉ DES CORPS SOLUBLES DANS L'EAU.

Dans certaines circonstances, on ne peut pas prendre la densité d'un corps par rapport à l'eau ; parce que ce corps se dissout dans l'eau, comme par exemple, le sucre, le sel marin, etc. et en général, tous les corps qu'on appelle solubles dans l'eau. En mettant de pareils corps dans l'eau, pour faire les expériences dont nous avons parlé, ces corps se fondraient et il n'en resterait absolument rien. Il faut cependant trouver un moyen de mesurer la densité de ces corps, et de rester fidèle à l'unité de densité que nous avons adoptée.

Nous ne pouvons prendre la densité des corps solubles par rapport à l'eau, mais nous pouvons la prendre par rapport à un autre liquide qui sera sans action sur le corps : tels que l'huile d'olive, l'essence de térébenthine, l'esprit de vin, l'essence de lavande, l'essence de romarin. On prend la densité de ces liquides relativement à l'eau, et quand on a déterminé la densité du corps soluble par rapport à l'essence, on a la densité de ce corps relativement à l'eau, en multipliant la densité du corps par rapport à l'essence, par la densité de l'essence par rapport à l'eau.

D'après ce fait, sur lequel vous ne conserverez aucun doute que les corps pèsent moins, lorsqu'ils sont dans l'air, que lorsqu'ils sont dans le vide, vous pouvez concevoir facilement ce qui arriverait à une balance dont les deux plateaux auraient été mis en équilibre à la surface de la terre : si vous les avez mis en équilibre avec des poids composés de la même matière de part et d'autre, par exemple, avec un kilogramme de cuivre d'un côté, avec un kilogramme de cuivre de l'autre ; en transportant l'appareil dans le vide, ou en l'élevant sur une montagne l'équilibre ne changera pas. Les poids pèseront moins en réalité, mais comme ils sont égaux de part et d'autre, et qu'ils ont le même volume, puisque nous les avons supposés de même densité, ils auront diminué tous deux de la même quantité : par conséquent l'équilibre subsistera.

Mais je suppose que l'équilibre ait été fait entre une masse de plomb et une masse d'eau. Le plomb pesant 11 fois $\frac{1}{2}$ plus que l'eau, sous le même volume, qu'arrivera-t-il, si l'on transporte la balance avec les deux masses sur une montagne ? Le plomb déplace un volume d'air qui est 11 fois $\frac{1}{2}$ moindre que celui qui est déplacé par l'eau, par conséquent le plomb n'aura perdu sur la montagne qu'une quantité de son poids moindre que celle que l'eau a perdue. L'équilibre sera donc troublé, et le plomb l'emportera sur l'eau.

En général, si l'équilibre entre deux masses différentes ayant été établi à la surface de la terre, on s'élève sur une montagne, l'équilibre sera détruit, et la différence sera d'autant plus grande que la différence de densité des deux corps sera aussi plus grande, et qu'on s'élèvera à des hauteurs plus considérables.

ARÉOMÈTRES.

Voilà la question des densités tout-à-fait épuisée, c'est-à-dire que nous sommes en état, avec les données que nous avons exposées, de prendre la densité d'un corps quelconque et avec toute l'exactitude désirable. Il ne reste maintenant qu'à parler de quelques moyens accessoires dont on se sert pour abréger les opérations. Cela nous conduira à vous parler de ce qu'on appelle des *aréomètres* en général, qui servent principalement pour connaître les différences de densité des liquides.

Vous vous rappelez que pour avoir la densité d'un liquide par rappport à l'eau, nous avons pris un vase que nous avons successivement rempli d'eau et du liquide dont nous voulions connaître la densité. Au lieu de prendre la capacité intérieure du vase, on peut prendre, pour ainsi dire, son volume extérieur. Le problème se réduisant à avoir un volume constant d'eau et du liquide en question, on y parvient de deux manières. Ainsi, je puis, par exemple, prendre un vase et terminer sa capacité en mettant un bouchon. Il est clair que quand j'aurai appliqué ce bouchon, j'aurai constamment le même volume de liquide renfermé dans ce vase : de sorte que le poids du liquide divisé par le poids de l'eau me donne la densité.

Si au lieu de remplir la capacité du vase, ce vase plonge dans l'eau jusqu'à une marque, car il faut toujours qu'une partie de ce vase reste au-dessus de l'eau, pour qu'on puisse le manier commodément, si, dis-je, le vase plonge dans l'eau jusqu'à une marque que l'on a tracée, j'aurai un certain volume d'eau déplacé.

Je le plonge maintenant dans un autre liquide et il faut avoir les deux mêmes volumes. Pour immerger le vase dans l'eau, je suppose qu'il faille le charger d'une certaine quantité de poids. Dans ce cas je déplace un volume d'eau égal au volume du corps immergé ; et le poids de l'eau déplacée est évidemment égal au poids de tout l'instrument, plus aux poids dont on l'a chargé.

Supposons par exemple que l'instrument avant de l'immerger dans l'eau, a un certain poids égal à. . . . . 105,^{gr}125

Pour l'immerger jusqu'au trait, il a fallu ajouter un poids de. . . . . 52,^{gr}430

C'est-à-dire que l'instrument pèse en total. . . 137,^{gr}555

Par conséquent l'instrument déplace un volume d'eau dont le poids est de. . . . . 137,^{gr}555

Voilà le poids du volume d'eau connu. Il s'agit d'avoir le poids d'un pareil volume d'un autre liquide. Je suppose que cet autre liquide soit de l'huile de vitriol ou acide sulfurique.

Pour faire immerger l'instrument dans le vase, il faudrait ajouter au poids de l'instrument qui est de. . . . 105,^{gr}125 un poids égal à. . . . . 149,^{gr}352

De sorte que nous aurons maintenant un poids total égal à. . . . . 254,^{gr}477

Ce poids sera celui du volume d'acide sulfurique déplacé, égal au volume d'eau.

Or, la densité est égale au poids du liquide divisé par le poids de l'eau. Il s'agira donc de diviser 254,^{gr}477 par 137,^{gr}555 et nous trouverons pour la densité de l'acide sulfurique 1,850.

ARÉOMÈTRE DE FARENHEIT.

Tel est le principe sur lequel est fondé *l'aréomètre de Farenheit*, fig. 1, qui est employé essentiellement pour déterminer les densités. Il a pour lui l'avantage de faire balance, et de donner la facilité de se passer d'autre instrument mais il est fort délicat, parce que, si l'on veut avoir une grande précision, il faut que la tige soit d'un très faible diamètre, et dès lors on parvient avec peine à saisir le moment de l'équilibre.

Au lieu de faire cet instrument en métal, on le fait en verre, au moins pour la partie immergée. C'est un cylindre arrondi aux deux bouts, portant dans le haut une tige surmontée par un petit bassin et dans le bas une seconde tige à l'extrémité de laquelle se trouve une petite boule pleine de mercure pour lester l'instrument et l'empêcher de chavirer.

Si l'on prend de l'eau à la même température, le volume du corps étant uniforme, vous devrez toujours trouver le même poids pour enfoncer l'instrument. Cela nous dispense de répéter chaque fois l'opération dans l'eau, il suffit de l'avoir faite une fois, et de conserver écrit le nombre qui exprime le poids qu'il a fallu pour enfoncer l'instrument. Alors, pour avoir la densité d'un liquide, il suffira d'y plonger l'aréomètre de prendre le poids de l'instrument, plus le poids que vous avez mis pour le faire plonger dans le liquide, de diviser la somme de ces deux poids par le poids de l'instrument dans l'eau ; vous aurez la densité.

Il est même un moyen d'avoir directement les densités. Pour cela, il suffit d'appeler *mille* le poids total du corps dans l'eau. Ainsi nous avons trouvé qu'il fallait, pour immerger l'aréomètre, d'abord 105$^{gr.}$125, qui était le poids de l'instrument, et de plus un poids additionnel de 32$^{gr.}$430 ; total 137$^{gr.}$555. Appelons cette quantité *mille*. Ce qui revient à prendre 137$^{gr.}$555 et à les faire diviser par un balancier en mille parties égales. Vous vous servirez pour unité d'un millième de ce poids. La densité de l'eau se trouverait ainsi exprimée par 1000. Il s'agit de connaître la densité d'un autre liquide ; vous trouvez qu'il faut, par exemple, ajouter dix petits poids au poids de l'instrument pour immerger le même volume de l'aréomètre ; vous en conclurez que la densité du nouveau liquide est 1010 ; s'il faut ajouter cinquante petits poids, la densité sera 1050, et ainsi de suite.

Tel est le moyen qu'on pourrait employer pour avoir immédiatement les densités. Mais il est difficile de faire ces petits poids d'une manière bien exacte ; c'est pourquoi il est beaucoup plus simple de se servir des poids ordinaires, on en est quitte pour faire une division. J'ai indiqué seulement ce moyen pour ceux qui voudraient faire un instrument qui donnât les densités sans calcul.

Avec l'instrument dont je viens de parler, garni d'une tige très fine en argent ou en acier, l'on ne peut charger le bassin supérieur que de très légers poids, sinon l'on ferait fléchir la tige. On ne s'en sert donc, pour connaître les densités, que lorsqu'on a pour but de connaître des variations de densités extrêmement faibles. On construit alors cet instrument de manière qu'il se trouve en équilibre sans mettre de poids dans le bassin supérieur. Charles, habile physicien, lui avait donné cette destination.

ARÉOMÈTRE DE NICHOLSON.

L'aréomètre de Nicholson, fig. 2, est une véritable balance qui sert pour prendre non plus la densité des liquides, mais bien des corps solides. Cet instrument, très portatif, est fort utile aux minéralogistes qui ont intérêt à connaître la densité d'un minéral, sans porter avec eux une balance et tout l'attirail nécessaire pour prendre la densité d'un corps.

Pour connaître la densité d'un solide, vous savez qu'il faut avoir le poids du corps dans l'air et le poids du même corps dans l'eau. L'aréomètre de Nicholson est construit de manière à fournir ces deux données d'une manière très exacte. Soit, par exemple, un cristal de spath d'Islande, dont je désire connaître la densité, c'est-à-dire le rapport entre son poids dans l'air et son poids dans l'eau. Après avoir mis le corps sur le plateau *A* de l'instrument, j'y ajoute des poids, ou même simplement de la grenaille de plomb ou du sable, jusqu'à ce que l'instrument soit descendu au point d'affleurement. Je laisse la grenaille de plomb ou le sable, et j'enlève le corps, l'instrument remonte aussitôt. Si maintenant je mets des poids à la place du corps jusqu'à ce que l'affleurement soit obtenu de nouveau, il est évident que les poids que j'ai ajoutés donneront exactement le poids du corps. Vous voyez que j'ai employé ici ce qu'on appelle la *pesée par tare.*

Il s'agit maintenant de peser le corps dans l'eau. Cela est extrêmement facile. Il y a dans la partie inférieure de l'instrument un petit plateau où le corps peut se loger. Quand nous avons pesé le corps dans l'air, il a fallu un certain poids pour faire affleurer l'instrument. Maintenant que nous mettons le corps dans l'eau, où il perd une portion de son poids, il faudra mettre des poids plus grands d'une quantité justement égale à la perte que le corps a faite. Cet excès de poids sera le poids du volume d'eau déplacée par le corps.

Ainsi, avec cet instrument j'aurai d'une part le poids du corps dans l'air, ensuite, en le pesant dans l'eau, j'aurai la perte qu'il éprouve, ou le poids du volume d'eau déplacée, et par conséquent j'aurai les données suffisantes pour déterminer la densité.

ARÉOMÈTRES PROPREMENT DITS.

Nous allons parler maintenant de ce qu'on appelle les aréomètres proprement dits.

Pour comprendre ce que c'est qu'un aréomètre, il faut d'abord établir que le poids d'un corps est égal à son volume multiplié par sa densité, c'est-à-dire que $P = V D$.

Il faudrait encore multiplier cette quantité par l'intensité de la pesanteur ; mais comme nous opérons dans un même lieu où la pesanteur est constante, nous pouvons en faire abstraction.

Je vois dans la formule que je viens de donner l'unité de poids, l'unité de volume et ensuite la densité. Ce sont là des quantités tout-à-fait hétérogènes. Comment est-on parvenu à établir des rapports entre elles ?

Je suppose que nous nous servions du kilogramme. Vous vous rappelez que le kilogramme est le poids d'un centimètre cube d'eau. La densité est le nombre de fois que le corps dont on prend la densité contient de matière de plus que l'eau. Je suppose que nous prenions du plomb, par exemple, sa densité est de $11 \frac{1}{2}$ à peu près ; c'est-à-dire que sous le même volume le plomb contient 11 fois $\frac{1}{2}$ plus de matière que l'eau. Ainsi je prends, par exemple, une masse de plomb du poids de 11 kilogrammes $\frac{1}{2}$, et je dis que ce poids est égal au volume, qui est ici l'unité de volume, le décimètre cube, multiplié par $11 \frac{1}{2}$ Ainsi, pour pouvoir nous servir de cette expression, que le poids d'un corps est égal à son volume, multiplié par sa densité, nous entendons que l'unité de poids dont nous nous servons est la quantité de matière qui est renfermée sous l'unité de volume.

Nous allons parler maintenant de ce qu'on appelle proprement un aréomètre. Pour bien comprendre le jeu de cet instrument, prenons un corps léger, un tube de verre creux, $A B$, fig. 3 fermé par une de ses extrémités. Je le plonge dans l'eau où il ne s'immerge qu'en partie. La partie immergée déplace un volume d'eau dont le poids est évidemment égal au poids de tout l'instrument. Car, puisque tout l'instrument est soutenu par l'eau, c'est comme si la partie qui surnage était confondue avec la partie immergée.

Il est donc constant que lorsqu'un corps est immergé en partie, le poids du volume d'eau qu'il déplace est égal au poids total de l'instrument. N'est-il pas vrai que si maintenant le liquide devient plus léger, moins dense, le poids du corps ne changeant pas, il faudra que ce corps s'enfonce d'une plus grande quantité, de manière que le poids du liquide déplacé soit égal au poids total du corps.

Au contraire, si le liquide devient plus pesant, le poids du corps restant toujours constant, il faudra que ce corps s'enfonce d'une moindre quantité. Car, puisque le liquide est plus pesant, il en faudra un moindre volume pour faire équilibre au poids de l'instrument qui n'a pas changé.

Ainsi, nous voyons par là qu'un corps, dont le poids sera constant, s'enfoncera plus ou moins suivant la densité du liquide; plus, quand le liquide sera moins dense, et moins, quand le liquide sera plus dense.

D'après ce simple énoncé, vous concevez très bien que si je prends un tube supposé parfaitement cylindrique, que je le mette dans l'eau, il s'enfoncera d'une certaine quantité; je pourrai même le faire enfoncer davantage en mettant du mercure dans l'intérieur du tube, ce qui s'appelle le *lester*. L'avantage du lest est que le tube se tient verticalement.

On marque exactement le point où l'instrument touche la surface de l'eau. Si maintenant j'enfonce le tube dans un autre liquide, et que la marque que j'ai faite se trouve au-dessus de la surface du liquide, j'en conclurai que ce liquide est plus dense. Si, au contraire, la marque descend au-dessous de la surface de ce liquide, j'en conclurai que le liquide est moins dense.

VOLUMÈTRE.

Pour faire de ce tube un instrument commode, concevons que l'ayant plongé dans l'eau, nous divisions en 100 parties l'espace compris depuis l'extrémité inférieure du tube jusqu'au point d'affleurement, c'est-à-dire toute la partie immergée de l'instrument. Le volume d'eau déplacé sera par conséquent aussi de cent parties. Le point d'affleurement sera le numéro cent, et l'échelle sera prolongée au-dessus de ce point de manière à avoir 101, 102, 103, etc.

Cet instrument bien simple est celui auquel on a donné le nom de *volumètre*. En plongeant cet instrument dans l'eau, la surface de l'eau correspondra au numéro cent. Je suppose maintenant que je rende l'eau plus dense en y versant une certaine quantité de sel; si je plonge le tube dans ce nouveau liquide, il s'y enfoncera moins, il y aura, par exemple, une différence de 5 divisions, et la surface du nouveau liquide correspondra à la 95ᵉ division.

Je prends une eau plus salée, et le tube s'enfoncera moins encore; il s'enfoncera, je suppose, jusqu'à la 90ᵉ division.

Si nous avons un instrument semblable, et que nous nous entendions bien sur son langage, lorsque je dirai que j'ai employé un liquide dans lequel l'instrument plongé marquait

100 parties, vous en conclurez que ce liquide avait la même densité que l'eau. Lorsque je dirai que j'ai fait une eau salée telle que l'instrument, plongé dans cette eau, s'arrête à la 95ᵉ division, vous serez en état de faire un liquide semblable.

Il est vrai que cet instrument ne nous donnera pas immédiatement les densités du liquide; mais nous aurons au moins cet avantage que nous connaîtrons quand un liquide sera plus ou moins dense. Cela est suffisant.

Je suppose qu'on prenne de l'acide sulfurique, qui est un liquide très variable en pureté. A son plus haut degré de pureté, on l'appelle acide sulfurique concentré. On peut y ajouter plus ou moins d'eau, et l'on obtient de cette manière une foule d'acides différens, suivant la quantité de matière réellement acide sulfurique qu'ils contiennent. L'acide sulfurique concentré marque 54 parties. Si l'acide ne marquait que 60 parties, il ne serait pas assez pur, et l'instrument vous aurait ainsi donné un moyen de reconnaître la fraude ou l'erreur.

Tel est le premier usage de cet instrument, pour lequel il n'est pas besoin qu'on en connaisse mieux le langage. Il suffit qu'on se soit fait une table des divers degrés de densité auxquels on veut avoir les liquides ; et alors l'instrument plongé dans les liquides vous fera connaître s'ils ont telle ou telle qualité que vous y cherchez.

Mais cet instrument n'est pas seulement un instrument de commerce, c'est aussi un instrument que je puis appeler scientifique ; et je puis passer facilement des indications qu'il me donne aux densités, si ce sont les densités que je cherche.

Voyons quelle est la loi, quel est le rapport qui existe entre les divisions de l'instrument et les densités.

Le poids du liquide qui doit faire équilibre au poids de l'instrument, qui est constant, devant être toujours le même, il est évident que moins un liquide aura de densité, plus il faudra que son volume déplacé soit considérable pour faire équilibre au poids de l'instrument. D'où nous tirons cette conclusion, que les densités sont en raison inverse des volumes marqués par l'instrument.

Ainsi, étant donné un liquide, l'instrument s'enfoncera jusqu'à une certaine profondeur et déplacera un certain volume. Si maintenant le liquide devient une fois plus dense, l'instrument, conservant le même poids, n'aura besoin que de déplacer un volume deux fois plus petit.

Nous établissons donc en principe que les densités de deux liquides sont en raison inverse des volumes immergés de notre instrument ; et d'une manière plus simple, plus abrégée, on dit que les densités sont en raison inverse des volumes.

D'après cela, il sera facile de connaître la densité de l'eau salée qui marquait 95, c'est-à-dire qui occupait un volume représenté par 95, lorsque l'eau occupait un volume représenté par 100. Les densités étant en raison inverse des volumes, nous aurons : la densité de l'eau salée $= \frac{100}{95} = 1,05$.

Cet instrument a été appelé *volumètre*, parce qu'il donne le volume du liquide dont le poids est nécessaire pour faire équilibre au sien qui est constant.

ARÉOMÈTRE DE BEAUMÉ.

Il existe un autre instrument qui correspond en partie à celui dont nous venons de parler, mais qui en diffère en plusieurs points ; c'est l'aréomètre de Beaumé, fait à une époque où il n'existait pas d'instrument de ce genre. Cet instrument fut trouvé si commode, qu'il fut adopté avec le plus grand empressement.

Supposons qu'au lieu d'avoir un cylindre, la partie immergée de l'instrument soit ramassée en une boule, et qu'au-dessous de cette boule il y en ait une plus petite dans laquelle on renferme le *lest*. Cette disposition évite l'inconvénient d'avoir un instrument trop long. Tel est l'aréomètre de Beaumé, fig. 4.

Ce qui rend cet instrument moins commode, c'est sa graduation bizarre.

Voici comment Beaumé a établi ses divisions. Il a plongé son instrument dans l'eau pure, et l'endroit où l'instrument s'est arrêté, il l'a appelé *zéro*. Pour avoir un second point, il a fait un mélange de 85 parties d'eau et de 15 parties de sel marin desséché ; il en est résulté une eau qui était plus dense que l'eau ordinaire, car le sel marin est plus pesant que l'eau. L'instrument plongé dans cette nouvelle eau est sorti d'une certaine quantité. Il a appelé le point où il s'est arrêté *quinze*, il a divisé l'espace intermédiaire en 15 parties, et il a prolongé l'échelle en dessous ; de manière que plus un liquide est dense et plus le nombre qui exprime sa densité est considérable.

Cet instrument a plusieurs inconvéniens, dont le principal est d'avoir une graduation à rebours. Le liquide devenant plus dense, l'instrument doit s'enfoncer de moins en moins, et le volume, par conséquent, devenir de plus en plus petit. Il faudrait donc que les nombres allassent en décroissant, au lieu d'aller en croissant, comme dans l'aréomètre de Beaumé.

Dans l'aréomètre dont nous avons donné la description, lorsqu'on met l'instrument dans un liquide plus léger que l'eau, il marque, par exemple, 101, 102, etc. C'est toujours la même échelle qui se prolonge en dessus et en dessous; au lieu que Beaumé, pour les liquides plus légers que l'eau, pour les esprits, par exemple, a pris une eau salée formée de 10 parties de sel et de 90 parties d'eau. Et il a construit une échelle qui ne coincide pas avec l'autre. De sorte qu'on a l'inconvénient d'avoir une échelle différente pour les liquides plus denses et pour les liquides moins denses.

Voilà quels sont les graves inconvéniens de l'aréomètre de Beaumé; inconvéniens qui, cependant, ne sont point sentis dans le commerce, puisque cet instrument continue à y être en usage.

IMPRIMERIE DE E. DUVERGER,
RUE DE VERNEUIL, N° 4.

COURS DE PHYSIQUE.

LEÇON QUATORZIÈME.

(Samedi, 22 Décembre 1827.)

RÉSUMÉ DE LA TREIZIÈME LEÇON.

DANS la dernière séance, nous nous sommes occupés des instrumens connus sous le nom d'*aréomètres* et qui sont particulièrement destinés à faire connaître la densité des liquides. On les divise en deux classes, les aréomètres à *volume constant* et les aréomètres à *volume variable*.

L'aréomètre de *Farenheit* est un aréomètre à volume constant. Effectivement on enfonce l'instrument toujours de la même quantité dans le liquide par des poids additionnels. Dès lors on a pour chaque liquide le poids d'un même volume du liquide déplacé par l'instrument. Les densités sont proportionnelles aux poids, et en divisant le poids du liquide dont on veut avoir la densité par le poids d'un égal volume d'eau, on a la densité du liquide. Cela revient au même que si l'on prenait les densités dans un vase.

Cet instrument peut aussi servir de balance hydrostatique pour faire des pesées dans l'air et dans l'eau. Il prend alors le nom d'*aréomètre* de *Nicholson*.

Ces instrumens ne sont pas d'une grande application dans les arts, et particulièrement en chimie, parce qu'ils exigent des pesées qui se font toujours avec assez de difficulté.

Il n'en est pas de même des aréomètres à volume variable, et dont le poids est constant. On conçoit très bien que si l'on plonge un aréomètre semblable dans des liquides de densités différentes, il s'y enfoncera de quantités différentes, et que, puisque le poids est constant, il s'enfoncera moins dans les liquides qui sont plus denses, et plus dans les liquides qui sont moins denses ; car dans le premier cas il faudra un moindre volume de liquide déplacé pour faire équilibre au poids de l'instrument que dans le second. De sorte qu'il suffira d'inscrire les densités de chaque liquide sur l'endroit de la tige où cette tige coupe la surface du liquide, et de former une table des densités des divers liquides. Vous sentez combien de pareils instrumens sont précieux, en ce qu'en les mettant dans un liquide, ils donnent, par une simple lecture faite sur la tige convenablement graduée, la densité du liquide.

Mais dans les arts on ne se sert pas même des densités, on emploie des instrumens dont les divisions sont égales; ce qui revient à ce qu'on appelle un *volumètre*. Nous avons parlé de celui qui devrait être adopté dans le commerce. Cet instrument, tout-à-fait scientifique, est une tige cylindrique qui étant plongée dans l'eau, s'y enfonce jusqu'à une certaine marque que l'on appelle cent ou mille; on conçoit ensuite toute la partie immergée divisée en cent ou en mille parties égales. Avec cette division extrêmement simple l'on a un instrument tout-à-fait comparable et au moyen duquel on peut s'entendre parfaitement.

Cet instrument, par son immersion dans un liquide, et en lisant la division qui correspond à l'immersion, donne le volume du liquide dont le poids est égal à celui de l'instrument. Ainsi quand il enfonce dans l'eau distillée jusqu'au nombre 100, ce nombre représente le volume d'eau dont le poids est égal au poids de l'instrument. Quand il ne s'enfonce que jusqu'au nombre 50, cela veut dire que le volume du liquide dont le poids est égal à celui de l'instrument est représenté par le nombre 50.

Connaissant les volumes, il est facile de passer aux densités qui sont en raison inverse des volumes.

Cet instrument s'applique aux acides, aux esprits, enfin à un liquide quelconque.

Le principal objet dans les arts est en général de connaître quelle est dans un liquide la quantité réelle de la matière que l'on cherche dans ce liquide. Ainsi, en prenant pour exemple l'acide sulfurique, on peut vouloir se procurer cet acide concentré; on peut ensuite le vouloir mélangé, suivant des proportions plus ou moins grandes avec l'eau. L'instrument plongé dans l'acide sulfurique concentré, s'arrête à la 54e division. On fait une table, et on met 54 vis-à-vis l'acide concentré. Je suppose que nous ayons fait ensuite un acide dans lequel il y ait deux fois moins de matière réelle; j'enfonce l'instrument dans ce nouveau liquide; je remarque l'endroit où il s'arrête; je porte la nouvelle division sur ma table et je mets vis-à-vis, la quantité de matière qui est entrée dans le mélange, ainsi de suite. Je pourrai former ainsi une table dont les degrés correspondans à ceux de l'instrument, indiqueront la quantité réelle d'acide sulfurique, depuis l'acide le plus affaibli par le mélange avec l'eau, jusqu'à l'acide le plus concentré.

Pour un autre acide, comme l'acide nitrique, il faudra faire une autre table ; parce que cet acide n'a pas la même densité que l'acide sulfurique, et que les combinaisons de l'acide nitrique avec l'eau ne se comportent pas de la même manière. Il faudra aussi une table différente pour l'acide hydro-chlorique ; une table différente pour l'ammoniac, etc.

Il est assez indifférent d'avoir immédiatement les densités, puisque l'objet est en dernier résultat de connaître la quantité de matière et que la densité ne fait pas connaître cette quantité de matière immédiatement. Il suffit d'avoir un instrument dont les divisions soient égales et en même temps de faire des tables comme on ferait pour les densités, et de porter sur cette table les degrés du volumètre correspondans à la richesse ou à la quantité de matière réelle pour tel ou tel liquide.

Cet instrument donne une exactitude plus que suffisante, puisqu'il indique des différences d'un *millième*, et que dans les arts on n'a jamais besoin d'aller au-delà d'un *cinq centième*. Il était donc très utile dans les arts comme pour les savans.

L'instrument qui le remplace dans les arts, est celui connu sous le nom d'*aréomètre de Beaumé*. Nous avons signalé les inconveniens de cet aréomètre.

Le premier de ces inconvéniens, c'est que le volume ne correspond pas à ce que nous avons appelé cent, mais au nombre 144,308. Or il n'y a pas de raison pour qu'on prenne un nombre fractionnaire.

J'ai signalé également un autre inconvénient de cet aréomètre qui consiste en ce que la graduation est à rebours ; et un plus grand inconvénient encore, c'est que l'échelle est différente pour les liquides plus légers que l'eau, et pour les liquides plus pesans : tandis que nous appliquons le *volumètre* aux liquides qui sont plus denses comme à ceux qui sont moins denses que l'eau.

L'aréomètre de Beaumé est réellement un volumètre, mais mal construit, et néanmoins, au moyen de tables bien faites, on parviendrait aux mêmes résultats : mais dès qu'on fait tant que de prendre une table, il vaut mieux la prendre scientifique. Quand on dit tel degré de Beaumé, par exemple 40 degrés, je ne sais ce que c'est que ce degré 40 de Beaumé, et si je voulais passer aux densités, je ne le pourrais pas ; au lieu que si l'on me parle de tel degré du volumètre gradué comme je viens de le dire , je pourrai passer immédiatement de ce degré aux densités.

ARÉOMÈTRE DE CARTIER.

Il y a un autre instrument qui est d'un usage général pour les esprits , c'est *l'aréomètre* de *Cartier*, lequel est dérivé de l'aréomètre de Beaumé pour les esprits. Cartier, qui avait intérêt à déguiser son plagiat , s'arrangea de manière que 31 degrés de son aréomètre correspondissent à 29 degrés de celui de Beaumé.

ALCOOMÈTRE.

Aujourd'hui on se sert d'un instrument connu sous le nom d'*alcoomètre*, gradué d'après les principes dont j'ai parlé ci-dessus. On suppose qu'on a pris des quantités déterminées d'alcool absolument pur, et on a appelé la pureté de ce liquide *cent*, c'est-à-dire, que l'instrument plongé dans l'alcool parfaitement pur, s'enfoncerait jusqu'à un certain point qu'on appellerait *cent* ; on fait ensuite des liquides tels qu'ils contiennent le dixième de leur volume d'alcool, ou les deux dixièmes , les trois dixièmes, ainsi de suite. Il résultera de ces divers mélanges des liquides plus ou moins denses. Si , par exemple, on plonge l'instrument dans un de ces liquides qui ne contient que les huit dixièmes de son volume d'alcool, il ne s'enfoncera que de huit dixièmes , c'est-à-dire de 80 parties.

Tel est le principe sur lequel est construit l'alcoomètre , au moyen duquel on connaît immédiatement le volume d'esprit de vin qui se trouve dans un liquide ; donnée parfaitement suffisante, puisque les liquides se mesurent au volume et non au poids. Il est bien entendu qu'on a égard à la température; car la température fait varier considérablement la densité des liquides spiritueux. Il y a donc des corrections importantes à faire : c'est ce que nous comprendrons mieux, lorsque nous aurons parlé de l'action de la chaleur sur les corps dont elle augmente le volume.

GRADUATION DES ARÉOMÈTRES.

Telle est l'idée générale qu'on doit se former des divers instrumens qui servent à mesurer la densité des liquides. Quant à la graduation de ces instrumens . elle est assez facile.

et tout le monde, pour ainsi dire, peut se livrer à ce genre de travail.

Il y a deux manières de faire cette graduation.

L'une consiste à prendre deux liquides, par exemple de l'acide et de l'eau avec des quantités connues d'acide. Il en résulte des liquides de densité différente. Vous y plongez votre instrument, et vous notez sur la tige les points où elle s'arrête dans chaque liquide, et vous vous faites une table en transportant ces points sur une échelle.

Cette échelle, que nous pouvons considérer comme un instrument idéal, peut servir à graduer tous les aréomètres. Sur cette échelle (fig. 1), on trace un triangle équilatéral, ABC, et par le sommet A de ce triangle, on mène aux points de division de l'échelle les lignes $A\,a$, $A\,b$, $A\,c$, etc. Sur le côté AB de ce triangle, on prend une longueur AE égale à la partie de l'aréomètre qu'il s'agit de graduer ; on mène EF parallèle à BC; EF sera égale à la partie de l'aréomètre que l'on veut graduer, et les lignes $A\,a$, $A\,b$, $A\,c$, etc. diviseront la ligne EF en parties proportionnelles aux parties de la ligne BC. Il ne restera plus qu'à rapporter sur le papier les divisions de la ligne EF pour en faire une échelle que vous mettrez dans votre instrument.

Telle est la première manière de graduer les aréomètres. Nous avons été obligés de nous servir de deux liquides. Il y a une seconde manière de graduer les instrumens, en se servant d'un seul liquide, de l'eau, par exemple. Je suppose que je veuille faire un instrument qui donne les densités immédiatement, de manière que la densité de l'eau étant représentée par 1000, l'instrument marque des densités qui soient successivement 1000, 1100, 1200, 1500, etc., en négligeant les fractions intermédiaires. Cela se réduit à chercher les volumes de l'instrument qui correspondent aux densités que nous voulons que l'instrument indique. Car les volumes étant en raison inverse des densités, lorsque nous connaîtrons les volumes, il suffira d'établir une proportion en sens inverse pour avoir les densités.

Nous savons déjà que, dans un même liquide, les poids de l'aréomètre indiquent des volumes qui leur sont proportionnels. En effet, puisque c'est le poids du volume de liquide déplacé qui fait équilibre au poids de l'instrument, il est évident que, si le poids de l'instrument devient double, la densité de liquide restant la même, il faudra un volume double de liquide pour faire équilibre au nouveau poids de l'aréomètre. De même, si le poids devient deux, trois, quatre, etc.

fois moindre, il faudra un volume deux, trois, quatre, etc. fois plus petit. En un mot, le poids de l'aréomètre est toujours proportionnel au volume de liquide déplacé, ou, ce qui est absolument la même chose, au volume de l'instrument immergé.

Nous voulons parvenir à connaître quel sera le volume de notre aréomètre qui correspondra à une densité 1200, celle de l'eau étant 1000, et le nombre 1000 étant aussi le nombre qui représente la partie immergée de l'instrument lorsque la densité est 1000.

Les densités sont en raison inverse des volumes ; d'un autre côté, les poids sont proportionnels aux volumes ; par conséquent, en exprimant par P le poids de l'aréomètre correspondant au volume 1000 et par p le poids du même instrument correspondant au volume 1200, nous aurons

$$1000 : 1200 :: p : P$$

D'où nous tirons pour la valeur de p

$$p = P \times \frac{1000}{1200} = P \times \frac{10}{12},$$ en divisant le numérateur et le dénominateur par 100.

C'est-à-dire qu'il faudra s'arranger de manière que l'instrument ayant pesé P, il ne pèse plus que les dix-douzièmes de ce poids, et alors il indiquera l'endroit de la tige où s'arrêterait l'aréomètre dans un liquide qui aurait une densité exprimée par 1200, celle de l'eau étant 1000. On procéderait de même pour avoir les volumes correspondans aux densités 1300, 1400, 1500, etc., c'est-à-dire qu'on ferait en sorte que l'instrument pesât successivement les $\frac{12}{13}$, $\frac{12}{14}$, $\frac{12}{15}$, etc., de son poids primitif.

Cette manière de graduer les aréomètres est un peu plus compliquée que la première, et il vaut mieux se servir de celle-ci qui consiste à prendre les densités de deux liquides différens et à avoir une échelle qu'on suppose tracée une fois pour toutes.

UNITÉ DE DENSITÉ DES FLUIDES ÉLASTIQUES.

En parlant des densités des corps, nous avons dit qu'on les rapportait toutes à celle de l'eau. Quand il s'agit des fluides élastiques, on peut rapporter également leur densité à celle de l'eau. C'est ainsi que nous avons trouvé que la densité de l'air atmosphérique était un 770e de la densité de l'eau, prise pour unité. Néanmoins, à l'égard des fluides élastiques, il est plus simple, ou du moins c'est l'usage, de prendre pour terme de comparaison la densité de l'air. On appelle cette densité de l'air *un,* et l'on exprime ensuite avec cette unité les densités de tous les autres fluides. C'est ainsi qu'on trouve pour la densité de l'acide carbonique 1,524, c'est-à-dire que cet acide pèse 1,524 fois plus que l'air.

Pour la densité de l'oxigène, on trouve. . . . . . . 1,036.
Pour la densité de l'azote . . . . 0,976.
Pour la densité de la vapeur d'eau . . . . 0,623.
Ainsi de suite.

Il est facile, en connaissant les densités des fluides élastiques comparées à celles de l'air, de rapporter ces densités à celle de l'eau.

DENSITÉ DE LA TERRE.

En terminant les densités, je ne dois pas omettre de parler d'un objet extrêmement intéressant pour la physique générale; c'est la détermination de la densité de la terre. Il est assez difficile, au premier abord, de concevoir comment on a pu déterminer la densité de la terre, et on n'entend pas par là la densité d'un morceau de terre, d'un minéral, par exemple; on n'aurait, dans ce cas, que la densité du minéral : mais on entend par là la densité moyenne de toute la matière qui compose la terre, et l'on y comprend l'eau et les diverses pierres que l'on connaît, ainsi que celles qu'on ne connaît pas, et qui sont à une certaine profondeur dans les entrailles de la terre. On peut supposer que toutes ces diverses substances soient fondues en une seule, de manière qu'il en résulte un tout homogène, et c'est la densité de ce mélange supposé qu'on appelle densité moyenne de la terre.

Si la terre était homogène. il suffirait d'en prendre une partie, et la densité de cette partie serait celle de la terre. Mais la terre n'est pas homogène; il faudrait donc, pour en avoir la densité, en nous servant des méthodes auxquelles nous avons eu recours jusqu'à présent, la prendre dans son ensemble; ce qui est impossible.

Il s'agit cependant de parvenir a trouver cette densité moyenne de la terre. Nous avons eu besoin, pour trouver les densités, d'avoir la quantité de matière sous un volume déterminé. Cette quantité de matière, il nous a été facile de la fixer, parce qu'elle est proportionnelle au poids, et qu'avec la balance on mesure les poids.

Ne pouvant connaître le poids de la terre, cherchons s'il n'est pas une autre propriété de la matière dont les effets soient proportionnels aux poids. Nous savons que la matière jouit de cette propriété de s'attirer réciproquement au carré de la distance ; toutes les molécules jouissent de cette propriété, et c'est la somme de ces attractions qui constitue l'attraction qui a lieu à la surface de la terre.

Si donc nous avons deux globes, la terre d'une part, et ensuite un autre globe plus ou moins volumineux, vous concevrez très bien que la pesanteur, ou l'attraction de ces deux masses sur un corps placé à leur surface sera proportionnelle, à la même distance bien entendu, à la quantité de matière que ces corps renfermeraient ; nous n'aurions donc pas besoin, pour connaître la quantité de matière, de peser ces masses ; il suffirait de déterminer l'intensité de la pesanteur à la surface de ces deux globes : car la quantité de matière est proportionnelle aux masses, et la pesanteur est proportionnelle aux masses : de manière que si nous parvenons à déterminer l'intensité de la pesanteur sur chacun des deux globes, nous pourrons, connaissant leur volume, en déduire la quantité de matière qu'ils renferment. Supposant qu'ils eussent le même volume, si l'intensité de la pesanteur était deux fois plus grande, c'est-à-dire si les corps tombaient deux fois plus vite sur l'un des globes que sur l'autre, nous en conclurions qu'il y a deux fois plus de matière dans celui des globes à la surface duquel les corps se précipitent deux fois plus vite, c'est-à-dire, nous en conclurions que le globe est deux fois plus dense que l'autre.

C'est sur le principe que nous venons d'énoncer qu'est fondé un appareil que l'on doit à *Cavendish*. La figure 2 peut vous donner une idée générale de la manière dont Cavendish a procédé pour parvenir à déterminer la densité de la terre. Il a pris deux globes de plomb, matière des plus pesantes, en même temps des plus communes. Ces globes avaient chacun un diamètre d'un pied anglais, environ onze de nos pouces : ils étaient mobiles, de manière qu'on pouvait les faire avancer pour les mettre dans une position déterminée. Un fil métallique très fin portait un levier horizontal, dont les deux branches étaient égales ; aux extrémités de ce levier étaient attachées deux petites boules de plomb d'un pouce de diamètre. Ainsi suspendues par un fil, les petites boules sont soustraites à l'action de la pesanteur. Elles sont toujours pesantes, mais puisqu'elles ne peuvent tomber, c'est comme si la pesanteur n'agissait pas sur elles. Dans cet état il est évident que toute force qui agira sur ces boules horizontalement pourra produire son effet et les faire mouvoir, indépendamment de l'action de la pesanteur. Puisque l'action de la pesanteur est détruite, si les boules éprouvent une attraction de la part des globes de plomb, elles pourront obéir à cette attraction, comme s'il n'y avait pas de pesanteur.

Supposons que l'on ait fait un bras de levier dont la longueur ait justement la longueur du pendule qui bat les secondes à Paris. On peut alors concevoir que les deux globes de plomb attirent comme des petites planètes composées d'une matière 11 fois $\frac{1}{2}$ plus dense que l'eau. Les deux petites boules qui sont aux extrémités du levier oscillant doivent être considérées comme un pendule qui oscille à la surface de la petite planète, et la durée des oscillations est en rapport avec l'intensité de la force attractive. Supposons, par exemple, que nous appelions la pesanteur à la surface de la terre g, ainsi que nous l'avons déjà dit, et que l'intensité de la pesanteur à la surface de notre petite planète soit exprimée par g', nous aurons $g : g' ::$ la masse de la terre est à la masse qui compose le globe de plomb.

Ces masses sont proportionnelles aux volumes multipliés par les densités, ainsi nous aurons :

$g : g ::$ le volume de la terre multiplié par sa densité est au volume du petit globe multiplié par sa densité, c'est-à-dire $g : g' :: V D : V'D$.

D'où nous tirons par conséquent la densité de la terre

$$D = \frac{g' V' D'}{g' V}$$

g' est l'intensité de la pesanteur à la surface de la terre ; nous la connaissons ; elle est égale à $9^m,8088$. V' est le globe de plomb dont le volume nous est connu ; D' est la densité du plomb. g' est l'intensité de la pesanteur mesurée par le pendule horizontal ; et enfin V est le volume de la terre que l'on connaît.

Cavendish avait trouvé que la durée des oscillations de la petite boule entre les deux globes de plomb était de 7 minutes environ, tandis que la durée des oscillations du même pendule à la surface de la terre n'était que d'une seconde. Or, les intensités de la pesanteur sont en raison inverse du carré de ces temps, c'est-à-dire que l'intensité de la pesanteur à la surface de la terre étant exprimée par *un*, l'intensité de la pesanteur à la surface du petit globe serait 176,400 fois plus petite. En ayant égard à une foule de petites corrections qu'il a fallu faire pour obtenir cette expression, Cavendish a conclu que la densité de la terre était 5,48 plus grande que celle

14*

de l'eau. Déjà un astronome anglais avait conclu la densité de la terre de l'action d'une montagne sur le fil à plomb, et, par des considérations tout-à-fait différentes de celles dont nous venons de parler, il avait trouvé 5 pour la densité de la terre. Voilà deux résultats qui ne diffèrent pas beaucoup ; mais celui de Cavendish mérite la préférence, et il est adopté aujourd'hui par tous les astronomes et les géomètres. Ainsi nous admettrons que la densité moyenne de la terre est de $5\frac{1}{2}$ plus grande que celle de l'eau : c'est là un résultat extrêmement important. Nous remarquerons d'abord que l'eau forme une partie considérable de la surface de la terre, et même s'étend à des profondeurs assez considérables, et que cependant la densité de ce liquide est prise pour unité.

Nous remarquerons ensuite que toutes les parties terreuses qui composent la surface de la terre ont en général une densité qui ne sera guère que de $2\frac{1}{2}$ à 3. Les marbres, les pierres de toute espèce, les granits même n'ont qu'une densité qui ne s'éloigne pas de $2\frac{1}{2}$. Il y a, à la vérité, des substances enfouies dans le sein de la terre, tels que le platine, l'or, etc., qui sont beaucoup plus denses que l'eau ; mais ces métaux, comparés aux matières terreuses qui composent le globe, sont des accidens, et nous pouvons en faire abstraction. La quantité connue de l'or ne ferait pas une masse comme l'Observatoire ; celle de l'argent est plus grande ; mais c'est toujours une quantité assez petite, comparée aux dimensions de la terre. Nous pouvons dire que toutes les substances qui composent la croûte de la terre jusqu'à la plus grande profondeur à laquelle l'homme a pu descendre ont une densité de $2\frac{1}{2}$ à 3. Puisque la densité moyenne de la terre est de $5\frac{1}{2}$, il est clair qu'il faut qu'au-dessous de ces profondeurs auxquelles l'homme est parvenu, on trouve, à mesure qu'on s'approche du centre de la terre, des substances plus denses, de telle sorte que, par leur grand excès de densité, elles compensent le défaut de densité des substances situées à la surface de la terre. Ainsi, au centre de la terre, il y a des substances très pesantes : c'est là un résultat amené par une série de considérations tout-à-fait rigoureuses.

DEUXIEME PARTIE.

ÉTUDE DES AGENS.

Nous bornons ici la première partie du cours de physique. Les notions que nous vous avons exposées ont embrassé les phénomènes de la pesanteur, les moyens de mesurer les quantités linéaires, et par suite les surfaces et les volumes, la détermination des poids des corps. Nous avons ensuite examiné les divers états sous lesquels les corps se présentent, et les propriétés de chacun de ces états. Nous nous sommes occupés avec quelques détails de la pression de l'air et de tous les phénomènes qui en dépendent, particulièrement des instrumens et des machines dans lesquels l'air joue un certain rôle; et enfin nous avons appris à déterminer la quantité de matière que renferment les corps, ou leurs densités. Telles étaient les notions que nous pouvions acquérir en considérant les corps dans l'état immédiat où ils nous sont présentés. Mais, nous l'avons déjà annoncé, les corps sont soumis à des agens, et nous avons signalé trois agens principaux et bien distincts, qui sont la *chaleur*, l'*électricité* et la *lumirèe*. Nous allons étudier successivement ces divers agens, en commençant par celui qui est connu sous le nom de chaleur. Nous avons même déjà signalé quelques-uns des principaux effets de la chaleur; mais nous y reviendrons avec tout le soin et les détails convenables pour apprécier parfaitement ces effets.

CHALEUR.

Si nous supposions que la chaleur qui pénètre les corps et s'étend partout fût toujours dans cet état d'équilibre qui existe maintenant, nous ne pourrions pas nous occuper réellement des phénomènes de la chaleur; car les corps, dans l'état actuel, ont des propriétés diverses : ils sont solides, liquides, fluides élastiques. Nous ne pourrions savoir si ces états dépendent de la chaleur, ou d'autres agens, ou bien de la nature propre des corps; et comme, par hypothèse, il n'y aurait pas de variations, en supposant un état d'équilibre parfait, nous ne pourrions connaître quelle serait l'action de la chaleur sur les corps. La détermination de cette action suppose nécessairement que la chaleur est susceptible de variation, c'est-à-dire qu'elle peut augmenter ou diminuer.

Ainsi l'étude, en général, des agens suppose que nous pouvons faire varier ces agens et étudier alors, avec leurs variations, les variations correspondantes qui auront lieu dans les corps.

Si donc la chaleur doit varier, pour que nous puissions apprécier ses effets, il faut nécessairement que nous ayons un moyen d'apprécier ces variations. Comme un corps qui est différemment échauffé agit sur nos organes, d'une manière différente, il semble que, par les sensations qu'il produit en nous, il serait facile d'apprécier ses variations de chaleur. Mais il n'en est pas ainsi, lorsqu'il s'agit d'avoir des moyens d'appréciation très précis, parce que nos sensations sont extrêmement trompeuses et que nous pouvons, par exemple, croire que le même corps sera tantôt chaud, tantôt froid, quoique réellement il ne change pas d'état. Si je place ma main qui est froide sur un corps qui soit un peu plus chaud, ce corps va me paraître chaud. Si, au contraire, ma main est un peu plus chaude que ce même corps, il va me paraître froid. Vous voyez donc que la sensation que ce corps nous fait éprouver dépend absolument de l'état particulier de nos organes.

Il faut voir si la chaleur ne produit pas dans les corps des effets qui aient un certain rapport avec les variations mêmes de la chaleur. Il y en a un qui est le changement de volume que la chaleur produit lorsqu'elle s'accumule dans un corps, ou bien lorsqu'elle l'abandonne. Ainsi, en échauffant un corps quelconque solide, liquide ou fluide élastique, ce corps augmente de volume ; si ensuite le corps se refroidit, et par ce mot on entend qu'on enlève de la chaleur au corps, ses dimensions diminuent.

Voilà les effets généraux de la chaleur sur les corps : elle les *dilate* tous ; c'est l'expression qu'on emploie ; et lorsqu'elle les abandonne, les corps se *contractent*. Il s'agit de savoir si ces effets de la chaleur sur les corps sont assez constans pour que nous puissions nous en servir pour mesurer la chaleur.

La chaleur ne peut être mesurée en elle-même, nous ne pouvons la peser comme nous avons fait pour la matière, car la chaleur ne pèse pas. Mais si nous ne pouvons connaître la chaleur en elle-même, nous pouvons du moins la connaître par ses effets, de même que nous avons apprécié la pesanteur par la vitesse qu'elle communique aux corps.

DILATATIONS.

Voyons d'abord si , en effet , la chaleur agit sur les corps. J'ai dit qu'elle dilatait tous les corps solides, liquides, fluides, élastiques.

DES SOLIDES.

Pour démontrer que la chaleur dilate les corps solides, il suffit de prendre une barre de fer ou d'un métal quelconque. Les deux barres sont placées entre deux supports entre lesquels elles jouent librement. Si l'on chauffe ces barres, elles ne pourront plus se placer entre ces deux supports; et comme la distance entre les supports est invariable, il faudra en conclure que les barres se sont allongées. Ce sera d'une quantité qui ne sera pas très grande , car en général les métaux ne se dilatent que de très petites quantités. Si l'on fait la même expérience sur du verre, sur des poteries , du bois, enfin sur une substance solide quelconque, nous trouverons qu'en la chauffant elle augmente de volume.

DES LIQUIDES.

Si nous passons ensuite à cette classe des corps que nous avons appelée liquides , nous verrons également qu'en les chauffant, ils augmentent de volume : et nous reconnaîtrons en même temps que les liquides se dilatent plus que les solides.

Pour prouver que la chaleur dilate les liquides , et rendre le phénomène plus sensible , on se sert d'une boule surmontée d'un tube cylindrique beaucoup plus étroit. En chauffant la boule , si le liquide augmente de volume, ne pouvant être logé dans la capacité de la boule , il fuira dans l'espace cylindrique et s'élèvera à une certaine hauteur. C'est en effet ce qui arrive lorsqu'on chauffe la boule.

DES FLUIDES ÉLASTIQUES.

Enfin, si nous passons aux fluides élastiques nous trouverons qu'ils se dilatent aussi par la chaleur et même, pour le dire en passant, d'une quantité plus considérable que les liquides.

Si je prends un tube dans lequel j'aie isolé une certaine quantité d'air au moyen d'une petite colonne de liquide, que l'on colore pour mieux apercevoir le phénomène , il suffira de la chaleur de la main appliquée sur la boule qui termine l'extrémité de ce tube, pour dilater l'air renfermé dans le tube et forcer la petite colonne de liquide coloré à s'élever d'une quantité très sensible.

Ainsi les trois classes de corps, les solides, les liquides et les fluides élastiques se dilatent d'une manière inégale. Les solides se dilatent moins que les liquides, c'est-à-dire que le solide qui se dilate le plus ne se dilate pas autant que le liquide qui se dilate le moins ; les liquides se dilatent moins que les fluides élastiques.

MESURE DE LA CHALEUR.

Puisque la chaleur augmente le volume des corps, elle l'augmente d'autant plus que l'intensité de la chaleur est plus grande. En mettant un corps à un premier degré de chaleur, il y aurait une première augmentation de volume ; à un degré plus fort, l'augmentation serait plus forte, ainsi de suite. Ainsi la variation de volume croît d'une manière quelconque suivant l'intensité de la chaleur. Admettons, par conséquent, que nous ayions une barre métallique dont nous puissions connaître exactement le volume, qu'on la chauffe et qu'on apprécie une première variation, puis une deuxième, puis une troisième, etc. Vous concevez qu'en cherchant à mesurer les variations de volume que la barre éprouvera successivement, nous aurons ensuite réciproquement un moyen de reconnaître lorsque nous aurons des quantités de chaleur correspondantes à celles qui ont produit les variations de la barre.

Le moyen de faire un instrument pour mesurer la chaleur consisterait à prendre la longueur de la barre dans une circonstance déterminée, et ensuite de la chauffer, par exemple, jusqu'au point où l'eau entre en ébullition, ce qui a lieu à un degré de chaleur qu'on peut regarder comme constant dans des circonstances également constantes, c'est-à-dire, lorsque la pression barométrique est de 76 centimètres et que l'eau est pure. Chauffée à ce degré de chaleur, la barre éprouverait une certaine variation de volume ; par exemple, elle se serait allongée de l'épaisseur d'un pouce. On diviserait cet espace en un nombre de parties déterminées, en cent par exemple. Si la barre était partie du point de chaleur auquel l'eau se congèle ou la glace se fond, et qu'on l'eût portée jusqu'au degré de chaleur qui fait bouillir l'eau, on conçoit que l'augmentation totale pourrait être divisée en 100 parties égales. Ces 100 parties seraient ce qu'on appelle des degrés ; et lorsque notre barre aurait un allongement exprimé par 20, elle indiquerait un degré inférieur de chaleur que lorsqu'elle aurait un allongement exprimé par 40.

THERMOMÈTRE.

Nous aurions dans cette barre de métal ainsi graduée, un instrument qu'on appelle *thermomètre*, qui signifie *mesure de la chaleur*. Ce nom s'applique à tout corps qui est propre à faire connaître, par ses variations de volume, les variations correspondantes de chaleur qui ont amené ces variations de volume. Mais nous avons déjà remarqué que le métal et les corps solides, en général, se dilatent d'une quantité extrêmement petite; si c'est, par exemple, d'un millimètre, il faudrait diviser un millimètre en cent parties, ce qui ferait des divisions tout-à-fait inappréciables à la vue. Voilà pourquoi nous rejetons de prime abord les corps solides pour en faire des thermomètres.

Les liquides se dilatant davantage que les solides, nous pourrons nous en servir pour former un thermomètre qui sera plus sensible. Supposons d'abord un liquide renfermé dans un tube cylindrique, fig. 3, partout du même diamètre. Si l'on chauffe cette colonne de liquide, on remarque un allongement dans la colonne. Si je voulais avoir seulement le cinquantième de la variation de volume qui a lieu, cela serait assez difficile. En effet, en nous servant d'un liquide disposé comme je viens de le dire, c'est-à-dire renfermé dans un tube cylindrique, je pourrai réellement faire un thermomètre, mais j'aurai un thermomètre *paresseux*, c'est-à-dire, me donnant des variations de volume très petites, quoique les quantités de chaleur qui les auraient produites fussent très grandes. Il y a un moyen de rendre ces variations beaucoup plus sensibles; il est fondé précisément sur la liquidité, sur cette propriété des corps solides de s'introduire dans des espaces très petits. Ce moyen consiste à souder un réservoir *A B*, fig. 4, auquel on peut donner une forme quelconque, à un tube, *C D*, beaucoup plus étroit. Il est clair, dans ce cas, que le liquide qui n'occupait dans le réservoir qu'un petit espace, en occupera un beaucoup plus grand dans un tube étroit. Et si l'on fait un tube d'un diamètre convenable, la plus légère variation de volume dans la masse du corps va devenir aussi sensible que l'on voudra. Si par exemple, nous prenons un tube cent fois plus étroit que le tube fig. 3 dont nous nous étions servis d'abord pour démontrer la dilatation des liquides, la même quantité de liquide aurait occupé dans le tube cent fois plus étroit une longueur cent fois plus grande.

Tel est l'artifice qu'on emploie pour rendre les dilatations des corps très sensibles, artifice qu'on ne peut employer pour les solides, mais qui est très praticable pour les liquides qui peuvent, par conséquent, nous servir pour former un thermomètre. Les fluides élastiques dont les molécules jouissent d'une mobilité parfaite pourraient nous servir également ; mais par des raisons qu'il est inutile d'exposer en ce moment, en général, nous n'emploierons pas les fluides élastiques. Nous parlerons cependant d'un thermomètre à air qui est extrêmement précieux.

Il s'agit de savoir quel est parmi tous les liquides celui auquel on doit donner la préférence. Nous pourrions faire un thermomètre avec de l'eau ou de l'esprit de vin colorés, mais nous verrons que ces liquides ne se dilatent pas d'une manière assez régulière pour que les variations de volume soient sensiblement proportionnelles aux variations de chaleur : ainsi par ces raisons que nous développerons davantage par la suite, nous rejeterons l'eau et l'esprit de vin.

Parmi les liquides il y en a un, le mercure, qui ne devient solide qu'à un degré de froid que nous ne rencontrons jamais dans nos climats, et dont les variations de volume, dans une étendue considérable, sont sensiblement proportionnelles aux diverses quantités de chaleur qu'on ajoute successivement dans un corps. Ce sera par conséquent le mercure dont nous nous servirons pour mesurer les variations de chaleur, et nous allons de suite vous parler de la manière de construire le thermomètre, en partant des principes que nous venons d'établir et en nous servant d'une boule en verre surmontée d'un tube plus ou moins étroit. Lorsqu'on veut avoir de grandes divisions on se sert de tubes très étroits qu'on appelle des *tubes capillaires*.

CONSTRUCTION DES THERMOMÈTRES.

On prend un tube et on le réduit à la longueur convenable en le coupant au moyen d'une lime ou d'un silex. Il s'agit ensuite de le remplir de mercure, et il est nécessaire d'entrer dans quelques détails sur cette opération. Supposons que nous nous servons d'un tube capillaire : si nous essayons d'y verser du mercure, il se divisera et tombera à côté. Il y a cependant un moyen de le remplir, c'est de mettre un tube plus large au-dessus et de verser le mercure dans ce second tube, qui forme une espèce de réservoir. Cette colonne qui est pesante exerce une pression sur l'air qui remplit le petit tube, chasse cet air devant elle et le force à se contracter.

Cet air comprimé diminue de volume et le mercure finit par pénétrer dans la boule inférieure. Si après avoir ainsi rempli cette boule en partie, on rend le tube horizontal, la pression du mercure sur l'air du tube cesse, et l'air qui se trouve dans le tube tend à se mettre en équilibre avec le ressort de l'air extérieur, ce qui n'a lieu que lorsqu'une partie de l'air renfermé dans le tube s'est échappée; en effet, l'air intérieur ayant cédé au mercure une partie de l'espace qu'il occupait, et qu'il ne peut plus reprendre, il est évident qu'il n'y aura équilibre entre l'air extérieur et l'air intérieur que lorsqu'une partie de ce dernier sera sortie du tube. En rendant ainsi alternativement le tube vertical et horizontal, on parvient à remplir le réservoir jusqu'aux trois quarts. Une raison qui empêche qu'on ne puisse le remplir complètement, c'est qu'en mettant le tube horizontalement l'air se loge dans les angles du réservoir d'où il ne peut être expulsé.

Il faut donc avoir recours à un autre moyen que je vais vous indiquer. La chaleur, venons-nous de dire, dilate l'air et augmente beaucoup son volume. Si l'on chauffe la boule en la plaçant sur des charbons ardens, la force élastique de l'air augmentant par la chaleur, il faut nécessairement qu'il s'en échappe une certaine partie, sans cela, il ne pourrait y avoir équilibre entre l'air intérieur et l'air extérieur. Si après avoir ainsi produit la dilatation de l'air renfermé dans le tube, on plonge l'extrémité ouverte de ce tube dans du mercure, que va-t-il arriver? La boule et l'air qu'elle renferme se refroidissant, le ressort de cet air ne pourra plus faire équilibre à l'air extérieur, lequel par conséquent forcera le mercure à s'élever à une certaine hauteur dans le tube et à pénétrer jusque dans la boule. Cette dilatation de l'air que nous venons de produire par la chaleur, pourrait être produite également au moyen de la machine pneumatique.

Quand on est parvenu à introduire une certaine quantité de mercure dans la boule du thermomètre, rien n'est plus facile que de chasser tout l'air qui est renfermé dans la boule et le tube; pour cela on a encore recours à l'action de la chaleur. On place l'instrument sur une grille au milieu de charbons ardens; l'air se dilate et s'échappe; l'eau qui peut se trouver dans le mercure ou dans la boule, les bulles d'air qui tapissent le verre se détachent de toutes parts, en donnant au verre une apparence argentine. On laisse le tube exposé à la chaleur jusqu'à ce que le mercure commence à entrer en ébullition. Alors la vapeur du mercure qui se produit et qui a une force élastique supérieure à celle de l'air, force l'air à s'en aller.

Une attention qu'il faut avoir quand on fait ainsi chauffer un tube destiné à faire un thermomètre, c'est de mettre des charbons non-seulement autour de la boule, mais aussi le long de la tige. C'est ce que ne font pas ordinairement les artistes qui, pour aller plus vite, se contentent de faire bouillir le mercure dans la boule, et non dans la tige; de sorte qu'il peut rester dans la tige ou de l'air ou de la vapeur. Il résulte de là un très grave inconvénient : lorsqu'on porte les thermomètres à un degré de chaleur un peu élevé, la colonne de mercure se divise.

Il convient même de faire bouillir le mercure dans le réservoir supérieur. En faisant bouillir le mercure, il se produit une vapeur qui occupe un volume beaucoup plus considérable que le liquide. Cette vapeur, en se dégageant, entraîne avec elle le peu de vapeur d'eau ou d'air qui pourrait rester dans ce tube. Quand il n'y a plus que de la vapeur de mercure, en laissant refroidir, cette vapeur se condense, il se forme un vide, et par l'effet de ce vide, le mercure entre dans le tube et le remplit entièrement, et l'on a alors ce qu'on appelle un *thermomètre bouilli*, parfaitement purgé d'air. Quand le thermomètre est refroidi, on présente son extrémité à la lampe d'émailleur et on *file* cette extrémité.

GRADUATION DES THERMOMÈTRES.

Il ne s'agit plus maintenant que de graduer le thermomètre que nous venons de construire. Vous concevez très bien que du premier abord on n'établit pas un rapport convenable entre la longueur et la capacité du tube et la capacité du réservoir. Si vous faites le réservoir trop grand, le tube ne pourra loger tout le mercure que la chaleur dilatera. Il y a cependant des moyens rigoureux de proportionner les longueurs des tubes aux capacités des réservoirs et de faire un thermomètre de prime abord; mais il est plus simple de se servir, pour graduer les thermomètres, de la méthode que nous allons indiquer.

On veut, par exemple, avoir un thermomètre qui puisse aller jusqu'à l'eau bouillante. On fait bouillir de l'eau dans un réservoir, on y plonge le tube et on l'y laisse tant qu'on voit du mercure s'échapper par l'extrémité du tube qu'on a filée à la lampe. Quand tout l'excédant de mercure s'est dégagé, comme l'extrémité du tube est très fine, il suffit de la lumière

d'une chandelle pour fondre le verre et fermer le thermomètre. On coupe ensuite, au moyen de la lampe d'émailleur,
l'extrémité filée du tube laquelle est tout-à-fait inutile, et qu'il
y aurait même des inconvéniens à laisser, et l'on a alors un
tube arrondi à son extrémité.

Il ne reste plus pour achever l'instrument que d'avoir deux
points pour déterminer la longueur des degrés. Pour cela
nous prendrons de la glace qui fond ou de l'eau qui se congèle ; et je fais remarquer de suite qu'il faut que la glace ait
été formée avec de l'eau pure, de l'eau de rivière, par
exemple : si l'on prenait de l'eau impure, nous aurions une
erreur. Après avoir laissé un peu refroidir notre thermomètre,
nous le plongerons dans la glace, en ayant le soin de l'enfoncer jusqu'à la hauteur de la colonne de mercure, parce que
ce n'est pas seulement le mercure renfermé dans la boule
qui doit se dilater par la chaleur ou se contracter par le froid,
c'est aussi le mercure contenu dans le tube. Le froid ne se
communiquant pas brusquement à travers la matière du verre
et du mercure, il faut un certain temps pour que la colonne
soit devenue parfaitement stationnaire. Lorsqu'elle se sera
arrêtée, nous ferons un petit trait à l'encre rouge, ou, si
nous voulons avoir un instrument précis, avec la pointe très
fine et allongée d'un diamant.

Voilà un de nos deux points déterminés : il s'agit d'en avoir
un second. Pour cela nous ferons bouillir de l'eau dans un
vase, fig. 5, qui consiste dans une espèce de boîte surmontée d'un tube creux qui a deux ouvertures latérales pour laisser échapper la vapeur. Le thermomètre est placé dans ce
tube, et il est retenu au moyen d'un bouchon. Lorsque l'eau
bout, la vapeur qui se produit a le même degré de chaleur
que l'eau qui la donne : de sorte que nous pourrions nous
dispenser de faire plonger la boule dans l'eau ; cependant, en
général, il vaut mieux faire plonger la boule dans le liquide;
mais seulement d'une profondeur égale à l'épaisseur de cette
boule. Il est nécessaire que toute la colonne soit exposée à la
température de la vapeur qui sort. Lorsque la colonne est devenue stationnaire, ce qui a lieu après deux ou trois minutes,
on marque l'endroit où la colonne s'est arrêtée au moyen
d'un second trait fait avec la pointe de diamant, et l'on a
deux points déterminés, l'un par le moyen de la glace, l'autre par le moyen de l'eau en pleine ébullition ; et ces deux
points vont suffire pour déterminer l'*échelle thermométrique*.

THERMOMÈTRE CENTIGRADE.

Nous appellerons *zéro* le point où le mercure s'arrête dans la glace fondante, nous appellerons *cent* le point où il s'arrête dans la vapeur d'eau bouillante, et nous diviserons l'espace intermédiaire en cent parties égales, que nous appellerons des degrés. Supposant que nous avons pris un tube parfaitement cylindrique, nos cent espaces seront évidemment égaux.

Voilà notre instrument terminé : tous les instrumens que l'on fera de la même manière, qu'on graduera dans la glace et la vapeur d'eau, et qu'on divisera en cent parties égales, s'accorderont parfaitement.

On peut prolonger les divisions au-dessus de cent et au-dessous de zéro, si l'on veut avoir un thermomètre qui puisse servir à mesurer une chaleur plus grande que celle de l'eau bouillante, ou un froid plus grand que celui qui est produit par la glace fondante.

THERMOMÈTRE DE RÉAUMUR.

Si nous appelons 80 l'endroit où le thermomètre s'arrête dans l'eau bouillante, nous aurons le *thermomètre de Réaumur*, dans lequel l'espace compris entre la glace fondante et l'eau bouillante est divisé en 80 parties.

THERMOMÈTRE DE FARENHEIT.

Si, comme le font les Anglais, au lieu de marquer 100 ou 80, nous mettons 212, et si au lieu de *zéro* nous mettons 30, nous aurons le *thermomètre de Farenheit*.

IMPRIMERIE DE E. DUVERGER,
RUE DE VERNEUIL, N. 4.

COURS DE PHYSIQUE.

LEÇON QUINZIÈME.

(Samedi, 29 Décembre 1827.)

RÉSUMÉ DE LA QUATORZIÈME LEÇON.

Nous nous sommes occupés dans la dernière séance de la construction et de la graduation du thermomètre. Nous avons défini le *thermomètre centigrade* fig. 1, et le thermomètre de Réaumur fig. 2.

Enfin il y a une troisième échelle qu'il faut connaître également, c'est celle des Anglais, fig. 3. Elle est construite de la manière suivante. Supposez qu'on ait également déterminé un point dans la glace fondante, et qu'au lieu de marquer zéro, on ait marqué 32 ; qu'ensuite on ait déterminé un point à l'eau bouillante, et qu'au lieu de marquer 100 ou 80, on ait marqué 212.

Vous me direz : Pourquoi ces nombres qui paraissent n'avoir de rapport avec rien ? C'est que Farenheit, lorsqu'il fit son thermomètre, avait pris, pour déterminer le point zéro, un froid très considérable qui avait lieu à Dantzig, et qu'il avait reproduit en faisant un mélange de sel ammoniac et de neige, qui, par leur action chimique, se fondent et produisent du froid. Ainsi le zéro de Farenheit se trouve à 32 degrés au-dessous du point qui correspond au zéro du thermomètre centigrade et du thermomètre de Réaumur.

Si donc nous voulions comparer le nombre des degrés de l'échelle de Farenheit au nombre des degrés des deux autres échelles, à partir d'un même point, nous retrancherions 32 de 212, et il resterait alors, pour l'étendue de l'échelle de Farenheit, 180 degrés. On tire de là un moyen facile de graduer le thermomètre de Farenheit. Il suffit de prendre l'espace compris entre le point de la glace fondante et celui de l'ébullition de l'eau, de diviser cet espace en 180, et de prolonger l'échelle en-dessous de manière qu'on ait 32 degrés inférieurs égaux aux degrés supérieurs.

Le thermomètre centigrade est celui qui est généralement adopté par les savans.

CONVERSION DES DEGRÉS THERMOMÉTRIQUES.

Il est question à chaque instant, dans les ouvrages de physique et de chimie, de degrés centigrades, de degrés de Réaumur, de degrés de Farenheit; par conséquent il faut savoir passer de l'un de ces thermomètres à l'autre. Cette opération est extrêmement facile. La même étendue est exprimée par 80 dans le thermomètre de Réaumur et par 100 dans le thermomètre centigrade. Par conséquent, lorsqu'on voudra savoir à quel nombre de degrés du thermomètre centigrade correspond un nombre donné de degrés du thermomètre de Réaumur, il suffira d'établir la proportion suivante. Si 80 degrés de Réaumur nous donnent 100 degrés centigrades, combien 12 degrés, par exemple, de Réaumur nous donneront-ils de degrés centigrades? Nous aurons, en représentant par x le nombre de degrés du thermomètre centigrade que nous voulons connaître,

$$80 : 100 :: 12 : x;$$

d'où $x = 100 \times \frac{12}{80} = 10 \times \frac{12}{8} = 15.$

Vous pouvez ensuite remarquer que 100 par rapport à 80 est plus grand d'un quart. Par conséquent, pour avoir de suite la conversion des degrés de Réaumur en degrés centigrades, vous n'aurez qu'à prendre le quart du nombre des degrés de Réaumur, et l'ajouter au nombre de degrés déjà donné. Ainsi, nous voulons convertir 12 degrés de Réaumur en degrés centigrades, nous prendrons le quart de 12, qui est 3, lesquels ajoutés à 12 degrés nous donneront 15 pour le nombre de degrés du thermomètre centigrade.

Réciproquement, pour passer des degrés centigrades aux degrés de Réaumur, il suffit de remarquer que le nombre des degrés centigrades est plus grand d'un cinquième que le nombre des degrés de Réaumur; la différence de 100 à 80 est de 20, qui est le cinquième de 100. Ainsi, étant donné un nombre de degrés centigrades pour les convertir en degrés de Réaumur, il suffira d'en prendre le cinquième, et de le retrancher du nombre de degrés donné; la différence sera les degrés de Réaumur. Soit, par exemple, 15 degrés centigrades qu'il s'agit de convertir en degrés de Réaumur; je prends le cinquième de 15, qui est 3; je le retranche de 15, et la différence me donne 12 pour le nombre de degrés de Réaumur correspondant à 15 degrés centigrades.

Pour convertir les degrés centigrades ou de Réaumur en

degrés de Farenheit, on établit une proportion comme nous l'avons indiqué ci-dessus.

CALIBRAGE DES TUBES THÉRMOMÉTRIQUES.

Nous avons supposé, jusqu'à présent, que les tubes des thermomètres étaient parfaitement cylindriques. Mais c'est une chose extrêmement rare que d'en trouver de tels seulement dans une étendue de quelques centimètres ; et pour vous le faire concevoir, il suffit de vous rappeler comment on fait ces tubes. On a du verre en fusion à l'extrémité d'un tube en fer, qu'on appelle une *canne*, comme si l'on voulait souffler une bouteille ; deux personnes tirent ce verre en sens contraire : de sorte qu'il s'allonge en formant deux cônes opposés au sommet. Ainsi ces tubes doivent être coniques ; de plus, indépendamment des irrégularités qui peuvent se trouver dans le verre, la pesanteur a nécessairement une action pour affaisser les tubes. On peut donc dire qu'il est réellement impossible de faire des tubes parfaitement cylindriques ; et, en effet, vous userez 30 kilogrammes, et dans cette quantité on peut faire une très grande quantité de tubes, avant d'en faire un de 2 ou 3 décimètres, qui soit passablement cylindrique. Nous allons voir qu'on peut se rendre indépendant de cette cylindricité parfaite des tubes, et avoir de très bons thermomètres avec des tubes qui ne posséderaient pas cette propriété.

Dans la division que nous avons supposée d'un tube parfaitement cylindrique, vous concevez que toutes les divisions étant égales, l'espace compris entre deux traits représentera des volumes de mercure égaux ; nous aurons, dans ce cas, ce que nous appellerons des capacités parfaitement égales. Si on nous donne un tube qui soit irrégulier d'une manière quelconque, qui ne soit pas cylindrique, en un mot, la question revient à trouver des capacités égales ; c'est-à-dire, qu'il suffira de graduer notre tube non pas en espaces linéaires égaux, mais bien de telle manière que les capacités en mercure comprises entre deux divisions soient toujours parfaitement égales. Au moyen de cette nouvelle division, on supplée au défaut de cylindricité des tubes.

Une première manière, qui paraîtra bien simple de faire cette opération, consiste à prendre une petite colonne de mercure, *ab*, que l'on introduit dans un tube destiné à faire un thermomètre, fig. 4. Si le tube est parfaitement cylindrique, la colonne de mercure aura toujours la même longueur dans toutes les positions que nous pourrons lui faire prendre dans le tube. Mais si l'on fait ainsi voyager cette petite colonne, on remarque bientôt qu'elle a des longueurs extrêmement variables, tantôt plus petites, tantôt plus grandes, et de la variation de la longueur de la colonne, nous en tirons avec raison cette conséquence que le tube n'est pas cylindrique.

Mais comme ce n'est point tant des longueurs égales qu'il importe d'avoir que des capacités égales, et qu'il est évident qu'une même quantité de mercure indiquera constamment la même capacité, voici ce que nous allons faire. Nous supposons le tube bien fixé, et la base de notre colonne placée en a; cette colonne ira, par exemple, jusqu'au point b, nous marquerons, avec une pointe de diamant ou avec une plume à l'encre, les deux extrémités a et b de la colonne. Nous aurons une première division ab. Nous ferons ensuite courir le mercure dans le tube, de manière que la base de la colonne coïncide parfaitement avec le point b, et nous ferons un nouveau trait au point c, où aboutit la tête de la colonne. Nous aurons deux divisions ab, bc, égales en capacité. Nous continuerons à promener la colonne de mercure, en faisant toujours reposer sa base sur la dernière division, et nous parviendrons ainsi à avoir 2, 3, 4, 5, 6, ... divisions, qui seront parfaitement égales. Cela dépend uniquement du soin et de l'exactitude de l'observateur qui fait cette expérience.

Telle est la manière la plus simple de diviser un tube en un certain nombre de parties égales; vous pouvez vous en contenter. Lorsque vous aurez opéré avec soin, vous pourrez dire que votre tube est bien *calibré*. C'est le terme dont on se sert pour exprimer cette opération.

Quand on a ainsi divisé un tube en parties égales mais qui sont assez grandes, on peut diviser chacune de ces grandes parties, par exemple, en dix parties plus petites. Ces petites parties ne seront pas rigoureusement égales, mais elles approcheront plus de l'être que si l'on eût divisé la totalité du tube en longueurs, et non en capacités égales.

Nous pourrions, après avoir divisé notre tube en dix parties égales, diviser chacune de ces parties en deux parties, chacune de celles-ci en deux autres, et nous parviendrions ainsi à avoir des divisions toutes égales en capacité. Mais ce moyen serait long et fastidieux. Il vaut mieux diviser d'abord le tube en dix parties égales, par exemple, et diviser ces parties en un certain nombre de parties plus petites; il y aura une erreur, mais elle sera peu sensible et pourra être négligée.

Si, maintenant, nous voulons procéder d'une manière un peu plus précise, voici l'opération que nous devons faire.

Je veux, par exemple, diviser l'espace AB d'un tube, fig. 5, en deux parties d'égale capacité. J'introduis dans le tube une colonne de mercure que je tâche de faire égale à la moitié de la capacité du tube. Mais vous sentez que cela est, pour ainsi dire, impossible, et que ma colonne sera un peu plus grande ou un peu plus petite. Supposons qu'elle soit plus grande, elle viendra, par exemple, au point C, lorsqu'elle s'appuiera en A. Je fais ensuite glisser la colonne dans le tube de manière que la tête C de cette colonne vienne se placer en B. Alors la colonne, puisque je l'ai supposée plus grande que la moitié de AB, va dépasser le point C et venir en C'. Il faut faire en sorte que la quantité dont les deux colonnes AC, BC' se croiseront, soit la plus petite possible. Si elle est trop grande, il suffit de faire sortir un peu de mercure du tube. Lorsque je suis parvenu à avoir la distance CC' très petite, je puis supposer le tube cylindrique de C en C : et alors, en divisant cette distance CC' en deux parties égales, je pourrai dire que mon tube est partagé en deux capacités AE, BE égales. Ces deux divisions AE, BE, étant tracées, on pourra opérer sur chacune de ces divisions, comme on a opéré sur le tube entier, et l'on aura quatre parties égales. On opérera sur ces nouvelles divisions comme sur les précédentes, et on aura huit parties égales : c'est là ordinairement le plus grand nombre de divisions que l'on cherche.

TABLES THERMOMÉTRIQUES.

Ce serait un cas tout particulier et un pur effet du hasard, que les divisions que vous auriez tracées par les méthodes que nous venons d'indiquer, correspondissent avec celles qui vous seraient données en prenant les deux points fixes, le point *zéro* et le point *cent*. Aussi ne s'en inquiète-t-on pas. On suppose que l'on a un thermomètre que l'on a divisé en 40 en 60, en 80 parties égales, avant de prendre les points fixes. Ainsi vous commencez par diviser votre tube en autant de parties que vous voudrez ; vous y faites bouillir le mercure, vous le fermez, vous prenez ensuite les points fixes. Je suppose qu'en plongeant votre thermomètre dans la glace fondante le *zéro* corresponde à la division $15\frac{1}{10}$, et qu'en le plongeant dans l'eau bouillante, le point où le mercure s'arrêtera corresponde à la division 78. Nous aurons ainsi un espace compris de $15\frac{1}{10}$ à 78, que nous pourrons diviser en cent parties égales : c'est-à-dire que nous aurons 62 parties $\frac{6}{7}$, pour l'étendue de l'échelle allant de *zéro* à *cent*.

Nous ferons alors la proportion que nous avons indiquée pour la conversion des degrés, si 62 parties $\frac{6}{10}$ donnent 100 degrés, combien de degrés donnerait une de ces parties. Nous trouverons ce nombre de degrés en divisant 100 par 63, $\frac{6}{10}$; et cette valeur trouvée, nous construirons une table exacte sur laquelle nous inscrirons les divisions du tube, et en face les degrés correspondans.

Ces thermomètres ont un grand avantage ; c'est que l'observateur ne sait pas d'avance ce qu'il doit avoir. Ainsi, quand on fait une expérience, on a un but, on désire arriver à tel ou tel résultat. Si l'on connaît l'échelle de son thermomètre, malgré soi on forcera d'un vingtième, d'un dixième, quelquefois davantage ; au lieu que, lorsque vous ne connaissez la valeur de vos divisions que lorsque vous avez consulté votre table, vous ne faites aucune concession.

THERMOMÈTRE ÉTALON.

Si l'on veut un instrument qui donne immédiatement les degrés, sans avoir recours à des tables, on a un bon thermomètre que nous appellerons un *étalon,* au moyen duquel on peut graduer facilement toutes sortes de thermomètres. Voici comment il faut opérer : je prends un tube sans le calibrer, j'y mets le mercure et le ferme ; pour le graduer, je le plonge à côté du thermomètre étalon, d'abord dans la glace fondante et ensuite dans de l'eau bouillante, et je marque les points où le mercure s'arrête dans ces deux circonstances. Il ne s'agit plus que d'avoir les degrés intermédiaires ; je veux, par exemple, déterminer le dixième degré de mon thermomètre ; pour cela, je prends de l'eau à 10 degrés, c'est-à-dire que j'échauffe de l'eau de manière que le thermomètre étalon plongé dans cette eau marque 10 degrés. Le thermomètre que je veux graduer va évidemment indiquer 10 degrés : je marque donc 10 à l'endroit où le mercure s'arrête ; en prenant successivement de l'eau à 20, à 40, à 60, ... degrés je détermine le 20e, le 40e, le 60e, ... degré de mon thermomètre. Cette manière de graduer un thermomètre par comparaison avec un thermomètre étalon est extrêmement simple et en même temps extrêmement exacte. On a ainsi des thermomètres qui n'ont pas besoin de table.

ÉTENDUE DE L'ÉCHELLE THERMOMÉTRIQUE.

Le thermomètre à mercure peut indiquer 30 degrés au-dessous de zéro, et il peut aller à 360 et même jusqu'à 400 degrés au-dessus. Ainsi nous pouvons mesurer avec le thermomètre à mercure une quantité de chaleur qui serait à peu près quatre fois plus grande que celle qui est nécessaire pour porter l'eau de la glace fondante à l'eau bouillante ; mais nous ne pouvons aller plus loin, parce qu'au-delà le mercure se réduit en vapeur, en fluide élastique ; le verre se ramollit, et alors les capacités de l'instrument changent entièrement.

Je dois vous faire remarquer que ce que nous entendons par zéro n'est qu'un point de départ, et que cette expression que le thermomètre est à zéro ne veut nullement dire qu'il n'y a point de chaleur dans le corps. Tout le monde sait en effet que la chaleur peut être plus bas qu'au moment où la glace se fond ; on a dans nos climats des froids de 15 degrés, de 20 degrés ; on a des froids bien plus grands encore dans le nord.

THERMOSCOPE.

Pour apprécier des quantités de chaleur qui sont très petites, nous nous servirons d'un instrument appelé *thermoscope,* qui est un thermomètre qu'on ne se donne pas la peine de graduer, parce qu'il n'est destiné qu'à constater la présence de la chaleur dans les corps. Voici en quoi consiste cet instrument, fig. 6. C'est une boule plus ou moins grosse que l'on a soufflée à l'extrémité d'un tube. L'air dont cette boule est remplie est beaucoup plus dilatable que le mercure et a très peu de masse, de manière que la plus légère chaleur que l'on peut produire, par exemple, en touchant la boule avec la main, fait aussitôt monter la colonne d'air que nous pouvons concevoir dans le tube.

Afin de rendre sensible la dilatation de l'air, on introduit dans le tube une petite colonne de liquide coloré. Pour cela, on échauffe légèrement la boule avec la main ; en dilatant l'air, on en chasse une partie du tube ; on plonge ensuite l'extrémité du tube dans le liquide. Lorsque la boule est refroidie, les molécules d'air se rapprochent ; il se fait par conséquent un vide, et le liquide entre dans le tube en vertu de la pression extérieure.

On fait de ces instrumens qui sont tellement sensibles qu'ils peuvent donner des millièmes de degrés, quantités que l'on ne peut apprécier avec le thermomètre ordinaire. J'ai dit qu'on ne graduait point ces instrumens parce qu'ils étaient destinés uniquement à faire connaitre quand il y avait variation de chaleur, et non à mesurer cette variation ; on pourrait cependant les graduer.

TEMPÉRATURE DES CORPS.

Maintenant que nous connaissons le thermomètre, il s'agit d'interpréter son langage. Nous avons dit qu'on divisait l'échelle thermométrique en cent parties ; nous resterons fidèles à ces divisions, que nous avons appelées degrés centigrades, ou simplement degrés. Lorsque le thermomètre sera mis en contact avec un corps, voilà ce qui arrivera : si le corps est plus chaud que le thermomètre, qui lui-même est un corps, le corps lui cèdera de la chaleur, le mercure se dilatera, et la colonne s'élèvera d'un certain nombre de degrés, et le thermomètre restera ensuite stationnaire, parce que, du moment où le corps ne lui cède plus de chaleur, ce qui arrive lorsque le thermomètre en a autant que lui, il n'y a plus de raison pour que la colonne monte ; car nous savons que la dilatation doit être proportionnelle à la quantité de chaleur.

Lorsque le thermomètre est devenu stationnaire, le nombre de degrés qu'il indique s'appelle la *température* ou l'*état thermométrique* du corps. Ainsi je mets le thermomètre en contact avec ma main, la colonne de mercure s'élève à 28 degrés ; je dis que la température de ma main est de 28 degrés. Je ferai monter le thermomètre plus haut si je le mets dans ma bouche ; il s'élèvera, par exemple, à 38 degrés, qui est à peu près la chaleur de l'homme.

Réciproquement, si on met le thermomètre en contact avec un corps qui est plus froid que lui, le thermomètre est alors le corps chaud qui cède de la chaleur à l'autre. La colonne descend, et lorsqu'elle est devenue stationnaire, on dit que la température du corps est de tant de degrés au-dessous de *zéro*, lorsque le mercure est descendu au-dessous de ce point. L'échelle va en sens contraire en montant et en descendant à partir du *zéro* ; il faut donc bien s'entendre sur les degrés. Lorsqu'on doit exprimer des degrés au-dessous de zéro, on se sert d'une périphrase et on dit : Tant de degrés au-dessous de zéro. On exprime la différence entre ces deux sortes de degrés d'une manière plus simple, au moyen du signe $+$ pour les degrés au-dessus de zéro et du signe $-$ pour les degrés au-dessous.

Cette expression de température nous deviendra commode dans la suite pour exprimer d'une manière simple la quantité de chaleur qui peut être contenue dans les corps.

CALORIQUE.

A présent que nous avons formé un instrument qui nous avertira des variations de la chaleur, qui nous permettra même de la mesurer, nous allons tâcher de découvrir ce que c'est que la chaleur, c'est-à-dire, nous occuper de l'étude de ses propriétés ; et avant d'étudier un corps échauffé, nous allons chercher à voir si réellement nous ne pouvons pas observer la chaleur hors des corps. Vous allez voir qu'on peut la saisir, pour ainsi dire, un instant hors des corps. Pour cela, il n'y a qu'à supposer un corps échauffé et examiner attentivement tout ce qui se passera autour de ce corps. Prenons, par exemple, un boulet de fonte que l'on fait chauffer ; personne ne doute qu'en s'approchant très près de ce corps, on ne reçoive l'impression de la chaleur ; mais tout le monde n'a pas observé, ou plutôt ne s'est pas rendu raison d'un phénomène bien singulier, que l'on remarque aussitôt qu'on en est averti ; c'est qu'à une certaine distance tout autour de ce corps, dans quelque position qu'on se place, on éprouve la sensation de la chaleur. J'ai déjà dit que nos organes sont des juges très imparfaits et qui nous trompent souvent. Il faut avoir recours au thermomètre, et nous verrons que dans quelque position qu'on le mette autour du corps échauffé, le mercure va monter peu à peu, ce qui est le résultat de sa dilatation produite par la chaleur.

Ainsi nous avons expliqué deux faits : l'un la sensation de la chaleur qui nous avertit de l'existence de la chaleur dans les corps, mais sans pouvoir nous servir à la mesurer, et un second fait plus général, plus constant, qui est la variation de volume que la chaleur produit dans les corps.

C'est une vérité qu'il faut admettre, qu'en général un corps ne peut agir là où il n'est point. Puisque nous sentons à distance le corps échauffé, il faut nécessairement qu'il s'échappe de ce corps quelque chose qui vienne nous frapper et produire sur nous la sensation de la chaleur, ou vienne frapper le thermomètre et le fasse monter.

Donc d'un corps échauffé il s'échappe tout autour, dans toutes sortes de directions, quelque chose qui est la cause de la sensation de la chaleur, et qui est aussi la cause de la dilatation des corps. C'est ce quelque chose que l'on a désigné par le nom de *calorique*.

Si l'on met la main au-dessus d'un corps échauffé, on éprouve une sensation de chaleur plus forte que si on la met tait latéralement ou en-dessous. On explique ce phénomène en disant que la chaleur monte, c'est là l'expression vulgaire dont on se sert ; en voici la véritable cause : la colonne d'air que l'on peut concevoir ayant pour base la section horizontale du corps échauffé, s'échauffe par le contact immédiat de ce corps et s'élève, parce que l'air échauffé devient spécifiquement plus léger : de sorte que si je place ma main au-dessus du corps elle reçoit deux impressions : elle est échauffée premièrement par ce qui émane du corps, de la même manière que si elle était placée au-dessous ou à côté de ce corps ; et en second lieu par la colonne d'air chaud qui vient la frapper après avoir été en contact avec le corps échauffé.

Si l'on faisait l'expérience dans le vide, si l'on plaçait, par exemple, ainsi qu'on l'a fait, un petit boulet échauffé au milieu d'un vaste récipient, où l'on ferait le vide, et qu'on plaçât ensuite dans ce récipient des thermomètres à égale distance au-dessus, au-dessous et latéralement, ces divers thermomètres indiqueraient le même degré, la même température.

Par conséquent c'est réellement la présence de l'air qui fait que la chaleur est plus forte dans la situation verticale que latéralement et au-dessous.

Nous voilà parvenus à la découverte de la cause de la chaleur en général, isolée du corps. Cette cause, on a cru devoir lui donner un nom particulier pour la distinguer de ce qu'on appelait la *chaleur* ; car le mot chaleur indique dans le sens vulgaire une sensation. Ainsi, on dira : j'éprouve de la chaleur ; et dans ce sens, ce mot de chaleur indique un effet et non pas une cause ; en physique le même mot indiquait une cause. C'est pour éviter cette double acception qu'on a cru devoir chercher un autre mot pour distinguer la cause de l'effet et c'est le mot *calorique* qu'on a choisi. Cependant les physiciens emploient très souvent le mot de chaleur comme synonyme de calorique, et c'est alors le sens du discours qui détermine l'acception dans lequel le mot de chaleur doit être pris.

RAYONNEMENT DU CALORIQUE.

Le calorique, pendant qu'il traverse l'air pour se porter du corps échauffé vers celui qui le reçoit, lorsqu'il n'est plus engagé dans le corps chaud, et qu'il n'est pas encore engagé dans le corps froid, a reçu un nom particulier. On l'a appelé *calorique rayonnant* ou bien *calorique libre*.

Le calorique qui part d'un corps doit être conçu comme

une série de lignes droites qui partiraient du centre même de ce corps. Pour cela, il n'y a qu'à supposer que le corps soit infiniment petit, et se représenter des lignes mathématiques qui seraient le calorique rayonnant, et qui partiraient dans toutes sortes de directions ; c'est-à-dire nous représenter un corps échauffé avec des rayons de calorique, comme nous nous représentons un corps lumineux avec des rayons de lumière.

Si effectivement ce sont des rayons qui partent ainsi du corps échauffé, il est évident qu'à une certaine distance, la même surface, la main, par exemple, recevra beaucoup moins de ces rayons que si elle était placée plus près du corps. Concevons un corps lumineux, A, fig. 7, envoyant dans diverses directions des rayons Aa, Ab, Ac, Ad, sur une surface $abcd$ qui les absorbe tous. Supposons maintenant que nous soyons à une distance double et que les rayons soient reçus par une autre surface $efgh$, qui les absorbe également, nous aurons les triangles semblables, Aab, Abc, Acd, Ada, Aef, Afg, Agh, Ahe ; et comme la distance est double, les dimensions du nouveau carré seront exactement doubles de celles du petit. Par conséquent nous aurons dans le grand carré quatre petits carrés égaux au premier, et puisque ce sont les mêmes rayons qui viennent frapper le grand carré, il est évident que si vous considérez l'une de ces petites surfaces, elle reçoit pour sa part un quart de la totalité des rayons, c'est-à-dire, que pour une distance double, la même surface reçoit quatre fois moins de rayons. Cela a également lieu pour le calorique rayonnant, comme au reste pour toutes les émanations qui partent d'un centre d'une manière régulière, l'intensité est réciproque au carré de la distance. Ainsi, à une distance double, vous recevez quatre fois moins de chaleur, à une distance triple, neuf fois moins, à une distance quadruple, seize fois moins, ainsi de suite. Cette loi bien simple, mais fort importante, a été vérifiée avec soin par l'expérience.

RÉFLEXION DU CALORIQUE.

Nous allons encore découvrir dans le calorique rayonnant d'autres propriétés fort remarquables. Prenons pour exemple des rayons lumineux, vous savez tous ce qu'on entend par faisceau lumineux : supposez que vous ayez fait un trou au volet d'une chambre obscure. si le soleil donne sur ce trou, vous aurez dans la chambre un rayon lumineux. Si vous présentez à ce rayon un miroir, vous pourrez le réfléchir dantel ou tel endroit de la chambre ; de même si l'on présente aux émanations qui partent d'un corps échauffé, un miroir, on pourra aussi le faire réfléchir sous forme d'un faisceau qui porterait la chaleur partout où il irait.

Cette réflexion des rayons du calorique a lieu suivant la même loi que la réflexion des rayons lumineux, c'est-à-dire que lorsque le calorique tombe sur une surface, il est réfléchi en faisant ce qu'on appelle l'angle de réflexion égal à l'angle d'incidence. Ainsi, soit une surface DE, fig. 8, sur laquelle tombe un rayon de lumière ou de calorique, BA, je dis que ce rayon va être réfléchi par la surface, de manière que l'angle d'incidence, BAE, formé par le rayon BA, relativement à la surface DE, ou à la perpendiculaire AE, sera égal à l'angle de réflexion, DAC, formé par le rayon réfléchi relativement à la même surface DE, ou à la même perpendiculaire AF.

L'effet qu'on produirait en réfléchissant ainsi un rayon de calorique serait peu considérable, car l'intensité au point C serait la même qu'au point B; on a des moyens de concentrer le calorique. La fig. 9 représente des miroirs destinés à remplir cet objet. Ces miroirs sont formés de portions de sphère parfaitement polies intérieurement. Voici quelle est la propriété de ces miroirs : je suppose que nous considérions des rayons lumineux qui viennent de fort loin, qui nous viennent du soleil, par exemple ; en raison de l'énorme distance à laquelle est placé le soleil, tous les rayons qui en émanent doivent être considérés comme étant parallèles ; si l'on présente à un faisceau de ces rayons un miroir sphérique, les rayons qui viennent tomber sur ce miroir se réfléchissent et viennent se réunir sur l'axe du miroir en un certain point. Ce point, dans le cas de rayons arrivant parallèlement à l'axe, si C est le centre de la surface sphérique, est au milieu de la distance du centre au miroir ; ce point présente alors une image du soleil qui est extrèmement intense.

Telle est la loi suivant laquelle la lumière se réfléchit. Supposons maintenant que ce point soit un point lumineux, par exemple la flamme d'une bougie ; les rayons lumineux qui émanent de cette bougie vont prendre la même direction qu'avaient prise les rayons du soleil, c'est-à-dire qu'après être tombés sur le miroir, ils seront réfléchis parallèlement ; et si on leur présente un second miroir pareil au premier, ils viendront tomber sur ce second miroir, et se réfléchiront de nouveau pour former un foyer comme celui que vous avez vis-à-vis du premier miroir.

Nous aurons, dans la supposition que nous venons de faire, rempli cette condition, que les rayons qui tombent sur les miroirs se réfléchissent en faisant l'angle de réflexion égal à l'angle d'incidence. Nous allons emprunter à la théorie de la lumière l'appareil que nous venons de décrire, et au lieu d'un corps lumineux, nous allons nous servir d'un corps échauffé ; et si, au moyen de ce corps placé au foyer de l'un des miroirs, nous produisons au foyer du second miroir une chaleur tellement intense que nous ne puissions y tenir la main, cela ne pourra s'expliquer qu'en admettant que les émanations du calorique rayonnant se réfléchissent sur les miroirs comme la lumière.

Après avoir cherché les foyers des miroirs, qui, ainsi que nous l'avons dit, se trouvent à la moitié de la distance du centre de la sphère au miroir, on place à l'un des foyers un boulet échauffé et à l'autre foyer un morceau d'amadou : on voit cet amadou fumer et bientôt prendre feu : ce qui suppose une grande intensité de chaleur, puisqu'il faut 500 degrés pour enflammer l'amadou. Si l'on met la main en un point A, par exemple, qui se trouve plus près du corps échauffé que le foyer C', on n'éprouve qu'une très faible sensation de chaleur. Il faut conclure de cette expérience que la chaleur qui a enflammé l'amadou n'a été produite que parce qu'au moyen des miroirs sphériques, on a pu concentrer les rayons de calorique, et on n'a pu les concentrer qu'en admettant que ces rayons jouissent des mêmes propriétés que les rayons lumineux.

Nous regarderons donc comme démontré par cette expérience que le calorique rayonnant, quand il tombe sur les surfaces des corps, ou en général quand il tombe sur un corps, se réfléchit de manière que l'angle de réflexion est égal à l'angle d'incidence. Cette propriété admise, on peut, avec le système d'appareil, fig. 8, le concentrer ; et réciproquement, puisque nous le concentrons, nous pouvons en conclure la propriété.

TRANSMISSION DU CALORIQUE A TRAVERS L'AIR.

Je vais maintenant vous faire remarquer une propriété du calorique qui est extrêmement importante, et avec laquelle il faut bien nous familiariser, parce qu'elle nous offre d'heureuses applications. Le calorique traverse l'air librement, et n'est point retenu par lui dans sa course. C'est ce que démontre l'expérience précédente : car, puisque ce n'est point par l'action immédiate de la chaleur que l'amadou s'est enflammé, il a fallu nécessairement que les rayons partis du corps échauffé pour aller d'un miroir à l'autre aient traversé l'air librement.

Nous ne pourrons prouver que l'air n'amortit pas ces rayons, qu'il n'en retient pas quelque chose ; mais nous prouverons par la suite que réellement le calorique rayonnant peut traverser des masses d'air considérables sans que son intensité diminue sensiblement ; et par conséquent, pour une masse d'air aussi peu considérable que celle qui est comprise entre nos deux miroirs, nous pouvons dire que cette masse d'air n'arrête pas le calorique.

Ainsi nous admettons en principe que le calorique traverse l'air sans en être absorbé. Ce principe se démontre encore au moyen d'une expérience bien simple que chacun est à même de faire. Supposons que l'on soit placé devant un foyer, ou mieux devant un poêle dont la porte soit ouverte ; vous savez tous qu'il y a alors un courant d'air qui se précipite dans le poêle, y entretient la combustion, et s'échappe ensuite par le tuyau. Or, de l'air en mouvement, c'est de la matière ; cependant, si vous vous placez devant le foyer, vous sentirez le calorique rayonnant. Ainsi il y aura d'un côté mouvement de l'air qui se fera dans un sens, et ensuite mouvement du calorique qui partira du poêle et se dirigera en sens contraire. Il se forme deux courans opposés, l'un d'air, l'autre de calorique, et l'air, qui est une matière, une quantité pondérable, n'empêche pas le courant des rayons de calorique. Cette observation avait été faite par Scheele, fameux chimiste suédois, et il en avait conclu que les courans d'air ne changent pas les courans de calorique. Cette observation avait aussi été faite depuis long-temps par Dufay. Nous pouvons démontrer la vérité de ce principe d'une autre manière. Supposons qu'avec un écran on agite l'air entre les deux miroirs disposés comme nous l'avons vu tout à l'heure, et au moment où un corps échauffé est placé au foyer de l'un de ces miroirs. Les directions du calorique ne changeront nullement, et il sera réfléchi de la même manière.

Ce que le calorique nous présente est tout-à-fait analogue à ce qu'il est facile de vérifier par rapport à la lumière. Faites entrer un rayon lumineux dans un appartement, ou bien le soir ayez une bougie allumée et examinez la lumière du soleil ou de la bougie sur les murs de l'appartement, pendant que vous mettez l'air en mouvement, vous ne verrez rien changer

sur le mur, et la lumière ira toujours le frapper d'une manière semblable.

C'est ainsi que la lumière qui arrive du soleil traverse l'air
sans en être absorbée, si l'on ne considère que des masses
peu considérables; car celle qui traverse tout notre atmosphère est réellement absorbée en partie, et cela d'autant plus
que l'air est moins pur. Quand il y a des vapeurs, des corps
étrangers dans l'air, il y a beaucoup de lumière qui est dé-
tournée, réfléchie; mais quand l'air est parfaitement pur,
alors il arrive beaucoup plus de lumière à la surface de la
terre; de sorte qu'on peut dire que, dans une étendue de
mille mètres, l'air n'absorbe pas sensiblement la lumière ou
le calorique.

VITESSE DU CALORIQUE.

Le calorique se transmet du corps échauffé au corps qui
le reçoit, avec une vitesse égale à celle avec laquelle la lumière nous arrive du soleil. Or c'est en 8 minutes de temps que
la lumière parcourt les 34 millions de lieues qui nous séparent de cet astre; vous pouvez juger par l'immensité de cet espace parcouru en si peu de temps, de l'énorme rapidité dont
sont animés les rayons lumineux. Le calorique a une vitesse
semblable; car il nous arrive aussi du calorique du soleil avec
les rayons lumineux.

L'expérience, au moyen de laquelle on démontre cette
grande vitesse du calorique, ne peut être faite que d'une
manière bien grossière; car ce que nous pouvons appeler un
instant serait pour la lumière un temps suffisant pour parcourir un espace immense. Néanmoins il est utile de faire
cette expérience pour bien graver dans votre mémoire un
fait important. Voici quel est l'appareil que l'on emploie : un
thermoscope est placé devant le foyer de l'un des miroirs
sphériques; au foyer de l'autre miroir se trouve un corps
échauffé; si l'on interpose un écran entre les deux miroirs,
il arrête les rayons de calorique. Dans cette situation, le thermoscope ne change pas. Il pourrait cependant varier au bout
d'un certain temps, si on avait laissé à l'écran le temps de
s'échauffer lui-même. Si l'on ôte aussi rapidement que possible cet écran, aussitôt vous voyez la colonne de liquide
monter dans le thermoscope, et cependant il a fallu à la
chaleur le temps de traverser le verre pour arriver jusqu'à
l'air.

Cette expérience a été faite sur une distance d'environ 23 mètres, et en retirant l'écran qui interceptait les rayons du calorique, le thermoscope a marché aussitôt.

PESANTEUR DU CALORIQUE.

Enfin comment considérerons-nous le calorique? Le regarderons-nous comme un corps ou bien comme un agent éminemment subtil? Pour savoir si le calorique est un corps, il faudrait pouvoir le soumettre à la balance et en prendre le poids. C'est par l'indication de cette expérience que nous allons terminer cette séance. Cette expérience, faite avec beaucoup de soin par Lavoisier, peut se faire de la manière suivante. Soit un vase que nous remplirons à moitié avec de l'acide sulfurique et de l'eau. Par le mélange de ces deux liquides il se produit une élévation de température qui va même au-delà de cent degrés. En mettant l'eau et l'acide sulfurique dans le vase, on ne fait que les superposer, ce qui est facile, l'acide étant à peu près deux fois plus pesant que l'eau. On met le vase sur la balance, et on en prend le poids au milligramme et même au demi-milligramme près. Quand cette première opération est faite, on agite le vase; il y a combinaison et production de chaleur. Il faut avoir soin que le vase soit parfaitement bouché, de manière qu'il ne puisse rien s'échapper de ce qui est dans le vase. Pour être plus certain que le vase est bien fermé, on peut le mastiquer à l'extérieur. Quand le vase s'est refroidi, on l'agite encore un peu; nouveau mélange, nouvelle chaleur produite. Je laisse dissiper cette chaleur; j'agite encore le vase, et je produis encore de la chaleur. Je finis par faire un mélange complet. Quand le vase, qui était devenu très chaud, est bien refroidi, et que sa chaleur s'est dissipée dans l'air, je puis dire que le nouveau composé renferme moins de calorique qu'avant le mélange. Or, si le calorique était un corps pesant, il est évident que le vase devrait peser moins après qu'avant. En le portant dans la balance, on trouve rigoureusement le même poids. Donc l'on peut conclure que cette quantité de chaleur qui se dissipe n'a point de pesanteur, ou, si l'on veut parler d'une manière plus exacte et ne point aller au-delà de ce que l'expérience peut nous apprendre, nous dirons que le calorique pèse si peu que nos balances les plus parfaites sont trop peu sensibles pour que nous puissions apprécier son poids.

IMPRIMERIE DE E. DUVERGER,
RUE DE VERNEUIL, N. 4.

COURS DE PHYSIQUE.

LEÇON SEIZIÈME.

(Samedi, 5 Janvier 1828.)

RÉSUMÉ DE LA QUINZIÈME LEÇON.

Dans la dernière séance, nous avons examiné quelques propriétés de la chaleur ou du calorique. Ces propriétés semblent rapprocher le calorique de la lumière, avec laquelle il a réellement quelques rapports ; mais elles ne sont pas suffisantes pour nous donner une idée exacte de la nature de ce que nous avons désigné par le nom de calorique. Nous savons seulement qu'un corps échauffé lance autour de lui, dans toutes sortes de directions, quelque chose qui vient frapper les corps, qui les augmente de volume, les *dilate*, qui fait éprouver la sensation de la chaleur ; c'est la cause qui produit ces divers effets qu'on a désignée par le nom de calorique. Nous avons reconnu que le calorique, lorsqu'il vient frapper un corps et qu'il peut être réfléchi par lui, l'est en faisant l'angle de réflexion égal à l'angle d'incidence. Nous avons vu que le mouvement du calorique n'était pas altéré par le mouvement de l'air ; nous avons cité à cet égard des expériences extrêmement simples ; nous avons vu également que le calorique n'est point absorbé sensiblement par ce fluide élastique ; nous avons aussi constaté qu'il peut se transmettre très vite ; enfin, nous avons indiqué comment on pouvait constater qu'il n'était pas pesant, ou, pour mieux dire, qu'il était si subtil, que les balances les plus exactes ne pouvaient en déterminer le poids.

NON-COERCIBILITÉ DU CALORIQUE.

J'ajouterai à ces diverses propriétés que je viens de rappeler, que le calorique n'est point *coercible*. On renferme de

16

l'air dans des vases, on y renferme des liquides, des corps solides; mais nous n'avons aucun vase qui puisse conserver le calorique. Lorsqu'on met un corps chaud dans l'intérieur d'un vase, le calorique qui s'échappe du corps échauffé échauffe successivement les parois, de manière qu'il s'échappe ensuite par les surfaces extérieures. Ce n'est pas comme la lumière, qui traverse immédiatement le corps, si c'est du verre, par exemple, ou se fixe à sa surface, si c'est un corps opaque.

Telles sont les propriétés générales que nous avons reconnues à la chaleur. Ces propriétés, comme vous voyez, ne sont pas suffisantes pour donner une idée exacte de sa nature; et toutes les fois que par l'ensemble des propriétés qu'on peut remarquer, on ne peut suffisamment définir un corps, il est permis de faire des hypothèses sur la véritable nature de ce corps.

HYPOTHÈSES SUR LA NATURE DU CALORIQUE.

Il y a deux hypothèses admises sur la nature du calorique: l'une, la plus anciennement adoptée, et qui l'est encore, consiste à concevoir que le calorique est un corps, ou, pour mieux dire, un fluide éminemment subtil; de telle sorte qu'un corps échauffé serait imprégné, *combiné* même, car on a employé cette expression, avec une certaine quantité de calorique, et que quand ce fluide se trouverait en surabondance, il serait lancé hors du corps avec une vitesse prodigieuse, par une cause qu'on n'explique pas, et jouirait alors de ce que nous avons appelé les propriétés du *calorique rayonnant*.

Il y a une seconde hypothèse admise aussi il y a long-temps, et qui commence à prendre de plus en plus faveur. Cette seconde hypothèse consiste à admettre qu'il existe un fluide éminemment subtil, répandu indéfiniment dans l'espace, fluide qu'on a désigné très anciennement par le nom d'*éther*, de *fluide éthéré*, et à concevoir que toutes les molécules d'un corps échauffé sont dans un état particulier de vibration, de va-et-vient, jouissent d'un petit mouvement oscillatoire, lequel mouvement produit les phénomènes, les sensations et les effets de la chaleur. Lorsque le corps échauffé a ses molécules en vibration, il peut agir sur le fluide éthéré répandu partout, le mettre lui-même en vibration, et alors ces vibrations se propagent, comme dans les fluides éminemment subtils, avec une vitesse prodigieuse, pour ne pas dire infinie. Ces vibrations vont frapper les autres corps qui ont un mouvement

vibratoire différent et tendent à les porter à l'unisson. Ainsi,
les ondulations qui sont communiquées par un corps échauffé
sont plus accélérées, plus nombreuses, plus rapides que celles
qui sont communiquées par un corps froid : de sorte que le
corps échauffé transmettant ses vibrations au corps froid, il
s'établit un équilibre.

Ce phénomène paraîtrait obscur, ainsi indiqué d'une manière générale. On le comprendra mieux par l'exemple du son
dans lequel il se passe un phénomène analogue. Lorsqu'on
frappe un corps qui était d'abord en repos, on met toutes ses
molécules en vibration; sans qu'on s'en aperçoive, les vibrations se communiquent à l'air environnant, et c'est l'air,
ainsi mis en vibration, qui fait vibrer les corps placés à distance.

Cette dernière hypothèse reçoit plus de force par les découvertes qu'on a faites sur la lumière, mais cependant, nous
ne nous en servirons point, dans ce cours, pour l'explication
des phénomènes, parce que la science n'est pas assez avancée,
à cet égard, pour que cette hypothèse se prête également à
l'explication de tous les phénomènes. Par conséquent nous
conserverons l'ancienne hypothèse, qui consiste à considérer
le calorique comme un fluide particulier qui peut rester dans
le corps.

POUVOIRS RÉFLÉCHISSANT ET ABSORBANT.

Nous avons dit d'une part que le calorique est réfléchi par
la surface des corps sur lesquels il vient tomber, et, d'un autre
côté, nous avons dit qu'il peut les échauffer. Ces deux propriétés pourraient paraître contradictoires. En effet, si le calorique peut être réfléchi par un corps, comme nous l'avons
supposé jusqu'à présent, pour aller se concentrer en un foyer
et produire de la chaleur; et si en même temps il échauffe le
corps, comme nous sommes naturellement portés à l'admettre,
nous aurions un effet infini, et une petite quantité de calorique
pourrait, échauffant ainsi les corps et étant réfléchie par eux,
les échauffer tous : ce qu'il est impossible d'admettre.

Cette contradiction s'explique aisément : lorsque le calorique vient frapper sur la surface d'un corps (nous prenons
les choses à l'extrême pour que les résultats en soient plus
nets), lorsque, dis-je, le calorique vient frapper sur la surface d'un corps et qu'il est réfléchi en totalité, le corps qu'il
a frappé, et qui a servi de miroir, de réflecteur, ne change pas

de température; il n'est pas du tout échauffé. Voilà un ré-sultat qu'il faut admettre comme étant incontestable.

Le second résultat est que, si le calorique vient frapper un corps et qu'il ne soit pas réfléchi du tout (je prends également la propriété à l'extrême), le corps s'échauffera.

Ainsi un corps ne s'échauffe pas quand il renvoie le calorique qui vient le frapper, et il s'échauffe lorsqu'il empêche le calorique de se réfléchir en même temps qu'il l'absorbe, qu'il l'amortit. Il faut se former du calorique l'idée qu'on se forme de la lumière, qui est absorbée, amortie, lorsqu'elle vient tomber sur une surface noire.

Maintenant nous n'avons point de corps qui réfléchisse en totalité le calorique qui vient le frapper. Ainsi un miroir, par exemple, qui est frappé par 100 rayons de calorique, n'en renverra que 90; un autre miroir n'en renverra que 30, un autre n'en renverra que 20, de manière que les corps faisant réflecteurs jouissent de la propriété de réfléchir le calorique à des degrés différens; mais nous n'avons pas de réflecteurs absolus, c'est-à-dire qui renvoient en totalité les rayons de calorique qui viennent les frapper.

Réciproquement, nous n'avons pas de corps qui absorbent le calorique en totalité, il y en a toujours une portion de réfléchie. Nous appellerons bons absorbans les corps dans lesquels la plus grande partie du calorique est absorbée et la plus petite réfléchie; et bons réflecteurs les corps dans lesquels, au contraire, c'est la plus grande partie du calorique qui est réfléchie et la plus petite qui est absorbée.

Pour démontrer cette propriété du calorique, nous n'avons qu'à prendre l'appareil que nous avions dans la séance dernière, et qui nous a servi à enflammer de l'amadou. Nous avons produit, avec cet appareil, une chaleur qui allait au moins à 300 degrés, puisque cette chaleur est nécessaire pour que l'amadou puisse brûler. D'après ce que je viens de dire, nous n'avions concentré sur le morceau d'amadou qu'une partie de la chaleur; car les miroirs sont nécessairement des réflecteurs imparfaits, et les rayons qui venaient frapper ce miroir n'étaient pas renvoyés en totalité, et une partie était absorbée. De plus, il faut remarquer que nos miroirs ont une forme particulière, et que pour pouvoir réfléchir les rayons du calorique et les concentrer en un foyer, il faut supposer une surface sphérique parfaitement déterminée; il faut encore supposer un poli parfait; or si l'on regarde de près la surface qui semble avoir le poli le plus parfait, on voit que cette surface est rayée, sillonnée; de sorte qu'au lieu qu'il y ait une réflexion dans le même sens, il y a dispersion des rayons dans toutes sortes de sens. Voilà pourquoi en général on ne peut produire des effets *maximum* comme on pourrait le croire, si effectivement les surfaces étaient parfaitement polies et qu'ensuite les miroirs n'eussent pas la propriété d'absorber une certaine partie de la chaleur.

Vous avez vu avec quelle facilité nous étions parvenus, au moyen des deux miroirs sphériques, à enflammer un morceau d'amadou. J'aurais pu faire remarquer que le miroir au foyer duquel l'amadou était placé ne s'était point du tout échauffé ; on aurait pu s'en apercevoir en appliquant la main contre ce miroir. Nous allons refaire cette même expérience, et nous ne pourrons pas enflammer l'amadou, mais nous reconnaîtrons que les rayons lancés par le corps, au lieu de se réfléchir, vont être absorbés par le miroir et vont l'échauffer.

Pour cette expérience on prend un des miroirs et on l'expose à la flamme d'une bougie : la fumée, qui n'est autre chose que du charbon qui n'a pas le temps de brûler, va former un enduit extrêmement mince sur le miroir ; et cette nouvelle surface aura la propriété d'empêcher le miroir d'être réflecteur. On pourrait nous objecter que nous mettons un corps qui ne forme pas une couche parfaitement unie. Mai il suffirait de prendre un miroir de verre ; ce miroir se comporterait comme le miroir métallique noirci, et donnerait le même résultat ; parce que le verre est un corps qui, quoique parfaitement poli, ne renvoie que peu de calorique et absorbe au moins les neuf-dixièmes de celui qui vient frapper sur sa surface. Si nous appliquons la main sur le miroir métallique que nous avons noirci, nous le trouverons échauffé sensiblement par les rayons de calorique qui sont absorbés.

Nous pouvons donc regarder comme bien démontré que le calorique, quand il vient frapper un corps qui peut l'absorber, n'est pas réfléchi et qu'en même temps il échauffe le corps, et que quand il est réfléchi il n'échauffe pas le corps.

Je puis citer une expérience de Schéele qui est extrêmement simple, et que chacun de vous peut répéter. Si l'on approche un charbon enflammé d'un mur éclairé par le soleil, on voit des ombres tremblantes produites par des mélanges d'air de diverses densités qui se projettent sur le mur. Ce résultat s'obtient avec une température bien au-dessous de 200 degrés ; il suffit que le sol soit frappé par les rayons du soleil, pour qu'on aperçoive dans le lointain des ondulations continuelles dans l'air.

Je suppose maintenant que nous ayons une source de chaleur, le soleil, par exemple ; car ce n'est point par sa lumière propre que le soleil nous échauffe ; c'est parce qu'en même temps qu'il nous envoie des rayons de lumière, il nous envoie des rayons de calorique. On peut concevoir ces derniers rayons concentrés en un foyer, ce qui se fait, comme tout le monde le sait, au moyen d'une loupe ou d'une lentille. On peut le faire également au moyen d'un miroir, et en prenant un miroir un peu grand, on produit une chaleur très intense, de manière à pouvoir fondre une pièce de monnaie. Or si l'air était réellement très échauffé au foyer d'un tel miroir, il est clair, d'après l'expérience du charbon enflammé, que l'on devrait apercevoir ces ondulations qui étaient produites par le charbon. On ne remarque rien de cela ; de sorte qu'il faut conclure que l'air n'est point échauffé, quoique les rayons de calorique soient très accumulés. Par conséquent le calorique n'est point absorbé par l'air.

ÉQUILIBRE MOBILE DU CALORIQUE.

Au moyen des propriétés que nous venons d'expliquer, il est facile de concevoir ce qui se passe lorsqu'un corps chaud est placé au milieu de corps froids placés à distance. Le corps qui est échauffé lance tout autour de lui des rayons de calorique qui vont tomber sur les corps environnans. Si ces corps sont de bons absorbans, ils retiennent tous les rayons qui viennent les frapper, et ils s'échauffent ; si ce sont de bons réflecteurs, ils renvoient ces rayons et ils restent froids. Ils possèdent l'une et l'autre de ces propriétés à un certain degré, de sorte qu'une portion de calorique est retenue par les corps environnans et une autre portion est réfléchie. Cet effet se conçoit très bien tant qu'il y a une différence de température entre le corps échauffé et le corps froid, et nous sommes portés à admettre que cet effet continue jusque là, mais qu'il doit s'arrêter lorsque la différence de température entre les deux corps sera devenue tout-à-fait nulle.

Si l'on peut expliquer par cette considération beaucoup de phénomènes de la chaleur, il y en a que l'on ne pourrait expliquer. Il faut aller plus loin, et il devient nécessaire de faire une supposition, une hypothèse qui a une très grande probabilité. Cette hypothèse consiste à admettre que les corps, même à une température égale, se renvoient réciproquement à chaque instant du calorique. C'est là une proposition qui paraît un peu paradoxale. Je vais citer un exemple qui pourra rendre ceci vraisemblable. La lumière et le calorique sont deux fluides éminemment subtils qui entre eux ont de grands rapports. Considérons une bougie allumée ; elle va renvoyer à tous les corps environnans des rayons de lumière. Concevons ensuite une seconde bougie placée vis-à-vis de la première. Ces deux bougies vont brûler comme si elles étaient isolées, et la lumière de l'une ne sera pas influencée par la lumière de l'autre. C'est ce qu'on peut concevoir plus facilement au moyen d'une expérience bien simple.

Si l'on place (fig. 1) une bougie *A*, devant un écran *E*, percé d'un trou, des rayons partis de cette bougie vont aller éclairer un espace *F*, d'un plan *P*. Si l'on place ensuite une seconde bougie *B*, en avant de la première et plus bas, elle lancera à travers le trou de l'écran des rayons qui iront éclairer une portion *G*, du même plan. Si ces deux bougies s'influençaient réciproquement, il est évident que l'espace éclairé par l'une des bougies devrait être différemment éclairé lorsqu'il y a une bougie et lorsqu'il y en a deux. Or cela n'a pas lieu, et si l'on ôte une des deux bougies, la partie éclairée par l'autre, reste absolument la même. D'où nous concluons que les rayons de l'une des bougies, quoique traversant les rayons de l'autre bougie, n'empêchent pas ceux-ci de continuer leur marche et n'augmentent ni ne diminuent leur intensité. Par conséquent, les deux bougies éclairent chacune pour leur compte absolument comme si elles étaient seules. Cela revient à dire que lorsqu'on aura une certaine quantité de bougies, si vous isolez l'effet de chacune d'elles, bien que tous leurs rayons se traversent, se brouillent, pour ainsi dire, s'ils ne peuvent venir frapper le même endroit, la partie éclairée par chaque bougie ne sera pas changée.

C'est ce fait, que je regarde comme démontré pour la lumière , que je veux maintenant transporter au calorique. Ainsi nous ferons cette hypothèse, qui a réellement la plus grande vraisemblance d'après ce que je viens d'exposer, que les corps qui sont placés dans un espace envoient à chaque instant, quelle que soit leur température, des rayons de calorique tout autour, de sorte qu'il se fait entre les corps des échanges continuels de calorique. Ne considérons que deux corps : si l'un est plus chaud que l'autre, le premier, dans un instant, dans un centième de seconde, va envoyer au second 100 rayons, par exemple, tandis que celui-ci, qui est plus froid, n'en enverra que 90. Vous concevez alors que l'équilibre finira nécessairement par avoir lieu ; car si le premier corps, qui est plus chaud donne à l'autre plus qu'il n'en reçoit, il est évident que l'un perdra tandis que l'autre gagnera, jusqu'à ce qu'ils soient arrivés à avoir la même température ; mais lorsqu'ils auront cette température égale , il n'en sera pas moins vrai que ces corps feront entre eux des échanges continuels ; seulement ces échanges seront inégaux lorsque les corps seront différemment échauffés ; ils seront égaux quand les corps seront exactement à la même température, de manière que l'équilibre se maintiendra. C'est cette hypothèse, faite par Prévost de Genève, qu'on a désignée par le nom d'*équilibre mobile de calorique.*

RÉFLEXION DU FROID.

Il est facile maintenant d'expliquer une expérience qui avait embarrassé pendant quelque temps, parce qu'elle paraissait fort extraordinaire ; c'est ce qu'on avait appelé la *réflexion du froid.* Qu'est-ce que le froid? Un corps froid pour nous n'est autre chose qu'un corps qui contient moins de calorique que d'autres corps. Le froid n'est qu'un état relatif; il n'indique pas une nouvelle propriété, une nouvelle substance, un nouvel être; il indique seulement que le corps qu'on considère, et qui paraît froid, contient moins de chaleur que les autres corps. S'il est plus froid que nos organes, en le touchant nous perdons de la chaleur, et nous éprouvons la sensation du froid; s'il est au-dessus de la température d'autres corps, il élèvera cette température, c'est-à-dire qu'il leur communiquera de la chaleur. En un mot, le froid n'est qu'un état relatif.

Si l'on considérait les corps froids comme étant passifs, c'est-à-dire comme recevant sans donner, on concevrait difficilement comment un corps froid placé au foyer d'un miroir peut donner des rayons qui, en se réunissant, produisent du froid concentré.

Cette expérience avait été faite, il y a long-temps, par les académiciens de Florence. Ayant placé un corps froid au foyer d'un miroir, ils virent qu'un thermomètre placé au foyer d'un autre miroir baissait sensiblement, de manière que le froid se réfléchissait et se concentrait. Ne pouvant s'imaginer que le froid pût réellement se réfléchir, ils doutèrent d'un résultat qui leur paraissait extraordinaire, et ils admirent que c'était une erreur d'expérience. Cette même expérience fut reprise plus tard par Gretner et par Pictet, de Genève ; et c'est cette expérience extrêmement simple, et qui découle des principes que nous avons établis jusqu'à présent, dont nous allons nous occuper. On se sert à cet effet des mêmes miroirs que nous avons employés pour enflammer un morceau d'amadou au moyen d'un boulet chaud placé au foyer de l'un des miroirs ; mais on remplace le corps chaud par un corps froid. Seulement, dans ce second cas, nous ne pourrons produire qu'un effet assez petit. Si, par exemple, nous mettons au foyer de l'un des miroirs un vase contenant de la glace et du sel, nous aurons une température de 18 à 20 degrés au-dessous de zéro, au lieu que, dans le premier cas, nous pouvions aller jusqu'à 800 et même 1000 degrés au-dessus de zéro. Néanmoins, au moyen du thermoscope, nous pourrons rendre l'effet sensible.

Nous figurerons d'abord l'expérience sans miroirs. Soit simplement une boule métallique B, fig. 2, dans laquelle on met un mélange frigorifique formé avec de la glace et du sel. Soit ensuite un thermomètre T placé à distance. Ce thermomètre, d'après ce que nous avons dit, sera le corps chaud relativement au corps froid, et il y aura des rayons de calorique qui partiront de ce thermomètre et viendront frapper le corps froid. Or, même dans l'hypothèse qu'un corps froid est dans un état purement passif, voilà ce qui arriverait. Tous les rayons du thermomètre venant frapper sur le corps froid seraient retenus par ce corps, et le thermomètre baisserait d'une certaine quantité ; d'autres rayons iraient rencontrer en A un autre corps également échauffé, ce corps renvoyant au thermomètre un rayon, il y aurait équilibre, et le thermomètre ne baisserait pas, parce que, si d'un côté le thermomètre perd un rayon, d'un autre côté il reçoit un rayon semblable, et par conséquent il ne se trouve pas refroidi.

Supposons maintenant, fig. 3, que l'on mette derrière le corps froid un miroir sphérique, M, que nous supposerons, pour plus de simplicité, avoir une propriété absolue de réfléchir. Le rayon qui allait frapper le corps en A est arrêté par le miroir ; il est réfléchi en faisant l'angle de réflexion égal à l'angle d'incidence, et vient tomber sur le corps froid. Que va-t-il arriver, même en supposant qu'il ne parte pas de rayons du corps froid ? Le thermomètre, qui auparavant envoyait un rayon à un corps chaud dont il recevait un rayon semblable, ne pouvant plus faire cet échange, doit nécessairement baisser, puisqu'il aura perdu un rayon qui n'aura pas été remplacé. On peut raisonner de même pour un rayon lancé par le thermomètre, et qui aurait été frapper un corps placé en D, fig. 2, et qui, au moyen du miroir, fig. 3, est ramené sur le corps froid. Enfin ce raisonnement pourrait s'étendre à une infinité de rayons.

Si nous employons un second miroir *M*, fig. 4, et que nous le placions de manière que le thermomètre se trouve au foyer de ce miroir, des rayons qui se perdaient dans l'espace ou allaient rencontrer en *A, B,* fig. 2, des corps à la même température que le thermomètre, seront réfléchis au moyen des miroirs, viendront frapper le corps froid, et il y aura un nouvel abaissement du thermomètre, puisque les rayons qu'il envoie ne sont plus remplacés. Dans les expériences que nous venons de citer, les miroirs ne servent réellement qu'à mettre le corps froid en relation avec le thermomètre par un plus grand nombre de points. Tel est le phénomène qu'on avait désigné par le nom de *concentration du froid;* phénomène qui s'explique tout naturellement par les considérations que nous avons exposées précédemment, et qui avait tant embarrassé à une certaine époque les physiciens de Florence.

POUVOIRS ÉMISSIF ET ABSORBANT.

Nous savons déjà que les surfaces des corps ne jouissent pas toutes également de la propriété d'absorber ou de réfléchir le calorique qui vient frapper ces surfaces. C'est ce que nous avons établi pour une surface noircie et pour une surface parfaitement polie. Nous savons déjà en gros que les corps présentent à cet égard une différence ; maintenant nous allons examiner plus particulièrement cette propriété, et nous allons voir si effectivement elle est constante dans les corps, et tâcher d'en donner une mesure. C'est là une question qui est très importante, puisqu'elle nous conduit à examiner, d'une part, comment les corps se comportent relativement au calorique qui vient frapper leur surface, et, d'autre part, si lorsqu'un corps est échauffé et qu'il envoie du calorique, toutes ses surfaces en envoient la même quantité. Ces recherches ont été entreprises avec beaucoup de succès et avec de grands détails par M. Leslie, célèbre physicien d'Edimbourg, et par le comte de Rumford, à peu près à la même époque, par des moyens un peu différens, mais qui rentrent l'un dans l'autre.

Nous allons examiner d'abord si lorsqu'on a un corps échauffé d'une température constante, et que l'on fait varier sa surface, ce corps échauffé renvoie du calorique de la même manière lorsque sa surface vient à changer. Pour cela nous prendrons un appareil très simple employé par M. Leslie. C'est un cube creux en métal, fig. 5, dans lequel on introduit de l'eau bouillante. On peut concevoir, pour plus de simplicité, que la température soit toujours à 100 degrés, point où il est facile de la maintenir, en faisant arriver dans le cube un courant de vapeur par un tube qui communique avec l'intérieur d'une chaudière. Le cube est formé par quatre surfaces différentes; l'une en argent, une autre en cuivre, une troisième en fer, et enfin une quatrième surface métallique qui a été charbonnée, noircie. Après cela, rien ne sera plus facile que de changer la nature de ces surfaces, en y appliquant une peinture. Nous pourrons, par exemple, prendre du minium délayé avec un peu de gomme, ce qui donnera une peinture rouge, etc.

Pour bien concevoir ce phénomène, il faut le supposer indépendant des miroirs qui peuvent quelquefois compliquer en apparence les appareils, et qui n'ont d'autre objet réel que de multiplier les effets pour les rendre plus sensibles. Concevons donc que nous ayons simplement un thermomètre placé à distance, et que nous présentions successivement à ce thermomètre la face noire, la face de cuivre, la face d'argent, la face de verre. Il est clair que si ces surfaces avaient la propriété d'envoyer justement la même quantité de calorique, il est clair, dis-je, qu'il serait indifférent pour le thermomètre, que ce fût la face noire qui fût en face, ou bien que ce fût la face d'argent. Vous verrez qu'il n'en est point ainsi : avec telle surface nous aurons tel effet; avec telle autre surface, nous aurons un effet différent. Donc, nous conclurons de là, que les diverses surfaces n'ont point la propriété de renvoyer dans le même temps, la même quantité de calorique. Voilà un fait général qui est extrêmement important, et rien n'est plus simple que de le constater. L'effet produit est proportionnel à l'excès de température du corps échauffé sur l'air environnant. Je suppose que la température soit de 100 degrés, et que nous ayons pour l'air ambiant 10 degrés, l'excès est de 90. Dans ce cas, nous aurons un certain effet sur le thermomètre qui sera marqué par 15 degrés. Pour faciliter les calculs, nous supposerons que la température de l'air soit zéro ; nous aurons par conséquent une différence de température exprimée par 100 degrés, et l'effet sur le thermomètre sera par exemple de 15 degrés. Si la température du corps chaud baisse jusqu'à 50 degrés, l'effet produit sur le thermomètre ne sera plus que la moitié, c'est-à-dire, que l'effet sur le thermomètre sera toujours proportionnel à l'excès de température. D'après cette loi on pourrait prendre de l'eau à différentes températures en faisant des corrections; mais il est plus simple de tenir notre cube à la même température.

Si maintenant, nous présentons au thermomètre la surface en cuivre, il monte et finit par devenir stationnaire. Lorsqu'ensuite, sans changer la distance, on présente la surface noircie, le thermomètre monte aussitôt; si de nouveau on présente la surface en cuivre, la colonne descend. Ainsi vous voyez que deux surfaces qui sont également échauffées ne renvoient pas la même quantité de calorique.

On peut ensuite rendre les effets plus sensibles au moyen de miroirs qui, ainsi que nous l'avons déjà vu, ont pour objet de mettre le corps chaud en relation avec le thermomètre, par un plus grand nombre de points.

THERMOMÈTRE DIFFÉRENTIEL.

Jusqu'à présent nous nous sommes servis d'un thermoscope, parce que notre seule intention était de démontrer ce fait que les diverses surfaces d'un corps également échauffé, ne renvoient pas la même quantité de chaleur. Nous ne voulions point mesurer ces variations de chaleur. M. Leslie a voulu les mesurer, et pour cela il s'est servi d'un thermomètre particulier, auquel il avait donné le nom de *thermomètre différentiel*. Ce thermomètre a pour lui d'avoir une très grande sensibilité, c'est-à-dire de pouvoir prendre en peu de temps la température finale qu'il doit avoir, tandis qu'il faut plus de temps au thermomètre à mercure; au lieu de quelques secondes, il faudra par exemple, quelques minutes. Or, remarquez qu'avec l'appareil tel que l'avait conçu M. Leslie, il lui fallait un thermomètre très sensible, parce que la température du corps chaud allait continuellement en diminuant. Mais si vous employez l'appareil, avec cette différence que vous ferez arriver de la vapeur par un tube communiquant avec une petite chaudière séparée du thermomètre par un écran, pour qu'elle ne puisse influencer sa température, vous aurez une température constante, et par conséquent, le thermomètre à mercure finira lui-même par prendre exactement la température qui est due à la chaleur renvoyée par la surface du corps échauffé qui lui est présentée. Or, le thermomètre à mercure a ce grand avantage, qu'il ne se dérange pas, tandis que le thermomètre différentiel, qui est un thermomètre à air, se dérange très facilement. Mais comme ce dernier instrument se trouve mentionné dans les ouvrages de physique, et que d'ailleurs, c'est avec lui que M. Leslie a fait ses expériences, il est nécessaire de dire en quoi il consiste.

Ce sont deux petites boules mises en communication par un tube recourbé, fig. 6; l'instrument contient une petite quantité d'un liquide coloré; on se sert pour cela d'acide sulfurique concentré, coloré par l'indigo ou le carmin. Voici comment on construit ce petit appareil : on commence par préparer deux tubes à l'extrémité desquels on souffle une boule; on échauffe la boule de l'un des tubes; ce qui force une portion de l'air à s'échapper. On plonge l'extrémité du tube dans le liquide coloré; la boule, en se refroidissant, se trouve avoir moins d'air qu'elle n'en avait d'abord, et, par conséquent, pour compenser cette perte, il faut qu'il entre dans le tube une certaine quantité de liquide coloré. Lorsqu'il en est entré une quantité convenable, on soude à la lampe d'émailleur les deux tubes, et on les recourbe de manière à leur donner la forme de la fig. 6. Cela fait, et l'équilibre de température étant établi, il est évident que le thermomètre, placé dans un espace qui sera successivement porté à des températures différentes, n'indiquera rien, parce que les deux boules étant placées dans le même espace, s'échauffant également, l'air qu'elles renferment reçoit les mêmes accroissemens de force élastique, et, par conséquent, il n'y a pas de raison pour que la colonne liquide aille d'un côté plutôt que de l'autre.

Maintenant supposons que l'une des deux boules reste à la même température et que l'autre s'échauffe, alors la force élastique de l'air contenu dans la boule échauffée, venant à augmenter, déprime la colonne d'une certaine quantité, et force cette colonne à monter vers la boule qui n'a pas changé de température. Vous concevez très bien qu'en portant l'une des boules à des températures variées sans faire changer l'autre, il sera facile de graduer l'instrument. Nous avons 10 degrés, je suppose; j'enveloppe avec de la neige fondante l'une des petites boules; ce qui fait monter le liquide d'une certaine quantité vers la boule qui est ainsi refroidie. A l'endroit où s'arrête le liquide je marque zéro, et il ne restera plus, si le tube est calibré, qu'à diviser l'espace compris entre le zéro et le point où s'arrêtait la colonne, lorsque les deux boules étaient à la température de 10 degrés, pour avoir un thermomètre différentiel dont les divisions seront en rapport avec celles du thermomètre ordinaire.

Cet instrument se dérange facilement et donne peu d'exactitude; il indique difficilement un demi-degré. Il n'a d'autre avantage que de prendre promptement la température; cela est très utile, sans doute, lorsqu'on a des effets passagers à mesurer. Mais si au lieu d'avoir un vase qui se refroidit continuellement, nous avons un vase d'une température constante, nous n'aurons plus un effet passager; et le thermomètre à mercure, en le laissant le temps convenable, prendra exactement la véritable température. D'ailleurs, lorsqu'on fait les expériences, on sait d'avance de combien de degrés à peu près doit être l'effet que l'on cherche à mesurer. Je sais, par exemple, qu'une telle surface échauffée doit faire monter le thermomètre jusqu'à 15 degrés environ. Pour ne point perdre de temps, j'échauffe avec la main ou d'une manière quelconque, le thermomètre, jusqu'à 15 degrés. Si je l'ai trop échauffé, il redescendra; si je ne l'ai pas assez échauffé, il montera. De cette manière, il faudra beaucoup moins de temps pour parvenir au résultat final, et j'aurai l'avantage d'obtenir des résultats parfaitement exacts; parce que le thermomètre à mercure est extrêmement fidèle.

TABLES DES CAPACITÉS DES DIVERSES SURFACES POUR RECEVOIR OU ÉMETTRE LE CALORIQUE.

Revenons aux résultats que l'on obtient avec ce genre d'appareil. En comparant tous les effets produits par chaque surface, on remarque que c'est la surface noire qui produit le plus grand résultat, et que c'est la surface métallique qui produit le moindre. Comme il s'agit de comparaison, il est nécessaire de prendre pour terme de départ ou le corps qui produirait l'effet le plus petit, ou le corps qui produirait l'effet le plus grand. On a pris le corps qui produit l'effet le plus grand, qui est le noir de fumée. Cet effet, on l'a représenté par 100. Ainsi, supposant que toutes les expériences aient été faites dans les mêmes circonstances, nous aurions formé la table suivante :

Noir de fumée. 100
Eau. 100
Papier blanc. 98
Verre. 90
Surface rouge obtenue avec le minium (oxide de plomb). 90
Plombagine. 75
Plomb terni (qui a été exposé pendant quelque temps à l'air). 45

Pour obtenir une surface en eau, il suffit de prendre une surface métallique sur laquelle on dirige l'haleine.

Il s'agit maintenant de savoir si les surfaces des corps, exposées aux émanations du calorique, le recevront de la même manière. Pour arriver à la solution de cette seconde question, nous supposerons une source constante de calorique; et en présentant aux rayons de ce calorique des surfaces de nature variable, nous examinerons comment les choses se passeront. Nous prendrons, par exemple, une surface noire, celle qui produit le plus grand effet, et nous imaginerons qu'on présente à cette surface une boule de thermomètre, qui sera tantôt nue, tantôt noircie, dorée, argentée, tantôt recouverte de papier, de mousseline, etc.; nous aurons ainsi la même boule de thermomètre, dont la surface sera constamment variable. Si maintenant nous présentons ce thermomètre au corps échauffé, ou directement ou par l'intermédiaire d'un miroir, nous trouverons que le thermomètre s'arrêtera à des hauteurs très différentes, en raison de la surface qui lui sera présentée. Quand ce sera la boule noircie, le thermomètre marquera le *maximum;* quand ce sera la boule recouverte d'une feuille métallique, le thermomètre marquera le *minimum.* Enfin, si nous faisons une série d'expériences en donnant à la boule du thermomètre des surfaces qui seront comme celles-ci : noir de fumée, eau, papier blanc, etc., nous aurons une échelle dont le résultat sera exactement le même que celui de l'échelle précédente; c'est-à-dire que si nous rangeons les surfaces d'après la propriété qu'elles ont de recevoir le calorique, nous trouverons que c'est la surface noire qui reçoit le plus, ensuite la surface de papier, la surface de verre, et ainsi de suite; nous aurons, en un mot, une série tout-à-fait semblable à la première.

Ainsi, nous reconnaîtrons que les corps qui émettent le plus de calorique sont aussi ceux qui en reçoivent le plus; de sorte que ces deux propriétés sont parfaitement corrélatives. Mais nous n'établissons pas par-là que ces deux propriétés sont parfaitement identiques en intensité. De ce que les deux séries marcheront dans le même ordre, nous ne pouvons conclure l'égalité entre les deux propriétés. Je veux dire seulement que lorsque nous aurons rangé les corps dans la première série, les corps seront rangés dans la seconde série suivant le même ordre. Maintenant les deux propriétés se correspondent-elles de manière que la propriété d'émettre soit parfaitement égale à celle de recevoir? c'est ce qu'il nous reste à examiner.

IMPRIMERIE DE E. DUVERGER,
RUE DE VERNEUIL, N° 4.

COURS DE PHYSIQUE.

LEÇON DIX-SEPTIÈME.

(Mardi, 8 Janvier 1828.)

RÉSUMÉ DE LA SEIZIÈME LEÇON.

Dans la dernière séance, nous avons examiné comment le calorique se comportait relativement aux surfaces qu'il venait frapper ou desquelles il se dégageait. Nous avons vu que des surfaces également échauffées envoyaient du calorique en quantités tout-à-fait différentes ; que les surfaces noircies étaient celles qui envoyaient le plus de calorique ; que les surfaces métalliques telles que l'or, l'argent, le cuivre, étaient celles qui en envoyaient le moins. Nous avons indiqué les résultats fournis par un certain nombre de surfaces.

Nous avons ensuite reconnu que des surfaces différentes, exposées à des émanations constantes de calorique, n'en recevaient pas la même quantité. Les surfaces noircies sont celles qui reçoivent le plus de calorique, les surfaces métalliques sont celles qui en reçoivent le moins.

Si l'on forme une échelle des quantités de calorique reçues par les diverses surfaces et une seconde échelle des quantités de calorique émises par ces surfaces, on aura deux séries semblables. D'où nous avons conclu que la propriété d'émettre le calorique et celle de le recevoir suivent la même loi.

ÉGALITÉ DES POUVOIRS ÉMISSIF ET ABSORBANT.

Il reste à examiner si la quantité de calorique qui est reçue d'un côté est égale à celle qui est émise de l'autre, ou si la propriété de recevoir est égale à la propriété d'émettre. On a démontré que les deux séries sont égales terme à terme, et que, par conséquent, la propriété d'émettre est absolument égale à celle de recevoir, en un mot, que ce sont deux propriétés corrélatives. On peut le démontrer d'une manière fort simple. Il suffit de reprendre l'appareil dont nous nous sommes servis dans la dernière séance, fig. 5, d'avoir une surface noircie et une surface d'étain, par exemple, et de présenter successivement ces deux surfaces à un même thermoscope. Nous verrons qu'en présentant la face noire au thermoscope en verre, nous aurons le nombre 100

En présentant ensuite la face d'étain, l'effet sur le thermoscope en verre sera simplement 12

Présentons ensuite à la face noire, non plus la boule focale en verre, mais une boule focale en étain. L'étain recevant beaucoup moins que ne reçoit le verre, nous ne devons pas nous attendre à avoir un résultat égal à 100, nous aurons un résultat plus petit, nous aurons par exemple 20

Enfin, présentons à la face noire, la boule focale toujours en étain, si la faculté d'émettre de l'étain est égale à celle de recevoir, il faut que nous trouvions un nombre qui soit par rapport à 12, ce que 20 est par rapport à 100. En effet, en faisant l'expérience, on trouve pour la quantité de chaleur que reçoit la boule focale en étain, présentée à la face étain de l'appareil $2\frac{1}{2}$

et le rapport de $2\frac{1}{2}$ à 12 est, en effet, à peu de chose près le même que celui de 20 à cent. Ce résultat est celui trouvé par M. Leslie.

Il demeure donc démontré que la faculté d'émettre dans les corps, est égale à celle de recevoir, c'est-à-dire qu'une surface noire qui émet dans un cas et qui reçoit dans l'autre, recevra autant d'un côté qu'elle peut perdre de l'autre.

Nous conclurons de là qu'une surface métallique, par exemple, qui n'envoie qu'une quantité de calorique égale à 10, tandis que le noir de fumée envoie une quantité égale à 100, cette même surface métallique, exposée aux émanations du calorique, recevra une quantité également dix fois plus petite que celle que recevra le noir de fumée.

THERMOSCOPE DE RUMFORD.

Les moyens que nous avons indiqués sont ceux qui avaient été employés par M. Leslie. Le comte de Rumford s'occupait à la même époque d'expériences analogues, et obtenait des résultats un peu différens de ceux obtenus par M. Leslie.

Le comte de Rumford se servait d'un thermoscope, qui est à peu près le même appareil que celui de Leslie. Il n'y a pas de graduation dans le thermoscope de M. de Rumford, et vous allez voir qu'elle n'était pas nécessaire. Cet instrument, fig. 1, est formé par deux boules égales réunies par un tube creux; une goutte de liquide coloré renfermée dans le tube, et servant d'index, sépare l'air de droite et l'air de gauche. Tant que les deux boules sont exactement à la même température, l'index, qui est dans le milieu de la branche horizontale du tube, ne doit pas bouger; mais si on échauffe l'une des boules seulement, l'index courra aussitôt vers l'autre boule. Ce n'est point en faisant marcher l'index que l'expérience se fait, c'est au contraire en le tenant parfaitement stationnaire. Voici en effet comment le comte de Rumford faisait son expérience : il avait deux surfaces parfaitement égales en grandeur, mais de nature différente; pour obtenir ces surfaces, il avait pris deux cylindres creux terminés perpendiculairement de chaque côté; il collait sur les faces de ces cylindres tantôt une feuille d'or, tantôt une feuille d'argent, tantôt une feuille de papier, tantôt une feuille de baudruche, etc.; il plaçait le thermoscope entre les deux cylindres remplis d'eau à la même température, et il isolait les deux boules du thermoscope au moyen d'un écran, afin que chacun des cylindres ne pût agir que sur une seule des boules. Supposant qu'on ait d'un côté une surface de papier et de l'autre une surface d'étain, si ces deux surfaces renvoient exactement la même quantité de calorique, en les plaçant à égale distance des deux boules, il est évident que l'index ne doit pas bouger; mais si l'une des surfaces, celle de papier, envoie plus de chaleur, la boule du thermoscope exposée à cette surface recevra plus de rayons de calorique que la boule exposée à la surface d'étain; par conséquent l'air de la première boule s'échauffera plus que celui de la seconde, et l'index sera poussé du côté de la boule qui sera le moins échauffée. Il s'agit de ramener cet index à occuper le milieu du tube, et voici comment on peut y parvenir : nous savons que l'intensité du calorique est en raison inverse du carré de la distance; de sorte qu'il suffira d'éloigner le corps le plus chaud jusqu'à ce que son effet soit tellement diminué par la distance, qu'il soit égal à l'effet du corps le moins chaud. Ainsi en supposant que le corps qui envoie le moins de rayons de calorique soit à une distance constante que nous appellerons *un*, et que nous devions mettre l'autre corps à une distance double pour que son effet sur le thermoscope soit égal à l'effet produit par le corps le plus chaud, cela prouve que ce dernier corps a une intensité de chaleur quatre fois plus grande que celle de l'autre corps. Tel est le principe sur lequel sont fondées les expériences du comte de Rumford. On peut par ce moyen obtenir des résultats précis; néanmoins il vaut mieux, si vous voulez faire ces sortes d'expériences, prendre le thermomètre à mercure ordinaire, en ayant soin de maintenir les surfaces dont vous voulez connaître le pouvoir émissif à une température constante pendant le temps nécessaire pour que le thermomètre parvienne à un état stationnaire.

INFLUENCE DE LA NATURE DES SURFACES SUR LES POUVOIRS ÉMISSIF ET ABSORBANT.

Après avoir examiné la capacité des diverses surfaces pour émettre le calorique et pour le recevoir, il reste à jeter un coup d'œil sur la nature de ces surfaces, pour voir si cette propriété ne serait pas liée d'une manière quelconque avec d'autres propriétés de ces surfaces. D'abord ce qui nous frappe dans le tableau que nous avons présenté dans la dernière séance, c'est que les surfaces métalliques ont en général une propriété émissive bien moins considérable que les substances non métalliques. Ainsi nous voyons que, sous le rapport de cette propriété d'émettre le calorique, et par conséquent aussi de le recevoir, nous voyons, dis-je, que les surfaces métalliques sont celles qui jouissent le moins de cette propriété. C'est là un résultat général que l'on peut se graver facilement dans la mémoire.

INFLUENCE DU POLI.

Le poli influe-t-il sur cette propriété? Voici les résultats qui ont été trouvés par M. Leslie. Il a pris un cube dont l'une des faces était formée par une feuille d'étain parfaitement polie; il a cherché, en échauffant le cube, l'effet produit sur la boule focale par la surface d'étain; il a trouvé que cet effet était exprimé par 12, le noir de fumée produisant un effet égal à 100. M. Leslie a pris ensuite du papier couvert de verre pilé, et il a promené ce papier parallèlement sur la surface d'étain, de manière à rayer cette surface dans un seul sens. Ayant fait cette opération, il a trouvé que l'étain, étant ainsi rayé dans un sens, avait un effet émissif de 19. En le rayant ensuite dans un second sens perpendiculaire au premier, il en est résulté des raies qui se sont croisées à angle droit, et l'effet a été porté alors à 23, c'est-à-dire que le pouvoir émissif était devenu double de ce qu'il était primitivement. Enfin il a rayé la surface dans tous les sens, et il a eu pour *maxi-*

mum d'effet le nombre 26 ; de sorte qu'à mesure qu'il a détruit le poli et multiplié, pour ainsi dire, les aspérités, il a augmenté continuellement le pouvoir d'émettre, et réciproquement le pouvoir de recevoir. D'après ce résultat, vous voyez qu'il est essentiel que les corps présentent un poli aussi parfait que possible pour que le pouvoir d'émettre ou de recevoir soit à son *maximum*.

Qu'a-t-on fait dans l'expérience que je viens de rappeler ? On a produit de petites cavités, de sorte que le thermomètre qui est exposé à la surface rayée regarde véritablement beaucoup plus de points que lorsque cette surface était plane. On ne peut cependant pas généraliser ce fait, c'est-à-dire qu'on ne peut dire qu'en général un corps terminé par des pointes donne plus de calorique qu'un autre corps qui n'est point terminé de cette manière.

INFLUENCE DE LA DURETÉ.

La dureté ne paraît avoir aucune influence sur la propriété d'émettre ou de recevoir les rayons de calorique ; car on remarque parmi les métaux une très grande différence sous le rapport de la dureté. Le fer, par exemple, est beaucoup plus dur que l'or, le cuivre, l'argent surtout, et cependant les pouvoirs émissifs de ces métaux sont à peu près les mêmes.

INFLUENCE DE LA COULEUR.

La couleur ne paraît pas non plus avoir de liaison avec cette propriété d'émettre ou de recevoir le calorique.

Ainsi, nous ne voyons rien dans les propriétés que présentent les surfaces des corps à quoi nous puissions attribuer cette propriété. Elle dépend absolument de la nature particulière de chaque corps ; seulement nous la voyons plus grande dans les métaux que dans les autres corps.

TRANSMISSION DU CALORIQUE A TRAVERS LES CORPS.

Il nous reste encore quelque chose à considérer, relativement aux surfaces, c'est la profondeur à laquelle l'émission peut avoir lieu ; et il s'agit de savoir si cette émission est entièrement superficielle et bornée à la surface mathématique, ou bien si elle s'étend à une certaine profondeur au-dessous de cette surface mathématique. M. Leslie a trouvé qu'en effet l'émission s'étendait un peu au-dessous de la surface. Pour faire cette expérience, on prend un miroir dont on connaît le pouvoir réflecteur, sur lequel on met une couche très légère d'une substance telle, par exemple, que la colle de poisson, qui forme une espèce de matière gélatineuse quand elle est dissoute dans l'eau. Cette couche s'applique sur le miroir au moyen d'un petit pinceau, et on s'arrange de manière qu'elle soit aussi uniforme que possible : on attend que cette couche soit sèche. Si vous avez pesé la quantité de matière employée, connaissant la surface du miroir, vous pourrez facilement calculer l'épaisseur de la couche.

On met ensuite une deuxième, une troisième couche, de manière qu'on augmente ainsi successivement l'épaisseur, et de quantités qu'on peut regarder comme suffisamment connues.

C'est ainsi que M. Leslie a trouvé qu'en prenant un miroir métallique parfaitement poli, l'effet maximum étant représenté par 100, si on mettait une couche de colle d'un vingt-millième de pouce d'épaisseur, l'effet, au lieu d'être 100, était réduit à 77. Or, la colle toute seule aurait donné un résultat qui aurait été bien moins considérable. Par conséquent, il faut admettre nécessairement qu'il y a des rayons de calorique qui ont traversé la couche de colle, et sont venus frapper le miroir, et ont été réfléchis par la surface métallique elle-même.

M. Leslie ayant mis successivement des couches de colle de manière à avoir des épaisseurs de $\frac{20}{1000}$, $\frac{10}{1000}$, $\frac{5}{1000}$, $\frac{2}{1000}$, $\frac{1}{1000}$ de pouce ; il a trouvé, l'effet sur le miroir parfaitement net étant toujours 100, les résultats suivans :

$$\text{Avec } \frac{20}{1000} \dots\dots\dots\dots\dots\dots\dots\dots 77 ;$$
$$\text{Avec } \frac{10}{1000} \dots\dots\dots\dots\dots\dots\dots\dots 49 ;$$
$$\text{Avec } \frac{5}{1000} \dots\dots\dots\dots\dots\dots\dots\dots 37 ;$$
$$\text{Avec } \frac{2}{1000} \dots\dots\dots\dots\dots\dots\dots\dots 27 ;$$
$$\text{Avec } \frac{1}{1000} \dots\dots\dots\dots\dots\dots\dots\dots 19 .$$

Il est donc démontré que l'effet du calorique n'est pas borné à la surface mathématique des corps, mais que le calorique peut pénétrer jusqu'à une certaine profondeur, toujours extrêmement petite, au-dessous de cette surface ; et je ferai remarquer que cela est d'autant plus sensible que le corps est plus transparent. Comme nous l'établirons, le calorique traverse assez librement les corps transparens, tandis que les corps opaques le repoussent entièrement, ou qu'au moins la profondeur à laquelle il pénètre dans ces corps est beaucoup plus petite.

ÉMISSION DU CALORIQUE PAR DES SURFACES INCLINÉES.

Dans l'examen des diverses propriétés de la chaleur que nous avons fait jusqu'à présent, nous n'avons eu à considérer qu'une surface se présentant toujours dans la même direction ; car lorsqu'on a plusieurs phénomènes à considérer, il faut tâcher de rendre toutes les circonstances semblables, moins celle qu'on examine.

Il s'agit maintenant de savoir si, étant donné une surface échauffée, composée de points qui tous sont échauffés pour leur propre compte, tous ces points envoient du calorique également dans toutes sortes de directions. Lorsque nous n'avons qu'un point mathématique échauffé, nous concevons qu'il est un centre duquel partent des rayons de calorique dans toutes sortes de directions. Nous pouvons nous représenter une surface comme composée d'une série de points, et on demande ce qui arriverait relativement à l'émission ou à la réception du calorique par ces divers points. Il est aisé de faire sentir que l'intensité du calorique lancé par les divers points qui forment la surface d'un corps, n'est pas la même dans toutes les directions. En effet, je suppose que nous ayons un thermomètre qui regarde une surface échauffée, et ne la regarde qu'à travers une petite ouverture ; c'est comme si nous regardions par un trou qui nous permettrait de voir la campagne ; le trou forme ce qu'on appelle la projection de tout ce que nous pouvons voir à l'extérieur. Si maintenant, derrière ce trou, se trouve un plan perpendiculaire au rayon visuel, nous ne verrons qu'une étendue, une apparence qui sera grande comme l'ouverture faite dans le mur, ou, pour mieux dire, dans une paroi mince comme un carreau. Si la surface, au lieu de rester perpendiculaire, prend de l'obliquité de plus en plus, nous verrons un nombre de points qui ira toujours croissant. Si chaque point envoyait des rayons lumineux tout autour, dans les diverses directions, avec la même intensité, une surface inclinée, par rapport à notre œil, nous devrait paraître infiniment plus lumineuse que si nous la regardions en face ; car si nous la regardions en face, nous verrions une étendue beaucoup moindre ; par conséquent, nous ne recevrions que les rayons lumineux envoyés par les divers points que nous pourrions apercevoir. Or, il n'en est pas ainsi, et nous apercevons la même intensité de lumière dans cette surface, qu'elle soit perpendiculaire ou qu'elle soit inclinée par rapport à notre œil.

Je suppose qu'on prenne un petit boulet et qu'on le porte à un degré de chaleur suffisant pour le rendre lumineux. Si vous regardez ce boulet d'un peu loin, il vous paraîtra comme un plan, et cependant vous voyez que les diverses parties de sa surface ont des inclinaisons toutes différentes; par conséquent, en regardant ce boulet par une petite ouverture, vous recevriez beaucoup plus de rayons de la portion de la surface du boulet, inclinée par rapport à l'axe visuel, que vous n'en recevriez de la portion qui est perpendiculaire à cet axe; cependant ce corps ne paraît pas plus lumineux sur les bords que vers le centre.

Il faut donc nécessairement que l'intensité des rayons lumineux envoyés par les divers points des surfaces ne soit pas la même dans tous les sens.

Ce fait a exactement lieu pour le calorique, et voici comment M. Leslie s'en est assuré, et comment nous allons nous en assurer nous-mêmes, en répétant son expérience. On met une surface échauffée devant une ouverture faite dans un écran, et on place un thermoscope derrière cette ouverture, qui détermine l'étendue de la surface qui peut être aperçue. Cette étendue est déterminée en menant des rayons qui passeraient par les bords de l'ouverture. Si maintenant, sans rien changer ni au thermomètre ni à l'écran, nous faisons varier la surface qui regarde le thermomètre, à mesure que nous inclinons cette surface, le thermomètre en découvre une partie qui est de plus en plus grande, et par conséquent il reçoit de plus en plus des rayons envoyés par chaque point de la surface. Or, si chacun de ces points envoyait des quantités égales de chaleur, dans toutes les directions, avec la même intensité, il est évident que le thermomètre recevant, lorsque la surface est inclinée, une plus grande quantité de ces rayons, il devrait monter; mais il ne bouge pas : donc il faut précisément que l'intensité des rayons, si la surface devient deux fois plus grande, devienne deux fois plus petite.

Nous venons de voir que lorsque la surface augmente, le nombre des points augmente dans le même rapport; par conséquent le thermomètre devrait recevoir et reçoit effectivement des rayons de calorique plus nombreux, et précisément dans le même rapport que la surface a augmenté. Or, puisque le thermomètre ne monte pas et reste stationnaire, il faut bien que l'intensité des rayons diminue comme la surface augmente.

Cette intensité est à son *maximum* lorsque les rayons arrivent perpendiculairement de la surface. Ainsi, tous les points qui composent la surface d'un corps n'envoient pas autour d'eux, dans toutes les directions, du calorique ayant la même intensité. Les rayons de calorique ont une intensité variable avec l'inclinaison de la surface, et cette intensité est proportionnelle au cosinus de l'angle formé par la perpendiculaire à cette surface et les rayons de calorique que ce corps reçoit.

APPLICATIONS DE L'ÉMISSION OU DE L'ABSORPTION DU CALORIQUE.

Il y a des applications assez curieuses et assez nombreuses de l'émission ou de la réception du calorique par la surface des corps : je me bornerai à en citer quelques-unes. S'il s'agit, par exemple, de conserver à un corps sa chaleur pendant le plus long-temps possible, sachant que les surfaces noircies se refroidissent plus vite que les surfaces métalliques, il faudra donner au corps une surface métallique. Ainsi, une cafetière en argent, ou même en étain qui aurait été bien poli, remplie d'eau bouillante, se refroidit beaucoup moins vite que le même vase recouvert d'une légère couche de noir.

Ainsi, lorsqu'on veut développer beaucoup de chaleur dans un appartement au moyen d'un poêle, au lieu de faire les tuyaux et le corps du poêle en cuivre qu'on tâche de tenir bien brillant et bien propre, il faut, au contraire, le noircir ou au moins le couvrir d'une couleur dont le pouvoir émissif serait plus considérable que le pouvoir émissif des surfaces métalliques polies. Si vous mettez la main à une petite distance du tuyau formé par du métal poli, vous ne sentez pas de chaleur, et cependant au contact vous trouvez une chaleur excessive.

Réciproquement si vous voulez échauffer un corps parfaitement poli, en le présentant à une source de chaleur, ce corps va être beaucoup plus long-temps à s'échauffer que si vous présentiez ce même corps, mais noirci, à la source de chaleur.

Cette propriété des surfaces métalliques d'émettre peu et de réfléchir beaucoup les rayons qui viennent les frapper, s'aperçoit très aisément. Si l'on met la main à une petite distance d'une surface métallique, on a une impression de chaleur, comme si ce corps était chaud. D'où cela vient-il ? C'est

une condition de l'organisation que nous perdions continuellement de la chaleur ; nous sommes mal à notre aise si
nous sommes dans un air tellement chaud qu'il nous empêche
de perdre de notre chaleur. Si la main dont la chaleur moyenne
est d'environ 30 degrés est dans un espace libre, tout le calorique qu'elle envoie va se fixer sur les corps environnans,
mais si on lui présente une surface métallique, cette surface
renvoie à la main la plus grande partie du calorique qu'elle en
avait reçu. Par conséquent, la main se refroidit dans un
temps donné beaucoup moins vite que si elle était dans un
espace parfaitement libre, donc elle doit sentir de la chaleur,
et c'est effectivement ce qui arrive.

Si d'après cela, on se renfermait dans un tonneau qui serait
tapissé de feuilles d'or ou d'argent ou simplement d'étain,
on éprouverait une chaleur insupportable, parce que tout le
calorique partant du corps lui étant renvoyé, il n'éprouverait
plus de déperdition. Dans les pays froids, on pourrait construire des appartemens ainsi tapissés de surfaces métalliques. Ces appartemens seraient très chauds, quoique les murs
paraîtraient très froids si on était immédiatement en contact
avec eux ; parce que, ainsi que nous le verrons plus tard,
les métaux sont de bons conducteurs du calorique et qu'ils
enlèvent beaucoup de chaleur aux corps qui les touchent.

ÉCRAN.

Nous avons encore à découvrir quelques propriétés fort
remarquables du calorique rayonnant. Nous n'avons considéré que ce qui se passe à la surface des corps ; il faut pousser
plus loin notre investigation et voir ce qui arrive lorsque le
calorique doit traverser les corps. Cela nous conduit à parler
de ce qu'on appelle les *écrans*.

Le calorique qui vient frapper sur un corps peut le traverser, si ce corps n'a pas une épaisseur trop considérable,
ou être arrêté si ce corps est opaque. Les corps peuvent être
opaques pour le calorique, et ne pas l'être pour la lumière, de
sorte qu'ils laissent passer les rayons lumineux et arrêtent les
rayons calorifiques.

En général, le calorique traverse les corps transparens :
nous l'avons déjà reconnu pour l'air : il peut aussi traverser
les liquides, les corps solides qui sont transparens. On a découvert à cet égard quelques propriétés très remarquables.
Pour bien étudier cette transmission du calorique à travers
les corps, il faut remarquer que la transmission n'est jamai-

complète, au moins pour les rayons de chaleur que nous avons à notre disposition. Il y a deux portions, une portion qui passe librement et continue sa route, tandis qu'une autre portion est absorbée par le corps ; de manière que si l'on veut mesurer le calorique ainsi transmis à travers les corps, au moyen d'un thermomètre qui reçoit les rayons qui traversent, il faut nécessairement pouvoir tenir compte des rayons qui sont renvoyés ou absorbés par l'écran.

Ainsi les rayons passent immédiatement à travers le verre, mais seulement une partie ; il y en a le dixième qui passe, il y en a donc les neuf dixièmes qui sont retenus ou réfléchis. Mais le résultat de l'absorption du calorique par le verre est nécessairement d'échauffer le verre. Or, une fois que le verre est échauffé, il rayonne à son tour, et ses effets vont s'ajouter à ceux des rayons qui sont transmis directement. Afin de distinguer ce qui est dû à la transmission de ce qui est dû ensuite à la chaleur émise par l'écran lui-même, voici comment il faut procéder.

Imaginons un corps échauffé, par exemple, un boulet rouge, et ayons un thermomètre à une certaine distance. En ne mettant pas d'écran, il y a un certain effet sur le thermomètre, on observe cet effet qu'on appelle l'*effet direct* ; on met ensuite l'écran, et on trouve que l'effet est devenu beaucoup plus petit ; on note ce second effet. Enfin, l'on met sur le côté de l'écran opposé au corps une couche noire, et alors, au moyen de cette couche, les rayons sont arrêtés en totalité et ne peuvent plus arriver jusqu'au corps. On défalque l'effet produit dans cette nouvelle circonstance de celui qui était produit lorsque l'écran n'était pas noirci, et la différence donne l'effet immédiat produit par le calorique transmis à travers l'écran.

Cette propriété du calorique, de traverser les corps, a été observée il y a fort long-temps, mais les résultats les mieux étudiés et les plus complets sur cette matière sont dus à Laroche, physicien, qui est mort depuis plusieurs années, étant encore fort jeune. Le résultat le plus important auquel Laroche est parvenu, est que le calorique peut traverser certains corps, et qu'il les traverse en quantité qui croît dans un plus grand rapport que leur température.

Lorsque le corps a une température de 100 degrés, il passe à travers le verre une quantité de chaleur que nous représentons par A ; en élevant la température du corps à 200, à 500 degrés, il devrait passer $2A$, $5A$, si la quantité de chaleur qui passe à travers le verre était proportionnelle à l'élévation de la température. Mais tel ne serait point le résultat obtenu, et on trouverait que la quantité de chaleur transmise croîtrait dans un plus grand rapport.

En effet, en prenant un cube rempli de mercure bouillant qui était à 346 degrés, et ensuite du cuivre chauffé à 960 degrés : voici les résultats obtenus par Laroche.

Température des corps chauds.	Effet sans écran.	Effet avec écran transparent.	Effet avec écran noirci.	Différence.	Rapport.
346°	16°,33	1°,36	0°,17	1°,19	$\frac{1°}{139}$
960°	38°,97	11°,83	0,43	11,43	$\frac{1°}{34}$

Voilà un résultat de la plus haute importance qu'on énonce en disant : *la quantité de chaleur qui traverse immédiatement le verre*, ce sont les expressions de Laroche, *est d'autant plus grande relativement à la totalité de celle qui est transmise dans le même verre, que la température de la source est plus élevée.*

Un autre résultat fort curieux et que je ne ferai qu'énoncer, c'est que le calorique qui a déjà traversé un écran éprouve une diminution relativement moindre lorsqu'il traverse un second écran.

Enfin lorsqu'on prend des écrans de diverses épaisseurs, on conçoit très bien que les épaisseurs doivent avoir une influence ; en effet, Laroche a trouvé qu'un écran d'un verre épais qui était au moins aussi transparent qu'un autre écran très mince, laissait passer beaucoup moins de calorique que l'écran mince, mais que la différence était d'autant moindre que la température était plus élevée.

Voilà les principaux résultats que Laroche avait obtenus en 1812 ; résultats qu'on trouve dans le *Journal de physique* pour cette année 1812, *tome 75.*

Mariotte, dans son *Traité des couleurs*, fait cette remarque qu'un carreau de verre mis devant un miroir destiné à être exposé aux rayons du soleil pour les concentrer, n'empêchait pas que ce miroir n'enflammât également bien les corps placés à son foyer : et il observa que cela n'a pas lieu pour le feu d'un foyer ; de sorte que Mariotte avait reconnu une différence entre le calorique envoyé du soleil et le calorique qui sort de nos foyers ; il considérait celui-ci comme étant composé en quelque sorte de parties plus grossières.

En 1726, **M. Dufay**, dont on trouve le travail dans les *Mémoires de l'Académie* de cette année, trouva que le calorique passait à travers le verre, et la preuve la plus frappante qu'il ait pu en donner, c'est qu'il a enflammé des corps par le moyen de miroirs paraboliques. En mettant à l'un des deux miroirs des charbons embrasés et à l'autre un morceau d'amadou, il enflammait l'amadou à 18 pieds : quand il ne mettait pas d'écran entre les miroirs, il enflammait de même après avoir mis un écran ; seulement alors il fallait rapprocher les miroirs.

Dufay avait reconnu que quand les sources de chaleur sont très faibles, l'épaisseur du verre a une très grande influence, mais que quand les sources de chaleur sont très élevées, la perte causée par l'épaisseur du verre devient de plus en plus petite.

Enfin, Dufay reconnut que le calorique était susceptible d'être réfracté comme la lumière ; c'est-à-dire que le calorique, quand il traverse le verre, y entre non pas suivant la même direction, mais en se rapprochant de la verticale ; de manière que des rayons de calorique qui émanent d'un corps parallèlement entre eux, si on leur présente une lentille, sont réfractés de même que l'est la lumière, et on obtient alors un foyer qui est très intense. Dufay était parvenu à enflammer différens corps en plaçant au foyer d'une lentille des corps très échauffés, et en faisant passer les rayons qui partaient de ce foyer de chaleur à travers une lentille, et en les recevant sur un miroir qui les réfléchissait ensuite à son propre foyer. Cette même expérience avait également été faite par le fameux Herschel.

Herschel s'était aussi occupé des phénomènes de la chaleur ; et en considérant celle qui sort d'un poêle, il avait reconnu que la chaleur était produite non pas par les rayons de lumière, comme on pourrait le croire de prime abord, mais par des rayons différens, qui étaient les rayons calorifiques, et il l'avait constaté par l'expérience suivante : En présentant un miroir devant un poêle, il était parvenu à enflammer des corps placés au foyer de ce miroir, en même temps qu'il y avait à ce foyer une grande intensité de lumière. Il mit ensuite un écran entre le poêle et le miroir, et alors il n'y eut plus de chaleur au foyer, mais il y eut encore la même intensité de lumière ; d'où il conclut que ce n'était pas les rayons lumineux qui échauffaient, mais bien les rayons calorifiques.

RÉSUMÉ DES PROPRIÉTÉS DU CALORIQUE.

Je résume tout ce que nous avons dit jusqu'à présent sur le calorique.

Nous avons vu qu'un corps échauffé lance du calorique dans toutes sortes de directions, et nous avons admis comme une hypothèse très vraisemblable, qu'à la même température que les autres corps, il rayonne encore; et qu'en général les corps, à la même température, rayonnent réciproquement les uns vers les autres, et s'envoient des quantités de chaleur qui sont telles que l'équilibre de chaleur se maintient.

Nous avons vu que le calorique n'est pas émis en même quantité par diverses surfaces également chaudes; et qu'il n'est pas reçu en égale quantité, lorsqu'il provient de la même source, par des surfaces différentes. Nous avons reconnu que la propriété d'émettre est égale à celle de recevoir; que le calorique traverse immédiatement les corps transparens comme la lumière; mais en quantité d'autant plus grande que la température de la source est plus élevée. Enfin, nous avons reconnu que le calorique est réfracté, et que c'est lui qui échauffe, et non la lumière.

ÉQUILIBRE DE TEMPÉRATURE.

Si nous considérons maintenant ce qui se passe entre plusieurs corps qui sont en présence les uns des autres, nous sommes autorisés, d'après l'hypothèse admise de l'équilibre mobile de la chaleur, à reconnaître que l'équilibre de température consistera dans les corps, dans des échanges continuels qui seront toujours parfaitement égaux, sans quoi la température ne pourrait se maintenir.

La manière la plus avantageuse d'échauffer un corps, est évidemment de le mettre immédiatement en contact avec le corps échauffé. Le contact le plus intime qui puisse exister entre des corps, ce n'est pas lorsqu'ils se touchent par quelques points, c'est lorsqu'ils se confondent, pour ainsi dire. Ainsi, la circonstance la plus favorable pour opérer ce contact à l'égard des corps solides, sera lorsqu'ils seront réduits en poussière impalpable, et à l'égard des liquides, lorsque ces liquides seront mélangés. Dans ces cas, l'échauffement du corps froid se fera, pour ainsi dire, instantanément.

Néanmoins, l'échauffement se fait suivant les mêmes lois dont nous avons parlé : c'est toujours par du calorique rayonnant qui part du corps échauffé. On peut concevoir les molécules rayonnant comme le corps; car le rayonnement d'un corps n'est que l'ensemble du rayonnement des molécules qui sont à sa surface. On conçoit alors très bien combien l'échauffement doit être très rapide lorsque les corps sont en présence molécule à molécule.

Il faut bien distinguer dans l'échauffement les diverses manières dont cet échauffement peut avoir lieu. Dans les cas ordinaires, l'échauffement se fera immédiatement par le calorique rayonnant, qui émane du corps chaud; mais le corps pourra aussi être échauffé par d'autres corps qui agissent d'une manière intermédiaire. Ainsi, concevons quelques charbons embrasés placés dans un foyer; les corps placés autour de ce foyer vont être échauffés par les rayons de calorique qui partent dans toutes sortes de directions. Cependant il y a une position plus favorable pour l'échauffement des corps, c'est celle où ils sont placés immédiatement au-dessus des charbons; car alors ils reçoivent la même quantité de calorique rayonnant que s'ils étaient placés au-dessous ou latéralement; mais, de plus, l'air qui touche les charbons par toutes leurs surfaces, qui prend par conséquent une température très élevée et acquiert une grande dilatation, s'élève et vient rencontrer le corps placé au-dessus des charbons, et l'échauffe par le rayonnement de ses molécules.

ACTION DU CALORIQUE SUR LES CORPS.

Maintenant que nous connaissons les propriétés du calorique dans son état de liberté, nous supposerons que nous avons des réservoirs, des magasins de chaleur, et nous n'aurons plus à nous occuper que de l'action du calorique sur les corps. Un des premiers effets que nous chercherons à étudier sera le changement que la chaleur produit dans les corps. Nous savons déjà qu'il y a trois états bien distincts dans les corps : l'état solide, l'état liquide, l'état de fluide élastique. Nous verrons que ces trois états sont donnés immédiatement par la chaleur. Ainsi, si l'on prend un corps comme de la glace, et qu'on l'expose à l'action de la chaleur, il se transforme en eau, et enfin, si on l'échauffe davantage, cette eau va nous donner un fluide élastique.

Nous connaissons les propriétés de l'état solide, et celles

de l'état liquide ; nous connaissons aussi en général celles de l'état de fluide élastique ; mais nous aurons à établir une différence très importante entre les fluides élastiques : nous les distinguerons en *fluides élastiques permanens* et en *fluides élastiques non permanens*.

IMPRIMERIE DE E. DUVERGER,
RUE DE VERNEUIL, N. 4.

COURS DE PHYSIQUE.

LEÇON DIX-HUITIÈME.

(Samedi, 12 Janvier 1828.)

CHALEUR, CAUSE DU CHANGEMENT D'ÉTAT DES CORPS.

Le premier effet de la chaleur sur les corps, dont nous devons nous occuper, est le changement d'état qu'elle produit lorsqu'elle est accumulée dans les corps à un certain degré. Nous savons déjà qu'il existe trois états des corps; l'état solide, l'état liquide, l'état de fluide élastique. Notre objet sera maintenant de montrer très brièvement que la chaleur est la cause de ces trois états; de sorte qu'en échauffant un corps solide, on peut le faire passer à l'état liquide; et ensuite, en l'échauffant davantage, le faire passer à l'état de fluide élastique. Nous avons déjà cité l'eau pour exemple.

Tout le monde désigne ordinairement, sous le nom de vapeur d'eau, une espèce de nuage; mais ce n'est pas dans ce sens que nous entendons le mot de vapeur. La vapeur d'eau est invisible comme l'air, et la plupart des vapeurs sont dans ce cas. Mais cette vapeur peut ensuite devenir liquide, lorsque la chaleur l'abandonne, et alors elle tombe sous forme de petits globules qu'on désigne par le nom de *vapeur vasculaire*. Ainsi, nous admettons que l'eau, dans ce troisième état, est un fluide élastique ayant toutes les propriétés que nous avons reconnues à l'air; et je fais remarquer, seulement pour que nous puissions nous entendre, que quand ce fluide est invisible, nous lui donnons simplement le nom de *vapeur*, et que quand il est visible, nous le désignons par le nom de *vapeur vasculaire*.

Tous ces corps peuvent passer successivement par ces trois états. Ainsi, en prenant du soufre, qui est naturellement solide, si je l'échauffe à un certain degré, il devient liquide; si je l'échauffe davantage, il prend l'état de fluide élastique, c'est-à-dire, d'un corps qui exerce une pression beaucoup plus grande que son poids, et dont les molécules sont dans un état de répulsion. Si je prends du zinc, il est solide jusqu'à près de 500 degrés, au-delà de ce degré il se fond; si on l'échauffe davantage, il peut de même prendre l'état de fluide élastique. Le plomb, l'argent, etc., sont dans le même cas. A mesure qu'on découvre des moyens plus puissans d'obtenir de la chaleur, on diminue le nombre des corps qui ne pouvaient pas passer successivement par ces divers états. Il n'y en a qu'un petit nombre qu'on ne peut pas fondre; le charbon est dans ce cas. Mais en général, par les moyens qui seront exposés par la suite, en parlant du galvanisme, et même par des moyens purement chimiques, avec le chalumeau, on fond presque tous les corps. Quelques-uns résistent encore, mais le nombre en est beaucoup plus petit aujourd'hui qu'il ne l'était il y a quelques années, parce qu'on n'avait pas des moyens aussi puissans que ceux que nous possédons.

Nous pouvons donc généraliser ces connaissances, et admettre en principe que le même corps est susceptible de passer successivement par les trois états, solide, liquide et fluide élastique, pourvu qu'on puisse l'exposer à une chaleur suffisamment élevée pour opérer ce changement d'état. Chaque corps demande pour cela une température particulière; quelques corps, comme la glace, se fondent très aisément à la chaleur zéro, qui est peu élevée; d'autres, comme le soufre, demandent une température de 215 à 220 degrés; d'autres demandent 500 degrés; de manière que pour chaque corps, il y a un point particulier de *liquéfaction*, et ensuite un point particulier de *volatilisation*, ce qui est le moment où le corps va prendre l'état de fluide élastique, et former en général un fluide qui sera transparent, et dont les molécules seront dans un état de répulsion.

En général les solides ou les liquides que l'on parvient à réduire à l'état de fluide élastique, produisent une vapeur qui est de même nature que le corps qui la fournit. Ainsi l'eau que l'on chauffe produit une vapeur qui est de même nature; il en est de même du mercure et de beaucoup d'autres corps. Toutes les fois que cette circonstance se présente, lorsque la chaleur vient ensuite à abandonner le corps, la vapeur qui s'était formée se condense, et reprend l'état de liquide ou de solide. Je dis l'état de liquide ou de solide, parce qu'il n'est pas réellement nécessaire qu'un corps passe de l'état de fluide élastique à l'état liquide, pour devenir un solide. Il y a des cas dans lesquels un corps passe immédiatement de l'état solide à l'état de fluide élastique, et réciproquement il peut repasser immédiatement de l'état de fluide élastique à l'état solide ; quoiqu'en général on puisse dire que l'état liquide est l'état intermédiaire entre l'état solide et l'état de fluide élastique.

FLUIDES ÉLASTIQUES PERMANENS ET NON PERMANENS.

Nous savons que l'air atmosphérique, dans les circonstances où nous sommes placés communément ne se change point par le froid en liquide et en solide ; nous savons également qu'il peut supporter une pression considérable sans changer d'état. D'un autre côté, nous venons de parler de fluides élastiques qui peuvent devenir liquides ou solides par le froid.

Nous allons nous occuper d'établir les différences caractéristiques qu'il y a parmi les fluides élastiques, sous ce rapport physique ; différences qui sont extrêmement importantes, comme vous le verrez par la suite, lorsqu'il s'agira de concevoir tout ce qui arrive dans les phénomènes relatifs à l'ébullition, au mélange des fluides élastiques entre eux, etc.

Nous distinguerons les fluides élastiques en deux classes : les fluides élastiques que nous appellerons *permanens,* dans les circonstances dans lesquelles nous les considérerons, et les fluides élastiques *qui ne sont pas permanens. Les fluides élastiques permanens* sont ceux qui peuvent supporter ou une très grande pression ou bien un très grand froid sans changer d'état. On les désigne aussi simplement par le nom de *gaz ,* et nous leur conserverons cette dernière dénomination.

J'ai dit : dans des circonstances déterminées. En effet, un gaz peut supporter, par exemple, une pression de quarante atmosphères ; mais si on le comprimait du double, il deviendrait solide ou liquide. Ce fluide jouirait des propriétés des fluides élastiques permanens tant qu'il ne serait comprimé que par quarante atmosphères. Une fois arrivé à quatre-vingt, il rentrerait dans le cas des autres fluides.

Si les fluides élastiques étant comprimés au moment où ils viennent de se former, prennent l'état liquide ou solide, ou bien, sans la pression, si étant refroidis, ils prennent l'un de ces deux états, nous disons alors : ces fluides élastiques sont des fluides élastiques *non permanens,* ou simplement des *vapeurs.*

Voyons maintenant la production de ces vapeurs. Nous ne prendrons pas l'eau pour cette expérience, parce que l'eau ne bout qu'à 100 degrés. Nous pouvons nous servir d'autres liquides qui se comportent d'une manière analogue ; nous avons des éthers, et particulièrement l'éther sulfurique qui bout à une température de 35° et même de 30° centigrades. Par conséquent avec une faible chaleur nous pouvons le réduire en vapeur et étudier sur cette vapeur les propriétés générales qui appartiennent à cette classe de corps : car ce que nous dirons de la vapeur d'éther s'appliquera à la vapeur de tous les autres corps.

On emploie, pour cette expérience, une espèce de *tube de Mariotte, fig.* 1, mais dont les deux branches ne sont pas parallèles ; elles convergent entre elles. On pourrait croire, en voyant ce tube, que c'est par suite d'une maladresse de l'ouvrier qu'il a pris cette forme ; vous allez voir que c'est à dessein qu'elle lui a été donnée. En effet, cette forme permet de faire arriver facilement le liquide sur lequel on veut opérer dans le haut de la petite branche. On commence par remplir entièrement le tube de mercure, en laissant seulement une petite distance que l'on achève de remplir avec de l'éther; on met ensuite le doigt sur l'extrémité du tube et on le renverse ; l'éther qui est plus léger que le mercure s'élève aussitôt dans la partie *B* du tube; il est facile après cela de le faire arriver à l'extrémité de la petite branche en *A*; il suffit de tenir la longue branche dans la position de la fig. 2. Une fois que l'éther est passé en *A*, on peut verser le mercure, sans que l'éther change de place, au lieu que si les deux branches eussent été parallèles, en rendant le tube horizontal, l'éther se serait échappé. Pour verser le mercure, on tient le tube dans la position de la fig. 3.

En plongeant le tube ainsi préparé dans un vase où il y a de l'eau chaude à peu près à 40 degrés, l'on voit aussitôt un fluide élastique se produire et exercer une pression beaucoup plus grande que son poids. En effet c'est ce fluide qui soutient non-seulement toute la colonne de mercure, mais encore la pression atmosphérique qui plane au-dessus, car nous n'avons point d'air dans la petite colonne qui puisse contrebalancer la pression de l'air extérieur. C'est donc évidemment un fluide élastique qui se produit. C'est la conséquence qu'on doit tirer lorsqu'on voit un corps qui exerce contre la paroi des vases une pression qui est plus grande que son poids.

Le fluide que nous venons de produire se distingue de l'air en ce que, par le froid, il va redevenir liquide ; il suffira d'ôter l'appareil du milieu chaud, et l'on verra peu à peu le fluide diminuer de volume. Nous pouvons même obtenir ce résultat plus promptement, en versant de l'eau froide sur le tube. En refroidissant à l'extérieur, nous avons condensé la vapeur qui s'était formée.

Ainsi donc ce fluide prend l'état liquide par l'abaissement de température. Je dis maintenant que ce même corps qui est à l'état de fluide élastique, va prendre, en le comprimant dans cet état, l'état liquide. En effet, si l'on verse du mercure dans le tube, on voit aussitôt le fluide diminuer de volume et beaucoup plus que l'air ne diminuerait sous la même pression. Une atmosphère n'aurait fait diminuer l'air que de moitié et une atmosphère suffit pour condenser entièrement le fluide formé par l'éther et le réduire à l'état de liquide. Par conséquent, sous ce rapport la vapeur que nous avons formée diffère encore de l'air bien essentiellement, puisqu'elle ne suit pas la loi de Mariotte, lorsqu'on la comprime.

Telles sont les deux propriétés générales qui existent dans cette espèce de fluides élastiques, et qui n'appartiennent pas à l'air, qui ont fait établir la distinction dont nous avons parlé.

Nous venons de voir que la vapeur suffisamment comprimée prend l'état liquide. Nous allons cependant vous montrer, par une expérience semblable, seulement en prenant de l'eau beaucoup plus chaude, qu'on peut maintenir l'état de fluide élastique. Après avoir formé de la vapeur d'éther en plongeant le tube dans de l'eau échauffée à 100 degrés, on fait sortir du mercure.

Je vais prouver maintenant que, sans faire prendre à la vapeur l'état liquide, nous pouvons comprimer cette vapeur en ajoutant une colonne de mercure égale à celle qu'elle supporte déjà. Dans ce cas, le fluide élastique se laissera comprimer suivant la loi de Mariotte, à peu de chose près, parce qu'on a remarqué, depuis quelque temps, que les vapeurs qui sont près du moment où elles doivent changer d'état éprouvent une condensation un peu plus rapide. Ainsi en mettant une atmosphère, le volume du fluide élastique diminue sensiblement de moitié.

Voilà une espèce de contradiction, puisque j'ai montré par une première expérience qu'en comprimant cette vapeur, elle se condensait et prenait l'état liquide, et que je montre maintenant que cette même vapeur peut être comprimée sans changer d'état, et en suivant la loi de Mariotte. Il est facile de faire comprendre la différence qu'il y a dans ces deux circonstances; elle dépend uniquement de la température du milieu dans lequel est plongé l'éther. Si nous allions plus loin, et que nous puissions augmenter suffisamment la pression, le liquide se formerait. Ainsi la définition que nous avons donnée doit s'entendre en ce sens, que les vapeurs que l'on considère sont sous la pression sous laquelle elles se sont formées. Supposons que la vapeur d'éther, que la vapeur d'eau se soient formées sous la pression atmosphérique, si vous augmentez d'un tant soit peu la pression que ces vapeurs supportent, elle vont se condenser complétement. Cela a lieu pour toutes les vapeurs; donc une vapeur prise sous la pression, sous laquelle elle s'est formée, ne peut supporter une nouvelle pression, tant que les autres circonstances resteront les mêmes.

Si maintenant nous prenons une vapeur qui vient de se former et qu'elle se soit formée comme celle de l'éther à 3o degrés, et que nous portions cette même vapeur à la température de 1oo degrés, alors la vapeur pourra supporter une pression beaucoup plus forte que celle sous laquelle elle s'est formée, sans revenir à l'état liquide; de sorte que plus la température à laquelle je l'exposerai maintenant sera élevée, plus il faudra une pression considérable pour pouvoir l'amener à l'état liquide; de sorte que dans une étendue de température, même fort considérable, la vapeur d'éther ou d'eau sera comme un gaz permanent; car elle est permanente malgré la pression que nous lui faisons supporter : donc elle peut recevoir, à juste titre, le nom de *fluide élastique permanent,* dans les circonstances dans lesquelles elle se trouve.

Cette distinction entre les gaz et les vapeurs, proprement dites, est donc une distinction tout-à-fait relative. Il y a tel fluide élastique que nous regardons comme un gaz qui, dans d'autres circonstances, sera considéré comme une vapeur. De même, il y a tel fluide que nous regardons comme une vapeur qui, portée à une certaine température, pourra être soumis à une pression ou à un froid même considérable, sans changer d'état; et que nous pourrons par conséquent considérer comme un gaz, dans cette circonstance.

Nous avons beaucoup de corps que l'on avait regardés comme étant des gaz permanens. Je citerai comme un des plus frappans le gaz acide carbonique. En effet, dans les circonstances ordinaires, il se comporte comme de l'air; mais si on le comprime, comme l'a fait M. Faraday en Angleterre, sous trente-six atmosphères , et à la température de zéro,

___

(1) Pour bien entendre ce langage il faut imaginer qu'on ait une colonne de mercure qui soit 36 fois plus élevée que celle qui mesure la pression

le gaz acide carbonique devient liquide comme l'eau. Si donc nous avions une atmosphère qui fût trente-six fois plus dense, et que nous eussions, par conséquent, une pression trente-six fois plus considérable, l'acide carbonique serait un liquide ; et si nous le chauffions un peu, il redeviendrait vapeur, et se condenserait ensuite en augmentant la pression, en la portant, par exemple, à trente-sept atmosphères. Néanmoins, ce fluide est regardé comme un gaz, et au plus grand froid auquel nous puissions l'exposer, il reste encore fluide élastique ; donc c'est un gaz, mais cela n'est que relatif : car, à une pression de trente - six atmosphères, il deviendrait liquide.

Nous avons encore l'acide hydro-chlorique, qu'on est parvenu à réduire à l'état liquide, en le comprimant par quarante atmosphères à la température de 10 degrés. Donc si notre atmosphère était quarante fois plus dense, il serait liquide, et en l'échauffant, il deviendrait vapeur. Il en est de même du chlore, de l'ammoniaque, du cyanogène et de quelques autres. Tous ces corps, regardés comme des gaz, faudra-t-il les appeler des vapeurs ? Non ; il faut les considérer comme des gaz, parce qu'ils sont très éloignés, par les circonstances dans lesquelles nous nous trouvons, de l'instant où ils changent d'état.

DILATATION DES SOLIDES.

Nous n'avons fait jusqu'ici que considérer le changement d'état d'une manière générale. Il y a un phénomène extrêmement intéressant qui a lieu pendant le changement d'état relativement à la chaleur ; c'est que le changement d'état ne s'opère que par des variations dans la quantité de chaleur que renferme les corps. La glace, par exemple, ne devient liquide qu'en se combinant, si nous adoptons le langage dont nous avons parlé, avec une certaine quantité de calorique : de même l'eau ne devient fluide qu'en se combinant avec une nouvelle quantité de calorique. Réciproquement, la vapeur d'eau ne redevient liquide qu'en perdant une certaine quantité de calorique, et de même l'eau ne se change en glace qu'en perdant aussi du calorique. Vous sentez qu'il est fort important de connaître ces quantités de calorique ainsi absor-

---

de l'atmosphère ; mais on supplée a cette colonne au moyen d'une pompe, comme dans la presse hydraulique, ou par des appareils particuliers dont il n'est point de mon objet de vous entretenir.

bées ou abandonnées par les corps pendant le changement d'état; mais nous n'avons pas encore les données suffisantes pour mesurer ces quantités; je laisse donc cet objet de côté pour le moment; j'y reviendrai plus tard.

Nous allons nous occuper d'un effet particulier de la chaleur, qui consiste dans les changemens de volume que les corps éprouvent par l'action de la chaleur, ou en général de la *dilatation*. Nous commencerons par nous occuper d'une seule classe de corps, des solides.

Nous avons déjà prouvé que la chaleur dilate en général les corps; car c'est d'après ce résultat que nous avons contruit un thermomètre.

Rien n'est plus facile que de faire voir que la chaleur dilate les corps solides. Il suffit de prendre une barre de métal ou d'une substance solide quelconque, dont la longueur est supposée déterminée, qui se placerait entre deux axes verticaux fixes, et ensuite de chauffer cette barre. En la portant à une température plus ou moins élevée, vous verrez qu'après avoir été échauffée, elle ne pourra plus se placer entre les deux points fixes; par conséquent il faudra en conclure que la chaleur a augmenté les dimensions de cette barre.

J'ai dit que rien n'était plus facile que de prouver cette dilatation; mais en même temps il faut dire qu'il est extrêmement difficile d'en obtenir la mesure exacte, parce que cette dilatation est extrêmement faible. Ainsi, en prenant parmi les corps solides celui qui se dilate le plus, comme le zinc, on verra que le zinc, pour une étendue de température de 100 degrés, ne se dilate que de $\frac{1}{322}$ de sa longueur, c'est-à-dire que si vous prenez une longueur de 322 parties, la longueur totale, pour une variation de 100 degrés, deviendra 323, ce qui est une quantité extrêmement petite, et cependant je cite le corps qui se dilate le plus. Si nous considérions le platine, nous verrions qu'il se dilate d'une quantité qui est incomparablement beaucoup plus faible : ainsi, la dilatation du platine est seulement de $\frac{1}{1100}$, c'est-à-dire qu'il faudrait 1100 parties pour en avoir 1101. Cette dilatation est extrêmement faible, et il faut employer toutes les ressources de la physique et recourir aux moyens les plus précis, pour parvenir à la mesurer avec une exactitude convenable; et d'autant plus que réellement, pour beaucoup de cas, il est indispensable de connaître exactement cette variation de volume. On a employé beaucoup de moyens pour déterminer cette dilatation. Il y a un assez grand nombre d'appareils; mais un seul de ces appareils, si on voulait le décrire convenablement, prendrait un temps qu'il ne nous est pas permis de lui consacrer. Je me bornerai uniquement à vous faire comprendre la marche générale qu'on peut suivre dans de pareilles recherches. La difficulté est d'avoir une base qui serve d'étalon de mesure, et qui soit à l'abri de la température que doit éprouver la barre dont on veut mesurer la dilatation. Vous sentez bien que si vous vous servez d'un mètre, d'une mesure quelconque pour apprécier les dilatations, une fois que la barre sera échauffée, vous ne pourrez appliquer votre mesure contre le corps échauffé, car cette mesure se dilaterait aussitôt, et par conséquent vous auriez un résultat très erroné. Il faut nécessairement que vous puissiez prendre la dilatation avec une mesure invariable ; et pour cela, il faut la tenir à distance. Voici comment il faut concevoir qu'on pourrait procéder : soit *A B,* fig. 4, la barre dont on veut mesurer la variation de volume. On prend sa longueur à une température déterminée, en plaçant, par exemple, la barre dans de la glace fondante. Imaginez maintenant qu'à l'extrémité de cette barre on ait fixé un montant, une règle en métal, *C D,* qui se recourbe horizontalement à une certaine distance en *D ;* vous sentez très bien que lorsqu'on échauffera la barre, la température de cette barre n'ira pas influencer sur la petite règle *DE* : d'ailleurs, on peut les séparer par un écran. Si maintenant on place la barre *A B* dans une petite auge remplie d'eau qu'on échauffe successivement depuis zéro jusqu'à 100 degrés, même plus loin, la barre s'allongera d'une certaine quantité, et le montant *C D* sera transporté parallèlement à lui-même ; en même temps la petite branche *D E,* qui porte un vernier, correspondra successivement à différentes divisions d'un mètre, et donnera ainsi la mesure de la dilatation de la barre métallique. Nous supposons que dans cet appareil, l'une des extrémités de la barre est fixe ; imaginons maintenant, fig. 5, que nous ayons un montant également recourbé à chaque extrémité de la barre ; lorsque la barre est à la température zéro, il y a une certaine distance entre les deux bras horizontaux *D E, G H.* En échauffant la barre, en la portant à 100 degrés, par exemple, les deux bras s'éloignent d'une certaine quantité, et on obtient ainsi la mesure de la dilatation éprouvée par la barre, en lisant avec soin les divisions du mètre auxquelles correspondent les deux points *E, H.*

Telle est l'idée la plus simple que nous puissions vous donner des méthodes que l'on a employées pour mesurer la di-

18*

latation des solides. Ces méthodes, en général, reviennent
toutes à celles que je viens de décrire.

En soumettant ainsi les métaux et les diverses substances
solides, réduits en cylindres ou en prismes à différens degrés
de température, on est parvenu à construire des tables donnant la dilatation pour chaque corps. Voici quels sont les résultats généraux auxquels on est parvenu. On a reconnu que
si l'on échauffait les corps solides depuis la température zéro,
ou même depuis 30 degrés au-dessous de zéro, jusqu'à 100
et même 150 degrés au-dessus, les dilatations que les divers
corps solides éprouvaient, étaient proportionnelles à la température. Ainsi nous avons une barre d'une certaine longueur
que nous appellerons l'unité, par exemple, un mètre, a
la température de zéro ; nous l'échauffons à 20 degrés, elle
augmente d'une certaine quantité, par exemple, d'un millimètre ; nous continuons à l'échauffer jusqu'à 40 degrés, elle
augmente d'une nouvelle quantité egale à la première ; c'est-
à-dire qu'elle se trouve augmentée de deux millimètres ; nous
l'échauffons jusqu'à 60, 80, 100 degrés, et elle est augmentée
successivement de 3, de 4, de 5 millimètres. En un mot, les accroissemens de la barre sont proportionnels aux températures
20, 40, 60, 80 et 100. Voilà ce qu'on entend, en disant que pour des
limites de température qui ne sont pas trop éloignées, comme,
par exemple, depuis 30 degrés au-dessous de zéro, jusqu'à
150 degrés au-dessus, les dilatations des divers corps solides
sont proportionnelles aux températures mesurées avec le
thermomètre à mercure. Mais il ne faudrait pas généraliser ce
résultat et croire que parce que en échauffant un corps solide
jusqu'à 100°, vous avez eu 5 millimètres de dilatation,
en le chauffant jusqu'à 500°, vous auriez 25 millimètres.
La dilatation marche dans un rapport bien plus considérable.
Ainsi, en général, à mesure que l'on chauffe un corps solide,
les dilatations cessent d'être proportionnelles aux élévations
de température. Nous reviendrons plus tard sur cet objet;
nous nous bornons, quant à présent, à considérer la dilatation
entre deux limites de température qui ne sont pas trop éloignées comme entre —20 et + 150.

Je ne m'arrêterai pas à vous présenter ici les tables de dilatation que vous pourrez voir dans les ouvrages de physique
et de chimie ; cependant je vous ferai remarquer que parmi
les corps solides, il y a des différences très grandes à cet égard.
Ainsi, par exemple, de zéro à 100°, le platine se dilate de
$\frac{1}{1167}$, tandis que le zinc se dilate de $\frac{1}{322}$, c'est-à-dire, à peu
près quatre fois plus. Le plomb se dilate d'une quantité à peu

près semblable. Enfin il y a pour chaque métal particulier des variations très grandes. Le zinc et le plomb se dilatent le plus, le platine est celui qui se dilate le moins, les autres métaux, comme l'or, l'argent, le cuivre, le fer etc., ont des dilatations intermédiaires. A côté du platine on peut mettre les substances vitreuses qui se dilatent aussi très peu, et particulièrement les terres cuites, la fayence sans biscuit, la porcelaine. Enfin des substances qui se dilatent infiniment peu, sont les fibres ligneuses considérées dans les cas de la longueur ; car dans le sens perpendiculaire aux fibres, il y a des effets compliqués qui dépendent de ce que ces fibres ne sont que juxta-posées, et de ce que l'eau joue un grand rôle dans tous ces corps. Mais je le répète, dans le sens de la longueur, les substances ligneuses se dilatent très peu, au point qu'on peut les considérer comme des pendules à peu près invariables.

FORMULES DE DILATATION DES LIGNES, DES SURFACES ET DES VOLUMES.

Étant donnée la dilatation qu'un corps solide éprouve dans le sens de sa longueur, on a toutes les données suffisantes pour résoudre les questions relatives à l'augmentation linéaire. On rapporte à une unité de longueur, comme le mètre, ou bien à une mesure abstraite, la quantité qui exprime la dilatation.

L'on a souvent à s'occuper de la dilatation qui a lieu pour les surfaces, et de la dilatation qui a lieu pour les volumes. Par conséquent il faut savoir comment on calcule ces dilatations. Les surfaces ont pour élémens des lignes ; il en est de même des volumes ; il en résulte qu'ayant la dilatation de la ligne, on trouve très facilement la dilatation des surfaces et des volumes.

Je suppose que nous ayons une certaine longueur que je désignerai par l'unité, mais au lieu d'appeler cette unité *un*, je la représenterai par la lettre a. La dilatation est la différence entre la longueur du corps qui a été échauffé et la longueur de ce même corps avant de l'être ; de sorte que la dilatation se trouve en retranchant de la longueur échauffée, la longueur qui n'est pas échauffée. C'est là ce qu'on appelle la quantité de dilatation pour l'étendue de la température qui a produit cette variation.

Ainsi a étant la longueur primitive de la barre, appelons x la dilatation ; nous aurons pour la longueur dilatée $a+x$.

Lorsqu'on échauffe une surface, il faut concevoir que

cette surface se dilate dans tous les sens; ce qui arrive en effet quand il s'agit d'un corps homogène, mais ce qui n'aurait pas lieu, par exemple, pour une planche qui se dilate très peu dans le sens des fibres, tandis que , dans le sens perpendiculaire, elle paraît se contracter au lieu de s'allonger. Lorsqu'il arrive que des corps paraissent ainsi s'écarter de la loi générale, c'est qu'il y a un double effet, il y a un corps qui en s'échappant, par suite de l'échauffement, permet aux molécules de se rapprocher, et de là résulte une diminution de volume. Dans le cas de l'homogénéité parfaite, comme lorsqu'on prend une plaque de fer, de cuivre, d'argent, les dilatations se font toujours également dans tous les sens.

Par conséquent, étant donnée une surface métallique ou une surface vitreuse, fig. 6, il faut concevoir, qu'après l'avoir échauffée, la ligne AB se sera allongée et sera devenue AC, et que la ligne DB se sera également allongée et sera devenue DE; et en même temps toutes les lignes qu'on peut concevoir dans la surface auront pour des longueurs égales des accroissemens parfaitement égaux. Par conséquent, nous aurons une nouvelle surface plus grande que la première, et la dilatation de la surface est la différence entre la surface dilatée et la surface primitive. Rien n'est plus facile maintenant que de trouver cette dilatation. Si nous appelons a le côté de la surface, et x la quantité de la dilatation, le côté a, en se dilatant, devient $a+x$: cette quantité élevée au carré nous donnera pour la nouvelle surface $a^2 + 2ax + x^2$. La première surface était a^2. Ainsi, retranchant la surface primitive de la surface dilatée, il restera, pour la quantité de la dilatation, $2ax + x^2$. C'est-à-dire que la dilatation d'une surface se compose de deux rectangles qui ont pour base le côté de la surface primitive, et pour hauteur l'épaisseur de la dilatation de ce côté, et, de plus, d'un petit carré qui est formé par l'intersection des deux côtés dilatés. Comme les dilatations des solides sont toujours des quantités très faibles, le carré x^2 est très petit, relativement aux deux rectangles $2ax$, et par conséquent on peut le négliger sans erreur sensible, et se borner au terme $2ax$. Supposons que a soit l'unité, la dilatation serait $2x$; de sorte que d'une manière simple et abrégée, pour avoir la dilatation en surface, il faut chercher la dilatation linéaire et la doubler.

Il s'agit maintenant de connaître la dilatation en volume. Pour cela imaginons que nous ayons un cube dont a serait le côté. Chacune des lignes qu'on peut concevoir dans le cube va s'allonger. Chaque arête devenant $a+x$, nous aurons pour le cube dilaté cette quantité $a + x$ élevée au cube, c'est-à-dire $a^3 + 3 a^2 x + 3 a x^2 + x^3$. Le volume primitif est égal à a^3; par conséquent retranchant le cube primitif du cube dilaté, il reste pour la dilatation $3 a^2 x + 3 a^2 x + x^3$. Le second et le troisième termes sont très petits relativement au premier, de sorte qu'on les néglige et qu'on se borne à $3 a^2 x$. Et comme a est l'unité, vous avez $3x$ pour la dilatation, c'est-à-dire que l'on n'a qu'à tripler la dilatation linéaire pour avoir le coëfficient de la dilatation de volume.

Tels sont les moyens simples de mesurer les dilatations en longueur, en surface et en volume.

APPLICATIONS DE LA DILATATION DES SOLIDES.

Nous allons nous occuper à présent de quelques applications de ces dilatations, et d'abord nous allons parler des moyens de mesurer la dilatation des métaux lorsqu'on connaît seulement un métal ou un corps solide. Nous commencerons par le thermomètre de *Borda* qui a le premier imaginé ces moyens pour former un thermomètre, et connaître la température d'une règle dont on se servait pour mesurer le quart du méridien terrestre. On employait pour cet objet une règle de deux toises, et comme il s'agissait d'une grande précision, la température étant tantôt plus élevée, tantôt plus basse, il était important d'avoir à chaque instant la véritable température. Il avait pris deux règles, fig. 7, l'une inférieure, en platine, l'autre supérieure, en cuivre. Ces deux règles portaient un talon, de manière qu'elles étaient fixées à l'extrémité et ne pouvaient se mouvoir que dans un sens. Supposons que la règle de platine soit divisée en millimètres, et que la règle en cuivre porte un simple trait, ou, pour mieux dire, un vernier que nous aurons formé en prenant 9 millimètres et en les divisant en dix parties; à une température zéro, vous concevez que la règle de cuivre va correspondre à un certain nombre de divisions du platine; mais si le cuivre se dilate plus que le platine, en échauffant les deux règles, les traits des deux règles, qui coïncidaient d'abord, vont s'éloigner de plus en plus. Imaginez qu'on ait divisé en 100 parties l'espace qui sera laissé entre l'extrémité de la règle échauffée et le point où s'arrêtait l'extrémité de cette règle lorsqu'elle était froide, vous aurez un véritable thermomètre, qui vous donnera la température moyenne de la règle de platine avec plus de précision que si vous mettiez un certain nombre de thermomètres sur cette règle.

Bréguet, un de nos plus célèbres horlogers, a fait avec des substances métalliques un thermomètre extrêmement ingénieux, qui mérite d'être connu de vous ; ce thermomètre est tellement sensible, que la chaleur de la main, le plus léger souffle, suffisent pour le faire varier. Voici sur quels principes ce thermomètre est construit. Lorsque deux métaux inégalement dilatables sont soudés l'un à l'autre, à une certaine température, ces deux corps peuvent rester en ligne droite. Si ensuite on les échauffe, que doit-il arriver ? Les deux corps étant attachés, soudés l'un à l'autre, le plus dilatable va forcer tout le système à se courber, de manière que le corps le plus dilatable se trouve à l'extérieur, fig. 8; si on refroidit ensuite les deux corps, celui qui se dilatait le plus par la chaleur étant aussi celui qui se contracte le plus par le froid, le système se courbera en sens contraire, fig. 9. Wollaston a tiré parti de ce fait pour connaître lorsqu'un corps est plus dilatable qu'un autre ; mais on ne peut s'en servir pour connaître de combien les dilatations diffèrent entre elles.

Bréguet a présenté son thermomètre sous différentes formes. Il a pris trois métaux : (deux eussent été suffisans), le platine, l'or et l'argent, le platine est le moins dilatable, l'argent l'est le plus, et l'or l'est d'une manière intermédiaire.

Il a fait souder ces trois métaux dans l'ordre suivant : platine, or, argent, de manière à former un petit lingot. Il a fait passer ce lingot à la filière, et il a obtenu une lanière plate dans laquelle l'argent et le platine étaient à l'extérieur, et l'or à l'intérieur.

Je suppose que nous ayons roulé cette lanière sur un plan de manière à former une spirale, fig. 10; cette spirale est fixée par son extrémité *A*, tout le reste est libre. Le métal le plus dilatable, l'argent, est en dedans; si nous échauffons, l'argent va tendre à faire ouvrir le système et à le faire venir en ligne droite. Dans ce mouvement, si le centre de la spirale qui est libre porte une aiguille, cette aiguille tournera nécessairement suivant que la lanière sera plus ou moins échauffée. En portant ce système à la température zéro, l'aiguille va s'arrêter à un point que j'appellerai le zéro du thermomètre : en portant ensuite ce même appareil à une chaleur de 100 degrés ou de 50 degrés, ou de 20 degrés, peu importe, l'aiguille viendra correspondre à un autre point. On trace un cercle ayant pour rayon la longueur de l'aiguille, et on divise l'espace parcouru par l'aiguille en 100 ou en 50, ou en 20 parties égales, suivant qu'on a porté l'appareil à 100, à 50 ou à 20 degrés de chaleur.

Bréguet a donné à son thermomètre la forme d'une montre, et il en a fait ainsi un petit thermomètre de poche qui donne assez exactement la température.

Bréguet a donné à son thermomètre une autre forme qui est extrêmement élégante, fig. 11. Les spires ne se trouvent plus dans un même plan, elles sont placées les unes au-dessus des autres, comme dans un ressort en boudin. La spirale est fixe par son extrémité supérieure, et elle porte dans le bas une aiguille dont le jeu est fondé sur le principe que nous venons d'exposer, c'est-à-dire que l'argent étant à l'intérieur, si nous échauffons l'appareil, la spirale tendra à s'ouvrir et alors l'aiguille tournera. Cet instrument, en raison de sa grande surface et de sa petite masse, forme un thermomètre très sensible. Il a peu d'applications; mais dans quelques cas, que nous aurons occasion d'indiquer par la suite, il peut être très utile pour saisir au passage, pour ainsi dire, des variations assez brusques de chaleur.

Voici quelques applications de la dilatation des solides. Les métaux étant dilatables, il en résulte que souvent ils sont une cause de destruction. Comme nous avons des variations de température qui peuvent aller jusqu'à 60 degrés de l'hiver à l'été, il en résulte que si l'on veut former des liens avec des barres métalliques mises bout à bout, ces barres vont éprouver des variations telles, que ne pouvant se dilater librement, et il faudrait une force prodigieuse pour empêcher des corps solides de se dilater, il en résulte, dis-je, que ces barres vont déchirer leurs points fixes.

D'un autre côté, dans quelques circonstances, on peut tirer parti de cette même dilatation pour corriger certains défauts dans les constructions. Vous avez sans doute visité les salles inférieures du Conservatoire, et vous avez pu remarquer que la voûte est traversée par des tringles en fer dont l'objet ne paraît pas d'abord évident. Cette voûte avait poussé sur les pieds droits, et il en était résulté une rupture: le bâtiment menaçait ruine. Que fit-on pour ramener la voûte dans sa position primitive? On joignit les murs opposés, fig. 12, par une barre de fer, portant à l'une de ses extrémités une large tête qui devait s'appuyer sur un des murs, et taraudée à l'autre extrémité de manière à recevoir un écrou. En avant de cet écrou on mit une autre plaque, afin que l'effort s'exerçât sur une surface un peu grande. On chauffa la barre qui devint plus longue par la chaleur; on profita de cet allongement de la barre pour serrer l'écrou autant que possible. Par le refroidissement, la barre de fer s'est contractée, et comme il aurait fallu une force énorme pour empêcher cette contraction, elle a ramené sur elles-mêmes les deux murailles. On a répété plusieurs fois cette opération, de manière qu'on a fini par faire disparaître la fente entièrement. C'est à M. Molard que l'on doit cette utile application, qui peut se rencontrer encore.

Dans les arts, la dilatation des métaux a un grave inconvénient, par exemple, dans les chaudières. Si on fait une chaudière en plomb, métal très dilatable, ou en zinc, cette chaudière entourée de maçonnerie qui se dilate beaucoup moins, se tourmente au point qu'il en résulte des déchirures.

Le même inconvénient se fait sentir dans les toitures métalliques. On a proposé le zinc pour couvrir les édifices. Si l'on s'avisait de former en zinc une surface continue dont toutes les parties seraient soudées, le soleil qui darde sur un édifice faisant monter la température souvent au-dessus de 40 degrés et la nuit amenant ensuite un grand refroidissement, il en résulterait, même du jour au lendemain, des variations qui causeraient des déchirures complètes. On est parvenu à remédier à cet inconvénient en disposant les surfaces métalliques comme des tuiles, de manière qu'elles ne sont retenues que dans un sens et peuvent s'étendre dans tous les autres.

PENDULE COMPENSATEUR.

Enfin, un inconvénient que présente la dilatation, mais qu'on est parvenu à vaincre d'une manière très simple et fort ingénieuse, c'est la variation qui a lieu dans les horloges par les variations de température. Imaginez que l'on ait bien réglé une horloge de manière à donner exactement le temps pendant 24 heures; cette horloge devrait donner tous les jours l'heure véritable; mais si vous avez des variations de température, si, par exemple, il fait plus chaud, l'horloge va retarder, parce que le pendule s'allonge et que ses oscillations deviennent plus lentes; s'il fait froid, l'horloge va avancer, parce que le pendule se raccourcissant, ses oscillations sont plus rapides. Cet inconvénient est très grave, surtout pour les observations astronomiques. On est parvenu à y remédier et à corriger la dilatation par la dilatation elle-même. C'est une application extrêmement ingénieuse faite dans le principe par Graham, et qui se trouve aujourd'hui dans toutes les horloges.

Il faut faire comprendre en quoi consiste cette compensation, et comment on peut parvenir à corriger ainsi la dilata tion d'un métal par la dilatation d'un autre métal. Supposons deux barres de fer égales retenues contre un point fixe par leur extrémité supérieure ; si nous échauffons les deux barres à la même température, elles vont s'allonger par le bas d'une certaine quantité qui sera égale pour les deux barres.

Imaginons qu'au lieu d'avoir deux barres d'un même métal, vous ayez, fig. 13, deux règles formées de métaux inégalement dilatables. Les deux règles se trouvent d'abord de niveau ; si vous exposez le système à une élévation de température, la règle qui est formée du métal le plus dilatable va dépasser l'autre règle d'une certaine quantité ; la quantité dont la première règle surpasse l'autre n'est pas la dilatation absolue de cette règle, elle n'est que la différence entre la dilatation du métal qui est le plus dilatable et celle du métal qui l'est le moins. C'est là le principe sur lequel est fondée la compensation dans les pendules.

Imaginons que A, fig. 14, soit un point fixe, et BC, une barre horizontale qui porte un châssis extérieur $BCDE$, en fer ou en acier ; soit un second châssis $bcde$ en zinc, et enfin dans le milieu une barre en fer qui supporte la lentille L. Le châssis $ABCD$, éprouvera par l'action de la chaleur ; une dilatation égale à celle qu'éprouverait une barre en métal qui aurait pour longueur la distance du point de suspension au centre de la lentille. Cela répond à une objection qui a été faite quelquefois et qui pourrait se représenter. On a demandé ce qui arriverait à un cercle, à un anneau, si on l'exposait à l'action de la chaleur ; on pourrait croire que le diamètre de l'anneau diminuerait, parce que, ayant admis que la dilatation se fait dans tous les sens, il semble que la dilatation d'un anneau devrait se faire vers le centre, et le diamètre de l'anneau par conséquent diminuer ; mais il faut concevoir que toute la partie intérieure est solide, et que tous les diamètres s'allongent comme s'ils étaient isolés. Ceci s'applique à un système formé par un châssis.

Cela posé, si nous échauffons ce système. il va donc s'allonger et les oscillations seront plus lentes. Voici maintenant comment on est parvenu à remédier à l'inconvénient qui serait résulté de l'allongement du pendule. Imaginons un châssis en zinc $bcde$, fixé par le bas sur le premier châssis $BCDE$, et supposons dans la partie inférieure du premier châssis, un trou que traverse la tige de la lentille, pour venir s'attacher à la partie supérieure du châssis en zinc $bcde$.

Faites attention que le système en fer, même avec cette nouvelle addition que nous venons de faire, va se dilater comme s'il était plein ; par conséquent, comme si c'était une simple ligne droite : de sorte que si nous appelons la longueur du pendule l, la quantité dont cette règle va s'allonger nous sera connue par la dilatation du fer. Je désignerai cette dilatation par la lettre f. Par conséquent, la quantité de la dilatation que le fer éprouvera sera pour un certain nombre de degrés lf. Maintenant qu'arrivera-t-il, si nous avons un châssis d'un métal plus dilatable, appuyé par le bas sur le châssis de fer ? Ce châssis, en se dilatant, va s'allonger de bas en haut, et remonter la lentille qui y est attachée. La quantité dont la lentille remonte, par l'effet de la dilatation du zinc, est exprimée par la différence entre la dilatation du zinc et celle du fer. Par conséquent, si nous voulons que la lentille soit remontée par la dilatation du zinc d'une quantité égale à celle dont elle a été abaissée par la dilatation du fer, (si nous parvenons à remonter le pendule autant qu'il a été abaissé, il n'aura pas changé de position), il faut que la dimension lf soit égale à une longueur de zinc que je ne connais pas, et que j'appellerai x, multipliée par la dilatation qui est la différence entre la dilatation du fer et celle du zinc. J'appelle cette dernière z. C'est-à-dire qu'il faut avoir $lf = x \times z - f$; d'où nous tirons

pour la valeur de x,
$$x = \frac{lf}{z - f}.$$

Ainsi, si nous prenons une longueur de zinc telle qu'elle soit augmentée de cette quantité, et que nous disposions notre appareil comme je viens de l'indiquer, nous aurons *un pendule compensateur.*

Un exemple suffira pour montrer cette application.

Je trouve, par exemple, que la dilatation du zinc, de zéro à 100° est de 0,003105 ; et celle de l'acier de 0,001079.

Par conséquent, en multipliant ces deux fractions par cent, nous aurons pour la valeur de x $= l \times \frac{1079}{3015 - 1079} \quad l \times \frac{1079}{2097}$,

C'est à dire que la longueur de la barre de zinc devra être égale à la moitié à peu près de la longueur de la barre de fer, et alors on aura un pendule parfaitement compensé.

Si nous prenons un métal moins dilatable que le zinc, comme le laiton, par exemple, on trouvera qu'il faut donner à la barre de laiton une longueur égale à $\frac{5}{4}$, c'est à dire d'un quart plus grande que la longueur du fer; cela pourrait se faire en prolongeant le châssis, en laiton ; mais on évite cet inconvénient en faisant plusieurs châssis semblables dans l'intérieur.

IMPRIMERIE DE E. DUVERGER,
RUE DE VERNEUIL, N. 4.

COURS DE PHYSIQUE.

LEÇON DIX-NEUVIÈME.

(Mardi, 15 Janvier 1828.)

DILATATION DES LIQUIDES.

Nous nous sommes occupés, dans la dernière séance, de la dilatation des solides ; nous allons, dans celle-ci, nous occuper de la dilatation des liquides.

Les liquides se dilatent, en général, beaucoup plus que les solides, et, pour le prouver, il suffit de citer le zinc et le mercure. Le mercure, parmi les liquides, est celui qui se dilate le moins ; et le zinc, parmi les solides, est celui qui se dilate le plus. Or, le mercure se dilate de $\frac{1}{55}$ de son volume, depuis zéro jusqu'à 100° ; tandis que le zinc ne se dilate que de $\frac{1}{2\lambda}$. Ainsi le mercure, le moins dilatable des liquides, est beaucoup plus dilatable que le zinc, le plus dilatable des solides.

La dilatation des liquides ne peut être obtenue qu'en les enfermant dans des vases soumis à différens degrés de chaleur, et en cherchant alors les variations de volume qu'ils peuvent éprouver. Si les vases dans lesquels on met les liquides étaient de matière invariable par l'action de la chaleur, la question de la dilatation des liquides serait extrêmement simple, puisqu'elle se réduirait à remplir un vase d'un liquide à une température donnée, à zéro, par exemple, et à échauffer ce vase jusqu'à 100°. Lors de la dilatation, il y a une portion du liquide qui s'échappe ; on conserverait ce vase également plein du liquide dilaté ; on le pèserait dans cet état ou après l'avoir laissé refroidir ; il est évident que le vase pèserait moins qu'avant, puisqu'une partie du liquide serait sortie du vase. La quantité de liquide qui se serait échappée, qu'on connaîtra par une simple soustraction, fournirait immédiatement la dilatation.

Mais voici un grave inconvénient qui se présente, c'est que les vases dans lesquels on met les liquides sont dilatables par l'action de la chaleur. Si, par exemple, nous avions un vase

"

aussi dilatable qu'un liquide, en échauffant les deux corps ensemble, rien ne sortirait; parce que si d'un côté le liquide augmente de volume; de l'autre côté, la capacité du vase que nous supposons aussi dilatable que le liquide, augmenterait dans la même proportion, et, par conséquent, l'excédant de capacité du vase suffirait pour contenir l'excédant de volume du liquide. Mais si nous supposons que nous ayons un vase rempli de mercure, comme le mercure est plus dilatable que le verre; si on vient à échauffer les deux corps, il sortira une certaine quantité de liquide, mais seulement une quantité égale à la différence entre la dilatation du liquide et la dilatation du vase. Nous ne pouvons donc, par ce procédé, avoir immédiatement la véritable dilatation des liquides; mais nous allons voir comment on pourrait cependant en déduire cette dilatation, lorsqu'on connaît celle du verre.

Avant d'indiquer comment on peut parvenir à déterminer la dilatation des liquides dans des vases, nous allons indiquer une méthode au moyen de laquelle on est tout-à-fait indépendant de la dilatation des vases. Cette méthode, qui est fort simple, consiste à avoir, fig. 1, deux colonnes de verre qui communiquent ensemble par le bas, au moyen d'un tube aussi en verre, qui est soudé à chacune d'elles. On verse un liquide, de l'eau, par exemple, dans chacune de ces colonnes, qui sont enveloppées d'une colonne plus large, afin que dans l'une on puisse tenir de l'eau froide à la glace, tandis que dans l'autre on tiendra de l'eau chaude, dont on fera successivement varier la température de manière à avoir 10°, 20°, 30°, ainsi de suite. Il s'agit d'apprécier les variations des deux colonnes, résultantes de ces différentes températures; ce qui est extrêmement facile. Vous vous rappelez que lorsqu'on a des liquides dans un tube, les pressions que ces liquides exercent sur les vases sont absolument indépendantes du diamètre du tube, de son irrégularité. Que ce soit un cylindre ou un cône, les bases étant les mêmes, vous aurez toujours la même pression, pourvu que les hauteurs soient égales. C'est sur ce principe qu'est fondé le procédé que nous venons d'indiquer. Supposons que le liquide soit d'abord à la même température dans les deux colonnes. Dans ce cas, il doit se maintenir justement à la même hauteur dans ces colonnes. Je suppose maintenant que l'on échauffe l'une des colonnes, sans échauffer l'autre, alors la colonne que l'on échauffe va, pour pouvoir faire équilibre à l'autre, s'allonger d'une certaine quantité. Ce sera la différence de longueur entre les deux colonnes qui va nous donner immédiatement les dilatations. En effet, nous savons que les densités sont en raison inverse des volumes; nous savons aussi que, lorsque deux colonnes de densité différente se font équilibre, les longueurs sont en raison inverse des densités. Par conséquent, nous conclurons de là que les volumes et les longueurs sont proportionnels entre eux. Donc nous pourrons dire que l'allongement de la colonne, qui est indépendant de la forme du vase, sera proportionnel à l'accroissement de volume que le liquide recevrait dans des vases qui seraient tout-à-fait inextensibles par l'action de la chaleur.

Cette méthode est, comme vous le voyez, extrêmement simple, puisqu'il ne s'agit que de bien lire l'allongement de la première colonne, sans avoir aucune correction à faire. Pour pouvoir mesurer avec exactitude la différence de hauteur de colonne, on adapte à l'appareil ou une vis micrométrique, ou de petites lunettes qui se meuvent par le moyen de vis, et on peut alors apprécier des centièmes de millimètre.

Cette méthode, quoique extrêmement simple, ne peut s'appliquer à tous les liquides. Il y a une difficulté, c'est d'avoir exactement la température de la colonne dans toute son étendue ; cela fait qu'on n'emploie pas ce procédé pour tous les liquides, et qu'on a recours à des appareils plus simples. Mais il faut qu'on connaisse la dilatation d'un liquide par ce procédé, qui est tout-à-fait indépendant de la dilatation des vases, pour qu'ensuite on puisse se servir de ce même liquide pour connaître les corrections qu'il faut faire lorsqu'on se sert de vases extensibles par la chaleur. Pour connaître la loi de dilatation d'un liquide, on fait varier la température dans l'une des colonnes, et l'on construit une table dans laquelle on a, d'un côté, les variations de température, et de l'autre, les variations de longueur correspondantes qui sont proportionnelles aux variations de volume. MM. Petit et Dulong se sont servis de ce moyen pour connaître la dilatation du mercure, et ils l'ont donnée avec beaucoup de soin, de manière que c'est celle-là que nous choisirons pour ensuite déterminer la dilatation des autres liquides.

Voyons maintenant, si on voulait déterminer la dilatation d'une manière plus simple, avec les appareils qu'on a toujours à sa disposition, tels qu'un simple vase, comment on pourrait s'y prendre. On peut prendre des vases qui seraient exactement bouchés à l'émeri, on prend la capacité de ce vase, par les moyens que nous avons indiqués en parlant de la détermination des densités. Je dois vous parler d'un phénomène qui est assez curieux relativement à la dilatation des vases ou des enveloppes solides qui retiennent les liquides. Si on suppose une boule surmontée d'un tube, qu'on remplit de liquide et qu'on plonge subitement dans de l'eau chaude, l'eau communiquant sa chaleur à l'enveloppe, parce que la chaleur se communique de couche en couche, il en résulte une augmentation de capacité du vase, car lorsqu'un vase s'échauffe, tous ses diamètres augmentent comme si ce vase était solide; il faut alors plus de liquide pour tenir ce vase plein au même degré, par conséquent le liquide va baisser dans ce tube d'une quantité assez notable; mais ensuite le liquide remonte assez vite, parce que la chaleur pénétrant dans le liquide, le dilatera, et bientôt la dilatation du liquide l'emportera sur la dilatation du corps solide.

Je reviens à notre expérience : soit un vase, fig. 2, terminé par un tube très étroit, forme qui permet de déterminer d'une manière précise le volume sur lequel on opère; car après avoir rempli ce vase, il suffit de passer le doigt sur l'extrémité du tube, pour être sûr d'avoir la capacité avec la plus grande précision. On ne pourrait avoir la même exactitude, si l'on employait des vases larges. On remplit entièrement le vase de liquide à une température déterminée, par exemple, à zéro, et on en prend le poids: on met ensuite ce vase dans l'eau bouillante et on le laisse dans cette eau, jusqu'à ce qu'il en ait pris parfaitement la température; ce qui exige environ 20 minutes. A mesure que le liquide se dilate, il est évident qu'une portion de ce liquide doit s'échapper par le petit tube. Lorsque je suis bien assuré que le liquide de mon vase a pris la température de l'eau bouillante, je passe de nouveau le doigt sur l'extrémité du tube, et je retire le vase de l'eau. La quantité de liquide qui s'est échappée va être reconnue facilement par la pesée que l'on fera de ce vase, quand il sera revenu à une température déterminée, comme celle de la glace. Pour le ramener à cette température, il suffira de le tenir plongé dans un bain de glace; et c'est ici qu'on sent l'avantage de la forme que l'on a choisie pour le vase qui sert à faire ces expériences; il serait assez difficile avec un vase un peu large de refroidir exactement sa partie supérieure, sans la plonger dans la glace, et alors il y aurait danger de mélange. Avec un tube d'un diamètre très petit, on peut le laisser s'élever au-dessus de la glace, sans qu'il puisse en résulter d'erreur sensible.

Vous concevez donc bien qu'en échauffant un vase rempli de liquide, d'eau, par exemple, à la température de zéro, et en la chauffant ensuite jusqu'à 100°, il y aura nécessairement une portion de liquide qui s'en ira, et qu'en pesant ensuite le vase après le refroidissement, vous connaîtrez, par cette nouvelle pesée comparée à la précédente, la quantité de liquide qui s'est échappée. Si le vase, comme il faut le supposer d'abord, n'était pas dilatable, il est évident que si l'on a un petit appareil, fig. 3, dont toute la partie AB soit pleine, lorsque le vase est à la température de zéro, et que l'on échauffe, il y aura une portion de liquide qui s'échappera; si ensuite on laisse refroidir, ce vase n'est plus rempli que de A et C. Il est clair que ce serait ce volume de liquide, donné par son poids, qui occuperait tout le vase lorsqu'on porterait ce liquide à une température de 100 degrés.

Le rapport de la quantité de liquide contenu dans ce vase, à la quantité de liquide qui reste maintenant, vous donnera la dilatation, c'est-à-dire, qu'il faudra pour connaître la dilatation, diviser le poids primitif du liquide, par le poids qu'il a après qu'une portion s'est échappée par la dilatation.

Mais en raison de ce que le vase est dilatable, il faut nécessairement faire une correction. Pour cela, il faut avoir recours à la dilatation propre du corps qui forme la matière solide. Si ce vase est en verre, il faudra prendre la dilatation du verre; on l'a donnée plusieurs fois dans cet ouvrage; mais les verres sont très variables dans leur nature; c'est-à-dire que s'il s'agissait de faire des expériences très délicates, vous auriez des différences assez notables. Les verres qui contiennent du plomb se dilatent plus que ceux qui n'en contiennent pas. Suivant la composition du verre même, il y a des différences assez grandes. On commet donc presque toujours une erreur, mais en prenant une moyenne entre les nombres les plus exacts, l'erreur pourra être négligée.

Comment faire pour obtenir exactement la dilatation ? C'est là ce que nous proposons d'indiquer brièvement. Le verre se dilate, par exemple, depuis zéro jusqu'à 100 degrés, qui est l'étendue dans laquelle nous faisons notre expérience, pour l'unité, de 0,00087, c'est-à-dire qu'une règle dont la longueur serait exprimée par *un*, augmenterait de 87 dix-millièmes. Pour avoir la dilatation cubique, il faut tripler ce résultat; par conséquent la dilatation cubique sera exprimée par 0,0026. Telle est la quantité dont un vase de verre augmente depuis zéro jusqu'à 100°. Ainsi, si nous prenons une quantité d'eau qui soit exprimée par 124 grammes, dans le commencement de l'expérience, le vase qui renfermait cette quantité d'eau renfermait un volume exprimé par 124 centimètres cubes. A 100°, cette quantité sera augmentée des 26 dix-millièmes de 124, et alors le vase sera devenu 124, plus une certaine quantité que je vais représenter par une lettre, par x, par exemple. Ainsi le vase dilaté, sans y mettre de liquide, sera devenu 124 plus x. Ce sera $124 \times 1 + 0,0026$. Voilà la capacité du vase maintenant qu'il est soumis à l'action de la chaleur, tandis que précédemment elle était exprimée par 124.

Lorsque nous avons échauffé notre liquide à 100 degrés et que nous laissons refroidir, il y a une portion de liquide qui aurait dû s'échapper, qui ne s'en va pas, qui reste pour emplir cette augmentation de capacité du vase. Il est très aisé de calculer cette portion de liquide qui aurait dû s'échapper, si le vase eût été inextensible. Lorsqu'on a un même vase, ayant des capacités différentes, avec un même liquide qu'on peut supposer renfermé dans ce vase, on obtient facilement ces variations de capacité, puisque les capacités sont proportionnelles au poids. Ainsi à zéro, le vase pesait 124, à 100 degrés il ne pèse plus que 118. Par conséquent la différence entre ces deux nombres exprime la quantité qui s'est échappée ; mais il ne s'en est pas échappé assez, et ce nombre est nécessairement trop grand : car si le vase ne se fût pas dilaté, vous concevez bien qu'il y aurait eu une plus grande quantité de liquide qui serait sortie du vase. Il devient donc nécessaire de faire une correction, et pour cela il suffit d'établir la proportion suivante : Puisque 118 grammes se trouvent dans le vase qui est dilaté, c'est-à-dire dans le vase dont la capacité est $124 \, (1 + 0,0026)$, il doit se trouver un plus petit nombre de grammes dans le vase dont la capacité serait seulement 124. C'est-à-dire qu'en représentant ce plus petit nombre par x, nous aurions :

$$124 \, (1 + 0,0026) : 118 :: 124 : x.$$

x nous représentera la quantité véritable de liquide qui serait restée dans le vase, s'il ne se fût pas dilaté : et en divisant le poids du vase entièrement plein, c'est-à-dire 124 par x, nous aurions la dilatation.

Tels sont les divers moyens qu'on emploie pour parvenir à la dilatation des liquides en opérant dans des vases solides, dont on connaît parfaitement la dilatation linéaire, et par suite la dilatation cubique.

Nous allons maintenant nous occuper de rechercher comment les liquides se comportent entre eux relativement à la dilatation. Si l'on compare l'eau à l'alcool, l'alcool à l'éther, l'éther à une huile, on trouve de très grandes différences. Il n'y a aucune loi à établir à cet égard.

Si l'on prend le même liquide pour étudier sa dilatation, voici ce que l'on remarque : il y a des liquides qui ne changent pas facilement d'état, qui doivent être exposés à une température très élevée pour se volatiliser, ou à un froid très considérable pour se congeler ; il y en a d'autres, au contraire, qui changent facilement d'état, comme l'éther qui bout très facilement à 36°, l'alcool qui bout à peu près à 78°, l'eau qui bout à 100°, tandis qu'il y a les huiles volatiles qui ne bouillent qu'à 155°, les huiles fixes qui en exigent 500, le mercure qui en exige 360.

Ce que l'on remarque en général, relativement à la régularité de la dilatation de ces divers liquides, c'est que lorsqu'on considère la dilatation fort loin des points où le liquide peut changer d'état, pour se *gazifier* ou se *solidifier*, alors les augmentations de volume que le liquide reçoit sont sensiblement proportionnels à la température. Mais lorsque l'on prend des liquides qui changent très facilement d'état, ou que, même pour ceux qui ne changent pas facilement d'état, on les prend près du point où ils vont en changer, alors ces dilatations sont irrégulières, et en général, elles vont croissant à mesure qu'on s'approche du terme de leur ébullition. C'est ce que nous allons établir en prenant quelques liquides, comme l'eau, l'alcool et l'huile, et en faisant des thermomètres avec ces divers liquides, comme on en a fait un pour le mercure ; c'est-à-dire qu'on remplit d'eau, par exemple, une boule surmontée d'un tube supposé parfaitement cylindrique. On plonge cette boule dans de la glace, et l'on marque le point où l'eau s'arrête dans ce tube. On chauffe ensuite cette eau sans s'inquiéter de sa dilatation, jusqu'à 100 degrés. La distance entre ces deux points extrêmes qui correspondent à nos deux points extrêmes dans le thermomètre à mercure, est divisée en cent parties égales. Nous ferons la même chose pour d'autres boules semblables, dans lesquelles nous mettrons de l'huile, de l'alcool, etc.; nous aurons de cette manière des thermomètres centigrades à eau, à huile, à alcool. Il est clair que ces divers thermomètres doivent s'accorder parfaitement dans les points extrêmes que nous avons déterminés, en les plongeant dans de la glace et dans de l'eau à 100°. Nous allons supposer maintenant qu'on les expose successivement à des températures croissantes ou décroissantes, et nous examinerons leur marche comparative. Il est évident que si les divers liquides se dilataient d'une manière uniforme, nos instrumens devraient toujours être parfaitement d'accord et indiquer constamment la même température. Nous allons voir ce qui arrive d'après les expériences de Davy. Je prends le mercure, l'alcool rectifié, l'huile d'olive, l'eau et l'eau salée.

Mercure.	Alcool rectifié.	Huile d'olive.	Eau.	Eau salée.
100°	100°	100°	100°	100°
75	70,25	74, 1	57,25	71,37
50	43	49	25 6	45,37
25	20, 6	24, 1	5, 1	21, 6
0	0	0	0	0

Je suppose qu'on ait plongé tous nos instrumens dans un bain d'eau à la température de 75°, marqués par le thermomètre à mercure. Dans ce cas, l'alcool rectifié marque 70°25, l'huile d'olive marque 74°,1 au lieu de 75°; il y a une différence d'un degré : cela peut provenir de ce que l'huile est un corps visqueux qui coule difficilement; de sorte que lors même que l'huile se dilaterait d'une manière uniforme, on pourrait s'attendre à des inégalités. L'eau ne marque que 57°. Voyez quelle erreur énorme vous auriez, si vous construisiez un thermomètre à eau. Le sel corrige l'irrégularité de la dilatation de l'eau; lorsqu'on emploie un thermomètre fait avec de l'eau salée, l'erreur n'est plus que de 3°,6 à peu près.

Si l'on plonge ensuite les mêmes instrumens dans de l'eau à 50°, marqués par le thermomètre à mercure, on remarque des différences dans le même sens; il en est de même lorsqu'on plonge ces instrumens dans de l'eau à 25°, et, enfin, en les plongeant dans de l'eau à zéro, ils s'accordent tous ensemble.

Ces résultats suffisent pour montrer clairement que les liquides que j'ai pris pour exemple sont bien loin de se dilater d'une manière uniforme. Il n'y a que l'huile qui se dilate sensiblement comme le mercure. Or, nous remarquerons que l'huile et le mercure ne bouillent que très tard, et que le mercure ne se congèle également que fort tard, à peu près à 40° au-dessous de zéro.

Ainsi nous voyons que les liquides se dilatent d'une manière tout-à-fait irrégulière, et nous remarquons en même temps que ce sont les liquides les plus fixes qui, dans les limites de température dont je viens de parler, se dilatent le plus proportionnellement à la température exprimée par le thermomètre à mercure; et que lorsqu'on prend des liquides très volatils, les dilatations de ces liquides sont très irrégulières. Il faut étendre notre résultat; c'est que si l'on prend l'huile ou d'autres liquides qui bouillent très tard, mais près du point de leur ébullition, alors leurs dilatations deviennent irrégulières. Il en est de même, si on les prend près du point où ils vont se solidifier.

Ce principe peut servir à vous diriger, lorsque vous voudrez construire des instrumens propres à mesurer d'une manière exacte les variations de chaleur.

Je viens de dire que l'eau se dilatait d'une manière tout-à-fait irrégulière. Comme c'est un liquide qui joue un grand rôle dans la nature, qu'il intervient dans les expériences de chimie, dans celles de physique, il est nécessaire de connaître plus particulièrement la marche de ce liquide. C'est de tous les liquides connus jusqu'à présent, ou, pour mieux dire, de ceux sur lesquels on a fait des expériences, celui qui se dilate de la manière la plus bizarre, la plus singulière.

Nous avons établi en principe que la chaleur dilatait les corps, l'eau forme une exception à ce principe. La chaleur, au lieu de dilater l'eau, la condense, à un certain degré qui n'est pas très éloigné des températures ordinaires, ou ce qu'on appelle la *glace fondante*. Comme on rapporte les densités des autres corps à celle de l'eau, il importe de connaître la véritable marche de ce liquide. Beaucoup de physiciens s'en sont occupés, et, en dernier lieu, un physicien suédois, d'après les expériences duquel M. Hallstrom a donné une table qui va depuis 0° jusqu'à 30°, dans laquelle on a les dilatations de l'eau, et par suite les densités et les volumes correspondans.

Outre cette table, il y en a de très bien faites : celle du docteur Gilpins et celle de Blagden. Ces tables, comparées entre elles, ne s'éloignent pas beaucoup des mêmes résultats : ce qui doit nous inspirer de la confiance dans leur exactitude.

Voici quels sont les résultats donnés par Hallstrom.

Soit de l'eau que nous supposons à la température de zéro, sa pesanteur spécifique, sa densité sera prise pour unité. Si, à partir de ce point, nous la chauffons graduellement, à 1°, 2°, 3°, 4°, 4° $\frac{1}{10}$, voici ce que les densités vont devenir :

A 0° la densité est exprimé par 1;

A 1° la densité devrait être plus petite, tandis qu'elle va aller en augmentant, ainsi nous aurons;

A 0° la densité est de 1;
A 1°.............. 1,0000466;
A 2°.............. 1,0000799;
A 3°.............. 1,0001004;
A 4°.............. 1,00010817;
A 4° $\frac{1}{10}$.......... 1,00010824;
A 5°.............. 1,0001032;
A 6°.............. 1,0000856;
A 7°.............. 1,0000355;
A 8°.............. 1,0000129.

C'est à 4° $\frac{1}{10}$ qu'est le point du thermomètre auquel correspond la plus grande densité de l'eau. Vous remarquerez qu'à $4° \frac{1}{10}$, l'eau a une densité qui est de $\frac{1}{10000}$ plus grande que la densité de l'eau à la température de zéro.

Si l'on prend les degrés après $4° \frac{1}{10}$, alors la densité commence à aller en diminuant, en se conformant à la loi générale.

A $8° \frac{1}{10}$ nous tombons sur un nombre égal au premier. De sorte que les dilatations vont d'abord en augmentant depuis zéro, si les densités augmentent les volumes diminuent; et qu'ensuite, à partir de $4° \frac{1}{10}$, les dilatations vont en diminuant, et par conséquent les volumes vont en augmentant. A partir du point *maximum* et à égale distance de chaque côté de ce point, les dilatations sont exprimées par un même nombre.

Une chose fort remarquable, c'est que l'eau peut être maintenue liquide au-dessous de zéro, même à plusieurs degrés.

Le *maximum* de densité de l'eau se trouve à $4° \frac{1}{6}$, d'après Hallstrom; d'après le docteur Gilpins et Blagden, et d'après le docteur Hope, il est à $3° \frac{9}{10}$.

Enfin, d'après Tralès, il est à $4° \frac{3}{10}$. Après que l'eau a dépassé son *maximum* de densité elle continue à se dilater, mais d'une manière irrégulière. Les dilatations croissent très lentement jusqu'à 10 degrés; mais à mesure que l'eau s'échauffe, les dilatations marchent extrêmement rapidement.

Il s'agit maintenant de déterminer avec exactitude ce *maximum* de densité de l'eau. Vous sentez que les moyens dont nous avons déjà parlé pour la détermination des densités ne pourraient vous donner une exactitude aussi grande que celle dont nous avons besoin. Il faut, par conséquent, avoir recours à d'autres moyens. Il y en a un qui consiste à prendre un corps solide, tel qu'un cube ou une boule de cuivre, de laiton ou de verre, dont on connaît bien la dilatation. M. Lefèvre-Gineau au lieu de s'en rapporter aux dilatations données dans les ouvrages, a pris lui-même la dilatation du métal dont il se servait. Après qu'on a choisi un corps solide, on le leste de manière qu'il soit de même densité que l'eau. Vous concevez que dans ce cas, si on le plonge dans l'eau, il y reste comme en équilibre et peut être suspendu par un simple cheveu. Si maintenant l'on échauffe l'eau, le cylindre se dilatera en s'échauffant, et par conséquent il déplacera un certain volume d'eau qu'il sera facile de déterminer, puisque nous connaissons l'accroissement de volume que ce corps solide peut recevoir à une température donnée. Si donc l'eau, en s'échauffant, ne se fût pas dilatée et n'eût pas augmenté de densité, vous sentez qu'alors l'instrument déplaçant un plus grand volume de liquide, perdrait une plus grande partie de son poids, et qu'il faudrait pour rétablir l'équilibre ôter des poids de l'autre plateau; mais il y a un fait compliqué. En même temps que le liquide s'échauffe il se dilate ou il se contracte, de sorte que nous connaîtrons par la marche des pesées le *maximum* de densité de l'eau, car au *maximum* de densité, le volume du liquide déplacé est plus pesant. Par conséquent la correction qu'il faut faire deviendrait plus forte. C'est par des pesées successives, faites depuis zéro jusqu'à 1°, 2°, 3°, 4°, 5°, et en reversant plusieurs fois de suite qu'on est parvenu à trouver que c'était à 4 degrés ou un peu plus que se trouvait le *maximum* de densité. Ce moyen est très exact.

En voici un autre employé par Rumford d'abord, et ensuite par le docteur Hope. Ce moyen consiste à prendre de l'eau qu'on renferme dans une cloche, fig. 4, qui est entourée d'un manchon creux, *A*, dans lequel on met un mélange frigorifique, composé avec de la glace et du sel, ce qui donne un froid d'environ 20° au-dessous de zéro. Que va-t-il arriver en prenant cette eau à la température ordinaire, par exemple, à 10°? Toutes les parties d'eau qui sont en contact avec la zone froide, vont se refroidir, mais en se refroidissant elles deviennent spécifiquement plus pesantes, et par conséquent elles vont descendre vers le fond; de sorte qu'il y aura un courant qui ira de haut en bas; et si l'eau tendait à devenir de plus en plus dense à mesure que la température baisse, il est évident que nous aurions toujours dans le bas la température la plus basse, parce que toutes les parties refroidies iraient au fond; mais si l'eau a un *maximum* de densité à 4 degrés, que va-t-il arriver quand l'eau sera parvenue à 4 degrés? Vous concevez qu'alors les parties en contact avec la zone froide seront plus légères, et que, par conséquent, il ne pourra plus y avoir de courant : de sorte qu'en cherchant la température indiquée par le thermomètre dans le plus bas, nous aurons le *maximum* de densité.

Dans l'expérience que nous venons d'indiquer, il faut se rendre indépendant de la température ambiante; ce qui se fait en enveloppant l'appareil avec du duvet.

Ajoutons encore, comme particularité qui appartient aussi à l'eau, que lorsqu'elle se congèle, au lieu de donner, comme beaucoup d'autres corps, un solide qui soit plus dense que l'eau elle-même, elle donne un corps beaucoup plus léger. Ainsi la glace ne pèse que 914 millièmes, l'eau pesant 1000 millièmes ou *un*. Par conséquent, la glace est d'un millième plus légère que l'eau. C'est ce qui explique pourquoi la glace se trouve toujours à la surface des rivières. A la vérité, on a expliqué aussi la suspension de la glace sur l'eau par des vides qu'elle renferme : mais ces vides ne font qu'augmenter la légèreté de la glace. Supposons que nous ayons de la glace aussi pure que du cristal, cette glace mise sur l'eau n'irait jamais au fond, elle surnagerait toujours, à moins qu'on n'employât des moyens mécaniques pour la forcer à descendre au-dessous de la surface.

C'est le *maximum* de densité de l'eau à 4°, qui nous fait concevoir que les fonds des grands lacs, lors même que leur surface viendrait à geler, ne seraient jamais à la température de zéro ; parce qu'il se passera, à l'égard des lacs, ce qui se passait à l'égard de notre appareil. Ainsi, à moins que toute la masse liquide ne vienne à geler, on ne trouve jamais le fond des lacs gelé. L'eau qui contient du sel gèle plus difficilement. L'eau qui contient sur 100 parties d'eau, 35 de glace, ne gèlerait qu'à 20 degrés au-dessous de zéro, et ensuite elle gèle proportionnellement à la quantité de sel qu'elle renferme. Dans ce cas, le *maximum* de densité est reculé, et s'éloigne autant du point de congélation qu'il l'est lorsque l'eau est pure : de sorte que, par les mêmes principes que nous exposions tout à l'heure, le fond des mers ne doit pas être non plus à la température de zéro, à moins qu'il n'y ait des courans uniformes qui viennent le faire geler.

Une autre application du *maximum* de densité, mais qui a moins d'intérêt que la précédente, c'est qu'on a remarqué que dans les montagnes où il y a des glaces permanentes, il se forme, durant l'été, des trous appelés des *puits de glaces*. Supposons une masse de glace soumise aux chaleurs de l'été, et qu'il y ait sur cette glace quelque petite inégalité, la chaleur fondant la glace, il se forme un petit filet d'eau ; l'eau qui est immédiatement en contact est à zéro ; par conséquent, elle est moins dense que l'eau qui est à la surface, et celle-ci, par conséquent, tombe au fond où elle porte de la chaleur, fait fondre une partie de la glace, et reprend la température de zéro. Pendant ce temps, l'eau à zéro qui était remontée à à la surface s'échauffe, et aussitôt qu'elle arrive à 4°, elle descend au fond.

C'est ainsi qu'on conçoit facilement comment une masse de glace peut être creusée, tandis que si l'eau était plus dense à zéro, les couches d'eau échauffées par le soleil ne pourraient se précipiter, et, par conséquent, il n'y aurait pas de creusement de glace. On trouve de ces cavités qui ont plusieurs pieds, et même plusieurs mètres de profondeur.

IMPRIMERIE DE E. DUVERGER,
RUE DE VERNEUIL, N. 4.

COURS DE PHYSIQUE.

LEÇON VINGTIÈME.

(Samedi, 19 Janvier 1828.)

SUITE DE LA DILATATION DES LIQUIDES.

Dans la dernière séance en parlant de la glace, nous avons dit qu'elle était plus légère que l'eau et que c'était une raison pour laquelle la glace devait se former constamment à la surface ; et cela est évident, parce que l'eau qui est au *maximum* de densité à 4° ira nécessairement au fond. Cependant l'on trouve quelquefois de la glace au fond des rivières, qui ont un courant rapide et qui n'ont pas une grande profondeur. Voilà comment on peut concevoir ce fait : lorsqu'il fait froid et que l'eau est parvenue à la température zéro, il se forme constamment par le contact de l'air et de l'eau de petits glaçons qu'ou peut considérer comme invisibles ; ce sont des molécules de glace qui se forment comme les molécules de sel dans une dissolution saline. Les petits cristaux de glace n'ont pas le temps de se réunir dans une eau courante, et ils sont entraînés au fond parce qu'ils suivent l'eau dans ses tourbillons. Il est démontré que l'eau parfaitement tranquille peut rester liquide jusqu'à 5°, 4°, et même 10°. Il est facile de s'en assurer en mettant de l'eau bouillir dans un vase, avec une couche d'huile par-dessus. En exposant cette eau à un froid de 10°, vous la verrez rester liquide. Si ensuite vous remuez cette eau d'une manière quelconque, ou si vous y introduisez un corps étranger comme du sable, ou, ce qui réussirait encore mieux, un petit morceau de glace, à l'instant toute la partie de l'eau qui peut se congeler se congèle, et la température remonte à zéro.

De même lorsque vous avez de l'eau qui est remplie de petits glaçons. de petites molécules cristallines, on conçoit qu'un moment ces molécules peuvent adhérer à des cailloux, à des pierres qui sont dans le fond de la rivière, comme on voit des cristaux se former sur un corps solide. Une fois

qu'il s'est formé de ces petits glaçons, il s'en forme d'autres
sur ceux-ci, et ainsi de suite. C'est ainsi qu'on conçoit que
l'on peut trouver de la glace au fond des rivières. Lorsque
ces glaçons acquièrent ensuite un volume assez considérable,
comme ils n'ont que les $\frac{9}{10}$ du poids de l'eau, il en résulte
qu'ils font effort pour se soulever, et finissent par venir à la
surface en entraînant avec eux de la terre ou d'autres corps
étrangers.

Dans la dernière séance nous avons vu que la principale difficulté, qui s'opposait à la véritable mesure de la dilatation des liquides, était la dilatation des vases solides qui les contenaient.
Nous avons montré un appareil au moyen duquel on est tout-
à-fait à l'abri de cette difficulté. Ensuite, nous avons tiré
parti de la dilatation même des solides pour corriger la dilatation des capacités des substances solides avec lesquelles ces
vases sont formés, et nous avons vu que, pouvant mesurer
la véritable dilatation d'un vase qui contient un liquide, on
peut avoir avec une grande exactitude la dilatation absolue
de ce liquide.

Réciproquement, si vous admettez qu'on connaisse exactement la dilatation d'un liquide, du mercure, par exemple,
vous pourrez vous en servir pour connaître la dilatation des
corps solides. En effet, je suppose que nous ayons rempli
un vase de fer avec du mercure que nous ayons bien fait
bouillir pour être certains de ne laisser aucune humidité qui
occuperait une portion de l'espace; cette opération étant
faite, nous prendrons le poids de ce vase vide et ensuite le
poids du même vase rempli de mercure, et nous aurons, par
conséquent, la quantité de métal liquide contenu dans le
vase. Cela fait, nous porterons ce vase, que nous supposons
d'abord à la température zéro, à celle de 100 degrés. Il arrivera nécessairement que le mercure qui est plus dilatable
que le fer, s'échappera en partie de l'intérieur du vase. Il
est certain qu'il ne sortira pas assez de mercure, ou en d'autres termes, qu'il en restera trop dans le vase; car puisque
le vase se dilate, il est évident que la chaleur ne fait pas sortir toute la quantité de mercure due à la dilatation propre du
mercure. Mais admettons que nous connaissions bien la dilatation du mercure, nous pourrons calculer quelle est la
quantité de mercure qui devrait s'échapper du vase dont la
capacité est connue, en passant de la température zéro à la
température de 100°. La différence entre la quantité absolue
qui devrait s'échapper et celle qui s'échappe réellement, nous
donne la quantité restée pour remplir l'augmentation de ca-

pacité, ou, ce qui est la même chose, la dilatation cubique du métal qui forme le vase. Il ne reste plus qu'à prendre le tiers de cette quantité pour avoir la dilatation linéaire. La dilatation des solides s'obtient ainsi avec plus de précision que si on cherchait à la mesurer directement: car avec le procédé que nous venons d'indiquer, on a la dilatation cubique, qui est trois fois plus grande que la dilatation linéaire, de sorte que l'erreur se trouve réduite au tiers.

Ce procédé peut s'appliquer à plusieurs autres substances; cependant on ne peut employer le mercure pour mesurer la dilatation de l'or, de l'argent, du cuivre, parce que ces corps agissent réciproquement les uns sur les autres, que le mercure dissout l'or et l'argent, et qu'il adhère au cuivre. On peut alors prendre d'autres liquides, l'eau, par exemple; mais dans ce cas, voilà ce qui arrive. L'eau étant extrêmement dilatable, si l'on se trompe sur la véritable température, l'erreur sera très grande et portera en entier sur la dilatation du métal. Il importe donc, pour faire ces sortes d'expériences, de prendre un liquide très peu dilatable.

DILATATION DES FLUIDES ÉLASTIQUES.

Nous allons maintenant nous occuper de la dilatation des fluides élastiques. Vous avez déjà vu que les liquides se dilatent beaucoup plus que les solides; à leur tour les fluides élastiques se dilatent beaucoup plus que les liquides. Voilà d'abord un fait général. Ainsi le zinc, le plus dilatable des solides, se dilate de $\frac{1}{322}$, le mercure se dilate de $\frac{1}{55}$, et les fluides élastiques se dilatent de plus d'un tiers; tout cela, dans les limites de température, depuis zéro jusqu'à 100°.

Les fluides élastiques se dilatant d'une manière si marquée, il n'est pas difficile d'obtenir leur véritable dilatation à un dix-millième près.

Il y a des causes d'erreur qui ont fait pendant long-temps qu'on n'a pas connu la véritable dilatation des fluides élastiques; c'est qu'on opérait dans des vases qu'on croyait secs, parce qu'il n'y avait pas dans ces vases de traces visibles d'humidité, et que même en supposant qu'il y eût quelque légère humidité, on s'imaginait qu'elle ne pouvait rien faire, parce qu'on ignorait le véritable volume que prend l'eau en passant à l'état de vapeur. C'est cette cause d'erreur qui a fait que les physiciens qui se sont occupés pendant long-temps de la dilatation des fluides élastiques, au lieu de donner une dilatation qui est la même pour tous les fluides élastiques, ont donné des dilatations tout-à-fait différentes.

Je vais montrer par une expérience bien simple l'influence d'un peu d'humidité qui pourrait rester dans les vases. Si l'on prend deux matras dont l'un soit très sec et dont l'autre contienne un peu d'humidité, et qu'on les échauffe de la même manière, voici ce qui va arriver : l'air se dilate dans chaque matras et s'échappe par l'extrémité du tube. En plongeant ensuite les matras dans un bain d'eau, à mesure que le refroidissement a lieu, la force élastique diminue dans les deux vases, et la compression extérieure de l'air force le liquide à s'élever d'une certaine quantité, mais très inégale dans les deux matras.

Ainsi donc le même air, exposé à une même température, peut se dilater différemment. D'où vient cette différence ? Elle vient uniquement de ce que nous avons laissé dans l'un des vases un peu d'humidité. N'eût-ce été qu'une goutte d'eau, cette goutte, en se réduisant en vapeur par l'action de la chaleur, a occupé un espace 1700 fois plus grand ; par conséquent, c'est comme si nous avions eu 1700 gouttes. Or, cette eau a chassé l'air devant elle, et il s'est échappé ainsi, par l'action de la chaleur, plus d'air qu'il n'aurait dû s'en échapper. Lorsqu'ensuite la vapeur d'eau revient à son volume primitif, qui est 1700 fois plus petit, l'espace qu'elle laisse vide est occupé par de l'eau qui monte, et en dernier résultat, il ne reste que très peu d'air. Voilà ce qui explique pourquoi l'eau monte à une plus grande hauteur dans le vase où il y avait un peu d'humidité que dans celui qui était parfaitement sec. Vous sentez d'après cette expérience, qui est fort simple, la grande influence de l'eau dans les appareils, lorsqu'elle est visible. Un vase ordinaire qui est exposé à l'air contient encore de l'eau qui est adhérente à sa surface, et qui se détache par l'action de la chaleur sous forme de vapeur ; et dès lors cette vapeur influe plus ou moins sur la véritable dilatation de l'air, en faisant sortir du vase une plus ou moins grande quantité de cet air. Lors donc que nous emploierons des appareils destinés à obtenir la véritable dilatation des fluides élastiques, nous devrons diriger toute notre attention sur l'expulsion de l'eau de ces appareils.

Voici l'appareil le plus propice à mesurer la dilatation de l'air : on prend une boule soufflée a l'extrémité d'un tube, fig 1, ton cherche la capacité de la boule par rapport aux divisions du tube. Pour cela, après avoir calibré le tube et l'avoir divisé en parties égales, on pèse le vase vide et le vase plein de mercure, et l'on a ainsi la quantité de mercure contenue tant dans la boule que dans le tube, et en même temps la capacité du tube et de la boule. Cela fait, on remarque la division où s'arrête le mercure, et on fait sortir une certaine quantité, de manière qu'il s'arrête à la première division. On prend le poids de mercure qui s'est ainsi écoulé; et on a par conséquent, d'un côté, le poids du mercure contenu dans cette portion du tube contenant tant de divisions; d'un autre côté, on a le poids du mercure contenu dans la boule. Il sera facile de conclure de ces données le rapport entre la capacité de la boule et les divisions du tube. Cela posé, on conserve dans l'intérieur du tube une petite colonne de mercure d'environ deux centimètres de longueur, que nous appellerons un *index*. Cet index ne tombe pas, parce que l'air ne peut s'échapper le long de cet index, qui est un petit cylindre tendant à se rassembler sur lui-même pour former une goutte, et pressant, par conséquent, contre la paroi du tube; par la même raison, il ne peut descendre que d'une petite quantité, jusqu'à ce que son poids soit tel qu'étant ajouté au ressort qu'a l'air intérieur, il fasse équilibre à l'air extérieur. Néanmoins il est facile de faire arriver l'index là où l'on veut, au moyen d'un petit fil de fer qu'on fait passer à travers l'index.

Ce qui fait que le fil de fer produit cet effet, c'est que le fer n'est pas mouillé par le mercure; de sorte que, quand le fil de fer traverse le mercure, il faut concevoir qu'il y a un petit cylindre d'air tout autour, et que par conséquent il y a une communication libre entre l'air du dessus et l'air du dessous. Rien ne s'opposant plus à la chute du mercure, l'index descend d'une certaine quantité, et peut aller jusqu'à l'extrémité du petit tube; on peut de même le faire remonter, en inclinant le tube dans le sens dans lequel on veut faire marcher l'index, et en se servant du fil de fer comme nous venons de l'indiquer.

Il s'agit maintenant d'avoir de l'air parfaitement sec. Pour cela, on commence par remplir, comme je viens de l'indiquer, la boule et le tube de mercure, on le fait bien bouillir pour être certain d'avoir chassé toute humidité. Après cela il ne reste plus qu'à faire sortir le mercure et à le remplacer dans le tube par de l'air parfaitement sec; ce qui se fait en adaptant au tube un autre tube plus large, fig. 2, dans lequel on met du chlorure de calcium, qui a la propriété d'enlever toute humidité. Au moyen d'un fil de fer, que l'on introduit à travers un bouchon dans le tube plein de mercure, on fait descendre ce mercure dans le large tube, et l'air sec monte pour le remplacer. Il est indispensable d'employer le fil de fer pour parvenir à faire sortir le mercure ; car, comme le tube est très étroit, la colonne de mercure reste suspendue. C'est même sur ce principe que nous avons vu qu'était fondé le thermomètre d'Amontons, qui se compose d'un simple tube ouvert par une extrémité. Après avoir ainsi fait pénétrer de l'air sec dans le tube, je fais descendre l'index jusqu'à une division quelconque, je retire le fil de fer, et il ne reste plus, pour connaître la dilatation de l'air, que d'exposer cet appareil à des variations connues de température. On se sert à cet effet d'une caisse, fig. 3; cette caisse est percée latéralement, de manière à pouvoir y introduire la boule et la tige. Du côté opposé, il y a une seconde ouverture, au moyen de laquelle on introduit dans la caisse un thermomètre ordinaire à mercure parfaitement exact. Les deux tubes doivent entrer à frottement dans un bouchon.

La caisse est remplie d'abord d'eau à la glace ; l'air qui est dans le tube A se refroidit, et l'index vient s'arrêter à une certaine division; on lit cette division exactement, on sait qu'il y a tel volume, c'est-à-dire, toute la capacité de la boule, plus le nombre de parties comprises entre la boule et l'index. Nous pouvons appeler cette quantité *un*. Après cela, on échauffe l'eau, on la fait passer successivement par des variations un peu grandes, comme par exemple, 25°, 50°, 75°, 100°. A mesure que la température augmente, l'air se dilate, l'index est repoussé, et on enfonce le tube afin que l'index se trouve toujours à l'orifice de la caisse; sans cette précaution, l'air renfermé dans le tube ne serait pas partout à la même température. Il y a encore une petite attention à avoir : en raison de l'adhérence du mercure au verre, le mercure ne chemine que par saut, et il se trouve toujours un peu en arrière du point où il devrait être, s'il cheminait librement; de sorte qu'on est exposé à commettre une petite erreur, mais on l'évite en tapant légèrement sur le tube. Au moyen des ondulations que le mercure éprouve, il vient constamment à sa véritable place. Ce phénomène a lieu également pour le baromètre, et quand on veut faire une observation, il faut préalablement taper sur le tube, parce que quand le mercure descend, il ne descend pas autant qu'il devrait descendre ; et de même, quand il monte, il ne monte pas autant qu'il devrait monter.

Revenons à notre appareil, et voyons les résultats qu'on a obtenus. Nous prenons un volume d'air que nous appelons l'unité, et que nous mesurons à zéro; nous portons ensuite cet air à 100 degrés, et nous trouvons que ce volume d'air est *un* plus une fraction. Par rapport au volume primitif, cette fraction, en décimales, est 0,375. En faisant la même expérience sur l'azote, sur l'hydrogène, nous trouverons une augmentation de volume parfaitement égale ; d'où nous conclurons que les fluides élastiques se dilatent également. Mais il faut voir la loi, car la loi serait quelconque, puisque nous ne prenons que deux termes ; il faut donc marcher par différences plus petites, chercher, par exemple, ce qui doit arriver à la température de 50 degrés. Or nous trouvons que l'augmentation à 50° est la moitié de l'augmentation à 100°, c'est-à-dire que la dilatation est proportionnelle à la tempéture. Telle est la loi simple que nous pouvons conclure hardiment de ce que l'augmentation de volume à 50° est moitié de l'augmentation de volume à 100°. D'ailleurs, on a fait l'expérience pour les degrés intermédiaires, et la loi que je viens d'énoncer a été reconnue exacte.

MM. Dulong et Petit ont poussé leurs expériences jusqu'à 365° au-dessus de zéro, et la loi s'est constamment maintenue.

Si l'on veut avoir la quantité de la dilatation, la voici : pour 100°, la dilatation ou l'augmentation de volume est de 0,375 ; puisque la dilatation s'obtient en retranchant du volume dilaté le volume primitif, pour un degré la dilatation sera la centième partie de 0,375 ou 0,00375. Exprimée en fraction ordinaire, cette quantité nous donnera, pour la dilatation pour un degré, $\frac{1}{267}$.

Ainsi l'air, et je dirai plus généralement les fluides élastiques, en les prenant à zéro (et faisons bien attention à ceci : ce n'est pas à une température quelconque qu'il faut les prendre, c'est à zéro), l'augmentation de volume qu'ils éprouvent, en s'échauffant successivement de degrés en degrés, est de $\frac{1}{267}$ du volume primitif. Ainsi,

en prenant les termes 0°, 1°, 2°, 3° . . . . t°,

nous aurons $\quad 0 \quad \dfrac{1}{267}, \dfrac{2}{267}, \dfrac{3}{267} \quad \dfrac{t}{267}.$

On peut exprimer les dilatations d'une manière beaucoup plus simple que nous venons de le faire, qui se prête mieux au calcul, et qui est d'ailleurs celle qu'on emploie ordinairement. Vous avez vu qu'en prenant de l'air à la température de zéro, il se dilate successivement de $\frac{1}{267}$ de son volume. Au lieu de représenter le volume par l'unité, représentons-le par 267, c'est-à-dire que je fais le volume égal au dénominateur du coëfficient de la dilatation. Il en résulte que cet air, en se dilatant, sera à 1°, 267 + 1 ; à 2°, 267 + 2 ; à 3°, 267 + 3, et enfin à *t*°, 267 + *t*.

Tels sont les divers volumes que l'air occupera successivement, en passant de la température zéro aux températures successives 1°, 2°, 3°, ... *t*°. Si donc l'on me donne une température comme celle de 25°, le volume correspondant sera 267 + 25, c'est-à-dire 292.

A présent, soit un volume d'air V, on me dit que ce volume est à la température de 2°, et on veut le porter à la température de 25°. On me donne, par exemple, 2 litres $\frac{1}{2}$, et on demande l'augmentation de volume que deux litres $\frac{1}{2}$ acquerront en passant de la température de 2° à celle de 25°. Ce volume d'air à 2° peut être représenté par 269, lesquels deviennent, en passant à la température de 25°, 267 + 25, c'est-à-dire 292. On me donnerait un volume quelconque, on me demanderait ce que deviendrait ce volume à la température correspondante de 25°; il est évident que le volume cherché, que je représente par x, doit être, au volume qu'on me donne, comme le nombre qui représente le volume donné à 2° est au nombre qui représente le même volume donné à 25°; c'est-à-dire que nous aurions cette proportion :

$$x \ : \ 2 \text{ litres } \tfrac{1}{2} \ :: \ 269 \ : \ 292 ;$$

d'où $x = 2 \text{ litres } \tfrac{1}{2} \times \tfrac{269}{292}.$

Je vous engage à faire attention à cette manière de mesurer les dilatations, parce que c'est sur ce principe qu'est fondé le thermomètre à air, le seul qu'on puisse appeler exact, et celui dont les dilatations ont le plus de rapport avec les quantités de chaleur; de sorte que nous aurons occasion de parler fréquemment et de faire des applications du thermomètre à air, dont nous venons, pour ainsi dire, de vous retracer l'origine.

Il est à remarquer que, pour déterminer la dilatation des fluides élastiques, on n'a pas besoin de faire attention à l'état de la pression atmosphérique, c'est-à-dire que si l'on suppose que l'air soit plus dense ou qu'il soit plus rare, ce sera absolument la même chose. En effet, de l'air plus dense, c'est un plus grand nombre de molécules rassemblées dans le même espace ; de l'air plus rare, c'est un moindre nombre de ces molécules. Or, chacune de ces molécules, pour son propre compte, se dilate d'une manière semblable; par conséquent la loi doit rester la même, qu'il y ait beaucoup de molécules ou qu'il y en ait peu, c'est-à-dire que la force élastique soit très grande ou très petite.

Venons maintenant à un examen général sur les variations de volume que les corps éprouvent par l'action de la chaleur. Nous avons dit que, depuis la température de zéro jusqu'à celle de 100°, les dilatations des solides étaient sensiblement proportionnelles aux variations de température. Nous avons reconnu aussi qu'il y avait plusieurs liquides pour lesquels cette loi se soutenait très bien, pour l'huile, par exemple, dont les dilatations sont les mêmes à peu près que celles du mercure; et, en général, tous les corps qui changent difficilement d'état sont dans le même cas.

Il importe maintenant de savoir si en allant à des températures plus élevées, les dilatations continuent à être proportionnelles à la température. Avant de nous occuper des autres corps, il faut au moins connaître si les dilatations du mercure lui-même, auxquelles nous rapportons les dilatations des corps, suivent une marche régulière. Or, prenons le mercure pour terme de comparaison, comment pourrons-nous juger si sa marche est régulière? Il faudrait comparer sa marche à celle d'un autre corps : mais si nous prenons des liquides, ils se dilatent d'une manière très différente. Il en est de même pour les solides, ils se dilatent d'une manière propre à chacun d'eux. Si on prend la dilatation des corps solides à des températures plus élevées que celle que nous avons considérée, les dilatations de ces corps deviennent très inégales; tandis que nous venons de voir que l'hydrogène, l'azote, l'oxigène éprouvent des dilatations qui sont les mêmes. Or voilà une très forte analogie en faveur des fluides élastiques, qui nous porterait à faire des thermomètres avec des fluides élastiques plutôt qu'avec d'autres corps, et par conséquent à considérer le mercure comme faisant partie de la chaîne des autres corps qui se dilatent d'une manière très inégale. Il n'y a qu'à voir si effectivement le mercure, comparé à l'air à des températures beaucoup plus élevées que celle que nous avons prise, se dilate d'une manière égale ou différente. Pour cela il faut avoir recours aux appareils de dilatation dont nous avons parlé, et le premier pas à faire sera de chercher les dilatations de l'air, en supposant que l'échelle thermométrique à mercure soit continuée. MM. Dulong et Petit se sont occupés de ce travail avec beaucoup de succès et sont parvenus à des résultats très remarquables.

L'on fait deux thermomètres, l'un avec du mercure et l'autre avec de l'air. Vous concevez comment on ferait un thermomètre à air, ce serait de prendre une petite boule surmontée d'un tube et d'y introduire un volume déterminé d'air, séparé de l'air extérieur au moyen d'un petit index. Lorsqu'on échauffe le thermomètre, l'index monte, et vous pouvez concevoir que c'est la colonne d'air qui a monté et qui a soulevé l'index. Soit donc, fig. 4, un thermomètre à mercure M, et un thermomètre à air A. Je suppose que ces deux instrumens aient été gradués d'une manière semblable, c'est-à-dire qu'on les ait mis dans de la glace, et qu'on ait appelé zéro dans chaque thermomètre le point où ils se sont arrêtés ; ensuite qu'on les ait portés dans l'eau bouillante, et qu'on ait marqué 100 l'endroit où le mercure s'est arrêté dans les deux thermomètres, et qu'on ait divisé l'espace compris entre ces deux points zéro et 100 en cent parties égales. Supposons qu'on prolonge indéfiniment ces deux échelles ainsi graduées ; et alors si nous élevons la température de manière, par exemple, que le thermomètre à mercure marque 200°, le thermomètre à air ne marquera que 197 ; ou si nous allons jusqu'à 360 pour le thermomètre à mercure, l'autre ne marquera que 350. Ainsi les deux thermomètres s'accordent dans une portion de l'échelle, mais ensuite la température continuant à s'élever, ils commencent à s'écarter, et cela d'autant plus que la température s'élève davantage. Mais pouvons-nous dire que ce soit le mercure plutôt que l'air qui indique mal la température ? l'analogie nous porte à admettre que c'est le mercure qui nous trompe dans ses indications.

Soumettons au même examen les divers corps, et même, pour obtenir des résultats plus certains, tâchons de prendre les dilatations absolues des divers corps, au lieu de nous en rapporter aux dilatations apparentes, et commençons par le mercure.

A 100°, nous cherchons la dilatation que le corps éprouve en passant de 0° à 100 ; nous supposons que la dilatation est uniforme pour chaque degré, et qu'on ait pour un degré $\frac{1}{55\ldots}$.

Continuant à chauffer notre appareil jusqu'à 200 degrés, nous obtiendrons une certaine dilatation que nous supposerons encore uniforme. Nous cherchons ce qu'elle est pour un degré, et nous trouvons qu'elle est égale à $\frac{1}{5\ldots5}$.

On voit que la dilatation a été en augmentant.

A 500°, on trouve que la dilatation pour un degré est égale à $\frac{1}{\ldots}$.

D'où nous voyons clairement que la dilatation du mercure va en augmentant à mesure que la température s'élève.

Si, après avoir trouvé la dilatation du mercure d'une manière absolue, vous construisez un thermomètre en prenant pour points fixes le point zéro et le point cent, et ensuite en supposant que l'échelle soit prolongée indéfiniment, vous trouverez qu'au lieu de marquer 500° comme le thermomètre à air, le thermomètre à mercure indiquerait 514°.

Si nous faisons la même chose pour quelques autres corps, nous trouverons que, le thermomètre à air marquant 500°,

un thermomètre en fer marquerait . . . . 572,6.
en cuivre . . . . 528.
en platine . . . . 511,6.
en verre . . . . 552,9.

Ainsi vous voyez que les corps solides se dilatent d'une manière fort irrégulière, et d'autant plus que la température s'élève davantage. Par conséquent, si on construit des thermomètres avec ces diverses substances, ces thermomètres s'accorderont bien entre les points extrêmes qu'on aura pris, mais ne pourront pas s'accorder au-delà, et je viens de citer les nombres qui indiquent combien ces différences sont grandes. Cela doit nous fortifier de plus en plus dans la pensée de nous servir du thermomètre à air pour mesurer exactement les températures ; et, en effet, il y a des circonstances où il sera indispensable de s'en servir. Je vais donc le décrire, et indiquer la manière de s'en servir.

Le thermomètre à air, fig. 5, est, à l'extérieur, semblable au thermomètre ordinaire. Quant à sa graduation, puisque nous venons de voir que lorsqu'on prend un volume d'air exprimé par 267, il devient successivement 268, 269..., imaginons que nous ayons pris un tube de manière qu'il porte à une certaine hauteur 267 divisions, et qu'ensuite en descendant et en montant, chaque division soit un 267e. Le point où est marqué 267 correspondra au zéro du thermomètre à mercure. Ainsi :

Le thermomètre à mercure marquant   0°,   1°,   2°,   5°,
Le thermomètre à air marquera   567°, 568°, 569°, 570°.

Maintenant pour les degrés au-dessus de zéro,

le thermomètre à mercure marquant — 1°, — 2°, — 5°,
le thermomètre à air marquera   566°, 565°, 564°.

Voici maintenant une espèce d'embarras qu'on éprouve lorsqu'on se sert du thermomètre à air. On est obligé de le laisser ouvert, pour que l'air ne se comprime pas dans la colonne ; sans cela il serait extrêmement infidèle ; mais alors il fait baromètre, et lorsque le baromètre montera ou descendra, la température étant cependant constante, l'index marquera nécessairement des hauteurs différentes. Nous aurons donc un instrument soumis à deux influences, à l'influence de pression et à l'influence de chaleur; or il faut les isoler nécessairement pour connaître l'une indépendamment de l'autre, et par conséquent nous aurions un instrument qui ne nous indiquerait les variations de chaleur qu'autant que nous irions consulter un baromètre. Que faut-il faire alors ? Il faut chaque fois le graduer, c'est-à-dire remettre le point. Je suppose que la pression atmosphérique augmente ; l'index va descendre et au lieu de marquer 267°, par exemple, il marquera 265°. Dans ce cas, au moyen d'un fil de fer, on ramène l'index à 267°. C'est là un inconvénient, mais on peut y remédier, et je vais en indiquer le moyen.

Je prends un tube gradué et je sais que la boule contient par exemple 200 divisions. Lorsque la cause qui oblige à prendre le *point* n'existerait pas, vous allez sentir qu'on est obligé de se passer, pour ainsi dire, de la division du tube telle que je viens de la donner. En effet, je veux prendre, par exemple, la température d'un mélange réfrigérent. Il y a des corps qui produisent des poids de 50°, 60° et même 70° au-dessus de zéro, je prends mon thermomètre et je le plonge dans le réfrigérent, mais la boule seule peut y entrer, et la tige reste au-dessus. Or j'aurai une erreur s'il n'y a que la boule qui participe au froid, et je ne pourrai jamais obtenir la véritable température. Ne pouvant donc enfoncer tout le tube dans le liquide, voici comme j'opérerai : au moyen d'un fil de fer, je forcerai l'index à descendre au-dessous de la surface du mélange frigorifique. Je lis le point où s'arrête l'index ; je retire ensuite le thermomètre, et je le porte dans un bain d'eau dont la température est connue. L'index monte à un certain point, je lis de nouveau, et j'ai d'une part le volume de l'air quand il était exposé à une certaine température que je ne connais pas, et d'autre part, le volume quand il est à une autre température connue. Connaissant les deux volumes, et la température correspondant à l'un de ces volumes, il n'y a plus que quelques calculs à faire pour trouver l'autre température.

Il est absolument indispensable de se servir de thermomètre à air pour connaître les basses températures dans les mélanges frigorifiques. Vous en concevrez parfaitement la raison, lorsque vous saurez que le mercure gèle à près de 40°, et que même avant ce terme ses dilatations sont inégales. L'alcool ne se gèle pas, mais ses dilatations sont inconnues : on est donc aussi obligé de renoncer au thermomètre à alcool.

IMPRIMERIE DE E. DUVERGER,
RUE DE VERNEUIL, N. 4.

COURS DE PHYSIQUE.

LEÇON VINGT ET UNIÈME.

(Mardi, 22 Janvier 1828.)

RÉSUMÉ DE LA VINGTIÈME LEÇON.

Nous nous sommes occupés, dans la dernière séance, de la dilatation des fluides élastiques. Nous avons reconnu que cette dilatation était la même pour tous les fluides élastiques, gaz ou vapeur, et que la loi était extrêmement simple; puisque, en partant d'une masse que l'on prend pour unité, les augmentations de volume étaient proportionnelles à la température mesurée par le thermomètre à mercure, dans une étendue qui est comprise depuis la température de 40° au-dessus de zéro jusqu'à plus de 300°, pour lesquels l'expérience a été faite, mais que l'on peut supposer indéfinie.

Nous avons ensuite comparé les dilatations des corps solides, celles des liquides et celles des fluides élastiques, et nous avons vu que les corps solides se dilataient d'une manière très irrégulière, même d'après le thermomètre à mercure, dans des températures très élevées, et, à plus forte raison, lorsqu'on prend le thermomètre à air pour mesure de la chaleur. En effet le thermomètre à mercure s'écarte du thermomètre à air et présente une différence de 14° à la température de 300°. D'après cela nous avons conçu que, si l'on voulait construire un thermomètre très exact, il fallait prendre non pas les solides ou les liquides, dont la dilatation est irrégulière, mais les fluides élastiques, qui tous se dilatent d'une manière uniforme. Parmi les différens fluides élastiques, c'est l'air atmosphérique qu'on a choisi pour en faire un thermomètre.

Vous avez vu que l'appareil que nous avons appelé le thermomètre à air, ne différait pas sensiblement de l'appareil que nous avons employé pour mesurer la densité des fluides élastiques. Il se compose d'une boule surmontée d'un tube tellement gradué, que les divisions qu'on peut trouver sur le tube, aient un rapport déterminé avec la capacité de la boule.

Le thermomètre à air doit en général rester ouvert; et alors il devient baromètre. Il y a deux effets, celui de la pression et celui de la chaleur, et pour parvenir à s'en servir, il faut, chaque fois qu'on veut faire une expérience, le graduer ou le mettre au *point*.

Nous avons vu qu'en prenant une masse d'air dont le volume serait représenté par 267, et qu'en échauffant cette masse à partir de zéro jusqu'à 1°, 2°, 3°, etc., alors cette masse devenait successivement 268, 269, 270, ainsi de suite indéfiniment; de telle sorte que, si l'on échauffait un volume d'air quelconque jusqu'à 267°, son volume se trouverait doublé. Ensuite, en descendant au-dessous de zéro, la masse 267 diminue de volume et devient successivement 266, 265, 264 et ainsi de suite. Voilà donc un thermomètre dont le langage est un peu différent de celui à mercure, qui commence à la température zéro, et qui, à l'eau bouillante, marque 100°, au lieu que le thermomètre à air, à la température zéro, marque 267°. Cette division est analogue à celle du thermomètre de Farenheit. On a été forcé de prendre le nombre 267 pour éviter des fractions; pour chaque degré du thermomètre centigrade, c'est une unité qu'on ajoute ou qu'on retranche. Ce langage avec lequel il faut se familiariser, est extrêmement simple. Si, par exemple, on me dit que le thermomètre à air marque 280, sachant qu'à 267 il marque zéro, je retranche 267 de 280, et la différence 13 m'indique que le thermomètre à air indique 13° de chaleur; si l'on me dit que le thermomètre à air marque 250°, la différence de 250 à 267 est de 17; par conséquent je conclus qu'il y a 17° de froid.

Cette manière de compter les degrés dans le thermomètre à air est très commode pour évaluer les variations de volume qu'éprouvent les fluides élastiques. En effet, en comparant deux degrés de ce thermomètre, on a le rapport des volumes d'une masse d'air portée à ces deux températures. Un volume d'air, qu'on vous donne à une température déterminée, doit se comporter par rapport au volume de la même masse d'air à une autre température, comme la première température se comporte relativement à la seconde.

Nous avons, par exemple, un volume V, à la température 278° du thermomètre à air, ou 11° du thermomètre centigrade, et nous voulons savoir ce que deviendrait ce volume à une autre température; par exemple, à la température o° du thermomètre centigrade ou 267° du thermomètre à air. Nous aurions la proportion suivante :

$$V : V' :: 278 : 267.$$

Lors donc qu'on a deux températures mesurées par le thermomètre à air, et ensuite le volume correspondant à l'une des températures, on peut en conclure l'autre volume ; et réciproquement, quand en connaîtra V et V' et l'une des températures, on pourra en conclure l'autre température.

Au moyen de ce que nous venons de dire, il devient extrêmement facile de trouver la température d'un mélange frigorifique. Pour cela, on prend un tube qui n'est pas précisément divisé comme le thermomètre à air ; mais il a des divisions quelconques ; il faut seulement connaître le rapport de ces divisions à la capacité de la boule. Ce qui oblige à prendre ainsi une graduation quelconque, c'est qu'il arrive souvent que le mélange frigorifique est en trop petite quantité pour qu'on puisse y enfoncer tout le tube, et qu'on est alors obligé de se conformer à la nature du mélange. Dans ce cas on met la boule dans le réfrigérent, et on fait descendre le petit index au moyen du fil de fer, de manière que toute la partie d'air au-dessous de l'index se trouve à la température du réfrigérent. Je lis le volume de l'air à cette température qui est inconnue, et je suppose qu'elle soit de $151 \frac{6}{10}$; je représente par x la température que je ne connais pas. Je porte ensuite le tube dans de l'eau chaude qui marquerait au thermomètre à air 277°, c'est-à-dire, 10°. Le volume d'air qui était $151 \frac{6}{10}$ se dilate et devient, par exemple, 190. Voilà donc deux volumes qui me sont donnés par l'expérience, et j'ai de plus la température 277° correspondant au volume 190. J'établis la proportion suivante :

$$x : 277 :: 151,6 : 190,$$

d'où je tire pour la valeur de x :

$$x = 277 \times \frac{151,6}{190}$$

En faisant l'opération, nous trouverions 221, c'est-à-dire que le thermomètre à air, plongé dans le réfrigérent, marquerait 221°. Traduisant 221° en degrés centigrades, nous trouverions, pour la température du mélange frigorifique, 46° au-dessous de zéro. Vous voyez combien il est facile de trouver les températures avec cet instrument, qui revient au thermomètre étalon sur lequel on trace des divisions quelconques.

DENSITÉ DES VAPEURS.

En parlant de la densité des corps, nous avons vu que les moyens de déterminer cette densité pour les solides, les liquides, et même les fluides élastiques permanens, ou gaz, ne présentent aucune difficulté, puisque l'opération consiste à connaître le poids d'un volume constant d'eau, et ensuite un pareil volume du corps dont on veut prendre la densité ; mais nous n'avons pas donné les moyens de déterminer la densité des vapeurs ou fluides élastiques non permanens, parce qu'il est nécessaire, pour avoir cette densité, de faire une série de corrections que nous ne pouvons faire qu'à présent que nous connaissons la loi suivant laquelle les gaz et les vapeurs se dilatent. Je vais donc, pour remplir cette lacune, vous parler de la manière de déterminer la densité des vapeurs, ce qui est un point fort important en physique, parce qu'il y a un grand nombre de corps qu'on ne peut avoir à l'état de gaz permanens, mais seulement à l'état de vapeurs.

Pour déterminer la densité des vapeurs, il faut concevoir qu'on ait pris un poids déterminé du corps solide ou liquide qui peut fournir la vapeur, et qu'on ait réduit cette quantité en vapeur dans un certain espace. Comme la vapeur ne peut se maintenir comme fluide élastique qu'à une certaine température, il faudra nécessairement échauffer le liquide pour qu'il se réduise tout en vapeur, et qu'ensuite il puisse se maintenir dans cet état sous la pression que l'on considère : c'est là une première condition, sans laquelle la vapeur repasserait à l'état liquide. On peut employer divers moyens pour transformer un poids donné de liquide en vapeur ; mais plusieurs difficultés se présentent ; et la principale consiste à pouvoir porter dans l'espace où on veut avoir une vapeur le volume déterminé de liquide qui doit la fournir. Une autre difficulté est d'avoir des luts assez résistans. On pourrait concevoir qu'on ait mis dans un ballon vide une certaine quantité de liquide pesée bien exactement, et qu'ensuite on échauffe ce ballon. Mais il est assez difficile d'avoir la température exacte du ballon ; il est également difficile d'empêcher que le liquide ne se reforme, et surtout, si l'on emploie une température un peu élevée, de faire que le lut dont on se sert pour mastiquer le robinet avec le ballon ne se fonde.

Sans entrer dans plus de détails à cet égard, je vais exposer de suite le moyen le plus exact qu'on puisse employer pour déterminer la densité des vapeurs. Concevez, fig. 1, une cloche *A B* qui contienne un litre, et qui porte dans toute sa hauteur des divisions qui donnent le volume correspondant du fluide élastique qui sera renfermé dans la cloche. C'est la première opération qu'il faut faire. Il s'agit ensuite de faire entrer dans la partie supérieure de la cloche une certaine quantité du liquide qui doit prendre l'état de vapeur. Vous concevez qu'un moyen qu'on pourrait employer serait de prendre une petite mesure, comme un dé, qu'on remplirait de liquide, qu'on pèserait exactement, et d'introduire ce liquide par le bas de la cloche qui est remplie de mercure, de manière que ce liquide, plus léger que le métal liquide, viendrait gagner la partie supérieure de la cloche. Mais vous concevez qu'il restera une certaine portion du liquide dans le dé, qu'une autre portion s'attachera aux parois du vase et restera en chemin, et qu'ainsi la partie du liquide qui parviendra jusqu'au haut de la cloche ne sera qu'une fraction du liquide dont on aura pris le poids.

Pour éviter cet inconvénient, on prend une petite ampoule. fig. 2, qui a la forme d'une boule de thermomètre terminée par un petit tube ; on pèse cette ampoule vide et ensuite pleine du liquide que l'on veut soumettre à l'expérience ; la différence des poids vous donnera évidemment le poids du liquide. De crainte qu'il ne s'échappe de liquide, on ferme parfaitement le petit tube ; de sorte qu'on peut conserver ces petites ampoules remplies de liquide aussi long-temps qu'on veut et les porter partout. On pourra donc faire passer une ampoule ainsi préparée à travers le mercure, sans qu'il se perde la moindre quantité du liquide qu'elle renferme ; en introduisant l'ampoule dans la cloche remplie de mercure, elle montera dans la partie supérieure en raison de sa légèreté. Mais puisque l'ampoule est fermée, comment le liquide sortira-t-il ? Cela est aisé à concevoir. Si nous exposions un thermomètre à une chaleur plus considérable que celle qu'il peut indiquer par ses divisions, qu'il soit fermé, par exemple, à l'endroit où le mercure marque 100°, et qu'on l'expose à une chaleur de 110°, le mercure ne pouvant plus se dilater, se comprime ; et comme il faut pour comprimer les liquides d'une quantité sensible, une force énorme, il en résulte que le thermomètre se casse lors même que les parois du tube seraient en verre très épais. C'est là ce qui aura lieu pour notre ampoule ; la chaleur de la main ne sera pas suffisante pour la faire casser ; mais si on l'approche d'un charbon ardent, le liquide qu'elle contient se dilate et presse contre les parois de l'ampoule, qui éclate aussitôt. Ce que nous avons donc à faire pour avoir de la vapeur dans notre cloche, c'est d'exposer l'ampoule qui contient le liquide à une chaleur assez grande pour que l'ampoule se brise, et que le liquide qu'elle contient se réduise complètement en vapeur. Pour cela, la cloche dont nous avons parlé, étant plongée dans un bain de mercure, on l'entoure d'un manchon percé à ses deux extrémités et qui plonge également dans le bain de mercure. Si on verse de l'eau dans ce manchon, elle ne pourra s'échapper, mais elle déprimera le mercure d'une certaine quantité, qui sera en raison des densités des deux liquides. Ainsi l'eau étant treize fois moins dense que le mercure, le mercure ne se déprimera que d'une quantité qui sera le treizième de la colonne d'eau. L'eau que nous versons dans le manchon est chaude. Ordinairement, lorsqu'on fait l'expérience, on se sert d'eau froide, et l'on place l'appareil sur un fourneau, de manière que le mercure qui est dans le fond communique sa chaleur à l'eau du manchon que l'on élève successivement jusqu'à la température de 100°.

Aussitôt qu'on a versé l'eau chaude dans le manchon, l'ampoule se brise, et la liqueur se réduit en vapeur, qui forme un fluide permanent dans les circonstances où elle se trouve. La vapeur occupant un plus grand volume que le liquide dont elle a été formée, le mercure baisse dans la cloche. Il est facile d'évaluer exactement le volume qu'a la vapeur, puisque la cloche est graduée, et de la comparer ensuite au poids d'un égal volume d'air. Mais pour pouvoir comparer deux fluides, il faut les ramener à une pression constante, qui est celle de 76 centimètres de mercure: par conséquent savoir ce que deviendrait ce volume si on le portait à la pression de 76 centimètres. Or pour cela, il faut connaître la pression sous laquelle il se trouve; ce qui se fait au moyen du petit appareil, fig. 3, formé d'une tige mobile qui s'applique de manière qu'une pointe P vienne en contact avec la surface du mercure et serve par conséquent à déterminer le niveau inférieur, d'une manière analogue à celle employée, dans le baromètre de Fortin, pour déterminer ce niveau du mercure de la cuvette. Un petit disque mobile disposé de manière à pouvoir glisser le long de la tige, sert à mesurer le niveau supérieur, c'est-à-dire, le niveau du mercure dans la cloche. On fait glisser ce disque jusqu'à ce que ce son plan se confonde avec la surface du mercure. De cette manière, on ne peut commettre d'erreur plus grande qu'un 1500°. Lorsqu'on a mesuré exactement, au moyen de la tige mobile, la différence des deux niveaux, on approche cette tige d'une échelle divisée en millimètres. On trouve, par exemple, que la différence de niveau est de 100 millimètres. Si au moment de l'expérience, le baromètre marque 763 millimètres, la colonne de mercure de 100 millimètres, contrebalançant une égale portion de la pression atmosphérique, il en résulte que la vapeur supporte une pression seulement de 663 millimètres. Pour réduire le volume de vapeur à la pression de 760 millimètres, je multiplie le volume qui m'est donné par les divisions de la cloche par 663, je le divise par 760, et j'ai alors le volume que j'aurais eu, si j'eusse opéré à la pression de 760 millimètres. Voilà une première réduction que nous sommes en état de faire depuis long-temps.

Vous voyez combien il est facile, pour les liquides qui se volatilisent à une température inférieure à 100°, de trouver le volume de vapeur, à une pression déterminée, qui sera fourni par un poids donné de matière.

La quantité de liquide dont on remplit l'ampoule est une quantité quelconque, et ce serait un hasard que cette quantité se trouvât être un nombre rond, un gramme, par exemple; mais il est facile de calculer quel serait le résultat, si l'on eût opéré sur un gramme de matière. Je n'ai trouvé, par exemple, que $\frac{3}{4}$ de gramme. J'ajoute le tiers de cette quantité, et j'ai le résultat qu'aurait produit un gramme.

C'est par des expériences semblables à celle que je viens de faire que l'on a trouvé qu'à la température de 100 degrés :

1 gr. alcool   produisait 0 lit. 661 ;
       sulfure de carbone . . . . . . 0, 402 ;
       éther sulfurique . . . . . . 0, 411 ;
       eau   . . . . . . 1, 700.

Ce dernier résultat est assez piquant; car ce n'est pas un nombre qu'on a forcé pour avoir un nombre rond, c'est bien 1 lit., 700 de vapeur que produit un gramme d'eau, ou du moins c'est 1 lit., 699, quantité qui s'en rapproche de bien près. Un gramme d'eau est la même chose qu'un centimètre cube. Or, puisqu'un centimètre cube d'eau fournit 1 lit. 700, c'est-à-dire 1700 centimètres cubes de vapeur, il en résulte que l'eau réduite en vapeur occupe un volume 1700 fois plus grand.

Nous n'avons pas encore les densités des vapeurs ; mais comme nous avons les poids et les volumes correspondans, il sera facile de réduire les volumes en litres, par exemple ; et alors, au lieu d'avoir comme tout à l'heure des poids constans et des volumes variables, nous aurons un volume constant et des poids variables. Pour opérer cette réduction il suffit de cette simple proportion :

Si 0,^{lit.} 661 d'alcool pèsent 1^{gr.}, combien pèserait 1^{lit.} ?

C'est-à-dire, 0,^{lit.} 661 : 1^{gr.} :: 1^{lit.} : x.

En établissant de pareilles proportions, et en cherchant la valeur de x, nous trouverions qu'un litre de chacune des vapeurs que nous avons citées tout à l'heure pèserait, savoir :

1^{lit.} vapeur d'alcool pèse . . . . . . 1,^{gr.} 5129 ;
de sulfure de carbone . . 2,   4876 ;
d'éther sulfurique 2,   4331 ;
d'eau 0,   5880.

Maintenant nous voulons avoir les densités par rapport à celle de l'air. Pour cela il faut chercher ce que serait le poids d'un litre d'air à la température de 100°. Or, l'air pèse 770 moins que l'eau à la température de zéro, sous la pression de 76 centimètres. D'après la loi des dilatations que nous avons donnée, vous trouverez facilement qu'un litre d'air pèse 0,^{gr.} 9906.

Comme tous les fluides élastiques se dilatent dans le même rapport, nous n'avons qu'à prendre pour unité la densité de l'air, et chercher alors les densités correspondantes. C'est une simple proportion à faire : Si 9004 donne 1, combien donnerait chacune des quantités que nous venons d'énoncer, c'est-à-dire que nous aurions :

0,^{gr.} 9004 : 1 :: 1,^{gr.} 5129 : x.
:: 2,   4876 : x.
:: 2,   4331 : x.
:: 0,   5880 : x.

Et en faisant les calculs, nous trouverons que les densités des diverses vapeurs sont, par rapport à celle de l'air, qui est *un* :

Vapeur d'alcool . . . . 1, 6084.
de sulfure de carbone 2, 6447.
de l'éther . . . . 2, 5862.
de l'eau . . . . 0, 6254.

Ainsi la densité de l'eau n'est que les $\frac{6}{10}$ ou, plus exactement, les $\frac{10}{16}$ de celle de l'air. Vous voyez la grande différence qui existe entre la densité de la vapeur aqueuse et celle de l'air. C'est un résultat dont nous ferons une utile application en parlant de l'hygrométrie.

Telle est la méthode qu'on emploie pour la détermination de la densité des vapeurs de tous les liquides qui bouillent avant l'eau.

Nous avons dit que pour qu'il n'y eût aucun doute sur l'exactitude des résultats, il fallait que tout le liquide fût réduit en vapeur. Pour cela, il faut qu'on n'ait pas introduit dans la cloche une quantité de liquide plus grande que celle qui est nécessaire pour remplir cette cloche à la température de l'expérience. Il y a un moyen certain de savoir si cette condition est remplie. D'après la loi de Dalton sur la force élastique des vapeurs, on peut déterminer d'une manière approximative la force élastique d'une vapeur à une température donnée. Si la force élastique de la vapeur de la cloche est égale à cette limite, on pourra craindre que tout le liquide n'ait pas été réduit en vapeur; on devra recommencer l'expérience sur de plus petites quantités de liquide, jusqu'à ce que la force de la vapeur, prise au moment de la mesure du volume, soit au-dessous de la limite assignée par la loi des forces élastiques. Évidemment il faudra toujours que la température de l'appareil soit au moins égale à la température de l'ébullition du liquide de la vapeur duquel on cherche la densité.

Il y a des liquides, comme l'essence de térébenthine, de cedra, de lavande, et en général toutes les essences qui ne bouillent qu'à 150° ou 155°. Par conséquent, nous ne pouvons nous servir de l'eau pour amener ces liquides à l'état de vapeur, puisqu'au-delà de 100°, l'eau se volatilise. On prend alors de l'huile, qui ne bout qu'à 300°, et par conséquent on peut prendre les densités des corps qui demandent 250° pour se réduire en vapeur. Quant au procédé et aux calculs, ils sont absolument les mêmes.

Dans le cas où on voudrait prendre les densités des vapeurs fournies par des corps qui demandent une température très élevée, comme, par exemple, 350°, il serait difficile d'employer l'appareil que nous venons de décrire. On peut alors avoir recours à un simple ballon, fig. 4, dans lequel on met le corps qui doit fournir la vapeur dont on veut connaître la densité, et on échauffe ce ballon par le moyen d'un bain métallique à l'extérieur, de manière que le corps se réduise en vapeur. Le corps qui est en excès s'échappe par le bas, et il ne reste que de la vapeur dont on connaît exactement la température. Le calcul revient à celui dont je viens de parler.

Je dois vous faire remarquer ici un rapport que l'on a trouvé entre les volumes qu'occupent les vapeurs et ceux occupés par leurs élémens. Ainsi, par exemple, l'eau est formée de deux parties de gaz hydrogène et une d'oxigène. Quel sera le volume de vapeur d'eau que nous obtiendrons pour deux volumes de gaz hydrogène et un volume de gaz oxigène. Or nous avons la densité de la vapeur de l'eau prise directement par l'expérience, elle est égale à. .   o , 6254.

Nous savons que la densité du gaz hydrogène, prise par rapport à l'air est égale à . . . .   o , o6885.

Mais comme il y a deux volumes de gaz hydrogène , il faut ajouter. . . . .   o , o6885.

De plus il entre un volume d'oxigène ; il faut donc ajouter la densité du gaz oxigène qui est égale à . . . .   1 , 1o26o.

Ce qui donne au total un poids égal à . . . .   1 , 24o3o.

J'aurais donc , en supposant que ces trois volumes se fussent réunis en un seul, une densité exprimée par 1 , 24o3o. Cette densité est beaucoup plus forte que celle de la vapeur d'eau. Mais si je prends la moitié de cette quantité, je trouve une densité de o , 62o au lieu de o , 625 que j'avais trouvé pour la densité de la vapeur d'eau par l'expérience. Ces nombres diffèrent fort peu ; d'ailleurs , dans ces sortes d'expériences, il est très possible de commettre quelques petites erreurs. Ainsi nous pouvons regarder ces deux densités , la densité o , 625, donnée par l'expérience et la densité o , 62o, donnée par le calcul, comme étant les mêmes. D'où je conclus que deux volumes de gaz hydrogène et un volume de gaz oxigène, en se combinant, me donnent deux volumes de vapeur d'eau ; il y a donc une condensation de volume d'un tiers du volume gazeux.

Ce résultat est d'autant plus remarquable que ce sont des rapports simples, et que des résultats semblables ont lieu dans les autres combinaisons. Ainsi, quand on connaît le rapport des élémens au volume, on connaît la condensation qu'ils éprouvent en se réunissant, et partant on peut en déduire facilement la densité.

Je citerai encore un exemple : l'alcool pur est formé d'un volume de ce qu'on appelle gaz oléfiant et d'un volume de vapeur d'eau.

Or, un volume de gaz oléfiant contient deux volumes d'hydrogène et deux volumes de vapeur de carbone. Un volume de vapeur d'eau contient un demi-volume d'oxigène , et un volume d'hydrogène. Puisque nous savons que l'alcool est composé de toutes ces sommes , nous n'avons qu'à réunir les densités de ces divers élémens.

Nous aurons :

Pour deux volumes d'hydrogène . . . . 0 , 1377 ,
Pour deux volumes de vapeur de carbone . . . 0 , 8428 ,
Pour un demi-volume d'oxigène . . . . 0 , 5513 ,
Pour un volume d'hydrogène . . . . 0 , 0788 .

$$\text{Total} \dots\dots\dots\dots \quad 1 , 6006 .$$

Nous avons dit que la densité de l'alcool était de 1 , 6804 ; c'est la densité donnée par l'expérience ; tandis que 1 , 6006 est la densité donnée par le calcul, d'où je conclus que, puisque ces densités sont comme identiques, un volume de gaz oléfiant et un volume de vapeur éprouvent une condensation de moitié.

L'éther nous fournit des résultats analogues, et il en est de même de tous les acides en général.

Cette méthode de connaître les densités reçoit une application fort utile dans les cas où il est impossible de prendre directement la densité des vapeurs.

CAPACITÉ DES CORPS POUR LA CHALEUR.

Après avoir indiqué les moyens de prendre la densité des fluides élastiques non permanens, ou vapeurs, nous allons continuer l'examen des effets de la chaleur sur les corps. En parlant de la dilatation des corps par la chaleur, nous avons examiné ce qui se passe lorsqu'on porte ces corps d'une température à une autre ; mais nous n'avons pas fait attention à la dépense de chaleur, nous n'en avons tenu aucun compte ; nous nous sommes bornés à voir le résultat final, la dilatation. Il nous reste à considérer maintenant quelle est la dépense de chaleur qui est nécessaire pour porter les corps d'une température à une autre.

Si l'on opérait sur des poids égaux de matière, par exemple, un kilogramme d'eau, de soufre, de fer, de plomb, ainsi de suite, on reconnaîtrait bientôt que, pour les porter de zéro à 100°, ces corps ne demandent pas la même quantité de chaleur ou la même quantité de calorique. Les uns en exigent plus, les autres moins. Ainsi, pour échauffer, par exemple, de l'eau depuis zéro jusqu'à 100°, il faut une certaine quantité de chaleur qui reste combinée avec l'eau. Si vous prenez du mercure, pour l'échauffer de même depuis zéro jusqu'à 100°, il faudra une quantité de chaleur 30 fois plus petite, c'est-à-dire qui sera le trentième de celle que l'eau prend pour parcourir la même étendue de température.

On exprime cette propriété des corps d'exiger des quantités de calorique différentes, pour passer d'une température à une autre, par le nom de *capacité des corps pour le calorique*, et la quantité de calorique exigée pour chaque corps s'appelle *calorique spécifique*.

La question que nous nous proposons maintenant d'examiner, c'est la recherche des quantités de calorique nécessaires pour élever les divers corps, en les supposant sous le même poids, d'un égal nombre de degrés. Les nombres que nous trouverons seront des rapports qui exprimeront les capacités d'une manière analogue à celle dont on exprime les densités.

Peut-être me direz-vous : comment le thermomètre ne fait-il pas connaître immédiatement ces quantités de chaleur? Un peu de réflexion vous convaincra que le thermomètre ne peut nous servir pour cet objet. En effet, qu'est-ce qu'indique le thermomètre? Il indique que le corps avec lequel il est en contact a exactement la même température que lui; voilà tout. Le thermomètre ne peut dire autre chose, lorsque l'équilibre de température est établi, sinon que les corps avec lesquels il est en contact ont la même température que lui, que le calorique a la même tension dans ces divers corps. Pour mieux vous faire comprendre ceci, je vais vous citer un exemple.

Si vous aviez des réservoirs de capacités différentes, communiquant tous par le bas au moyen de tuyaux, l'eau se maintiendrait de niveau dans tous ces réservoirs, dans ceux qui seraient formés par de larges cuviers comme dans ceux qui seraient formés par de petits tonneaux. Le thermomètre fait la même chose relativement aux corps; il mesure la hauteur du calorique dans ces corps. Mais comme la hauteur de la colonne d'eau ne fait pas connaître la quantité de liquide contenue dans le tonneau, de même le thermomètre ne fait point connaître la quantité de chaleur renfermée dans les corps.

Il faut donc avoir recours à des moyens particuliers pour déterminer ces quantités de chaleur. Or, voici des moyens bien simples qu'on peut employer. On a reconnu qu'un corps échauffé, étant mis en contact avec de la glace, pouvait en fondre une certaine quantité. Il faut dire que la glace, une fois qu'elle est à la température de zéro, ne peut être échauffée davantage; toute la chaleur qu'on lui communique est employée à la fondre. Nous n'avons pas de glace à 2°, à 3°.

Il faut, pour fondre la glace, consommer une certaine

quantité de chaleur ; car autrement, s'il ne lui fallait point de chaleur, on concevrait que, dès que l'on aurait une masse de glace, une légère addition de chaleur suffirait pour la fondre. Ainsi donc la glace ne se fond qu'en se combinant avec une quantité très notable de chaleur, et cette quantité de chaleur est proportionnelle à la quantité de glace, c'est-à-dire que si vous avez un kilogramme de glace, il faudra, pour la faire fondre, une certaine quantité de chaleur ; si vous avez deux, trois... kilogrammes, il faudra, pour les faire fondre, une quantité de chaleur double, triple... ; en un mot, il faudra des quantités de chaleur proportionnelles au poids de la glace qu'il s'agit de fondre.

Cela admis, si vous mettez un corps échauffé avec de la glace, ce corps échauffé va nécessairement communiquer sa chaleur à la glace, et finira par prendre la même température qu'elle, c'est-à-dire par venir à zéro. Le résultat de cette communication de la chaleur par le corps échauffé à la glace sera une certaine quantité d'eau.

Si tous les corps pris sous le même poids avaient la même capacité, c'est-à-dire s'il leur fallait, pour aller de zéro à 100°, la même quantité de chaleur, n'est-il pas évident qu'ils fondraient tous des quantités égales de glace ? Maintenant un corps qui aura une capacité de moitié seulement, ne pourra fondre que la moitié de la glace que fondent les autres corps. Un corps qui aura une capacité vingt fois plus petite ne pourra donner que vingt fois moins de chaleur, et ainsi de suite.

Dans cette manière de mesurer les capacités des corps, la quantité de glace fondue sera proportionnelle aux capacités, et réciproquement les capacités seront proportionnelles aux quantités de glace fondue.

D'après ce principe, on peut employer une méthode très simple pour déterminer les capacités des corps. Mais, je le répète, pour le concevoir d'une manière aussi simple que possible, nous n'aurons qu'à nous figurer tous les corps sous le même poids, qui sera le kilogramme, par exemple ; si vous prenez des poids différens, vous les ramènerez au kilogramme par le calcul.

Ayant donc pris tous les corps sous le même poids, nous les supposerons échauffés à une température déterminée, que je supposerai ici de 37°½, et, ainsi échauffés, nous les mettrons en contact avec de la glace. La manière la plus simple d'opérer ce contact, est de concevoir qu'on ait un morceau de glace creux, fig. 5 ; ce qu'il est facile de se procurer en hiver, en faisant geler de l'eau dans un seau. On forme ensuite une capacité dans cette glace avec un fer chaud, ou, mieux encore, en faisant préparer un petit seau qui s'enfoncerait d'une certaine quantité dans le grand. L'eau se gèle tout autour, et il ne s'agit plus que de dégager le seau intérieur ; pour cela on y jette un peu d'eau ; cette eau fond la couche de glace qui environne le petit seau, qu'on peut alors retirer avec la plus grande facilité. On a ainsi un puits de glace, dans lequel on enfermera les corps. Il y a une attention à avoir : si l'on mettait le corps échauffé de manière qu'il regardât l'air par le haut, il renverrait du calorique rayonnant, qui ne serait pas employé à fondre la glace, et alors nous aurions des erreurs dans notre résultat. Il faut que rien ne se perde ; c'est pour cela qu'on a un plateau de glace servant de couvercle, de manière que le calorique rayonnant qui part du corps vient frapper ce couvercle, et fait fondre la glace dont il est formé. Quand le corps est resté un temps suffisant pour communiquer sa chaleur à la glace, et prendre lui-même la température de zéro, on recueille l'eau qui est le résultat de la fusion de la glace, et on en prend le poids. Pour opérer avec plus de précision, on enlève avec des linges pesés d'avance, l'humidité qui peut rester dans le puits de glace, et on en ajoute le poids au poids de l'eau qu'on a recueillie.

D'un autre côté, comme l'air est en contact avec la glace et qu'il est plus chaud, il la fond ; mais le résultat de l'action de l'air sera de fondre la glace à l'extérieur, et l'eau qui en proviendra ne se mêlera pas avec celle de l'intérieur. Néanmoins, comme ces expériences se font ordinairement en hiver, il est facile de se placer à une température peu différente de zéro.

Telle est la manière simple qu'on peut employer pour déterminer les capacités des différens corps pour le calorique.

On a fait l'expérience sur divers corps et on a trouvé que les corps suivans portés à la température de $37°\frac{1}{2}$ ont fondu, savoir :

Un kilogramme d'eau . . . . 0^{gr} , 500,
Un kilogramme d'huile . . . . 0^{gr} , 250,
Un kilogramme d'acide sulfurique concentré 0^{gr} , 166,
Un kilogramme de verre . . . . 0^{gr} , 100,
Un kilogramme de mercure . . . . 0^{gr} , 015.

Telles sont les quantités de glace fondue par ces différens corps. Mais comme c'est ici une propriété nouvelle que nous mesurons, il faut prendre une unité de mesure pour les capacités des corps, comme nous avons déjà pris pour mesurer les densités le poids de l'eau renfermée sous un certain volume, il n'y a pas de raison pour que nous prenions un autre corps que l'eau pour notre unité de capacité. Ainsi nous prendrons la quantité de chaleur, que l'eau cède à la glace en passant de la température de $37° \frac{1}{2}$ à la température zéro, et nous appellerons cela *un* ou 1000; et il suffira d'exprimer d'une manière proportionnelle les quantités de calorique qui sont données par les autres corps. Ainsi nous aurons :

Capacité de l'eau	1, 000,
de l'huile	0, 500,
de l'acide sulfurique	0, 332,
du verre	0, 200,
du mercure	0, 030.

En prenant d'autres températures que $37° \frac{1}{2}$; en portant, par exemple, les corps à 10°, à 20°, à 30°, etc., nous aurions trouvé d'autres nombres, mais qui auraient entre eux les mêmes rapports que ceux que nous venons d'énoncer. Mais, en général, on entend par *capacité des corps pour le calorique*, ou par *calorique spécifique*, la quantité de chaleur ou de calorique qui est nécessaire pour élever d'un degré la température de tous les corps.

La méthode que nous venons de vous expliquer, quoique la plus simple pour l'expérience, ne s'applique pas toujours facilement à la détermination de la capacité des corps. Si on avait de la glace parfaitement compacte, il n'y aurait aucune objection à faire. Mais il arrive le plus souvent que les morceaux de glace ont des fentes par lesquelles l'eau s'échappe. Pour remédier à cet inconvénient, on se sert d'un appareil, désigné par le nom de *calorimètre*, qui a été imaginé par Laplace et Lavoisier; il est destiné à remplacer le puits de glace.

Cet appareil, fig. 6, se compose d'une capacité intérieure A, propre à recevoir le corps chaud; d'une enveloppe extérieure BC qui renferme de la glace. Si cette enveloppe était exposée immédiatement à l'action de l'air, cet air ferait fondre une partie de la glace extérieure, et l'eau provenant de la fusion se mêlerait avec l'eau provenant de la fusion de la glace intérieure, et l'on ne pourrait plus compter sur l'exactitude des résultats. Pour éviter cet inconvénient qui n'existait pas dans le puits de glace, on a une troisième enveloppe DE qui renferme également de la glace. Cette glace sera fondue par l'action de l'air extérieur. Mais l'eau résultant de la fusion de cette glace ne se mêlera pas avec l'eau provenant de la fusion de la glace contenue dans l'enveloppe BC. En effet il y a deux robinets R, r, dont le premier donne le résultat de la fusion par le corps échauffé, et le second donne le résultat de la fusion par l'air extérieur. Pour qu'il n'y ait point de chaleur de perdue, le couvercle de la capacité A est recouvert de glace ; et enfin, pour empêcher l'action de l'air extérieur, on se sert d'un couvercle F également recouvert de glace.

Il y a une attention à avoir lorsqu'on se sert de cet appareil. Tout le monde sait que lorsqu'on jette de l'eau sur de la neige, la neige ne la laisse pas écouler ; elle s'en imprègne comme une éponge. Si donc nous mettions de la neige au lieu de glace dans notre appareil, il serait possible que nous n'eussions pas un filet d'eau, parce que toute l'eau résultant de la fusion s'imbiberait dans la neige, et y serait retenue par l'action capillaire. Ainsi, d'après cela, il est évident qu'on ne peut employer la neige. On emploie de la glace pilée qui produit plus ou moins cet effet de la neige. Cet inconvénient n'a pas échappé aux habiles physiciens à qui nous devons le calorimètre ; pour y remédier, ils ont pris de la glace qu'ils ont laissé fondre un peu, afin que toute l'eau qui pouvait être retenue par l'affinité capillaire le fût avant qu'on soumît le corps à l'expérience, et qu'après on n'eût que l'eau résultant de la fusion de la glace.

Il nous reste à vous dire comment il faudrait s'y prendre, si l'on avait à prendre la capacité de liquides, ou de corps qui doivent agir sur l'eau, comme la chaux, l'acide sulfurique. Comme on ne peut alors mettre ces corps immédiatement en contact avec l'eau ou la glace, on est obligé de les enfermer dans un flacon dont la capacité doit être prise d'avance. On peut encore s'y prendre d'une autre manière, c'est d'échauffer le vase à la température de $57°\frac{1}{2}$, et de le mettre ainsi dans l'appareil : il fondra une partie de la glace. Lorsque le vase a pris lui-même la température de la glace, alors on y met le corps. On retranche la quantité d'eau fondue par le vase de toute la quantité d'eau qui a été fondue ; ce qui reste est la quantité due au corps.

IMPRIMERIE DE E. DUVERGER,
RUE DE VERNEUIL, N. 4.

COURS DE PHYSIQUE.

LEÇON VINGT-DEUXIÈME.

(Samedi, 26 Janvier 1828.)

Nous nous sommes occupés, dans la dernière séance, de la détermination du calorique spécifique des corps, et cherchant la quantité de glace que les corps pouvaient fondre, vous avez vu que les capacités étaient proportionnelles aux quantités de glace fondue. Nous nous sommes servis de la glace pour faire concevoir facilement ce principe que les corps n'ont pas la même quantité de calorique spécifique, et nous sommes entrés dans quelques détails sur le calorimètre. Mais outre que cet appareil a quelques inconvéniens que nous avons fait connaître, on n'a pas toujours de glace à sa disposition. On a donc dû avoir recours à d'autres méthodes, et il en existe qui sont tout aussi simples et qu'on peut employer dans toutes les saisons.

L'une de ces méthodes est connue sous le nom de *méthode des mélanges*. Elle consiste à mettre deux corps, l'un chaud et l'autre froid, en contact, en supposant qu'ils ne puissent pas agir chimiquement l'un sur l'autre, et ensuite à déterminer les variations de température qui ont lieu. Ces variations de température conduisent immédiatement aux capacités des deux corps que l'on compare.

Vous avez vu que nous rapportons les capacités des corps à celle de l'eau, qu'on prend pour unité. Par conséquent, dans la méthode des mélanges, ce sera l'eau que nous mêlerons avec une certaine quantité des autres corps, et nous pourrons prendre l'eau chaude et le corps froid, et alors ce sera l'eau qui se refroidira, ou, réciproquement, nous pourrons prendre l'eau froide et le corps chaud, et alors elle s'échauffera. Si l'eau avait une capacité variable de zéro à $100°$, vous sentez bien que ces variations, si elles étaient un peu notables, pourraient amener des résultats inexacts. Il faut donc commencer par nous assurer si réellement les capa-

22

cités de l'eau sont constantes depuis zéro jusqu'à 100°, qui est ordinairement l'étendue de l'échelle des expériences sur les capacités. Or, on a reconnu qu'elles étaient à peu près les mêmes. Ainsi Crawford, physicien anglais, qui le premier s'est occupé de cette recherche, a trouvé, que si l'on mêle, par exemple, un kilog. d'eau à la température de zéro avec un poids égal d'eau à la température de 100° (on opère sur les poids au lieu d'opérer sur les volumes); Crawford a trouvé, dans ce cas, qu'on avait sensiblement la moyenne, c'est-à-dire que l'eau froide avait été portée à 50°, et que l'eau chaude était descendue à 50°; ce qui prouve que la chaleur, nécessaire à l'eau pour la porter de 50° à 100°, est égale à celle qui est nécessaire pour la porter de zéro à 50°, ou, en d'autres termes, que la capacité de l'eau froide est égale à la capacité de l'eau chaude. En général, nous reconnaîtrons que les capacités de deux corps sont égales, lorsque les quantités de chaleur, qui sont nécessaires pour abaisser ou pour élever la température d'un même nombre de degrés, se trouvent égales de part et d'autre.

Deluc avait trouvé une différence un peu plus forte que celle trouvée par Crawford; mais elle marche en sens contraire de celle qu'on aurait dû attendre; car il a trouvé 48,3, et on sait que les capacités vont plutôt en augmentant qu'en diminuant. Ainsi, nous voyons, même en admettant le résultat de Deluc, que la différence ne serait pas très grande.

Toutefois il est facile de se mettre à l'abri des variations de capacité qui pourraient avoir lieu. S'il y a une variation vers le 50ᵉ ou le 60ᵉ degré, je suppose, nous n'irons pas jusque là. Comme il s'agit d'avoir des quantités de chaleur, nous pouvons les prendre de deux manières : dans une masse d'eau très échauffée, dans une masse double qui serait moitié moins chaude; de manière que, si je veux avoir la quantité de chaleur contenue dans un kilogramme d'eau à 50°, je prendrai 2 kilogrammes à 25°, ou bien 4 kilogrammes à 12° $\frac{1}{2}$. Dans tous ces cas, j'aurai la même quantité de chaleur. Vous voyez donc qu'il sera toujours possible dans la méthode des mélanges, en admettant des variations de capacité à une température un peu élevée, de se mettre à l'abri de ces causes d'erreur, en ne prenant que de l'eau à des températures peu élevées, et en suppléant à la diminution de température par l'augmentation de la masse du corps échauffé.

Voyons maintenant comment on détermine la capacité en mêlant un corps chaud avec de l'eau froide, ou réciproquement en mêlant un corps froid avec de l'eau chaude.

Ainsi, pour premier exemple, supposons que nous ayons un kilogramme d'eau à la température ordinaire de 10°, et que nous ajoutions à cette quantité d'eau du mercure chauffé à 72°. Nous faisons abstraction pour le moment des causes accidentelles qui pourraient troubler les résultats; nous supposons que le vase, dans lequel le mélange se fait ne prenne point de chaleur. Nous verrons tout à l'heure comment on peut tenir compte de la chaleur enlevée par le vase. Peu après que les deux liquides ont été mêlés, l'équilibre de température s'établit, et en prenant cette température avec le thermomètre, nous trouverons, par exemple, qu'elle est de 12°.

Voici maintenant comment on peut trouver facilement le calorique spécifique du mercure par rapport au calorique spécifique de l'eau. Vous avez vu que l'eau, qui n'était qu'à 10°, est venue à 12°, qu'elle a gagné, par conséquent, 2°; et que le mercure, qui était à 72°, est venu à 12; par conséquent, il a perdu 60°. Ces nombres sont différens, mais les quantités de chaleur, qui correspondent à cette température, sont égales; car il est évident que l'eau ne peut avoir gagné que ce que le mercure a perdu. Ainsi ce que l'eau gagne, qui est exprimé par 2°, est égal à ce que le mercure perd, et qui est exprimé par 60. Ces deux quantités de chaleur, quoique exprimées d'une manière différente, doivent nécessairement être égales.

Voyons comment on détermine les rapports des capacités de l'eau et du mercure. On prend pour unité la quantité de calorique qui a élevé la température de l'eau de 2°. Pour avoir le calorique spécifique du mercure, il faut chercher la quantité de calorique qui éleverait sa température de 2°. Vous sentez que, pour le mercure, les quantités de chaleur nécessaires pour l'élever à 60° et à 2° seront proportionnelles à ces mêmes températures, c'est-à-dire que nous aurons :

$$60 : 2 :: 1 : x;$$

d'où $x = \frac{2}{60} = \frac{1}{30}$.

C'est-à-dire que la quantité de chaleur qui sera nécessaire pour élever le mercure de 2° sera le 30e de l'unité, ou le 30e de celle qui est nécessaire pour élever la température de l'eau de 2°, c'est-à-dire enfin que la capacité du mercure sera trente fois plus petite que celle de l'eau.

Prenons un autre exemple. Nous supposons que nous avons de l'eau échauffée à 45° et du verre qui soit à la température de 21°. Dans ce cas, la température du mélange sera de 41°.

Ainsi l'eau, qui était à 45°, est tombée à 41°; par conséquent l'eau a perdu 4°. Le verre, qui était à 21°, est monté à 41 ; par conséquent il a gagné 20°. Ici, comme tout à l'heure, nous aurons des mêmes quantités de chaleur exprimées par des nombres différens ; car l'eau ne peut avoir perdu que ce que le verre a gagné. Pour avoir la capacité du verre par rapport à celle de l'eau prise pour unité, nous chercherons le quatrième terme de la proportion suivante :

$$20 : 4 :: 1 : x;$$

d'où $x = \frac{4}{20} = \frac{1}{5}$.

C'est-à-dire que la quantité de chaleur nécessaire pour élever le verre de 4° est égale au cinquième de celle qui est nécessaire pour élever l'eau à ce même nombre de degrés, c'est-à-dire, enfin, que la capacité du verre est cinq fois plus petite que celle de l'eau.

Dans ce dernier exemple que nous venons de citer, la température de l'eau avait baissé au lieu de s'élever ; mais il est évident que cette circonstance ne doit rien changer à la manière de calculer le résultat ; car si nous avions de l'eau à 12° et que nous voulussions la refroidir jusqu'à 10°, il faudrait ôter une quantité de chaleur égale à celle qui lui serait nécessaire pour l'échauffer de 12° à 14°. La quantité de calorique qu'on retranche dans un cas est parfaitement égale à celle qu'on ajoute dans l'autre. On se conduirait d'une manière semblable pour tous les cas analogues.

Cette méthode ne demande qu'une correction, et qui est d'ailleurs assez importante. Vous venez de voir que nous avons opéré dans un vase qui a dû prendre une portion de la chaleur donnée par le corps chaud ; ainsi, dans le premier exemple que nous avons cité, le vase a pris une portion de la chaleur du mercure. Pour évaluer cette quantité, il suffit de déterminer, pour chaque vase qu'on emploie, la quantité de chaleur qu'il peut prendre ; ce qui est extrêmement facile. Pour cela, je n'ai qu'à prendre un poids donné d'eau, par exemple, un kilogramme, et je le prends à une température plus élevée que celle du milieu ambiant. Si l'air est à 10°, je prends la température de l'eau à 15°. J'attends assez longtemps pour être assuré que le vase a pris bien exactement la température du milieu. Dans un appartement où il n'y a pas de courant d'air trop rapide, un thermomètre mis dans un vase donnera exactement la température de ce vase. Je verse ensuite l'eau, et l'eau, au lieu de marquer 15°, tombe à la température de 14°. Il y a donc eu un degré de pris par le verre ; car, si le verre n'eût pas pris de chaleur, comme cela se fait en très peu de temps, l'eau échauffée à 15°, d'une quantité peu supérieure à celle du milieu ambiant, n'aurait pas baissé sensiblement de température.

Le verre ayant pris un degré, c'est comme si, au lieu de prendre de l'eau à 15°, je l'eusse prise à 14°, et que le verre n'eût rien pris. Connaissant la quantité de chaleur que le verre prend pour une variation déterminée de température, lorsque j'aurai un autre degré que 14, je pourrai, par une simple proportion, trouver la quantité de chaleur absorbée par le vase.

Voilà une manière simple de corriger l'influence de la capacité des vases. Voulez-vous même éviter tout calcul? vous le pouvez en ayant recours alors à quelques tâtonnemens. C'est de faire une première expérience dans le verre, et, dans ce cas, vous trouvez, comme dans notre premier exemple, que l'eau étant à 10° et le mercure à 72°, la température du mélange est de 12°. Cette température est certainement trop petite, puisque, par hypothèse, le verre lui-même a dû prendre une certaine quantité de chaleur. Vous faites une seconde expérience, avec l'attention de prendre le vase justement à la température de 12°, de telle sorte que ce vase dans lequel vous faites le mélange se trouve avoir d'avance la température présumée. Vous sentez que, dans le second résultat que vous allez obtenir, la différence sera nécessairement moindre que dans le premier. Vous ferez une troisième expérience, en prenant la température du vase égale au dernier résultat que vous aurez obtenu; vous obtiendrez une différence qui sera encore moindre. En faisant ainsi trois ou quatre opérations, vous parviendrez à vous mettre tout-à-fait à l'abri de l'influence du vase.

Nous avons supposé que l'on prend des quantités déterminées comme un kilogramme; mais en général, on prend une masse quelconque que je représente ici par M; on prend également une température quelconque T, et on suppose que ce corps a une certaine capacité que je représente par C.

La quantité de chaleur que renfermerait cette masse M serait proportionnelle à la température, et à la capacité de la masse; par conséquent nous aurions une quantité de calorique exprimée par $M\,T\,C$. Appelant m, t, c des quantités analogues, nous aurions de même pour la quantité de calorique contenue dans cette seconde masse le produit $m\,t\,c$. Telles sont les deux quantités de chaleur que nous avons avant l'expérience. C'est un principe que rien ne se perd dans les opérations. Après le mélange nous avons moins de chaleur, mais nous avons la même quantité de calorique, il ne s'en est point perdu ; ce principe se retrouve dans toutes les opérations de la nature ; il a lieu en chimie, où vous avez vu que le poids du composé est toujours égal au poids des composans. De même si nous considérons le calorique comme une substance, il ne doit pas se perdre ; si nous le considérons comme du mouvement, il ne doit pas se perdre non plus. Par conséquent les quantités que nous avions avant l'expérience, $MTC + mtc$ doivent être égales au corps M qui n'a pas changé de nature, dont la capacité est restée la même, mais ayant une certaine température que nous indiquerons par t, plus au corps m, dont la capacité est également restée la même ; mais qui a pris la même température t' ; c'est-à-dire que nous avons :

$$MTC + mtc = MCt + mct'.$$

Si on prend pour capacité connue celle du corps M, on trouvera pour la capacité de l'autre corps m :

$$c = \frac{MC}{m} \left(\frac{T - t'}{t' - t} \right)$$

si nous supposions que les masses fussent égales à l'unité, l'expression serait beaucoup plus simple.

Il y a encore une autre méthode de déterminer les capacités des corps pour le calorique, c'est celle du *refroidissement*. Elle consiste à élever la température des corps d'un même nombre de degrés et ensuite à les laisser refroidir dans le même milieu, dans les mêmes circonstances. Pour pouvoir comparer deux corps de cette manière, une première condition est de leur donner une surface tout-à-fait la même : car vous vous rappelez que les surfaces ont une très grande influence sur la perte de calorique qui s'échappe des corps ; vous avez vu que la quantité de chaleur perdue par une surface noire étant exprimée par 100, la quantité de chaleur perdue par une surface de même dimension en cuivre, en or ou en argent, était exprimée par 10. Il est clair que si vous imaginez deux corps de même dimension, ayant la même surface, mais ayant des capacités différentes, et que vous les échauffiez jusqu'à 20° pour les laisser ensuite se refroidir jusqu'à 10°, dans un milieu qui est à une température constante de zéro, il est clair, dis-je, que celui qui aura une plus grande capacité demandera plus de temps pour se refroidir que celui qui a une capacité moindre ; car puisqu'il a fallu au premier pour l'élever de la température de 10° à celle de 20°, plus de calorique que l'autre n'en a exigé pour s'élever à la même température, il faut, pour que les corps perdent ces quantités de chaleur, que le rayonnement soit prolongé beaucoup plus dans un cas que dans l'autre; puisque dans le même temps, ils perdent des quantités égales.

Cette méthode donne des résultats absolument égaux à ceux qu'on obtient par des voies directes.

Ainsi vous concevez très bien que les capacités seront proportionnelles aux temps nécessaires pour que les corps se refroidissent d'un même nombre de degrés. On fait cette expérience, en remplissant un même vase de limaille d'or, d'argent, de fer, etc., et après avoir échauffé tous ces corps à 20°, on les laisse se refroidir jusqu'à 10° de la même quantité pour tous.

Cette méthode, qui avait été d'abord indiquée par Meyer, a été ensuite employée par divers physiciens. Elle a conduit MM. Dulong et Petit à des résultats très intéressans.

CAPACITÉ DES FLUIDES ÉLASTIQUES.

Ce que nous venons de dire s'applique à la capacité des corps solides ou liquides. Nous devons parler de celle des fluides élastiques. En raison de leur petite masse, même sous un volume assez grand, les fluides élastiques ne peuvent se prêter aux méthodes que nous venons d'exposer.

Vous pourriez concevoir un courant d'air ou d'un gaz quelconque arrivant dans de la glace, et c'est ce qui a été fait par Laplace et Lavoisier, et ce qui leur a donné des résultats beaucoup plus exacts que ceux que Crawford avait obtenus par la méthode des mélanges. Crawford prenait un vase contenant environ un gramme d'air ou du gaz, dont il voulait connaître la capacité, et il l'enfonçait dans de l'eau froide, si le gaz était chaud; ou, réciproquement, dans de l'eau chaude, si le gaz était froid; Crawford avait trouvé des capacités de 80 à 100 fois plus grandes que les véritables.

On conçoit que Crawford ait trouvé des résultats aussi erronés, puisqu'il n'opérait que sur une quantité de matière égale à un gramme. La méthode des mélanges ne peut guère s'appliquer que lorsqu'on opère sur une masse d'air un peu considérable.

En employant le calorimètre, on peut à la rigueur parvenir à des résultats précis; on ne voit pas en effet pourquoi cette méthode ne serait pas exacte. Concevez un serpentin qui traverse une masse de glace, et dans lequel passerait du gaz échauffé, dont le volume et par conséquent le poids seraient connus. Par la quantité d'eau que l'on obtiendrait par le passage de ce gaz, qui devrait sortir du serpentin à la température de zéro, l'on aurait la capacité de ce gaz. Cette méthode, qui est bonne pour de l'air que l'on a en très grande quantité, présente des difficultés pour les autres gaz. Sans entrer dans le détail des différentes méthodes auxquelles on a eu recours, je vais exposer celle qui a donné les résultats les plus précis; c'est la méthode employée primitivement par Laroche et Bérard. Voici sur quel principe est fondé l'appareil dont ils se sont servis pour leur expérience.

Cet appareil, fig. 1, se compose d'abord d'un vase V, renfermant l'air ou le gaz dont on veut connaître la capacité. Il s'agit d'abord de se procurer un courant constant de l'air ou du gaz; cela s'obtient facilement en produisant un écoulement d'eau constant dans le vase V, qui renferme le gaz. On élève ensuite ce gaz à une température de 100°, en lui faisant parcourir un tuyau métallique ab entouré de vapeur d'eau, qui est constamment à 100°. Le gaz, ainsi échauffé, passe ensuite dans un serpentin faisant plusieurs révolutions, lequel plonge dans une masse d'eau enfermée dans un vase v, qui est fermé hermétiquement, pour qu'il n'y ait aucune déperdition. L'eau est échauffée par le gaz, et un thermomètre t, dont la boule plonge dans le liquide, fait connaître la véritable température que le gaz a communiquée à l'eau. Le gaz s'échappe ensuite dans l'atmosphère par un orifice o. Voilà quelle est la disposition de l'appareil. Le gaz est à 100°, l'air environnant est, par exemple, à une température constante zéro, et l'eau est également à zéro. Le gaz arrivant avec un courant constant élève successivement la température de l'eau, et vous concevez qu'à la rigueur, il pourrait porter cette température jusqu'à 100°, qui est sa température propre; mais en général l'eau ne s'élève pas à la température du gaz, et il n'y a qu'un cas où elle pourrait y arriver. Vous allez en voir la raison. A mesure que la température de l'eau s'élève, le vase qui renferme cette eau se refroidit; et ce refroidissement est dû à deux causes : au calorique rayonnant qui s'échappe de toutes parts, et en même temps au refroidissement produit par le contact de l'air. Ainsi à mesure que le vase v, que nous appellerons un *calorimètre*, reçoit d'un côté, il perd de l'autre. Tant que la chaleur apportée par le gaz au calorimètre est plus grande que celle perdue par le refroidissement, la température du calorimètre s'élève; mais à mesure que la température s'élève, le calorimètre perd de plus en plus de chaleur. Car on a reconnu depuis long-temps par l'expérience que, lorsqu'un corps échauffé est placé dans un milieu plus froid, il perd dans un temps très court, comme une seconde, des quantités de chaleur qui sont proportionnelles à la différence de température entre ce corps et le milieu ambiant.

Notre milieu ambiant étant supposé à la température constante de zéro, la température du corps est successivement portée à 10°, à 20°, à 30°, à 40°, etc. A 10°, il perdra en une seconde, par exemple, un degré de sa température, et descendra par conséquent à 9°; à 20°, il perdra dans le même temps une quantité de chaleur double, c'est-à-dire proportionnelle à 20°; à 30°, il perdra une quantité de chaleur exprimée par 3°. Vous savez tous qu'une masse chauffée au rouge devient promptement noire, et c'est en quelques secondes qu'elle perd un grand nombre de degrés. Mais quand elle est venue à 10° ou 12°, il lui faut un temps considérable pour revenir à zéro.

Vour concevez d'après cela, que lorsque le calorimètre est successivement échauffé par le gaz qui arrive d'une manière indéfinie, les quantités de calorique perdues aux divers degrés ne sont pas égales. Lorsque le calorimètre aura gagné 2 ou 3 degrés, il perdra moins; il perdra plus, lorsqu'il en aura gagné 20 ou 30. Cela posé, nous avons une source de chaleur constante qui arrive et qui tend à élever la température du calorimètre; mais le calorimètre en s'échauffant, perd de la chaleur, proportionnellement à sa température. Par conséquent on conçoit qu'il arrivera un terme où la quantité de calorique amenée par le courant de gaz dans le calorimètre sera égale à la quantité de calorique que le calorimètre perd par le rayonnement et par le contact de l'air. Quand on sera parvenu à ce point, le thermomètre restera stationnaire, lors même qu'on ferait durer l'expérience vingt-quatre heures de plus. Il y aura donc une température *maxima*, quel'on ne pourra dépasser. Maintenant supposez qu'au lieu d'air ce soit un autre gaz qui ait une capacité plus grande; il est évident qu'en se refroidissant, ce gaz donnera plus de chaleur. Par conséquent, pour ce nouveau gaz dont la capacité est plus grande, la température *maxima* qu'il donnera à notre calorimètre sera nécessairement plus grande. Au contraire, un gaz qui aurait une capacité inférieure à celle de l'air, ne pourrait pas porter la température au même degré. Ainsi, vous voyez que par cette température *maxima*, que chaque gaz est susceptible de donner au calorimètre, on pourra juger des capacités de ces différens gaz pour le calorique.

J'ai dit tout à l'heure que l'on pourrait à la rigueur obtenir

dans le calorimètre une température égale à celle du gaz.
Pour cela, il suffirait que le courant de gaz fut extrêmement
grand ou extrêmement rapide, ou que le calorimètre eût très
peu de masse. Vous concevez alors que puisque nous faisons
arriver une grande masse de gaz, le refroidissement du calorimètre sera entièrement compensé à 100° par la température
du gaz, et que nous finirons par donner au calorimètre la
même température qu'a le gaz. Dans ce cas, on ne voit pas
pourquoi tous les gaz ne donneraient pas le même résultat,
puisque nous les supposons tous échauffés à 100°; c'est en
effet ce qui aurait lieu, et on pourrait croire par conséquent,
que tous les gaz ont la même capacité pour le calorique. Pour
éviter cette cause d'erreur, il faut nécessairement que l'on
prenne un courant de fluide élastique tellement petit, ou une
masse d'eau tellement grande, que les variations de température qu'on doit obtenir soient encore très éloignées de la
température propre du gaz. Voilà la circonstance à laquelle il
faut avoir égard; sans cela, le procédé ne vaudrait absolument rien.

Quant aux calculs nécessaires pour parvenir aux résultats
définitifs, ils sont extrêmement simples. Admettons, pour plus
de simplicité, que la température du milieu ambiant soit de
zéro, et qu'en amenant du gaz, le calorimètre soit venu à la
température de 10°. Supposons maintenant un autre fluide
élastique qui aurait pu porter la température à 20°. Dans le
premier cas, la quantité de calorique amenée par le gaz est
égale à celle que le calorimètre perd à 10°, et dans le second
cas, la quantité de calorique amenée par le gaz est égale à
celle que le calorimètre perd à 20°. Puisque 20 est le double
de 10, il est évident que le gaz qui a porté le calorimètre à
20° doit nécessairement apporter deux fois plus de chaleur
que l'autre, de sorte que, lorsque l'équilibre de température
sera établi, nous pourrons dire que les quantités de calorique apportées par chaque gaz sont proportionnelles aux températures *maxima* que marque le thermomètre plongé dans
le calorimètre, et que par conséquent les capacités de ces divers fluides élastiques seront entre elles précisément comme
ces mêmes températures.

Il y aurait à faire une petite correction, mais je n'entrerai
pas dans des détails à cet égard, il suffit que vous connaissiez
la marche des méthodes et les résultats.

Comme la masse d'eau que le gaz doit échauffer est extrêmement considérable relativement à celle du gaz, vous concevez que l'expérience demanderait beaucoup de temps, pour

que le gaz portât l'eau à la température *maxima* qu'elle doit avoir. On abrège le temps par un artifice bien simple : on sait d'avance que la température sera de 10° environ : on élève de suite la température du calorimètre à 9° ¾, et alors on n'a plus qu'à échauffer le calorimètre d'un quart de degré; ou bien on l'élève à 10° ½, et alors au lieu de s'échauffer, le calorimètre se refroidira d'un quart de degré. Il est nécessaire de se tenir ainsi un peu au-dessus ou un peu au-dessous de la température qu'on doit obtenir, lorsqu'on veut abréger le temps, ou qu'on ne peut disposer d'une grande quantité de fluide élastique.

Voici les résultats obtenus en faisant l'expérience sur divers fluides élastiques; la température du calorimètre a été élevée,

Par l'air. . . . . . à . . 15°,734   Par l'oxigène . . à . . 15°,365
 le gaz hydr. à . . 14°,214   le gaz oléf. à . . 24°,435
 l'acide carb. à . 19°,800   l'oxide de carb. . 16°,270

Ce sont là les températures *maxima* que l'on a observées sur le thermomètre, devenu tout-à-fait stationnaire, et qu'on a écrit toutes les corrections faites.

Il est facile, avec les nombres que nous venons de trouver, de rapporter les capacités des différens gaz à celle de l'air. Il suffit de prendre celle-ci pour l'unité, et de réduire proportionnellement tous les autres nombres en établissant les proportions suivantes :

$$15°, 734 : 1 :: 14°, 214 : x;$$
$$:: 19°, 800 : x, \text{ etc.}$$

Vous trouverez alors que les capacités seraient

Pour l'air, ... 1,0000;   Pour l'azote. 1,0000;
 le gaz hydrog. 0,9033;   le gaz oléfiant. 1,5530;
 l'acide carb. . 1,2583;   l'oxide de carb. 0,0340.
 l'oxigène. . . . 0,0765;

Ces résultats nous montrent, en les considérant comme exacts, que les divers fluides élastiques, sous le même volume, ont des capacités différentes. On peut faire quelques objections contre cette méthode, et trouver, par exemple, que la capacité du gaz hydrogène est peut-être un peu faible. Mais comme on a pris le calorique spécifique dans les mêmes circonstances, et qu'il y a des différences énormes, puisque nous allons depuis 90 jusqu'à 155, il est impossible que dans cette méthode, qui est extrêmement directe et des plus exactes, on puisse se tromper du simple au double. Par conséquent on peut regarder comme incontestable que, si l'on prend les divers fluides élastiques sans distinction, leur capacité n'est pas la même, comme quelques physiciens ont voulu le démontrer dans ces derniers temps.

Si vous voulez prendre la capacité relativement au poids, rien n'est plus aisé. Connaissant les densités des divers fluides élastiques, nous aurions, en les supposant tous sous le même poids, pour la capacité

de l'air . . . . . . 1,0000.   de l'azote. . . . . 0,0518.
de l'hydrogène . 12,3401.   du gaz oléfiant. . 1,5763.
de l'acide carb. . . 0,8280.   de l'oxide de carb. 1,0805.
de l'oxigène . . . 0,8848.

Il y a un fluide élastique, dont il importe beaucoup de connaître la capacité pour le calorique, c'est la vapeur d'eau, car elle existe dans l'air, et elle intervient dans beaucoup de circonstances. MM. La Roche et Bérard ont cherché à déterminer sa capacité : on ne peut le faire directement, c'est-à-dire en opérant sur la vapeur elle-même ; mais on le peut en opérant sur un mélange d'air atmosphérique et de vapeur. En prenant, par exemple, de l'eau qui serait échauffée dans un vase jusqu'à 40 degrés, elle donnerait une vapeur, et l'air, en passant sur cette eau échauffée, emporterait de la vapeur dont on connaîtrait la tension. On fait ensuite passer cette vapeur dans l'appareil. Comme on a pris de l'eau à 40°, si le calorimètre était au-dessous de 40°, la vapeur se condenserait, et les résultats seraient troublés. Il est donc essentiel de tenir la température du calorimètre au-dessus de la température de la vapeur, au moment où elle s'est formée. Il faut avoir soin aussi que la température de l'air ambiant soit peu différente de celle du calorimètre, et pour cela on opère dans un appartement échauffé.

Tenant compte de ce qui est dû à l'air et de ce qui est dû à la vapeur d'eau, on trouve pour la vapeur d'eau, que sous le même volume et sous la même pression, elle a une capacité exprimée par 1,9600, c'est-à-dire, presque double de celle de l'air atmosphérique.

Une chose importante est de ramener la capacité des fluides élastiques à celle de l'eau que nous avons prise pour unité de capacité. Cela peut se faire de plusieurs manières qui ont été employées par Laroche et Bérard. Il y en a une très simple et directe, qui nous donnera lieu de parler du calorimètre de Rumford.

Imaginez une masse d'eau dans laquelle il y ait un serpentin qui soit parcouru par une quantité de gaz ou d'air atmosphérique dont le volume et le poids sont déterminés. L'enveloppe de la masse d'eau est un métal dont on connaît la capacité par rapport à celle de l'eau, et par conséquent on peut facilement supposer que c'est sur une seule masse d'eau qu'on opère et qu'il n'y a pas de métal. L'air chaud arrive dans la masse liquide d'eau et l'échauffe peu à peu. Pendant le temps assez long que dure l'expérience, le vase se refroidit à chaque instant ; il faut se mettre à l'abri de cette perte de chaleur, et voici comment l'on y parvient : je suppose que le milieu ambiant soit à la température de 10°, je prends le calorimètre à la température de 8°, et je commence alors l'expérience ; je l'arrête quand le calorimètre est monté à 12°. Voici ce qui a lieu dans ce cas : pendant que le calorimètre monte de 8° à 10°, il reçoit du calorique et de l'air ambiant et en même temps des corps qui sont plus éloignés ; de sorte que sa température va s'élevant continuellement ; mais une fois qu'il a dépassé 10°, il va perdre nécessairement ce qu'il avait gagné avant d'arriver à 10°. Ainsi vous concevez qu'en s'abaissant d'un certain nombre de degrés au-dessous de la température ambiante, et en s'élevant ensuite d'un pareil nombre au-dessus de la même température, il y a compensation. Ce moyen dispense de faire les corrections, seulement il faut avoir soin d'arrêter l'expérience au moment précis où le thermomètre, qu'on choisit très sensible, marque exactement 12°. On sait qu'il est passé dans le serpentin une certaine quantité d'air, dont le volume et le poids se trouvent parfaitement connus. D'un autre côté, on connaît la quantité d'eau ; nous aurons par conséquent la quantité d'air ou de gaz mis en contact avec l'eau, et la température du mélange étant connue, il ne reste plus à faire qu'un calcul très simple pour connaître la capacité du gaz par rapport à celle de l'eau.

En supposant que l'on ramène la capacité de l'air et des autres fluides élastiques à celle de l'eau, on trouve :

Pour l'eau	1,0000 ;	Pour l'oxigène	0,2361 ;
l'air	0,2669 ;	l'azote	0,2754 ;
l'hydrogène	3,2936 ;	le gaz oléfiant	0,4207 ;
l'acide carbon.	0,2210 ;	la vapeur aq.	0,847.

Il résulte de ce tableau que la capacité de l'air est à peu près quatre fois plus petite que celle de l'eau, et que celle de l'acide carbonique est un peu plus petite que celle de l'air. Cette dernière capacité est très importante à connaître pour les calculs sur les températures qui sont produites dans des foyers, et en général pour la théorie de la combustion.

VARIATIONS DE CAPACITÉ.

Après avoir exposé les diverses méthodes qu'on peut employer pour déterminer les capacités soit des solides, soit des liquides, soit des fluides élastiques, il reste maintenant à jeter un coup d'œil général sur les résultats qu'on a obtenus relativement aux variations de capacités dans les corps; et d'abord on peut se demander, car jusqu'ici nous n'avons fait qu'exposer des méthodes, on peut se demander si les capacités des corps sont constantes ou variables à mesure que la température s'élève. MM. Dulong et Petit ont fait un assez grand nombre d'expériences sur cet objet, et ils ont reconnu que la capacité va en augmentant à mesure que la température s'élève.

Si l'on prend du verre à la température de 100° et qu'on cherche sa capacité à cette température ; si on l'échauffe ensuite à 200° et qu'on prenne sa capacité à cette température, en supposant cette capacité constante depuis 0° jusqu'à 200 ; qu'on fasse la même chose à 300° et à 350° on trouvera que la capacité sera :

$$\begin{aligned}
&\text{de } 0° \text{ à } 100° \ldots \ldots 0{,}1098. \\
&\text{de } 0° \text{ à } 200° \ldots \ldots 0{,}1150. \\
&\text{de } 0° \text{ à } 300° \ldots \ldots 0{,}1218. \\
&\text{de } 0° \text{ à } 350° \ldots \ldots 0{,}1255.
\end{aligned}$$

Ce résultat n'est pas particulier au verre. Si l'on prend du mercure, par exemple, on trouve que sa capacité est :

$$\begin{aligned}
&\text{de } 0° \text{ à } 100° \ldots \ldots 0{,}033 \\
&\text{de } 0° \text{ à } 300° \ldots \ldots 0{,}035.
\end{aligned}$$

Le zinc, l'antimoine, l'argent, le platine, le fer, etc., présentent des résultats qui sont tous dans le même sens. On peut donc regarder comme un fait constant que la capacité des solides et même des liquides va en augmentant à mesure que la température s'élève.

Nous n'avons fait jusqu'à présent aucune distinction dans les corps; nous les avons pris ou simples ou composés. Nous allons reconnaître un résultat extrêmement important, extrêmement curieux, en mettant d'un côté les corps simples, et de l'autre les corps composés. MM. Dulong et Petit ont reconnu que lorsqu'on prend les corps simples comme le bismuth, le plomb, le platine, le cobalt, le soufre, le nickel, etc., on trouve des capacités constantes, non pas pour des poids égaux, mais pour ce qu'on appelle les atômes de ces corps. On vous a déjà dit en chimie ce qu'on entend par poids de l'atôme d'un corps. Concevez que l'on ait pris une certaine quantité d'oxigène qu'on appelle l'unité, et que l'on cherche ensuite la quantité des divers corps qui peut se combiner avec l'oxigène pour former des oxides. La quantité de chaque métal qui se combine avec une partie d'oxigène détermine le poids atomistique de ce corps, parce qu'on suppose que les corps en se combinant le font d'atôme à atôme; par exemple, qu'un atôme d'oxigène se combine avec un atôme de plomb, avec un atôme d'argent, avec un atôme d'or, ainsi de suite. De sorte que si vous prenez un certain poids d'oxigène, comme un gramme, un kilogramme, et si vous cherchez les quantités des divers métaux qui forment des protoxides en se combinant avec l'oxigène, il faudra, par exemple, pour un gramme d'oxigène une quantité de bismuth, exprimée par 13ᵍʳ. 3o, c'est ce nombre 13, 3o qu'on regarde comme représentant le poids de l'atôme du bismuth; ainsi de suite.

Les poids des atômes sont des quantités qui échappent à nos sens; mais en admettant que les corps se combinent d'atôme à atôme, vous concevez très bien que les rapports des poids de ces atômes seront les mêmes que les rapports des quantités des corps qui se combinent.

La loi qu'il s'agit de démontrer consiste en ce que les atômes des corps ont la même capacité pour le calorique. Pour démontrer cette loi, on a pris un kilogramme de bismuth, de plomb, de zinc, etc., dont on a déterminé la capacité par la méthode du refroidissement, en opérant sur des quantités très petites pour éviter l'influence de la conducibilité. On a trouvé les résultats suivans :

	Capacité.	Poids de l'atôme.	Capacité de l'atôme.
Bismuth.	0,0288	13,3o	0,383o
Plomb	0,0293	12,95	0,3794
Zinc	0,0927	4,o3	0,3736
Soufre	0,188o	2,o11	0,378o

On n'aperçoit aucune loi dans la colonne qui indique la capacité, et dans celle qui indique le poids de l'atôme. Mais si nous ramenons la capacité au poids des atômes, voilà ce que nous dirons : si un kilogramme de bismuth a pour capacité 0,0288, quelle sera la quantité de calorique nécessaire pour 13 kilog. 3o? Il faudra multiplier la capacité par le poids de l'atôme. En faisant les calculs pour le bismuth et pour les autres substances indiquées dans la première colonne, vous aurez les nombres qui sont compris dans la quatrième colonne. Or ces nombres peuvent être regardés comme à peu près identiques. Par conséquent, les atômes dans les corps simples ont la même capacité : résultat extrêmement curieux.

Ce résultat ne s'étend pas aux corps composés ; mais il est probable qu'il y a une loi entre les capacités des composés et celles des composans. **MM.** Dulong et Petit ont fait quelques expériences qu'ils n'ont pas poussées assez loin ; ils présument que les capacités des atômes des composés sont dans un rapport simple relativement aux capacités des composans ; mais cela n'est pas encore démontré.

On peut croire d'après cela, que les capacités des corps simples qui passeraient à l'état de fluide élastique, sont aussi constantes, d'autant plus que les corps à l'état de vapeur se combinent dans des rapports simples. On peut aussi admettre que les capacités des fluides élastiques simples sont les mêmes sous le même volume ; c'est en effet ce qui est vraisemblable d'après les expériences de Laroche et Bérard ; mais quand on passe aux fluides élastiques composés, on reconnaît qu'ils ont des capacités différentes.

Haycraff a été conduit, par des expériences qu'il a faites sur la capacité des fluides élastiques, à admettre qu'ils avaient tous la même capacité. **MM.** Marcet et Delarive ont été conduits au même résultat.

Mais ces physiciens n'ont trouvé un tel résultat que parce qu'ils ont commis l'erreur à laquelle on est exposé lorsque dans l'appareil dont nous avons parlé, on opère sur une grande masse d'air et une petite quantité d'eau. S'ils s'y étaient pris comme MM. Clément et Desormes, ils auraient trouvé des résultats très différens.

En général, ce sont les résultats de Laroche et Bérard qu'on doit regarder comme méritant jusqu'à présent le plus de confiance.

IMPRIMERIE DE E. DUVERGER,
RUE DE VERNEUIL, N. 4.

COURS DE PHYSIQUE.

LEÇON VINGT-TROISIÈME.

(Mardi, 29 Janvier 1828.)

RÉSUMÉ DE LA VINGT-DEUXIÈME LEÇON.

Dans la dernière séance, nous avons exposé la méthode qui nous a paru la plus sûre pour parvenir à la détermination de la capacité des fluides élastiques. Nous avons donné la préférence à la méthode de MM. Laroche et Bérard, laquelle consiste à chercher combien des courans constans de chaque gaz, se refroidissant d'un même nombre de degrés, peuvent élever la température d'une masse d'eau toujours constante. On a trouvé ainsi que chaque gaz apporte des quantités de chaleur différentes pour élever le calorimètre à une température déterminée, qui ne saurait être dépassée dans les mêmes circonstances, parce qu'à ce terme la chaleur qui est apportée par le courant de gaz, et qui serait différente pour un courant plus considérable et pour un courant plus petit, est compensée entièrement par la chaleur que le calorimètre perd, soit par le calorique rayonnant, soit par le contact de l'air. Voilà pourquoi il faut avoir l'attention de ne pas faire l'expérience dans des appartemens où l'air se renouvelle sans cesse, mais dans des appartemens dont l'air est parfaitement tranquille; parce que si l'on établissait un courant d'air dans l'appartement, le refroidissement du calorimètre serait beaucoup plus prompt, et les résultats seraient tout-à-fait changés.

Il y a dans ces expériences quelques petites corrections à faire, mais ces corrections ont peu d'importance. Elles sont d'ailleurs les mêmes pour les différens gaz, et par conséquent on doit admettre que le résultat général ne peut être modifié que d'une très petite quantité.

Nous avons reconnu, avec MM. Laroche et Bérard, que les fluides élastiques avaient des capacités différentes sous le même volume. Nous avons ensuite rapporté ces capacités en poids par rapport à celle de l'eau, et nous avons formé une table qui a de nombreuses applications, particulièrement pour le chauffage.

Nous avons fait connaître l'erreur dans laquelle étaient tombés plusieurs physiciens, en admettant que tous les fluides élastiques avaient la même capacité.

Après avoir exposé les méthodes d'observation, nous avons commencé à jeter un coup d'œil général sur les modifications qu'éprouvent les capacités dans les circonstances particulières. C'est ainsi que nous avons rapporté les résultats de MM. Dulong et Petit, sur la capacité des corps simples. Ces physiciens ont trouvé que la capacité est différente quand on prend le même poids pour chaque corps, par exemple, un kilogramme ; mais, lorsqu'au lieu de l'unité pondérale constante, on prend ce qu'on appelle le poids de l'atome de beaucoup de corps ; alors on trouve que les capacités sont constantes, ou, en d'autres termes, que la capacité déterminée par le calorimètre étant multipliée par le poids de l'atome, donne un produit constant.

De là on peut conclure que les fluides élastiques simples ont aussi une capacité constante ; car il est probable que l'état particulier d'un corps ne doit pas apporter de changement relativement à cette loi générale. En effet, MM. Laroche et Bérard ont trouvé, pour l'oxigène et l'azote, une capacité qui est sensiblement la même. Celle de l'hydrogène ne s'éloigne que d'un dixième ; mais cette différence dépend très vraisemblablement de la grande mobilité des molécules de ce gaz ; et on ne peut regarder ce résultat comme infirmant la loi dont nous venons de parler.

SUITE DE LA CAPACITÉ DES FLUIDES ÉLASTIQUES.

Indépendamment de ces propriétés générales relatives à la capacité, il reste à faire quelques observations sur le changement de capacité que les fluides élastiques peuvent éprouver quand ils sont exposés à des températures différentes et à des pressions différentes. Jusqu'à présent, nous avons pris tous les fluides élastiques dans les mêmes circonstances ; nous avons supposé leur température d'un même nombre de degrés. Maintenant la question s'agrandit, et on se demande si la capacité d'un fluide élastique échauffé à 100°, diffère du même fluide élastique échauffé simplement à zéro ; c'est-à-dire, s'il ne faut pas plus de chaleur pour porter la température d'un fluide élastique de 0° à 1°, que pour le porter de 100° à 101°.

Quoique les expériences à ce sujet n'aient pas été très multipliées, on peut cependant en conclure ce résultat général que la capacité des fluides élastiques augmente avec leur température; résultat qui est conforme à la loi que nous avons admise pour les corps solides; de sorte que si l'on prend deux masses d'air égales en poids, que l'une soit échauffée à 40°, et que l'autre le soit à zéro; si les capacités étaient égales, on devrait trouver, en les mêlant, une température moyenne de 20 degrés, puisqu'il faudrait autant de chaleur pour porter la masse de 0° à 20° que pour abaisser celle de 40° à 20°. Or on ne trouve pas cette moyenne; la moyenne se rapproche toujours davantage du corps qui est échauffé; elle sera, par exemple, de 23 degrés. Je me borne à vous citer le résultat général, parce que les expériences ne présentent pas assez de certitude pour donner des nombres exacts.

Nous avons pris les fluides élastiques sous la pression de 76 centimètres ou à peu près, et nous avons supposé cette pression constante pour tous les gaz. Nous allons maintenant supposer une pression beaucoup plus élevée, et nous demander alors comment variera la capacité. MM. La Roche et Bérard ont fait à cet égard des expériences et les ont faites avec beaucoup de soin. Ainsi ils ont pris un volume d'air dont la capacité était représentée par l'unité, sous la pression de $0,^{\text{mètr.}}7405$. Ils ont pris ensuite de l'air qui était sous la pression de 1,0058, et ils ont déterminé la capacité de cet air ainsi comprimé par le même procédé que celui qui a été indiqué. Ils ont trouvé que cette capacité était égale à 1,2396, celle de l'air sous la pression de $0^{\text{m}}\cdot7405$ étant égale à l'unité. Il s'agissait de voir comment la capacité variait relativement à la pression. Le rapport des pressions, qui s'obtient en divisant la plus grande pression par la plus petite, est 1,3583; le rapport des capacités, qu'on obtient en divisant aussi la plus grande des capacités par la plus petite, est 1,2396. D'où il résulte que le rapport des pressions est plus grand que celui des capacités. Ce résultat ayant été vérifié plusieurs fois par l'expérience, on peut regarder comme démontré qu'en général la capacité n'est point proportionnelle à la pression, elle reste plus petite. Réciproquement si vous prenez un certain volume d'air qu'on suppose dilaté, la capacité augmente; mais elle ne sera pas non plus proportionnelle au volume.

Si l'on prend ensuite un volume constant, au lieu d'une masse constante, alors la capacité de ce volume ira continuellement en diminuant; lorsque nous serions parvenus à avoir de l'air qui ne pourrait soutenir qu'un millième de la pression, la capacité serait même plus faible et ne serait pas égale au millième de la capacité de l'air qui est mille fois plus dense. Par conséquent, en allant jusqu'au vide, nous trouverions une capacité nulle. Nous reviendrons plus tard sur cet objet. Nous avons cru devoir en attendant indiquer ce résultat curieux, savoir que le vide n'a pas de calorique spécifique. Et en effet, il n'y a dans le vide d'autre calorique que celui qui, comme la lumière, traverse l'espace et qui n'est pas susceptible de mesure.

Voilà ce que l'expérience a appris de plus positif relativement aux variations de capacité dans les fluides élastiques, d'après la température et d'après les pressions.

APPLICATION DE LA CAPACITÉ DES CORPS POUR LE CALORIQUE.

Une application que l'on peut faire des capacités est la détermination des hautes températures. Malheureusement cette question n'est pas d'un grand intérêt, parce que nous ne pouvons point avoir, d'après ce que nous avons exposé jusqu'à présent, une échelle de température qui soit régulière. Pour mesurer la chaleur à des températures très élevées, il faudrait supposer que le corps qu'on soumet à la chaleur conserve la propriété de se dilater d'une manière régulière. Or nous avons déjà vu que cela n'était pas, et que le volume variait dans une progression croissante, irrégulière, à mesure que la température s'élevait. La capacité varie aussi, mais nous n'aurions pas besoin de nous arrêter aux variations de capacité, si le volume était constant, parce que la capacité n'est autre chose que la quantité de calorique nécessaire pour aller d'une température à une autre.

Néanmoins il y a des cas où il importe de connaître les températures approximativement; voilà pourquoi je vais indiquer un moyen simple de parvenir à ce résultat. Je suppose qu'on prenne un corps inaltérable aux hautes températures, par exemple une boule de platine, ou bien une boule de matière terreuse, comme la porcelaine; au besoin, on pourrait même se servir d'un boulet de fer. Après avoir exposé ce boulet à une température d'un rouge blanc ou même tout-à-fait blanche, et lui avoir laissé prendre exactement la température de la source, on le retire pour le plonger dans une masse d'eau quelconque. Le corps se trouvant entouré d'eau se refroidit promptement, et la température de l'eau s'élève d'une certaine quantité. Je suppose que la température de l'eau qui était primitivement à zéro soit venue à 25° après qu'on y a mis le boulet dont on ne connaît pas la température. Nous ne pourrons encore rien conclure de là, parce que nous n'avons qu'un terme dans notre échelle. Mais prenons le même corps, portons-le à une température déterminée comme de 100°, et après l'avoir plongé dans une masse d'eau pareille à la première, et qui soit également à la température de zéro, cherchons de combien il a élevé la température de cette masse d'eau. Je suppose que la température de l'eau soit venue à 2°. Ici la capacité intervient nécessairement, mais nous la supposerons constante, et nous dirons : quand le corps est exposé à la température de 100°, il élève la température de 2°, on le porte à une température x; il élève la température de 25°, et nous ferons par conséquent cette proportion :

$$2 : 100 :: 25 : x$$

$$\text{d'où } x = 25 \times \frac{100}{2} = \frac{2500}{2} = 1250.$$

C'est-à-dire que nous aurons 1250° pour la température de la source de chaleur à laquelle le boulet était exposé.

Ce n'est là qu'une approximation, parce que la capacité du fer varie d'une manière très notable ; ce moyen peut néanmoins recevoir des applications dans quelques circonstances.

CALORIQUE LATENT.

La chaleur, en agissant sur les corps, détermine leur changement d'état et les fait passer de l'état solide à l'état liquide et de l'état liquide à l'état de fluide élastique. Nous avons examiné ces trois états et les variations de volume qui en résultent ; nous avons cherché à déterminer la quantité de calorique nécessaire pour produire ces variations. Maintenant nous allons revenir sur un phénomène très important qui a lieu lorsque les corps changent d'état.

Pour qu'un corps passe de l'état solide à l'état liquide, il faut le chauffer : de même pour le faire passer de l'état liquide à l'état de fluide élastique, il faut lui donner de la chaleur. Pendant le changement d'état, il y a une absorption de calorique plus ou moins considérable, en raison des corps, qui n'est pas rendue sensible au thermomètre et que l'on appelle, à cause de cela, *chaleur latente, calorique latent*. On acquiert la preuve de l'absorption de ce calorique qui n'est pas accusé par le thermomètre, en prenant de la glace pilée, que l'on met sur un feu très ardent. Tant qu'il y a de la glace à fondre, la température de cette glace qui est ainsi soumise à l'action de la chaleur reste constante, bien que la source de chaleur soit très intense. Si c'était un autre corps, un morceau de fer, qu'on exposât à la chaleur, ce corps prendrait de la chaleur. Si c'était de l'eau simple qui eût déjà changé d'état, sa température s'élèverait progressivement jusqu'à l'ébullition.

Lorsqu'on fait cette expérience, il faut qu'on ait l'attention de bien remuer la glace : car vous concevez que s'il y avait une portion d'eau formée dans un endroit, cette eau s'échaufferait comme un corps qui ne change pas d'état ; et alors ce ne serait plus la glace que vous échaufferiez, ce serait l'eau. Lors donc que vous remuez le mélange d'eau et de glace, le thermomètre reste stationnaire : cependant il est évident qu'il y a de la chaleur, puisqu'il en faut nécessairement pour fondre la glace. Où passe cette chaleur qui n'est point accusée par le thermomètre ? Elle est absorbée par la glace qui passe à l'état liquide.

Si on faisait la même opération sur divers corps solides, on trouverait le même résultat. Ainsi le plomb s'échauffe considérablement et peut aller jusqu'à 300° et même plus loin sans se fondre ; mais une fois qu'il commence à se fondre, et tant qu'il restera en fusion, sa température ne s'élève plus. Le soufre serait dans le même cas ; en général tous les corps solides, quand on les expose à l'action de la chaleur, s'échauffent, et le thermomètre qui est mis en contact avec eux s'élève continuellement jusqu'au point de fusion ; mais une fois que les corps sont parvenus à ce point de fusion, alors le thermomètre reste stationnaire, et il ne reprend sa marche que lorsqu'il n'y a plus de changement d'état à produire.

Si maintenant on prend un corps liquide et qu'on le soumette à l'action de la chaleur, le même phénomène a lieu ; ainsi l'eau s'échauffe jusqu'à bouillir, mais une fois qu'elle est en ébullition, sa température ne s'élève plus. L'eau bouillera plus rapidement, mais le thermomètre restera constant. Il en est de même de tous les corps.

Nous pouvons donc regarder comme incontestable que, pendant que les corps passent de l'état solide à l'état liquide et de l'état liquide à l'état de fluide élastique, il y a une absorption de calorique qui est due au changement d'état, pendant lequel changement le thermomètre reste parfaitement stationnaire.

Vous sentez qu'il y a quelque intérêt de pouvoir mesurer la quantité de chaleur ainsi absorbée, dans chaque circonstance, par les divers corps. On n'a pas fait à cet égard beaucoup d'expériences ; nous indiquerons seulement la manière dont on opère à l'égard de l'eau, qui est le corps qui nous intéresse le plus, parce qu'il est répandu partout autour de nous.

Voyons d'abord comment on détermine le calorique latent, que la glace prend pour passer à l'état liquide. Supposons que nous prenions un kilogramme d'eau à $37° \frac{1}{2}$ ou plutôt, puisqu'il n'y a pas de raison de prendre des nombres aussi petits, et qu'il importe d'ailleurs de présenter les résultats dans toute leur simplicité, supposons que nous prenions un kilogramme d'eau à 75° qui est précisément la quantité de chaleur nécessaire pour opérer la fusion de la glace, et que nous mettions cette eau dans le puits de glace que j'ai décrit en parlant de la détermination des capacités. Nous supposons que l'appareil soit couvert d'un morceau de glace pour qu'il ne puisse se perdre de chaleur. L'eau chaude va fondre une certaine quantité de glace, et la masse liquide va augmenter. Lorsque nous serons bien sûrs que la température de l'eau sera venue à zéro, ce qui annoncera que le phénomène est à sa fin (car tant que l'eau conserve quelques degrés de chaleur elle pourra fondre de la glace), nous recueillerons cette eau, nous en prendrons le poids, et nous trouverons, au lieu d'un kilogramme d'eau à 75°, et d'un kilogramme de glace à zéro, deux kilogrammes d'eau à zéro ; tel est le résultat. Voici maintenant le raisonnement très simple qu'il faut faire : puisque nous avions un kilogramme d'eau à 75° et un kilogramme de glace à zéro, et que nous avons maintenant deux kilogrammes d'eau à zéro, il est évident que la quantité de chaleur contenue dans le kilogramme d'eau, depuis zéro jusqu'à 75°, a disparu ; elle a été employée à fondre un kilogramme de glace. Donc, un kilogramme de glace a besoin pour fondre d'une quantité de chaleur telle, que si on l'appliquait à un kilogramme d'eau à zéro, cette quantité de chaleur élèverait ce kilogramme d'eau à 75°.

Ainsi le calorique latent ou la chaleur latente de la glace est exprimée par 75°. Nous entendons par là que si un poids égal d'eau était élevé de 0° à 75°, la quantité de chaleur serait égale à celle qui est employée par la glace pour se fondre. C'est de cette manière simple qu'on dit que le calorique latent de la glace est de 75°.

Nous pouvons prendre un autre exemple : soit un kilogramme de glace que je suppose à la température de zéro ou au-dessous ; je mêle cette glace avec quatre kilogrammes d'eau à 25°. Lorsque ce mélange est parfaitement établi, je trouve que la température du mélange est de 5°. Voyons ce qui s'est passé dans cette expérience. Nous avions quatre kilogrammes d'eau à 25°; c'est comme si nous avions un kilogramme à 100°, cela est évident. Après ce mélange, nous avons cinq kilogrammes, les quatre kilogrammes d'eau et le kilogramme de glace fondue, le tout à la température de 5°. Or, cinq kilogrammes d'eau à 5°, c'est comme si nous avions un kilogramme d'eau à 25°. Donc, il y a eu 75° qui ont disparu, et c'est cette quantité de chaleur précisément qui a été employée par la glace pour se fondre.

Si l'on fait des expériences analogues sur d'autres corps, comme le bismuth, le plomb, l'étain, etc.; on trouvera les résultats suivans, dont cependant je ne garantis pas l'exactitude comme pour l'eau.

En prenant le calorique latent de l'eau, et en le faisant égal à 1,00

On aura pour le calorique latent :

de l'étain. 0,205
du bismuth. 0,22
du plomb. 0,08
du soufre... . . . . 0,10.

Il faut remarquer que puisque les corps en fondant absorbent de la chaleur, lorsque ces corps fondus viendront à se solidifier, ils abandonneront précisément la même quantité de chaleur qu'ils avaient absorbée, parce que rien ne se perd dans la nature. De sorte que toutes les fois qu'il y a une absorption de chaleur par un phénomène, lorsque le corps revient ensuite à son premier état, la chaleur absorbée se reproduit en totalité.

Ce principe posé, venons-en à la démonstration. Pour cela, je prends un procédé inverse de celui que j'ai employé tout à l'heure, c'est-à-dire qu'au lieu de chercher la chaleur absorbée par le corps qui se fond, je vais chercher la chaleur donnée par le corps qui se solidifie. Je prends le plomb pour exemple. Après avoir fait fondre une masse de plomb, je la laisse se congeler en partie pour être bien assuré de sa véritable température. Alors je la fais tomber dans une masse d'eau dont le poids m'est connu, ainsi que celui du plomb; je connais également la température de l'eau avant l'expérience, je puis mesurer celle qu'elle acquiert après le mélange. Cette température communiquée à l'eau par le plomb provient de deux causes: du calorique latent abandonné par le plomb, et en même temps du calorique sensible qui avait élevé la température du plomb jusqu'au point de fusion. Pour distinguer ces deux effets, il faut faire une nouvelle expérience; il faut prendre la masse de plomb qui a servi à échauffer l'eau, la porter à la température à laquelle le plomb se fond, et la jeter ensuite dans l'eau. Connaissant la chaleur qui élevait la température du plomb jusqu'au point de fusion, on la retranche de la chaleur totale communiquée à l'eau par le plomb qui se solidifie, et la différence donne le calorique latent que le plomb a abandonné.

C'est par un procédé semblable qu'on a trouvé les nombres dont je viens de parler.

La chaleur latente joue un très grand rôle dans la nature. Lorsque, par exemple, durant nos hivers, le vent du nord, qui est froid à la glace, vient à souffler, si les corps sont secs, s'il n'y a pas d'eau dans le voisinage, alors la température des corps environnans tend à se mettre en équilibre avec celle du vent froid; mais s'il y a une masse d'eau considérable, voilà ce qui arrive : l'eau se refroidit jusqu'à zéro; mais une fois qu'elle est parvenue à ce point, sa température ne change plus et reste stationnaire, de sorte que, quoique le vent soit, par exemple, à 10°, l'eau reste à zéro. L'excès de froid est employé à congeler une nouvelle quantité d'eau : c'est ainsi que les poissons ne sont jamais exposés à une température au-dessous de zéro, à moins que l'eau ne soit gelée complètement. Mais le froid ne pénètre jamais à une grande profondeur; dans la terre, il ne va jamais jusqu'à deux pieds, et il faut un froid très grand pour qu'il aille à un pied de profondeur.

En raison du calorique qui est abandonné par l'eau en passant à l'état solide, et qui n'est autre chose que ce calorique latent rendu sensible par le changement d'état, la température, lorsqu'il gèle, ne baisse pas autant qu'elle devrait baisser s'il n'y avait pas d'eau. Réciproquement, quand il fait un froid rigoureux, s'il vient un vent du midi, on ne sent pas de suite la température que l'on devrait sentir, s'il n'y avait pas de glace à fondre, parce que, dans ce cas, tous les corps se mettraient assez promptement en équilibre avec la température de l'air chaud. Mais comme il y a de la glace formée, et que la température de la glace qui se fond est à zéro, tant qu'il y a de la glace à fondre la température reste à zéro dans le voisinage. C'est ce qui explique aussi pourquoi, après un dégel, l'air est souvent à 10° au-dessus des maisons, tandis qu'à la surface de la terre on est dans un bain d'air très froid; cela vient de ce que l'air du bas est en contact avec la glace fondante qui est à zéro.

Après avoir parlé de la détermination du calorique latent des corps qui deviennent solides, nous devons parler du calorique latent des corps qui deviennent fluides élastiques; il est surtout nécessaire de parler du calorique latent de la vapeur qui se forme lorsque l'eau est en ébullition. Le calorique latent de la vapeur est très considérable, relativement à celui de la glace. La mesure de cette quantité de chaleur, absorbée par l'eau qui se volatilise, est indispensable dans les arts, aujourd'hui que l'on se sert de la vapeur comme moyen de chauffage.

Je vais exposer la manière de parvenir à cette détermination, et je montrerai ensuite comment, d'après les données fournies par l'expérience, on parvient aux résultats que l'on peut obtenir d'ailleurs directement. Imaginez que l'on ait une grande chaudière, ou même, sans prendre des masses aussi considérables, supposons un vase qui contienne une quantité d'eau aussi petite qu'on voudra, car en physique on peut opérer sur de petites masses et parvenir aux mêmes résultats ; soit donc une cornue C, fig. 1, dans laquelle on maintient de l'eau en pleine ébullition ; il se produit un fluide élastique qui ne pouvant s'échapper, parce que l'ouverture, A, de la cornue est fermée, vient se rendre dans une masse d'eau froide renfermée dans un vase V, qu'il faut avoir le soin de séparer de la cornue et du fourneau, au moyen d'un écran. Une partie de la vapeur se condensant en traversant le tube T, on pourrait penser que ce tube étant incliné vers la cornue, l'eau provenant de la condensation reviendrait par la pente vers l'eau qui bout. Mais il n'en est pas ainsi ; il faut que vous sachiez que quand l'eau est à l'état de vapeur vésiculaire, elle peut être entraînée par le plus léger souffle. Par conséquent cette vapeur condensée ou cette vapeur vésiculaire serait emportée par le courant de véritable vapeur, et vous auriez alors un mélange de vapeur vésiculaire et de vapeur proprement dite. Il faut tâcher d'éviter cet inconvénient et faire en sorte que depuis l'endroit où la vapeur est générée jusqu'à l'endroit où elle va pénétrer dans la masse liquide V, il ne puisse y avoir de condensation. Pour cela il suffit d'envelopper de linges le tuyau T.

Il faut dans cette expérience avoir égard à la perte de chaleur qui est faite par le corps échauffé, et pour cela, se servir du moyen dont j'ai déjà parlé ; c'est-à-dire que si nous avons une température ambiante de 10°, il faut ne commencer l'expérience qu'après avoir refroidi la masse d'eau dans laquelle on doit recevoir la vapeur, par exemple à 8°, et s'arrêter lorsqu'au moyen de la vapeur l'eau a été échauffée jusqu'à 12°, qui est autant éloigné de 10° en dessus que 8° l'est en dessous. Dans ce cas, pendant que la masse d'eau vient à 10° elle reçoit du calorique des corps environnans et par conséquent elle s'échauffe ; mais une fois qu'elle a dépassé 10°, elle donne à son tour; de sorte qu'elle donnera d'un côté ce qu'elle a reçu de l'autre, et qu'il y aura compensation. C'est ainsi qu'on se met à l'abri de la cause d'erreur produite par le refroidissement.

Je retire donc la cornue lorsque la température est marquée à 12°, par un thermomètre qui doit être très sensible, parce qu'une erreur d'un dixième de degré aurait une influence très grande sur le résultat. Je suppose qu'on ait pris toutes ces précautions et que l'expérience nous ait fourni les données suivantes. Nous avions pris, par exemple, un kilogramme ou mille grammes d'eau qui était d'abord à 10°, et nous avons fait arriver 10 grammes de vapeur qui en se condensant a formé de l'eau et a augmenté, par conséquent, la masse liquide de 10 grammes; et au moyen de cette vapeur, la température du mélange s'est élevée à 16°, 15. L'opération s'étant faite dans un vase de verre, puisque sa température s'est élevée depuis 8° jusqu'à 12°, il faut supposer qu'on a converti la masse de verre en eau ou en matière ayant la même capacité que l'eau; de sorte que nous pouvons regarder la masse de verre comme confondue avec la masse d'eau.

Lorsque la vapeur passe à l'état liquide et qu'elle échauffe la masse d'eau, il se produit, comme je le disais tout à l'heure pour le plomb, un double effet. La vapeur qui était à 100°, forme de l'eau à 100°, et il y a de plus le calorique qui est abandonné par la vapeur qui passe à l'état d'eau à 100°. Voilà les deux quantités de chaleur contenues dans les dix grammes d'eau à 100°. Il faut commencer par connaître l'effet qui est produit par ce mélange de 10 grammes d'eau à 100° avec les mille grammes d'eau à 10°. 1000 Grammes d'eau à 10°, plus ensuite 10 grammes d'eau a 100°, vont faire une quantité d'eau égale à 1010 grammes, ayant une température que je ne connais pas, mais qu'il est facile de trouver par la *règle des mélanges*. Cette température sera égale à 10°, 89. Or nous avons 16°, 15 pour l'effet total ; en retranchant de 16°, 15 10°, 89, la différence 5°, 26 donnera la température, due à la chaleur latente, de 1010 grammes d'eau. En ramenant à l'unité d'un gramme, nous aurons un total de 5312°, 6 ; et pour 10 grammes 531°, 26 ; c'est-à-dire lorsqu'un poids d'eau de 10 grammes, au terme de l'ébullition à 100°, se réduit en vapeur, il absorbe une quantité de calorique telle, que si on supposait que l'eau conservât son état liquide indéfiniment, la chaleur

qui est rendue latente serait capable d'élever la température
de l'eau de 531°, 26 au-dessus de celle qu'elle a au terme de
l'ébullition, ou de 631° si on prend l'eau à zéro. Cette quantité est énorme relativement au calorique latent de la glace,
qui est seulement de 75°.

Le résultat que nous venons de trouver pour la vapeur
peut être considéré comme exact; car Watt et d'autres physiciens, qui se sont occupés de la même question, ont donné
des nombres qui diffèrent peu de ceux que nous venons d'indiquer. Ainsi, Watt avait trouvé à peu près 527, Southern
avait trouvé 528; par conséquent, on peut regarder 530 comme
étant la mesure exacte de la quantité de chaleur qui est absorbée par l'eau en se réduisant en vapeur, et qui est abandonnée en totalité lorsque la vapeur repasse à l'état liquide.
Nous avons mesuré cette chaleur latente de la vapeur par un
procédé inverse de celui que nous avons employé pour mesurer la chaleur latente de la glace. Au lieu de chercher la quantité de chaleur que l'eau prend pour se volatiliser, nous avons
cherché ce qu'elle abandonne en passant de l'état de vapeur
à l'état liquide, d'après le principe qu'elle doit abandonner
autant en redevenant eau, qu'elle avait absorbé pour devenir
fluide élastique.

La chaleur latente est ici prise dans une circonstance déterminée, c'est-à-dire, sous la pression ordinaire de l'atmosphère. Cette chaleur latente est-elle constante, est-elle
variable, lorsque l'on augmente la pression? Ainsi, on peut
avoir de la vapeur sous un, sous deux, sous dix, sous mille
atmosphères. Dans les arts, et particulièrement dans les machines à feu, on va très fréquemment jusqu'à 5, 6, 10 et
même 50 atmosphères. Or, comme dans les machines à feu
c'est la chaleur qui est le véritable agent, qui par conséquent
occasionne la dépense, il n'est pas sans intérêt de savoir comment la vapeur est produite plus économiquement dans telle
ou telle circonstance.

Southern, en Angleterre, s'est occupé de cette question,
en faisant varier la force élastique de 40 pouces, correspondant à peu près à 28 pouces de France, jusqu'à 80 et à 120
pouces, et voici le résultat auquel il a été conduit; c'est que
le calorique latent est constant, mais que la quantité totale
de chaleur croît de la quantité dont s'élève la température.
Ainsi, prenons un kilogramme d'eau que nous réduirons en
vapeur sous la pression ordinaire de l'atmosphère. Dans ce
cas, c'est à 100° que la vapeur se forme, et la quantité de
calorique latent est exprimée par 531°. Je suppose main-

tenant que l'on porte cette vapeur à une pression double, triple, quadruple; alors, en généralisant le résultat de Southern, la vapeur, dans ces diverses circonstances, en prenant le point auquel elle s'est formée, aurait une chaleur latente constante, on trouverait toujours 531°; mais à mesure que la pression s'élève, pour que l'eau bouille, il faut une température plus élevée. Par exemple, à 100° l'eau bout sous la pression ordinaire; sous une pression double, elle ne bout qu'à 122°, sous une pression triple à 138; de telle sorte que sous une pression double, la vapeur aura une force élastique double, et une température qui sera de 122°; sous une pression triple elle aura une force élastique triple et une température de 138°; de manière que le calorique latent de la vapeur est constant; mais si l'on compte la quantité de calorique de la vapeur depuis le point zéro, au lieu de la compter depuis le point d'ébullition, il y aura une légère variation. La différence, en passant d'une température à une autre, serait toujours mesurée par la température entre 100° et le point d'ébullition, ce serait toujours une quantité très petite; de manière qu'on pourrait regarder la quantité de calorique contenue dans la même masse d'eau comme étant constante. Si donc nous prenons un kilogramme de vapeur à 100°, la quantité de chaleur contenue dans ce kilogramme de vapeur est 100°, plus la chaleur latente exprimée par 531; si nous prenons le même kilogramme à 122°, la quantité de chaleur sera 122°, plus 531; si nous le prenons à 138°, la quantité de chaleur sera 138°, plus 531. Ainsi, la chaleur latente serait constante; mais vous auriez pour la même masse d'eau, suivant la température, des quantités de chaleur différentes; de sorte que lorsque vous auriez deux atmosphères, il faudrait une dépense en combustible de plus qui serait exprimée par 22°.

D'autres physiciens, en France particulièrement, MM. Clément et Desormes ont fait des expériences, d'après lesquelles ils ont cru reconnaître que la quantité totale de chaleur était constante, c'est-à-dire, que si l'on prend une même masse de vapeur et qu'on l'échauffe de 100° à 120°, à 200°, vous aurez dans cette masse de vapeur toujours la même quantité de calorique. Cela peut paraître paradoxal; car puisque nous donnons de plus en plus de la chaleur à une même masse, il semble qu'elle devrait s'échauffer de plus en plus; tandis que la quantité de calorique qu'elle renferme est constante; ou si ce résultat n'est pas rigoureusement exact, au moins la différence est extrêmement petite.

Le calorique que nous venons de désigner par le nom de calorique latent doit être distingué soigneusement de ce qu'on appelle le calorique sensible. Tant qu'un corps ne change pas d'état et qu'on le soumet à une source de chaleur, il tend à prendre la température de la source, et sa température s'élève. Alors le calorique devient sensible et il est mesuré, accusé par le thermomètre ; mais quand le calorique entre dans un corps, se combine avec lui, et que le thermomètre n'annonce pas l'existence de ce calorique, on a alors ce qu'on appelle du calorique latent.

APPLICATIONS DE LA VAPEUR.

Les applications de la vapeur sont très étendues et très importantes ; nous aurons occasion d'y revenir en parlant des machines à feu. En attendant je me bornerai à quelques réflexions sur ce que nous venons de dire. Nous avons vu que lorsque l'eau est en ébullition, le thermomètre ne s'élève pas, et que l'eau reste constamment à la même température. Par conséquent, l'ébullition rapide ou lente est une chose inutile, à moins que l'on n'ait intérêt à produire de la vapeur.

Réciproquement lorsque l'eau se réduit en vapeur, elle absorbe du calorique qu'elle rend latent, et par conséquent, elle empêche la température des corps environnans de pouvoir s'élever. Il vous sera impossible, tant que vous aurez de l'eau dans un corps, d'élever sa température au-delà de 100°.

Si au lieu d'avoir l'ébullition à 100°, vous avez une ébullition à 40°, par exemple (il est possible de faire ainsi bouillir l'eau au-dessous de 100°), dans ce cas, la température ne pourra s'élever. On a tiré de là un moyen de tempérer la chaleur dans les pays chauds.

La principale application de la vapeur est celle qu'on en fait au chauffage. De l'eau en ébullition prend, comme nous l'avons établi, un volume 1700 fois plus grand que celui qu'elle occupait à l'état d'eau, et elle peut alors, lorsqu'on la reçoit dans des tuyaux d'une longueur indéfinie, aller à des distances de 5o, de 100 mètres, et même au-delà : de sorte que si on la reçoit à l'extrémité d'un tuyau et qu'on la condense, elle abandonne tout le calorique qu'elle avait absorbé. Un kilogramme d'eau réduite en vapeur renferme 531° de calorique latent, ce qui veut dire que ce calorique latent peut élever 5 kilogrammes 31 de zéro à 100 degrés, ou, en d'autres termes, qu'avec un kilogramme de vapeur nous pouvons faire bouillir 5 kilogrammes 31 d'eau, et comme un kilogramme de vapeur à 100°, donne un kilogramme d'eau à 100°, un kilogramme de vapeur donne 6 kilogrammes 31 d'eau à 100°. Vous concevez qu'en faisant arriver ainsi de la vapeur, nous pourrons faire bouillir de l'eau sans feu dans un vase en bois, au lieu d'avoir une chaudière en métal et un fourneau, ce qui est un grand avantage. Ce procédé est employé dans les grandes manufactures et particulièrement dans les teintureries. On a une vaste chaudière dans laquelle on fait bouillir de l'eau; des tuyaux partant de cette chaudière portent la vapeur dans des cuviers placés au loin, qui renferment de l'eau. Lorsqu'on veut échauffer l'eau de ces cuviers, on ouvre une soupape, et aussitôt la vapeur arrive et détermine l'ébullition en moins d'un quart-d'heure. Il faut avoir soin d'envelopper les tuyaux; car autrement l'eau se condenserait avant d'arriver dans le cuvier.

On a fait récemment une belle application de la vapeur. Il s'agissait d'échauffer la Bourse de la manière la plus avantageuse. En plaçant des calorifères dans cet immense édifice, peu de personnes se seraient ressenties de la chaleur, parce que les poëles, en raison de leur surface, échauffent la colonne d'air qui pèse sur eux, cette colonne échauffée s'élève et porte toute la chaleur dans le haut. On a pensé que dans un pareil local le mode le plus utile et le plus commode de chauffage serait de chauffer le sol, parce que quand on a les pieds chauds, on se ressent très peu du froid. On a donc pratiqué une galerie d'un mètre de large, sur laquelle quatre cents personnes peuvent se placer à la fois. Au-dessous de cette galerie se trouve un espèce de canal, ayant un mètre de côté. Ce canal qui est fermé en dessus par une plaque en fonte au niveau du sol, est traversé par trois tuyaux, dans lesquels passe la vapeur. La plaque se trouve échauffée et par le calorique rayonnant et par l'air qui s'élève après avoir été échauffé par son contact avec les tuyaux. Cette plaque peut avoir une température de 40° à 60°; chaleur qui se fait sentir facilement à travers les chaussures. On a joint à cela des bouches de chaleur ouvertes le long des pilastres, et qui donnent passage à des courans d'air qui se sont échauffés par leur contact avec les tuyaux. Ce système de chauffage est sans contredit le meilleur qu'on pouvait appliquer à une localité comme la Bourse.

PROPAGATION DE LA CHALEUR DANS LES CORPS OU CONDUCTIBILITÉ DU CALORIQUE.

Après avoir parlé du calorique latent absorbé par les corps en changeant d'état, nous avons encore à nous occuper de quelques phénomènes relatifs à la chaleur. Nous nous occuperons d'abord de celui qu'on appelle la *propagation de la chaleur dans les corps ;* c'est une question d'un très haut intérêt pour les arts.

Lorsque l'on échauffe un corps, en le présentant simplement à une source de chaleur par une de ses extrémités, cette extrémité s'échauffe assez promptement et peut devenir rouge, tandis que l'autre extrémité pourra rester froide : par conséquent la chaleur appliquée à ce corps par une de ses extrémités ne se propage pas dans l'intérieur du corps avec une extrême rapidité.

Si la chaleur transmise par l'extrémité en communication avec la source pouvait se répandre d'une manière uniforme, vous sentez que la température du corps serait la même dans tous les points. On appelle *conductibilité* cette propriété qu'ont les corps de transmettre le calorique de proche en proche dans leur masse. Cette propriété n'est pas à beaucoup près la même pour tous les corps ; il y en a qui laissent passer plus ou moins vite le calorique, d'autres le laissent passer très lentement. On peut facilement montrer l'énorme différence qui existe entre les corps à cet égard. Si l'on prend une barre de fer de la longueur d'un double décimètre et qu'on expose l'une de ses extrémités à une chaleur rouge, on ne pourra tenir la main à l'autre extrémité sans se brûler ; mais si l'on prend un morceau de charbon, on peut le faire rougir et placer le doigt tout près de la partie rouge sans éprouver la moindre sensation de chaleur.

Analysons aussi exactement que possible ce qui se passe relativement à cette conductibilité du calorique. Pour cela, il faut supposer la barre que vous exposez à une source de chaleur, divisé en tranches. La première tranche, celle qui est en communication avec la source, tend à se mettre en équilibre avec cette source et à prendre sa température, la chaleur qui est reçue par la première tranche passe dans la seconde, de la seconde elle passe dans la troisième, et ainsi de suite. S'il n'y avait aucune cause extérieure qui pût absorber la chaleur, il est évident qu'au bout d'un certain temps la température de la barre, si longue qu'elle fût, serait unilorme ; parce que dès que la première tranche verse dans la seconde, la seconde dans la troisième, la tranche qui a versé pourrait reprendre à la source, ainsi de suite. Dans ce cas, on mesurerait la propagation de la chaleur ou la propriété conductrice par le temps qu'il faudrait pour que la température fût la même à l'extrémité qu'au commencement, pour des barres de dimensions déterminées et parfaitement constantes. Mais la chose ne se passe pas ainsi ; nous ne pouvons concevoir la transmission de la chaleur à travers une barre, sans qu'il y ait déperdition de chaleur à sa surface, et il y a double déperdition : il y a déperdition par le calorique rayonnant et en même temps déperdition par le contact de l'air qui entoure la barre et qui se renouvelle à chaque instant. Voilà donc ce qui arrivera : concevons trois couches, la première, qui est le plus près de la source et la plus échauffée, donne à la seconde ; la seconde reçoit une certaine quantité de la première et donne à la troisième. Mais pendant que ces communications ont lieu, il y a une perte de chaleur occasionnée par le contact de l'air et par le calorique rayonnant, et l'équilibre de température sera établi dans toute la masse, lorsqu'il arrivera que dans chaque point la quantité de chaleur qui sera reçue de la couche voisine sera égale à la perte qui se fera. Cet état d'équilibre qu'on ne peut plus dépasser n'a lieu qu'après un temps assez long. L'équilibre une fois établi, ce qui est donné par communication est entièrement compensé par le calorique qui s'échappe par radiation ou par le contact de l'air. Imaginez, fig. 2, une barre dans laquelle on ait pratiqué, à des distances égales, par exemple, d'un décimètre, des trous propres à recevoir des boules de thermomètre. Ces boules doivent plonger dans un petit bain de mercure, parce que le thermomètre touchant le métal par tous ses points, la communication de la chaleur se fait beaucoup mieux. On échauffe une des extrémités de la barre en la plongeant dans un bain de plomb, de mercure, ou d'huile, tenu à une température constante au moyen d'une lampe d'Argan qui produit constamment la même chaleur. C'est avec une barre semblable que M. Biot a fait ses expériences sur la conductibilité du calorique. La barre ayant été échauffée, les thermomètres ont varié successivement à mesure que la chaleur s'est produite, et, au bout de plusieurs heures, ils sont tous devenus stationnaires. On a remarqué alors que les distances entre les thermomètres étant égales, les températures indiquées par ces thermomètres suivaient une progression géométrique, tandis que les distances allaient en progression arithmétique.

Lorsqu'on prend des barres de dimensions différentes, la propagation se fait suivant les mêmes lois; mais la température pourra être portée plus loin à travers une grosse masse qu'à travers une petite. Les masses étant comme les cubes des dimensions, tandis que les surfaces sont comme les carrés, vous concevez très bien que si vous exposez à la même source deux barres, l'une très grosse, l'autre mince, la température finale pourra être portée plus loin dans la première que dans la seconde, puisque les déperditions par le calorique rayonnant et par le contact de l'air sont plus considérables dans la petite barre que dans la grosse. Ainsi, supposez que nous ayons une barre cylindrique de 9 millimètres de diamètre, et que nous ayons un fil de métal qui n'ait qu'un millimètre de diamètre. La distance à laquelle la même température pourra être portée dans la grosse barre, sera à la distance à laquelle la même température peut être obtenue dans la petite, comme la racine carrée du grand diamètre est à la racine carrée du petit. La racine carrée de 9 est 3, et la racine carrée de 1 est 1; par conséquent, dans la grosse barre, la même température sera obtenue à une distance trois fois plus grande que dans la petite.

On conçoit, d'après cela, qu'on puisse faire rougir un fil de fer très fin, et mettre le doigt tout près de l'endroit où il est rouge sans rien sentir; c'est parce que ses dimensions étant très petites, la perte de la chaleur par la surface est considérable.

On a employé divers moyens pour mesurer la conductibilité; tous ces moyens reviennent finalement à celui de rechercher quelle est la température de divers thermomètres qu'on suppose à des distances connues de la source.

Franklin se servait d'un moyen très simple pour déterminer la conductibilité des corps. Son appareil, figure 3, consistait dans une espèce de peigne formé par divers fils en fer, en or, en argent, en cuivre, qu'il plongeait dans de la cire en fusion; ces fils en sortaient avec une légère couche qui se solidifiait ensuite. La cire fond facilement à une température de 62° à 63°; en mettant les extrémités des fils dans de l'eau bouillante, vous sentez que la chaleur se porte à travers ces fils jusqu'à un certain point. Plus le corps est conducteur, plus une certaine température est portée loin.

Franklin faisait l'expérience en plaçant les fils dans une

position verticale; mais pour éviter l'influence de l'air chaud qui monte, il est mieux de faire l'expérience en tenant les fils horizontalement, comme le représente la figure 4. Cet appareil n'est bon que pour donner une idée générale du résultat de l'expérience; il ne suffirait pas pour des expériences rigoureuses, parce qu'en mettant une couche de cire sur les fils d'or, d'argent, etc., nous changeons le pouvoir rayonnant de ces corps.

Pour avoir des résultats parfaitement exacts, il faut prendre les corps tels que la nature nous les donne. Les physiciens qui ont déterminé la conductibilité en n'ayant pas égard à cette circonstance ont dû nécessairement commettre des erreurs. Ainsi donc il faut que la conductibilité soit étudiée sur les corps tels que nous les trouvons dans la nature; si nous ne remplissons pas cette condition, c'est que nous ne voulons que donner un résultat général, et montrer qu'il y a de très grandes différences entre les corps sous le rapport de la conductibilité, plutôt que déterminer ces différences d'une manière exacte.

Pour faire l'expérience dont nous venons de parler, on verse de l'eau bouillante dans une espèce de boîte B, sur le côté de laquelle sont fixées les extrémités des fils; on pourrait pour maintenir l'eau à l'état d'ébullition faire arriver de la vapeur dans cette boîte au moyen d'un tuyau communiquant avec une chaudière. La chaleur se propage à travers les parois du vase et ensuite dans les fils, et l'on voit la cire dont ces divers fils sont revêtus fondre à des distances plus ou moins grandes; c'est la différence qui existe entre ces distances qui nous fait connaître la différence de conductibilité des fils.

Je suppose que nous ayons fait l'expérience exactement, nous trouverions que parmi ces métaux il y en a un qui est beaucoup meilleur conducteur que les autres, c'est l'or. Nous le prendrons pour type, et représentant sa conductibilité par 100
nous trouverons pour la conductibilité

de l'argent. . . . . .97, 3.
du cuivre. . . . . .89, 8.
du fer. . . . . .37, 4.
du plomb. . . . . .17, 9.
du marbre. . . . . 2, 3.
de la terre, des fourneaux et de la porcelaine. . . . 1,

Vous pouvez voir par ces nombres quelles différences énormes existent entre les corps sous le point de vue de la conductibilité. Les corps ont été pris pour cette expérience, sous les mêmes dimensions, avec les mêmes longueurs, enfin dans les mêmes circonstances. C'est la distance à laquelle la même température, celle qui opère la fusion de la cire, est parvenue, qui a donné les nombres que nous venons de citer.

IMPRIMERIE DE E. DUVERGER,
RUE DE VERNEUIL, N. 4.

COURS DE PHYSIQUE.

LEÇON VINGT-QUATRIÈME.

(Samedi, 2 Février 1828.)

RÉSUMÉ DE LA VINGT-TROISIÈME LEÇON.

Nous nous sommes occupés dans la dernière séance de la détermination du calorique latent que l'eau absorbe en changeant d'état, soit lorsqu'elle passe de l'état de glace à l'état liquide, soit lorsqu'elle passe de l'état liquide à celui de fluide élastique. La quantité de chaleur que l'eau absorbe pour passer à l'état de vapeur est très considérable, puisqu'elle est capable d'élever un poids d'eau égal à celui de la vapeur de 531°, ou de porter cinq fois trois dixièmes ce poids de zéro à 100°, tandis que lorsque la même quantité de glace se fond elle n'absorbe qu'une quantité de chaleur égale à 75°, pouvant élever un pareil poids d'eau de la température zéro à celle de 75°.

Nous avons dit que cette chaleur latente pour des vapeurs comprimées à 2, 3, 4 atmosphères, pouvait être considérée comme sensiblement la même, d'après les expériences de MM. Clément et Desormes, qui admettent que la même masse d'eau a des températures différentes, pourvu que l'eau soit près du point où elle entre en ébullition, renferme, pour chaque pression particulière, la même quantité de vapeur.

Cet énoncé, pour être exact, doit être renfermé dans de certaines limites qui sont que l'espace dans lequel la masse de vapeur est censée se former doit être saturé de vapeur. Nous verrons plus tard ce qu'on entend plus particulièrement par saturation de la vapeur.

Les différens liquides sont, de même que l'eau, susceptibles de passer à l'état de vapeur et d'absorber, dans ce changement d'état, de la chaleur qu'ils rendent latente. J'ai oublié

24

dans la dernière séance, de vous citer quelques résultats trouvés par M. Desprets. Nous avons vu que la chaleur latente de l'eau était égale à 531°. M. Desprets a trouvé que la chaleur latente de l'alcool n'était que de 532°, c'est-à-dire qu'un poids donné d'alcool à son point d'ébullition, absorbe une quantité de chaleur qui, appliquée à un pareil poids d'alcool, en élèverait la température de 532°. La chaleur latente de l'éther, qui bout à peu près à 35° est égale à 174°$\frac{1}{2}$, et celle de l'essence, qui bout à 156°, n'est que de 166°$\frac{2}{15}$.

Si on veut comparer ces chaleurs latentes, on n'a qu'à supposer que la chaleur latente de chaque vapeur se trouve absorbée par le même liquide, l'eau, par exemple. On trouverait que la chaleur latente de l'eau étant exprimée par

$$531,$$

celle de l'alcool serait exprimée par. . . 208,

celle de l'éther 91,

et enfin celle de l'essence. . . . . 77.

c'est-à-dire que la chaleur latente d'un kilogramme de vapeur, d'alcool, d'éther et d'essence pourrait élever la température d'un kilogramme d'eau de 208°, 91°, 77°.

Parmi tous les liquides, c'est l'eau dont la chaleur latente est la plus considérable. Les nombres que nous venons de trouver ne paraissent pas avoir de rapport, au moins tels qu'ils ont été obtenus et en les supposant parfaitement exacts, avec les autres propriétés physiques que l'on reconnaît dans ces divers liquides : telles, par exemple, que le degré d'ébullition, la capacité, le volume de vapeur que ces corps peuvent fournir.

Revenons maintenant à la conductibilité dont nous avons commencé à vous entretenir. Nous avons vu comment on pouvait mesurer la conductibilité dans les corps solides. Nous vous avons présenté un tableau duquel il est résulté que les métaux étaient les meilleurs conducteurs du calorique : cependant si on voulait comparer cette propriété des métaux de transmettre le calorique à travers leur substance à la propriété qu'ils ont de livrer passage au fluide élastique, on pourrait les regarder comme jouissant de la conductibilité à un faible degré ; et en effet, la barre que nous vous avons présentée, sur laquelle M. Biot a fait ses expériences, était un assez mauvais conducteur pour qu'il fallût donner à l'extrémité échauffée une température d'environ 25,000° pour que l'autre extrémité qui était à 2 mètres seulement variât d'un degré ; ce qui montre la faiblesse de cette propriété dans les métaux. Néanmoins en comparant les corps entre eux, nous voyons que les métaux jouissent de la conductibilité à un bien plus haut degré que certaines substances telles que le charbon, les poteries, les terres, le verre, qui sont en général de très mauvais conducteurs. Parmi les corps solides, il en est encore d'autres, comme les tissus, les matières animales comme la laine, la soie, l'édredon, les duvets, qui sont également de très mauvais conducteurs, particulièrement en raison de leur peu de masse sous un volume assez considérable. Nous aurons occasion de parler des applications qu'on peut faire de cette propriété qu'ont certains corps d'être mauvais conducteurs du calorique.

CONDUCTIBILITÉ DES LIQUIDES.

Nous allons dire un mot de la conductibilité dans les liquides. Dans les solides, les molécules sont fixes ; une molécule, que l'on conçoit appartenant à un solide, reçoit de la chaleur de la molécule qui précède et en transmet à la molécule qui suit, sans qu'il y ait de mouvement, si ce n'est un mouvement de vibration, qu'on peut concevoir occasionné dans les solides par la chaleur ; mais il n'y a pas déplacement des molécules.

Si l'on échauffe un liquide par la partie inférieure, la partie échauffée se dilate, et, devenant spécifiquement plus légère que les parties froides, elle s'élève à travers la masse jusqu'à la surface. Par conséquent la chaleur de la source se porte dans le haut, et, comme nous ne trouvons pas une différence très grande entre l'extrémité inférieure et l'extrémité supérieure, il semble que la propriété conductrice est très grande dans ces corps. Mais nous apercevons ici un effet mécanique, le déplacement des molécules ; et, pour étudier la conductibilité des molécules, il faut nous rendre indépendans de cet effet. C'est à quoi l'on parvient en appliquant la chaleur à la partie supérieure du liquide au lieu de l'appliquer à la partie inférieure. Alors la partie supérieure du liquide étant échauffée devenant plus légère, ne peut point se déplacer pour pénétrer dans les parties inférieures ; de sorte que, dans ce cas, la chaleur se communique de la couche supérieure à celle qui est en dessous, et ainsi de suite, de proche en proche.

La communication de la chaleur dans les liquides, par le déplacement des molécules, n'en mérite pas moins notre attention ; et il est bon de démontrer par l'expérience ce que le raisonnement nous a fait découvrir qu'il y a des courans dans l'intérieur d'un liquide que l'on échauffe par sa partie inférieure.

Le comte de Rumford, qui s'était beaucoup occupé de la conductibilité des liquides, pour rendre plus sensible le mouvement des molécules, jetait dans un vase rempli d'eau des poussières qui avaient une densité peu différente de ce liquide. L'eau étant échauffée, même légèrement, par sa partie inférieure, les poussières étaient entraînées par les courans qui se formaient et annonçaient par leur mouvement ascendant et descendant la direction de ces courans. Ces courans ont pour effet de mêler les parties froides avec les parties chaudes, et d'établir une uniformité de température dans tout l'intérieur de la masse liquide.

Venons aux expériences propres à constater la conductibilité dans les liquides. Ces expériences ont été faites et variées de beaucoup de manières. Il faut concevoir une masse d'eau dans un vase assez grand ; car, comme nous ne pouvons enfermer les liquides que dans des vases solides, si vous échauffez les bords d'un vase solide, comme ce vase est conducteur jusqu'à un certain point, il peut influencer le résultat. Supposez donc un vase, fig. 1, qui doit être assez grand, et formé d'une matière peu conductrice ; imaginez ensuite un réchaud ou une plaque en fer sur laquelle on aurait mis des charbons, et qui serait placé au-dessus de la surface supérieure du liquide renfermé dans le vase ; des thermomètres sont placés horizontalement, de manière que les boules de ces thermomètres plongent dans les couches inférieures du liquide. Le liquide étant échauffé à sa partie supérieure, un thermomètre, placé à un centimètre au-dessous de cette surface, varie d'une quantité presque insensible, de sorte qu'on acquiert par ce moyen la preuve que l'eau est un très mauvais conducteur. En faisant la même expérience sur divers liquides, on a reconnu que le thermomètre ne marchait pas sensiblement, et on en a conclu que les liquides étaient de mauvais conducteurs.

On peut faire cette expérience de plusieurs manières. Ainsi on peut avoir, fig. 2, une couche de glace, $a\,b$, recouverte d'eau, que nous supposons à la température zéro. Si l'on met un corps échauffé au-dessus de la surface du liquide, la glace ne se fondra pas par l'approche de ce corps. Il n'y aurait que la partie supérieure du liquide qui, recevant le calorique rayonnant lancé par le corps chaud, s'échaufferait. Il y a cependant une chose à remarquer, c'est que le calorique rayonnant traverse les corps transparens en quantité d'autant plus grande que la température de la source est plus élevée ; de sorte que l'eau étant un corps transparent, il y a une certaine quantité de calorique qui pénètre plus ou moins loin. Mais si l'on n'élève pas la température de la source au-dessus de 100°, il n'y a pas de variations sensibles de chaleur dans les couches inférieures.

D'après cela, si l'on prend un tube incliné, fig. 3, rempli d'eau, il sera facile, avec une lampe à l'esprit de vin, de faire bouillir l'eau dans la partie supérieure de ce tube, tandis que la partie inférieure sera froide.

De même, si l'on a un vase, fig. 4, rempli en partie avec de l'eau sur laquelle on verse une couche d'éther, et qu'on mette le feu à cet éther, il y aura un développement de chaleur considérable, et cependant, dans ce cas, un thermomètre placé à quelque distance au-dessous de la surface ne s'élèvera pas sensiblement. Nous avons donc, dans ces diverses expériences, la preuve la plus complète que les liquides sont de très mauvais conducteurs de calorique. Quant à la mesure de la conductibilité des liquides, nous ne pouvons la donner d'une manière précise, et nous ne pouvons qu'indiquer ce résultat général, que les liquides sont de très mauvais conducteurs du calorique relativement à la conductibilité en elle-même, mais qu'ils sont de bons conducteurs mécaniques par la raison dont nous avons parlé.

CONDUCTIBILITÉ DES FLUIDES ÉLASTIQUES.

Reste la troisième classe des corps, que nous avons désignée par le nom de fluides élastiques. Or, ici, il est impossible de déterminer, au moins dans l'état actuel de nos connaissances, ce qu'on peut appeler la conductibilité des fluides élastiques. En effet, vous avez vu que, pour pouvoir déterminer la conductibilité, il fallait que les molécules eussent de la fixité. Nous avons pu remplir cette condition à l'égard des liquides en les chauffant par le bas ; mais, dans les fluides élastiques, nous n'avons pas même cet avantage. Pour faire l'expérience sur un fluide élastique, il faudrait nécessairement le renfermer dans un vase, et on ne pourrait échauffer le fluide qu'après avoir échauffé le vase. Mais un corps solide échauffé lance du calorique rayonnant ; ce calorique rayonnant, que les fluides élastiques laissent passer librement, irait se fixer sur les parois inférieures et latérales, qui, une fois échauffées échaufferaient le fluide à leur tour; ce qui ne peut se faire sans qu'il s'établisse dans l'intérieur des courans qui mêlent les parties froides avec les parties chaudes, et dès lors la conductibilité, la transmission de molécule à molécule, ne peut plus être observée.

Néanmoins l'on sait par quelques phénomènes que les fluides élastiques sont aussi de très mauvais conducteurs, et l'on peut conserver la chaleur dans un espace déterminé au moyen de fluides élastiques que l'on emprisonne dans des enveloppes.

La facilité avec laquelle les fluides élastiques peuvent, dans quelques circonstances, échauffer les corps et transmettre la chaleur, dépend d'un mouvement mécanique. Ainsi, nous n'avons aucun résultat particulier à citer relativement à la conductibilité des fluides élastiques, par l'impossibilité où nous sommes de pouvoir l'observer.

Pour empêcher les courans qui s'établissent dans les fluides élastiques qu'on échauffe, courans qui tendent à maintenir la température uniforme dans toute la masse, le comte de Rumford imagina d'employer des substances très légères et ayant très peu de masse, comme les duvets. Au moyen de ces substances il emprisonnait l'air, qui, ne pouvant plus se mouvoir à travers tous les obstacles qu'on lui opposait, n'était plus soumis alors aux courans dont nous avons parlé.

Lorsque nous empêchons les courans dans l'intérieur d'une masse liquide, voilà ce qu'on aperçoit : la partie inférieure étant échauffée peut parvenir promptement à l'ébullition, parce que sa chaleur ne peut se dissiper à mesure par les courans, tandis que la partie supérieure peut rester froide; car, puisqu'en échauffant la partie supérieure, nous n'avons pas eu de variations de température, vous concevez que, si vous échauffez le bas en empêchant les courans, alors le bas pourra bouillir sans que la partie supérieure soit échauffée. Réciproquement, quand un liquide est exposé à se refroidir, et qu'il est mauvais conducteur de la chaleur, la partie extérieure parviendra à une température assez basse, tandis que le centre sera encore très échauffé. Si, au contraire, le liquide est bon conducteur, les surfaces et les parties intérieures seront constamment à la même température.

Le comte de Rumford, en mettant une quantité presque insignifiante d'édredon dans de l'eau, et en laissant cette eau se refroidir, remarqua qu'il fallait 950 secondes pour qu'elle perdît la même quantité de chaleur qu'elle aurait perdue en 600 secondes, si l'on n'y avait pas mis de corps étrangers. Et en mettant dans l'eau de l'empois, il a remarqué qu'au lieu de 600 secondes, il en avait fallu plus de 1100 pour que l'eau se refroidît d'un même nombre de degrés. Ainsi il reste démontré que l'eau, lorsque ses particules ne sont pas gênées, se refroidit, toutes choses égales d'ailleurs, dans un temps plus court que lorsqu'on empêche les particules de se mouvoir librement. Une masse liquide, dans laquelle on a mis des matières étrangères qui rendent l'eau épaisse, l'empêchent de se refroidir, de sorte que la masse liquide une fois échauffée conserve sa chaleur plus long-temps.

On a profité de cette propriété des corps d'être mauvais conducteurs du calorique pour conserver la chaleur dans les appartemens ou dans les espaces où on a intérêt de la conserver. Veut-on, par exemple, conduire la vapeur au loin, et l'empêcher de se condenser par le refroidissement des tuyaux, on enveloppe ces tuyaux avec des substances non conductrices, telles que du charbon pilé, du foin, des tissus, etc. Cette application est extrêmement importante dans les arts.

Pendant l'hiver, il se fait dans les appartemens échauffés une grande déperdition de chaleur par les vitrages. La paroi s'échauffant d'un côté prend la température de l'air chaud, tandis que la paroi extérieure se refroidit par le contact de l'air du dehors ; et, comme le verre a très peu d'épaisseur, bien qu'il soit mauvais conducteur, il en résulte qu'il y a un courant continuel d'air froid qui vient du dehors frapper le carreau, et lui enlever la chaleur amenée par un courant d'air chaud qui arrive en sens contraire. De là résulte une perte continuelle de chaleur. On parvient à diminuer cette perte d'une manière très sensible au moyen d'un double vitrage. Dans ce cas, la chaleur se conserve très bien dans les appartemens. On peut même, au lieu d'un double vitrage, se borner à mettre deux carreaux sur les mêmes traverses qui forment les cadres en bois, l'un en dehors, l'autre en dedans. La couche d'air qui est entre ces deux carreaux, quoique ayant peu d'épaisseur, suffit pour empêcher la chaleur de se propager, ce qui confirme encore ce principe, que l'air peut être considéré comme mauvais conducteur.

LOIS DU REFROIDISSEMENT.

Nous allons pour terminer l'examen des divers phénomènes à considérer dans la chaleur, dire quelques mots sur le refroidissement des corps dans un milieu. Lorsqu'un corps est plongé dans un milieu, comme dans l'air, et que ce corps est échauffé , sa température s'abaisse peu à peu et finit par être la même que celle des corps environnans. Si l'on observe les variations de température, en comptant le temps pendant lequel ces variations ont lieu, on remarque que le corps étant échauffé, par exemple à 100°, se refroidit beaucoup plus pendant la première minute du refroidissement qu'il ne se refroidit pendant la deuxième, à plus forte raison, pendant la troisième, la quatrième, ainsi de suite, de manière que les pertes de chaleur qu'il éprouve sont d'autant plus grandes que la température se trouve plus élevée. C'est un fait dont on acquiert très facilement la certitude par la plus légère observation. Quelle est la loi suivant laquelle ce refroidissement peut se faire? Newton avait supposé, d'après quelques expériences faites dans des températures très limitées, que les pertes de chaleur qui avaient lieu pour le corps supposé échauffé, étaient proportionnelles à l'excès de la température du corps sur celle du milieu ambiant. Supposons, par exemple, que la température du milieu ambiant soit à 0°, et que le corps soit une masse d'eau échauffée à 100°, qui se refroidisse de 10° en une minute. Supposons que le même corps tombe à la température de 50°, et qu'on le laisse refroidir pendant une minute. Newton supposait que la perte de chaleur que le corps faisait dans cette circonstance où il n'était plus échauffé qu'à 50° était proportionnelle à l'excès. Dans le premier cas, le refroidissement était de dix degrés lorsque le corps était à 100°; lorsqu'il tombe à 50° un refroidissement proportionnel à 50 et à 100 serait 5°. Plus tard plusieurs physiciens reconnurent que cette loi n'était plus exacte pour les températures un peu élevées et que les pertes de chaleur au lieu d'être simplement proportionnelles aux températures, croissaient dans un rapport plus grand. Ainsi je suppose que nous aurions en partant de 10° une perte exprimée par 1, en allant à 50°, nous aurions 7 ou 8, en allant à 100°, nous aurions 20 ou 30. En un mot, les refroidissemens sont beaucoup plus considérables que Newton ne l'avait trouvé. Quelle est exactement cette loi du refroidissement des corps? C'est ce que MM. Petit et Dulong ont entrepris de déterminer par des expériences extrêmement précises et délicates.

Le phénomène est plus compliqué qu'il ne paraît au premier coup d'œil. A l'époque où Newton fit ses expériences, on ignorait cette propriété, bien connue aujourd'hui, qu'ont les corps de se refroidir de deux manières ; par le contact de l'air et par le calorique rayonnant qui part de leur surface.

Cette ignorance rendait impossible de déterminer exactement la véritable loi du refroidissement.

MM. Dulong et Petit, partant des expériences qu'on avait faites avant eux, ont d'abord cherché à isoler les deux refroidissemens dont nous venons de parler. Pour opérer avec précision, ils ont imaginé de prendre un thermomètre qui était en mercure, mais ils ont reconnu qu'on pouvait prendre d'autres corps, et que la loi ne changeait pas, si par loi du refroidissement on entend effectivement la progression suivant laquelle ce refroidissement a lieu ; et l'on entend très bien que les nombres qui expriment les refroidissemens pour chaque corps peuvent être différens et cependant la loi être constante.

Étant donné un corps échauffé, on mesure pendant une minute seulement, mais avec beaucoup d'exactitude, la perte de chaleur qui a lieu pour ce corps, et on appelle cette perte, qui a lieu pendant une minute, en supposant le refroidissement uniforme, la *vitesse* ou *l'intensité* du *refroidissement*. Ainsi, suivant Newton, la vitesse du refroidissement eût été exprimée par 10°, puisqu'il supposait que le corps étant à 100°, il perdait dans la première minute 10°.

Ce sont ces vitesses qu'il s'agit de trouver dans chaque cas particulier pour telle ou telle température, dans telle ou telle circonstance.

Pour obtenir de la précision dans leurs résultats, MM. Petit et Dulong, au lieu de les faire au milieu d'un espace où il y aurait pu avoir des courans, ont pris un grand ballon dont l'intérieur avait sa surface constante et noircie. Au centre de ce ballon était la boule d'un thermomètre dont la tige sortait pour qu'on pût lire les variations de température à l'extérieur. Ce thermomètre était variable en masse, suivant les circonstances. Pour s'assurer une température déterminée, le ballon qui était tantôt vide, tantôt plein de tel ou tel gaz, plongeait dans une cuve où l'on mettait de la glace et ensuite de l'eau que l'on élevait facilement avec de la vapeur à 20, à 40, à 80, à 100 degrés. On avait l'avantage d'avoir ainsi le milieu ambiant rigoureusement dans les mêmes circonstances ; ce qui permettait d'arriver à des résultats extrêmement précis.

Il s'agissait de savoir si l'on pouvait se servir, pour étudier les lois du refroidissement, de tel ou tel thermomètre. MM. Dulong et Petit ont fait des expériences avec des thermomètres remplis de matières différentes, telles que l'eau, l'acide sulfurique, l'alcool, et ils ont reconnu que la loi du refroidissement était constamment la même, c'est-à-dire que la série des résultats qu'on obtenait pour un corps ne différait de la série obtenue pour un autre corps qu'en ce que tous les termes correspondans de l'une devaient être multipliés ou divisés par un terme constant. C'est là le caractère d'une égalité de loi.

S'étant assurés que la grosseur du corps qui se refroidissait ne changeait pas la loi, ils se sont bornés alors à étudier les refroidissemens d'un thermomètre qui était exposé à des températures variables dans l'enceinte dont ils ont fait ensuite varier la nature, tantôt en laissant l'intérieur tout-à-fait vide, tantôt en y laissant entrer l'air atmosphérique, tantôt, enfin, en y introduisant telle ou telle substance gazeuse.

Le travail de MM. Dulong et Petit est extrêmement intéressant par l'esprit de recherche et d'analyse qui y règne. On ne saurait trop en recommander la lecture à ceux qui s'intéressent à la physique, et qui y ont déjà acquis assez de connaissances pour lire ce travail avec fruit. C'est le même Mémoire dont nous avons déjà parlé en traitant des dilatations et des capacités que MM. Petit et Dulong ont reconnu différentes pour les divers corps. Ce Mémoire fort étendu, et qu'on ne peut lire qu'avec le plus grand intérêt, se trouve dans les *Annales de Chimie et de Physique*, vol. VII, page 113.

Il serait impossible de donner le détail des calculs de MM. Petit et Dulong ; je ne puis que me borner à vous citer les résultats qu'ils ont obtenus.

Ils ont reconnu que la loi du refroidissement était la même, quels que fussent les liquides employés pour les thermomètres ; qu'elle était aussi la même pour des vases de nature et de formes différentes. Ils ont opéré sur des sphères, sur des cylindres tantôt courts, tantôt allongés, et la loi s'est constamment maintenue.

REFROIDISSEMENT DANS LE VIDE.

Il s'agissait d'abord de rechercher la loi qui avait lieu pour le refroidissement dans un espace absolument vide. Ils ont fait le vide dans le ballon dont nous avons parlé à peu près à 2 millimètres. Le résultat était encore influencé par cette petite quantité d'air qui restait ; mais, comme on avait fait des expériences sur la loi que suivait le refroidissement de l'air à diverses densités, il a été facile de faire la correction pour le refroidissement qui aurait eu lieu dans un vide supposé parfait. Voici les principaux résultats auxquels MM. Dulong et Petit sont parvenus relativement à ce refroidissement dans le vide, en supposant que l'espace vide fût à une température constante, comme celle de zéro. Dans ce cas, ils ont trouvé que le refroidissement n'est pas simplement proportionnel aux excédans de température, comme l'avait supposé Newton, et comme d'ailleurs on l'avait reconnu, mais, pour employer leurs propres expressions, que, pour des excès de température en progression arithmétique, les vitesses de refroidissement décroissaient comme les termes d'une progression géométrique diminués d'un nombre constant. Ainsi le refroidissement aurait été représenté par la formule $a\,t$, moins une quantité constante ; de sorte que si le refroidissement eût été fait dans un espace vide, mais que l'enceinte, au lieu d'être à une température déterminée, eût été à une température nulle, alors les refroidissemens auraient été en progression géométrique. Dans ce cas, c'eût été la loi ancienne. Dans l'hypothèse où nous nous sommes placés, le décroissement a lieu suivant une progression géométrique diminuée d'une quantité constante.

Un second résultat obtenu par MM. Dulong et Petit, c'est que la vitesse du refroidissement dans le vide, pour un même excès de température, croît en progression géométrique, la température de l'enceinte croissant en progression arithmétique. Voici ce qu'on entend par un excès de température constant. Nous avons, par exemple, une température de l'enceinte qui est à zéro, et un excès de température de 200°. On a un certain refroidissement qui a lieu pour cette circonstance. Maintenant vous portez l'enceinte à 20° ; pour avoir une différence de température qui soit constante, vous êtes obligés d'échauffer le corps à 220°. Si vous portez la température de l'enceinte à 40°, à 60°, à 80°, pour avoir des excès constans, il faut ajouter à la température du corps 40°, 60°, 80°....

Quand les excès de température de l'enceinte sont en progression arithmétique, les vitesses du refroidissement suivent une progression géométrique, dont le rapport est égal à 1,0077.

REFROIDISSEMENT DANS L'AIR ET DANS LES GAZ.

En supposant que l'on refroidisse maintenant les corps dans un gaz, on a reconnu que les vitesses de refroidissement dû au seul contact d'un gaz ne dépendent nullement de la nature de la surface du corps.

Quand on fait l'expérience avec un thermomètre dont l'enveloppe est en verre, et ensuite avec ce même thermomètre recouvert avec une surface d'argent, on trouve que l'air enlève la même quantité de calorique dans chacune de ces circonstances. Par conséquent, la quantité de chaleur que l'air enlève à un corps est tout-à-fait indépendante de la nature des surfaces de ce corps : ce résultat est extrêmement remarquable.

D'après ce principe, connaissant la vitesse de refroidissement dans ce vide, et la vitesse de refroidissement dans l'air, on aura la vitesse de refroidissement dû à l'air seulement, en retranchant de la vitesse totale dans l'air la vitesse qui a lieu dans le vide.

La quantité de chaleur qui est enlevée par le gaz seul en contact avec le corps, faisant abstraction de celle perdue par le calorique rayonnant, est proportionnelle à l'excès de la température du corps élevé à une puissance égale à 1,233.

En faisant varier la pression, les résultats sont encore variables, et on trouve alors que le pouvoir refroidissant d'un gaz est, toutes choses égales d'ailleurs, proportionnel à une certaine puissance de la pression qui est variable pour les gaz. Ainsi, elle est de 0,45 pour l'air, de 0,305 pour l'hydrogène, 0,577 pour l'acide carbonique, 0,501 pour le gaz oléfiant.

Un dernier résultat est que, si l'on suppose que le gaz échauffé soit conservé toujours à la même pression, dans cette circonstance, les vitesses de refroidissement sont constantes. En raison de la diminution de densité, il y aurait bien une diminution dans la vitesse de refroidissement; mais la vitesse de refroidissement augmente par la température, de sorte qu'il y a compensation.

En comparant les pouvoirs refroidissans des gaz, on remarque des différences très grandes. Si nous plongeons un thermomètre dans les divers gaz, la vitesse de refroidissement, en une minute, sera :

Dans l'air atmosphérique de . . . . . . $4°,75$
Dans le gaz hydrogène de . . . . . . $16°,59$
Dans le gaz acide carbonique de . . . $4°,57$
Dans le gaz oléfiant de . . . . $6°,45$

Si nous prenons pour unité la vitesse de refroidissement dans l'air, qui est $4°,75$, il faudra pour trouver le pouvoir refroidissant du gaz hydrogène, du gaz acide carbonique et du gaz oléfiant, diviser successivement les nombres 16,59, 4,57 et 6,45 par 4,75, et nous trouverons alors pour les pouvoirs refroidissans

De l'air atmosphérique   1
Du gaz hydrogène   3,45
Du gaz acide carbonique   0,96
Du gaz oléfiant   1,33

Le pouvoir refroidissant ne dépend pas des capacités, car nous savons que l'air atmosphérique et le gaz hydrogène ont une capacité qui est très sensiblement la même. Le gaz hydrogène a même une capacité plus faible. Par conséquent, puisque nous venons de voir que le pouvoir refroidissant du gaz hydrogène est plus grand que celui de l'air atmosphérique, il est évident que cette propriété des gaz de refroidir les corps plongés au milieu d'eux, ne dépend point de leur capacité. D'où cette propriété peut-elle dépendre? il est très probable qu'elle dépend seulement de la mobilité plus ou moins grande des molécules des gaz.

Supposons que le thermomètre soit par exemple à 180°. Si les gaz sont à zéro et qu'ils viennent toucher ce thermomètre, ils s'échaufferont par le contact immédiat, et il en résultera un accroissement de volume. Que ce soit du gaz hydrogène ou de l'air, il est évident que, puisque la température est la même, ces gaz prendront quand ils arriveront au contact avec le thermomètre la même température, et par conséquent un accroissement égal de force élastique. Mais la force élastique repoussera les molécules du gaz hydrogène, qui sont comparativement plus légères beaucoup plus qu'il ne repoussera les molécules de l'air atmosphérique. Il en résultera que les molécules du gaz hydrogène pourront se renouveler plus souvent, et par conséquent le corps devra se refroidir plus promptement, puisque les molécules du gaz seront à peine échauffées qu'elles feront place à des molécules froides qui viendront à leur tour enlever de la chaleur au corps.

C'est par une conséquence de cette grande mobilité des molécules du gaz hydrogène, que lorsqu'on fait écouler le gaz dans le vide, il prend une vitesse d'écoulement qui est beaucoup plus grande que celle de l'air et qui est précisément dans le rapport inverse des racines carrées des densités.

Le refroidissement d'un corps dans l'air dépend du calorique rayonnant et du contact de l'air. Il n'est pas indifférent pour avoir un refroidissement plus ou moins prompt que ce corps ait telle ou telle position, en raison précisément de la direction des courans qui peuvent s'établir. Je suppose que nous ayons un corps rond, ce corps étant symétrique dans toutes ses parties, il est évident que la position de ce corps sera toujours relativement la même. Mais si nous prenons un cylindre allongé, ce cylindre pourra être tantôt couché horizontalement sur son arête, tantôt être debout sur sa base. Dans le premier cas, nous avons un courant ascendant d'air chaud qui a pour base la section du cylindre passant par l'axe, et il en résulte un certain refroidissement. Dans le second cas, le courant s'établit le long des parois, de sorte que les parties inférieures d'air qui ont été échauffées, montent le long du cylindre et empêchent d'autre air froid de venir toucher ce cylindre. Par conséquent il est évident que la perte de chaleur qui doit se faire par le contact de l'air est beaucoup plus considérable lorsque le cylindre sera dans une position horizontale que lorsqu'il est dans une position verticale. De là nous concluons que pour des tuyaux qui doivent donner de la chaleur, il y a de l'avantage à les faire circuler horizontalement. Cependant il faut tenir au moins une partie des tuyaux dans la position verticale pour que le courant d'air puisse s'établir, et que le tirage soit suffisant.

La perte de chaleur par le contact de l'air est considérable: on a trouvé que le refroidissement dans le vide étant exprimé par 8°, le refroidissement dans l'air était de 14°. C'est la différence entre ces deux nombres qui exprime la perte due au seul contact de l'air, la perte par le rayonnement étant, ainsi que nous l'avons vu, la même dans l'air et dans le vide.

La chaleur nous présente encore plusieurs propriétés à étudier ; mais ces propriétés appartiennent plus particulièrement à la lumière, et ne peuvent être étudiées en ce moment. Nous allons nous occuper d'autres objets et particulièrement de la formation des vapeurs.

VAPEURS.

Nous avons déjà parlé de la formation de la vapeur d'un corps au degré de son ébullition ; et nous savons que les corps exposés à une certaine température sont susceptibles de prendre l'état de fluide élastique, que nous avons désigné par le nom de vapeur, lorsque ce fluide élastique peut ensuite reproduire le corps qui l'avait fourni. Nous n'avons eu besoin de considérer la formation de la vapeur que sous un point de vue particulier ; nous allons le faire d'une manière plus générale, et examiner si un corps, qui peut se réduire en vapeur au degré de son ébullition, ne pourrait pas également produire de la vapeur à des températures plus basses.

Vous avez sans doute déjà fixé votre attention sur un phénomène dont nous sommes journellement témoins; c'est que
de l'eau qui est librement exposée à l'air disparaît totale-
ment au bout d'un certain temps. Vous avez pu également
remarquer qu'un corps humide finit par se dessécher à l'air.

Comment se fait cette dessication des corps? Comment se
fait cette disparition de l'eau? cela pourrait se faire de deux
manières : on conçoit très bien que l'air, qui est un corps,
pourrait avoir de l'affinité pour l'eau, et pourrait la dissoudre
comme l'eau elle-même dissout un sel. On peut concevoir
aussi que l'eau se réduit en vapeur à la température à laquelle
elle est exposée et loin de celle qui détermine son ébullition.

Lorsque l'eau des rivières ou une surface humide a été un
peu échauffée, s'il vient un vent froid, on voit cette eau,
qui paraissait froide, produire des brouillards qui ne sont
autre chose que de la vapeur. Ce phénomène est analogue à
celui de l'ébullition, et nous sommes facilement conduits à
conclure que l'eau peut se réduire en vapeur à des températures inférieures à celle de son ébullition.

La vaporisation pouvant être due à deux causes différentes,
ainsi que nous venons de le voir, nous ferons ici comme
nous avons fait pour la loi du refroidissement, nous isole-
rons les deux effets. Vous sentez, en effet, que si la vaporisation ou la transformation d'un corps en vapeur dépend à la
fois de la chaleur et de l'air, il faut, pour connaître l'effet qui
est dû seulement à la chaleur, isoler l'action de l'air, et voir
en mettant le corps dans un espace vide, s'il forme une vapeur ou un fluide élastique.

Pour cette expérience, on prend un tube barométrique
que l'on remplit de mercure à l'exception d'un petit espace
réservé pour y mettre un liquide qui prend facilement l'état
de fluide élastique, comme l'éther, ou même simplement de
l'eau. On renverse alors le tube en tenant le doigt sur l'extrémité ouverte et on le plonge par la partie inférieure dans un
bain de mercure. L'éther ou l'eau qui sont des corps plus
légers que le mercure s'élèvent aussitôt dans la partie supérieure, et le mercure éprouve une dépression très considérable. Il est évident que ce ne peut être le poids du liquide que nous avons ajouté qui a produit cet abaissement
de la colonne de mercure ; car nous n'en avons mis qu'une
très petite quantité, et d'ailleurs le liquide que nous avons
mis est beaucoup plus léger que le mercure. Il s'est donc
développé quelque chose qui fait effort contre la paroi, et
par conséquent contre la surface du mercure ; cela ne peut

être qu'un fluide élastique dont le caractère est d'exercer une pression plus grande que son poids. C'est ainsi que nous acquérons la preuve que l'éther et l'eau mis dans un tube barométrique y ont produit de la vapeur dont la force élastique est telle qu'ajoutée à la pression de la colonne de mercure qui reste suspendue, elle fait équilibre à la colonne extérieure.

En faisant la même expérience sur d'autres liquides, nous verrons que le mercure descendra d'une quantité particulière pour chaque liquide, et nous en déduirons ce résultat général que nous voulions montrer, que les divers liquides introduits dans un espace absolument vide y développeront de la vapeur, dont la force élastique est déterminée directement par la différence entre la colonne du baromètre et la colonne de mercure qui reste.

Il s'agit maintenant de savoir si les vapeurs ainsi formées varieront avec la température. Nous terminerons par cette expérience.

Soit un appareil, fig. 5, renfermant deux tubes, dont l'un fait baromètre, et l'autre sert à renfermer le liquide que l'on veut réduire en vapeur. Nous voulons savoir ce qui arrivera avec la température; pour cela, nous avons un tube plus large ouvert par le haut, dans lequel on verse de l'eau très chaude. On laisse refroidir cette eau, et on remarque que la force élastique de la vapeur qui s'est formée varie suivant la température. Par conséquent n'ous n'aurons qu'à noter exactement les températures de l'appareil et à observer en même temps la longueur de la colonne de mercure qui mesure la force élastique, c'est-à-dire la différence entre la colonne de mercure qui fait baromètre et la colonne du tube qui contientla vapeur, et nous formerons une table de ce qu'on appelle la force élastique de la vapeur.

IMPRIMERIE DE E. DUVERGER,
RUE DE VERNEUIL, N. 4.

COURS DE PHYSIQUE.

LEÇON VINGT-CINQUIÈME.

(Mardi, 5 Février 1828.)

FORCE ÉLASTIQUE DE LA VAPEUR.

Nous avons vu dans la dernière séance qu'un liquide mis dans un espace vide peut y former de la vapeur, et que cette vapeur se forme en quantité d'autant plus considérable, et a une tension d'autant plus grande, que la température est plus élevée.

Ce fait étant bien établi, il s'agit maintenant, pour un liquide déterminé, comme pour l'eau qui nous intéresse sous une foule de rapports, de mesurer exactement la dépression du mercure produite par la vapeur qui s'est formée dans telle ou telle circonstance, c'est-à-dire, à telle ou telle température. C'est ce qu'ont fait Dalton et Betancourt; nous adopterons les résultats de Dalton, postérieurs à ceux de Betancourt, et dont l'exactitude a été confirmée par les expériences d'autres physiciens.

Concevez donc que dans l'appareil dont nous nous sommes servis dans la dernière séance, leçon 24, figure 5, on ait fait varier convenablement la température du liquide, qui enveloppe la colonne de mercure au-dessus de laquelle se trouve l'eau, et qu'on ait observé en même temps la dépression du mercure. L'air extérieur presse de la même manière, et sur le mercure du tube barométrique, et sur le mercure de l'autre tube dans lequel nous avons introduit la vapeur. Puisque nous avons la même pression extérieure, il faut que la colonne de mercure qui reste, plus la force élastique de la vapeur formée, fassent équilibre au poids de l'atmosphère, c'est-à-dire à la colonne barométrique de l'autre tube. Par conséquent, la force élastique de la vapeur est égale à la différence entre la hauteur de la colonne du baromètre et la hauteur de la colonne qui reste dans le tube où est la vapeur. De cette manière, on peut former très facilement, et avec beaucoup de précision, une table de la force élastique de la vapeur, correspondant à des températures variables, par exemple de 100° à la température zéro. Quand nous porterons la température à 100°, nous remarquerons qu'alors le mercure sera entièrement déprimé, et qu'il sera de niveau dans le tube qui renferme la vapeur, et à l'extérieur : par conséquent, à 100°, qui est le point où l'eau entre en ébullition, la force élastique de la vapeur fait seule équilibre à tout le poids de l'atmosphère ; par conséquent, la force élastique est égale au poids de l'air ou à la colonne barométrique.

Maintenant il importe de connaître la force élastique de la vapeur d'eau au-dessous de zéro et en même temps au-dessus de 100°. Une fois que l'eau est à zéro, si le froid continue, elle se gèle ; il s'agit de savoir si la glace produit encore de la vapeur, et de le déterminer à 5, à 10, à 15, à 20° au-dessous de zéro, ce qui est très facile.

Pour déterminer cette force élastique, on fait usage d'un appareil très simple, figure 1, qui se compose d'un tube de baromètre ordinaire, renfermant une colonne de mercure qui nous donne ce qu'on appelle la hauteur du baromètre, et d'un second tube qui se recourbe à angle droit. La branche recourbée entre par une tubulure dans un vase de ferblanc ; on remplit ce vase d'un mélange de glace et de sel, ce qui donne une température de 20° au-dessous de zéro. Avant qu'on ait mis ce mélange réfrigérent, la vapeur d'eau renfermée dans le tube recourbé étant à la température ordinaire, sa tension est mesurée par la différence des deux colonnes. En refroidissant ensuite cette vapeur, la tension de la vapeur sera toujours déterminée par la température qui sera dans le vase. Pour bien fixer votre attention sur cette circonstance qui se présente souvent dans les machines à feu, je suppose que nous ayons, figure 2, un tube en verre dans lequel nous ayons mis de l'eau, et nous supposerons par hypothèse qu'il n'y ait pas d'air, et que ce tube plonge par chacune de ses extrémités dans deux vases V et v dans lesquels nous ferons varier la température. Nous nous arrangerons, par exemple, de manière à avoir dans l'un de ces vases la température de 15°, et nous mettrons dans l'autre de la glace que nous donnera la température de zéro. La vapeur à 15° a, comme nous l'avons dit, une certaine tension ; à zéro, elle a une tension plus faible. La tension sera, par exemple, de 5 millimètres à 0°, tandis qu'à 15° elle sera de 12 millimètres.

Quelle sera la tension de la vapeur dans ce tube, exposé à des températures différentes ? Sera-ce la tension qui correspond à 15° ou bien la tension qui correspond à zéro ? ce sera toujours la tension correspondante à la plus petite température. Ainsi, quand nous avons un espace vide renfermant un liquide pouvant former de la vapeur, si cet espace est échauffé inégalement, c'est la partie dont la température est la plus basse qui détermine le *maximum de tension* qu'on peut avoir. Vous concevez, en effet, que, si tout le tube était à 15°, nous aurions une tension uniforme de 12 millimètres. Mais puisque, par hypothèse, nous avons une partie qui est à 5 millimètres de tension, la vapeur ne peut conserver cette tension de 12 millimètres à zéro; et, par conséquent, il se condense une certaine quantité de vapeur, de manière que ce qui reste supporte simplement une pression de 5 millimètres.

Revenons à notre appareil, fig. 1. Nous avons la partie *a b* du tube qui est échauffée, par exemple, à 12°, qui est la température ambiante, et la partie *c d*, qui plonge dans le vase de fer-blanc, est à la température de 20° au-dessous de zéro. Par conséquent, nous n'aurons dans ce tube, qui est soumis à deux températures différentes, que la tension correspondant à la température la plus basse, à celle qui est exprimée par — 20°; et on peut en avoir facilement la preuve. Car si, avant d'avoir mis le mélange réfrigérent, on a remarqué l'endroit où s'arrêtait le mercure, on voit, après qu'on a mis le mélange, que la colonne de mercure a remonté et que, par conséquent, la tension de la vapeur a diminué, et cette tension est précisément celle qui correspond à la température du réfrigérent. On laisse ensuite le mélange se réchauffer peu à peu et passer par les températures successives de 18, 15, 10 degrés, et enfin venir à zéro, et on tient note des tensions correspondantes à toutes ces températures. On remarque dans cette expérience que la vapeur, formée en *a b* à la température de 12°, passe en *c d* où elle se condense; de sorte que bientôt il ne reste plus d'eau ; il y a là une véritable distillation. Pour obtenir avec exactitude la mesure de la tension de la vapeur aux diverses températures, on se sert d'une lunette qu'on pose sur un plan horizontal et que l'on dirige alternativement sur le sommet de la colonne barométrique et puis sur le sommet de l'autre colonne; de sorte qu'on lit très exactement la différence de ces deux colonnes. C'est par ce procédé qu'on parvient à déterminer la force élastique de la vapeur à des températures très basses et même plus basses que celles que nous avons ordinairement dans nos climats, même pendant les hivers les plus froids.

Il s'agit maintenant de déterminer la tension de la vapeur au-dessus de 100°. On y parvient au moyen d'appareils assez simples, lorsqu'on ne s'éloigne pas beaucoup de cette température de 100°; mais si l'on veut aller à 160°, à 180°, il faut alors avoir recours à des appareils assez compliqués. Cette détermination de la tension des vapeurs à des températures élevées est l'objet des recherches d'une commission dont MM. Arago et Dulong font partie, d'après une invitation de l'Académie, invitée elle-même par le ministre de l'intérieur à faire faire des recherches pour tout ce qui est relatif aux machines à feu.

Voici comment on peut opérer à des températures au-dessus de 100°. Concevez un réservoir formé par une marmite en métal remplie de mercure jusqu'à une certaine hauteur, et dans laquelle on ait mis de l'eau. Concevez ensuite un tube latéral, également en métal, qui s'élève verticalement jusqu'à 10, 20, 30, 40 mètres, s'il est possible, et, pouvant au moyen d'une colonne de mercure servir à mesurer directement la force élastique de la vapeur. Un tel appareil présenterait une assez grande difficulté. On a préféré se servir d'un manomètre à air.

Quoi qu'il en soit, nous pourrons figurer l'expérience avec le tube, fig. 3, dont il faut supposer la plus longue branche prolongée indéfiniment. On remplit ce tube de mercure et on introduit ensuite de l'eau dans la courte branche. En plongeant cet appareil dans un bain d'huile, d'acide sulfurique ou de mercure, on peut aller jusqu'à des températures de 200°; lorsqu'on n'a qu'une chaleur de 100°, les deux colonnes de mercure sont parfaitement égales, ce qui annonce que la pression intérieure est égale à la pression extérieure; mais si nous allons seulement jusqu'à 122°, l'eau renfermée dans la petite branche produit une vapeur qui a une force élastique double de celle de l'eau à 100°; par conséquent elle fait effort contre le mercure beaucoup plus que l'air extérieur; il y a donc dépression du mercure dans la petite branche et élévation dans la longue branche, justement d'une colonne de 76 centimètres, de sorte que la vapeur ainsi enfermée fait équilibre à la colonne de mercure soulevée par le poids de l'air qui presse sur cette même colonne. La force élastique de la vapeur au-dessus de 100° sera toujours mesurée par la pression atmosphérique, c'est-à-dire par la colonne barométrique, plus la colonne de mercure qui sera soulevée au-dessus du niveau.

Nous allons voir la marche que suit la force élastique de
la vapeur quand on l'expose ainsi à des températures différentes. Nous prendrons l'eau pour exemple, et nous citerons
de loin en loin quelques résultats, en commençant par la
température de 20° au-dessous de zéro.

Degrés du thermomètre.	Force élastique en millimètres.	Degrés du thermomètre.	Force élastique en millimètres.
— 20°	1,^{mm}· 33 ;	50°	88,^{mm}· 74 ;
— 10	2, 63 ;	60	144, 7 ;
0	5, 06 ;	70	229 ;
10	9, 47 ;	80	352, 1 ;
20	17, 31 ;	90	525, 3 ;
30	30, 64 ;	100.	760.
40	53 ;		

Voilà une table de la force élastique de la vapeur depuis — 20°
jusqu'à 100°. Si nous voulons continuer notre échelle, nous
pourrons supposer qu'on marche par atmosphères, et vous
connaissez bien ce que signifie cette expression, sur laquelle
nous nous sommes expliqués. Nous entendons par atmosphère une pression mesurée par la pression moyenne de l'atmosphère, c'est-à-dire par 76 centimètres. Vous voyez, par
le tableau que je viens de vous présenter, que, lorsque la
vapeur est à 100° (et alors l'eau est en pleine ébullition), sa
force élastique est égale à 760^{mm}·, c'est-à-dire à la colonne
barométrique ; au lieu de cette expression, nous disons une
atmosphère.

Degrés du thermomètre.	Nombre d'atmosphères.	Degrés du thermomètre.	Nombre d'atmosphères.
122°	2 ;	161°, 5	6 ;
135	3 ;	168	7 ;
145, 2	4 ;	173	8.
154	5 ;		

Voilà les nombres les plus précis qu'on ait obtenus jusqu'à
présent ; il y a des nombres intermédiaires, et j'aurais pu
marcher par demi-atmosphères. En jetant un coup d'œil sur
cette table, on remarque tout de suite que la force élastique
de la vapeur est bien loin d'être proportionnelle à la température ; car, si nous allons depuis zéro jusqu'à 10°, nous
avons simplement une différence de 4 millim. d'augmentation pour 10° de température ; si nous prenons des termes
plus éloignés et que nous allions, par exemple, de 90 à 100°,
nous avons une différence de 35°. En effet, les variations de

force élastique suivent une progression extrêmement rapide, une progression même qu'il n'est pas possible d'exprimer par une loi simple, mais qu'on peut exprimer facilement, comme l'ont fait divers physiciens, par une formule telle que la suivante :

$$\text{Force élastique} = 0,76\,(10)\,at + bt^2.$$

Néanmoins on ne peut étendre cette formule au-delà des limites de l'observation ; pour donner un rapport au-delà, elle n'est pas d'un très grand intérêt.

En voyant ainsi la force élastique augmenter dans une aussi grande proportion, puisqu'en effet, après 200 degrés, un demi-degré serait suffisant pour donner une atmosphère, il semble qu'il y aurait un avantage immense à chauffer beaucoup ; ce serait une erreur très grave. Il faut faire attention que le thermomètre ne mesure pas la quantité de calorique qui est absorbée par la vapeur.

Il s'agit de voir si d'autres liquides se comportent d'une manière semblable. Nous allons prendre, par exemple, l'alcool, et citer quelques résultats. Pour pouvoir comparer la force élastique de l'alcool à celle de l'eau, il faut prendre l'alcool fournissant la même force élastique que celle de la vapeur fournie par l'eau. Or, nous savons que, quand l'alcool bout, ce qui a lieu à 78°,4, il a une force élastique qui fait équilibre au poids de l'atmosphère, c'est-à-dire qu'elle est égale à 760 millim., qui est la mesure de la force élastique de la vapeur d'eau à 100°.

Formons une table de la force élastique de l'eau et de l'alcool, en descendant par une série arithmétique dont la raison est 10, à partir du point d'ébullition pour chaque liquide, c'est-à-dire de 100° pour l'eau et de 78° 4 pour l'alcool.

EAU.		ALCOOL.		
Degrés.	Tension de la vapeur.	Degrés.	Tension de la vapeur.	Différence des tensions.
100	760	78, 4	760	0
90	525, 3	68, 4	511	13, 3
80	352, 1	58, 4	325	27, 1
70	229, 1	48, 4	203, 1	26
60	144, 7	38, 4	124, 8	19, 9
50	88, 7			
40	53			

Vous voyez que ces deux séries ont un terme commun qui est 760, mais qu'en descendant au-dessous du point d'ébul-

lition pour chaque liquide, nous avons des quantités différentes. La cinquième colonne fait connaître les différences
des tensions.

Il résulte de ce tableau que les forces élastiques des vapeurs de deux liquides ne suivent pas exactement la même
loi, en descendant de la même quantité, à partir du point de
leur ébullition. On avait d'abord cru que ces différences
n'existaient pas, et même Dalton avait partagé cette opinion.
Mais il est démontré aujourd'hui que la force élastique des
vapeurs fournies par les divers liquides, à partir du point de
leur ébullition, n'est pas la même pour des abaissemens égaux
de température.

Cependant, pour des calculs approximatifs, la différence
n'est pas telle qu'on ne puisse se servir de la table que nous
venons de vous présenter, et qui est très commode pour se
faire tout de suite une idée de la force élastique d'un liquide
qu'on n'aurait pas soumis à une expérience rigoureuse. On
nous demande, par exemple, la force élastique produite à 20°
par un liquide qui bout à 80°. Nous dirons : La différence
entre 20° et 80° est 60°; nous prendrons sur une table de la
force élastique de l'eau la force élastique correspondant à 60°
au-dessous de 100°, c'est-à-dire à 40°. Cette force élastique
est 53; donc le liquide inconnu a une force élastique égale
à 53.

Mais ce n'est là qu'une approximation; car on ne peut dire,
à la rigueur, qu'en s'éloignant de quantités égales du point
d'ébullition pour les différens liquides, la force élastique de
leur vapeur soit constamment la même. On trouve pour l'é-
ther hydro-cyanique que sa force élastique décroît plus rapidement que celle de l'eau. En général, on trouve que la
force élastique des liquides les plus volatils décroît plus rapidement que celle des liquides qui sont moins volatils. On a
soumis à l'expérience quelques autres liquides, comme le
sulfure de carbone, l'éther sulfurique.

Pour donner une idée des variations des forces élastiques
des divers liquides, on a construit l'appareil, fig. 4. Cet appareil se compose d'un faisceau de tubes, dont l'un est un
tube barométrique ordinaire, et dont les autres renferment
au-dessus de la colonne de mercure, de l'eau, de l'acide sulfurique, de l'éther, de l'acide hydro-chlorique, du camphre,
etc. En faisant tourner le faisceau, et en présentant chaque
tube à une règle qui est adaptée à l'appareil, on peut obtenir
la force élastique de chaque liquide : elle est toujours mesurée par la différence entre la colonne barométrique et la co-

lonne de mercure qui se trouve dans le tube où on a mis le liquide.

Nous savons maintenant que les liquides et les solides introduits dans un tube vide y produisent de la vapeur. Je dis de la vapeur, parce que ces fluides élastiques qui se forment peuvent, par un abaissement de température ou par la compression, revenir facilement à leur état primitif. Il s'agit maintenant de savoir ce qui arrivera, lorsque les vapeurs, au lieu de se former dans un espace vide, se formeront dans l'air. Voilà la question que nous nous proposons d'examiner, et qu'il nous sera facile de résoudre, d'après ce que nous avons vu jusqu'à présent.

Pour déterminer ce qui se passe dans cette circonstance, il faut prendre un volume d'air constant et invariable, et y introduire ensuite le liquide dont nous voulons étudier la vapeur. On se sert pour cette expérience d'un appareil, fig. 5, qui consiste en un large tube qui porte des divisions, parce qu'il s'agit de mesurer des volumes, et en un second tube étroit communiquant par la partie inférieure avec le premier tube ; l'objet de ce second tube est de connaître les variations d'élasticité qui auront lieu dans l'intérieur.

Pour faire l'expérience, on commence par introduire du mercure dans le large tube ; ce qui se fait en versant le mercure dans le petit tube au moyen d'un entonnoir, ou, mieux encore, en le versant directement dans le large tube par l'ouverture pratiquée à sa partie inférieure, et qui se ferme au moyen d'un robinet. Cette première opération terminée, on s'attache à rendre la pression de l'air intérieur et celle de l'air extérieur parfaitement égales, en mettant du mercure dans la petite branche jusqu'à ce que les deux colonnes arrivent à être de niveau. Nous avons ainsi un certain volume d'air à la pression atmosphérique ; nous le notons au moment de l'expérience. Nous trouvons, par exemple, que l'air occupe un espace exprimé par 62 parties du large tube.

Il faut maintenant introduire dans cet appareil, fermé de toutes parts, de l'éther : cela est très facile. On verse d'abord l'éther dans le petit tube ; on ouvre ensuite le robinet du large tube jusqu'à ce que l'éther soit descendu jusqu'en bas du petit tube. Aussitôt qu'il est arrivé à ce point, sa légèreté spécifique le fait s'élever au-dessus du mercure dans le large tube ; mais, au moyen du mercure que nous avons fait tomber en ouvrant le robinet, le volume occupé par l'air a augmenté, il faut le ramener à ce qu'il était d'abord, c'est-à-dire, à 62. Pour cela, je verse de nouveau du mercure dans le petit tube.

Il faut avoir une attention dans cette expérience, c'est que le liquide mouille partout ; on obtient ce résultat en agitant le tube. Sans cette précaution, l'expérience ne se ferait qu'imparfaitement.

Lorsqu'on est parvenu à ramener le volume d'air à 62, on a dans l'autre tube une colonne de mercure qui n'existait pas auparavant, et qui s'élève au-dessus du niveau. Le ressort de l'air intérieur étant resté constant, il est évident que la colonne au-dessus du niveau ne peut être soutenue que par la vapeur qui s'est formée, et qui a ajouté son ressort à celui de l'air.

Il est assez curieux maintenant de comparer la force élastique de la vapeur qui est produite, dans cette circonstance, à la force élastique de la vapeur qui s'est produite dans le vide. Si l'on compare la colonne soulevée dans l'appareil, fig. 5, et qui, comme nous venons de le voir, mesure la force élastique de la vapeur dans l'air ; si on la compare, dis-je, à la dépression du mercure dans l'appareil, fig. 5, leçon 24, qui mesure la force élastique de la vapeur dans le vide, on trouve que la colonne soulevée est sensiblement égale à la colonne déprimée ; et la différence, s'il y en a une, peut être attribuée à la température qui peut ne pas être exactement la même de part et d'autre. Lorsqu'on opère avec beaucoup de soin dans un cabinet, la différence est nulle.

Admettant qu'il n'y a pas de différence entre les deux colonnes, voici la conclusion qu'on doit en tirer ; c'est que la force élastique de la vapeur qui se produit dans un espace vide est justement égale à la force élastique de la vapeur qui se produit dans l'air. Ce résultat extrêmement simple est dû à Deluc. Car Deluc regardait la transformation des corps en vapeurs comme étant le résultat de la température et non pas d'une action chimique de l'air : ce que Saussure soutenait. Le résultat de Deluc n'a pas été adopté sur-le-champ, et on préféra la théorie de Saussure qui paraissait se lier davantage aux phénomènes chimiques. Dalton a repris ce travail en sous-œuvre, et en l'étendant beaucoup, il est parvenu à donner des résultats extrêmement précis qui sont aujourd'hui généralement adoptés.

Nous avons fait l'expérience sur l'éther, parce que l'éther est très volatil, mais nous eussions opéré sur l'eau, l'alcool ou un liquide quelconque, que le résultat eût été le même ; et par conséquent on peut généraliser le résultat, en disant que les vapeurs se forment en même quantité dans un espace vide et dans un espace occupé par de l'air. Or de l'air est un mélange d'azote et d'oxigène. Par conséquent nous étendrons ce résultat à un gaz quelconque, pourvu que ce soit un gaz qui n'ait pas une action chimique puissante sur les vapeurs qu'on emploie.

Ce fait étant établi, nous allons en tirer quelques conséquences.

Puisque nous venons de voir que la quantité de vapeur ou la force élastique de la vapeur est la même dans le vide ou dans un espace occupé par un gaz, vous devez comprendre que cela a lieu pour un gaz sous une pression quelconque : car puisque nous avons été du vide à la pression atmosphérique, et du vide où il n'y a rien jusqu'au plein où nous avons l'air, la différence est énorme, ce cas embrasse tous les cas particuliers qui peuvent se présenter et montre clairement que la formation de la vapeur est indépendante de la pression de l'air. Ainsi, pour une demi-atmosphère, pour un quart d'atmosphère, comme pour deux, trois, quatre atmosphères, la force élastique de la vapeur est la même.

N'est-il pas clair, d'après cela, que si nous prenons de l'air à une pression deux fois moindre, la tension de la vapeur qui se formerait dans cet air serait toujours la même ? Il faut supposer, pour que cela ait lieu, qu'il y ait dans l'espace où se forme la vapeur un excédant de liquide ; nous verrons plus tard pourquoi : il faut l'admettre pour le moment.

Nous demanderons maintenant comment variera le volume d'un gaz dans lequel de la vapeur se forme, en supposant que le vase qui renferme le mélange soit extensible. Revenant à notre appareil, fig. 5, nous mesurons la longueur de la colonne soutenue par la vapeur, nous trouvons, par exemple, qu'elle est égale à 37 centimètres, ainsi :

La force élastique $= 0^m.37$.

Maintenant je vais rendre le vase extensible, c'est-à-dire, l'étendre jusqu'à ce que la colonne soulevée soit descendue au même niveau que l'autre. Pour cela j'ouvre le robinet et je laisse tomber du mercure, j'augmente ainsi l'espace occupé par l'air, et c'est évidemment comme si j'avais rendu le vase extensible. Après que le mercure est parfaitement au niveau dans chaque colonne, je regarde quel est le volume actuel du gaz et je trouve, par exemple, qu'il est de 118 parties, au lieu qu'auparavant il était de 62.

Si nous eussions eu dans ce mélange au lieu de vapeur un autre gaz, un gaz ne changeant pas d'état, la réduction de volume se fût faite d'après la loi de Mariotte. Mais cette loi n'est pas applicable aux vapeurs, dans la circonstance où nous nous trouvons, parce que la quantité de vapeur ne reste pas constante, et qu'il s'en forme une nouvelle quantité correspondante à l'étendue de l'espace.

Prenons des exemples. Admettons que le baromètre marque 76 centimètres, et que la force élastique d'une vapeur, de l'éther par exemple, soit justement de 38 centimètres ou de la moitié de l'atmosphère, et qu'en mettant cette vapeur avec de l'air dans un vase extensible, il y ait égalité entre la pression intérieure et la pression extérieure. Comme la vapeur d'éther aura constamment une force élastique exprimée par 38 centimètres, il faudra, que l'air fournisse ce qui manque, c'est-à-dire, qu'il fournisse aussi 38 centimètres. Par conséquent, si nous avions un volume d'air à la pression de 76 centim., il faudra, quand nous aurons mis de la vapeur, que le volume soit doublé. Car la vapeur aura toujours conservé 38 ou une demi-atmosphère, et par conséquent l'air n'aura besoin que de fournir une demi-atmosphère. Mais avant il supportait une atmosphère, il n'en supporte plus qu'une demie ; son volume doit doubler d'après la loi de Mariotte.

Supposons une vapeur dont la force élastique ne formât que les neuf-dixièmes de la force élastique de l'air, quand l'équilibre sera établi dans le vase extensible, l'air ne supportera qu'un dixième de la pression, et par conséquent son volume décuplera. Si vous supposiez une vapeur dont la force élastique fût les 99 centièmes, ou les 999 millièmes de celle de l'air, dans ces cas, l'air n'aura besoin que de fournir un centième ou un millième de la pression, et il prendra, par conséquent, un volume cent ou mille fois plus grand.

Ainsi, connaissant la force élastique de la vapeur, on pourra toujours, d'après la loi dont nous venons de parler, déterminer par le calcul le véritable volume que doit prendre le mélange. C'est ce que nous allons chercher à vérifier sur les nombres que nous avions pris approximativement.

Pour cela il n'y a qu'à prendre une expression. Soit, par exemple, un volume d'air que je représente par v, à une pression p. Soit f la force élastique de la vapeur. Le volume v devient V, en se dilatant de manière que la pression intérieure soit égale à la pression extérieure. L'air a alors une force élastique qui n'est que le complément de celle de la vapeur. Ainsi puisque la vapeur conserve toujours la même force élastique, l'air ne supporte plus qu'une pression égale à $p — f$. Vous trouverez pour le volume que prendra le mélange,

$$V = v \times \frac{p}{p-f}.$$

Traduisant cette formule par les nombres qui nous ont été donnés par l'expérience, nous aurions pour la valeur de V :

$$V = 62 \times \frac{76}{76-37} = \frac{4712}{39} = 120.$$

Nous avions trouvé 118 par l'expérience. La légère différence qui existe peut provenir des températures. C'est Dalton qui le premier a montré cette loi suivant laquelle se font les variations de volume, lorsqu'on mélange de l'air et de la vapeur dans un vase extensible.

Revenons maintenant sur la formation proprement dite de la vapeur. Vous avez vu qu'en introduisant un liquide dans le vide barométrique, il y a aussitôt une dépression du mercure, qui ne peut être occasionnée que par la vapeur qui s'est formée. Lorsqu'ensuite on échauffe l'appareil, le volume occupé par la vapeur augmente d'une manière très marquée et en même temps très rapide. On m'a demandé si ces variations de volume étaient dues simplement aux variations de la température, ou s'il se formait une nouvelle quantité de vapeur. Il est évident que c'est une nouvelle quantité de vapeur qui s'est formée. Car, en prenant l'air pour exemple, vous n'auriez pour une augmentation de température de 10°, de 20°, qu'une augmentation de volume ou de force élastique, ce qui est la même chose, de $\frac{10}{267}$, de $\frac{20}{267}$. Cette loi est commune à tous les fluides élastiques. Puisque nous avons une augmentation beaucoup plus considérable, cela démontre clairement qu'il s'est formé une nouvelle quantité de vapeur. Ainsi il y a deux effets : il y a formation d'une nouvelle quantité de vapeur, et puis celle que vous pouvez concevoir déjà existante se trouve échauffée ; elle éprouve une dilatation, et sa force élastique se trouve augmentée d'une certaine quantité ; mais cet effet est très petit relativement à l'autre.

Quand on considère la vapeur d'un même liquide à différentes températures, on trouve que la densité de la vapeur qui s'est produite dans cette circonstance, en ramenant toujours à une pression constante, conserve le même rapport avec la densité du fluide élastique auquel on compare cette vapeur.

Nous savons que la vapeur d'eau a une densité qui est moindre que celle de l'air dans le rapport de 10 à 16. En prenant la vapeur d'eau qui s'est formée successivement à diverses températures, je dis que, pour chacune de ces températures, la densité de la vapeur comparée à la densité de l'air offre toujours le même rapport de 10 à 16. Il faut bien faire attention que quand on compare la densité des fluides élastiques, il est nécessaire de les supposer soumis à la même pression.

Quand on a fait cette correction, on trouve que la densité des vapeurs est toujours dans le même rapport relativement à celle de l'air.

A la même température et sous la même pression, la vapeur qui se forme dans le vide, et, en général, dans l'air et dans un fluide élastique quelconque, a une tension constante, parfaitement déterminée, et invariable pour une température donnée; de sorte que, si vous voulez comprimer, c'est-à-dire si vous voulez, en d'autres termes, réduire l'espace dans lequel elle se trouve, dans ce cas elle conserve encore la même force élastique; mais alors il y a une portion de vapeur qui se précipite, proportionnelle à la réduction de l'espace.

Tel est le principe d'où il faut partir, et qui ne vous égarera jamais; c'est que la vapeur pour une température déterminée a une force élastique déterminée. Augmentez-vous la température, il se forme de nouvelle vapeur, nouvelle force élastique. Diminuez-vous la température, il se précipite une quantité de vapeur pour satisfaire à ce qui est voulu par la température. Au lieu de faire varier la chaleur, vous faites varier l'espace; vous réduisez, par exemple, l'espace de moitié. Dans ce cas, la vapeur ne suivra pas la loi de la compression de l'air; car, si elle suivait cette loi, à la même température, vous auriez des forces élastiques différentes, tandis que vous devez avoir des forces élastiques constantes. En cherchant à comprimer la vapeur qui se trouve saturant un espace, il s'en précipite une quantité justement proportionnelle à la quantité de l'espace. C'est pour cela qu'on dit que la vapeur ne se laisse pas comprimer, dans les circonstances que nous entendons, c'est-à-dire lorsqu'il existe constamment de la vapeur en contact avec le liquide, ou qu'il y a un excédant de liquide.

Ainsi, pour chaque température, il y aura une force élastique constante. Il y a une autre manière d'exprimer cette condition de la vapeur; c'est que pour chaque température constante vous avez un certain nombre de molécules dans l'espace, nombre qui détermine la force élastique. Dans ce cas, nous pouvons dire que pour une température déterminée, les molécules des vapeurs sont à une distance déterminée les unes des autres. Si maintenant nous cherchons à comprimer ces molécules, nous les forçons à se rapprocher, et alors la distance diminue ; mais en diminuant la distance, les molécules rentrent dans leur sphère d'attraction, elles se constituent en liquide, et il en disparaît une certaine quantité, pour que les molécules qui restent se trouvent toujours à une distance constante, celle qui est voulue par la température.

IMPRIMERIE DE E. DUVERGER,
RUE DE VERNEUIL, N. 4.

COURS DE PHYSIQUE.

LEÇON VINGT-SIXIÈME.

(Samedi, 9 Février 1828.)

RÉSUMÉ DE LA VINGT-CINQUIÈME LEÇON.

Nous avons vu dans la dernière séance qu'un liquide, qu'on introduit dans un espace vide, produit de la vapeur, et que la force élastique de cette vapeur est variable pour chaque température. Nous avons reconnu que les divers liquides ne suivent pas à cet égard la même loi, lorsqu'on part du point de leur ébullition, c'est-à-dire, d'une température pour laquelle la force élastique serait la même de part et d'autre, en s'abaissant, pour chaque liquide, d'un même nombre de degrés. De sorte qu'il devient nécessaire d'avoir une table qui donne la force élastique de chaque liquide particulier. Nous avons vu ensuite que la force élastique de la vapeur qui se formait dans l'air était égale à celle qui se formait dans le vide, et nous avons tiré cette conclusion que la force élastique de la vapeur était indépendante de la pression.

Nous avons cherché à déterminer les variations de volume qui ont lieu, lorsque les vapeurs se forment dans un espace dont les parois sont extensibles, et qu'il y a, par hypothèse, une quantité de liquide suffisante pour produire de nouvelle vapeur. Nous avons indiqué la loi suivant laquelle s'opèrent ces changemens de volume.

Nous avons expliqué ce qu'on doit entendre, lorsqu'on dit que la vapeur ne se laisse pas comprimer. Nous avons dit que l'espace vide qui contient toute la vapeur qui peut se former dans cet espace est *saturé* de vapeur, c'est-à-dire, qu'il n'en peut prendre ni plus ni moins, qu'il a toute la quantité qu'il peut prendre pour une température déterminée. Comme les choses se passent de même dans l'air et dans le vide, et qu'il se produit autant de vapeur dans un espace occupé par de l'air que dans un espace vide, nous disons de même, lorsque de l'air contient toute la vapeur qu'il peut prendre, que cet air est saturé de vapeur.

J'en fais ici l'observation, ce mot de saturation a été d'abord employé en chimie et rappelle une action chimique. Ainsi quand on dit qu'un acide est saturé d'une base, cela veut dire que l'acide a pris toute la base qu'il pouvait prendre. Quand nous disons ici que l'air est saturé de vapeur, cela pourrait faire croire, par analogie, qu'il y a une espèce d'affinité chimique entre l'air et la vapeur ; cela n'est point. Nous entendons uniquement par le mot de saturation que l'espace a pris toute la vapeur qu'il peut renfermer. Ces expressions, qui pourront revenir souvent, seront désormais bien entendues.

Nous avons fait remarquer qu'on pouvait s'exprimer d'une manière particulière relativement à la saturation de l'espace, en considérant la force élastique de la vapeur comme résultant de la distance des molécules de vapeur. C'est une manière de concevoir le phénomène qui se prête facilement à quelques explications.

Ainsi, par exemple, nous avons vu que la vapeur, dans un espace vide, ne soutient qu'une certaine force élastique, comme 1 centimètre, 2 centimètres, ainsi de suite. Lorsqu'on a mis de l'air en contact avec cette vapeur, il semblerait que la vapeur devrait supporter une pression beaucoup plus considérable, et nous avons dit que, toutes les fois qu'on augmente un peu la pression, sur-le-champ il se précipite une quantité de vapeur proportionnelle à la réduction de l'espace. Voilà en effet l'objection qu'on peut présenter. Comment se fait-il que de la vapeur qui ne peut supporter qu'un centimètre dans le vide existe cependant dans l'air sous la pression d'une atmosphère ? On résout cette objection par cette considération, que la distance, ce qui détermine la quantité de vapeur qui peut se former, c'est la distance entre les molécules qui est déterminée par la température. Par conséquent, pourvu que cette condition soit remplie, d'avoir une distance constante pour une température constante, peu importe qu'il y ait plus ou moins de molécules étrangères dans l'espace.

Nous savons déjà depuis long-temps que, lorsqu'on mêle des gaz ensemble dans le même espace, ils supportent leur part de la pression totale que supporte le mélange, comme s'ils étaient isolés. En prenant pour exemple l'air, qui contient un cinquième d'oxigène et quatre cinquièmes d'azote, dans ce mélange l'azote supporte les $\frac{4}{5}$ de la pression, et l'oxigène $\frac{1}{5}$ seulement. De même, lorsqu'une vapeur, comme celle d'éther, par exemple, ne pourra supporter qu'une pression d'une demi-atmosphère, cette vapeur, dans le mélange, ne devra également supporter qu'une demi-atmosphère, lorsque le mélange sera à la pression ordinaire. Sous ce rapport, les vapeurs se comportent tout-à-fait comme les gaz.

Il n'y a de différence dans la production de la vapeur dans le vide et dans un gaz que relativement au temps. C'est là la seule différence ; mais il faut y faire attention, parce que c'est une circonstance importante. Ainsi, dans le vide, la production de la vapeur se fait avec une vitesse extrême, de sorte que, si l'on met dans un espace vide une goutte d'un liquide, l'espace vide est rempli presque subitement de vapeur.

Il serait difficile de déterminer la vitesse de la vapeur qui se dégage ainsi dans le vide ; on peut l'évaluer à la vitesse d'un boulet de canon, laquelle est d'environ 500 mètres par seconde ; mais, quand il y a de l'air, le temps qu'il faut pour que la vapeur se répande uniformément dans tout l'espace est très variable, et dépend de plusieurs circonstances qui peuvent accélérer la diffusion de la vapeur. Si, par exemple, la vapeur qui se forme a une densité qui soit plus grande que celle de l'air, comme de la vapeur d'éther, alors la vapeur qui se forme reste à la surface du liquide. C'est pour cela qu'il est nécessaire, pour saturer un espace de vapeur d'éther, d'agiter l'appareil qui renferme cette vapeur. Sans cela, il faudrait un temps considérable pour que le mélange se fît parfaitement.

Si, au contraire, la vapeur formée est plus légère que l'air, comme cela arrive pour la vapeur d'eau, en introduisant la vapeur dans un appareil, la vapeur qui se produit s'élève, fait place à une nouvelle couche d'air, et, dans ce cas, le mélange s'opère beaucoup plus vite. Enfin, si vous favorisez le mouvement de l'air, vous sentez que le phénomène sera accompli dans un espace de temps de plus en plus petit. Mais il est bon de bien vous pénétrer qu'en écartant ces dernières circonstances, le phénomène de la formation de la vapeur dans le vide et dans l'air, ou dans un gaz quelconque, est absolument le même.

Maintenant que nous connaissons le mélange des gaz et des vapeurs, nous allons passer à quelques phénomènes qui pourront s'expliquer facilement d'après ce que nous avons vu.

DISSOLUTION DES GAZ DANS L'EAU.

Je vais parler des gaz qui sont en dissolution dans l'eau. Les gaz se dissolvent dans l'eau quand ils n'ont pas une densité très grande, et cela paraît avoir lieu, en général, d'après des lois fort simples que je vais énoncer.

Si je mets de l'acide carbonique, par exemple, en contact avec de l'eau, l'eau finit par s'en saturer; elle prend son volume de gaz acide carbonique. Si maintenant nous supposons que nous soyons dans une atmosphère qui ait une densité deux fois plus grande que la nôtre, le gaz acide carbonique sur lequel nous opérons se trouve aussi avoir une densité double; dans ce cas, l'eau prendra encore son volume. Si nous étions sous une atmosphère dix fois plus pesante, l'acide que nous considérons, et que nous aurions recueilli, aurait une densité dix fois plus grande, et l'eau en prendrait toujours son volume. Voilà la loi découverte par M. Henry de Manchester, et confirmée par Dalton. C'est-à-dire que, lorsque l'eau prend un gaz, elle en prend toujours le même volume, quelle que soit la pression; ou bien on suppose, pour s'assurer du phénomène, qu'il y a toujours du gaz en excès, qu'il y en a qui ne soit pas dissous, et que le gaz qui ne soit pas dissous forme une atmosphère au-dessus de l'eau. La loi est que le rapport des densités du gaz dissous au gaz non dissous est constant, quelle que soit la pression.

Ainsi, prenons un flacon qui soit bouché; nous y introduisons une certaine quantité d'eau, un litre, par exemple, et nous faisons arriver ensuite, au moyen d'un tube, du gaz acide carbonique, du gaz hydro-chlorique, du gaz sulfureux. Il reste au-dessus, du gaz qui est à la pression sous laquelle nous opérons; par hypothèse, il n'y a pas d'air atmosphérique. L'eau se saturera de gaz, et tant qu'elle ne sera pas saturée, elle prendra du gaz qui sera apporté. Après l'expérience, voici ce qui arrivera. Si nous avons pris du gaz sulfureux, on trouvera que l'eau contiendra, à très peu de chose près, 45 fois son volume de gaz. Vous concevez très bien que nous pouvons faire abstraction de l'eau, et nous représenter le gaz comme s'il était isolé. Dans l'eau il a une densité 45 fois plus grande que celle qu'a le gaz sulfureux libre. Il en résulte que le rapport de la densité du gaz sulfureux libre à la densité du gaz dissous serait $\frac{1}{45}$. Or, ce rapport est constant, c'est-à-dire que, sous quelque pression que vous opériez, vous aurez toujours $\frac{1}{45}$ pour le rapport de la densité du gaz libre à la dens. du gaz dissous.

On peut dire en général que, lorsqu'on a déterminé, pour une pression donnée, le volume d'un gaz qui est dissous dans un certain volume d'eau, si vous faites varier la pression, il faudra toujours prendre le même volume du gaz sous la nouvelle pression que vous considérez. En un mot, sous une pression quelconque, l'eau prend toujours le même volume du gaz; ou, en d'autres termes, le rapport des densités du gaz formant atmosphère et du gaz dissous, ont un rapport constant. C'est la loi établie par MM. Henry et Dalton.

Il s'agit de voir maintenant ce qui doit arriver à l'eau qui contient un gaz. Prenons d'abord le cas où l'eau serait dans le vide. Puisque l'eau prend toujours le même nombre de volumes de gaz sous la pression que l'on considère, si la pression est zéro, ce qui a lieu dans l'hypothèse où nous nous plaçons, elle doit prendre 45 fois son volume de gaz sulfureux sous la pression zéro, c'est-à-dire que le volume qui sera en dissolution dans l'eau sera zéro, c'est-à-dire enfin qu'il faudra que tout le gaz s'en aille. Ainsi, lorsque vous avez saturé de l'eau avec un gaz, il faudra, pour que la condition dont nous avons parlé soit remplie, que, lorsque vous réduirez la pression à une demi-atmosphère, il s'échappe la moitié du gaz en dissolution ; que, lorsque vous réduirez la pression au quart, il ne reste que le quart ; que, lorsque vous réduirez au centième, au millième, il ne reste qu'un centième ou un millième ; qu'enfin, lorsque vous réduirez la pression à zéro, c'est-à-dire au vide absolu, il ne reste rien du tout. Cette loi est générale pour tous les gaz qui entrent en dissolution dans l'eau, pourvu toutefois qu'ils n'aient pas avec l'eau une très forte affinité.

Qu'est-ce qui arrive maintenant, quand, au lieu de mettre de l'eau saturée d'un gaz dans le vide, on la met dans l'air libre ? D'après le phénomène de la formation de la vapeur dans un espace où il y a de l'air, le gaz carbonique ou sulfureux, qui peut être considéré comme une vapeur, puisqu'il se dégage de l'eau, finira par s'en aller dans un espace indéfini où il y a de l'air, de la même manière que la vapeur. Seulement il faudra plus de temps à la vapeur carbonique ou à la vapeur sulfureuse pour passer à travers les molécules de l'air, qu'il ne leur en faudrait pour se répandre dans un espace vide.

Il se présente comme application particulière le cas où, au lieu d'un espace vide indéfini, nous opérons dans un espace vide limité; et de même, relativement à l'air, lorsqu'au lieu d'opérer dans un espace rempli d'air indéfini, nous opérons dans un espace rempli d'air qui est limité. Mais les deux cas rentrent l'un dans l'autre, puisque l'air est absolument la même chose que le vide pour les gaz ou pour les vapeurs.

Prenons encore l'acide sulfureux pour exemple. Nous avons,

par exemple, fig. 1, un litre d'eau qui contient 45 litres de gaz, représentant la densité du gaz libre par un, nous aurons par conséquent pour le gaz dissous, une densité qui sera exprimée par 45. Supposons maintenant un espace égal au premier, contenant aussi un litre, et que cet espace soit vide. Si nous mettons ces deux espaces en communication, il viendra une quantité de gaz pour remplir l'espace vide. Il est facile de déterminer ce qui devra rester de gaz dans l'eau et ce qui devra s'échapper, même pour un volume quelconque qu'on supposerait au-dessus de l'espace 45. Nous avons d'une part 45 volumes qui sont condensés, c'est comme si nous avions simplement une densité égale à 1 dans un volume qui serait représenté par 45 ; si vous aviez 45 litres d'eau prenant un volume de gaz, ce serait la même chose qu'un litre d'eau qui aurait pris 45 volumes. Ajoutant aux 45 litres que vous avez, un litre, vous avez 46 litres ; la densité du gaz qu'on a diminuée dans le rapport de 45 à 46 ; au lieu de 45, vous n'aurez plus dans l'eau que les $\frac{45}{46}$ du gaz qu'elle renfermait primitivement. Si au lieu d'un litre vous prenez un volume quelconque, 5 litres, par exemple, la densité sera alors diminuée dans le rapport de 45—50, par conséquent il ne resterait plus dans l'eau que les $\frac{45}{50}$ de ce qu'elle contenait, et les $\frac{5}{50}$ de ce qu'elle contenait se trouveront dans le nouvel espace.

La même chose aurait lieu pour l'air atmosphérique, puisque nous avons vu que les gaz et les vapeurs se conduisent absolument de la même manière dans l'air et dans le vide. Il résulte de là qu'on peut déterminer, dans un cas comme dans l'autre, la quantité de gaz qui doit s'échapper d'une eau qui est saturée, lorsqu'on connaît le nombre de volumes qu'elle renferme.

Ces faits ont encore d'autres applications. Vous savez que l'eau dissout l'oxigène et l'azote, et par conséquent, l'air atmosphérique composé de ces deux gaz : l'eau dissout aussi du gaz hydrogène, mais en très petite quantité. La quantité d'air atmosphérique dissous par l'eau est du 300ᵉ de son volume. Je suppose qu'il s'agisse de recueillir sur l'eau du gaz oxigène pur, mais l'eau dont vous vous servez est saturée d'azote et d'oxigène, tels qu'ils sont dans l'air. Si vous mettiez cette eau dans le vide, tout le gaz s'en irait ; mais si vous la mettez dans l'air, l'air dont l'eau est saturée ne peut s'échapper, parce que les gaz n'abandonnent l'eau que lorsque cette eau est placée dans un gaz différent. Si vous mettez l'eau saturée d'air atmosphérique dans l'oxigène, cette atmosphère d'oxigène est comme un espace vide pour l'azote qui est en dissolution dans l'eau. Or l'azote dans le vide s'échapperait; il doit, par conséquent, s'échapper dans un espace occupé par du gaz oxigène. Il en résulte que l'azote sortant de l'eau pour aller se mêler avec l'oxigène, ce dernier gaz se trouve altéré. C'est pour éviter cet inconvénient, qu'il faut recueillir le gaz oxigène sur de l'eau qui a bouilli.

Je vais terminer cet objet par quelques expériences sur de l'eau qui tient en dissolution du gaz acide carbonique et qu'on appelle de *l'eau aérée*. Cette eau ayant été chargée de gaz sous plusieurs pressions, mousse comme le vin de champagne, cela se conçoit facilement. Cette eau ayant été saturée sous une pression de 4 atmosphères, a pris quatre fois plus de gaz que sous la pression ordinaire. Par conséquent, aussitôt que nous détruisons cette pression énorme, à laquelle la saturation avait été faite, l'excédant du gaz s'échappe jusqu'à ce que l'eau ne se trouve saturée que comme elle doit l'être à la pression d'une atmosphère. Ainsi il s'échappe violemment les trois quarts du gaz, et, de plus, si cette eau reste exposée à l'air sans être bouchée, le gaz finit par se répandre tout-à-fait dans l'air; mais il faut, pour que la diffusion du gaz soit complète, un temps assez notable.

La même chose arrive pour tout ce qu'on appelle liquides mousseux : le vin de champagne, la bière, etc. Une fois qu'on a débouché la bouteille qui contient ces liquides, si la bouteille reste ouverte, le gaz acide carbonique s'échappe entièrement et le liquide devient *plat*, suivant l'expression consacrée pour exprimer cet état d'un liquide qui a perdu le gaz qu'il tenait en dissolution.

Si on expose à un vide partiel, par exemple, sous une pression deux fois plus petite, une eau qui est saturée d'acide carbonique à la pression atmosphérique, alors cette eau se trouve *sur-saturée*, relativement à la nouvelle pression à laquelle elle se trouve exposée; et comme cette nouvelle pression n'est que moitié de la pression atmosphérique, il faudra que la moitié de l'acide carbonique s'en aille. C'est ainsi qu'un liquide qui n'était pas mousseux à la pression ordinaire, devient mousseux lorsqu'on le place sous le récipient de la machine pneumatique et qu'on donne quelques coups de piston. C'est une expérience analogue à celle que nous avons faite en débouchant la bouteille; car, dans ce dernier cas, nous avions fait le vide relativement à la pression que nous avions d'abord.

PHÉNOMÈNE DE L'ÉBULLITION.

Nous allons passer à présent à un autre phénomène que nous désignons par le nom d'*ébullition*, en étendant ce mot à tous les liquides, et entendant par ébullition ce que tout le monde connaît par ce terme, c'est-à-dire, ce mouvement tumultueux qu'on remarque lorsqu'un liquide est exposé à l'action de la chaleur, et qu'il se produit des bulles qui partent du fond et traversent la masse liquide. Dans le phénomène de l'ébullition, telle qu'elle se présente ordinairement, il y a une observation importante à faire, c'est que l'ébullition ne se manifeste pas aussitôt qu'on échauffe un liquide ; elle ne se manifeste qu'à une certaine température, qui est constante dans les mêmes circonstances, mais variable pour chaque liquide en particulier.

Maintenant que nous connaissons la formation de la vapeur, nous sommes en état de nous rendre raison de toutes les circonstances qui accompagnent le phénomène de l'ébullition.

Vous avez vu que la vapeur qui se forme dans le vide a une tension déterminée correspondante à une température déterminée. Si la pression que l'on fait supporter à la vapeur est plus grande que la force élastique de cette même vapeur, alors elle ne se forme pas. Car si nous prenons une vapeur qui supporte, par exemple, 4 centimètres, et que nous la comprimions par un effort de 5 centimètres seulement, au lieu de 4, nécessairement toute la vapeur va disparaître et se convertir en liquide ou en solide.

Ainsi, en établissant ce principe, que la vapeur ne peut se former quand on lui fait supporter une pression un peu plus forte que sa force élastique, il en résulte que, lorsque dans un espace vide où il n'y a autre chose que de la vapeur, on fait supporter à la vapeur une pression plus grande que sa tension propre, sur-le-champ toute la vapeur passe à l'état liquide.

Dans l'ébullition on remarque que les bulles de vapeur qui se produisent ont toujours leur origine au fond du vase. Cela s'explique, parce qu'on échauffe le liquide par le bas, et qu'on a, par conséquent, une température beaucoup plus élevée dans le fond des vases que dans le haut. Quelle est la pression supportée par la vapeur qui se forme dans le fond ? La vapeur supporte d'abord la pression totale de l'atmosphère qui pèse sur la surface du liquide ; elle supporte en outre la pression de toute la colonne liquide qui est au-dessus de la vapeur. Tant que cette vapeur n'aura pas une force élastique suffisante pour vaincre ces deux pressions, elle ne pourra se montrer. Mais comme nous avons vu que la force élastique augmente avec la chaleur ; en échauffant le liquide, nous arriverons à une température telle, que la force élastique fera équilibre au poids de l'atmosphère. Ainsi l'ébullition n'a lieu que lorsque la force élastique de la vapeur qui peut se former est plus grande que la pression atmosphérique, ou au moins lorsqu'elle fait équilibre à cette pression.

Il faut remarquer que lorsqu'on échauffe de l'eau dans un vase, le liquide fume long-temps avant l'ébullition. Il se produit alors réellement de la vapeur, mais cette vapeur ne part pas du fond, elle part de la surface. Nous reviendrons sur cet objet en parlant de l'évaporation, qui est un phénomène à peu près le même que le précédent, mais qui en diffère par quelques circonstances particulières. Nous n'entendons parler ici que de la vapeur qui part du fond du vase.

Ainsi, en général, il y aura ébullition, non pas seulement pour l'eau, mais pour tout autre liquide, lorsque la force élastique de la vapeur fera équilibre au poids de l'atmosphère et de la colonne liquide qui sera au-dessus. Nous supposerons, pour le moment, cette colonne liquide extrêmement mince, et, par conséquent, nous pourrons la négliger.

La température de l'eau en ébullition reste constante, et voici pourquoi. Lorsque la vapeur d'eau a acquis une force élastique suffisante pour vaincre le poids de l'atmosphère, sachant que la vapeur prend une certaine quantité de chaleur qu'elle rend latente, vous voyez que la température ne peut s'élever indéfiniment ; et, en effet, une fois qu'on est parvenu à 100 degrés, toute la chaleur qui est produite est employée en calorique latent à former de la vapeur.

Puisque l'ébullition n'est autre chose que l'équilibre entre la force élastique de la vapeur et la pression atmosphérique, il est clair que nous aurons autant de points d'ébullition que nous pourrons concevoir de pressions. Si nous prenons de l'eau sous une atmosphère moitié moins dense que celle sous laquelle nous vivons, alors la vapeur qui se formera au fond du vase ne supportant plus qu'une pression deux fois moindre, elle n'aura plus besoin d'être échauffée autant pour que la vapeur puisse vaincre cette pression. L'ébullition, par conséquent, aura lieu plus tôt, et nous pouvons facilement déterminer le point précis de l'ébullition au moyen de la table de la force élastique de la vapeur. Ainsi je suppose que notre atmosphère au lieu d'exercer une pression mesurée par 760 millimètres, exerce une pression seulement de 380 millimètres. Je trouve dans la table que la pression 382 millimètres correspond à 82° de température ; ce qui veut dire que sous une atmosphère dont la pression serait exprimée par 382 millimètres de mercure, l'eau entrerait en ébullition à 82° au lieu de 100°. Si nous étions dans une atmosphère dont la pression fût simplement le quart de celle que nous avons, nous chercherions la température à laquelle correspond la force élastique pouvant équilibre au quart de l'atmosphère, c'est-à-dire à 190 millimètres, et nous trouverions que c'est la température 66 ; c'est-à-dire que l'eau bouillirait à 66°, si nous étions dans une atmosphère qui ne fût que le quart de celle sous laquelle nous nous trouvons. Il en résulterait que sous une telle atmosphère, il ne serait plus possible de faire cuire un grand nombre de substances, telles que la viande, l'alumine, qui demandent pour leur cuisson au-delà de 66°. Voilà une circonstance qui paraît assez faible au premier abord et qui, comme vous le voyez, amènerait de très grands résultats.

Cette circonstance se rencontre naturellement sur les montagnes. Ainsi Saussure, dans son voyage au Mont-Blanc, où le baromètre ne se tenait qu'à 435 millimètres, a remarqué que l'eau bouillait à 85° au lieu de 100°, c'est-à-dire 15° plus tôt qu'à la surface de la terre. Ainsi, en raison de la hauteur des montagnes, on aura des degrés d'ébullition différens ; et même, sans qu'il soit besoin de s'élever sur une montagne, et en restant à la surface de la terre, nous avons des variations assez grandes dans le degré de température nécessaire pour déterminer l'ébullition. Car nous avons des variations dans la pression de l'atmosphère qui vont de 5 à 6 centimètres sur 76. Voilà pourquoi, dans la graduation des thermomètres, et lorsqu'on veut prendre le point supérieur, il faut avoir le plus grand soin que le baromètre soit précisément à la pression de 760 millimètres.

Ce que nous disons ici de l'ébullition de l'eau, relativement à la pression, est si vrai, que nous pouvons faire bouillir de l'eau tiède dans laquelle nous tiendrions aisément la main, en mettant cette eau dans le vide ; car alors la vapeur n'ayant à supporter qu'une pression moindre, elle pourra se dégager du fond du vase, au-dessous de la température de 100°.

En diminuant convenablement la pression, il semblerait

que l'on pourrait faire bouillir de l'eau à zéro. Cependant à zéro vous ne verriez pas de bulles partir du fond du vase. Il faut remarquer ce qui arrive dans cette circonstance. C'est en général sur les parois des vases que la vapeur se forme ; il est rare qu'elle se forme dans le milieu, à moins qu'il n'y ait des solutions de continuité.

Or nous savons tous que l'eau mouille les solides, et cette propriété de mouiller ou d'adhérer, indique nécessairement une affinité entre l'eau et le corps solide. Cette affinité s'oppose au déplacement du liquide par la vapeur. Si cette affinité est assez grande, alors l'eau ne pourra bouillir à zéro, parce que la force élastique de la vapeur, à cette température, ne sera pas suffisante pour vaincre la force d'affinité du liquide pour le corps solide dont sont formées les parois du vase.

Il est une autre manière encore de faire bouillir de l'eau au-dessous de 100°. On fait bouillir de l'eau dans un matras, fig. 2, et le vase étant rempli à peu près, on y applique un bouchon qui le ferme hermétiquement. L'espace qui est au-dessus du liquide est vide d'air, mais il est rempli par la vapeur. Or, la vapeur se condense facilement par le froid ; par conséquent si l'on verse de l'eau froide sur le matras, la vapeur qu'il renferme se condense aussitôt ; il se fait dès lors un vide, et l'eau du matras n'éprouvant plus de pression, entre en ébullition.

Nous avons vu comment on pouvait accélérer l'ébullition en diminuant convenablement la pression ; nous allons voir maintenant comment on·peut la retarder, en rendant l'atmosphère plus pesante, c'est-à-dire en augmentant la pression ; car, d'après notre définition, l'ébullition est la formation de la vapeur au fond du vase, lorsque la vapeur a une force élastique suffisante pour faire équilibre au poids de l'atmosphère. Par conséquent, si nous avons une atmosphère double, il faudra que la vapeur soit portée à 122°, puisque ce n'est qu'à 122° de chaleur qu'elle acquiert une force élastique suffisante pour faire équilibre à deux atmosphères. Si nous avions une atmosphère qui exerçât une pression dix fois plus grande, l'eau ne bouillirait plus qu'à 175° ; de sorte qu'en augmentant ainsi la pression, l'eau deviendra de plus en plus chaude. On remplit aisément cette condition en prenant un vase dont les parois soient très résistantes, et en le fermant de manière qu'il n'y ait aucune communication entre l'air extérieur et l'air intérieur.

Puisque la vapeur ne peut se former, et par conséquent emporter, sous forme de calorique latent, le calorique communiqué à l'eau, tout le calorique que nous donnons est employé à augmenter la température de l'eau. Tel est le principe sur lequel est construit l'appareil connu sous le nom de *marmite de Papin*, dans laquelle on peut avoir de l'eau à 110°, à 120°, à 140°, cela dépend de la résistance que l'on oppose à la vapeur qui tend à se former. Dans ce cas, il y a au-dessus de l'eau la vapeur, et cette vapeur exerce une pression qui est déterminée par la résistance qu'on oppose à sa sortie.

L'appareil dont on se sert pour cette expérience doit avoir des parois très solides, pour résister à l'effort que fait la vapeur pour s'échapper ; et une ouverture extrêmement petite sur laquelle on met un poids qu'on charge par le moyen d'un levier, de manière à avoir la pression à laquelle on désire faire sortir la vapeur. Il est facile de déterminer cette pression quand on connaît l'ouverture de la soupape. Ainsi, pour une atmosphère, nous avons, sur une surface d'un décimètre carré, une pression égale à 103 kilogrammes, et sur une surface d'un centimètre carré, le centième de cette pression, c'est-à-dire 1 kilogramme 03. Par conséquent, en admettant, pour faciliter les calculs, que l'ouverture du vase soit carrée et égale à un centimètre, pour une pression ordinaire, il faudrait pour soulever la soupape une force égale à 1 kilogramme 03. Si nous augmentons la pression, si au lieu, par exemple, d'avoir une pression de 1 kilogramme 03 nous allons à une pression double, à 2 kilogrammes 06, alors la vapeur, pour s'échapper, pour soulever la soupape, devra avoir une force élastique égale à cette quantité de 2 kilogrammes 06 en sus de l'atmosphère. De sorte qu'on peut, connaissant la pression exercée sur la soupape, déterminer le moment où la vapeur doit s'échapper.

Supposons que l'ouverture de l'appareil soit parfaitement fermée de manière que la vapeur ne puisse s'échapper. Supposons, de plus, qu'au commencement de l'expérience il y ait de l'air dans l'appareil ; qu'arrivera-t-il lorsque nous aurons échauffé seulement à 100° ? A cette température l'air éprouve une dilatation et exerce par conséquent une pression plus forte que la pression extérieure. Nous négligerons la dilatation produite par les 100° de chaleur, et nous supposerons que nous avons simplement une atmosphère d'air. Mais indépendamment de l'air, nous avons dans l'appareil la vapeur qui est produite par l'eau à 100° ; vapeur qui, comme nous l'avons vu, a une force élastique suffisante pour faire équilibre à une atmosphère. Ainsi, nous aurons dans l'intérieur de l'appareil deux atmosphères, l'une d'air, l'autre de vapeur. Pour simplifier la question, supposons que la soupape soit ouverte un instant et que l'air ait pu s'en aller, de manière qu'il ne reste qu'une atmosphère aqueuse. Supposons maintenant que la température soit élevée à 122°. A cette température nous savons que la force élastique de la vapeur peut faire équilibre à 2 atmosphères ; si enfin nous avons une température égale à 173°, la vapeur aura une force élastique exprimée par 8 atmosphères. En un mot, si vous échauffez de l'eau dans un espace fermé, vous pourrez échauffer indéfiniment. Lorsqu'il arrivera que l'eau prendra une température quelconque, la vapeur aura, dans l'espace resté vide, une tension qui sera correspondante à la force élastique qu'elle doit avoir pour la température donnée, que nous connaissons d'avance.

Lorsqu'après avoir ainsi obtenu une force élastique de la vapeur égale à l'atmosphère, par exemple, et qu'on ouvre la soupape, que doit-il arriver? Nous avions de la vapeur comprimée ; elle s'échappe nécessairement par l'issue qu'on lui donne, parce qu'elle ne trouve pas dans l'air une résistance suffisante, et il sort une certaine quantité de vapeur pour que l'équilibre entre les tensions extérieure et inférieure ait lieu. Mais puisque nous avons de l'eau à 173°, il doit, en raison des 73° en sus, se produire continuellement une quantité de vapeur pour absorber toute cette chaleur: en sorte que la sortie de la vapeur dure, non pas un instant, mais un temps qu'on peut apprécier, en raison de ce qui sort, comme étant déjà produit, et, en raison de ce qui est produit, par l'abaissement de la température de l'eau, qui finit par descendre à 100°.

Si au lieu d'offrir à la vapeur qui sort de l'appareil une petite ouverture, nous employons une large soupape, l'eau étant très échauffée, la vapeur qui se dégagerait du fond et des parois du vase le ferait brusquement, et il y aurait comme une explosion dans l'intérieur de la masse. C'est là une des causes des explosions qui arrivent quelquefois dans les machines à feu.

Vous concevez l'avantage qu'il est possible de tirer d'appareils où on peut ainsi élever l'eau à de très hautes températures. On peut, avec de tels appareils, produire un grand nombre d'effets qui ne sauraient être produits à une basse température.

C'est le même principe, sur lequel a été construite la marmite de Papin, qui a conduit à la fabrication de ces vases qu'on a désignés par le nom d'*autoclaves*. Ce sont des marmites en cuivre auxquelles on donne beaucoup de solidité. Elles servent à faire cuire les substances alimentaires, soit végétales, soit animales, en beaucoup moins de temps qu'on ne le fait ordinairement. Ce procédé est très bon, très économique pour les grands établissemens : mais pour les ménages, on fera bien d'y renoncer. La conduite de ces petites machines exige des soins et des attentions, que les personnes qui ne connaissent pas les effets de la vapeur croient pouvoir négliger. Ainsi on règle, par un poids qu'on met sur la soupape, le degré de chaleur qu'on veut avoir. Des personnes inconsidérées, ne trouvant pas que l'effet se produit assez vite, augmentent ces poids, et s'exposent ainsi à causer l'explosion du vase.

Si au moment où l'on ouvre la soupape de la marmite de Papin, on plaçait la main au milieu de la vapeur qui sort du vase, et à un demi-mètre de l'ouverture, on ne sentirait presque aucune chaleur, tandis que si l'on mettait la main tout près de l'ouverture, on se brûlerait indubitablement. Cela vient de ce que la vapeur, se dilatant à mesure qu'elle sort, se mêle très promptement avec l'air dont elle prend la température.

Un phénomène semblable a lieu dans le souffle et explique comment on peut souffler chaud ou froid à volonté ; en soufflant par une petite ouverture, l'air se refroidit aussitôt ; tandis que si lon souffle, la bouche ouverte, on porte la chaleur beaucoup plus loin, parce qu'alors le cylindre d'air chaud qui sort de la bouche n'a pas le temps de se mêler avec l'air extérieur.

L'ébullition dépendant de la pression que la vapeur qui se forme doit supporter, il est évident que, dans un vase profond, l'ébullition sera plus lente que dans un vase peu profond. En effet, pour prendre les extrêmes, je suppose que nous ayons un vase qui ait 32 pieds ou 10 mètres de profondeur. La vapeur qui devrait se former dans le fond aurait à vaincre la pression d'une atmosphère et d'une colonne équivalente, c'est-à-dire, en tout de deux atmosphères. Par conséquent, dans ce cas, l'eau ne bouillira que lorsqu'elle sera dans le bas à la température de 122°, puisque ce n'est qu'à 122° que la vapeur acquiert une force élastique suffisante pour faire équilibre à deux atmosphères.

Maintenant, quelle doit être la température dans les diverses

couches d'eau ? la température est facile à trouver. En général, pour un point quelconque pris dans la masse liquide,
la température est celle qui correspond à une pression exprimée par une atmosphère, plus la colonne d'eau qui est au-
dessus de ce point. Si vous consultez la table de la force élastique, vous trouverez que la température est variable depuis
le bas jusqu'en haut, surtout quand le liquide bout.

Ainsi, en revenant à notre exemple de tout à l'heure, nous
aurions 122° dans le bas, et dans le haut simplement 100°;
et, si nous supposons que nous sommes au milieu, sous une
atmosphère et demie, nous aurons 112°,2 , ainsi de suite.

Maintenant voici ce qui arrive : quand la vapeur part du
fond, elle part nécessairement avec une température égale à
122°; supposons qu'elle arrive, sans donner de sa chaleur,
justement au milieu de la colonne; une fois qu'elle est arrivée là, elle se dilate, puisqu'elle supporte une pression moindre; mais ce n'est pas le seul effet produit : la vapeur qui est
à 122°, trouvant des couches qui sont moins échauffées, leur
communique de sa chaleur, de manière à prendre elle-même
la température qui convient à la pression actuelle sous laquelle elle se trouve. Enfin, quand la vapeur arrive à la surface, elle a perdu sa première température et n'a plus que
celle de 100°. Ainsi donc, une bulle qui part du fond va en
augmentant à mesure qu'elle s'élève : premièrement parce
qu'elle supporte une pression moindre, d'après la loi de Mariotte; ensuite parce qu'en communiquant de la chaleur aux
couches qu'elle traverse, elle détermine sur son passage la
formation de nouvelles bulles qui se réunissent à la bulle primitive.

Quelle que soit donc la profondeur d'un vase, la surface
du liquide sera toujours à la température de 100°. J'énonce
ce fait en principe, en disant que quand on considère de l'eau
ou un liquide quelconque en ébullition, la surface du liquide
a toujours la température de son ébullition, quelle que soit
la masse du liquide qu'on considère et en même temps la température de la vapeur qui se détache du fond. Voilà pourquoi
j'ai recommandé, dans le temps, lorsqu'il s'agit de prendre
les points du thermomètre, de ne point plonger le thermomètre dans la masse liquide, et de l'exposer simplement à la
vapeur; et même, comme il pourrait y avoir des condensa-
tions, je recommande, pour plus de sûreté, de plonger simplement la boule du thermomètre dans l'eau de la profondeur
de son diamètre. De cette manière, on ne peut faire une erreur bien grave.

D'après ce que nous venons de dire, vous voyez que l'ébullition qui paraît un phénomène ordinaire, est cependant riche en conséquences et en effets assez importans. Nous reviendrons sur cet objet dans la séance prochaine.

IMPRIMERIE DE E. DUVERGER,
RUE DE VERNEUIL, N. 4.

COURS DE PHYSIQUE.

LEÇON VINGT-SEPTIÈME.

(Mardi, 12 Février 1828.)

RÉSUMÉ DE LA VINGT-SIXIÈME LEÇON.

Dans la dernière séance nous avons examiné comment les gaz qui sont en dissolution dans l'eau se dégagent, lorsque cette eau est exposée dans le vide ou dans l'air atmosphérique. Nous sommes partis de ce fait, qui a été constaté, que la dissolution d'un gaz dans l'eau est proportionnelle à la pression, c'est-à-dire, que l'eau dissout toujours le même volume du gaz, quelle que soit la pression sous laquelle on opère; ou, en d'autres termes, que le rapport de la densité du gaz qui forme atmosphère au-dessus de l'eau à la densité du gaz dissous est constant. Nous avons dit que la seule différence qui existait dans le dégagement des gaz dissous, dans l'air et dans le vide, était uniquement dans le temps que les gaz emploient pour se dégager. Nous avons fait remarquer que ce dégagement s'opérait beaucoup plus promptement dans le vide que dans l'air; nous avons dit aussi que ce dégagement dépendait d'une autre cause, qui est le mouvement plus ou moins rapide de l'air.

Nous avons établi comment les gaz pouvaient s'altérer, quand ils étaient en contact avec de l'eau, en raison de l'oxigène et de l'azote qui sont en dissolution dans l'eau.

Nous nous sommes ensuite occupés du phénomène de l'ébullition. Nous vous avons montré comment on pouvait accélérer ou retarder l'ébullition. Nous avons expliqué pourquoi la température de l'eau reste constante à partir du moment où elle est entrée en ébullition.

Nous avons dit que de ce qu'à une certaine température une différence d'une fraction de degré suffisait pour déterminer une pression d'une atmosphère, il ne fallait pas conclure que pour avoir une atmosphère en sus, il ne fallait que

27

peu de chaleur. La quantité de chaleur est déterminée par la masse de vapeur qui se forme. Pour obtenir une atmosphère de plus, il faut une quantité de matière qui diffère peu de celle qui est nécessaire pour obtenir l'atmosphère précédente ; en sorte que l'avantage du côté combustible serait fort peu de chose. L'emploi des machines à haute pression repose sur d'autres considérations.

Enfin nous avons considéré l'ébullition dans un vase profond ; nous avons établi d'une manière bien simple que la température de l'eau dans le vase était variable depuis le bas jusqu'en haut, qu'elle était à son *maximum* au fond du vase, et qu'elle était toujours à 100°, à la surface, sous la pression ordinaire de l'atmosphère et lorsque l'eau est pure. Nous avons dit que, quelle que soit la masse ou plutôt la profondeur de l'eau, la vapeur, au moment où elle se dégage du liquide, a exactement la température de la dernière couche qu'elle traverse.

SUITE DE L'ÉBULLITION.

Nous allons continuer à vous exposer quelques phénomènes de l'ébullition, qui sont dignes de fixer votre attention.

Jusqu'à présent nous avons fait abstraction des causes perturbatrices de l'ébullition : il y en a quelques-unes. C'est ainsi que si l'on fait bouillir de l'eau dans un vase en verre et dans un vase en métal, elle ne bout pas à la même température dans les deux vases ; elle bout plus tard dans le verre que dans le métal, et la différence peut aller à un degré et même à un degré et demi. Vous voyez que des thermomètres qui seraient gradués sans connaître cette circonstance, pourraient induire en erreur ; ils seraient inexacts près du point d'ébullition. Le thermomètre gradué dans le métal ne marquerait que 100°, tandis que gradué dans de l'eau, il marquerait 101° et même 101° ½. Pour s'assurer de cette propriété différente du verre et du métal, on fait bouillir de l'eau dans un vase en verre : on la retire encore bouillante, et au moment où l'ébullition cesse, on jette dans cette eau quelques parcelles métalliques, comme de la limaille de fer, et aussitôt l'eau qui avait cessé de bouillir rentre en ébullition.

On conçoit que l'expérience pourrait se faire en transvasant l'eau au moment où elle cesse de bouillir, dans un vase en métal. Mais dans ce cas, l'eau éprouverait nécessairement un refroidissement, et le phénomène cesserait d'avoir lieu.

L'expérience peut se faire d'une manière plus certaine, au moyen d'un thermomètre. En le plongeant successivement dans l'eau qui bout dans un vase en métal et dans un vase en verre, il marque un degré de moins dans le premier vase.

Un phénomène fort curieux qu'on peut remarquer, c'est que l'eau, quand elle bout dans du verre, fait entendre une espèce de bruit; elle bout à gros bouillons, et pour ainsi dire par intermittence; mais si l'on y jette de la limaille, l'ébullition ne se fait plus à gros bouillons, elle se fait en une infinité de points : il y a, pour ainsi dire, autant de points d'ébullition qu'il y a de parcelles métalliques. On ne peut expliquer parfaitement à quelle cause est due ce phénomène. Seulement on a remarqué que les poudres métalliques étaient celles qui réussissaient le mieux pour produire cet effet.

Ceci explique un phénomène très variable, qui quelquefois a de grandes conséquences en chimie. Il y a des liquides qui ne bouillent que péniblement. Leur ébullition n'est point régulière, elle est intermittente, même à des intervalles qu'on peut mesurer. Ainsi il se passe une, deux, trois secondes entre les bouillons, et cela donne lieu à ce qu'on appelle, en chimie, des *soubresauts*. Ces soubresauts sont une espèce d'explosion qui soulève le liquide et quelquefois le vase lui-même. Il y a tels liquides qui, à cause de ces soubresauts, ne peuvent être distillés qu'avec la plus grande difficulté. Parmi ces liquides, je citerai l'acide sulfurique concentré; ce liquide jette un premier bouillon à la température de 325°, et on ne peut ensuite l'avoir en ébullition qu'à 4 ou 5 degrés au-delà; de sorte que lorsque l'acide sulfurique a jeté un premier bouillon, sa température va s'élevant, puisque tant qu'un liquide ne fournit pas de vapeur, sa température s'élève.

Pour rendre le phénomène plus sensible, concevez que de l'eau, au lieu de bouillir à 100° ne bouille qu'à 110°, ce qui arriverait dans un vase que l'on fermerait afin que la vapeur ne pût s'échapper qu'à 110°. Vous savez qu'alors si vous ouvrez brusquement une large communication à la vapeur, la vapeur se dégage avec violence et avec une espèce d'explosion.

Lorsqu'on a ainsi des liquides dont l'ébullition se fait par soubresauts, il suffit de mettre dans ces liquides un morceau de platine; ne fût-ce qu'un simple fil, il suffirait pour que la distillation se fît régulièrement. Si l'on n'employait cet artifice très simple, l'acide sulfurique reviendrait à un prix très élevé, en raison des accidens qui pourraient arriver.

Quelquefois, lorsqu'on fait une distillation, et qu'on réfléchit qu'on n'a pas mis de limaille dans le vase, on veut en mettre pour déterminer l'ébullition. J'ai vu dans ce cas des expériences avoir lieu, et le liquide projeté avec beaucoup de force.

L'eau pure bout plus facilement que toute espèce d'eau qui contient un sel ou une matière en dissolution. Ainsi l'eau qui tombe du ciel, ou l'eau distillée, aura une température d'ébullition de 100°; mais toutes les fois qu'on dissout un sel dans l'eau, l'ébullition est retardée : elle l'est plus ou moins en raison de la nature du sel et de son affinité pour l'eau. Dans ce dernier cas, la température de la vapeur n'est pas simplemeut comme nous l'avons dit pour l'eau pure, de 100°; elle est de 109°, si c'est une eau saturée de sel. Ce que nous avons dit de la profondeur du liquide s'applique ici; ainsi nous avons vu que l'eau qui est au fond d'un vase, ne pouvant bouillir qu'à une température supérieure à 100°, la vapeur au moment où elle se détache du fond du vase a nécessairement une température qui est également au-dessus de 100°. De même lorsque l'eau, à cause d'un sel qu'elle contient, ne peut bouillir qu'à 109°, la vapeur qui se dégage de cette eau a une température de 109°.

En général une vapeur se dégageant d'un liquide quelconque, pur ou impur, aura toujours la température de la dernière couche de liquide qu'elle traverse. Telle est l'expression simple du phénomène.

Lorsqu'on fait bouillir de l'eau salée, il y a un effet sur lequel je dois attirer un instant votre attention. A mesure que l'eau s'en va en vapeur, le sel qui était tenu en dissolution se dépose au fond du vase, et empêche l'eau qui est au-dessus d'être en contact avec le verre. Par conséquent le verre doit s'échauffer dans cet endroit plus que partout ailleurs ; et lorsque l'eau vient à y pénétrer, elle reçoit une augmentation subite de température : ce qui occasionne un soubresaut.

Un autre phénomène qu'il est bon de remarquer, c'est que l'eau fait entendre, lorsqu'elle est près d'entrer en ébullition, un bruit particulier qui indique qu'elle va bouillir. Ce bruit est produit par de la vapeur qui se condense subitement. En effet quand vous échauffez un liquide, la température est plus élevée dans le bas que dans le haut. Par conséquent le liquide commence à bouillir dans le fond, que la surface est loin d'avoir une température de 100°; parce que le liquide n'est pas un assez bon conducteur, et que les mouvemens ne se font pas assez vite pour que la chaleur se propage en un instant dans l'intérieur de la masse liquide. Les bulles de vapeur qui s'élèvent, venant à rencontrer de l'eau froide, se condensent sur-le-champ, c'est cette brusque condensation qui occasionne ce bruit dont nous avons parlé, et qui ressemble à un petit coup de marteau. Ce bruit diminue ensuite à mesure que la vapeur peut s'élever davantage.

PHÉNOMÈNE DE L'ÉVAPORATION.

Nous allons nous occuper d'un autre phénomène qui a beaucoup de rapport avec l'ébullition, qui s'en distingue cependant sous quelques autres; c'est le phénomène que nous désignons par le nom d'*évaporation.*

L'évaporation, de même que l'ébullition, consiste dans une formation de vapeur; mais l'ébullition dépend toujours de la pression; tandis que l'évaporation en est indépendante. C'est là la grande distinction, la différence réelle qu'il y a entre l'évaporation et l'ébullition.

Voici en quoi consiste le phénomène dont nous nous occupons. Vous avez une masse liquide qui peut être dans un espace vide ou bien dans un espace occupé par un gaz.

Lorsque le liquide est dans le vide, il fournit de la vapeur à sa surface; et, en effet, puisqu'il ne supporte plus la pression atmosphérique, il est évident que c'est à la surface et non dans le fond que la vapeur doit se former. Cette vapeur se produit en raison de la température; plus le liquide est échauffé, plus il donne de la vapeur qui a une force élastique ou une densité plus grande.

Comme nous savons que les vapeurs se forment dans un espace occupé par un gaz aussi bien que dans un espace vide, nous en conclurons, que la vapeur en contact avec un gaz, pouvant se loger dans les interstices de ce gaz, ne doit pas être considérée comme supportant la pression atmosphérique. Et, en effet, pourvu que les molécules de vapeur soient à la distance déterminée par la température, peu importe que ces molécules soient dans le vide ou dans un gaz; en un mot, le phénomène de l'évaporation se passe, sauf le temps, absolument de la même manière dans le vide et dans l'air.

Nous avons parlé d'une différence dans le temps de l'évaporation, suivant qu'elle a lieu dans le vide ou dans un gaz. En effet, la vitesse de la vapeur dans le vide est extrêmement grande. De la vapeur qui se détacherait de la masse liquide avec la même force de projection qu'elle a lorsqu'elle est sollicitée à se mouvoir par sa force élastique propre, et qu'elle se jette dans le vide, aurait une vitesse de 500 mètres par seconde. En raison de cette vitesse énorme de l'évaporation, une masse liquide devrait diminuer d'un millimètre par seconde. Cette vitesse de la formation de la vapeur dans le vide se prouve par une expérience bien simple. On applique à un vase, dans lequel on a fait le vide, un robinet d'une forme particulière, appelé *robinet à bulle*, fig. 1. Ce robinet a une petite cavité, *a*, destinée à recevoir un goutte d'eau; on verse sur ce robinet de l'eau en excès, et on lui fait faire une demi-révolution; la goutte d'eau qui remplit la petite cavité tombe dans le vase, sans qu'il y ait eu aucune communication entre l'intérieur du vase et l'air extérieur. Aussitôt que la goutte a pénétré dans le vase, on voit un manomètre, qu'on adapte à cet appareil, prendre en un instant le *maximum* de hauteur qu'il doit avoir : ce qui annonce la formation instantanée de la vapeur.

Cette formation si rapide de la vapeur dans le vide se démontre encore au moyen de l'appareil de Fontana, ainsi appelé du nom de ce physicien à qui il est dû. Cet appareil, fig. 2, se compose de deux boules, portant chacune un récipient. Dans l'une de ces boules on a fait le vide, et dans l'autre il y a de l'air atmosphérique. Le moyen qu'on emploie pour faire le vide dans un appareil semblable est le suivant: on met dans la boule un liquide comme, par exemple, de l'éther, et on le fait bouillir. Il se forme une vapeur qui remplit l'espace, chasse l'air devant elle ; de sorte qu'il ne reste plus dans l'appareil que de l'éther et de la vapeur de ce même liquide. Une fois qu'on est certain que l'appareil est bien purgé d'air, on présente à la lampe l'extrémité du tube *t* qu'on a soudé avec le récipient *R*, et l'appareil se trouve fermé hermétiquement.

Lorsqu'on met deux vases, dont l'un a été préparé ainsi que nous venons de l'exposer, et dont l'autre contient simplement de l'air atmosphérique ; lorsqu'on met ces deux vases dans la même eau, pour avoir une température qui soit la même pour chacun des vases, la vapeur qui se forme dans les boules vient se condenser dans les récipiens ; mais l'air qui est dans l'un des appareils s'oppose à ce que la vapeur arrive aussi facilement ; et nous voyons, en effet, que la condensation est beaucoup plus rapide dans l'appareil où on a fait le vide que dans l'autre. L'expérience est d'autant plus frappante, que les tubes de communication entre les boules et les récipiens ont un diamètre plus petit.

L'appareil de Fontana nous offre une application de ce que nous avons dit dans l'une des dernières séances, que si l'on a un même espace contenant un liquide exposé à deux températures inégales, c'est la température la plus basse qui détermine le maximum de tension qu'on peut avoir dans l'intérieur du vase. Du côté le plus chaud, il tend à se former de la vapeur en raison de la température; du côté le plus froid, il y a une condensation pour que la force élastique qui reste soit celle voulue par la température de ce dernier côté. C'est exactement le même phénomène qui arrive dans l'appareil de Fontana.

Si c'est l'air qu'il faut déplacer qui s'oppose au mouvement de la vapeur, en donnant à l'air du mouvement, en l'agitant pour le faire circuler aussi rapidement que la vapeur circule dans le vide, le phénomène se passerait alors absolument de la même manière dans le vide et dans l'air.

Dans une saline, où l'on gradue l'eau pour l'amener à être plus dense, lorsque l'air est en repos parfait, il n'y a presque pas de graduation, c'est-à-dire presque pas de vapeur; mais si le vent vient à souffler, aussitôt la vapeur se produit en abondance.

La dessiccation d'un sol mouillé se fait lentement lorsque l'air est tranquille; mais s'il fait du vent, la dessiccation a lieu en très peu de temps.

Ainsi, toutes choses égales d'ailleurs, l'évaporation est à son *maximum* dans le vide, et à son *minimum* dans un air parfaitement en repos. Cependant l'eau, même dans un air tranquille, produit encore de la vapeur en quantité assez notable, parce que la vapeur d'eau étant plus légère que l'air à mesure qu'elle se forme, elle s'élève dans l'atmosphère, et est remplacée par une nouvelle couche d'air; de telle sorte qu'il y a un courant continuel déterminé par la différence de densité de la vapeur d'eau et de l'air atmosphérique. Si vous facilitez l'action de ce courant par le mouvement que vous imprimez à l'air, vous obtenez des résultats qui deviennent de plus en plus considérables.

L'évaporation suppose donc un facile renouvellement de l'air; si l'air ne peut se renouveler, alors il n'y a pas d'évaporation. Par là s'expliquent beaucoup de phénomènes qui avaient fait croire qu'un liquide était tantôt volatil et tantôt n'était pas volatil.

Si vous mettez dans un vase du salpêtre ou nitrate de potasse, et que vous y versiez de l'acide sulfurique concentré, vous apercevez une fumée qui annonce la formation d'une vapeur qui est de l'acide nitrique, et vous en concluez que l'acide nitrique est volatil à la température produite par le mélange de l'acide sulfurique avec le salpêtre, laquelle n'est pas très grande.

Si au lieu de laisser le vase découvert, de manière que l'air se renouvelle à mesure que la vapeur se forme, vous couvrez ce vase avec une plaque en verre, encore qu'elle ne s'applique pas sur le vase de manière à le fermer hermétiquement; cependant dans ce cas, vous n'apercevez plus de fumée, et vous pourriez conclure alors que l'acide nitrique n'est pas volatil. Ce phénomène s'explique très aisément : la vapeur qui peut se former se détachant de la masse et remplissant l'espace, et l'air ne pouvant descendre librement, il est évident que l'évaporation doit s'arrêter.

C'est ce phénomène sur lequel nous venons d'arrêter votre attention, qui explique les assertions de quelques chimistes qui tantôt ont dit que tel corps était volatil, tantôt qu'il ne l'était pas. Nous aurions pu vous montrer que le même phénomène a lieu pour beaucoup d'autres substances, et notamment pour tous les sels.

Si vous échauffez du sel marin dans un creuset mal fermé, mais couvert, le sel, même en maintenant le creuset à une chaleur rouge, ne perdra point de son poids; parce que ne parvenant pas à l'ébullition, sa vapeur ne pourra vaincre le poids de l'atmosphère, et par conséquent il n'y aura pas d'évaporation. Vous pourriez conclure de cette expérience que le sel marin n'est pas volatil; si vous découvrez le creuset, la vapeur se formera et alors vous concluriez que le sel marin est volatil. Il est donc nécessaire de s'entendre à cet égard.

Non-seulement l'eau liquide s'évapore, et la surface de la terre mouillée se dessèche par l'action de l'air, mais la glace elle-même est soumise à l'évaporation. Nous avons vu, en parlant de la force élastique de la vapeur que de la glace à 20° au-dessous de zéro produisait encore de la vapeur dont la force élastique était d'environ un millimètre. C'est ce qui explique pourquoi, même au milieu des plus grands froids, on voit voler la poussière comme dans l'été; cela vient de ce que l'eau qui est gelée à la surface de la terre venant à s'évaporer, il ne reste que la partie terreuse qui n'éprouve aucun obstacle pour se réduire en poussière, et s'agiter dans l'air au gré des vents.

A l'occasion de l'évaporation de la glace, j'ai oublié de vous parler d'une circonstance qui mérite toute votre attention. Nous avons vu que l'eau à zéro produit une vapeur dont la force élastique est égale à 5 millimètres. Si l'on construit une ligne horizontale, fig. 3, représentant les températures, et qu'ensuite on représente par des verticales *Aa*, *Bb*, *Cc*, *Dd* la force élastique correspondant à chaque température, la ligne courbe *a b c d* qui passera par les points *a b c d*, sera la ligne marquant la gradation de la force élastique. Eh bien, il n'y a jamais en un point de cette ligne une solution brusque de continuité. Si, au lieu d'eau, nous prenons de la glace à zéro et ensuite à — 5° à — 10° — 15°, etc., alors la courbe se prolonge d'une manière continue, comme si nous avions de l'eau, c'est-à-dire que vous pouvez concevoir que l'on prend de l'eau à 0° et ensuite à — 5° — 10°, etc. ; cette eau donnera exactement la même force élastique que la glace à la même température ; d'où il faut conclure nécessairement que le changement d'état de l'eau, passant de l'état liquide à l'état solide, n'apporte aucun changement dans le phénomène de la production de la vapeur, c'est-à-dire que la vapeur est réellement indépendante de l'état d'agrégation des molécules ; agrégation qui est incomparablement plus grande dans la glace que dans l'eau ; car une goutte d'eau ne peut supporter la pression d'une autre goutte ; tandis qu'un fil de glace du même diamètre que la goutte peut supporter une pression qui est assez considérable.

Ce résultat singulier nous conduit à admettre ce fait général que la quantité de vapeur qui peut se former dans un espace déterminé est indépendante de l'état du corps, pourvu que la température reste la même. Ainsi, de l'eau qui sera à — 1° donnera une vapeur dont la force élastique sera la même que celle de la vapeur fournie par de la glace également à — 1°.

DISTILLATION.

Nous allons laisser le phénomène de l'évaporation pour dire deux mots de la *distillation*. On a pour objet, dans la distillation, de séparer une substance d'avec une autre. Ainsi, vous avez de l'eau impure, de l'eau de puits, de l'eau salée, et vous désirez séparer les matières étrangères que renferme cette eau, c'est ce que vous faites par le procédé connu sous le nom de distillation.

Le cas le plus simple qu'on puisse supposer est celui où l'eau serait mêlée avec des matières qui sont absolument *fixes* au degré auquel l'eau entre en ébullition. L'eau de mer contient 96 parties d'eau pure et 4 parties de sel marin et de sel terreux; ces sels sont fixes bien au-dessus de la température de 100°. Par conséquent, en faisant bouillir l'eau, ce qui n'aura lieu, à cause du sel, qu'à 109° environ, l'eau seule se vaporisera, s'en ira dans l'atmosphère, et les matières étrangères resteront. Cette distillation n'offre aucune espèce de difficulté, et on la pratique sur mer, pour se procurer de l'eau dans les voyages de long cours. Avec un poids donné de charbon, on obtient cinq ou six fois le même poids d'eau.

Si nous pouvions ramener tous les cas qui peuvent se rencontrer à celui-ci, la distillation ne présenterait aucune espèce de difficulté; mais il y a quelques circonstances dans lesquelles il est impossible d'avoir recours à ce moyen. Si, par exemple, on veut distiller un mélange d'eau et d'alcool, la simple distillation, telle que nous venons de la décrire, ne donnera jamais un partage absolu de l'eau et de l'alcool. Pourquoi cela? Vous allez en sentir tout de suite la raison. L'eau bouillant à 100°, l'alcool qui est mêlé avec elle va bouillir pour son propre compte et donner de la vapeur. Supposons même, ce qui sera plus exact, que l'on n'élève la température qu'au degré nécessaire pour faire bouillir un mélange déterminé d'eau et d'alcool; ce sera, par exemple, 85°, parce que vous savez que l'alcool bout plutôt que l'eau. Puisque l'eau produit de la vapeur dans le vide et dans l'air à toutes les températures, il en résultera qu'à 85° vous aurez de la vapeur d'alcool, et en même temps de la vapeur d'eau. Il faut se faire cette idée du phénomène de l'évaporation : la vapeur d'un corps volatil peut être considérée comme un souffle capable d'entraîner une autre vapeur, en lui permettant de se soutenir à sa température propre. D'après cela vous devez concevoir que si vous avez deux corps qui ne diffèrent pas beaucoup en volatilité, vous ne pourrez jamais les séparer complètement par la distillation immédiate. Dans un cas pareil, il faut tâcher de rendre l'un des deux corps absolument fixe, et alors la distillation se fera parfaitement.

Dans l'exemple que nous citions de l'eau et de l'alcool, l'eau a une très grande affinité pour beaucoup de corps pour lesquels l'alcool en a une très faible. Ainsi l'eau a une très forte affinité pour la chaux vive, et, en se combinant avec elle, elle produit une telle élévation de température qu'il en est quelquefois résulté des incendies, et que de la poudre jetée sur un mélange d'eau et de chaux s'enflamme aussitôt. L'alcool, au contraire, n'a aucune affinité pour la chaux. Or, le résultat de toute affinité, surtout lorsqu'il y a une grande élévation de température, est une fixation des corps. Ainsi l'eau reste fixe à 400°, parce qu'il se produit 400° dans la combinaison avec la chaux.

Si donc vous mettez un mélange d'eau et d'alcool avec de la chaux, l'eau se combinera avec la chaux, l'alcool qui ne peut se combiner, et qui bouillira par l'élévation de température produite par le mélange, se séparera de l'eau, et vous obtiendrez ainsi de l'alcool pur. Cette expérience, qui est très simple, demande quelques précautions.

Certains liquides, comme les essences, demandent une température de 155° pour se réduire en vapeur; quoique ces corps paraissent très volatils, puisque les essences sont odorantes, et que nous ne pouvons avoir la perception de l'odeur que parce que le corps se réduit en vapeur, et vient affecter les houppes nerveuses du nez. Mais cela veut dire simplement, qu'à une certaine température, les essences peuvent produire de la vapeur, car elles sont bien moins volatiles que l'eau.

Si nous portons un corps dans le vide, il va donner de la vapeur; si nous le chauffons à 100°, il produit une vapeur plus dense; si nous faisons passer un courant d'air à 100°, la distillation devient plus rapide. Nous avons un moyen très simple d'obtenir un courant qui aurait l'avantage de ne pas oxigéner l'essence : c'est d'avoir un courant de vapeur. Je suppose que nous mettions de l'eau dans le fond d'une cornue, fig. 4, et par dessus cette eau de l'essence, et que nous fassions bouillir le mélange; que va-t-il arriver? La vapeur d'eau qui se dégage du fond du vase traverse l'essence, et en emporte la vapeur dans le récipient où elle doit se condenser.

Il faudra ici faire l'application du mélange des gaz avec les vapeurs. La vapeur d'eau est comme le vide pour la vapeur d'essence; par conséquent, la vapeur d'essence va se former avec la tension qui lui est propre, et en telle quantité, que la force élastique de l'essence, plus la force élastique de la vapeur, fasse équilibre au poids de l'atmosphère. Par conséquent, dans le moment où la vapeur traverse l'essence, il se fait un mélange des deux vapeurs qui vient dans le récipient. Dans ce cas, quand il n'y a pas d'action chimique dans les deux corps, connaissant la force élastique de la vapeur de l'essence, et la température à laquelle l'ébullition a lieu, on peut calculer exactement quel est le volume d'essence et d'eau qu'on doit avoir. On peut parvenir à un résultat qui ne s'éloignera nullement de celui que donne la théorie. Il faut seulement avoir l'attention d'employer une couche d'essence assez épaisse pour que la vapeur d'eau ait le temps de s'en saturer.

Quand il s'agit de distiller un mélange d'eau et d'alcool, le phénomène devient plus compliqué, en raison de l'affinité particulière qui a lieu entre les deux liquides. L'eau et l'alcool ont, en effet, une telle affinité, qu'en les mêlant il se produit de la chaleur. Quand ces deux corps sont exposés à une température convenable, les vapeurs restent comme si elles n'avaient pas d'action l'une sur l'autre, mais le liquide lui-même, qui est en contact avec la vapeur, modifie la quantité de l'eau ou de l'alcool qui peut rester à l'état de fluide élastique. C'est ainsi qu'on trouve que, si la vapeur d'alcool et la vapeur d'eau étaient deux corps tout-à-fait indifférens de même que leurs liquides, on ne pourrait alors parvenir par la distillation qu'à avoir un mélange qui contiendrait à peu près les 88 à 90 centièmes d'alcool absolu ; ce serait le *maximum* de l'esprit de vin qu'on pourrait obtenir. Mais on va plus loin, et on peut obtenir par la distillation poussée au dernier terme, en prenant les produits distillés pour les distiller de nouveau, jusqu'à ce qu'on ait un produit qu'on ne puisse pas dépasser, on peut obtenir, dis-je, un liquide qui contient les 94 centièmes $\frac{1}{2}$ d'alcool. Ainsi, en raison de l'affinité qui a lieu entre les liquides, on obtient, par des distillations réitérées, un esprit plus fort et plus riche en alcool que si les deux liquides étaient absolument sans action l'un sur l'autre. Il serait trop long d'entrer dans une foule de petits détails relatifs à ce phénomène.

FROID PRODUIT PAR L'ÉVAPORATION.

Nous allons revenir sur le phénomène de l'évaporation et fixer votre attention sur le froid produit dans cette circonstance.

Dans l'ébullition, la vapeur reçoit la chaleur qui lui est nécessaire pour se former d'une source étrangère, du feu sur lequel le liquide se trouve exposé. Dans l'évaporation, au contraire, telle que ce phénomène se produit naturellement, la chaleur est fournie par le liquide lui-même, et dès lors la température de ce liquide baisse plus ou moins ; en un mot, il se produit du froid. Ce fait mérite une attention particulière, parce que c'est par lui que nous pouvons concevoir plusieurs phénomènes qui ont lieu dans la nature.

La présence d'un gaz modifie les résultats de l'évaporation, à cause de l'obstacle qu'il oppose au mouvement de la vapeur, et le froid produit est tout-à-fait différent dans un gaz et dans le vide ; il est plus considérable dans le vide. Considérons d'abord l'évaporation dans le vide : la vapeur, en se détachant du liquide, ne peut aller prendre ailleurs qu'au liquide lui-même tout le calorique latent qu'elle absorbe. Par conséquent, vous pouvez concevoir que la température doit baisser à mesure que l'évaporation a lieu et peut aller jusqu'à un froid même considérable. En effet, une fois que l'eau, que nous pouvons supposer d'abord à 10°, se sera refroidie de 5°, elle pourra encore fournir de la vapeur, car nous supposons, faites-y bien attention, que le vide est un vide infini, que par conséquent l'espace n'est jamais saturé. Dans ce cas, à mesure que la vapeur se forme elle trouve à se répandre dans l'espace où elle ne trouve aucun obstacle à sa diffusion ; puisque la seule chose qui pourrait s'opposer à la formation de la vapeur ce serait le cas où la vapeur qui est au-dessus du liquide parviendrait à avoir son *maximum* de force élastique. Ainsi, l'eau qui est descendue à 5° donne encore de la vapeur ; par conséquent il y a encore la même cause de production de froid. L'eau arrive à zéro et se gèle ; la glace se réduit encore en vapeur, et il y aura encore production de froid ; ainsi de suite, de manière qu'on ne voit pas de raison pour que le froid n'aille indéfiniment en augmentant.

Puisque la force élastique de la vapeur décroît à mesure que la température s'abaisse, il est bien clair que la cause de production du froid va continuellement en diminuant. Mais si on voit clairement que la cause du froid doit diminuer continuellement, rien jusqu'à présent ne nous démontre que le froid ne puisse aller néanmoins à l'infini ; et c'est ici qu'il convient de vous faire remarquer une cause étrangère qui empêche la température de baisser indéfiniment, et par conséquent, empêche la cause du froid de se prolonger aussi indéfiniment. En effet, aussitôt que l'eau est un peu au-dessous de la température ambiante, les corps environnans lui envoient du calorique rayonnant, de sorte que, à mesure que la température de l'eau s'abaisse, elle reçoit de la chaleur, et elle en reçoit d'autant plus, que sa température s'abaisse davantage ; de manière qu'il arrivera un terme où nécessairement, ce que l'eau perd par l'évaporation sera exactement compensé par le calorique qu'elle reçoit des corps environnans ; à ce terme la température devient stationnaire. C'est un phénomène analogue à celui qui a lieu dans les expériences de MM. Berard et Laroche sur la capacité des fluides élastiques.

Mais vous devez concevoir qu'il sera possible de reculer pour ainsi dire indéfiniment ce *maximum* de froid que nous pourrons obtenir. Car si lorsque nous partons de 50° par exemple, nous n'allons qu'à 10° au-dessous de zéro, ce qui fait une différence de 40°, en partant de 0°, nous n'irons pas jusqu'à — 40°, mais nous pourrons approcher de ce terme. Ainsi en abaissant de plus en plus la température du milieu ambiant, nous pourrions porter le froid indéfiniment, ou du moins le porter extrêmement loin.

Cette belle découverte a été faite par M. Leslie, professeur de physique à Edimbourg ; cette découverte excita un très grand étonnement. Nous terminerons cette séance par l'expérience qui fut faite par M. Leslie pour démontrer cette production du froid par l'évaporation. On cherche d'abord à avoir un vide indéfini, et pour cela on se sert de l'acide sulfurique concentré, qui a une très grande affinité pour l'eau. En mettant dans un espace très limité de l'eau d'une part et de l'acide sulfurique à côté, et en faisant ensuite dans cet espace un vide aussi parfait que possible, vous aurez comme un vide indéfini pour le résultat. La vapeur d'eau va remplir l'espace ; à mesure qu'elle vient toucher la surface de l'acide sulfurique, elle se condense. Voici donc en quoi consiste l'expérience. On met sous le récipient de la machine pneumatique un peu d'eau dans un vase, v, fig. 5, et au-dessous de cette eau on place un autre vase V rempli de gaz sulfurique concentré. En faisant ensuite un vide aussi parfait que possible, il suffit de quelques minutes pour que l'eau se gèle complètement. La principale condition pour bien réussir est d'avoir une bonne pompe ; car si vous ne faisiez le vide qu'à un centième près, par exemple, la vapeur déposerait ce centième d'air sur l'acide sulfurique, et il ferait comme un diaphragme qui empêcherait le contact de la vapeur avec l'acide.

L'expérience ne réussit pas toujours. Lorsqu'on a une bonne pompe, cela ne peut provenir que de ce que l'acide sulfurique n'est pas assez concentré. Il faut, pour écarter toutes les causes de perturbation, se servir d'acide sulfurique qui n'ait pas été long-temps exposé à l'air ; parce que l'acide, en raison de sa grande affinité pour l'eau, se charge de l'humidité contenue dans l'air, il s'en sature, et n'a plus alors d'action sur la vapeur.

On peut faire ainsi geler de l'eau dans les plus fortes chaleurs de l'été. Avec de l'eau à 30° centigrades, l'expérience réussit parfaitement. M. Leslie a fait son expérience en partant de la température zéro, et en mettant dans le récipient, fig. 6, pour bien mesurer la température, un thermomètre dont la boule était enveloppée d'une éponge très mince. Au moyen du vide la vapeur a été absorbée rapidement par l'acide sulfurique mis dans le vase V, et le thermomètre est descendu à — 37°, température qui n'est que d'un degré au-dessous de celle à laquelle le mercure gèle. Mais on peut aller facilement jusqu'à la congélation du mercure. Il suffit pour cela, au lieu d'avoir la température ambiante à zéro, de prendre une enceinte au-dessous de zéro; ce qui se fait au moyen d'un ballon, dans lequel on fait le vide et qu'on plonge dans un mélange frigorifique. En partant d'une température de — 20°, vous irez à — 50°.

Au lieu de se servir d'acide sulfurique concentré, on peut prendre une foule d'autres substances, par exemple de la farine bien desséchée. La farine, dans son état ordinaire, contient de l'eau hygrométrique, c'est-à-dire qu'en raison de son affinité pour l'eau, elle augmente de poids quand elle est exposée à l'humidité. La farine bien desséchée, à 130° par exemple, perd son eau hygrométrique. Mais elle en est tellement avide, qu'étant mise en contact avec la vapeur, elle l'absorbe sur-le-champ, et donne alors le même résultat que l'acide sulfurique. M. Leslie est parvenu, en effet, à faire geler de l'eau en se servant de farine. Le même physicien a reconnu que la poussière des chemins suffisamment sèche, produisait un effet semblable. Il ne faut pas entendre ici par poussière, les sables squartzeux qui ne font pas corps avec l'eau, mais seulement les poussières provenant de terrains argilleux ou marneux.

La découverte de ce phénomène a excité le plus grand intérêt, et de suite l'attention s'est portée sur les applications qu'il serait possible d'en faire dans les pays chauds qui manquent de glace, et où elle se vend quelquefois jusqu'à 3 francs la livre. Cette application, en effet, ne peut-être de quelque utilité que pour ces pays où la glace est fort chère; car dans nos climats, comme à Paris, par exemple, bien que nous n'ayons pas tous les hivers une température convenable pour remplir les glacières, cependant, comme il se passe rarement deux années sans qu'il y ait un froid assez grand, on peut faire des provisions pour trois années; de sorte que ce moyen d'obtenir de la glace, qui exige des appareils fort délicats, et une dépense de combustible considérable, est sans utile application dans nos pays. Néanmoins, comme il peut être utile d'avoir recours à ce moyen dans les pays chauds, je vais indiquer comment on pourrait opérer. Ce serait toujours par l'action du vide ; avec une pompe qui ne serait pas de très grande dimension, on pourrait faire jusqu'à une centaine de livres de glace ; il suffirait d'avoir plusieurs récipiens, communiquant ensemble, et on multiplierait ainsi la quantité de glace qu'il est possible d'obtenir.

IMPRIMERIE DE E. DUVERGER,
RUE DE VERNEUIL, N. 4.

COURS DE PHYSIQUE.

LEÇON VINGT-HUITIÈME.

(Samedi, 16 Février 1828.)

ADDITION A LA DISTILLATION.

Je ne reviendrai pas aujourd'hui sur les divers objets que nous avons examinés dans la dernière séance. Je me bornerai à compléter un point sur lequel je n'ai point assez insisté, c'est celui relatif à la distillation des substances peu volatiles. Vous vous rappelez que nous avons établi que lorsqu'on voulait distiller deux corps qui sont mêlés ensemble, c'est-à-dire les séparer l'un de l'autre, il était indispensable que l'un des deux corps fût très fixe relativement à l'autre, ou qu'il y eût une grande différence de volatilité. Lorsqu'il y a une différence de volatilité peu considérable, comme entre l'eau et l'alcool, il est impossible de les séparer immédiatement par la distillation, parce que la vapeur d'alcool pouvant être considérée comme un vide pour la vapeur d'eau qui s'y loge, les deux vapeurs sont entraînées ensemble. Dans ce cas, on peut parvenir par des artifices convenables jusqu'à 95 centièmes à peu près du résultat, supposant qu'on voulût obtenir le corps parfaitement pur.

En distillant ensemble deux corps dont l'un est plus volatil, la vapeur de celui qui est plus volatil se dégagera la première et entraînera avec elle la vapeur de l'autre. Cette circonstance est d'un grand intérêt dans quelques circonstances particulières. Ainsi nous avons vu que l'on pouvait, étant donné un mélange d'essence de térébenthine et d'eau, opérer parfaitement la distillation à 100°, quoique l'essence ne bouille qu'à 155°; parce qu'alors la vapeur d'eau qui bout à 100° reçoit la vapeur d'essence, qui peut se former à cette température et la porte avec elle dans le récipient. L'essence ne bouillirait qu'à 200°, on pourrait de même opérer la distillation, seulement elle serait plus lente. En général la distillation par le moyen de l'eau sera d'autant plus rapide, que le corps qu'il s'agit de distiller sera plus volatil.

Vous allez sentir l'avantage de ce procédé. Supposons un corps qui se détruise par l'action de la chaleur au point de son ébullition, ce qui arrive pour beaucoup d'essences qui sont en général des substances très fugaces. Si on voulait distiller ces substances seules, on serait obligé de les porter au point de leur ébullition, et dans ce cas on courrait le risque de les altérer. Les distillateurs ont alors recours au moyen dont je viens de parler.

Ce n'est pas là la seule application. Il y a une foule de circonstances dans lesquelles la distillation s'opère uniquement à la faveur d'un gaz qui se produit ou que l'on fait passer artificiellement sur le corps qu'on veut distiller. Il y a beaucoup de corps qui se décomposent tout près du point de leur ébullition, c'est-à-dire près du point où leur vapeur peut soutenir seule la pression atmosphérique. L'acide oxalique, l'indigo et diverses substances végétales, sont dans ce cas. Si on fait passer un courant de gaz ou de vapeur à 100° sur ces corps, ce courant entraîne la vapeur du corps long-temps avant qu'ils soient en ébullition, et par conséquent il n'y a pas de décomposition.

Il y a des corps qui se volatilisent seulement à la vapeur des gaz produits par le corps qui est en distillation. Ainsi en distillant l'acide oxalique, il y a une portion qui se décompose; cette portion est un gaz qui entraîne l'autre portion qui n'est pas décomposée.

En général, lorsqu'une substance se décompose au point de son ébullition ou quelque temps avant, il y a un avantage réel à en opérer la distillation ou dans le vide, ou au moyen d'un gaz étranger, sans action sur la substance qu'on veut distiller, ou d'une vapeur; la vapeur d'eau, par exemple, qu'on fait arriver à la température la plus élevée qu'il soit possible.

SUITE DE LA PRODUCTION DU FROID PAR L'ÉVAPORATION.

Nous avons commencé dans la dernière séance, à nous occuper du froid produit par l'évaporation, et nous avons dit que le froid produit par l'évaporation pouvait avoir lieu ou dans le vide absolu, ou bien dans un gaz. Il y avait à examiner ces deux circonstances. La plus simple est celle où l'évaporation se fait dans le vide. Dans ce cas, le liquide se trouvant dans un espace supposé indéfini, la vapeur se produit très rapidement, et le vide est rempli en très peu de temps. Alors la vapeur devant absorber une certaine quantité de calorique qu'elle rend latent, et ce calorique ne pouvant être fourni dans le vide que par le liquide lui-même, il doit en résulter nécessairement un abaissement de température. Voilà le fait général.

A mesure que le liquide se refroidit par la production de la vapeur, il produit de la vapeur d'une densité ou d'une force élastique, ce qui est la même chose, de plus en plus faible, de sorte que la production du froid doit aller nécessairement en diminuant; et comme la force élastique des liquides suit une progression décroissante extrêmement rapide, il en résulte que la cause de production du froid devra diminuer suivant une progression décroissant aussi d'une manière très rapide.

S'il n'y avait pas de cause étrangère qui puisse altérer le résultat, il n'y aurait pas de raison pour que le froid ne fût pas, pour ainsi dire, indéfini; il n'aurait pas d'autre limite que la production de la vapeur. Mais le froid ne va pas ainsi indéfiniment, parce qu'à mesure que le liquide se refroidit, il reçoit de plus en plus du calorique des corps environnans. Ainsi, d'une part, le froid va toujours en diminuant d'intensité, et d'un autre côté la quantité de calorique fournie par les corps environnans va continuellement en augmentant; elle est proportionnelle, comme nous l'avons établi, à la différence de température des deux corps. Par conséquent, il arrivera nécessairement un point où le calorique absorbé par l'évaporation sera égal au calorique que le corps reçoit des corps environnans; et toutes les fois que cette circonstance arrivera, on aura le maximum de froid qu'il est possible d'obtenir dans la circonstance où l'on s'est placé. Mais on peut reculer ce maximum de froid en faisant varier la température initiale.

Nous avons, dans la dernière séance, indiqué le moyen employé par M. Leslie pour faire congeler l'eau. On est parvenu au même résultat par d'autres procédés qui reviennent tous à celui de M. Leslie. Ainsi, au lieu d'absorber la vapeur par le moyen de l'acide sulfurique, on peut se servir du froid pour condenser la vapeur. C'est une variation de l'expérience de M. Leslie qui a été faite par le docteur Wollaston. Voici en quoi consiste l'appareil de ce dernier : Imaginez, fig. 1, un tube ab, dont l'extrémité a est arrondie, et dont l'extrémité b se termine en pointe. On expulse une partie de l'air qui est dans ce tube en l'exposant à la chaleur; on le plonge dans l'eau par son extrémité *b* qui a une petite ouverture. Au moyen du refroidissement qui a lieu, il se produit un vide dans l'intérieur et une certaine quantité d'eau y pénètre. On fait ensuite chauffer cette eau jusqu'au point d'ébullition, de manière qu'il se forme de la vapeur qui chasse tout l'air du tube. Lorsqu'on est bien certain que tout l'air est chassé, on ferme à la lampe l'extrémité du tube. On a ainsi un tube vide d'air, dans lequel il y a de l'eau qui produira de la vapeur au degré de tension déterminé par la température. Si l'on plonge l'extrémité *b* du tube dans un vase rempli d'un mélange frigorifique qui soit, par exemple, à la température de 20° au-dessous de zéro, voilà ce qui arrivera : l'eau qui est dans la partie *a* du tube qui est à la température de $+ 10°$, produit de la vapeur qui aurait une force élastique correspondante à 10°, si tout l'espace était à la même température, mais en arrivant dans la partie du tube qui plonge dans le mélange frigorifique, elle y éprouve un refroidissement, et doit se condenser : de sorte que le *maximum* de tension que nous pouvons avoir dans cette circonstance est celui correspondant à — 20°. De cette manière il y aura production continuelle de vapeur et condensation continuelle ; de telle sorte que la température de l'eau qui est dans la partie inférieure du tube finit par se refroidir, et se congeler complètement.

Comme vous le voyez, il n'y a de différence entre le procédé de Leslie et celui de Wollaston, qu'en ce que le premier absorbe la vapeur au moyen de l'acide sulfurique et que le second la condense au moyen du froid.

Enfin il est un autre moyen pratiqué depuis long-temps pour faire congeler l'eau. Ce moyen consiste à renfermer de l'eau dans de petites boules de verre, et à mettre ces boules dans un vase rempli d'éther sulfurique que l'on place sous le récipient de la machine pneumatique. En faisant le vide, l'éther qui est très volatil se répand avec une extrême rapidité dans l'espace vide, et on le voit se condenser sur les parois de la cloche qui recouvre le vase où est l'éther. On remarque même que l'éther bout avec violence et offre un exemple de ces soubresauts dont j'ai parlé dans la dernière séance. Au moyen de la vapeur qui se forme et qui absorbe une grande quantité de calorique qu'elle rend latent, la température de l'éther s'abaisse considérablement, et l'eau plongée dans un milieu qui se refroidit, finit par se congeler.

La même expérience pourrait se faire avec le sulfure de carbone liquide. Le docteur Marçay est parvenu, en prenant du sulfure de carbone à la température de 21°, à produire un froid suffisant pour faire congeler le mercure; il dit même avoir obtenu un froid de 63°, mais il est probable qu'il y a erreur, car nous avons répété plusieurs fois l'expérience du docteur Marçay, et nous ne sommes jamais parvenus au résultat qu'il a donné.

Avec l'acide sulfureux liquide , pris à la température de 20° au-dessous de zéro, et exposé dans le vide ou bien à un courant de gaz, on produit un froid qui va au-delà de 60°. Cette expérience, qui est très curieuse, ne peut être faite dans cet amphithéâtre, parce que l'acide sulfureux a une odeur extrêmement désagréable : l'expérience ne peut être faite que dans un local convenable. Vous concevrez facilement que cet acide puisse produire un froid aussi considérable, en songeant que cet acide est éminemment volatil, puisqu'à une température ordinaire il est à l'état gazeux.

Après avoir montré combien est grand l'abaissement de température qui est produit par l'évaporation qui a lieu dans le vide, il me reste à vous entretenir du froid qui est produit lorsque l'évaporation se fait dans l'air.

Comme il se forme une quantité égale de vapeur dans un espace, soit que cet espace soit vide, soit que cet espace soit occupé par un gaz, et que cette vapeur a la même force élastique, il est évident qu'elle doit prendre la même quantité de calorique dans l'une et l'autre circonstance. Mais quand l'évaporation a lieu dans l'air, voici ce qui arrive. Si l'air est parfaitement tranquille, l'évaporation serait très lente, et par conséquent l'abaissement de température serait très peu sensible; mais si l'air peut se renouveler, il se forme une plus grande quantité de vapeur.

Pendant que l'air se renouvelle ainsi, il vient toucher la surface du liquide qui fournit la vapeur. Or l'air n'est pas absolument passif dans cette circonstance ; il vient avec une certaine température et communique une certaine chaleur au liquide. Il est donc clair que l'abaissement de température ne pourra être aussi considérable que lorsque l'évaporation a lieu dans le vide.

Ainsi, dans le cas du vide, c'est le corps liquide qui fournit toute la chaleur ; mais si nous avons, pendant l'acte de la vaporisation, le contact d'un air chaud qui arrive toujours à la même température qui, par conséquent, tend à élever la température de la masse liquide, en même temps que les corps environnans envoient une certaine quantité de chaleur, il est évident qu'il se produira moins de froid. Ainsi, toutes choses égales d'ailleurs, le *maximum* de froid qu'on peut obtenir dans l'air, sera moindre que le *maximum* de froid qu'on peut obtenir dans le vide.

Lorsque l'expérience se fait avec de l'éther, du sulfure de carbone ou de l'acide sulfureux, on peut faire abstraction de l'humidité de l'air, parce que l'air humide, par rapport à ces diverses substances, est comme de l'air sec, parce qu'il n'y a dans l'air ni éther, ni sulfure de carbone, ni acide sulfureux; mais si nous considérions le phénomène par rapport à l'évaporation de l'eau, celle qui se trouve dans l'air viendrait altérer les résultats. Si on prend de l'air saturé d'humidité, il n'y a plus d'évaporation, parce que l'air renfermant déjà toute la quantité d'eau qu'il peut renfermer, lorsqu'il viendra à passer sur une surface liquide, il ne pourra absorber aucune partie de ce liquide. Mais si l'air est parfaitement sec, alors la vapeur se forme comme dans le vide, et il y a production de froid.

Il y a déjà long-temps que Franklin et des physiciens italiens avaient observé qu'un thermomètre plongé dans une masse d'eau, placée dans un appartement, n'indiquait pas la même température qu'un autre thermomètre qui était plongé dans l'air du même appartement; mais ils ignoraient la véritable cause de ce phénomène. Cette cause est aujourd'hui bien connue, et on sait que le thermomètre ne baisse que parce que l'eau produit sans cesse de la vapeur, et par conséquent se refroidit à mesure que la vapeur se produit. En général, on peut dire que la température d'une masse liquide, toutes choses égales d'ailleurs, sera toujours plus basse que celle des corps environnans, en raison de l'évaporation qui aura lieu.

Pour apprécier dans toute son étendue le phénomène du refroidissement produit par l'évaporation dans l'air, il faut prendre de l'air sec et voir l'abaissement de température qu'il produira en passant sur une surface d'eau. Voici quel est le genre d'appareil que nous allons employer.

Soit, fig. 2, un tube un peu large *A*, rempli de chlorure de calcium, corps très avide d'humidité, et par conséquent très propre à absorber toute celle que l'air pourrait contenir. L'air pénètre dans ce tube par un tube plus étroit *t*, et à sa sortie du tube *A* il vient rencontrer deux thermomètres placés dans deux tubulures *c*, *d*. Le premier de ces thermomètres est destiné à donner la température de l'air, et le second dont la boule est entourée de papier ou de batiste mouillée, est destiné à faire connaître l'abaissement de température produit par l'évaporation de la couche d'humidité. Le troisième tube t communique avec une machine pneumatique, de manière qu'on obtient un courant plus ou moins rapide, en raison de la vitesse avec laquelle on fait marcher les pistons.

Je vais indiquer quelques résultats d'expérience faits avec l'appareil que je viens de décrire. Seulement au lieu de pomper l'air, ce qui peut donner de l'incertitude relativement à la vitesse du courant, on détermine un courant constant au moyen des gazomètres dont j'ai parlé précédemment.

Température de l'air sec.	Abaissement de température produit.
0°.	5°,85.
5	7 ,25.
10	8 ,97.
15	10 ,82.
20	12 ,73.
25	14 ,70.
30	16 ,74.

En prenant l'abaissement produit par de l'air à 8°, nous le trouverions égal à 8° 26, c'est-à-dire que l'eau serait descendue au-dessous de zéro. Par conséquent avec de l'air au-dessous de 8°, nous pourrions produire un abaissement de température suffisant pour faire congeler l'eau.

Nous aurons occasion de revenir sur le phénomène de l'évaporation qui a lieu dans l'air, lorsque nous traiterons de l'hygrométrie, c'est-à-dire lorsque nous apprendrons à connaître la quantité d'eau qui se trouve dans l'air.

Il y a une circonstance qui fait varier l'intensité de froid produit. Nous avons supposé jusqu'ici que nous opérions sous la pression de 76 centimètres de mercure. Si l'air fournit de la chaleur, il en fournira d'autant plus qu'il sera plus dense, d'autant moins qu'il sera moins dense. Ainsi la cause de la production du froid restant la même, le refroidissement sera d'autant plus grand que la température sera plus rare, et il se rapprochera d'autant plus du *maximum* qu'on peut obtenir dans le vide; parce que plus l'air devient rare, plus il se rapproche du vide parfait.

On peut soumettre ces divers phénomènes au calcul, mais on manque de données bien certaines, parce qu'il y a plusieurs causes qui concourent, comme le calorique rayonnant lancé par les corps environnans, qu'il faudrait pouvoir apprécier dans chaque circonstance particulière. Néanmoins les résultats ont été calculés et exprimés, par une expression que je ne citerai pas. Seulement je dirai que dans les basses températures la différence est très peu de chose. Le *maximum* de froid qu'on peut obtenir dans un air sec à une température ordinaire ne pourrait jamais dépasser 16 à 17 degrés. Des expériences faites au Bengale ont fourni des résultats qui s'éloignent infiniment peu de ceux-ci.

Saussure a passé plusieurs semaines dans les Alpes et il a fait sur le col du Géant, situé à une hauteur considérable où le mercure ne se tient qu'à 513 millimètres, des expériences extrêmement intéressantes qu'il a décrites dans son Voyage sur les Alpes. Il s'est occupé principalement des phénomènes qui se rapportent à la production du froid produit par l'évaporation. La manière la plus simple de faire ces expériences, quand on veut savoir comment le phénomène a lieu dans l'air, consiste à prendre un thermomètre que l'on attache à une ficelle et que l'on fait tourner comme une fronde, ce qui peut se faire sans aucun danger que le thermomètre casse. En faisant cette expérience sur le col du Géant, dans un air très dilaté, Saussure a obtenu un refroidissement de 9°, 4, l'air étant à la température de 10°, 1. Ce résultat diffère peu de celui obtenu directement par l'expérience faite avec de l'air parfaitement sec. Ce dernier résultat était de 8°, 97.

MACHINES A FEU.

Après avoir parlé des vapeurs, de leur formation, de leur mélange avec les gaz, nous allons chercher à faire une application de ce que nous avons dit, et parler des machines à feu, en nous bornant simplement à faire connaître le principe physique sur lequel ces machines sont fondées. Car autrement il faudrait consacrer plusieurs séances à cet objet dont les détails appartiennent plutot à la mécanique qu'à un cours de physique.

Etant donné un volume de vapeur formée sous la pression ordinaire de l'atmosphère, si cette vapeur vient à se condenser complètement, ce qui peut arriver par un abaissement suffisant de température, il se forme un vide que nous pouvons supposer absolu, si le froid est suffisant, et alors l'air qui pressait de toutes parts l'espace qui était occupé par la vapeur, avec une force égale à 76 centimètres, ou, si c'est de l'eau qui entoure cet espace, en recevant elle-même sa pression de l'atmosphère, l'air ou l'eau pénètre dans l'espace vide pour le remplir, avec une force qui serait égale au poids d'une colonne de mercure qui aurait pour hauteur 76 centimètres, ou d'une colonne d'eau qui aurait pour hauteur 10 mètres, 336.

Pour vous former une idée bien simple de la chose, il faut concevoir, fig. 3, un espace dans lequel se trouve la vapeur, par exemple, un décimètre cube, communiquant par le moyen d'un tube fort étroit avec de l'eau qui se trouve en bas à une profondeur de 10^m 336. Nous supposons le tube très étroit, pour pouvoir faire abstraction de la quantité de vapeur qui pourrait s'y loger. Si maintenant nous supposons que cette vapeur se condense complètement, qu'il y ait un vide parfait, l'air extérieur va forcer l'eau à monter dans l'espace qui était occupé par la vapeur : en d'autres termes, nous aurons élevé à la hauteur de 10 mètres, 336 un volume d'eau égal au volume de la vapeur. Telle est l'expression simple de la puissance de la vapeur. Si nous avons une vapeur qui ait une force élastique double, elle élèvera un volume pareil d'eau à une hauteur double. Si la force élastique est triple, quadruple, etc., elle élèvera un pareil volume d'eau à une hauteur triple, quadruple, etc., ainsi de suite : de manière qu'en général un volume de vapeur sous une pression déterminée va, par sa condensation, déterminer l'élévation d'un égal volume d'eau à autant de fois 10^m 336 que la vapeur supportera d'atmosphères.

Il s'agit de voir maintenant comment on peut tirer parti de cette force de la vapeur pour faire mouvoir une machine. Pour cela, on a recours à un appareil simple qui consiste dans un cylindre, fig. 4, fermé par les deux extrémités et dans lequel glisse un piston qui s'applique parfaitement contre les parois du cylindre. Une tige est fixée au piston, de manière que quand le piston monte ou descend la tige monte ou descend également, et détermine l'ascension ou la descente d'un balancier. Supposons maintenant que l'on fasse arriver de la vapeur dans ce cylindre, et pour cela on conçoit une chaudière qui puisse fournir de la vapeur assez abondante pour que la tension de cette vapeur ne change pas. Le cylindre communique avec la chaudière par sa partie supérieure et par sa partie inférieure. Si les deux communications sont ouvertes à la fois, le piston sera en équilibre, parce qu'il y aura de la vapeur en dessus et en dessous du piston ; mais si nous supposons que l'on intercepte la communication inférieure, et que par un moyen quelconque on condense la vapeur au-dessous du piston, il se produira un vide. Alors le piston, dans la partie supérieure, étant pressé par la vapeur dont la pression est mesurée par une colonne d'eau qui aurait pour base la base du piston et pour hauteur 10^m, 336, ce piston descendra, poussé par cette force, et il arrivera jusqu'en bas, entraînant avec lui le balancier.

Supposons à présent qu'on ferme la communication supérieure, qu'on condense la vapeur au-dessus du piston, et qu'on ouvre le robinet inférieur pour faire arriver la vapeur. Alors la pression se trouve détruite dans la partie supérieure au moyen du vide qui s'est opéré par la condensation de la vapeur; au contraire, la vapeur qui s'insinue sous le piston le presse avec une force égale à une colonne d'eau de 10 mètres 336 ; par conséquent, le piston doit remonter. En ouvrant ainsi alternativement le robinet inférieur et le robinet supérieur, et en condensant la vapeur tantôt en dessus, tantôt en dessous du piston, nous aurons un mouvement alternatif du piston, mouvement qui se communiquera au balancier, et nous fournira par conséquent une force motrice que nous pourrons appliquer à produire tel ou tel résultat. Telle est l'idée simple que nous pouvons nous former de l'action de la vapeur dans un cylindre, et partant dans ce qu'on appelle des machines à feu.

Il s'agit de bien comprendre maintenant comment s'opère la condensation de la vapeur, et comment en un mot on peut faire marcher la machine, sans autre secours que celui qui serait nécessaire pour entretenir le foyer.

La première chose à faire est de condenser la vapeur : c'est à quoi l'on parvient facilement. Vous concevez qu'on pourrait, au moyen d'une ouverture pratiquée dans le cylindre et fermée par un robinet, faire arriver à volonté de l'eau froide dans l'intérieur du cylindre. Cette eau froide en contact avec la vapeur, la condenserait brusquement et le vide serait produit au degré de tension déterminé par la température à laquelle l'eau se trouve. C'est en effet ce qu'on a fait dans le commencement de la machine à feu, qui ne s'est perfectionnée que peu à peu. Mais voilà ce qui arrivait : en jetant de l'eau froide dans le cylindre pour condenser la vapeur, on refroidissait en même temps le cylindre qui était en fonte et présentait une masse considérable, de sorte qu'il en résultait une très grande perte de combustibles. Pour éviter cet inconvénient, on opère la condensation loin du cylindre. Cette condensation hors du cylindre constitue le grand perfectionnement apporté par Watt dans les machines à feu. Remarquons encore ici une application du principe dont nous avons déjà eu occasion de parler plusieurs fois, que lorsqu'un espace est exposé à deux températures différentes, la tension de la vapeur est toujours celle qui est déterminée par la plus basse température : de sorte que si le cylindre rempli de vapeur communique par un tube avec un autre espace quelconque placé à distance et où il y a de l'eau froide, la vapeur arrive dans cet espace, s'y condense, et le vide a lieu dans le cylindre ; on évite ainsi cet inconvénient de refroidir les parois du cylindre par l'injection de l'eau froide.

Quelle sera la quantité d'eau qui sera nécessaire pour déterminer la condensation de la vapeur ? Cette quantité est variable, elle dépend de la température de l'eau qu'on emploie. Dans l'hiver, par exemple, on peut avoir de l'eau à la glace, et vous concevez alors qu'il en faudra moins pour abaisser la température de la vapeur que lorsque la température de l'eau sera à 18 ou 20°, qui est la température moyenne de l'eau pendant l'été.

Vous vous rappelez que l'eau pour se réduire en vapeur absorbe une quantité de calorique latent qui est égale à 591°, et que la vapeur qui a absorbé 531° peut, en se réduisant en liquide, donner de l'eau à 100°; et, par conséquent, pour fournir de l'eau à zéro, il faudra que la vapeur abandonne 631°. D'après cela, il est facile de trouver quelle est la quantité d'eau qu'il faut injecter pour condenser un volume donné de vapeur. Si nous représentons, par exemple par p, le poids de la vapeur, cette vapeur contiendra une quantité de chaleur que nous exprimerons par p (631°); c'est là la chaleur qu'il faut détruire en la portant dans une masse d'eau qui soit à une température beaucoup plus basse.

On se propose ordinairement dans la condensation d'avoir cette condensation à tel degré. On dit, par exemple, je veux que l'eau de condensation soit à 30°, qu'elle soit à 40°, à 50°. En général, il faut prendre cette condensation à la température la plus basse possible, parce qu'alors on atténue de plus en plus la force élastique de la vapeur. Mais à tout cela il y a une limite, ce sera, par exemple, 30°. Ainsi, nous voulons que l'eau de condensation, c'est-à-dire, l'eau froide mêlée avec la vapeur ait une température de 30°. Nous demandons dans cette hypothèse quelle est la quantité d'eau froide qu'il faudra injecter. Représentant par T la température du mélange et par t la température de l'eau froide, nous aurions :

$$p \ (631°) = (p + x) \ (T - t)$$

D'où on tire pour la valeur de x, qui représente la quantité d'eau à injecter

$$x = p \times \frac{631 - T' + t}{T - t} = p \times \frac{631 - 30 + 0}{30 - 0} = p \times \frac{601}{30}$$
$$= p \times 20{,}03.$$

C'est-à-dire que, si nous voulions condenser la vapeur avec de l'eau froide qui est supposée à zéro, de manière que la température du mélange soit à 30°, il faudra prendre une quantité d'eau qui soit 20,03 fois plus grande que la quantité de vapeur.

Si nous supposons qu'au lieu de prendre de l'eau à zéro, nous prenions de l'eau à 15°, nous trouverons que la quantité d'eau froide à prendre serait :

$$x = p \times \frac{631 - T + t}{T - t} = p \times \frac{631 - 30 + 15}{30 - 15} = p \times \frac{616}{15}$$
$$= p \times 41{,}06.$$

C'est-à-dire que, si nous prenons de l'eau à 15° pour refroidir la vapeur, il faudra prendre une quantité d'eau 41,06 fois plus considérable que la quantité de vapeur qu'il s'agit de condenser.

Nous allons donner quelques détails sur la machine à feu, fig. 5, et vous indiquer comment le mouvement général est reçu et transmis.

Au sortir de la chaudière, la vapeur est conduite entre deux cylindres, CC, $C'C'$, qui ont même axe, et tels, par conséquent que $C'C$ enveloppe CC. Par le mécanisme d'un tiroir T qui peut monter et descendre, et par les ouvertures u, v, la vapeur passe alternativement au-dessus et au-dessous du piston P', qu'elle contraint tour à tour de descendre et de monter ; ce piston est invariablement fixé à une tige verticale t, laquelle transmet son mouvement, au moyen d'un parallélogramme $LMNO$, à un levier LL, qui se meut dans un plan vertical, autour d'un axe horizontal X. Le levier monte et descend avec le piston P. Sa branche L' fait alternativement monter et descendre une bièle inflexible F, qui fait tourner la manivelle G autour d'un axe horizontal Y. Le même axe Y porte un volant VV, qui sert à transmettre le mouvement avec régularité. Enfin l'axe Y transmet l'action de la machine à vapeur à ce qu'on appelle *l'arbre de couche*.

Le système que nous venons de décrire change par conséquent un mouvement rectiligne de haut en bas et de bas en haut, tel que celui du piston P', en un mouvement circulaire et continu, tel que celui du volant VV et de l'arbre de couche mû par l'axe Y.

Nous allons maintenant expliquer comment la vapeur passe tantôt en dessus et tantôt en dessous du piston, et comment, tandis que la vapeur s'accumule d'un côté du piston, la vapeur précédemment accumulée du côté opposé est soustraite par l'effet de la condensation.

CC est un cylindre droit vertical dans lequel joue le piston P'; un cylindre extérieur $C'C'$, ayant même axe que le cylindre CC, lui sert d'enveloppe : c'est entre ces deux cylindres que la vapeur arrive de la chaudière.

On voit en T ce qu'on appelle le *tiroir* : c'est un demi-cylindre vertical et creux, qui joue dans un emboîtement de même forme. Entre le tiroir et le cylindre extérieur ou enveloppe $C'C'$, est un vide par lequel s'effectue un passage alternatif de vapeur, que nous allons expliquer.

Dans la figure 5 et la figure 6, le tiroir est monté le plus haut possible; dans la figure 7, il est descendu le plus bas possible. Voici quel est le jeu de la vapeur pour ces deux positions.

Dans la position fig. 5 et 6, où le tiroir est le plus haut possible, la vapeur que fournit la chaudière passe de S entre le tiroir T et le cylindre C', pour gagner le haut du cylindre CC par le conduit u; elle tend à faire descendre le piston. Dans cette position du tiroir, le bas du cylindre est en communication, par les ouvertures v et v', avec le tuyau v'', fig. 5, qui mène au réfrigérant ou condenseur. Alors la vapeur introduite sous le piston se condense, et le piston descend.

Quand le piston arrive au bas de sa course, le tiroir remonte et prend la position qu'indique la fig. 7; la vapeur qui vient de la chaudière, et passe par s, descend en v sous le piston qu'elle tend à faire remonter. Au contraire, la vapeur accumulée sur le piston descend par u et le milieu T du tiroir jusqu'en D'', pour se rendre par v' dans le condenseur. Alors le piston remonte.

La fig. 5 nous fait connaître la manière dont la soupape s est plus ou moins ouverte.

Il faut dire, à présent, de quelle manière on fait alternativement monter et descendre le tiroir T. On place un excentrique E, fig. 5, sur l'axe Y du volant; un collier métallique, dans lequel peut tourner cet excentrique, est fixé au triangle MNM. Le sommet N de ce triangle est boulonné avec un levier coudé NPQ. P représente un axe fixe autour duquel ce levier tourne quand l'excentrique tourne avec le volant. L'excentrique fait tour à tour avancer et reculer le triangle MNM, ce qui donne un petit mouvement de va-et-vient au levier coudé NPQ, et, par conséquent, fait alternativement monter et descendre l'extrémité Q, laquelle agit pour élever et pour abaisser la tige verticale FF, fixée à l'extrémité inférieure du tiroir T, fig. 6 et 7. Lorsque le volant fait un tour complet, le piston fait une course complète de montée et de descente ; le tiroir fait également une course de montée et de descente ; et, quand une fois le mouvement a commencé, il doit continuer avec régularité.

Passons à la partie du mécanisme relative à la condensation de la vapeur. On remarque un levier horizontal l, fig. 5, dont l'extrémité fait alternativement monter et descendre une tige verticale l', pour ouvrir et fermer le passage e à l'eau qui se projette dans le condenseur. Ce mouvement alternatif est, comme celui du tiroir, réglé par le levier coudé NPQ. La pompe p sert pour extraire l'eau qui vient d'être employée dans le condenseur. Cette pompe est mise en mouvement par la partie ON du parallélogramme $LMNO$; par conséquent, les deux pistons, P' et p, montent et descendent en même temps.

L'eau réfrigérante, après avoir absorbé la vapeur, puis être retombée de K en K', est élevée par une première pompe p et par une seconde p'.

La fig. 5 présente une modification qui mérite d'être remarquée ; c'est un conduit ff', dans lequel passent l'air et l'eau réfrigérante, aspirés par la pompe p. L'air, en soulevant le clapet f', se dégage librement ; l'eau refrigérante, purgée de cet air, tombe dans le réservoir r, d'où elle est refoulée dans la chaudière au moyen de la pompe $p'p'$.

Une troisième pompe $p''p''$ sert pour aspirer de l'eau fraîche et remplir un réservoir R, qui fournit en e l'eau destinée au réfrigérant.

IMPRIMERIE DE E. DUVERGER,
RUE DE VERNEUIL, N. 4.

COURS DE PHYSIQUE.

LEÇON VINGT-NEUVIÈME.

(Samedi, 23 Février 1828.)

SUITE DE LA MACHINE A FEU.

Nous avons cherché à vous donner une idée générale de la machine à feu, je dis une idée générale, car il eût été impossible d'entrer dans tous les détails convenables, relatifs à la construction de cette machine, et relativement à ses effets et surtout relativement aux calculs de ces effets; objet qui appartient plus particulièrement à la mécanique et qui est exposé avec les plus grands détails par M. Clément, dans le cours qu'il fait chaque année au Conservatoire des arts et métiers.

Vous avez vu que l'agent des machines à feu est la vapeur, et que la puissance de cette vapeur s'exprime d'une manière très simple, puisqu'un volume donné de vapeur d'eau peut élever un pareil volume d'eau à la hauteur de $10^m,336$, ou à la hauteur d'environ 32 pieds. Vous avez vu ensuite que la machine à vapeur se réduit, pour ainsi dire, à un cylindre dans lequel glisse un piston, qu'on fait monter et descendre alternativement, tantôt en faisant arriver la vapeur en dessus du piston et en la condensant en dessous, tantôt en la faisant arriver en dessous et en la condensant en dessus; de sorte qu'il faut parvenir à faire arriver, d'une part la vapeur dans le cylindre, et de l'autre à la condenser. C'est ce qui se fait en établissant une communication entre le cylindre et une chaudière qui fournit de la vapeur indéfiniment, ce qu'il faut admettre, et en établissant une autre communication entre le cylindre et un réservoir appelé condenseur, où on entretient un vide, non pas parfait, mais à environ quatre cinquièmes. Ce vide se fait au moyen d'une pompe mise en jeu par la machine elle-même. Ce condenseur est maintenu à une basse température, au moyen de l'eau qui l'enveloppe de toutes parts et de l'eau qui est injectée continuellement dans l'intérieur. Cette eau injectée refroidit la vapeur, et, par conséquent, détruit sa force élastique.

Vous avez vu que la quantité d'eau qui est nécessaire pour cette condensation de la vapeur est relative à la température de l'eau qu'on emploie. Ainsi, en hiver, où la température peut être obtenue à zéro, il faut moins d'eau que lorsque la température de cette eau est, comme dans l'été, à 18 ou 20°. Ainsi donc, on doit, suivant les saisons, faire arriver des quantités variables d'eau pour la condensation. C'est une chose à laquelle il est bon d'avoir égard, parce qu'il peut souvent arriver qu'on ne se procure l'eau dont on a besoin qu'avec de grandes difficultés.

Etant donnée la température que l'on désire que l'eau ait après la condensation, et la température primitive de l'eau, il est facile de trouver la quantité d'eau qu'on doit employer. Il y a une petite correction à faire dans le calcul au moyen duquel nous sommes parvenus, dans la dernière séance, à déterminer cette quantité d'eau nécessaire pour la condensation. Lorsque la vapeur se condense, elle produit un pareil poids d'eau. On veut, par exemple, que l'eau soit à 30° après la condensation. Vous avez pour la quantité de chaleur que vous devez disséminer dans une masse d'eau 631°; le poids de la vapeur est exprimé par p; le mélange passe ensuite à la température de 30°; c'est-à-dire que p multipliant 631 est égal à p multipliant 30°, qui est la température qu'on désire avoir, plus la quantité d'eau qu'on ne connaît pas, et que je représente par x, multipliée par la température à laquelle l'eau arrive, moins la température à laquelle elle était primitivement; de sorte que l'on aura :

$$p \times 631° = p\,T + x\,(T - t)$$

D'où déduisant la valeur de x,

$$x = p\,\frac{(631 - T)}{(T - t)}$$

Cette expression, comme vous le voyez, diffère très peu de celle que nous avons donnée dans la dernière séance.

La machine à feu se régularise absolument d'elle-même, au moyen de ce qu'on appelle un régulateur qui consiste dans deux boules qui tendent à s'écarter l'une de l'autre. Par le mécanisme particulier qui les lie, elles ouvrent une soupape, lorsque la machine va trop lentement; et, au contraire, elles ferment cette soupape, lorsque la machine va trop vite. Dans le premier cas, il arrive plus de vapeur; il en arrive moins dans le second.

D'un autre côté, il est essentiel que la tige du piston se meuve toujours dans une direction parfaitement verticale, on y parvient au moyen d'un parallélogramme articulé, ce qui lui fait toujours décrire la même verticale d'une manière très sensible.

En un mot, vous avez vu que cette machine se suffit, pour ainsi dire, à elle-même, que tout ce qui lui est nécessaire lui est fourni par ses propres mouvemens; on n'a absolument besoin que d'entretenir le foyer.

La machine à feu est susceptible de produire les plus grands effets; il y a des machines de deux cents chevaux et même au-delà. Il est bon de dire ce qu'on entend par ces expressions *dix, cent chevaux*. Comme cette machine a une très grande puissance, il a fallu prendre une unité un peu forte; c'est la raison pour laquelle on a pris la force du cheval pour cette unité. Ainsi, quand on dit qu'une machine est équivalente à la force de dix chevaux, cela veut dire qu'elle est capable, en supposant qu'elle travaille continuellement, de faire ce que feraient dix chevaux constamment attelés et travaillant pendant le même temps. Ainsi, une machine de dix chevaux remplace dix chevaux et même en remplace vingt, parce que les chevaux sont obligés de se reposer. La puissance d'un cheval est exprimée d'une manière un peu variable; ce qui donne lieu à des contestations entre les constructeurs de machines et ceux qui les achètent. Tel artiste a telle manière de compter, tel autre a telle autre manière.

En général, par la force d'un cheval, on entend qu'un cheval peut élever en une seconde, si l'on prend la seconde pour unité de temps, de 70 à 80 kilogrammes d'eau à la hauteur d'un mètre; je dis 70 à 80, parce que, entre ces nombres, se trouvent à peu près compris les divers nombres employés par les différens constructeurs.

Dans les machines de Watt, qui sont à simple pression, c'est-à-dire dans lesquelles la vapeur n'exerce que la pression atmosphérique, ou un peu plus, par exemple, un quart ou un sixième en sus, dans ces machines, en général, pour obtenir la force d'un cheval, il faut brûler cinq kilogrammes de charbon en une heure. On suppose que, dans ce cas, le charbon n'a pas toute la puissance qu'il peut avoir; mais, en général, dans ces sortes de calculs, il faut toujours se tenir plutôt en dessous qu'en dessus.

A côté de la machine à simple pression viennent se placer d'autres systèmes. Dans les uns, on emploie la vapeur ayant une densité et par conséquent une force élastique plus grande. Il suffit pour cela d'avoir des chaudières dans lesquelles la vapeur est portée à des températures de 122°, ce qui donnerait deux atmosphères; de 158°, ce qui donnerait trois atmosphères; ainsi de suite. Pour obtenir de la vapeur ainsi comprimée, il suffit de fermer la soupape qui est adaptée à la chaudière, de manière qu'elle ne s'ouvre que lorsque la vapeur aura acquis la tension qu'on désire. Ainsi, voulons-nous avoir 4 atmosphères, qui est la pression sous laquelle on travaille assez généralement? Supposons que nous ayons une soupape qui ait un pouce carré, j'emploie cette expression parce que cette mesure est encore d'un très grand usage parmi les artistes; si cette soupape n'était soumise qu'à une simple pression atmosphérique, elle supporterait un poids qui serait, à fort peu de chose près, de 15 livres. Lorsqu'on travaille sous une atmosphère, la soupape ne doit pas être chargée, parce que l'air pèse autant en dessus que la vapeur en dessous; mais, si vous voulez travailler sous deux atmosphères, vous serez obligés d'ajouter au poids de l'atmosphère un poids suffisant pour représenter la colonne atmosphérique, c'est-à-dire un poids de 15 livres, si la soupape est d'un pouce carré; et, pour chaque atmosphère en sus que vous voudrez avoir, il faudra ajouter un pareil poids de 15 livres. Vous concevez parfaitement que, lorsque le même volume de vapeur aura une densité deux fois plus grande, il produira un effet deux fois plus grand; que, lorsqu'il aura une densité quatre fois plus grande, il produira un effet quatre fois plus grand, et ainsi de suite.

Ces machines ne diffèrent des machines à pression ordinaire qu'en ce qu'on emploie de la vapeur plus condensée. Cependant elles ont un avantage que n'ont pas ces dernières; elles permettent une économie sur le combustible. En effet, sans entrer dans le détail de ces machines, qui ne nous appartient pas, je suppose que nous ayons une machine travaillant sous une pression de deux atmosphères; vous savez que, quand le piston est arrivé au bas de sa course, la soupape qui communique au condenseur s'ouvre, et la vapeur s'y précipite. Au lieu de faire arriver la machine dans le condenseur, imaginez que ce cylindre, fig. 1, soit comme une chaudière qui contienne de la vapeur à deux atmosphères, et que vous ayez un autre cylindre communiquant avec le premier. Puisque la vapeur exerce une pression de deux atmosphères dans le premier cylindre, elle pourra se porter dans le cylindre latéral. De cette manière, après avoir produit un effet avec de la vapeur deux fois plus condensée, vous pouvez profiter de la moitié de cette vapeur pour produire un effet deux fois plus petit.

Telle est l'idée qu'il faut se former du plus grand effet que peuvent produire les machines à haute pression. On a, en général, deux cylindres; mais on peut ne se servir que d'un cylindre, en ayant l'attention de ne le remplir de vapeur que jusqu'à moitié, et alors la détente de la vapeur produit le reste, de sorte que par là l'effet se trouve augmenté. Voilà la cause pour laquelle on emploie maintenant les machines à haute pression, je ne dirai pas généralement, car le système simple de Watt est encore beaucoup employé en Angleterre.

Il y a quelques objections assez graves à faire contre les machines à haute pression : elles sont faciles à se déranger : il faut que les pistons soient parfaitement bien faits; ils s'usent plus vite; la vapeur étant très comprimée, pour peu qu'il y ait des vides entre le piston et le cylindre, il se perd des quantités de vapeur considérables; enfin, ces machines sont exposées à faire explosion, ce qui n'arrive que très rarement aux machines à simple pression, qui sont aussi sujettes à faire explosion, lorsqu'on en fait des machines à haute pression, en fermant la soupape, et en ne consommant pas la vapeur à mesure qu'elle se forme à la tension déterminée par la force de la machine.

Il y a un autre système de machines désigné par le nom de *système de Trévithick*, dans lequel on perd la vapeur au lieu de la condenser. L'emploi de cette machine est avantageux dans les circonstances où l'on n'a pas d'eau à sa disposition, et principalement pour les machines loco-motives, employées maintenant à toutes sortes d'usages, par exemple, pour mouvoir des bateaux, des navires, des voitures; non pas les voitures publiques, car je doute que les essais qu'on a faits relativement à ce genre de voitures puissent amener quelques résultats utiles; mais on peut employer avec succès la vapeur pour faire mouvoir des voitures sur des routes déterminées, comme d'une mine de charbon à une fabrique. On a alors une machine qui fait mouvoir un grand nombre de chariots. Dans de pareilles machines, on ne condense pas la vapeur, on la perd, et on a alors l'avantage d'avoir des machines auxquelles on peut donner peu de volume. Mais il faut nécessairement travailler sous une pression plus élevée qu'une atmosphère : car, comme la vapeur doit se perdre dans l'air, il faut qu'elle ait une force suffisante pour vaincre la pression atmosphérique.

On a cherché, dans ces derniers temps, à tirer parti de la découverte de Faraday qui consiste à obtenir la liquéfaction de substances qu'on avait regardées comme des gaz permanens pour la construction de machines analogues à la machine à vapeur, qui auraient l'avantage d'avoir un très petit volume et une force considérable. Ainsi l'on sait, d'après les expériences de Faraday, que l'acide carbonique est liquide lorsqu'il est comprimé par 36 atmosphères, et qu'ensuite si on porte le même acide à la température de 100°, il a une force d'environ 80 atmosphères.

Voici comment on pourrait concevoir une machine qui recevrait sa force motrice de l'acide carbonique : Un cylindre *C*, fig. 2, reçoit un piston dont la tige sert à mettre en mouvement un balancier, de même que dans la machine à vapeur ordinaire. Imaginez à côté de ce cylindre deux serpentins *S s* dont l'un communique avec la partie supérieure, et dont l'autre communique avec la partie inférieure du cylindre. Ces serpentins sont placés dans de l'eau de manière qu'on peut, en échauffant ou en refroidissant cette eau, échauffer ou refroidir alternativement les serpentins. Supposons que dans l'intérieur du vase *V* et, par conséquent dans le serpentin, la température soit à zéro, ce qui nous donnerait 40 atmosphères pour la force élastique de l'acide carbonique. Supposons que le vase *V* et le serpentin *s* soient à la température de 100°, nous aurons par conséquent de ce côté 80 atmosphères, tandis que de l'autre, nous n'en avons que 40, par conséquent, le piston montera avec la différence de 40 à 80. Le piston arrivé au haut de sa course, vous ôtez l'eau chaude qui est dans le vase *V*, et vous la remplacez par de l'eau à zéro, et comme dans deux espaces qui communiquent, c'est la plus basse température qui détermine la force élastique, au lieu de 80, nous n'aurons plus dans le piston que 40, et si en même temps, nous avons échauffé le vase *V* à 100°, la force élastique, de ce côté, deviendra 80, tandis qu'elle est tombée à 40 de l'autre; par conséquent le piston descendra. En échauffant et refroidissant ainsi alternativement, vous pouvez faire monter et descendre le piston. Tel est le principe de la machine. On avait cru d'abord que cette machine offrirait de grands avantages; mais voici à quoi il faut faire attention : d'abord il faut conserver toujours la même quantité d'acide carbonique : on ne peut condenser avec un corps étranger, parce que l'acide carbonique est fort coûteux, et parce qu'il faut pour le faire entrer dans la machine un effort considérable ; cet acide attaque les corps avec lesquels il est en contact. En négligeant même ces circonstances, l'emploi de l'acide carbonique présente un inconvénient beaucoup plus grand ; il faut que les mouvemens d'une machine soient assez rapides, il faut que ses pulsations soient telles que le piston parcourre, c'est le principe général qu'on a adopté, à peu près un mètre par seconde. Eh bien, avec l'acide carbonique, on ne peut avoir qu'une machine très lente, parce qu'il faut que la chaleur que vous employez pour échauffer l'acide carbonique ait le temps de se communiquer à travers les parois métalliques assez fortes que vous employez; il faut ensuite que le froid extérieur pénètre pour opérer la condensation. Aussi M. Brunel qui a fait construire une semblable machine n'a pu obtenir que six pulsations par minute. Un autre inconvénient très grave, c'est que chaque fois que la machine fait un mouvement, il faut échauffer inutilement toute la partie métallique qui contient l'acide carbonique. Ensuite il ne faut pas croire que l'acide carbonique, pour passer de 40 à 80 atmosphères, n'emploie pas de chaleur, il en emploie une très grande quantité. Cette quantité est proportionnelle à la quantité d'acide qui se réduit en vapeur. Il en est pour cet acide de même que pour l'eau : la vapeur d'eau absorbe une certaine quantité de calorique latent pour se constituer à l'état de vapeur sous une pression déterminée, et quand elle devient deux fois plus dense, elle emploie une quantité de calorique deux fois plus grande. Sous ce point de vue, il n'y a pas économie. Il faut prendre garde aussi que l'acide carbonique ne produit pas un volume de vapeur aussi grand que l'eau. De tous les liquides connus jusqu'à présent, l'eau est celui qui donne le plus grand volume de vapeur. Enfin un autre inconvénient qui se joint à tous ceux que nous venons de vous faire remarquer, est la difficulté d'empêcher que sous une pression aussi forte le gaz ne puisse passer d'un côté du piston à l'autre. On parvient cependant jusqu'à certain point à remédier à ce dernier inconvénient, en ne faisant reposer l'acide carbonique que sur de l'huile qui, s'introduisant dans les plus petites sinuosités, empêche le gaz de passer.

HYGROMÉTRIE.

Nous allons nous occuper maintenant d'une partie de la physique qu'on désigne par le nom d'*hygrométrie*. L'hygrométrie a pour objet d'apprendre à mesurer la quantité d'hu-

midité qui est contenue dans un gaz à une température quelconque. Quand les gaz sont saturés d'humidité, et vous savez
ce qu'on entend par là, la question n'offre absolument aucune difficulté. En effet, nous avons vu que dans le même
espace, vide ou occupé par un gaz, la température restant
constante, il se forme la même quantité de vapeur; par conséquent si vous me donnez la température d'un gaz saturé
d'humidité, il me sera facile d'évaluer la quantité d'humidité
qui s'y trouve. On évalue d'abord la force élastique de la vapeur, et une fois que l'on sait que dans tel espace il y a une
vapeur qui a telle force élastique mesurée par une certaine
colonne de mercure, on a toutes les données suffisantes pour
parvenir à déterminer le poids de cette vapeur. Car si elle a
une force élastique exprimée par un centimètre, la vapeur
contenue dans l'espace donné a un poids égal à celui d'un
pareil volume d'air, à la pression d'un centimètre multiplié
par le rapport de 10 à 16. Vous concevez, puisque nous savons que l'air pèse 770 moins que l'eau, sous la pression de
76 centimètres, sous la pression de 1 centimètre il ne pèsera
que le 76°; quand vous aurez trouvé le poids de l'air, sous la
pression d'un centimètre, vous le multiplierez par $\frac{10}{16}$ et vous
aurez le poids de la vapeur.

Vous allez voir des applications nombreuses de ce fait
simple. Il arrive souvent en chimie et en physique qu'on
veut connaître la quantité de matière pondérable qui se trouve
dans des fluides élastiques. Ainsi on a un volume donné d'air
ou de gaz, V, à la température de 15° et sous la pression p, on
demande de corriger ce volume donné d'air ou de gaz de l'eau
qu'il renferme, c'est-à-dire de chercher ce que deviendrait
ce volume d'air, s'il était parfaitement sec, s'il y avait absence totale de vapeur. Rien n'est plus simple. Je regarde la
table de la force élastique dans le vide qui est la même que
dans l'air, quand il est saturé. A 15°, je trouve que la force
élastique est de 12 millimètres, 8; or dans un volume
donné renfermant plusieurs fluides élastiques, chaque fluide
élastique soutient une part de la pression totale, proportionnelle à sa quantité pondérable, et réciproquement la quantité
pondérable de chaque gaz qui se trouve dans le mélange est
proportionnelle à sa force élastique. Je suppose que nous
ayons 758 pour la pression du volume donné d'air que nous
considérons. Mais cette pression se compose 1° de la force
élastique propre de l'air supposé sec, 2° de la force élastique
de la vapeur qui, à la température de 15°, soutient 12 millimètres, 8; si donc de 758 millimètres j'en retranche 12,

8; les 745 millimètres 2 qui restent seront pour la pression que l'air supporte. Ainsi rien ne sera plus facile que de faire la correction de l'humidité contenue dans l'air. Mais cela suppose que l'air soit complètement saturé. Si maintenant l'on voulait ramener le volume V corrigé de la vapeur à ce qu'il serait sous la pression moyenne de 76, on a recours à la règle de Mariotte.

Ces calculs extrêmement simples se font journellement dans les laboratoires, où, lorsqu'on veut opérer sur des gaz, on commence par les supposer secs.

Ainsi nous sommes maintenant en état de faire d'une manière facile et prompte, sur un volume donné d'un gaz, les diverses corrections qu'il peut supporter. Ces corrections sont de trois sortes : celle de la pression, celle de l'humidité, et enfin celle de la température. On a, par exemple, un certain volume d'air à une température T, à une pression p, et il est saturé d'humidité ; on propose de réduire ce volume à la pression P, de l'avoir parfaitement sec et en même temps de l'avoir à la température t.

Toutes ces corrections se font au moyen de la formule suivante, dans laquelle f représente la force élastique de la vapeur, et v le volume corrigé :

$$ V \times \frac{p-f}{P} \left(\frac{267+t}{267+T} \right) = v $$

Nous venons de supposer que les gaz sont parfaitement saturés d'humidité, et les corrections sont alors extrêmement faciles ; mais si les gaz ne sont pas entièrement saturés, la question présente plus de difficultés, et il faut alors recourir à des procédés particuliers pour déterminer la quantité d'humidité.

Comme l'hygrométrie se rapporte en dernier résultat à l'air, nous prendrons l'air pour exemple ; sachant déterminer la quantité d'humidité contenue dans ce fluide élastique, nous saurons la déterminer ensuite pour un fluide élastique quelconque.

Avant d'exposer les procédés par lesquels on détermine la quantité de vapeur contenue dans l'air ou dans un gaz, nous allons nous former une idée de ce qu'on peut appeler la constitution hygrométrique de notre atmosphère. Pour cela, nous ferons abstraction de l'air ; c'est-à-dire que nous allons supposer qu'il n'y ait point d'air, que nous ayons une atmosphère de vapeur, et le vide au-dessus, et en outre que cette vapeur soit partout à la même température. Nous nous demanderons ce qui doit arriver dans ce cas. L'eau se

réduira en vapeur, cette vapeur s'élèvera et formera une atmosphère dont il est facile de déterminer la hauteur pour
une température donnée. Si la température est basse, il est
évident que l'atmosphère de vapeur ne pourra s'élever beaucoup parce que la couche inférieure n'ayant qu'une force
élastique peu considérable, ne peut supporter qu'un poids
proportionnel à sa force élastique ; mais si on a de la vapeur
à la température de 100°, alors, comme sa force élastique
peut faire équilibre à l'atmosphère, on conçoit que l'atmosphère pourra être fort élevée.

Supposons que nous partions de la température zéro. A
zéro, la vapeur a une force élastique égale à 5 millimètres
en mercure. Si nous voulons évaluer ceci en eau, il suffit de
multiplier 5 par 13,6 qui exprime la densité de l'eau, par
rapport au mercure. Ainsi, dans le cas où la température
serait à zéro, il ne pourrait se former une quantité de vapeur plus grande que celle dont le poids serait exprimé par
une colonne d'eau égale à 68 millimètres. S'il s'en formait
une plus grande quantité, la colonne inférieure aurait à supporter une pression plus grande, et il est évident qu'il s'en
condenserait une partie.

Si nous supposions que la température s'élevât et qu'elle
allât à 30°, que nous pouvons regarder comme la limite des
températures à la surface de la terre, dans ce cas, nous aurions pour la force élastique de la vapeur 416 millimètres,
c'est-à-dire que la quantité de vapeur qui pourrait exister dans
l'atmosphère, réduite en eau, couvrirait la terre d'une couche
qui aurait 416 millimètres d'épaisseur. Telle est la quantité
d'eau qui peut exister dans l'atmosphère, en supposant que
l'air n'existe pas.

Si maintenant nous supposons que l'air soit rendu, rien
ne sera changé, car la vapeur se loge dans l'espace occupé
par de l'air comme s'il était vide. Cependant on peut observer que quelquefois il y a une plus grande quantité d'humidité dans l'air qu'il ne devrait y en avoir. Cela vient de ce
que notre atmosphère ne doit jamais être considérée comme
un fluide parfaitement tranquille et homogène dans toute son
étendue. Ainsi, lorsque le temps est nébuleux, il y a des
courans à la surface de la terre, et à une hauteur plus considérable dans la région des nuages il y a des courans opposés.
Dans ce cas, il n'y a plus une communication libre entre ces
diverses couches, et l'humidité ne se trouve plus uniformément répandue.

Les quantités d'eau qui peuvent être contenues dans l'atmosphère sont très inégales ; ainsi nous avons :

$$à \quad 0° \qquad 68 \text{ millimètres.}$$
$$10° \qquad 1,87$$
$$20° \qquad 3,42$$
$$30° \qquad 6,05$$

Ainsi, à 10° il y a deux fois plus d'eau qu'à zéro ; à 20° il y en a trois fois et demi plus, et enfin à 30°, six fois plus.

Faisons bien attention à ces résultats dont nous tirerons quelques conséquences.

Ce n'est pas encore tout, et on peut se demander quelle est la quantité d'eau qui existe dans un volume déterminé d'air, par exemple, dans un mètre cube. Dans ce cas, les quantités d'eau seraient dans le même rapport que nous faisions remarquer tout à l'heure, et nous aurions :

$$à \quad 0° \qquad 5^{gr}\ 4$$
$$10 \qquad 9, \quad 7$$
$$20 \qquad 17, \quad 1$$
$$30 \qquad 29, \quad 3$$

Si on considère l'air passant par les divers degrés d'humidité jusqu'au point où il est parfaitement sec, on désigne l'état de l'air par le nom d'*état hygrométrique*. Ainsi l'état hygrométrique de l'air comprend la quantité d'humidité qu'il peut renfermer, eu égard à la température qu'on considère. Je dis eu égard à la température, parce que ce n'est pas la quantité réelle d'eau qui se trouve dans l'air qui constitue son état hygrométrique, il faut toujours faire entrer en considération la température, et c'est le rapport de la quantité d'eau qu'il renferme, à celle que l'air peut renfermer quand il est complètement saturé, qui est précisément ce qu'on peut définir son état hygrométrique.

La vapeur qui existe dans l'air peut être déterminée de plusieurs manières. Nous pouvons, si l'air n'est pas saturé d'humidité, réduire l'espace et amener l'air à être saturé. Ainsi, je suppose que l'air ne contienne que la moitié de l'eau qu'il peut contenir. Si c'est, par exemple, un litre d'air, vous concevez qu'en réduisant ce litre à un demi-litre, sans changer la température, l'espace sera devenu saturé ; car la quantité de vapeur est indépendante de la pression atmosphérique.

Si l'on avait un moyen facile de reconnaître quand l'air est saturé, nous aurions un moyen hygrométrique parfait de déterminer la quantité d'humidité qui existe dans l'air ; mais si ce moyen paraît bien simple en théorie, en pratique, il ne peut nullement servir, parce que nous ne pouvons déterminer avec précision le moment où l'air est saturé ; parce que l'air contient si peu d'humidité, que lorsqu'on opère sur un litre, par exemple, la quantité d'eau qui se déposerait ne serait pas assez sensible pour que nous puissions saisir le moment de la saturation. Ce moyen ne vaut donc rien, et je ne l'ai indiqué que pour faire voir qu'on pourrait parvenir à rendre l'air complètement humide pour la réduction de l'espace.

Il y a d'autres moyens d'amener l'air à saturation, qui sont plus faciles ; c'est en abaissant la température de l'air. Si vous avez de l'air qui ne contient que la moitié de l'eau qu'il peut renfermer, et que vous abaissiez successivement sa température, comme il prendra de moins en moins d'eau pour être saturé, vous arriverez nécessairement à une température où l'air se trouvera saturé avec la quantité qu'il contient. Il suffira de connaître la température ; car la température étant connue, nous connaîtrons la force élastique correspondante, et, par conséquent, il sera facile de trouver la quantité de vapeur qui existait primitivement dans l'air.

Soit un vase, fig. 3, dont le fond supérieur est formé par un piston. Je suppose que ce vase soit rempli d'air à 20°. On refroidit successivement jusqu'à ce que l'air devienne tout-à-fait saturé. Nous dirons tout à l'heure comment on reconnaît le point de saturation. A mesure qu'on refroidit, le volume d'air diminue, et le piston descend d'une certaine quantité. La vapeur se contracte absolument de la même manière que l'air. Je suppose que l'air se trouve saturé lorsqu'on a refroidi à 10° ; puisque l'air est saturé, nous aurons une force élastique de la vapeur exprimée par 9,47, tandis qu'à la température de 20°, quand l'air est complètement saturé, la force élastique est égale à 17,31.

Si l'opération est supposée faite dans l'air, c'est la même chose que lorsqu'on la fait dans un vase dont le fond est mobile afin que l'air conserve toujours la même force élastique, ainsi que la vapeur.

Quand on a ainsi trouvé la température à laquelle l'air se trouve saturé, on cherche la force élastique de la vapeur correspondante à cette température, et on divise cette force élastique par la force élastique de la vapeur à la température primitive ; le résultat de la division donne le degré, ou la quantité d'humidité contenue dans l'air à cette température primitive.

Si au lieu d'opérer dans un vase à fond mobile, pour que l'espace diminue quand la température baisse, on opérait dans un vase inextensible, et qu'on cherchât la température à laquelle il faudrait abaisser l'air renfermé dans ce vase pour qu'il fût saturé d'humidité, on trouverait un nombre différent de celui que nous avons trouvé ; il faudrait descendre au-dessous de 10°.

Voyons maintenant comme on parvient à déterminer le moment où l'air est saturé. Dans le cas où l'on opère à l'air, l'on a plus de facilité pour saisir ce moment que lorsqu'on opère dans un vase fermé ; parce que, dans ce second cas, comme dans celui où l'on cherche le point de saturation par la réduction de volume au moyen de la pression, on a l'inconvénient de n'opérer que sur un petit volume.

Ce moyen de trouver l'humidité de l'air par l'abaissement de température a été employé pour la première fois par Leroy, physicien français, à une époque déjà éloignée, et où l'on ne possédait pas encore les connaissances positives qu'on doit à Dalton sur les vapeurs. On ne pouvait, par conséquent, avoir que des instrumens fort grossiers. Cependant ces instrumens renfermaient le principe sur lequel sont construits les instrumens hygrométriques les plus parfaits.

Leroy prenait de l'eau pure dans laquelle il plongeait un thermomètre, et il la refroidissait avec diverses substances, telles que le sel ammoniac, le muriate de potasse, etc. Tant que l'air n'est pas saturé, il ne dépose pas d'humidité, lorsqu'on le refroidit ; mais une fois qu'il est saturé, et qu'on aura dépassé un tant soit peu le point de saturation, il faut que cette humidité se dépose sur les corps froids, de même que l'haleine qu'on dirige sur un corps froid y dépose une couche d'humidité et en trouble la transparence. Soit un vase rempli d'eau, qui est d'abord à la température ambiante et que nous refroidissons successivement jusqu'à ce que ce vase commence à se couvrir d'une couche d'humidité. L'air est, par exemple, à 16°, et au moment où l'eau se dépose sur le vase, le thermomètre plongé dans ce vase marque 12°. A la température de 16°, l'air, s'il était saturé, contiendrait une quantité d'eau exprimée par 13 millimètres 6. L'air saturé à 12° contient une quantité de vapeur exprimée par 10 millimètres 7. Cette quantité de vapeur est la même que celle qui existait dans l'air à 16°. Et comme la quantité de vapeur que devrait contenir l'air à 16°, s'il était saturé, serait de 13 millimètres 6, il en résulte que le degré d'humidité de l'air à 16° sera $\dfrac{10,\,7}{13,\,6}$

Leroy s'était contenté de dire qu'il fallait baisser la température de l'eau de tant de degrés pour que l'air fût saturé; c'était une connaissance assez vague qui ne permettait pas de connaître le rapport de la quantité d'eau qui se trouve dans l'air à celle que l'air contient quand il est complètement saturé.

Tel est le moyen hygrométrique, je pourrais dire le plus exact, le plus rationnel qu'on puisse présenter, parce qu'il est fondé sur les indications du thermomètre qui ne peut induire en erreur. Ce n'est que sur l'appréciation du moment où la vapeur commence à se déposer qu'il peut y avoir un peu d'incertitude. C'est ce procédé qu'employait Dalton.

M. Daniels est l'inventeur d'un petit appareil fort ingénieux, qui permet peut-être de saisir plus facilement le point où l'air est saturé. Cet instrument, fig. 4, se compose de deux boules : l'une a une surface noire et brillante, l'autre a une surface recouverte de papier ou d'un tissu de batiste. La boule noire est remplie d'éther, et on a fait le vide en faisant bouillir l'éther, dont la vapeur va sortir par l'autre boule, chassant devant elle tout l'air qui était dans l'appareil, et en fermant l'ouverture à la lampe, lorsque l'air est entièrement expulsé. La boule d'un petit thermomètre plonge dans l'éther. On refroidit la boule couverte de batiste en imprégnant cette enveloppe d'éther. L'évaporation de cet éther produit du froid dans la boule b; la vapeur de l'éther qui est dans la boule B vient, par conséquent, se condenser en b à mesure qu'elle se forme, et il y a production de froid dans la boule noire. L'éther étant très volatil, le froid peut aller, en partant de 30°, jusqu'à 0°. L'éther se refroidissant ainsi successivement, il arrivera un point où l'air qui le baigne se trouvera saturé d'humidité, et alors une couche très mince se déposera sur la boule noire, qui, de brillante qu'elle était, deviendra mate. Il faut saisir le moment précis où l'opacité commence, et comparer la température de l'éther, à ce moment, avec la température accusée par un autre thermomètre exposé à l'air libre, et qu'on adapte à ce petit appareil. On cherche sur la table les forces élastiques correspondantes, et il ne reste plus qu'à effectuer la division que nous avons indiquée pour connaître le degré d'humidité de l'air.

Il y a encore d'autres moyens de parvenir au même résultat. L'un de ces moyens consiste à absorber immédiatement l'humidité qui est dans l'air par des corps qui ont une grande affinité pour l'eau. Ainsi nous savons que le chlorure de calcium, l'acide sulfurique, ont la propriété d'absorber toute l'humidité de l'air. Si nous supposons que l'on prenne un poids déterminé de chlorure de calcium contenu dans un tube, dont le poids soit également déterminé, et que l'on fasse passer dans ce tube un volume donné d'air, par exemple, un mètre cube, si cet air est à la température zéro, et qu'en passant sur le chlorure de calcium, il en ait augmenté le poids de 5 $^{gr.}$ 4, nous en conclurons que l'air était complètement saturé d'humidité ; car 5 $^{gr.}$ 4 est le poids de la vapeur qui peut remplir un espace d'un mètre cube, à la température de zéro. Si le même volume d'air n'a augmenté le poids du chlorure que de 2 $^{gr.}$ 7, nous en conclurons que l'air ne contenait que la moitié de l'eau qu'il peut renfermer. En général le degré d'humidité de l'air sera déterminé par le rapport de la quantité d'humidité que vous trouverez à celui que contient l'air quand il est complètement saturé.

Ce procédé a l'inconvénient de n'être pas commode dans des voyages, à moins qu'on ait un instrument pour mesurer l'air. Ainsi il n'est pas nécessaire d'avoir une mesure d'un mètre cube, on peut parvenir à avoir le même volume d'air, au moyen d'un corps de pompe, tel que chaque coup de piston chasse un litre d'air. En faisant jouer le piston mille fois, vous aurez un mètre cube ; et même, si l'on a une balance très sensible, on peut se dispenser d'aller aussi loin, parce que vous pourrez apprécier facilement des milligrammes.

Ces divers moyens exigent du temps et n'ont pas l'avantage de faire connaître de suite et par la simple observation, les résultats cherchés. Ils ne sont pas, par exemple, comme le baromètre et le thermomètre, sur lesquels il suffit de jeter les yeux pour connaître la pression ou la température.

Nous exposerons, dans la séance prochaine, l'*hygromètre*, qui donne immédiatement la quantité d'humidité contenue dans l'air.

IMPRIMERIE DE E. DUVERGER,
RUE DE VERNEUIL, N. 4.

COURS DE PHYSIQUE.

LEÇON TRENTIÈME.

(Mardi, 26 Février 1828.)

HYGROMÈTRES.

Nous n'avons présenté dans la dernière séance que des méthodes d'observation relativement à l'hygrométrie; nous allons nous occuper aujourd'hui des divers instrumens qui peuvent indiquer à la simple inspection la quantité d'humidité qui est contenue dans l'air.

Pour cela il s'agit de rechercher parmi les diverses substances connues celles qui sont les plus propres pour indiquer la quantité d'humidité contenue dans l'air. Toutes les substances, sans aucune exception, prennent des quantités variables d'humidité en raison de leur affinité propre avec l'eau, et ces substances ont ce qu'on appelle un *état hygrométrique* particulier. Ainsi prenons pour exemple un morceau de bois, parce que c'est là où nous trouvons le phénomène le mieux marqué, et plaçons-le dans un air parfaitement humide, comme dans une cave dont les murs soient tout-à-fait mouillés. Ce morceau de bois prendra une certaine quantité d'humidité, ce qui se manifestera par le gonflement, par le travail du bois. Si maintenant l'air perd une portion de l'humidité qu'il contient, le même morceau de bois perdra aussi une certaine quantité de l'humidité qu'il avait prise; de manière qu'il s'établisse une espèce d'équilibre entre l'affinité du bois pour l'eau et en même temps, je ne dirai pas l'affinité de l'air pour l'eau, parce que nous n'en admettons pas, mais l'état hygrométrique propre de l'air. Enfin, si nous supposons que l'air soit complètement sec, le bois deviendra aussi complètement sec, mais il lui faudra, pour se dessécher, plus ou moins de temps, en raison du volume sur lequel on opère.

Ce qui a lieu pour le bois et le papier d'une manière très

marquée, a également lieu pour les substances de nature animale, telles que les membranes. Si l'on expose une lanière ou une vessie à l'humidité, ces substances vont s'en pénétrer et augmenter dans toutes les dimensions. Tout le monde sait que si l'on veut tendre parfaitement un morceau de peau, il suffit de la prendre humide, et de la fixer dans cet état à des points fixes; si ensuite on laisse sécher cette peau, elle se retire sur elle-même et se trouve tendue.

Ces effets hygrométriques, qui sont si évidens pour les substances végétales et animales, ont aussi lieu, mais à des degrés plus faibles, pour les substances minérales. Ainsi les poussières augmentent de poids lorsqu'elles sont exposées à un air humide, mais d'une manière moins sensible que les substances organiques dont nous venons de parler. Les pierres les plus dures s'imprègnent aussi d'humidité; mais comme ces substances sont compactes, l'effet hygrométrique se borne à la surface. Il en est de même pour tous les métaux et pour le verre. Un morceau de verre, placé dans de l'air saturé d'humidité, se couvre d'une couche d'humidité imperceptible à la vue, mais qu'on rend sensible au moyen de la balance, en pesant successivement une lame de verre dans un air sec et dans un air humide, et en ayant soin de faire toutes les corrections convenables, de ramener, par exemple, la pression barométrique à être la même.

En général, toutes les substances ont un état hygrométrique particulier, qui varie avec l'état hygrométrique de l'air dans lequel elles sont exposées.

Voyons parmi les substances qui sont ainsi sensibles à l'humidité, celle à laquelle nous devrons donner la préférence. Nous avons vu que les substances inorganiques ne se prêtent pas, au moins intérieurement, à absorber l'humidité; l'effet se borne à la surface, et il faudrait alors des balances d'une extrême sensibilité pour pouvoir apprécier la quantité d'humidité que ces substances absorbent. Ce motif nous engage à les rejeter.

Il reste les substances organiques, soit de nature végétale, soit de nature animale. Les substances animales, comme les membranes, s'allongent beaucoup par l'humidité; mais l'observation et même la simple réflexion nous feront bientôt reconnaître que ces substances ne peuvent servir.

L'hygromètre doit être formé avec une matière qui jouisse de l'inaltérabilité jusqu'à un très haut degré, dans un air parfaitement humide; or il y a bien peu de substances de nature animale qui soient sensibles à l'humidité, et qui en même temps ne s'altèrent pas. Si on met une membrane dans une cave, au bout d'un certain temps elle perd tout son ressort, et même elle finit par entrer en putréfaction. On a employé pour la construction des hygromètres, la vessie des poissons et des petits animaux comme les rats, les souris ; de tels hygromètres ne sont plus d'accord au bout de très peu de temps. Par conséquent, comme il s'agit d'instrumens extrêmement exacts, nous rejeterons complètement toutes ces substances.

Cependant, parmi les substances animales, il en est qui ne s'altèrent pas, ou au moins qui s'altèrent beaucoup plus difficilement que celles dont nous venons de parler ; ce sont les cheveux et les crins qui peuvent rester long-temps exposés à l'air, et conserver leur ressort. D'un autre côté les cheveux, en raison de leur petite masse, sont susceptibles de prendre facilement les variations d'humidité, ce qui est une chose extrêmement importante ; car l'état hygrométrique pouvant varier d'un instant à l'autre, si nous prenions des substances très massives, ces substances, avant qu'elles eussent pris l'état hygrométrique du moment, seraient exposées à un nouvel état hygrométrique, de telle sorte qu'elles n'annonceraient jamais le véritable état hygrométrique de l'air. La matière la plus propre à former un hygromètre est celle qui en quelques minutes prend l'état hygrométrique ; c'est pour cela que les cheveux présentent un grand avantage.

Il est encore une autre substance de nature animale, très propre à faire des hygromètres ; c'est la baleine, non pas en la prenant en masse, non pas même en en prenant des filamens, mais en employant des rubans qu'on détache dans le sens perpendiculaire aux fibres : c'est avec cette substance très sensible à l'humidité, que Deluc a formé son hygromètre.

Parmi les substances végétales nous n'en avons aucune qui puisse remplacer le cheveu ou la baleine. Le papier est composé de petits filamens juxtaposés, et qui ayant éprouvé une extension, ne reviennent jamais à leur premier état, quand ils en sont une fois sortis.

On pourrait se servir du bois qui est une substance organique, en prenant des copeaux extrêmement minces, non pas enlevés dans le sens longitudinal, mais perpendiculairement aux fibres, comme pour la baleine. Mais le bois employé ainsi en rubans minces, ne présente pas la même solidité que les cheveux ou la baleine.

Relativement à la propriété de s'allonger, il est à remar-

quer que les substances composées de fibres parallèles, agglutinées les unes aux autres, quand on les expose à l'humidité,
changent très peu dans le sens de la longueur; tandis que le
changement qu'elles éprouvent dans le sens perpendiculaire
aux fibres est très grand. Ainsi quand l'humidité pénètre le
bois, elle se loge partout entre les milliers de fibres dont se
compose un morceau de bois même assez petit, et les écarte :
mais elle pénètre beaucoup moins dans les molécules ligneuses ; de manière que l'allongement de la fibre est à peine sensible. C'est un fait général que les filamens s'allongent très
peu. Ainsi on se sert quelquefois de cordes pour faire des
instrumens hygrométriques grossiers. Ces cordes sont composées de divers filamens qui sont roulés; lorsque ces cordes
s'imprègnent d'humidité, il n'y a pas d'allongement dans les
fibres proprement dites ; mais voilà ce qui arrive : la corde
a été formée en tordant un certain nombre de fils, ce qui a
exigé une certaine force. Si cette corde vient ensuite à être
exposée à l'humidité, cette humidité se loge entre les fils, et
augmente par conséquent le diamètre de la corde, et comme
une corde plus grosse exige pour se tordre plus de force
qu'une corde plus mince, il en résulte que si on suppose que
la force qui l'avait tordue reste constante, plus le diamètre de
la corde augmente par l'effet de l'humidité, plus cette corde
doit se dérouler. Si ensuite l'air redevient sec, la corde se tord
et revient à son premier état où même le dépasse, si elle est
exposée à une humidité moindre que celle sous laquelle elle
a été formée.

De ce qui vient d'être dit, il est naturel de conclure par
analogie, que si le cheveu était une fibre, sa dilatation devrait
être très peu de chose dans le sens de la longueur. Quoique
le microscope le plus grossissant ne puisse pas faire apercevoir les élémens dont le cheveu est composé, il y a une expérience très simple qui semble donner quelque jour sur sa composition. Si l'on prend un cheveu et qu'on le fasse glisser entre les doigts, le cheveu ira toujours de la racine vers la
pointe, de manière que la racine fuit et que c'est la pointe qui
se rapproche des doigts : ce qui conduit à penser que le cheveu est composé d'une série de petits cônes. Un phénomène
analogue a lieu pour un épi de blé.

Lors donc qu'on soumet un cheveu à l'action de l'humidité,
l'humidité se loge dans tous ces petits cônes, les fait sortir,
et produit par conséquent un certain allongement.

Après avoir jeté ce coup d'œil général sur les diverses substances et sur la manière dont elles se dilatent par l'action de

l'humidité, nous allons nous occuper plus particulièrement de la construction d'un hygromètre avec le cheveu. C'est à Saussure, célèbre physicien qui a, pour ainsi dire, posé les premiers fondemens de l'hygrométrie, que l'on doit le premier hygromètre construit avec un cheveu.

On ne peut se servir du cheveu qu'après lui avoir fait subir quelques opérations. Dans son état ordinaire le cheveu est enveloppé d'une matière grasse qui l'empêche de prendre, par l'action de l'humidité, tout l'allongement qu'il pourrait prendre, s'il n'avait pas cette espèce d'onctuosité. En effet cette matière grasse qui enveloppe les cheveux ne les rend pas tout-à-fait insensibles à l'humidité, puisqu'on peut remarquer que par un temps humide les cheveux perdent tout leur ressort. Dans leur état ordinaire, les cheveux ne se dilatent que d'environ un demi-centième de leur longueur, en passant de la sécheresse extrême à l'humidité extrême ; c'est-à-dire que 200 parties donneront 201. Mais quand les cheveux ont été dépouillés de la matière grasse, ils se dilatent quatre fois plus, c'est-à-dire que 50 parties deviendront 51, en passant de même de la sécheresse extrême à l'humidité extrême.

Saussure a indiqué les matières qu'on devait employer pour dégraisser les cheveux et la manière dont cette opération devait être faite. On met dix grammes de carbonate de soude à l'état cristallisé dans un kilogramme d'eau, c'est-à-dire que l'alcali entre pour un centième seulement dans le mélange. On a ainsi une matière très peu alcaline, qui par conséquent ne peut attaquer la substance des cheveux. On prend les cheveux dans leur état naturel, en ayant soin qu'ils proviennent d'une tête saine autant que possible, et on les met dans un petit sac d'étoffe pour qu'ils ne se mêlent pas. On fait ensuite bouillir ces cheveux pendant une demi-heure dans une eau préparée comme nous venons de le voir. La matière grasse se dissout, on retire les cheveux et on les lave à grande eau pour enlever la matière alcaline. Ces cheveux ainsi préparés peuvent être conservés pendant un très grand nombre d'années, et servir à remplacer les cheveux qui sont sur les instrumens et qui viennent à se casser ou à se déranger.

Nous avons vu que les cheveux, ainsi dépouillés de leur onctuosité, se dilataient d'un cinquantième de leur longueur. Cela est encore fort peu de chose, car, en supposant un cheveu long de 100 millimètres, l'allongement ne serait que de 2 millimètres, et il faut remarquer que c'est depuis la sécheresse extrême jusqu'à l'humidité extrême. Or il faut que notre instrument puisse indiquer des variations intermédiaires, et,

par conséquent, qu'on puisse apprécier des fractions de millimètres. Il faut donc trouver les moyens de rendre des
variations de longueur si faibles très sensibles, et voici
comment Saussure avait résolu la question. Il suspendait le
cheveu par son extrémité supérieure, et il le tenait tendu au
moyen d'un poids attaché à sa partie inférieure. Car la première condition à remplir était que le cheveu fût parfaitement tendu, et, par conséquent, il fallait le charger d'un poids
ou le faire tirer par un ressort. Mais les ressorts les plus faibles sont toujours trop forts pour le cheveu. Saussure a trouvé
qu'un poids de 15 à 16 centigrammes suffisait pour tendre
parfaitement le cheveu, sans néanmoins le tourmenter ni le
tirailler. Car c'est une seconde condition à remplir que le cheveu, toujours tendu par le poids, puisse se retirer facilement
lorsqu'il se desséchera, et s'allonger lorsqu'il s'imprégnera
d'humidité. Or, si vous preniez un gramme, par exemple, au
lieu de 16 centigrammes, le cheveu pourrait bien le porter,
mais il serait tiraillé, il perdrait toute sa force de ressort, et
ne pourrait revenir à son premier état.

Il s'agit maintenant de mesurer les variations d'allongement du cheveu. Pour cela, nous pouvons supposer, fig. 1,
que le petit cylindre de métal qui forme le poids servant à
tendre le cheveu, porte un cercle très mince, correspondant
à un trait tracé sur une plaque. En allant à l'humidité extrême,
le cercle descendra, par exemple, de 2 millimètres au-dessous
du trait, et, en allant à la sécheresse extrême, il remontera
de 2 millimètres au-dessus du même trait. En adaptant un
vernier à l'appareil, on parviendrait à mesurer assez exactement la quantité dont le cercle s'éloignerait ou se rapprocherait du trait. Saussure se servait pour mesurer les variations d'allongement du cheveu d'un mode qui a l'avantage
de rendre ces variations beaucoup plus sensibles, et c'est ce
qui fait que l'instrument de Saussure est celui qu'on adopte
généralement.

Nous avons dit que le cheveu s'allongeait d'un 50° de sa
longueur. Si on prenait un cheveu de 200 millimètres, l'allongement serait de 4 millimètres. Imaginez une petite poulie, très mince, dont le développement soit égal à 4 millimètres. Vous concevez très bien que, si l'extrémité du cheveu s'enroule sur la poulie, en passant de la sécheresse
extrême à l'humidité extrême, la petite poulie fera une révolution entière, et parcourra, par conséquent, 360 degrés.
Si, au lieu de prendre une circonférence semblable, nous en
prenons une quatre fois plus grande, il est évident qu'au lieu

de décrire une circonférence entière, la poulie n'en décrira plus que le quart. C'est sur cette dernière dimension qu'on construit les poulies des hygromètres.

Le cheveu tendu touche seulement la poulie qui porte sur un axe extrêmement mobile, fig. 2. Pour plus de simplicité, nous supposerons qu'il s'enroule sur cette poulie. Cette poulie porte une aiguille qui tourne autour d'un cadran. Si nous exposons l'appareil à l'humidité extrême, l'aiguille viendra s'arrêter en un certain point sur le cadran. En portant ensuite l'appareil à la sécheresse extrême, l'aiguille viendra en un autre point. On peut rendre les variations plus sensibles en faisant l'aiguille de plus en plus longue.

Tel est le principe sur lequel est construit l'hygromètre de Saussure. Nous n'entrerons pas dans les détails de l'hygromètre, de la manière dont le cheveu est suspendu, de la manière dont il s'enroule sur la poulie. Je n'ai voulu que vous faire comprendre en général ce que c'est que l'hygromètre.

Il s'agit de graduer l'instrument, et voici comment on y parvient. Il faut avoir le point de sécheresse extrême, que nous appellerons *zéro*, et le point d'humidité extrême, que nous appellerons 100. Le point d'humidité extrême s'obtient avec une très grande facilité. Il suffit d'avoir une cloche ou récipient, fig. 3, dans laquelle on met de l'eau que l'on agite pour que les parois intérieures se mouillent parfaitement. On accroche l'instrument dans la partie supérieure de la cloche, et on retourne cette cloche dans un bain d'eau. L'air qui se trouve sous le récipient est complètement saturé d'humidité; le cheveu, placé au milieu de cet air, prend de l'humidité à la couche qui le touche, cette couche s'en va, et il en revient une autre qui communique au cheveu une nouvelle quantité d'humidité, et ainsi de suite, jusqu'à ce que l'état hygrométrique du cheveu soit en équilibre avec l'état hygrométrique de l'air, ce qui exige une demi-heure ou une heure au plus. On attend que l'aiguille soit parfaitement stationnaire, et alors on marque le point où elle s'est arrêtée et on appelle ce point 100. Comme l'opération se fait sous la cloche, et qu'il est, par conséquent, impossible de marquer immédiatement le point de station de l'aiguille, on fait à l'avance vers l'endroit du cadran où l'aiguille doit venir se fixer à l'humidité extrême, des divisions très rapprochées avec des nombres correspondans. De cette manière on reconnaît facilement, après qu'on a enlevé la cloche, le point où l'aiguille s'est arrêtée : c'est, par exemple, la troisième division, on appelle cette division *cent*.

On remarque que quand les cheveux sont très bien préparés, ils vont graduellement jusqu'à l'humidité extrême et s'y maintiennent. Mais il y a des cheveux qu'on appelle *rétrogrades*, qui dépassent ce point d'humidité extrême et ensuite reviennent fixement au nombre 100. Il faut éviter, autant que possible, d'employer de tels cheveux.

Il s'agit ensuite d'avoir le second point, celui de sécheresse extrême. Pour cela on emploie une même méthode, mais on peut se servir de diverses substances également propres à dessécher l'air; telles que la chaux vive, le chlorure de calcium, l'acide sulfurique concentré. Cependant le chlorure de calcium n'enlève pas les dernières parcelles d'humidité, et il vaut mieux ne pas s'en servir, lorsqu'on veut avoir de l'air extrêmement sec. Quand on emploie de l'acide sulfurique, il faut avoir soin de le faire bien bouillir avant de s'en servir, afin que s'il s'y trouve de l'acide sulfureux, il soit chassé par la chaleur: autrement cet acide pourrait se dégager et venir attaquer la substance du cheveu. On peut encore se servir de carbonate de potasse, qu'on obtient en calcinant deux parties de tartre avec une de nitre, sur une plaque de tôle chauffée au rouge. Ce carbonate est extrêmement avide d'humidité. On place une plaque ainsi carbonatée sous le récipient, et on l'y maintient verticalement afin qu'elle présente à l'air une plus grande surface.

Au moyen des diverses substances dont je viens de parler, vous aurez de l'air complètement dépouillé de son humidité, et vous obtiendrez le même point de sécheresse. Ce point, vous l'appellerez *zéro*.

Il faut remarquer que le cheveu exige un temps beaucoup plus considérable pour arriver au point de sécheresse extrême que pour arriver au point d'humidité extrême, parce que le cheveu ne donne son humidité que très lentement. Ainsi il ne faut qu'une heure pour que l'aiguille de l'hygromètre parvienne au point 100, il en faut vingt-quatre pour qu'elle arrive au point zéro. Jusqu'à 30° l'aiguille marche avec une grande rapidité vers la sécheresse; mais arrivée à 30°, elle commence à se ralentir constamment, et, enfin, les dernières portions d'humidité sont très difficiles à arracher.

Il y a un moyen de reconnaître si l'humidité a été entièrement enlevée, c'est de porter le récipient auprès du feu. Si l'air du récipient n'est pas parfaitement sec, il va se dessécher en s'échauffant, et par conséquent le cheveu va marcher vers la sécheresse. Au contraire, si l'air est parfaitement sec, le cheveu va marcher vers l'humidité, parce qu'alors, il n'est plus sensible qu'à l'action de la chaleur, qui a pour effet de dilater les cheveux, comme elle dilate tous les autres corps.

Quand on a ainsi déterminé le point *zéro* et le point *cent*, on divise l'espace intermédiaire en cent parties égales, et on a ce qu'on appelle les *degrés* de l'hygromètre.

On a voulu faire des hygromètres avec un cadran complet, mais on y a renoncé, par la difficulté d'avoir un tour complet fait par le cheveu. Deux cheveux ne se ressemblent pas parfaitement, de sorte qu'il fallait connaître l'allongement du cheveu pour calculer le diamètre de la poulie ; cela est presque physiquement impossible : ainsi l'on avait un nombre de degrés tantôt au-dessus, tantôt au-dessous de 360. Il vaut donc mieux se servir du premier hygromètre, qui a d'ailleurs le grand avantage d'avoir une division centésimale, beaucoup plus simple pour les calculs que la division en 360 degrés.

L'hygromètre à simple cheveu est, comme vous le sentez, d'un transport difficile ; il peut se déranger facilement, le cheveu peut être tiraillé. On a cherché à construire des hygromètres beaucoup plus solides, et pour cela on a imaginé de mettre plusieurs cheveux ensemble, non pas en les réunissant comme pour former une corde, mais en les associant de la manière suivante : je suppose qu'on veuille faire un hygromètre à deux cheveux. On a, fig. 5, un petit levier semblable au fléau d'une balance, et très mobile sur son axe. On prend deux cheveux qui doivent provenir de la même tête, et on en fixe un à chacune des extrémités du levier, terminé de chaque côté par une pince destinée à serrer le cheveu. Il n'y aurait nul inconvénient à mettre les deux cheveux au même point fixe, s'ils étaient également dilatables. Mais il est très rare de trouver deux cheveux qui jouissent, exactement au même degré, de la propriété de se dilater par l'action de l'humidité ; par conséquent, à cause de cette inégalité de dilatation, il arriverait nécessairement que le moins dilatable supporterait seul tout le poids, il se tiraillerait, et l'instrument ne vaudrait absolument rien. Mais au moyen du levier mobile, si l'un des cheveux est moins dilatable, le levier, au lieu de rester horizontal, devient incliné. De cette manière les deux cheveux exercent toujours un effort égal sur le levier, et ne se contrarient jamais.

On peut faire des hygromètres à quatre, à huit, à seize cheveux, mais il est inutile d'aller au-delà de quatre. Pour faire un hygromètre à quatre cheveux, on a deux petits leviers qu'on attache à chaque extrémité d'un levier semblable à celui dont nous venons de parler, ainsi que le représente la fig. 6.

On fixe ensuite aux extrémités des deux petits leviers, les cheveux qui viennent se réunir sur la poulie. En employant quatre cheveux, il faut un poids plus considérable pour les tendre, et on peut alors employer un ressort qui, comme Saussure l'avait remarqué, eût été trop fort pour un seul cheveu. L'emploi du ressort rend l'instrument plus commode et plus portatif, en ce qu'on peut alors le renverser sans aucun danger qu'il se dérange.

On a cet avantage, avec l'hygromètre à quatre cheveux, d'avoir un résultat moyen entre ceux qui seraient donnés par quatre hygromètres à un cheveu.

L'hygromètre de Deluc ne diffère de celui de Saussure que par la substance hygrométrique. Deluc a employé une bande de baleine au lieu d'un cheveu. On détache ces bandes de baleine au moyen d'un rabot qui coupe très bien, de manière à ne pas déchirer la baleine. Après avoir enlevé de petites bandes très minces, on les coupe avec des ciseaux pour avoir des lanières auxquelles on donne environ un demi-millimètre de largeur. Ces petites lanières sont très solides, c'est comme si on avait plusieurs cheveux collés l'un contre l'autre au moyen d'un mastic. Lorsqu'on ne peut avoir des lanières assez longues d'une seule pièce, on les colle à la suite les unes des autres. Dans ce cas la dilatation n'a pas lieu dans l'endroit de la réunion ; mais elle a lieu dans le reste de la lanière, comme si elle n'était formée que d'un seul morceau.

Tel est le principe de l'hygromètre de Deluc ; il se gradue de la même manière que celui de Saussure. Cependant Deluc, pour obtenir le point d'humidité extrême, plongeait son hygromètre dans l'eau. Mais ce procédé ne vaut rien ; parce que l'hygromètre n'est pas destiné à être plongé dans l'eau, mais seulement dans l'air humide.

L'instrument de Deluc est plus petit que celui de Saussure ; ce n'est pas la lanière elle-même qu'on fait porter sur la poulie, mais un petit fil qu'on attache à l'extrémité de la lanière. L'hygromètre porte un thermomètre qui fait connaître en même temps la température.

Les hygromètres de Saussure et de Deluc s'accordent aux points extrêmes, cela doit être, en effet. Mais ils ne sont pas d'accord dans les divisions intermédiaires. Ainsi près de l'humidité extrême, les variations, dans l'hygromètre de Saussure, sont moindres que dans l'hygromètre de Deluc, et le contraire a lieu vers la sécheresse extrême. En général, des hygromètres faits avec telles ou telles substances, gradués de la même manière en prenant les deux points extrêmes , ne seront jamais d'accord dans les points intermédiai-res ; parce que chaque substance étant différemment sensible à l'humidité, il en résulte une loi variable pour chacune. Il faut donc savoir interpréter le langage de chaque hygromètre, parce qu'il n'est pas le même que le langage d'un autre hy-gromètre que vous connaîtriez.

On fait aussi des hygromètres avec de l'ivoire, avec des tuyaux de plumes, matières qui sont très sensibles à l'humi-dité et ne se pourrissent pas. Cependant ces matières qui sont épaisses ne peuvent donner que des instrumens pares-seux qui ne donneront jamais le véritable état hygrométrique de l'air.

Pour faire un hygromètre avec un tuyau de plume, on soude ce tuyau de plume avec un tube de verre, fig. 7, qu'on remplit de mercure, ce qui en fait une espèce de thermomè-tre. En plongeant le tuyau de plume dans l'humidité extrême, il augmente dans toutes ses dimensions, sa capacité devient plus grande, et par conséquent le mercure descend d'une certaine quantité dans le tube de verre. Nous marquons 100 à l'endroit où le mercure s'arrête. Quand nous irons à la sé-cheresse extrême, le tuyau de plume se contractera, et le mercure montera dans le tube, de la même manière qu'il monte par l'action de la chaleur ; nous marquons zéro à l'en-droit où le mercure s'arrête ; et nous divisons en cent parties égales l'espace intermédiaire.

L'hygromètre construit avec de l'ivoire est absolument fondé sur le même principe que celui dont nous venons de parler. On a profité de la propriété qu'a l'ivoire d'augmenter de volume par l'action de l'humidité, et de diminuer de vo-lume par la sécheresse. Pour faire un hygromètre avec de l'ivoire, fig. 8, on remplace simplement le tuyau de plume par une boule d'ivoire creuse. Du reste la graduation est ab-solument la même.

On se sert encore, pour faire des hygromètres, de petites vessies de poisson ou de rat, qu'on remplit de mercure et auxquelles on adapte un tube de verre. Il y a une attention à avoir lorsqu'on veut se servir de pareils instrumens. Quand la sécheresse fait resserrer la vessie, le mercure s'élève, il en résulte que la vessie se trouve soumise à une pression d'autant plus considérable que la colonne est plus élevée ; la vessie s'ouvre par conséquent de plus en plus, et l'instrument ne peut donner alors que de très mauvaises indications. On remédie à cet inconvénient en se servant d'un tube de verre recourbé, fig. 9 : de cette manière on a une pression qui reste constante quel que soit l'allongement de la colonne de mercure. Néanmoins, je le répète, il faut rejeter ces instrumens qui se dérangent avec la plus grande facilité. J'ai fait l'expérience de les conserver quelque temps dans une cave, et ils n'ont jamais pu revenir à leur premier point.

Enfin il y a un instrument grossier dont on se sert pour connaître l'état hygrométrique dans les appartemens. Il consiste dans une corde à boyau composée de plusieurs filamens qu'on a roulés pendant qu'ils étaient dans un état d'humidité. Imaginons qu'on fixe une corde semblable, fig. 9, par l'une de ses extrémités. Si maintenant nous la portons à une humidité plus grande que celle sous laquelle elle a été formée, cette humidité, en pénétrant dans les fibres, roulées les unes sur les autres, dont la corde est composée, va faire gonfler cette corde, et même la forcer à se raccourcir. Ce dernier phénomène est digne d'être remarqué, et il a des effets extrêmement curieux. Ce raccourcissement des cordes, par l'action de l'humidité, s'opère avec une puissance irrésistible, quand on emploie des cordes d'un fort diamètre.

Pour en revenir à l'emploi des cordes à boyau dans la construction des hygromètres, vous concevez que, puisque la corde augmente de diamètre, il faut une force plus grande pour la maintenir dans le même état de torsion où elle se trouve; or, comme cette force de torsion reste constante, il faut nécessairement, pour que la corde arrive à un état d'équilibre, qu'elle se détorde, en sorte que si vous attachez une aiguille à l'extrémité libre de la corde, cette aiguille pourra, en parcourant les divisions d'un cadran, indiquer les divers degrés d'humidité. Si l'on suppose que la sécheresse vienne, le diamètre de la corde diminue, il faut une force moindre pour tenir la corde tordue; et, pour que l'équilibre s'établisse, il faut que la corde se retorde, et alors l'aiguille marchera en sens inverse. Tel est le principe sur lequel sont construits tous ces hygromètres d'appartement, qui sont plutôt des joucts d'enfans que des instrumens de physique.

On a tiré parti de l'effort presque irrésistible que fait une corde pour se raccourcir par l'effet de l'humidité. S'il s'agissait, par exemple, d'enlever un fardeau avec une corde, et qu'on n'eût pas à sa disposition une force assez grande, il suffirait de tendre la corde autant que possible, de la fixer dans cette position, et ensuite de la mouiller. La corde, ainsi mouillée, se gonflerait, se raccourcirait, et le fardeau serait soulevé. Cette application a été faite plusieurs fois, elle l'a été particulièrement à Rome pour élever un obélisque.

On se sert aussi de cet effet de l'humidité pénétrant les
corps pour détacher les pierres meulières. On fait une rainure autour de la pierre qu'on veut enlever, et on enfonce
dans cette rainure des coins de bois sec. Si l'on voulait détacher la pierre en faisant un effort considérable sur ces coins,
on n'y parviendrait pas, le bois se briserait plutôt. Mais si
l'on mouille ces coins de bois, ils se gonflent et exercent alors
un effort assez grand pour soulever la pierre.

Venons maintenant à l'interprétation du langage de l'hygromètre. Vous avez vu que nous avions divisé l'espace intermédiaire entre les deux points extrêmes de l'hygromètre
en cent parties égales. Lorsque l'instrument marque dix degrés, la quantité d'eau que contient l'air sera-t-elle moitié
de celle qu'il contient, lorsque l'instrument marque vingt
degrés; en un mot, quel rapport y aura-t-il entre les degrés
hygrométriques et la quantité d'eau que l'air peut renfermer
pour une température déterminée.

Je fais d'abord remarquer que je n'ai point parlé de la température, lorsque nous avons gradué notre instrument, et
cela était inutile. En effet, les deux points extrêmes sont constans, que l'air soit à zéro, à 20°, ou à 30°.

Mais entre les points extrêmes, l'instrument ne se trouve
plus d'accord, lorsque la température change. Supposons
qu'il s'agisse de déterminer la marche de l'hygromètre pour
une température donnée; par exemple de 10°. À 10°, nous
savons que la force élastique de la vapeur est de 9 millimètres
475. Imaginez maintenant que l'on ait de l'air contenant seulement le quart, la moitié, les trois quarts, en un mot des
quantités déterminées d'humidité, relativement à la quantité
totale que l'air peut renfermer. Pour cela, on peut concevoir
qu'on prenne de l'air très humide, et qu'on le mêle avec un
pareil volume d'air parfaitement sec; il est évident qu'on aura une tension de la vapeur moitié de celle qui existe dans
l'air complètement humide. Je plonge l'hygromètre dans l'air,
contenant ainsi des quantités variables d'humidité, et je l'y
laisse un temps suffisant pour qu'il puisse prendre l'état hygrométrique de l'air. Alors je note d'un côté l'état de l'hygromètre et de l'autre la quantité de vapeur contenue dans
l'air, en la comparant à la quantité totale qui se trouve
dans l'air saturé d'humidité.

Mais ce moyen n'est pas facile, et il faut avoir recours à
un autre procédé aussi exact, mais beaucoup plus facile, qui
est fondé sur ce principe que l'eau pure et l'eau mêlée avec
une quantité de sel plus ou moins grande, ou avec du chlo-

rure de calcium à densité variable, ou avec de l'alcide sulfurique plus ou moins délayé, donneront une vapeur dont la
force élastique sera variable. Pour graduer l'hygromètre il
suffira de le mettre successivement dans ces divers liquides.
Il ne manque qu'une donnée, c'est d'avoir la tersion de la
vapeur; nous la prendrons au moyen des tubes barométriques
dont nous avons parlé dans une des séances précédentes.

Ainsi nous avons pour la tension de la vapeur de l'eau pure
9 millim. 475, tandis que pour une eau salée nous n'aurons
qu'une tension égale à 7 millim. 191. En prenant une ving-
taine de dissolutions, nous aurons d'une part la force élastique, et par conséquent la densité de chaque vapeur comparée
à la vapeur d'eau pure, et en mettant l'hygromètre dans cette
vapeur, nous aurons le degré de l'hygromètre correspondant
à la tension de chaque vapeur.

Ainsi je suppose qu'on ait placé l'hygromètre dans une
cloche en verre dont on recouvre les parois de sel marin, et
que l'on ferme hermétiquement au moyen d'un disque auquel est suspendu l'hygromètre. L'hygromètre marquera,
par exemple, 87°, 4, dans l'eau salée fournissant une vapeur
dont la tension est égale à 7, 191. Je suppose que dans l'eau
pure dont la vapeur a une tension égale à 9, 175, l'hygromètre
marque 100°. J'appellerai 100 la force élastique de la vapeur
d'eau pure, et j'exprimerai proportionnellement les forces
élastiques des vapeurs formées par chaque liquide. Ainsi l'eau
salée donnant une tension exprimée par 7, 191, je dirai : Si
9, 175 donnent 100, combien donneront 7, 191. Je trouverai
pour le quatrième terme de la proportion 75,9. C'est-à-dire que
quand l'hygromètre marquera 87, 4, il y aura dans l'air 75, 9
de vapeur, ou les trois-quarts de l'eau qu'il renferme, quand
il est entièrement saturé.

C'est de cette manière qu'on forme une table donnant, à
la température de 10°, d'un côté les degrés de l'hygromètre,
et de l'autre, la force élastique de la vapeur qui se trouve
dans l'air. Nous verrions par l'inspection de cette table que
les degrés de l'hygromètre ne sont nullement proportionnels
à la quantité d'eau que l'air renferme. Ils suivent une loi particulière qui ne peut être donnée que par l'expérience.

IMPRIMERIE DE E. DUVERGER,
RUE DE VERNEUIL, N. 4.

COURS DE PHYSIQUE.

LEÇON TRENTE ET UNIÈME.

(Samedi, 1er Mars 1828.)

SUITE DES HYGROMÈTRES.

Nous avons indiqué comment on devait construire les hygromètres, et particulièrement l'hygromètre à cheveu. Nous avons montré aussi la manière de les graduer.

Il restait à déterminer le rapport qui existe entre les degrés de l'hygromètre et la quantité d'humidité contenue dans l'air; pour cela nous avons conçu que la température restant la même, on eût de l'air ou un espace saturé d'humidité, et ensuite contenant des quantités variables, mais connues d'humidité, comme la moitié, le quart, les trois quarts de l'humidité nécessaire pour la saturation complète. L'hygromètre placé dans cet espace s'arrête nécessairement, dans chaque cas particulier, à un point déterminé; de sorte qu'on a d'un côté, le degré de l'hygromètre, et de l'autre la quantité d'humidité correspondante. Cette manière d'expérimenter n'est pas facile, parce qu'il faudrait opérer sur des volumes un peu considérables, et que, même dans ce cas, la quantité d'humidité n'étant pas très grande, il pourrait en résulter des erreurs assez graves.

On parvient à résoudre la question, sous le point de vue dont nous venons de parler, en se servant de liquides qui donnent des vapeurs, mais qui ne donnent pas ces vapeurs au même degré de tension que l'eau pure. En général, plus une substance aura d'affinité pour l'eau, plus l'eau qui tiendra cette substance en dissolution aura une tension faible. Si, par exemple, nous prenons du sel marin et que nous en saturions de l'eau, ce dont on s'assure en ayant du sel en excès, alors la vapeur de l'eau n'aura plus une tension aussi forte que si l'eau était pure. En représentant par 100 la tension de la vapeur de l'eau pure, nous n'aurons pour la vapeur de l'eau salée que 75 environ ou les trois quarts. En faisant varier ainsi la nature des liquides, nous pourrons avoir des vapeurs dont les densités seront extrêmement variables et comprises entre zéro et 100 qui représente la tension de la vapeur d'eau pure.

On pourra donc, quand on aura de pareils liquides, mettre les hygromètres sous une cloche sous laquelle on aura mis également le sel ou la dissolution du corps. Il y aura dans cet espace une vapeur relative à l'affinité du corps pour l'eau. On mesure la tension de cette vapeur au moyen d'un baromètre dont la cuvette plonge sous la cloche. Je me contenterai de citer quelques-uns des résultats obtenus. Nous supposons que nous opérons à 10°. A cette température la tension de la vapeur d'eau pure n'est que 9 millimètres 49. Nous appelons cette quantité 100, et nous exprimons proportionnellement les forces élastiques des vapeurs fournies par tel ou tel liquide. Les résultats que nous trouverons nous donneront une table dont j'extrais seulement quelques nombres.

Degrés de l'hygromètre.	Tension ou densité de la vapeur.
100	100
90	79,1
80	61,2
70	47,2
60	36,3
50	27,8
40	20,8
30	14,8
20	9,5
10	4,6
0	0

Il est facile de remarquer que les quantités d'humidité ne sont point proportionnelles aux nombres qui expriment les degrés de l'hygromètre. Les nombres qui représentent les tensions suivent une progression décroissante beaucoup plus rapide. C'est cette absence de proportion entre les degrés de l'hygromètre et les quantités réelles d'humidité, qui rend indispensable l'usage des tables, lorsqu'on veut connaître d'une manière précise la quantité d'humidité contenue dans l'air.

On peut se passer de ces tables lorsqu'on veut savoir seulement si l'air est plus ou moins humide : car vous concevez que l'hygromètre indique d'autant plus d'humidité que le nombre des degrés est plus élevé.

Remarquez qu'à 88° de l'hygromètre, l'air contient les trois quarts de l'humidité qu'il peut renfermer ; à 72°, la moitié, et enfin à 46°, le quart. Voilà quelle est la marche générale de l'hygromètre.

Ce nombre 72 est la moyenne de l'hygromètre dans toutes les saisons de l'année : c'est-à-dire qu'en observant l'hygromètre tous les jours, et prenant la moyenne, on trouverait 72. Ainsi, la quantité moyenne d'eau que l'air contient est la moitié de celle qu'il peut renfermer pour être complètement saturé.

Une chose sur laquelle je dois fixer votre attention, c'est que ce n'est point du tout la quantité absolue d'eau qui est dans l'air qui importe pour ce qui est relatif aux phénomènes dépendant de l'humidité ; c'est uniquement le rapport de la quantité d'humidité contenue dans l'air à celle qui y serait contenue, s'il était entièrement saturé. Ainsi l'air peut être saturé à zéro et à 30°. Or à 30°, il y a beaucoup plus d'humidité que dans l'air à zéro, et cependant un grand nombre de phénomènes qui peuvent dépendre de la dessiccation, de l'absorption de l'humidité, de la déliquescence, sont à peu près les mêmes dans ces deux circonstances ; car l'air saturé donne de l'eau avec la même facilité, lorsqu'il est à zéro que lorsqu'il est à 30°. Si l'on voulait dessécher une substance humide, on ne pourrait pas le faire mieux à zéro qu'à 30°. Quant aux phénomènes qui dépendent de la végétation, un végétal absorbe l'eau avec la même facilité dans de l'air à zéro, que si l'air était à 30°. Seulement une légère variation de température fait déposer beaucoup plus d'humidité à 30° qu'à zéro.

Ainsi, en général, on peut admettre que la table que nous venons de former, sera la même pour une température de 20°, de 30°, ainsi de suite. Seulement, dans chaque cas particulier, si nous voulons déterminer la quantité d'eau qui se trouve dans l'air, il faudra nécessairement consulter la quantité d'humidité qui peut être contenue dans l'air lorsqu'il est saturé, à telle ou telle température.

Nous allons citer quelques applications qui feront mieux sentir l'usage de la table dont nous avons parlé. Je suppose, par exemple, que l'hygromètre marque 86°, et que la température soit de 15°. On demande ce que marquerait l'instrument, si on abaissait la température de 15 à 13°. A 15°, si l'air était complètement saturé, il contiendrait une quantité d'humidité représentée par 12 millimètres 837 de mercure. Or, puisque l'hygromètre marque 86°, et que nous savons que 86° de l'hygromètre correspond à une tension de la vapeur exprimée par 71,49, il faudra multiplier 12,837 par 71,89 et le diviser par 100, pour avoir la quantité d'humidité, qui se trouve dans l'air; nous trouverons en faisant le calcul 9,177.

Maintenant nous savons qu'à 15°, la force élastique de la vapeur est exprimée par 11,34. Par conséquent le rapport de la saturation de l'air à cette nouvelle température 13°, sera exprimé par $\dfrac{9, 117}{11, 34}$ faisant le calcul, nous trouverions 81 centièmes.

Ainsi, lorsque l'air était à 150, nous avions pour la tension de la vapeur 71,49 d'humidité, et maintenant qu'il est à 13°, nous avons 81. Il ne reste plus qu'à chercher sur la table le degré de l'hygromètre correspondant à 81; nous trouverons que c'est 91, 05.

Nous prendrons encore un exemple : l'hygromètre marque 78°, et la température est à zéro. Que marquera-t-il si l'on porte la température à 20°? Si on porte la température à 20°, nécessairement l'hygromètre marchera au sec; parce que la quantité d'humidité qui est contenue dans l'air à zéro est très petite ; de sorte que si nous allons à 20°, il faudra une quantité beaucoup plus grande pour la saturation; or à 0° la force élastique de la vapeur est exprimée par 5 millimètres 059. Maintenant l'hygromètre marque 78°, c'est-à-dire, qu'il y a dans l'air une vapeur dont la tension serait exprimée par 58, 24. Par conséquent la quantité d'humidité qui se trouve dans l'air sera $5,059 \times \dfrac{58, 24}{100} = 2, 94.$

On demande ce que deviendrait cet air à la température de 20°. A 20° la tension de la vapeur est exprimée par 17 millimètres 31. Par conséquent, pour avoir la force élastique de la vapeur qui se trouve contenue dans l'air, dans la circonstance où nous nous sommes placés, il faudra diviser 2,94 par 17,31, ce qui nous donnera 17 centièmes ; c'est-à-dire, qu'en prenant de l'air à zéro, dans lequel l'hygromètre marque 78, et en le portant à la température de 20°, l'air ne contiendra plus que les 17 centièmes de l'humidité qui lui est nécessaire pour être entièrement saturé.

Nous n'avons plus qu'à chercher dans la table le degré de l'hygromètre qui correspond à 17, nous trouverons que c'est 34.

Vous voyez par ces exemples qu'il sera toujours extrêmement facile de se rendre compte des variations de l'humidité de l'air, lorsqu'on fera varier la température. Toutes les fois qu'on prendra de l'air à une température plus ou moins saturée, pour le porter à une température plus élevée, l'hygromètre marchera au sec, et l'on pourra déterminer le degré de l'hygromètre et la quantité de vapeur, et réciproquement.

Si l'on prend de l'air à un certain degré de l'hygromètre et du thermomètre, et qu'on le refroidisse, il peut arriver deux cas : en le refroidissant, il est possible que l'air ne soit pas encore complètement saturé. Vous trouverez toujours ce degré de saturation, en cherchant la quantité réelle d'humidité, et comparant cette quantité à celle que l'air contient à la température où vous l'avez porté, quand il est complètement saturé.

Le second cas serait celui où l'air serait plus que saturé. Dans ce cas, tout l'excédant doit se précipiter. Si vous abaissez de l'air à 20° de température et dans lequel l'hygromètre marque 95°, si vous l'abaissez à 12°, il sera sur-saturé, et alors tout l'excédant de saturation se déposera et constituera un petit brouillard, et si l'effet a lieu sur une grande masse, il se produira de la pluie.

Saussure en mettant son hygromètre dans le vide avait remarqué un phénomène qui l'avait beaucoup frappé. Cependant vous allez voir que ce phénomène est fort simple, et que l'explication qu'on en donne est assez vraisemblable.

Si l'on prend de l'air saturé d'humidité, qu'on le mette sous le récipient de la machine pneumatique, et qu'on fasse le vide par huitièmes, comme l'avait fait Saussure, le premier huitième d'air que vous enlevez, devrait, ce semble, emporter avec lui un huitième d'humidité, il n'en resterait plus que $\frac{7}{8}$. Un second huitième d'air devrait entraîner un second huitième d'humidité, ainsi de suite ; de manière qu'en faisant le vide complet, on devrait amener l'hygromètre au sec. Mais il n'en est pas ainsi, et Saussure, lorsqu'il fit l'expérience, trouva que l'hygromètre marquait 97. En général l'hygromètre ne prend jamais le nombre 100, parce que les cheveux, une fois qu'on est à 99, sont un peu rétrogrades, et se tiennent à 2 ou 3 degrés au-dessous de l'état hygrométrique.

Le plus grand dessèchement qu'on peut obtenir est de descendre au-dessous de 97°, de venir à 89° à peu près. Ainsi Saussure, au lieu d'enlever un huitième d'humidité à chaque opération, en enlevait beaucoup moins. On conçoit que, dans cette circonstance, le cheveu, quoiqu'il eût une masse pour ainsi dire nulle, pourrait donner de l'humidité qui s'ajouterait à celle de l'air; mais cette quantité serait si faible qu'on peut la négliger tout-à-fait. Mais il faut faire attention que les vases fournissent de l'humidité. En prenant de l'air enfermé sous un récipient, et cet air faisant marquer 97° à l'hygromètre, il existe sur les parois du vase une couche d'eau qui est invisible, mais qui existe réellement, et qui peut modifier d'une manière très notable les résultats. Quand on enlève le premier huitième, l'air devient plus sec, le récipient fournit une certaine quantité d'humidité, et l'hygromètre ne descend pas autant qu'il devrait descendre. On continue à pomper l'air; à mesure qu'il emporte de l'humidité, le vase en fournit davantage, en sorte qu'il s'établit une espèce de compensation. Voilà pourquoi l'hygromètre ne va pas aussi loin qu'il devrait aller, si les corps environnans ne donnaient point à l'air de l'humidité.

Cette humidité sur les corps est tellement sensible qu'il y a des phénomènes, et particulièrement les phénomènes électriques, qui ne peuvent se produire, non-seulement à 97° de l'hygromètre, mais à 90: Il y a alors des quantités d'humidité si grandes sur les corps, que l'électricité fuit de toutes parts, et qu'on ne peut la retenir. Ce n'est que lorsque l'hygromètre est au-dessous de 80 ou 70° que les phénomènes peuvent avoir lieu.

Dans l'air, l'hygromètre peut aller et va souvent à l'humidité extrême; mais il est rare de l'y voir dans les couches inférieures de l'atmosphère. En effet, la pluie vient sans doute d'un lieu saturé; mais, à la surface de la terre, l'air peut bien ne pas être saturé. Les gouttes d'eau n'ont point le temps de saturer la masse considérable qu'elles traversent dans leur chute. Aussi, même lorsqu'il pleut, il est rare de voir l'hygromètre indiquant 100 degrés.

En général, l'hygromètre de Saussure ne va guère au-dessous de 40° à la surface de la terre; si cela arrive, c'est dans des circonstances extrêmement rares.

Ainsi Saussure, qui a séjourné pendant long-temps sur les montagnes, où il y a toujours de l'humidité, mais aussi une très grande sécheresse, Saussure n'a jamais vu l'hygromètre au-dessous de 40°. Ramon, qui a long-temps parcouru les

Pyrénées, ne l'a jamais vu au-dessous de 39; 40 et 39 s'éloignent peu l'un de l'autre, et indiquent une quantité d'humidité qui est environ un cinquième de celle qui est nécessaire pour la saturation de l'air.

Il y a cependant une exception. En l'année 1816, le 20 avril, à trois heures du soir, le thermomètre étant à 14° 4, on a vu l'hygromètre à 34°. C'est un exemple, je ne dirai pas unique, mais au moins extrêmement rare.

Lorsqu'on s'élève dans l'air à de grandes hauteurs, l'hygromètre va continuellement en diminuant, excepté le cas des nuages, qui ne sont autre chose que de l'eau précipitée sous forme de vapeur vésiculaire. Ainsi, dans un voyage aérostatique, où je m'élevai à une hauteur considérable, j'ai vu l'hygromètre à 26° et la température à 10° au-dessous de zéro, par un temps excessivement chaud à la surface de la terre. Or, à — 10°, la force élastique de la vapeur est de 2 millim., 6. Cherchant la force élastique correspondant à 26°, on trouve qu'il ne reste que $\frac{3}{15}$ de millimètre d'eau, quantité qui est très éloignée de celle qui serait nécessaire pour la saturation; ou, pour mieux dire, l'air ne contient alors que 12 centièmes, c'est-à-dire le huitième de l'eau qu'il peut renfermer. Aussi voit-on, à cette grande hauteur, les corps se dessécher avec une extrême rapidité.

L'air si sec est désagréable pour la respiration, en raison du desséchement qu'il produit dans les poumons. C'est ici le lieu de parler de l'effet de l'air dans l'économie animale. J'entrerai avec d'autant plus de plaisir dans quelques détails à ce sujet, que cela intéresse naturellement toutes les personnes qui s'occupent de médecine.

L'air que l'on inspire est à des températures extrêmement variables, comme vous le savez. Il peut aller depuis 0° et beaucoup au-dessous jusqu'à 30°. L'air respiré sort à une température qu'on peut regarder comme constante : c'est la température de l'homme, qui est de 37°. Quand l'air sort, il est saturé d'humidité, car il touche constamment des parties complètement humides. L'air que l'on inspire est à une certaine température, à zéro, par exemple, et nous supposons qu'il est saturé. Cet air, en sortant ensuite à 37°, enlèvera nécessairement au corps une quantité d'eau considérable, celle qui fait la différence entre la saturation à 37° et la saturation à 10°. Vous voyez donc que, par la respiration, une certaine quantité d'humidité est constamment enlevée au corps, et que cette quantité est extrêmement variable, en raison de la température de l'air et de son état hygrométrique.

Pour vous faire voir une application extrêmement intéressante de cette déperdition de l'eau occasionnée par l'air qui traverse les poumons, nous supposerons la température moyenne de 10°. A cette température, un homme absorbe par jour à peu près 18,750 litres d'air, qui entre à 10° et sort ensuite à 37°. Par conséquent, au lieu de 18,750 litres, il doit sortir, puisque l'air est échauffé, une quantité plus grande. En effet, le volume de l'air qui sort est égal à 20,178 litres. Voilà le résultat d'une expérience. Vous concevez néanmoins que ce résultat peut varier suivant les individus et suivant une foule de circonstances. Supposons que l'air soit entré à 72° de l'hygromètre, ce qui indique que l'air contient justement la moitié de l'humidité qu'il peut renfermer ; sachant qu'il entre 18,750 litres d'air à la température de 10° et à la moitié de la saturation, il est facile d'en déduire la quantité d'eau qui est entrée. On trouvera, en faisant les calculs nécessaires, 91 grammes 43. L'air sort ensuite à 37°, et il est saturé. Connaissant le volume d'air, on trouve qu'il emporte une quantité d'eau égale à 869$^{gr.}$ 15. La différence est 777, 72. Par conséquent l'air que l'homme respire lui enlève par jour 777$^{gr.}$ 72, c'est-à-dire un litre et demi d'eau, ce qui est une quantité fort considérable.

Si l'air était à zéro au lieu d'être à 10°, la quantité d'eau perdue par la respiration serait plus grande ; elle pourrait aller jusqu'à un litre trois-quarts.

Ainsi vous voyez combien une fonction très importante de l'économie animale se trouve modifiée par la présence de l'air. Il était bon de vous montrer comment on pouvait déterminer cette quantité d'eau portée hors du corps de l'homme par l'air qui a servi à la respiration. Quand cette eau n'est pas entraînée par l'air, ce qui arrive dans les temps chauds où l'air est humide et a une température qui se rapproche de celle de 37°, il faut nécessairement que cette eau s'échappe par d'autres voies.

DÉLIQUESCENCE.

Les phénomènes hygrométriques dont nous venons de parler reçoivent un assez grand nombre d'applications. J'en citerai une qui mérite de fixer votre attention ; c'est celle que présente le phénomène relatif à ce qu'on appelle la *déliques-cence* des corps, et principalement des sels. On entend par déliquescence la propriété qu'ont certains corps d'absorber l'humidité, et de tomber, comme on dit, en *deliquium*, de devenir liquides, d'augmenter considérablement de poids. On doit généraliser ce phénomène, et l'étendre même aux liquides. Si l'on prend, par exemple, de l'acide sulfurique, il attire l'humidité; il ne deviendra pas liquide, puisqu'il l'est déjà; mais son poids augmentera d'une manière pour ainsi dire indéfinie.

Il y a d'autres corps qui ne coulent pas, comme les bois, les matières organiques, en général, et beaucoup d'autres corps qui peuvent absorber l'humidité, et qui ne tombent pas en déliquescence. La déliquescence n'est qu'un effet particulier d'une cause commune, l'absorption de l'humidité et la fixation de l'eau.

Cette propriété varie pour les divers corps, et on ne donne, en général, le nom de déliquescens qu'à ceux de ces corps qui, dans les circonstances ordinaires, se résolvent en liquides. Ceux qui ne deviendraient pas liquides dans les circonstances ordinaires ne sont pas regardés comme déliquescens.

Il y a une classe de corps, tels que le chlorure de calcium, qu'on ne voit jamais secs à l'air. Aussitôt que le chlorure est resté quelque temps à l'air, il devient liquide, et reste dans cet état de liquidité, même dans les temps les plus froids. Le chlorure de calcium est donc un corps éminemment déliquescent.

Nous ne regarderons pas le sucre comme étant déliquescent, quoique, dans certaines circonstances, lorsque, par exemple, l'hygromètre marque 95°, le sucre se résolve en sirop et tombe en déliquium.

Le nitre ne coule pas dans les circonstances ordinaires; mais, si on le mettait dans une cave dont les murs fussent très humides, ou sous une cloche mouillée, on le verrait tomber en eau. Donc beaucoup de corps peuvent tomber en déliquium; cela dépend des circonstances où ils sont placés.

Pouvons-nous exprimer cette déliquescence d'une manière générale pour chaque corps en particulier? Oui, sans doute, et c'est là précisément ce dont nous allons parler en très peu de mots. Je suppose que nous prenions du sel marin, et que nous le mêlions avec de l'eau, de manière à ce qu'il y ait un excédant de sel. Vous vous rappelez que l'hygromètre, mis dans de l'air en contact avec l'eau ainsi saturée de sel marin, marque 87°. Puisque, quand on prend de l'eau saturée, la vapeur qui s'en dégage ne fait marcher l'hygromètre qu'à 87°, si vous mettez du sel dans de l'air saturé de vapeur, ce sel enlèvera nécessairement la quantité d'eau qui fait la différence entre celle qui est contenue à 100° et celle contenue à 87°.

Ainsi, sans faire attention aux températures, je vois qu'à 87° l'air contiendra $\frac{73}{100}$ d'humidité, et qu'à 100° il en contient $\frac{100}{100}$. Par conséquent le sel enlèvera la différence de 100 à 73, c'est-à-dire $\frac{27}{100}$. Dans ce cas il sera déliquescent, parce que, pour être déliquescent, il suffit qu'il puisse absorber de l'humidité ; et non-seulement il sera déliquescent à 100°, mais il le sera dans tous les degrés compris entre 87 et 100. Car il pourra toujours absorber la différence entre le degré d'humidité donné et celui qu'il donne lui-même. Seulement, quand l'air sera plus humide, il tombera plus vite en déliquium. Le sel ne sera plus déliquescent à 87°, parce que 87° correspond justement au degré de vapeur que lui-même peut donner. A plus forte raison il ne sera pas déliquescent au-dessous de 87°.

Cet exemple suffit pour vous faire voir quel est le véritable point, ou plutôt quelle est la limite de la déliquescence pour chaque corps. Pour connaître cette limite, il suffit de chercher le degré marqué pour l'hygromètre dans un air en contact avec une dissolution du corps, ou, ce qui est la même chose, de chercher la tension de la vapeur fournie par le corps : car, de la tension, on conclut les degrés de l'hygromètre, comme des degrés de l'hygromètre on conclut la tension.

Vous voyez combien est simple la théorie de la déliquescence, et combien il est facile de voir dans quelles circonstances un corps est déliquescent et dans quelles circonstances il ne l'est pas.

Cette théorie trouve une application dans les salines où l'on gradue le sel d'une manière plus économique, par le moyen de la chaleur naturelle et de l'air. Pour cela, on fait porter l'eau à une certaine hauteur, et on la fait ensuite tomber sur des branchages. L'air passant au travers des branches mouillées qui lui présentent une grande surface, se sature et emporte une portion de l'humidité, et ce qui reste se trouve de plus en plus concentré, c'est là ce qu'on appelle *graduer*. Il ne faut pas aller jusqu'au point de saturation de l'air, de manière que l'hygromètre marque 87°; parce que l'air qui est à ce degré ne gradue plus; et même si l'hygromètre allait au-dessus de 87°, s'il allait, par exemple, à 90°, il en résulterait que l'eau, au lieu de se concentrer, se délayerait. C'est ainsi que pour beaucoup de phénomènes, on croirait dessécher, lorsqu'il y aurait, au contraire, fixation d'humidité.

Connaissant que tel ou tel sel devient déliquescent à tel ou tel degré de l'hygromètre, on a un moyen facile de faire un hygromètre : c'est d'avoir plusieurs sels, d'en mettre de petites quantités dans des capsules, ou même d'en placer de petits fragmens sur une simple plaque de verre, en numérotant chaque sel. Si vous exposez ces différens sels à l'air humide, ceux qui sont le plus déliquescens vont seuls couler; ceux qui le sont moins, ne changeront pas. Comme on est supposé connaître d'avance le degré d'humidité auquel chaque sel tombe en déliquescence, on aurait là un *hygromètre chimique*, qui pourrait indiquer des degrés d'humidité très élevés, parce qu'il y a, en effet, certains sels qui ne coulent que lorsque l'air est très humide.

Il y a une circonstance qui empêche de tirer de ce moyen tout le parti possible, c'est que l'affinité propre du sel pour l'eau varie beaucoup avec la température; de sorte que l'hygromètre ayant été calculé pour une température déterminée, si l'air est soumis à une autre température, l'affinité change, et la déliquescence n'est plus la même. Ce moyen ne peut donc donner que des indications grossières relativement à la quantité d'humidité qui est contenue dans l'air. L'hygromètre chimique, de même que l'hygromètre à boyau, peut servir pour connaître de grands changemens d'humidité, mais non pas comme moyen précis de mesures.

APPLICATION DE L'HYGROMÉTRIE.

Nous avons parlé dernièrement du froid qui est produit par l'évaporation de l'eau et des liquides en général. Lorsque l'évaporation se fait dans de l'air parfaitement sec, nous avons vu qu'il en résulte des abaissemens de température considérables. Le phénomène de l'évaporation se manifeste aussi dans l'air qui contiendrait de l'humidité; mais cette évaporation sera nécessairement moindre que celle qu'on obtient avec de l'air parfaitement sec; à tel point que si l'on prend de l'air tout-à-fait humide, il n'y a plus d'évaporation, et par conséquent plus de froid produit. Si l'air contient la moitié de l'eau qu'il peut renfermer, il pourra prendre encore l'autre moitié pour être saturé, ou pour mieux dire, il pourra prendre de l'eau par évaporation, et il se produira une certaine quantité de froid. Comme à la surface de la terre l'hygromètre marque très rarement 100°, il y aura constamment évaporation, qui sera d'autant plus grande que l'air sera plus sec, d'autant plus petite que l'air sera plus humide.

On a tiré parti de ce fait dans les climats chauds pour refroidir l'eau de quelques degrés. Tout le monde sait que l'eau n'est agréable à boire, que lorsqu'elle est de quelques degrés au-dessous de la température de l'air ambiant. Dans nos climats nous avons toutes sortes de moyens pour avoir de l'eau fraîche. Les températures élevées, qui sont passagères ne se faisant jamais sentir qu'à de très petites profondeurs, jamais dans les bonnes caves, où la température reste toujours à 11°, latitude de Paris, il en résulte que nous avons dans les caves un moyen suffisant de refroidissement. Mais sous l'équateur, où la température moyenne de l'air est de 27°, la température des caves est aussi de 27°. De manière qu'on ne peut se servir des caves pour refroidir les liquides. On a alors recours au froid produit par l'évaporation. On se sert de vases en terre grossière, mal cuits, et qui présentent beaucoup de pores. Ces vases s'appellent des alcarazas, nom que nous empruntons aux Espagnols; l'eau dont on remplit ces vases suinte à travers les pores, de sorte qu'il y a toujours une légère couche d'humidité à la surface extérieure. Cette humidité s'évapore, et en s'évaporant elle produit du froid. Pour que l'évaporation soit plus rapide, et par conséquent le froid produit plus considérable, on place ordinairement ces vases sous des portes ouvertes, où il y a un courant d'air plus abondant.

Au lieu de vases poreux, on peut se servir de vases métalliques que l'on recouvre d'un linge ou de tout autre corps qui puisse retenir l'humidité. On mouille le linge ou le corps, et l'évaporation qui a lieu produit du froid qui se transmet dans l'intérieur du vase.

Eu général, tout corps humide exposé dans un lieu qui n'est point saturé d'humidité contribuera à rafraîchir l'air. Au Bengale, on met sur les croisées des branchages mouillés. L'air, en passant à travers ces branchages, se refroidit en dissolvant de l'humidité par l'évaporation. On obtient ainsi des abaissemens de température qui seraient à peine croyables, si le fait n'avait été rapporté par des voyageurs dignes de foi. On parvient à des refroidissemens qui vont jusqu'à 10 et 15° au-dessous de la température ambiante : ce qui dépend de la circonstance particulière de la grande sécheresse de l'air.

Nous n'en dirons pas davantage sur l'hygrométrie ; nous aurons occasion de revenir sur ce sujet, en parlant de la météorologie, dans les séances prochaines.

SOURCES DE LA CHALEUR ET DU FROID.

Je vais terminer ce que nous avions à dire sur les phénomènes qui se rapportent à l'air, en rappelant brièvement les *sources de chaleur et de froid.*

Les sources de chaleur sont nombreuses. Nous distinguerons particulièrement la chaleur qui nous vient du soleil ; la chaleur qui est produite par la réunion des deux électricités ; la chaleur qui est produite par la diminution de volume que l'on fait subir aux corps ; la chaleur qui est développée par le frottement ; et enfin la chaleur qui est due aux combinaisons. La chaleur qui nous vient du soleil et la chaleur qui est produite par les deux électricités, seront développées ultérieurement. La chaleur qui est due aux combinaisons fait partie du cours de chimie ; je n'en parlerai point. Nous n'aurons donc à nous entretenir, et même en très peu de mots, que de la chaleur produite par les variations de volume et par le frottement.

Par variation de volume nous entendons que le corps puisse être comprimé, et qu'il puisse occuper un volume plus grand. Nous exprimerons le phénomène d'une manière plus générale, en disant qu'il y aura production de chaleur si le corps prend un volume plus petit, et production de froid, si le corps prend un volume plus considérable.

Il est facile de démontrer que la compression développe la chaleur dans les corps. Il suffit de faire passer une barre de métal entre les rouleaux d'un laminoir pour qu'il y ait dans cette barre de métal un développement de chaleur très sensible. Il suffit encore de battre cette même barre avec un marteau, de manière à rapprocher ses parties, pour qu'elle devienne très chaude. Cette production de chaleur se rend sensible en approchant une barre de fer ainsi frappée d'un morceau de phosphore ; on voit ce phosphore s'enflammer aussitôt. C'est le moyen qu'emploie le forgeron pour allumer du feu. Il donne quelques coups de marteau sur un morceau de fer, qui s'échauffe assez pour enflammer une allumette. Tous les métaux, surtout ceux qui sont ductiles, se prêtent à ce genre d'expériences.

Tous les corps qu'on comprime d'une manière quelconque, soit par percussion, soit par simple pression, produiront de la chaleur. Cela est évident pour les corps solides. Les liquides eux-mêmes, si on pouvait produire une diminution de volume très sensible, produiraient aussi de la chaleur. Mais vous savez que les plus grands efforts ne font éprouver aux liquides qu'une compression presque insensible.

Cette compression peut s'exercer avec une grande facilité à l'égard de tous les fluides élastiques. Aussi ce phénomène se manifeste-t-il très clairement dans cette classe de corps.

Il suffit de prendre l'instrument qu'on appelle aujourd'hui briquet pneumatique, et qui n'est autre chose qu'un cylindre parfaitement calibré, que parcourt un piston qui doit joindre parfaitement les parois; car s'il s'échappait de l'air entre le piston et le cylindre, le phénomène n'aurait pas lieu. En poussant le piston avec promptitude, l'air est comprimé, et il se produit une chaleur énorme dont je donnerai la limite dans un autre moment. Je ne veux établir que le fait général, et je me bornerai à vous dire qu'avec un pareil instrument on parvient facilement à enflammer un morceau d'amadou qui, pour brûler, exige une chaleur de plus de 300°; et cependant le tube étant très petit, il se perd beaucoup de chaleur par les parois.

Ainsi, nous pourrons admettre en principe général que les corps, en diminuant de volume, abandonnent une certaine quantité de chaleur variable pour chacun d'eux.

Le frottement produit aussi beaucoup de chaleur. On peut s'en assurer en faisant tourner rapidement un morceau de bois contre un autre morceau. On parvient, sinon à les enflammer, du moins à les faire fumer. C'est le procédé du sauvage qui fait du feu avec beaucoup d'adresse en frottant deux morceaux de bois l'un contre l'autre.

On pourrait être tenté d'assimiler en quelque sorte le frottement à la compression; mais ce serait une erreur, et je dis qu'on doit regarder le frottement comme produisant de la chaleur, indépendamment de la diminution de volume. Il est facile de le démontrer par l'expérience.

En faisant jouer un piston qui entre juste dans un cylindre, le cylindre s'échauffe, et ce n'est pas à la compression qu'est due la chaleur produite; car s'il y avait compression, le piston ou le corps de pompe finirait par s'user, et puisque la chaleur ne serait due qu'à la compression, dès qu'il n'y aurait plus compression, il n'y aurait plus de chaleur. Or vous répéteriez mille fois l'expérience, que le cylindre s'échaufferait toujours. Cette expérience qui s'applique à toutes les questions analogues, prouve donc que par le frottement, on met un fluide particulier dans un état vibratoire qui produit de la chaleur.

Puisque les corps produisent de la chaleur quand ils diminuent de volume, ils doivent, quand ils reviennent à leur état primitif, absorber la chaleur qu'ils ont donnée; car ils doivent se retrouver dans les mêmes circonstances. D'où nous concluons qu'un corps, en se dilatant, doit produire un froid plus ou moins considérable , et comme le calorique qu'il absorbe ne peut venir des corps environnans, l'abaissement de température est produit dans le corps même.

Cette expérience ne peut être faite avec facilité qu'en opérant sur des fluides élastiques. On comprime de l'air dans un récipient semblable à celui représenté fig. 2, où l'on aperçoit deux soupapes S, s, la première qui, lorsqu'on soulève le piston, se ferme par le ressort de l'air comprimé dans le récipient ; la seconde, qui s'ouvre, dans le même mouvement du piston, par le ressort de l'air extérieur qui pénètre dans le vide que fait le piston en remontant, pour être ensuite refoulé dans le récipient, lorsqu'on fait descendre le piston. Si nous supposons qu'on donne une issue à cet air, il est évident que cet air va se dilater ; en se dilatant, sa température va baisser, et comme le calorique ne peut être donné par les corps environnans, c'est le corps même qui fournit le calorique nécessaire à l'expansion qui est produite. Je vais expliquer comment se passe le phénomène. Nous avons dans le vase de l'air qui est saturé d'humidité ; s'il n'était qu'à moitié saturé, comme nous avons mis deux atmosphères dans le même espace, il y aurait deux fois plus d'humidité. L'air en se refroidissant, refroidit aussi la vapeur, qui est soumise à la même loi de dilatation. Par ce refroidissement l'eau contenue en dissolution dans l'air va non-seulement se précipiter à l'état liquide, mais même se précipiter à l'état de neige ; et si l'on pouvait voir dans le vase au moment où l'air se dilate, on y verrait en effet de petits flocons de neige. Or cette neige qui est suspendue dans l'air est entraînée par le courant d'air qui s'établit lorsqu'on ouvre le vase, et si l'on présente à ce courant une lame de verre, il se forme à l'endroit où le courant vient frapper un petit mamelon de glace. Cette expérience est connue depuis long-temps dans les mines de Hongrie. Il y a une colonne d'eau qui comprime de l'air puissamment ; quand on ôte cette pression il se produit de la neige.

Le phénomène que nous venons de voir se produire dans les gaz est dû uniquement à la chaleur propre que renferment les fluides élastiques et non pas à la chaleur ou au calorique qu'on pourrait supposer existant dans l'espace occupé par ces corps. En effet, si le vide renfermait du calorique, comme nous venons de le voir pour les gaz, en dilatant l'espace, on produirait du froid ; en comprimant cet espace, on produirait de la chaleur. Voici comment on peut faire l'expérience de comprimer et de dilater le vide. Cette expérience ne peut se faire qu'avec un large baromètre *B*, fig. 3, dans lequel on fait le vide au moyen de la machine pneumatique, qui communique avec le tube par un tuyau *t*. Le baromètre plonge par sa partie inférieure dans une cuvette mobile, et dans la partie supérieure du baromètre est placé un thermomètre à air *T*, très sensible et avec lequel on peut garantir un millième de degré. Pour monter le mercure et comprimer le vide, on soulève la cuvette, et en élevant le niveau inférieur on élève aussi le niveau supérieur. Pour dilater le vide, on baisse la cuvette et les deux niveaux baissent en même temps. En faisant ainsi varier le vide, le thermomètre à air ne bouge pas; et comme il est très sensible, nous pouvons en conclure avec assurance, que le vide ne produit point de chaleur lorsqu'on le comprime, et ne produit point de froid lorsqu'on le dilate.

IMPRIMERIE DE E. DUVERGER,
RUE DE VERNEUIL, N. 4.

COURS DE PHYSIQUE.

LEÇON TRENTE-DEUXIÈME.

(Mardi, 4 Mars 1828.)

SUITE DES SOURCES DE LA CHALEUR ET DU FROID.

Nous avons vu, dans la dernière séance, que lorsqu'un corps éprouvait une dilatation ou une compression, il absorbait ou dégageait de la chaleur.

Il est bon de remarquer que le phénomène de la variation de température liée à la variation de volume est analogue à ce que nous avons vu dans les changemens d'état des corps. Lorsque, par exemple, de l'eau passe à l'état de fluide élastique, elle prend un volume 1700 fois plus grand. Dans ce cas, elle absorbe une quantité de calorique telle, qu'elle pourrait élever de 531°, un pareil poids d'eau, pris à la température de 100°. Réciproquement cette eau en devenant liquide, c'est-à-dire, en diminuant de volume, dégage toute la chaleur qu'elle avait absorbée pour passer à l'état de fluide élastique. Ce phénomène est tout-à-fait analogue à celui d'un corps qui ne change pas d'état, mais qui diminue de volume par la compression.

Nous allons chercher quelle est l'intensité du froid ou de la chaleur obtenus dans des circonstances déterminées de compression ou de dilatation. Les thermomètres que l'on placerait dans un volume donné d'air n'indiqueraient que des variations extrêmement faibles, et vous en concevez la raison. Si nous opérions sous le récipient de la machine pneumatique avec quelques litres d'air, la variation de température produite dans l'air, en la supposant même assez grande, ne se ferait sentir que faiblement sur un thermomètre à mercure dont la boule pourrait peser 5 à 6 grammes. Pour rendre l'effet sensible, il faut employer des instrumens très délicats. Le thermomètre à spirale de Bréguet dont nous avons parlé, est très propre à indiquer de faibles variations de chaleur.

Il est un autre procédé auquel nous pouvons avoir recours. Je suppose que l'on refroidisse une masse d'air en retranchant subitement d'un espace déterminé la moitié de l'air qu'il renferme. S'il n'y avait pas de refroidissement, la masse d'air qui reste supporterait une pression égale à celle que supportait l'autre portion. Je suppose que l'on fasse ainsi la raréfaction, et qu'on observe quelle est la tension de l'air au moment où la raréfaction est produite, et ensuite au bout d'un certain temps lorsque la masse d'air s'est réchauffée en prenant du calorique aux corps environnans, on parviendra à connaître le froid auquel l'air a été soumis, par la différence entre la pression qui a lieu lorsque le froid est à son *maximum*, et la pression produite lorsque l'air s'est réchauffé. C'est ainsi que par des expériences trop compliquées pour être décrites, on a formé des tables dans lesquelles on a d'un côté la dilatation ou la compression, et de l'autre le froid et la chaleur correspondans. Je citerai seulement quelques résultats.

Je suppose qu'on prenne de l'air à la pression de 76 centimètres et à la température de 0° du thermomètre à mercure ou 267 de thermomètre à air. Si l'on réduit l'air à la moitié de son volume, c'est-à-dire, à une pression qui ne sera plus que 38, et que l'on consulte la table, on verra que le froid correspondant à 38 centimètres ou plutôt à 36, 8, car la table ne marche pas précisément par demi-atmosphère, on verra, dis-je, que le froid correspondant à 36, 8 est de 50° au-dessous de zéro. Si l'on réduit la pression à 19, 8, à peu près le quart de la pression ordinaire, on aura un froid de 85°. Enfin à une pression de 12 millimètres, on aurait un froid de 185°. On a ainsi une série de températures de plus en plus basses, qui n'ont, pour ainsi dire, pas de limites, parce que nous n'admettons pas qu'on puisse parvenir à avoir un espace qui serait absolument privé de calorique.

Vous concevez, d'après ce froid considérable produit par la raréfaction de l'air, comment on peut former de la glace en comprimant de l'air dans un récipient, et en lui donnant ensuite une libre issue dans l'atmosphère. La glace qui se dépose sur une plaque de verre que l'on présente à l'air qui sort par l'orifice du récipient, n'est point le résultat de l'expansion de l'air au moment où il s'échappe de l'atmosphère. Cette glace était déjà formée dans l'intérieur du vase. Et si nous avions pu voir dans ce vase, nous y eussions aperçu ces flocons de neige qui ont été entraînés par l'air, et sont venus par leur réunion sur la plaque de verre, former sur cette plaque un mamelon de glace. On peut rendre ce résultat très sensible en faisant le vide dans un récipient transparent. Ainsi, lorsqu'on prend un récipient plein d'air, qu'on l'applique sur le plateau de la machine pneumatique, et qu'on fait le vide, on voit toujours, au premier coup de piston, se former un petit nuage. Ce nuage est le résultat de la précipitation de l'eau par le froid produit au moyen de la dilatation de l'air. Ce nuage se dissipe aussitôt parce que l'air reprend de la chaleur aux corps environnans. Il y a déjà long-temps que vous avez pu remarquer ce phénomène; mais je ne vous en ai pas donné l'explication, parce que ce n'était pas encore le lieu d'en parler.

Si la raréfaction était plus forte, ce qu'on obtiendrait en donnant au corps de pompe une capacité beaucoup plus grande, nous verrions se former de la glace au premier coup de piston. Mais comme nous n'enlevons en général qu'un douzième de l'air, et que pendant ce temps le calorique de tous les corps environnans abonde, on ne peut produire un froid aussi considérable.

Le phénomène n'a lieu que lorsqu'on opère sur de l'air ou sur un gaz qui renferme une vapeur. Si l'air était parfaitement sec, il ne s'y formerait pas de nuage et sa transparence ne serait pas troublée.

Il y a une expérience sur la cause du froid produit par la raréfaction, qui laisse beaucoup à desirer. Sans entrer dans des explications qui ne pourraient être complètes, je me bornerai à citer des faits bien positifs.

Je suppose que l'on ait, fig. 1, un espace allongé E, portant un tube de verre T, d'un assez gros diamètre, et ayant à son extrémité a un trou très petit, de manière qu'on puisse maintenir le vide en partie dans l'intérieur du vase. Un thermomètre est placé précisément vis-à-vis la petite ouverture a; d'autres thermomètres peuvent être placés à côté. Ce vase communique par le tube t avec le récipient d'une machine pneumatique. Vous concevez très bien qu'à mesure qu'on fera le vide dans le vase E, l'air extérieur pénètrera par la petite ouverture a, et le vide se fera, ou à moitié ou au quart, suivant que l'ouverture sera plus ou moins petite; en général le vide que l'on pourra faire dépendra du diamètre de l'ouverture a.

Nous venons de voir que lorsqu'on dilate l'air, il y a production du froid. Lorsqu'on fait le vide dans le vase E, il entre continuellement par la petite ouverture de l'air sous la pression d'une atmosphère. Aussitôt que cet air a franchi la petite ouverture, il se trouve dans un espace où la pression est moindre, il se dilate nécessairement, et il devrait y avoir production de froid, puisqu'il y a dilatation. Il n'en est point ainsi, et le thermomètre placé vis-à-vis l'ouverture *a* reste tout-à-fait stationnaire. On énonce ce fait d'une manière générale, en disant que l'air qui souffle avec la température propre qu'il a avant de souffler, lorsqu'il pénètre dans un vase où il y a une pression moindre, y porte toujours sa température. C'est une expérience dont le résultat est bien certain, mais dont l'explication n'est pas facile.

Une autre expérience qui se rapporte à celle dont nous venons de parler, consiste à prendre deux ballons, fig. 2. Dans l'un on fait le vide, dans l'autre il y a de l'air atmosphérique. On établit une communication entre ces deux ballons au moyen d'un tuyau *t*. Il y a dilatation dans le ballon plein d'air, et par conséquent production de froid. L'air se précipite dans l'intérieur du ballon vide, et y produit une augmentation de chaleur précisément égale à celle qui est perdue de l'autre côté. Ces variations de température se rendent sensibles au moyen de deux thermomètres à air qui plongent dans les deux ballons. Si le thermomètre de la boule pleine d'air baisse, par exemple, de 10°, lorsque la communication est établie avec le ballon vide, le thermomètre de ce dernier ballon s'élèvera justement de 10°.

L'air comprimé dégage une chaleur considérable; vous en avez eu la preuve dans la dernière séance, où nous avons enflammé par la simple compression de l'air, un morceau d'amadou qui exige au moins 300° de chaleur pour brûler.

Pour pouvoir ainsi enflammer l'amadou, il faut réduire le volume de l'air d'une certaine quantité. Si par exemple, on ne réduisait le volume que de moitié, l'amadou ne brûlerait pas. On peut se demander de déterminer le degré de compression nécessaire pour produire le phénomène dont nous parlons. La question se résout en faisant varier le volume de l'air, en mettant un arrêt, au moyen duquel le piston du briquet pneumatique ne s'enfonce qu'autant qu'on le désire. C'est ainsi qu'on a trouvé que l'amadou ne s'enflamme que lorsque l'air est réduit à un douzième de son volume. En consultant la table dont j'ai parlé, on verrait que l'air réduit au douzième de son volume, produit une chaleur de près de 490°. Il n'est pas étonnant qu'il faille une chaleur aussi considérable pour enflammer l'amadou; car, comme on opère sur une masse très petite, les corps environnans enlèvent une grande partie de la chaleur.

MÉTÉOROLOGIE.

Après avoir exposé ces phénomènes qui se rattachent à la théorie de la chaleur, nous allons entamer une autre partie de la physique ; nous allons commencer à vous entretenir dans cette séance, de ce qu'on appelle les phénomènes météorologiques.

On entend par phénomènes météréologiques les variations qui ont lieu dans l'atmosphère. Ces phénomènes sont très nombreux ; mais nous nous bornerons, quant à présent, à parler de ceux que nous pouvons expliquer à l'aide des connaissances que nous avons acquises. Il en est, par exemple, qui dépendent de l'électricité, qui, par conséquent, ne peuvent être bien compris qu'après que nous aurons parlé de l'électricité. Nous ne nous occuperons point de ces derniers.

Nous commencerons par examiner la source de chaleur à la surface de la terre, et les modifications qui en dépendent, car c'est là le principe pour ainsi dire des phénomènes météorologiques. La plus légère attention suffit pour convaincre que c'est le soleil qui est la véritable source de la chaleur à la surface de la terre. Il est possible qu'il y ait d'autres causes de chaleur, mais dans l'état actuel de nos connaissances, elles nous sont inconnues.

Si on doutait que le soleil fût la cause véritable de la chaleur, il suffirait de remarquer que dès que le soleil paraît sur l'horizon, la température commence à s'élever, qu'elle continue à s'élever à mesure que le soleil s'élève au-dessus de l'horizon, qu'ensuite elle diminue à mesure que le soleil devient de plus en plus oblique, et qu'enfin lorsque le soleil se couche et descend au-dessous de l'horizon, le froid va continuellement en augmentant. Il croît proportionnellement à la durée pendant laquelle le soleil ne paraît pas ; de sorte que c'est réellement au moment où le soleil a été le plus long-temps absent, toutes choses égales d'ailleurs, que le froid est le plus considérable : ainsi c'est au moment où le soleil va selever qu'on a le plus grand froid.

Il demeure donc évident que la chaleur dépend de la présence du soleil sur l'horizon. Le soleil nous envoie plusieurs espèces de rayons. Il y a des *rayons lumineux* qui servent à faire voir les objets ; il y a des *rayons calorifiques* qui échauffent, et enfin il y a des rayons différens des uns et des autres, qu'on appelle des *rayons chimiques*, qui produisent plus particulièrement des effets chimiques que ne produisent pas les autres rayons : nous ne porterons notre attention que sur les rayons de calorique.

En raison de l'excentricité de l'orbe solaire, la distance du soleil à la terre est variable ; mais relativement à la grande distance qui nous sépare du soleil, on peut regarder cette distance comme étant la même pour tous les points du globe terrestre. Par conséquent on doit concevoir qu'un faisceau composé de rayons de calorique, conserve à toutes les époques de l'année la même intensité. Si donc l'on reçoit ces rayons sur une surface perpendiculaire aux rayons, on aura sur cette surface le *maximum* d'intensité qui peut être produit par le faisceau de calorique, en supposant le ciel dans toute sa pureté, afin que les rayons lumineux et les rayons calorifiques ne soient point interceptés ; car lorsqu'il y a des nuages, des vapeurs vésiculaires, les rayons sont arrêtés, et la température est moindre.

Vous concevez très bien que si l'on fait varier l'inclinaison de la surface, on aura une surface qui recevra sur un plus grand nombre de points les rayons de calorique dont le nombre est resté le même. Si la surface inclinée est 2, 3, 10 fois plus grande que la surface perpendiculaire, l'intensité en chaque point sera 2, 3, 10 fois plus petite, de manière que l'obliquité des rayons, sur une surface déterminée, fait qu'il tombe, sur la surface prise pour unité, beaucoup moins de rayons de calorique, et que par conséquent cette surface sera beaucoup moins échauffée. L'inclinaison de la surface croît en raison inverse du cosinus de l'angle que cette surface fait avec les rayons de calorique, et l'intensité du calorique est toujours en raison inverse de l'étendue de la surface. Par conséquent l'intensité des rayons de calorique qui viennent frapper une surface, est proportionnelle au cosinus de l'angle que les rayons de calorique font avec cette même surface. Cette intensité est à son *maximum* lorsque le cosinus est zéro, elle va en diminuant à mesure que le cosinus va en augmentant. Cette circonstance se présente pour nous depuis le lever jusqu'au coucher du soleil. Quand le soleil paraît sur l'horizon, un faisceau lumineux est coupé par une surface très oblique, et la chaleur est fort peu de chose ; mais à mesure que le soleil s'élève, la surface coupée devient de plus en plus perpendiculaire aux rayons, et l'intensité augmente, de manière que l'intensité est à son *maximum* si la surface est tout-à-fait perpendiculaire aux rayons ; cas qui se présente habituellement sous l'équateur, et que nous pouvons produire en cherchant une surface qui se présente perpendiculairement à la direction des rayons lumineux. Cette circonstance se rencontre très naturellement à la surface de la terre; car la surface de la terre n'est pas unie, elle est couverte d'aspérités, de collines, de montagnes. Il en résulte que suivant la configuration du sol, il y aura telle colline qui présentera une pente perpendiculaire aux rayons qui viennent la frapper, et puis une pente opposée qui sera au contraire très oblique aux rayons. Cette seule circonstance suffit pour produire une différence très grande dans l'intensité de la chaleur. Vous verrez qu'il y a ensuite des causes qui tendent à établir une sorte d'équilibre, comme par exemple, le mouvement de l'air. Mais si l'air était dans un repos absolu, vous verriez sur une très petite colline, qui présenterait une surface perpendiculaire ou à peu près, une très grande intensité de chaleur; tandis que la pente opposée recevant très obliquement les rayons du soleil, aurait une température beaucoup plus basse : c'est ce qui est très sensible relativement à la végétation. On sait que dans certaines contrées, on est obligé de rechercher les pentes immédiatement exposées au soleil, afin que le raisin puisse y mûrir.

Cette circonstance de l'obliquité de la surface n'est pas la seule circonstance de laquelle dépende l'intensité de la chaleur qui est produite dans un lieu déterminé. La durée de *l'insolation* a aussi une très grande influence. Sous l'équateur, les jours sont égaux aux nuits ou à peu près, parce que le soleil ne reste pas sous l'équateur, il s'écarte jusqu'aux tropiques; de sorte que chaque nuit dissipe toute la chaleur qui est produite pendant le jour. C'est un même cercle qui se renouvelle continuellement.

Lorsqu'on quitte l'équateur pour se rapprocher des pôles, le soleil reste de plus en plus sur l'horizon; nous avons des jours croissans pendant l'été et diminuant pendant l'hiver; ainsi, nous avons en été 16 heures de jour et seulement 8 heures de nuit. Vous devez concevoir que par la durée pendant laquelle la source verse sa chaleur, elle pourra compenser le défaut de perpendicularité des rayons solaires. On remarque en effet qu'il fait aussi chaud, non pas d'une manière continue, mais pendant certains jours de l'année dans nos climats, que sous l'équateur. Cela est dû uniquement à ce que les nuits sont très courtes et les jours très longs. C'est cette même cause qui fait qu'à Saint-Pétersbourg même on a des jours excessivement chauds.

La température dépend encore de plusieurs autres circonstances que nous indiquerons successivement.

La température étant variable avec les mois, les jours, les heures et même les instans, vous concevez que ce qu'on entend par température d'un lieu, est non point la température prise dans un instant déterminé, mais une température qui donnerait une idée de toutes les températures qui ont eu lieu pendant tous les instans d'une année. C'est cette température qu'on désigne par le nom de *température moyenne.*

Pour s'en former une idée, il faut concevoir qu'on observe, par exemple, d'heure en heure, un thermomètre placé dans un lieu convenable. Il serait inutile de l'observer de quart-d'heure en quart-d'heure. Comme il n'y a jamais de saut brusque d'une heure à l'autre, les résultats pris toutes les heures sont suffisans pour déterminer la courbe que suit la température. Ainsi, concevons qu'on ait divisé le jour en vingt-quatre heures, et qu'à chaque heure on observe le thermomètre, vous aurez 24 résultats ; en divisant la somme de ces résultats par 24, vous aurez un résultat moyen qui vous donnera la température moyenne du jour. Supposant que vous avez opéré pendant tous les jours du mois, vous ferez la somme de tous les résultats moyens de chaque jour, et vous diviserez cette somme par 30 ; ce qui vous donnera la température moyenne du mois. Si vous faites pareille chose tous les mois, vous aurez 12 résultats moyens à la fin de l'année. En divisant leur somme par 12, vous aurez la température moyenne de l'année. C'est cette température moyenne de l'année qui nous donne une idée de la quantité moyenne de chaleur qui est versée par le soleil sur la surface de la terre. Cette quantité de chaleur est telle qu'elle maintiendrait le thermomètre, par exemple à Paris, à une température constante de 10° : c'est-à-dire que nous n'aurions ni de grandes chaleurs ni de grands froids. Les grands froids sont compensés par les grandes chaleurs.

Le thermomètre dont on se sert pour prendre les températures moyennes ne doit pas être placé au soleil, parce que les rayons de calorique se fixent dans le verre et en élèvent la température. Deux thermomètres placés, l'un au soleil, l'autre à l'ombre, ne s'accordent nullement. Le thermomètre qui doit donner la température du lieu doit donc être abrité du soleil et placé à l'ombre.

La position plus ou moins élevée du thermomètre n'est pas non plus indifférente. En général, le thermomètre doit être placé à deux mètres au-dessus du sol.

Étant donnée la température du lieu, il ne faut pas croire cependant que nous ayons là tout ce qui est nécessaire pour nous donner une idée exacte de la température du pays, ou pour mieux dire une idée du climat. On entend par climat, l'ensemble de toutes les circonstances météorologiques qui. ont lieu dans un pays, et qui peuvent avoir quelque influence, soit sur les hommes, soit sur les animaux, soit sur les végétaux. C'est l'ensemble de ces circonstances qu'il importe réellement de connaître. La température seule n'indique absolument rien.

En effet, concevons un pays où la température serait constamment à 5°, un pareil pays serait une terre de désolation ; les animaux ne pourraient y vivre, et très peu de végétaux s'y développeraient. Supposons maintenant, un pays qui soit tel que la température de six mois de l'année soit de $+ 25°$, et que la température des six autres mois soit de $- 15°$. La température moyenne serait de 5°. Ainsi voilà deux lieux qui ont la même température moyenne, avec cette différence, que dans l'un de ces pays la température de 5° est constante, et que dans l'autre elle n'est que le résultat du calcul. La température y est variable, puisque pendant six mois, il y a une très grande chaleur, et pendant six autres mois un froid très rigoureux.

Quoique vous ayez deux températures moyennes qui soient égales, vous aurez une différence énorme entre les climats des deux pays. L'un ne présentera qu'une terre nue et déserte : l'autre offrira la plus belle, la plus riche végétation. Il est vrai que dans ce second climat, nous aurons six mois de grand froid ; mais l'hiver les végétaux sommeillent ; pourvu qu'ils puissent résister au froid, comme la vigne qui supporte jusqu'à 30? au-dessous de zéro, peu importe qu'ils soient exposés à un froid de 5 ou de 15 degrés. Ainsi la distribution de la chaleur aura une très grande influence dans ce qu'on peut appeler le climat d'un pays.

Cette différence que nous venons de signaler dépend de la nature du sol. Si nous concevons un sol très sec, la terre étant un très mauvais conducteur de la chaleur, les rayons du soleil ne pénètrent pas dans l'intérieur, et l'action de la chaleur se porte à la surface. Les pluies peuvent contribuer à échauffer l'intérieur de la terre ; lorsqu'elles tombent sur une surface échauffée, elles s'échauffent, pénètrent ensuite dans la terre et y portent la chaleur de la surface ; mais en général, nous pouvons établir en principe que la terre étant un très mauvais conducteur de la chaleur, l'effet se borne, pour ainsi dire à la surface, et l'intensité de calorique est à son *maximum* dans ce cas, tandis que si l'effet pouvait se propager à une profondeur plus ou moins grande, l'intensité distribuée sur une plus grande masse serait beaucoup plus petite.

Concevez une couche qui s'échauffe à 30° par l'action de la chaleur. Concevez maintenant que le sol soit tellement perméable qu'une masse double puisse être échauffée. Il en résultera nécessairement que cette masse sera moins échauffée. C'est ce qui se rencontre pour l'eau. L'eau étant perméable aux rayons lumineux et aux rayons de calorique qui accompagnent les rayons lumineux, il en résulte, si vous considérez une masse d'eau étendue, comme un lac, une mer, que les rayons de calorique échauffent la surface, mais de très peu, parce qu'ils vont au-dessous, de manière que tout leur effet se produit dans une masse qui peut avoir dix mètres de profondeur. Par conséquent la chaleur étant distribuée dans une masse aussi considérable, doit être très peu sensible. C'est là une circonstance extrêmement importante qui influe beaucoup sur la nature du climat. Ainsi quand le pays est de nature terreuse, alors le calorique s'arrête à la surface et, par conséquent, acquiert une grande intensité; tandis que, lorsqu'au lieu d'être solide, la surface est liquide, l'effet se propage à une profondeur considérable et l'intensité du calorique à la surface est très peu sensible. C'est ce qui a fait distinguer, et cette distinction a été faite par Newton, les climats en climat continental et en climat insulaire.

Pour bien se représenter la chose, il faut concevoir une île extrêmement petite, placée au milieu de l'Océan, et un point à la même latitude sur le continent. Sur le continent vous aurez pendant le jour une élévation de température considérable, et pendant la nuit un très grand refroidissement. Pour l'île placée au milieu de l'Océan, vous n'aurez ni beaucoup de chaleur le jour, ni beaucoup de froid la nuit. Vous concevez que ces deux lieux pourront avoir une température moyenne égale. Cependant, dans l'un rien ne pourra venir, si c'est dans un pays très septentrional; dans l'autre au contraire la végétation pourra se développer; ainsi il est extrêmement important de faire attention à la nature du sol sur lequel les observations sont faites.

Ce n'est pas tout encore. La position de l'endroit où se font les observations, relativement à son élévation au-dessus du niveau de la mer, a aussi une très grande influence sur le climat.

En effet, en supposant l'atmosphère parfaitement tranquille, la température de l'air va en diminuant depuis la surface de la terre jusqu'aux plus grandes hauteurs auxquelles on se soit élevé. Cette variation de température est très rapide; on peut établir qu'en général, pour 200 mètres de hauteur, on a un abaissement de température de un degré. Ainsi en supposant la température, à la surface de la terre, de 10°, en s'élevant à 200 mètres, la température ne serait plus que de 9°; en s'élevant à 2000 mètres on trouverait une température de 0°. La température décroît suivant une progression arithmétique.

M. de Humboldt, qui s'est beaucoup occupé de ce genre d'observations, a trouvé qu'à une élévation de 191 mètres correspondait un abaissement d'un degré. Il faut remarquer que toute montagne n'est pas propre à fournir des résultats bien précis. Il faut des montagnes isolées. Quand ces montagnes font plateau, la chaleur de la montagne est influencée par celle du plateau. Ainsi la meilleure méthode pour faire ces observations serait de les faire en ballon; mais alors on n'en peut faire que très peu.

Saussure a trouvé 195 pour la hauteur, qui amenait un abaissement d'un degré. Dans un voyage aérostatique, on a trouvé 187 mètres 4. Ce résultat, qui ne s'éloigne pas beaucoup des précédens, mérite une certaine confiance, en raison des circonstances dans lesquelles l'observation a été faite.

Ces résultats sont, en général, indépendans des saisons, à moins que des causes perturbatrices, comme les vents, ne viennent intervertir la loi.

La cause du froid qui règne ainsi dans les hautes régions de l'atmosphère peut se concevoir assez aisément. Quand l'air est transparent, les rayons du soleil arrivent à la surface de la terre sans une perte très considérable, et l'atmosphère est très peu échauffée par les rayons qui la traversent. C'est donc à la surface que l'échauffement a lieu. Il y a par conséquent une couche d'air qui devient très chaude; cet air devient plus léger, et s'élève en formant un courant d'autant plus rapide qu'il y a plus de différence entre l'air échauffé et l'air environnant qui est froid. C'est un phénomène facile à remarquer en rase campagne. Sur une terre exposée aux rayons d'un soleil ardent, on voit une espèce d'ondulatoin continuelle produite par ce mélange d'air chaud et d'air froid. De ce mélange résulte nécessairement une diminution dans la température; il est évident que les dernières couches ne doivent pas être aussi échauffées que les premières.

Les observations faites depuis beaucoup d'années nous montrent que la température moyenne de la terre est sensiblement constante. Il faut en conclure que la terre perd, chaque année, toute la chaleur que le soleil verse sur elle. Cette perte se fait par rayonnement, et il y a une radiation continuelle qui détermine un abaissement de température de plus en plus grand, et comme la source de la chaleur rayonnante est dans le bas, la température doit aller en diminuant à mesure qu'on s'élève.

Il existe encore une autre cause de refroidissement des couches supérieures de l'atmosphère. Concevons une masse d'air, comme un immense ballon, qui soit échauffée à la surface de la terre. D'après les lois de l'hydrostatique, ce ballon doit s'élever jusqu'à ce qu'il ait trouvé une couche où il soit en équilibre de densité. Mais en s'élevant il se dilatera nécessairement; or, nous avons vu que de l'air qui se dilate produit un froid plus ou moins considérable qu'on peut calculer dans des circonstances déterminées.

L'air ayant une température décroissante, à mesure qu'on s'élève, vous concevez qu'une ville, qui s'élance dans l'atmosphère, aura une température plus basse qu'une ville située dans la plaine. Au pied de Chimboraço, on éprouve les chaleurs excessives de la zone toride ; mais à mesure que vous vous élevez, vous avez pour chaque 200 mètres un degré de moins, et vous aurez toutes les températures jusqu'à la limite des neiges éternelles, où toute végétation cesse.

Après avoir indiqué les divers élémens dont se compose le climat, il s'agit d'indiquer la manière de faire les observations. Vous concevez qu'il serait très fastidieux de faire des observations d'heure en heure ; on a cherché des moyens d'abréger les opérations.

On a remarqué que la température de huit heures du matin donne sensiblement la température moyenne de la journée. On a observé ensuite, que si l'on prend le plus grand degré de chaleur, et ensuite le plus grand degré de froid qui seront observés dans la journée, et qu'on en prenne la moitié, on a la température moyenne du jour. Or, on sait déjà que le plus grand froid a lieu au moment où le soleil se lève. On observe le thermomètre vers l'époque du lever, et on prend le *maximum* de froid. Pour avoir la température la plus élevée, on n'a qu'à observer le thermomètre entre deux et trois heures. Ajoutez ces deux températures, prenez-en la

moitié, vous aurez la température moyenne du jour. Les tables météorologiques qu'on fait à l'Observatoire, portent principalement sur les températures *minima* et *maxima*, et c'est
sur ces températures moyennes qu'on calcule les températures
moyenne du jour, des mois et de l'année.

Indépendamment de cette manière d'obtenir la température moyenne, on peut se borner à prendre, à une époque
quelconque, la température de l'eau des puits qui n'auraient
pas une très grande profondeur. La température varie beaucoup à la surface de la terre, mais à une profondeur de dix
mètres, elle ne varie pas d'une manière sensible.

Ainsi la température de l'eau d'un puits de 10 à 12 mètres,
donner a la température moyenne du lieu. L'eau des sources
peut également servir à donner la température moyenne. Cependant on peut tomber dans de graves erreurs, parce qu'une
source peut provenir de très grandes profondeurs ou descendre de lieux élevés. Dans le premier cas, en réglant la température moyenne du lieu sur la température de la source,
on serait au-dessus de la vérité, et dans le second cas on serait au-dessous.

Je terminerai cette séance par une remarque fort importante : c'est que la température va en augmentant à mesure
qu'on descend dans la terre. Ce résultat a été constaté par
des expériences faites depuis peu de temps, dans des mines,
dans des lieux profonds qui pouvaient avoir jusqu'à 400 mètres de profondeur. Dans les mines on obtient des résultats
très variables; parce que les mines étant habitées par des ou-
vriers, la respiration des hommes, la chaleur développée par
les bougies, peuvent avoir une influence sur la véritable température. De plus, suivant la nature des mines, il y a des
fermentations qui développent aussi de la chaleur. On évite
quelques-unes de ces causes d'erreur en opérant dans des
mines abandonnées.

La meilleure méthode qu'on puisse suivre pour avoir la température des lieux profonds, est celle des *puits artésiens*, ainsi
appelés parce qu'on les pratique principalement dans l'Artois.
Ces puits se font au moyen d'une sonde qu'on enfonce graduellement à des profondeurs plus ou moins grandes. Lorsque la sonde rencontre une source, l'eau s'élève jusqu'à la
surface du sol. On a remarqué que les sources ont une température d'autant plus élevée qu'elles viennent d'un lieu plus
profond. Enfin, le résultat de toutes observations qu'on a faites
a conduit à admettre que 33 mètres de profondeur donnent

une augmentation d'un degré de température. Mais ce n'est là qu'une manière simple de se représenter le phénomène ; car la loi n'est pas encore déterminée d'une manière exacte. Cette température élevée qui existe dans les profondeurs de la terre explique la cause des eaux thermales.

IMPRIMERIE DE E. DUVERGER,
RUE DE VERNEUIL, N. 4.

COURS DE PHYSIQUE.

LEÇON TRENTE-TROISIÈME.

(Samedi, 8 Mars 1828.)

SUITE DE LA MÉTÉOROLOGIE.

Nous avons désigné par température d'un lieu la température moyenne résultant de toutes les observations qui sont faites dans le courant de l'année ; mais la manière dont cette température est distribuée a la plus grande influence sur les productions du lieu où se fait l'observation.

Vous avez vu que la température dépend en général de la présence du soleil et de la quantité de rayons qui tombent sur une surface donnée. Par conséquent, plus la surface est inclinée par rapport aux rayons solaires, et moins la température doit s'élever.

Vous avez vu aussi que la durée de l'insolation a une très grande influence. Cette influence se fait remarquer dans les climats septentrionaux où il y a une très grande différence entre la durée du jour et celle de la nuit.

Vous avez vu encore que la nature du sol modifie beaucoup la manière dont la quantité de chaleur se trouve répartie. Ainsi, toutes choses égales d'ailleurs, à la même latitude, par exemple, la température sera beaucoup plus élevée sur le continent qu'elle ne le sera sur mer : de sorte qu'on a sur le continent de plus grandes chaleurs et en même temps de plus grands froids, tandis que sur une grande étendue d'eau, on a une température qui est beaucoup plus uniforme.

Nous avons aussi remarqué que la température d'un lieu dépend beaucoup de sa hauteur au-dessus du niveau des mers. Nous avons dit, à ce sujet, que la température allait continuellement en décroissant à mesure qu'on s'élevait dans l'atmosphère, et que pour une élévation de 200 mètrès, il y avait un abaissement de température de un degré.

Enfin nous avons indiqué la manière de faire les observations. Nous avons dit que régulièrement il faudrait observer la température d'heure en heure, pour avoir la température moyenne du jour, qui est la base de la température moyenne du mois et de l'année. En multipliant les observations, on s'est aperçu qu'on pouvait les abréger. On a remarqué que de 8 à 9 heures du matin la température était peu différente de la température moyenne du jour. C'est ainsi que pour l'année 1816, en prenant toutes les observations faites à 9 heures, on trouve pour température moyenne 9°,64. Si l'on eût pris la température de midi ou de 3 heures, on aurait trouvé une température moyenne beaucoup trop élevée ; si l'on eût pris la température de 9 heures du soir, on eût trouvé une température moyenne trop basse.

On peut encore prendre la température moyenne en observant chaque jour le plus grand froid et la plus grande chaleur. En observant ainsi les températures *minima* et *maxima*, pour l'année 1816, on a trouvé pour la température moyenne 9°,37. Ainsi on arrive à peu près au même résultat en prenant pour température moyenne la température de 9 heures du matin, ou la moitié des températures *maxima* et *minima* de la journée.

On a remarqué aussi que la température du mois d'octobre s'approche de très près de la température moyenne observée pendant toute l'année.

Nous avons indiqué une manière très simple d'obtenir la température du lieu ; c'est de prendre la température des puits de 10 à 12 mètres de profondeur.

Les caves de l'Observatoire qui sont à 85 pieds de profondeur, ont une température qui ne varie durant l'année que dans les centièmes de degré, et que, par conséquent, on peut regarder comme constante. Cette température est de 11°,62. A la surface de la terre, la températrure moyenne résultant de dix années d'observation de 1816 à 1825 est de 10°,87. Cette différence de température peut s'expliquer par plusieurs raisons. D'abord nous ne savons pas positivement où il faut placer à l'extérieur le thermomètre pour faire les observations ; ensuite elle s'explique par ce phénomène dont nous avons parlé, et qui consiste en ce qu'à mesure qu'on s'enfonce dans la terre, la température va en s'élevant d'un degré par 100 pieds. Ainsi la différence de 85 centièmes entre la température moyenne des caves de l'Observatoire et la température moyenne à la surface de la terre, peut être attribuée à la profondeur des caves au-dessous du sol.

Cette température croissante de l'intérieur de la terre doit être considérée comme étant aujourd'hui hors de doute. J'ai cité les observations faites sur les puits artésiens qui ne permettent aucune objection. L'augmentation de température suit une loi qui n'est pas déterminée, cela dépend beaucoup des localités ; en général on compte une élévation de un degré pour une profondeur de 1oo pieds.

Si cette température, qu'on doit regarder comme s'étendant dans toute la terre, puisque les observations ont été faites sur divers points, en Amérique et en Europe, suit la loi que nous venons d'indiquer, en descendant dans la terre, on arriverait bientôt à une température rouge : température plus que suffisante pour expliquer une foule de phénomènes naturels, et principalement les eaux thermales.

Pour concevoir comment les eaux peuvent s'échauffer dans l'intérieur de la terre et venir sortir ensuite à la surface, il faut simplement se représenter le mécanisme d'un syphon, fig. 1, se prolongeant à 5oo et 6oo mètres au-dessous de la suface de la terre. L'eau pénètre en *A* dans la longue branche du syphon, prend la température des couches qu'elle traverse, et remonte ensuite par la pression supérieure exercée dans la longue branche, et vient former une source d'eau chaude à la surface de la terre, en *B*. L'eau ne peut jailllr à une température au-dessus de 1oo° ; nous en avons expliqué la raison en traitant de l'ébullition ; mais l'eau dans l'intérieur de la terre, pouvant être soumise à une pression plus ou moins grande en raison de la profondeur où elle se trouve, elle peut prendre une température au-dessus de 1oo°, c'est le cas de la marmite de Papin : de sorte qu'il est possible qu'il y ait tel endroit où l'eau aurait une température suffisante pour agir sur le sol, et dissoudre même des parties qu'on ne peut dissoudre, sous la pression ordinaire de l'atmosphère.

Il est vrai qu'on pourrait aussi concevoir le phénomène des eaux thermales par des incendies souterrains, par des volcans qui auraient lieu dans l'intérieur de la terre. Et en effet, les eaux thermales se trouvant en général dans le voisinage des volcans, on a supposé long-temps que dans l'intérieur de la terre il y avait des masses en combustion, et que l'eau s'échauffait par le contact de ces masses. Mais comme les eaux thermales existent dans beaucoup d'endroits où il n'y a nulle apparence de phénomènes volcaniques, il est plus simple d'adopter l'explication que nous avons donnée.

Lorsqu'on a dans un lieu, la température moyenne de tous les jours, de tous les mois et de l'année, on a ce qu'on appelle la température moyenne du lieu ; mais cette température ne donne pas une idée exacte de ce qu'on pourrait appeler le climat du pays qui se compose bien de la température, mais qui se compose aussi de l'humidité, de la variation des vents, de leur influence, en un mot de toutes les circonstances météorologiques qui ont lieu dans un pays.

Pour se faire une idée exacte de la température d'un pays, il faut non-seulement connaître la température moyenne, comme nous l'avons dit, mais encore, savoir la manière dont la chaleur se trouve distribuée. C'est ainsi que M. de Humboldt a conçu que la température était divisée comme les saisons, et qu'au lieu de prendre la température moyenne de l'année, il a pris les températures moyennes du printemps, de l'été, de l'automne et de l'hiver.

Pour mieux vous faire concevoir cette division, je vais comparer deux pays qui ont la même température moyenne de l'année, et qui diffèrent extrêmement par les productions qui peuvent se développer dans ces pays. Je prendrai pour exemple Philadelphie d'une part, et Pékin de l'autre, deux villes très éloignées, et que je prends à dessein pour vous faire remarquer un autre effet de la position de ces deux villes.

La température moyenne de l'année est, à Philadelphie, de 11°, 9, et à Pékin, de 12°, 7. La différence n'est que d'un degré environ. Voici maintenant quelle est la température moyenne pour chaque saison :

	PHILADELPHIE.	PÉKIN.
Hiver.	+ 0°, 1	— 3°, 1
Printemps.	+ 10°, 8	⊣ 13°, 4
Été.	+ 23°, 3	+ 28°, 1
Automne.	⊹ 13°, 6	⊹ 12°, 4

Ainsi voilà deux villes qui diffèrent très peu l'une de l'autre, si l'on ne considère que la température moyenne de l'année, mais qui diffèrent beaucoup, lorsqu'on divise la température suivant les saisons. L'hiver est beaucoup plus froid et le printemps et l'été plus chauds à Pékin qu'à Philadelphie, tandis que, pour l'automne, c'est Philadelphie qui a l'avantage.

Le climat de Londres et celui de Paris diffèrent d'une manière analogue ; la température moyenne est sensiblement la même dans les deux villes. Ainsi à Paris nous avons 10°, 6, et à Londres 10 , 2. Cependant beaucoup de productions ne peuvent venir à Londres, et viennent très bien à Paris. Ainsi beaucoup de fruits, comme la pêche, ne mûrissent à Londres que dans des serres chaudes ; le châtaignier vient très bien dans les environs de Paris, tandis qu'à Londres il ne donne jamais de fruits. En général, tous les fruits qui ne mûrissent qu'au commencement d'octobre ne peuvent mûrir à Londres.

Ainsi, pour avoir une idée exacte des productions d'un lieu relativement au climat, il importe d'avoir, non pas la température moyenne de l'année, mais la température moyenne de l'hiver, du printemps, de l'été et de l'automne.

Dans nos climats, en observant journellement la température, on remarque des variations très grandes dans les vingt-quatre heures. En général, ces variations se font sentir sur tous les points de la surface de la terre où l'on fait des observations, mais d'autant plus qu'on va plus vers le nord. Si l'on prend Paris pour exemple, on trouve une très grande différence entre les températures *maxima* et *minima* qui ont lieu dans le mois. Dans le mois de janvier, les variations sont les moindres ; nous avons pour le *maximum* moyen — 4°, 7, et pour le *minimum* moyen — 0°, 5 ; la différence est de 4°, 2. La différence augmente ensuite en février, en mars, jusqu'en avril, mois de l'année où la différence entre le *maximum* et le *minimum* de température est la plus grande. En mai, la différence devient un peu plus faible ; ainsi de suite. Remarquez que nous prenons la moyenne du mois ; il y a des jours où la différence est beaucoup plus grande. Ainsi il n'est pas rare de voir tel jour du mois de septembre où, le jour, il y a 20° de chaleur, et où il gèle la nuit.

Sous l'équateur, les différences entre les températures *maxima* et *minima* sont beaucoup plus petites, particulièrement au niveau de la mer. C'est par une constance dans les phénomènes météorologiques que la zone torride se distingue de la zone tempérée.

Si l'on compare les variations extrêmes qui ont lieu dans le courant de l'année, ces variations croissent aussi d'autant plus rapidement qu'on va vers le nord. A Paris, la plus grande chaleur qu'on ait observée a été de 38°, 4, et le plus grand froid a été de 23° au-dessous de zéro. Ainsi, à Paris, nous pourrons avoir dans l'année une variation de 61 degrés, tandis que, sous l'équateur, la variation n'est que de 4 à 5 degrés. A Saint-Pétersbourg, le *maximum* de chaleur s'élève à 30° ; mais aussi on y ressent des froids considérables qui vont jusqu'à 30°, de sorte qu'il y a également 60° de variation.

Ce sont ces grandes variations qui font que notre climat est souvent malsain à certaines époques de l'année, par exemple, aux mois d'avril, de septembre, d'octobre, pendant lesquels les jours sont très chauds, tandis que les matinées sont extrêmement fraîches.

La température de chaque mois se développe d'une manière progressive, et diminue également d'une manière progressive, mais de manière que l'augmentation de chaleur qui a lieu est plus lente que la diminution. Ainsi, en représentant par des lignes *Aa*, *Bb*, etc., fig. 2, les températures moyennes qui ont lieu pendant le cours de l'année, la température suit une courbe *ahl*, qui monte insensiblement jusqu'au *maximum* de chaleur, qui se fait apercevoir à la fin de juillet ou au commencement d'août. La chaleur décroît ensuite plus rapidement, de manière que le *maximum* de température n'est pas à égale distance des deux mois de janvier. En effet, la température la plus élevée ne correspond pas précisément à la plus grande hauteur du soleil : c'est le 21 juin que le soleil est le plus élevé, et ce n'est jamais à cette époque que la température est à son *maximum*. La température continue à monter en raison de la chaleur qui existe déjà et de celle qui s'ajoute chaque jour ; mais, une fois que le *maximum* est obtenu, l'obliquité du soleil va toujours en augmentant de plus en plus, et alors la température va en baissant très rapidement.

On a fait des tables météorologiques de 1816 à 1825, dans lesquelles on a, pour Paris, les températures moyennes de chaque mois. L'on voit dans ces tables que c'est le mois d'août qui est le plus chaud de l'année ; mais le mois de juillet lui cède de très peu. Ainsi l'on a, pour la température moyenne

de	juillet,	18°, 21;	de	octobre,	11;
	août,	18, 39;		novembre,	7;
	septembre, 16;			décembre,	4, 2.

Ainsi ce n'est qu'au huitième mois que l'année atteint son *maximum*, et elle revient au *minimum* en quatre mois.

La hauteur des lieux a une très grande influence sur la température. Si l'on prend le niveau des mers sous la zône tempérée et sous l'équateur, on trouve pour température moyenne sous l'équateur, d'après les nombreuses observations de M. de Humboldt, ... 27°, 5,

Et sous la zône tempérée, vers le midi, ... 12°.

Si maintenant on s'élève de 974 mètres, on trouve sous l'équateur . . . . 21°, 8,

Et à la même hauteur, chez nous, c'est-à-dire sur un endroit qui serait à peu près comme le Puy-de-Dôme, nous n'aurions que . . . . 5°.

À la hauteur d'à peu près 2000 mètres, la température moyenne serait sous le tropique de . . . . . . 18°, 4 ,

Et sous la zone tempérée de . . . . — 2°.

A la hauteur d'à peu près 3000 mètres, la température moyenne sous l'équateur serait de . . . . . 14°, 3 ,

Et sous la zone tempérée de . . . . — 5°.

En général, l'élévation d'un lieu au-dessus du niveau de
la mer influe beaucoup sur la température ; de sorte que sur
les montagnes qui sont un peu élevées on a bientôt atteint la
limite à laquelle toute végétation doit cesser.

La chaleur, considérée sur l'ensemble de la surface de la
terre, n'est pas la même aux mêmes latitudes, quoique la terre
soit sphérique et que, par conséquent, aux mêmes latitudes,
le soleil verse la même quantité de chaleur. Nous avons fait
remarquer qu'en raison de la nature du sol, et suivant que la
surface de la terre est liquide ou solide, la différence de température est extrêmement grande. Les continens sont à peu
près les deux cinquièmes de la surface totale du globe, et les
trois autres cinquièmes de cette surface sont couverts par des
eaux. Tel ou tel lieu, en raison qu'il appartient à une masse
plus ou moins considérable de terre ou qu'il est placé au milieu des eaux, aura une température différente.

M. de Humboldt a cherché à comparer les températures
moyennes égales qui se trouvent sur la surface de la terre,
et il a tracé des lignes qu'il a appelées *lignes isothermes*, qui
passent par ces températures moyennes égales ; en un mot,
des lignes indiquant la même température. Il a reconnu, en
comparant les observations recueillies en divers points de la
terre, que les courbes, qui passent par les températures
moyennes égales ne se confondent point avec les parallèles
à l'équateur. Ainsi, prenons pour exemple Poitiers et Philadelphie. Philadelphie est à la latitude de 39°, 56, et Poitiers
est à la latitude de 46°, 39 Eh bien ! Quoique Poitiers soit à
une latitude plus élevée, la température moyenne y est la
même qu'à Philadelphie. Cette température moyenne est
exprimée dans l'une et l'autre ville par 12°, 1.

En général, le continent d'Amérique est plus froid que
l'ancien continent à même latitude ; ce que l'on attribue à la
configuration de ces deux continens. Notre continent s'arrête
vers le 71° ; ensuite il y a une masse d'eau considérable, qui
paraît s'étendre fort avant vers les pôles, tandis que le continent d'Amérique s'étend beaucoup plus vers le pôle. Cette
différence en amène une très grande dans la température.

J'ai cité Poitiers et Philadelphie qui diffèrent de 7° en lati
tude, et qui cependant ont la même température moyenne.

Si l'on prend pour exemple la ligne isotherme qui passe par Paris, cette ligne s'abaisse en allant vers l'Amérique et en allant ensuite vers la Chine ; de manière que cette ligne isotherme suit la direction *a b c* indiquée, fig. 3. Les lignes isothermes sont d'autant plus renflées qu'on va vers le nord ; elles s'aplatissent vers les tropiques, et enfin, il y a une ligne isotherme qui se confond avec l'équateur. Le point le plus élevé des courbes est vers le méridien qui passe par Paris.

Relativement à la végétation, on trouve que le sucre, pour se développer, demande une température moyenne qui soit de 23°, 7 ; que le café demande une température moyenne qui soit au moins de 18°, 1 ; que les oranges en demandent une de 17°. Elles ne viennent point en plein air dans les endroits où la température n'est point de 17° ; ainsi elles ne mûrissent en France nulle part, si ce n'est dans une localité très petite, à Hyères, où les oranges peuvent se développer dans un endroit d'une centaine d'arpens, qui est défendu par une montagne des vents du nord. Mais au-delà de cette montagne, en passant d'un jardin à un autre, la végétation s'arrête tout à coup.

L'olivier demande une température de 13°, 1 ; le châtaignier demande une température de 9°, 3, et le vin potable en demande une de 8°, 7. On remarque à cet égard que la végétation ne suit point la parallèle d'après les lignes isothermes dont nous venons de parler. L'olivier, par exemple, se cultive beaucoup plus vers le nord, en avançant vers l'est, que sur les bords de la mer. On ne trouve point d'oliviers au-dessous de Bordeaux, à des degrés de latitude semblables. Il en est de même de la vigne. La vigne s'étend tout le long du Rhin ; elle va fort loin vers le nord, tandis que, du côté de la mer, à l'ouest, sur les côtes de Normandie, la vigne ne vient point, et cela, parce que, dans le voisinage de la mer, les hivers sont tempérés, et en effet le figuier se développe très bien sur les bords de la Bretagne et de la Normandie ; mais les autres saisons sont beaucoup plus froides, de sorte que, dans le mois de septembre nécessaire pour mûrir le raisin, il n'y a plus assez de chaleur ; tandis que, dans l'est, les automnes étant plus chauds, à égalité de latitude, que vers les bords de la mer, les fruits peuvent y mûrir beaucoup mieux

Nous venons de parler de ce qui est relatif à la température du sol ; la température des mers doit maintenant fixer notre attention. On n'a fait que peu d'observations à cet égard ; mais on sait en général que, si l'on prenait de jour en jour la température de la mer, on trouverait qu'elle a une température moyenne peu différente de la température moyenne du continent; les variations ne sont que de 2 à 3 degrés en passant de la saison chaude à la saison froide. Cet effet ne se propage pas dans toute la masse; mais, comme les rayons lumineux et calorifiques sont absorbés à une profondeur de 8 à 10 mètres, il en résulte que les variations doivent se faire sentir dans toute la profondeur.

Connaissant la température sur le continent dans le voisinage de la mer, vous pouvez vous former une idée de la température de la mer.

Sous les tropiques, la température est constante et très élevée, puisqu'elle va de 27 à 28 degrés. Elle est la même dans les deux hémisphères; cependant, à mesure qu'on s'avance davantage vers le pôle sud, il y a bien moins de terre, et il y a une différence entre les températures des mers, à égalité de latitude. En effet, les glaces arrivent plus près vers l'équateur du côté du pôle sud qu'elles n'arrivent de l'autre côté.

Il y a d'ailleurs des différences de température très grandes entre les mers, en raison de leur position. Ainsi la Méditerranée, qui baigne le sol brûlant de l'Afrique, et qui est resserrée entre les terres, a une température plus élevée que l'Océan. Les mers du nord, qui sont peu profondes, varient beaucoup plus en température.

En général, la température des mers doit être considérée comme constante sous l'équateur, et variable ensuite à mesure qu'on se rapproche des pôles, et d'autant plus variable que les mers ont moins de profondeur.

On distingue dans les mers des bas-fonds, des endroits où la température est beaucoup plus basse qu'ailleurs. Là où la mer est très profonde, cette température des bas-fonds est, en général, beaucoup au-dessous de celle qui a lieu en pleine mer. Voici comment on peut en concevoir la raison : la mer a une température qui décroît à mesure que l'on s'enfonce davantage. Les observations n'ont pas été assez multipliées, et d'ailleurs les courans sont trop nombreux, pour qu'on puisse trouver une loi régulière à ce décroissement. Néanmoins, d'après des comparaisons faites par M. de Humboldt, on peut regarder la température des mers comme décroissant suivant une progression cinq à six fois plus rapide que la température de l'air. Ainsi, pour 40 mètres de profondeur, dans la mer ou dans des lacs, on a à peu près un degré d'abaissement, sans que jamais on puisse arriver à avoir une température zéro. D'après le fait que nous connaissons du *maximum* de densité de l'eau, le fond des mers et des lacs ne peut avoir une température au-dessous de 4 degrés.

D'ailleurs, dans des mers très profondes, l'eau se trouvant en contact avec le sol qui est chaud, d'après la loi générale dont nous avons parlé, que la température s'élève à mesure qu'on s'enfonce dans l'intérieur de la terre : c'est une raison pour que le fond des mers ne puisse être gelé.

Le froid qu'on trouve au fond des mers, sous l'équateur, est amené par les courans. Il y a un courant appelé *Golf-Stream* qui, se dirigeant de l'est à l'ouest, remonte le long des côtes de l'Amérique. Ce courant, qui se fait sentir dans la mer du Sud, déplace les mers du nord, et établit une compensation de chaleur. Ces courans expliquent la température des bas-fonds. Si la mer était tranquille, il est évident qu'on devrait avoir sur ces bas-fonds une température plus élevée que partout ailleurs, parce que la lumière et la chaleur du soleil y pénètrent: on conçoit très bien qu'un courant peut avoir pour effet de forcer les parties inférieures à s'élever sur les bas-fonds et à y porter leur température. Cette explication, qu'on a donnée de la température des bas-fonds, nous paraît assez vraisemblable. Il résulte de là qu'on peut se servir du thermomètre pour reconnaître l'existence d'un bas-fond.

En comparant toutes les observations relatives à la température qu'on a pu recueillir sur la surface de la terre, on peut conclure que le thermomètre qui est placé à 3 ou 4 mètres au-dessus du sol n'atteint jamais nulle part 40 degrés centigrades. C'est là ce qu'on peut appeler le *maximum* de toute température à la surface de la terre. En pleine mer, on n'a jamais vu le thermomètre au-delà de 31°. En général, sous les tropiques, le thermomètre s'arrête à 27 ou 28 degrés. La surface d'une mer parfaitement tranquille peut s'échauffer par l'action du soleil ; et quelques personnes avaient pensé que la température sur mer pourrait aller jusqu'à 35° ; c'est une erreur.

Le plus grand froid qu'on ait observé dans l'air ne va pas au-delà de 50° au-dessous de zéro. C'est là un froid énorme qui, s'il fait du vent, gèle tous les corps organisés qui y sont exposés.

On a cherché à déterminer la température moyenne des pôles, en suivant la marche des températures décroissant à mesure qu'on va vers le nord. Cette température peut être fixée à environ 25°.

Pour que les rivières gèlent, il faut plusieurs jours d'une

température qui aille au moins à 9° au-dessus de zéro. Tant que le thermomètre n'est qu'à 7°, la rivière ne gèle pas.

Nous venons de parcourir les principaux phénomènes que présente la température à la surface de la terre et dans les mers. Nous allons maintenant dire deux mots du baromètre.

Un baromètre observé dans un lieu quelconque éprouve des variations continuelles dont nous parlerons plus tard. Nous ne voulons, en ce moment, que nous occuper de sa plus grande hauteur dans un lieu déterminé. D'abord, nous nous supposerons placés au niveau des mers, car si nous faisions nos observations à des hauteurs différentes au-dessus de ce niveau, nous n'aurions plus la véritable hauteur de notre atmosphère.

On a trouvé que sous le tropique, au niveau de la mer, le baromètre se tient à une hauteur moyenne de 28 pouces 1 ligne $\frac{8}{10}$, à la température de 25°, ce qui donne o mètre, 758589, en réduisant en mètres, et à la température de o. Il est nécessaire de ramener la température à o, car autrement, en raison de la dilatation du mercure par la chaleur, la hauteur du baromètre ne représenterait pas la véritable hauteur de l'atmosphère.

Sous la zone tempérée, et environ au 45ᵉ degré de latitude, la hauteur du baromètre est de o mètre, 76155.

Des observations faites à La Rochelle, portent cette hauteur de o mètre, 76269.

Ces résultats ne sont peut-être pas exacts à quelques dixièmes de millimètres, mais il existerait toujours une différence assez grande. Ainsi le baromètre se tient plus haut dans nos climats que sous l'équateur. Cela s'explique tout naturellement : sous l'équateur, l'atmosphère est plus échauffée qu'à notre latitude; si elle est plus échauffée, elle doit être plus élevée. Concevons, en effet, une température uniforme pour toute la terre ; le baromètre marquerait partout le même degré. Concevons maintenant que sous l'équateur la température s'élève à 27 ou 28 degrés, la température augmentant, la colonne atmosphérique va s'allonger d'une certaine quantité; si la même température n'a pas lieu dans nos climats, il y aura nécessairement un déversement de la colonne plus élevée qui se trouve à l'équateur, et le baromètre supportera un poids plus considérable, et qui le serait davantage en raison de la température, si le passage de l'air de l'équateur vers les pôles ne se faisait insensiblement. En effet, l'air de l'équateur est retenu par celui des tropiques; celui des tropiques est retenu par celui de la zone tempérée, de manière que la différence n'est pas aussi grande qu'elle devrait l'être.

Dans le même lieu, le baromètre éprouve des variations de deux espèces; les unes, qui sont irrégulières, et tiennent beaucoup aux saisons; les autres, qui sont journalières, que pour cette raison on appelle diurnes, et qui sont extrêmement petites.

Les premières variations sont quelquefois très grandes; elles dépendent en général de la latitude. Sous l'équateur, par exemple, les variations du baromètre sont à peine de 2 à trois millimètres; le baromètre est pour ainsi dire constant; il n'éprouve qu'une petite variation diurne, dont nous allons parler tout à l'heure.

Dans nos climats, en prenant les plus grandes variations qu'on a observées pendant un cours de 27 années, on a trouvé pour la plus grande hauteur 28 pouces 9 dixièmes, et pour la plus petite hauteur 26 pouces 3 dixièmes; ce qui fait une différence de 2 pouces 6 dixièmes, c'est-à-dire plus que le 14ᵉ. C'est là une variation énorme, et si elle avait lieu dans les 24 heures, il en résulterait un bouleversement total dans le pays où une pareille variation aurait lieu : tous les arbres seraient arrachés. Ce n'est qu'à des époques éloignées, comme par exemple, d'une année à l'autre, qu'on peut dire que les variations du baromètre dans nos latitudes vont à 1 pouce 8 lignes, ou en nombre rond, au 14ᵉ de la hauteur totale. Vers le nord, à Saint-Pétersbourg, par exemple, les variations sont à peu près les mêmes. Il résulte de là que les variations du baromètre sont liées aux variations de la température.

L'autre espèce de variation à laquelle le baromètre est soumis, est celle qu'on a désignée par le nom de *variation diurne*, et qui est connue depuis long-temps.

C'est Godin qui a indiqué ce phénomène qui ne pouvait être aperçu que sous l'équateur, parce que les variations irrégulières qui se manifestent dans nos climats peuvent masquer entièrement les variations diurnes. Ce n'est que par des observations très délicates et très bien faites qu'on a pu voir les variations diurnes, sous notre latitude. En observant le baromètre à 9 heures du matin, à midi, à trois heures et à 9 heures du soir, on a trouvé qu'il indiquait,

à 9 heures du matin	0,ᵐᵉᵗ·756,001
midi	0, 755,741
3 heures du soir	0, 755,225

| 9 heures du soir | o, | 755,615 |
| 9 heures du matin | o, | 756,001 |

Si l'on prend la différence de ces nombres, nous verrons que le baromètre baisse depuis 9 heures du matin jusqu'à 3 heures du soir de o,$^{millim.}$776, et qu'il remonte de cette quantité depuis 3 heures du soir jusqu'à 9 heures du matin ; il en résulte que les variations sont beaucoup plus rapides de 9 heures du matin à 3 heures du soir, qu'elles ne le sont de 3 heures du soir à 9 heures du matin.

Lorsque le temps est serein et bien assuré, ces variations peuvent s'apercevoir, même tous les jours, en faisant les observations avec exactitude ; mais quand on prend des moyennes de dix jours, on voit facilement ces variations.

Sous l'équateur les variations sont plus grandes. L'abaissement va jusqu'à 2 millimètres de 9 heures du matin à 4 heures du soir ; ensuite il s'élève depuis 4 heures jusqu'à 11 heures de 1 millim., et enfin il s'abaisse jusqu'à 4 heures du matin de o millim. 68. C'est ce phénomène qu'il importe de remarquer ; il n'a pas cependant une grande influence et dépend de causes qui ne peuvent être bien expliquées. Il doit être néanmoins attribué en partie à la chaleur, car vous voyez que ce phénomène est lié à la latitude et à la température moyenne du lieu.

Après avoir parlé des phénomènes thermométriques et des phénomènes barométriques, nous allons considérer quelques autres phénomènes météorologiques, et particulièrement ceux qui dépendent de l'humidité. Celui qui est le plus commun, et qui nous frappe davantage, est sans doute la pluie, mais l'explication n'en est pas aussi simple que celui de la rosée, phénomène qui est aujourd'hui parfaitement connu. C'est par lui que nous commencerons.

Vous vous rappelez que tous les corps qui diffèrent de température s'envoient mutuellement du calorique ; le corps le plus chaud en envoie au corps le plus froid, et réciproquement. Nous avons même étendu ce principe au cas où les corps étaient à la même température, et nous avons admis que l'égalité de température consistait dans des échanges égaux de calorique.

Nous avons reconnu une très grande différence entre les corps relativement au rayonnement ; vous vous rappelez que les corps noirs, le papier, les tissus en général, la laine, la soie, le coton, l'herbe, et d'autres corps analogues, renvoient beaucoup de calorique et sont à peu près sur la même ligne pour absorber le calorique ou pour l'émettre ; les métaux, au

contraire, qui ont un grand poli émettent très peu de calorique. Il faut bien se pénétrer de cette distinction, pour concevoir avec facilité ce qui se passe dans le phénomène de la
rosée.

Cela posé, un corps chaud placé à la surface de la terre,
dans un air que nous supposerons parfaitement serein, ce
corps va perdre du calorique qu'il envoie dans toutes sortes
de directions. Si ce calorique va rencontrer d'autres corps
qui sont à la même température, il y aura un échange égal,
et la température du corps ne baissera pas ; mais s'il n'y a
pas de corps placés vis-à-vis de lui, et qu'il regarde un ciel
parfaitement serein, alors les échanges ne seront plus égaux ;
car il fautadmettre que l'atmosphère rayonne bien moins que
les autres corps. Nous avons établi que l'air ne s'échauffait
pas au foyer de rayons lumineux, ou même à un foyer de chaleur ordinaire. Nous devons donc regarder comme incontestable que le calorique traverse l'air librement, et qu'il n'y
en a qu'une très petite partie d'absorbée, et que réciproquement, lorsque l'air est échauffé, il ne rayonne que difficilement.
Par conséquent, le corps placé à la surface de la terre envoyant
du calorique et n'en recevant pas, se refroidira nécessairement, et sa température pourra même être portée à plusieurs
degrés au-dessous de la température ambiante ; pourvu qu'on
entende par température ambiante la température à un mètre
environ au-dessus de la surface du sol.

Si donc vous couchez un thermomètre sur de l'herbe, et
que vous placiez un autre thermomètre à 3 pieds au-dessus,
vous trouverez constamment, la nuit, une différence plus
ou moins grande entre les deux thermomètres, et cette différence sera dans ce sens que le thermomètre couché sur l'herbe
sera plus bas que l'autre : la différence peut aller jusqu'à 8°.

Mais si l'air, au lieu d'être parfaitement serein, renfermait
des nuages, que le ciel fût couvert, alors le thermomètre
placé sur le sol et celui placé à 3 pieds au-dessus, indiqueraient sensiblement la même température. On peut s'en rendre
facilement raison. Un corps qui se refroidit ne le fait que
parce qu'il ne reçoit pas autant qu'il envoie. Un nuage placé
au-dessus du corps, sera comme un écran ou comme un corps
chaud, il y aura échange entre le nuage et le corps. Le nuage
sera plus froid que le corps, de sorte qu'il y aura toujours
un abaissement ; mais en raison du calorique émis par le
corps et réfléchi par le nuage, la différence sera très petite.

On a vu, par exemple, un thermomètre, placé sur l'herbe,
par un temps serein, indiquer 6°, 7, de moins que le thermo-

mètre placé à trois pieds au-dessus. Un nuage venant à passer et restant pendant quelque temps, a fait monter le thermomètre de 1°, 6, de manière qu'il n'y avait plus qu'une différence de 5°, 1. Par conséquent, si au lieu d'un nuage, nous mettons un écran, un corps qui empêche le calorique de se perdre dans l'espace, vous concevez que le thermomètre placé sur le sol ne pourra se refroidir. C'est ainsi que le docteur Wells, à qui l'on doit la théorie de la rosée, a reconnu que, si l'on place à une petite distance du sol une planche horizontale en dessus et en dessous de laquelle on attache deux thermomètres enveloppés avec quelques flocons de laine, on remarque une différence extrêmement grande entre le thermomètre supérieur et le thermomètre inférieur. Or, le thermomètre inférieur ne peut pas perdre son calorique dans l'espace, ou bien il reçoit de la planche, tandis que le thermomètre supérieur envoie dans l'espace du calorique qui ne lui est pas rendu.

Les métaux rayonnent beaucoup moins que les autres corps. Par conséquent, le refroidissement d'une substance métallique exposée à un ciel serein ne doit être que très petit, et, en effet, ce refroidissement ne va qu'à un ou deux degrés.

Ces faits étant bien établis, supposons que l'air soit humide, et demandons-nous ce qui va arriver. Vous vous rappelez l'expérience qui consiste à mettre dans l'air un vase rempli d'une eau qu'on refroidit au-dessous de la température ambiante; vous vous rappelez que l'air dépose aussitôt de l'eau sur ce vase. Ce phénomène est tout-à-fait analogue à celui de la rosée. Lorsque la surface de la terre s'est refroidie en raison du rayonnement et de la non-compensation de calorique, l'air en contact se refroidit, la vapeur qu'il contient se refroidit également; et, par conséquent, l'air est amené plus près du point de saturation. S'il ne dépasse pas ce point, il n'y a pas de rosée; si, au contraire, l'air est amené à être sur-saturé, le phénomène de la rosée a lieu.

Si l'air était parfaitement tranquille, tout se passant alors au contact, il n'y aurait que la couche d'air très mince qui toucherait le sol, qui abandonnerait son eau. Dans ce cas, la quantité d'eau déposée serait tellement petite qu'elle échapperait à l'observation. Il faut, pour que cette quantité d'eau soit un peu notable, que la couche d'air puisse être renouvelée. Vous concevez dès lors qu'un mouvement dans l'air sera très favorable à la production de la rosée. Mais conclurez-vous de là qu'il faut un vent considérable ? Non. Car alors, la surface de la terre se refroidirait bien réellement, mais la perte de chaleur se trouverait aussitôt compensée par l'air qui viendrait en contact et échaufferait le sol en raison de sa masse. En effet, on ne voit jamais de rosée par un temps très venteux. Le mouvement de l'air favorable pour augmenter la production de la rosée consiste dans un léger souffle.

L'état hygrométrique de l'air a nécessairement une très grande influence sur la rosée. Car si l'air était très sec, vous auriez beau le refroidir, il ne se déposerait pas d'humidité. Mais si l'air est humide; alors le plus léger abaissement de température à la surface de la terre va produire de la rosée. Aussi sait-on que la rosée est très abondante après un temps de pluie.

Contre l'opinion qu'on avait autrefois que la rosée ne se formait que le matin, il est aujourd'hui reconnu que la rosée se dépose à toutes les heures de la nuit, et on peut dire même qu'il y a des cas où la rosée commence à se déposer quoique le soleil soit encore sur l'horizon. Cela a lieu dans les endroits qui ne sont plus frappés par les rayons du soleil.

Enfin, la position des corps par rapport au ciel a une très grande influence sur la quantité de rosée déposée. En effet, supposons un corps placé entre quatre murs qui aient 5 à 6 mètres de hauteur. Ce corps ne voit le ciel qu'au zénith; latéralement le ciel lui est caché par les murs. Par conséquent, la perte de calorique faite par ce corps sera bien moindre que s'il était en rase campagne; et par conséquent la rosée sera moins abondante.

Il ne reste plus, pour bien concevoir le phénomène dont nous nous occupons en ce moment, que de savoir si le froid qui accompagne constamment la rosée est la cause de la rosée, ou s'il en est la suite. Deux mots suffiront pour démontrer que le froid occasionne la rosée et qu'il n'en est point la conséquence. En effet, souvent avec un froid très grand, on ne voit point de rosée, tandis que d'autres fois, avec un abaissement de température bien moins grand, la rosée se fait sentir.

Lorsque le phénomène qui produit la rosée a lieu à des époques de l'année où le froid est près de zéro, alors l'eau qui se dépose, au lieu de donner de la rosée, donne des *gelées blanches*. Les gelées blanches ne sont autre chose que la rosée qui se dépose dans une circonstance telle que la température est assez basse pour que l'eau puisse se congeler.

IMPRIMERIE DE E. DUVERGER,
RUE DE VERNEUIL, N° 4.

COURS DE PHYSIQUE.

LEÇON TRENTE-QUATRIÈME.

(Mardi, 11 Mars 1828.)

SUITE DE LA MÉTÉOROLOGIE.

Nous avons vu, dans la dernière séance, que la rosée était une précipitation d'eau due au refroidissement de la couche d'air en contact avec le sol, par le sol lui-même, et nous avons indiqué les circonstances nécessaires pour que le refroidissement puisse avoir lieu.

Les végétaux placés à la surface de la terre, comme l'herbe par exemple, participent nécessairement à ce refroidissement du sol par le rayonnement. Ils se refroidissent en effet considérablement, et leur température peut être abaissée de 8 degrés et quelquefois davantage au - dessous de la température du thermomètre qui serait placé à 3 pieds au-dessus du sol. Vous concevez, d'après cela, que certains végétaux qui ne peuvent pas résister à de grands froids, sont alors exposés à périr. La neige est précieuse en hiver pour les végétaux, parce que la neige, qui est un mauvais conducteur du calorique, et par conséquent laisse passer très difficilement le froid, empêche les végétaux d'éprouver ce froid considérable dû au rayonnement.

Les végétaux qui s'élèvent au-dessus de la surface du sol sont soumis à la même loi de refroidissement, et ils se couvrent aussi de rosée; mais le phénomène est beaucoup moins marqué, et vous allez en concevoir la raison. Les aspérités qui existent à la surface de la terre, s'opposent au libre mouvement de l'air et à son renouvellement sur la surface des corps. Le corps étant ainsi abrité, ne se réchauffe point par les couches d'air qui viennent le toucher, et le froid est alors très grand. Dans l'atmosphère, rien ne s'oppose à ce renouvellement de l'air, et dès lors le végétal se refroidit moins. Aussi, pour empêcher les vignes de se geler, l'on recommande, et c'est une pratique qui peut avoir quelque fondement, de les détacher des échalas auxquels elles sont liées. Le balottement qu'elles éprouvent empêche le refroidissement d'être aussi considérable qu'il le serait sans cette précaution.

On peut expliquer par les principes que nous avons exposés relativement à la rosée, quelques phénomènes journaliers qui se présentent autour de nous. Ainsi l'on remarque que l'humidité se dépose sur les carreaux d'un appartement, tantôt à l'intérieur, et c'est le cas le plus général, tantôt à l'extérieur. Voici la cause de ce phénomène : Un appartement est en général plus échauffé que l'air extérieur, et c'est particulièrement ce qui arrive dans l'hiver. Dans un appartement échauffé, il y a plus d'humidité qu'il n'y en a dans l'air extérieur. Or l'air de l'appartement vient frapper constamment les carreaux, lesquels étant en contact avec l'air extérieur, se refroidissent et refroidissent à leur tour l'air intérieur, et le forcent à déposer son humidité. Ce phénomène est tout-à-fait analogue à celui de la rosée.

Une bouteille que l'on sort d'une cave, où la température est à 10 ou 12 degrés, et que l'on apporte dans un lieu plus chaud, se couvre d'humidité. C'est encore un phénomène analogue à celui de la rosée.

On a profité de ce rayonnement de la surface du sol pour faire congeler de l'eau. Cette pratique était même connue long-temps avant que la théorie de la rosée eût été exposée par le docteur Wells, avec cette simplicité qui entraîne la conviction. Depuis très long-temps, au Bengale, on forme de la glace, quoique le thermomètre ne descende jamais à zéro dans l'air ; j'entends par là l'air dont on prend la température à quelques pieds au-dessus du sol. Dans les mois de décembre et de janvier, le *minimum* de température dans l'air est de 2° au-dessus de zéro. Pendant ces mois, le ciel étant très serein, le sol se refroidit alors plus ou moins par radiation. On creuse un espace assez considérable dans le sol ; on couvre cet espace de paille, qui est un corps mauvais conducteur de la chaleur, et on place sur cette paille des terrines remplies d'eau. En raison de la sérénité du ciel, et par conséquent du rayonnement qui a lieu, on trouve tous les matins une couche de glace plus ou moins épaisse, qui s'est formée sur les terrines. Trois cents personnes sont employées à préparer les vases, à recueillir la glace. On a cherché à imiter ce procédé dans les environs de Paris, mais avec beaucoup moins de succès ; parce que d'abord nous avons des hivers qui permettent de faire des provisions de glace suffisantes, et ensuite parce que le temps n'offre pas assez de constance pour qu'on puisse spéculer avec quelque chance de succès sur de la glace obtenue par ce procédé.

Ce qui prouve que la formation de la glace, dans le cas dont nous venons de parler, est due au refroidissement qui a lieu par le rayonnement, c'est que le phénomène n'a lieu que quand l'air est parfaitement calme; tandis que le mouvement de l'air est très favorable à l'évaporation. Une autre preuve que l'évaporation ne joue là aucun rôle, c'est que pendant la nuit, un hygromètre placé à la surface du sol se tient extrêmement bas.

Ce rayonnement du calorique qui a lieu constamment à la surface de la terre, et qui a été long-temps ignoré, a une foule d'applications. Il explique le froid qu'on éprouve lorsqu'on sort d'une ville pour aller en rase campagne. C'est une sensation que tout le monde peut avoir éprouvée. Ainsi toutes choses égales d'ailleurs, c'est-à-dire le thermomètre marquant la même température dans l'intérieur d'une ville et dans la campagne, vous serez affecté, lorsque vous sortirez de la ville, d'un sentiment froid, même d'une manière désagréable, bien entendu en hiver; car ce serait tout différent en été, où l'on cherche la fraîcheur.

En effet, quand vous êtes en rase campagne, vous êtes un corps perdant de la chaleur par rayonnement dans tous les sens, verticalement et horizontalement. Le phénomène dont je parle n'a pas lieu lorsque l'air est couvert de nuages, mais seulement quand l'air est dans la circonstance où il donne de la rosée.

Dans une ville, où vous ne voyez le ciel qu'au zénith, la perte de chaleur que vous faites est peu considérable. Cette circonstance, très légère en apparence, peut expliquer, jusqu'à certain point, pourquoi les villes, quoique malsaines sous beaucoup d'autres rapports, peuvent être plus saines que la campagne; en ce qu'elles garantissent de cette fraîcheur qu'on appelle *serein*, et qui peut occasionner quelques maladies, particulièrement les fièvres intermittentes.

La pluie, dont nous allons maintenant nous occuper, est une précipitation d'eau qui a lieu dans l'atmosphère, différente en cela de la rosée, qui est une précipitation d'eau simplement due au contact de la surface des corps avec l'air.

La cause, je dirai même la cause unique qui produit la pluie, est un refroidissement. Nous savons que l'air dissout l'eau, qu'il s'en sature, et que lorsqu'il est sur-saturé, il abandonne l'excédant d'eau, pour ne conserver que la quantité qui convient à sa température.

Nous n'avons que deux moyens de déterminer une sur-saturation d'eau dans l'air : le premier, c'est de diminuer la température ; le second, c'est de diminuer l'espace. Dans l'atmosphère, cette diminution de l'espace ne peut avoir lieu ; nous ne pouvons donc employer que le premier moyen, celui qui consiste à diminuer la température. J'ai donc raison de dire que toutes les fois qu'il y aura précipitation d'eau, ce qui annoncera que l'air est sur-saturé, cela devra être attribué à une diminution de température amenée par une cause quelconque.

Le refroidissement peut avoir lieu de deux manières. Ainsi, une masse d'air peut se refroidir, surtout s'il y a déjà des nuages dans l'atmosphère, ou si cette masse d'air vient à passer sur un sol qui soit lui-même refroidi, ou toucher des montagnes élevées ; et, dans ce cas, l'air refroidi peut donner lieu à des nuages qui se résolvent en pluie.

Le cas le plus fréquent est celui où deux couches d'air, l'une d'une certaine température, l'autre d'une température plus chaude ou plus froide, viennent à se mêler. De ce mélange résulte souvent de la pluie, ou, pour mieux dire, des nuages qui ensuite donnent de la pluie. Pour bien concevoir ce qui se passe dans cette circonstance, supposons que nous ayons de l'air à 25°, et qu'il soit saturé de vapeur ; supposons que nous ayons d'un autre côté de l'air à 15°, qui soit également saturé de vapeur, et que nous mêlions ces deux airs à volume égal. La tension de l'eau qui existe dans l'air à 25°, exprimée en eau, est de 314 millimètres ; à 15°, la tension de l'eau est égale à 174 millimètres ; ce qui ferait un total de 488 millimètres. S'il y avait proportion entre la température et la quantité d'eau nécessaire pour la saturation, à la moyenne des températures, c'est-à-dire, à 20°, correspondrait la moyenne des tensions, c'est-à-dire 244 millimètres. Or, voyons quelle est la quantité d'humidité que l'air saturé renferme quand il est à 20°. Dans ce cas, il contient une quantité d'eau exprimée par 235 millimètres. Par conséquent, puisqu'à 20° il ne peut contenir que 235 millimètres, et que par le calcul nous trouvons qu'il en contiendrait 244, il faudra qu'il abandonne la différence de 244 à 235, c'est-à-dire, 9 millimètres.

Le refroidissement de l'air opéré d'une manière quelconque, produit nécessairement une abondance de pluie différente en raison du degré de température duquel on part. En général, si étant donné de l'air saturé d'humidité, échauffé à diverses températures, vous concevez un refroidissement d'un égal nombre de degrés, vous aurez une quantité de pluie d'autant plus abondante que vous partirez d'une température plus élevée.

Ainsi supposons de l'air à 27°, température moyenne des tropiques ; la force élastique correspondante de l'eau contenue dans l'air à 27° est exprimée en mercure par 25 millimètres 88. Supposons maintenant que l'air passe à 24°. La force élastique de la vapeur est alors exprimée par 21 millimètres, ce qui donne une différence de 4 millimètres 08. Ainsi dans ce cas, il y aura une quantité d'eau déposée, exprimée par 4 millimètres 08 de mercure en eau.

Supposons maintenant la température moyenne de nos climats, c'est-à-dire 10°, la force élastique correspondante à 10° est de 9 millimètres 475 ; supposons que la température descende à 7°, ce qui donne un refroidissement de 3° comme dans le premier cas. La force élastique correspondant à 7° est égale à 7 millimètres 871, la différence se trouve alors de 1 millimètre 604 ; tandis que pour abaissement d'un même nombre de degrés, nous avions dans le premier cas, 4 millimètres 08 ; ce qui montre que la quantité d'eau qui se précipite est différente en raison de la température initiale de laquelle on part.

Voilà ce qui explique d'une manière simple pourquoi en général, il pleut davantage, pour un même abaissement de température, sous l'équateur que sous la zone tempérée.

Dans nos climats, on remarque qu'il pleut beaucoup plus rarement dans la saison chaude que dans la saison froide ; mais si l'on compare la quantité de pluie qni est tombée, on trouve qu'une heure de pluie dans le mois de juillet donne une quantité d'eau beaucoup plus considérable, que plusieurs jours de pluie dans le mois de novembre.

L'eau qui perd l'état de vapeur par le refroidissement ne se précipite pas immédiatement pour venir à la surface de la terre ; elle forme ce qu'on appelle de *petites vésicules*, que nous avons déjà désignées, quand on les prend en masse, par le nom de *vapeur vésiculaire* : ce sont les amas de ces vésicules qui forment les nuages.

Ici se présente une question qui peut être considérée comme n'étant pas complètement résolue. Quelle est la nature de ces vésicules ? Sont-elles creuses ? sont-elles solides ? On les regarde assez généralement comme étant creuses, et cela par plusieurs raisons ; d'abord, c'est qu'elles ont un diamètre sensible qu'on peut évaluer à 7 millièmes, presque à un centième de millimètre, quantité très petite, **qui cependant** n'échappe pas à l'œil.

Saussure qui s'est beaucoup occupé de cet objet, demande comment des corps solides pourraient rester ainsi suspendus dans l'air, tandis que si on regarde les vésicules comme étant creuses, comme formant de petits ballons, ayant une enveloppe extrêmement mince, et analogues aux bulles de savon, seulement infiniment plus petits ; dans ce cas, leur légèreté spécifique étant beaucoup plus grande, elles doivent se précipiter plus lentement.

Une autre raison pour regarder les vésicules comme étant creuses, c'est qu'elles ne décomposent pas la lumière, comme l'eau qui tombe et qui est réellement en pluie. Ainsi lorsqu'on se place auprès d'un jet d'eau dont l'eau s'éparpille et tombe en gouttelettes très fines, et qu'on regarde cette eau en se plaçant entre elle et le soleil, on aperçoit un arc-en-ciel, phénomène qui se produit aussi pour la pluie, tandis qu'il n'a pas lieu pour les nuages.

D'un autre côté, on peut dire qu'en général ces vésicules se trouvent très souvent gelées dans les nuages ; et, en effet, le phénomène de la condensation peut se passer dans un air assez élevé, et par conséquent assez refroidi, pour que la congélation ait lieu. C'est ce dont ont pu se convaincre ceux qui ont parcouru les montagnes. Ce qui prouve que les vésicules qui forment les nuages sont à l'état de glace, c'est que tous les objets sur lesquels ces nuages passent se couvrent d'une espèce de givre. Ces vésicules se déposent comme de petits cristaux qui affectent des formes régulières où il est difficile d'admettre des cavités. Ainsi voilà un cas où l'on ne peut guère soutenir que ces petites vésicules soient réellement creuses.

Au reste, il faut expliquer la suspension de ces corps, et elle est sans doute plus facile à concevoir, lorsque les petites vésicules sont creuses. Dans un nuage, l'air qui enveloppe les vésicules est nécessairement saturé d'humidité ; sans cela les vésicules se réduiraient en vapeurs. Une petite vésicule que nous considérons renferme de l'air qui est saturé d'humidité au même degré que l'air extérieur. Mais l'enveloppe est de l'eau ; la petite vésicule sera donc plus pesante que l'air, puisqu'elle renferme de l'air au même degré de densité, et que de plus cette enveloppe d'eau, si mince qu'on puisse la supposer, est plus pesante que l'air. Ainsi donc, en raison de ce poids additionnel, la petite vésicule devra se précipiter ; elle ne le fait pas ; voici comment on peut en concevoir la raison.

Nous savons que des corps solides très pesans, mais qui sont très divisés, se soutiennent en poussière impalpable au milieu de l'air. Or si la poussière, qui est beaucoup plus pesante que l'eau, se soutient encore dans l'air, et pendant un temps considérable, il est facile de concevoir que les vapeurs vésiculaires considérées comme des corps très petits peuvent aussi rester suspendues dans l'air.

Il y a même une cause de plus qu'on peut alléguer; c'est que l'eau *mouille* l'air, ou, en d'autres termes, qu'il y a adhérence de surface entre l'air et l'eau. Or, cette adhérence de surface, qui paraît incontestable, peut aider à concevoir la suspension de ces petits corps. En effet, chaque vésicule se trouve enveloppée d'une couche d'air qui a de l'adhérence pour l'eau, comme l'eau en a pour le verre. Il est vrai que l'air est très mobile, mais comme sa mobilité n'est cependant pas poussée à l'extrême, on conçoit que ces petits ballons, formés par de l'eau et une couche d'air, ne se précipiteront pas facilement, en raison de l'inertie de la masse de l'air. C'est ce que nous voyons pour des poudres très pesantes qui, jetées dans l'eau, y restent long-temps en suspens, parce que ces petits corps sont mouillés par l'eau, et ne peuvent se précipiter sans entraîner l'eau qui les mouille.

Ce que je viens de dire prouve, au reste, qu'on n'a pas des connaissances très positives sur la véritable nature de ces vésicules; mais qu'on peut les concevoir ou pleines ou creuses, que l'un et l'autre peut-être ont lieu ; que, dans tous les cas, la suspension de ces molécules ne peut se concevoir que comme celle de corps très divisés dans un milieu plus rare.

Après avoir cherché comment on peut concevoir la suspension des vésicules, il reste à concevoir la suspension des nuages eux-mêmes, ou de l'ensemble de ces vésicules. Un nuage étant saturé d'humidité et l'air à côté ne l'étant pas, si nous ne considérons un nuage que comme un vaste ballon, il sera spécifiquement plus léger que l'air environnant. Supposant qu'il n'y ait qu'une différence d'un demi-millimètre, cette différence, si petite qu'elle soit, sera suffisante pour faire monter le nuage. Ainsi on pourra dire qu'une masse d'air humide prend naturellement un mouvement ascensionnel, en vertu duquel elle se porte à une hauteur quelconque dans l'atmosphère. Après cela, il y a une cause opposée à ce mouvement, ce sont les globules qui sont suspendues dans l'air d'une manière quelconque. Ces globules pourront rétablir l'équilibre, et faire que l'air qui avait fait monter le nuage devenu spécifiquement plus léger, s'arrêtera, parce qu'il aura emporté avec lui cette quantité de vésicules qui s'y trouvent suspendues.

Les nuages se tiennent en général à des hauteurs variables, qui ont cependant une certaine constance dans les différentes saisons. Ainsi les nuages, par les vents d'ouest très fréquens dans l'hiver, sont à une hauteur qui n'est pas très considérable, elle est généralement de 1200 à 1400 mètres. Dans l'été les nuages se tiennent à une hauteur plus considérable. Les nuages se tiennent en général entre 600 et 1200 toises. Il y en a cependant qui sont à des hauteurs plus considérables. Dans une ascension de 3,600 toises, j'ai vu au-dessus de ma tête des nuages qui me paraissaient aussi éloignés que si je me fusse trouvé à la surface de la terre. Mais ce ne sont pas ces nuages qui nous donnent de la pluie.

Il y a une limite inférieure à la hauteur des nuages qui est déterminée par une cause très simple. Le soleil verse constamment sur la surface de la terre de la chaleur; et il en résulte un courant ascensionuel produit par l'air échauffé qui s'élève. Ce courant est visible en rase campagne par les ondulations qui ont lieu à la surface du sol. Vous pouvez d'ailleurs vous convaincre de son existence par une expérience bien simple ; c'est en faisant des bulles de savon. Si vous les faites dans un appartement, où la température est uniforme, il n'y a pas de cause pour que ces bulles s'enlèvent. Il y aurait bien une cause qui pourrait les porter à s'élever, c'est que l'air intérieur des bulles se trouve saturé d'humidité, mais la légèreté que les bulles acquièrent sous ce rapport est plus que compensée par le poids de l'enveloppe aqueuse ; et par conséquent les bulles sont nécessitées à descendre. Mais si vous faites ces bulles à l'extérieur de l'appartement, elles s'élèveront ; parce que le soleil échauffant le sol, il s'établit un courant ascendant qui force les bulles à s'élever à une hauteur plus ou moins grande. Si c'était au lieu d'une grosse bulle, une vésicule infiniment petite, alors la force du courant la porterait beaucoup plus haut. On ne peut assimiler un nuage à une bulle de savon ; d'ailleurs il y a des courans descendans en sens contraire pour compenser l'air qui monte ; à moins qu'on ne conçoive, ce qui arrive très souvent, une masse d'air élevée en bloc, et laissant un vide en dessous, qui est aussitôt rempli par de l'air plus frais qui vient des parties adjacentes.

L'air, et c'est par là que je puis concevoir la limite à laquelle s'arrêtent les nuages, l'air à la surface du sol n'est jamais saturé, et quand même il pleut, il ne l'est pas par la pluie qui tombe. En effet, en supposant qu'il tombe quelques millimètres d'eau, qu'est-ce que c'est que cela relativement à la masse de l'air. On peut donc dire, et d'ailleurs l'expérience l'a prouvé, que jamais l'air n'est saturé à la surface du sol. Les nuages ne peuvent commencer que là où l'air est saturé, car dans toute la limite du courant d'air chaud qui s'établit, l'air n'étant pas saturé, s'il y avait quelques vésicules, elles disparaîtraient.

Il y a ensuite plusieurs causes qui peuvent déterminer la suspension des nuages ; je viens d'indiquer la principale, qui doit être nécessairement une différence de densité entre le nuage et l'air extérieur. Le nuage s'élèvera d'autant plus qu'il aura une densité plus faible.

Le nuage s'étant formé, vous avez une série de petites vésicules qui peuvent rester très long-temps sous forme de nuages, et elles n'amènent pas nécessairement de la pluie. Les nuages peuvent même disparaître, lorsque par exemple l'air vient à s'échauffer ; mais le plus souvent ils se résolvent en pluie, et voici comment il faut concevoir le phénomène. De ces vésicules qui composent le nuage, il faut nécessairement qu'il y en ait quelques-unes qui soient assez pesantes pour ne pas rester à leur place. Lorsque ces vésicules, en tombant d'abord très lentement, rencontrent une autre vésicule qui serait restée tranquillement à sa place, leur affinité détermine leur réunion. Il en résulte une vésicule plus grosse ; raison de plus pour qu'elle tombe, puisque les vésicules ne restent suspendues que parce qu'elles sont très divisées. Dès que le phénomène a commencé dans un endroit, il se propage dans toute la masse du nuage, et on a alors ce qu'on appelle la pluie.

On a remarqué que la quantité de pluie qui tombe à la surface de la terre est différente de celle qui tombe sur un lieu un peu plus élevé, mais de bien peu. Ainsi, on mesure à l'Observatoire l'eau qui tombe dans la cour et celle qui tombe sur une terrasse élevée à 28 mètres au-dessus du sol. On se sert pour cela d'un instrument appelé *imbromètre* ou *hydromètre*, vase à mesurer la pluie. Ce vase, fig. 1, est surmonté d'un entonnoir dont l'ouverture est bien déterminée. L'eau coule de cet entonnoir dans la capacité inférieure qui est cylindrique, et a un diamètre égal à celui de l'entonnoir. Une échelle adaptée à ce vase indique la hauteur de l'eau. On a trouvé, l'année dernière, qu'il était tombé sur la terrasse 5o centimètres d'eau, et que dans la cour, il en était tombé 58.

ce qui fait une différence de près d'un huitième. D'où peut provenir une aussi grande différence ? Comme les couches inférieures de l'air ne sont jamais saturées, il est évident que ce n'est pas la couche d'air comprise entre le haut et le bas de la terrasse qui peut avoir donné de l'eau ; car n'étant pas saturée, elle en aurait pris plutôt que d'en donner. Cette différence dans la quantité d'eau recueillie s'explique par une cause mécanique, qui est le vent. En effet, lorsqu'il n'y a pas de vent et que la pluie tombe en filets verticaux, la différence est nulle ; si au contraire il y a du vent, comme il se fait sentir davantage dans la partie supérieure que dans le bas, il en résulte que les rayons de pluie décrivent une ligne inclinée, et ensuite une ligne courbe qui se rapproche de la perpendiculaire. Dans le cas où le vase est placé dans le haut, comme l'ouverture du vase est horizontale, il entre moins d'eau ; tellement que si le vent était très grand, il n'entrerait pas sensiblement d'eau dans l'intérieur du vase, tandis que dans le bas, où la pluie étant soustraite à l'action du vent, tombe perpendiculairement, le vase pourrait se remplir. C'est là la raison la plus plausible qu'on puisse donner d'un fait qui d'ailleurs serait inconcevable, puisque de l'eau qui tombe de l'atmosphère, traversant des couches d'air qui ne sont pas saturées, ne peut que diminuer en quantité au lieu d'augmenter.

La pluie varie en général considérablement suivant les latitudes, et dans le même pays elle varie suivant les saisons. Pour vous donner une idée de l'influence de la latitude, je vous dirai qu'à Cumana, où le *minimum* de température est de 27° et le *maximum* de 34°, il tombe 2 mètres 43 d'eau. C'est là le *maximum* d'eau qui peut tomber dans un pays chaud, comparé aux pays du nord.

A la latitude de Paris, où la température moyenne est de 10°,6, il tombe 48 à 50 centimètres d'eau ; c'est-à-dire qu'il en tombe cinq fois moins à Paris que sous l'équateur.

En allant plus au nord, la différence ne marche pas dans le même rapport ; à Saint-Pétersbourg qui est à la latitude de près de 60°, il tombe 43 centimètres environ d'eau.

Maintenant dans un même pays, à Paris ; par exemple, il tombera d'autant plus d'eau dans un temps donné, que la saison sera plus chaude ; et cela par la raison que j'ai indiquée plus haut, qu'une différence de température de 3 à 4 degrés, lorsque la température est très élevée, produit une précipitation d'eau beaucoup plus considérable que lorsque la température est basse.

La localité a aussi une très grande influence sur la quantité de pluie qui tombe. Ainsi à Genève, dont la latitude n'est pas très différente de celle de Paris, mais qui est voisine de montagnes élevées, il y tombe environ 30 pouces d'eau, le double de ce qui tombe à Paris. A Londres, il tombe 16 pouces et demi d'eau, et dans le nord de l'Angleterre, il en tombe jusqu'à 57 pouces. Cette énorme différence est due au voisinage des montagnes qui refroidissent les nuages, augmentent leur densité, et déterminent une précipitation plus abondante.

Dans l'année qui vient de s'écouler, il y a eu des inondations épouvantables, produites par l'énorme quantité de pluie qui est tombée. Dans un endroit, il est tombé le 20 mai, en trois heures de temps, six pouces d'eau ; dans un autre endroit du 25 au 27, il en est tombé 15 pouces 8 lignes. Parmi les faits les plus extraordinaires qu'on puisse citer, c'est celui qui a eu lieu à Joyeuse dans l'Ardèche, le 9 octobre 1817, il est tombé, dans l'espace de 22 heures, 29 pouces d'eau. Il en est résulté une inondation générale. Ce qu'il y a de plus extraordinaire, c'est qu'on ait vu tomber une quantité de pluie aussi énorme dans une saison qui n'est pas très chaude. La pluie tombe avec moins d'intensité sous les tropiques.

L'eau qui tombe est soumise à l'évaporation ; mais on n'a rien de bien précis à cet égard. Je veux seulement faire remarquer que l'eau qui tombe s'écoule de deux manières : l'une en formant des fontaines, des sources qui se réunissent en ruisseaux, en rivières, et vont à la mer. C'est une grande partie de l'eau qui s'écoule ainsi. Cette quantité pourrait être connue, en prenant la surface des bassins dans lesquels se jettent toutes les rivières, en calculant la quantité d'eau qui passe journellement, au moyen de la section.

L'autre partie de l'eau se dissipe par l'évaporation immédiate.

Vous remarquerez qu'il est très facile de concevoir ce qui se passe dans les fontaines et les sources. L'eau qui tombe du ciel entre dans le sol, le pénètre de proche en proche ; la couche qui a pénétré à quelques centimètres est poussée par celle qui vient ensuite et par l'action capillaire. Quoiqu' il tombe beaucoup d'eau durant l'été, les sources n'en sont pas beaucoup augmentées, parce que le sol étant échauffé, l'évaporation est alors extrêmement rapide, et l'écoulement dans l'intérieur de la terre est presque nul. Pendant l'hiver, l'automne, le printemps, la terre étant froide et humide, l'eau qui tombe du ciel pénètre facilement dans l'intérieur du sol, d'où elle jaillit ensuite sous forme de source. A mesure que la terre s'échauffe l'abondance des sources diminue ; il faut qu'elles soient alimentées de nouveau , sans quoi elles se tarissent. Cependant, il y a des sources qui sont abondantes toute l'année , parce qu'elles reçoivent les eaux d'une masse de terrain qui les domine. Les sources situées au bas d'une petite butte, ne pouvant recevoir que les eaux de cette butte , il arrive souvent qu'elles se tarissent durant l'été.

L'évaporation très considérable qui a lieu dans les lieux humides est une cause qui diminue la température : aussi les lieux humides sont-ils en général plus froids que les lieux secs , précisément en raison de l'évaporation qui a lieu.

Je dois vous faire remarquer encore quelques faits généraux relatifs au phénomène de la pluie. La pluie n'a lieu que quand le baromètre baisse, et quand on suit la marche d'un baromètre et celle de la pluie , en prenant plusieurs moyennes , on voit qu'en général la quantité de pluie qui tombe est d'autant plus grande , que le baromètre est plus bas.

Des observations ont été faites pour Paris avec beaucoup de soin , de jour en jour, de mois en mois. On voit dans le tableau où l'on a réuni ces observations, que le mois qui donne le moins d'eau à Paris est le mois de février ; car il ne tombe dans ce mois que 27 centimètres d'eau ; on y voit que le mois le plus pluvieux, ou plutôt qui donne le plus de pluie, car le mot pluvieux s'entend mieux d'un mois où il pleut souvent ; on voit , dis-je, que le mois où il tombe le plus d'eau est le mois de juin.

Je ferai remarquer à cet égard que ces *maximum* et ces *minimum* n'ont pas lieu dans les mêmes mois, dans les divers pays. Ainsi je viens de dire que c'était le mois de février qui donnait le moins de pluie à Paris, et que c'était le mois de juin qui en donnait le plus. A Londres, les résultats sont différens. A Genève, c'est le mois de mars qui donne le moins de pluie ; et les mois qui en donnent le plus ne sont pas les mois de mai et de juin , mais les mois de septembre, d'octobre , de novembre et de décembre. Cela tient à la position de Genève par rapport aux Alpes. Le voisinage de ces montagnes détermine une précipitation d'eau qui n'a pas lieu naturellement dans la plaine.

La neige n'est autre chose que de la pluie qui se congèle dans l'air, et les circonstances de sa formation sont absolument les mêmes que celles de la formation de la pluie. On peut même dire que les nuages se résolvent plus souvent en neige qu'ils ne se résolvent en pluie. Le même nuage qui donne de la neige sur une montagne élevée donne de la pluie dans la plaine. On en conçoit facilement la raison. La neige qui tombe sur une montagne où le froid est très grand se conserve à l'état de neige, tandis que celle qui tombe à la surface de la terre rencontrant dans sa chute une température au-dessus de celle qui produit la congélation, doit se fondre et arriver sur le sol à l'état de pluie.

Je remarquerai à l'occasion de la neige, que sa formation paraît constamment liée, dans nos climats, à un changement de temps. Ainsi le vent du nord souffle, bientôt le temps s'adoucit et la neige tombe; la neige s'arrête, et le vent du nord reprend; dans ce cas, c'est l'indice d'un froid qui doit continuer.

Lorsque deux courans d'air viennent à se rencontrer, l'un des deux ne prend pas immédiatement la place de l'autre; il y a des espèces d'oscillations. Dans de pareilles circonstances on a vu jusqu'à quatre chutes de neige successives. En général, plusieurs chutes de neige dans les vingt-quatre heures annoncent que le phénomène est produit par la rencontre de deux courans.

On voit quelquefois l'hiver des neiges extrêmement abondantes qui sont produites par des mélanges d'un air froid avec un air chaud; de manière qu'il se forme des nuages orageux comme dans l'été. J'ai entendu très distinctement un coup de tonnerre dans une averse de neige tellement abondante que l'air en paraissait opaque.

La neige affecte diverses formes qui reviennent toutes à une forme élémentaire. C'est en général de petites aiguilles qui se réunissent en formant des angles de 60°. Elle a tantôt la forme d'une étoile, fig. 2, formée par six rayons sur lesquels sont implantés d'autres petits rayons faisant pareillement des angles de 60°. D'autres fois, la neige présente la forme d'un hexaèdre régulier, fig. 3, dont les angles portent quelquefois des rayons, fig. 4; en un mot rien n'est plus varié que les formes que nous offre la neige. Scoresby, dans son voyage vers le pôle, a décrit une infinité de formes.

On parle quelquefois de neige rouge. Ce qui donne cette couleur à la neige c'est une espèce de champignon qui croît même sur la neige, et qu'on a désigné par le nom de *nivalis uredo.*

Sous l'équateur, il ne tombe jamais de neige au niveau de la mer; mais sur les hautes montagnes comme sur le Chimboraço, qui a 2400 mètres de hauteur, il en tombe presque tous les jours. Dans nos climats la neige ne tombe que pendant trois mois dans la plaine, mais sur les Alpes, elle tombe pendant neuf mois de l'année. A notre latitude, la quantité de neige comparée à celle de la pluie, est à peu près d'un 20°; elle est d'un 8ᵉ à la latitude de Saint-Pétersbourg. Un pied de neige est évalué à un pouce d'eau.

Nous avons déjà vu que la neige en raison de sa propriété non conductrice de la chaleur, est très favorable à la végétation. Il y a, en effet, des plantes qui se développent aussitôt que la neige disparaît.

La neige qui tombe sur les montagnes ne disparaît pas toujours pendant la saison chaude, elle résiste en raison de la hauteur où elle se trouve. Le soleil qui vient la frapper a bien la même intensité que dans la plaine, mais d'un autre côté, elles sont environnées d'un air très froid.

De là résultent les limites des neiges sur les hautes montagnes. La hauteur, où se maintiennent les neiges perpétuelles, est variable suivant les latitudes. Ainsi, sous l'équateur, d'après les observations de M. de Humboldt, la hauteur des neiges perpétuelles, à la température moyenne de 27°, est de 4800 mètres. Ces neiges vues de loin forment une ligne parfaitement horizontale. A la latitude de 45°, où la température moyenne est de 10″6, Saussure, dans ses nombreux voyages dans les Alpes, a trouvé une hauteur de 2550 mètres. A la latitude de 62°, où la température moyenne est de 4°, Buch a trouvé 1750 mètres. Enfin, à la latitude de 65°, où la température du sol est zéro, la hauteur des neiges perpétuelles ne descend pas à plus de 900 mètres; au Saint-Gothard où la température moyenne est 0ⁿ, la limite des neiges est encore à 600 mètres au-dessus du couvent. Par conséquent la limite des neiges est bien au-dessus de l'endroit où l'on a la température zéro.

Les neiges ne fondant pas sont entraînées, dans les saisons où il y a du dégel, dans les vallées où elles s'accumulent et forment ce qu'on appelle des *glaciers*, qui s'usent continuellement d'un côté tandis que de l'autre ils s'accroissent par les neiges qui tombent ou par celles qui se détachent des montagnes. Il y a de ces amas de glaces, dans les Alpes, qui ont une épaisseur de plus de 100 pieds. Ces masses ont un mouvement progressif dont Saussure a été témoin. Ce mouvement est attesté par des pierres énormes qui roulent des montagnes, entraînées par les masses de neige.

Ces glaciers à mesure qu'ils se fondent alimentent des sources abondantes.

Nous allons terminer par quelques observations sur les vents, ne pouvant nous flatter de donner à cet égard toutes les explications que mérite ce sujet qui est assez important.

Les vents sont de l'air en mouvement. Quelle est la cause de ce mouvement? Il n'est pas facile de l'indiquer dans chaque cas particulier; c'est-à-dire de désigner la cause d'un vent qui souffle de tel ou tel endroit; nous sommes trop éloignés de l'origine du vent. Seulement on peut faire voir en général que ce sont les variations de chaleur qui déterminent et modifient les courans. Vous concevrez, par un exemple très simple, ce qui peut avoir lieu dans des cas plus composés.

Supposons un appartement divisé en deux parties ou deux chambres voisines, *A*, *B*, fig. 5, communiquant par une porte qui est d'abord fermée. Si l'on fait du feu dans la chambre *A*, l'air s'y échauffera nécessairement plus que dans l'autre chambre. Supposons qu'on ouvre la porte, voici ce qui va arriver: l'air plus froid, par la loi des densités, coule dans la partie inférieure, tandis que l'air chaud, qui est moins dense, coule dans la partie supérieure, il s'établit ainsi deux courans opposés, qu'on peut rendre très sensibles au moyen d'une bougie. En la plaçant vers le bas de la porte, la flamme s'incline vers la chambre chaude : elle s'incline vers la chambre froide si on la place dans le haut. Il est évident qu'il doit y avoir un endroit ou la flamme reste verticale.

Si nous examinons ce qui se passe à la surface de la terre, nous reconnaîtrons bientôt des circonstances analogues à celles dont je viens de parler. Supposons, par exemple, que nous soyons en été sur le bord de la Méditerranée, dont la température sera de 12 ou 15°. Le jour, il fera plus chaud à terre que sur la surface de la mer, dont la température ne change pas sensiblement. Alors nous aurons une masse d'air qui prendra la température de la Méditerranée, tandis que sur la terre nous aurons un air beaucoup plus chaud; c'est le cas des deux chambres. Il en résultera un courant inférieur de la mer vers la terre, et un courant supérieur de la terre vers la mer. La nuit, le contraire aura lieu; parce que la mer conserve la même température, tandis que la surface de la terre se refroidit considérablement.

Une île placée au milieu de la mer occasionne tout autour d'elle des courans d'air froid qui arrive pour remplacer l'air chaud qui s'élève.

La plus légère différence de température amène des vents qui sont très sensibles. Ainsi un nuage qui nous dérobe un instant le soleil, peut déterminer un courant d'air.

Nous pouvons donc établir en principe que la cause essentielle des vents, c'est la chaleur qui agit d'une manière inégale sur deux masses d'air. Il y a une autre cause des vents, mais qui revient à celle dont je viens de parler. Ainsi il peut y avoir une précipitation d'eau très grande, comme dans des orages, dont la chaleur est la cause primitive. Il en résulte un vide partiel, l'équilibre est rompu dans les régions atmosphériques, et l'air se porte vers l'endroit où il y en a le moins. De là résulte un courant.

Malgré les observations nombreuses faites jusqu'à présent, on ne peut ni prévoir, ni annoncer les variations de temps dépendant des changemens de vents.

Parmi les vents, il y en a quelques-uns qui sont constans et réguliers, ce sont les vents alisés, qui règnent sous les tropiques jusqu'au 25° ou 30° degré. Ces vents se dirigent de l'est vers l'ouest. On les explique d'une manière simple, en disant que sous la zone torride l'air échauffé s'élève constamment et se déverse ensuite sur les parties adjacentes, de manière à former au haut de l'atmosphère un courant qui se dirige vers les pôles. Il ne peut s'établir un courant d'air sans que de l'autre air vienne remplacer celui qui s'en va. Il arrive donc des régions du nord, par rapport à l'équateur, un courant d'air inférieur. La terre a un mouvement de rotation en vertu duquel la vitesse est plus grande à l'équateur qu'elle ne l'est en tout autre point. Cette vitesse est nulle au pôle et croît ensuite comme le diamètre des parallèles. Il en résulte que l'air du nord, qui est entraîné vers l'équateur, aura une vitesse moindre à mesure qu'il passera d'une parallèle sous une parallèle plus grande ; et, arrivé à l'équateur, cet air aura une vitesse moindre que celle des points de la terre corresdans. On croira par conséquent sentir un vent d'est.

Je termine ce que nous avons à dire relativement aux vents par un fait qui a quelque intérêt. Il y a des caves, des souterrains qui sont plus froids que ne l'est le sol à l'extérieur, en prenant la température moyenne. Je citerai comme un des exemples les plus remarquables une butte de 200 à 300 pieds de hauteur. Cette butte située près de Rome, et formée par des poteries brisées est désignée par le nom de *Monte Testaccio*. Au bas se trouvent des caves dans lesquelles la température est beaucoup plus basse que la température moyenne de Rome qui est de 15°8. Il en résulte un courant qui pendant l'été se dirige de haut en bas, et dans l'hiver un courant en sens inverse qui se projette dans les caves. Il existe dans plusieurs endroits de ces caves, où il existe une température au-dessous de la température moyenne du sol dans lequel elles se trouvent.

IMPRIMERIE DE E. DUVERGER,
RUE DE VERNEUIL, N° 4.

COURS DE PHYSIQUE.

LEÇON TRENTE-CINQUIÈME.

(Samedi, 15 Mars 1828.)

PHÉNOMÈNES CAPILLAIRES.

Nous allons dans cette séance nous occuper des phénomènes qu'on désigne sous le nom de *phénomènes capillaires*, ou de la *capillarité* en général.

Nous avons dit dans une des premières leçons de ce cours que les molécules des corps sont soumises à des forces attractives et répulsives, en vertu desquelles les molécules se réunissent pour former des composés ou bien se séparent lorsque ce sont les forces répulsives qui l'emportent.

Toutes les fois que rien ne s'oppose à l'action de ces forces, il en résulte une composition ou une décomposition ; lorsque ces forces sont très faibles, ou bien lorsqu'elles sont contrariées par des forces opposées, il n'y a qu'une tendance, pour ainsi dire, à la combinaison, au rapprochement des molécules des corps ; et alors on n'a plus des *phénomènes chimiques* proprement dits, c'est-à-dire des composés nouveaux, mais une série de phénomènes, qu'on désigne par le nom de phénomènes capillaires, qui sont, en général, des phénomènes d'adhésion, d'adhérence des corps aux surfaces. Si nous plongeons un morceau de verre dans de l'eau et que nous l'en retirions ensuite, l'eau reste attachée à ce morceau de verre. Puisque cette eau ne tombe pas, il faut nécessairement qu'elle soit liée par une attraction réciproque entre le verre et les molécules d'eau ; mais il n'y a pas combinaison ; le verre ne perd pas ses propriétés, l'eau ne perd pas les siennes ; il n'y a qu'une simple adhérence de surfaces entre le verre et l'eau. Ce phénomène est un phénomène capillaire.

Nous dirons, en général, que toutes les fois que l'affinité ne peut pas produire de changemens de propriété, alors les phénomènes qui résulteront de cette affinité seront des phénomènes capillaires.

Nous allons passer en revue quelques-uns des principaux de ces phénomènes.

Nous venons de voir qu'en plongeant un morceau de verre dans de l'eau et en le retirant, des gouttes d'eau y restent attachées ; c'est là un phénomène capillaire.

Si on presse un sachet rempli de mercure et qu'on reçoive sur une plaque de verre les petits globules qui s'échappent à travers les pores du sachet, ils adhèrent au verre, et cette adhérence est de même nature que celle dont nous venons de parler.

Si on fait cette dernière expérience avec une feuille de carton, et qu'on présente ensuite aux globules qui sont sur ce carton un tube de verre, les globules se détachent du carton pour s'attacher au verre, de sorte que, comme d'ailleurs cela a lieu pour la plupart des phénomènes, il y a une différence dans l'intensité de cette force qui produit l'adhérence entre les corps.

Lorsqu'on met une goutte d'huile sur de l'eau, cette goutte ne conserve pas sa forme, elle s'étend sur toute la surface ; mais il n'y a pas de combinaison chimique, c'est-à-dire, que l'huile ne se confond pas intimement avec l'eau, ni l'eau avec l'huile. C'est là un phénomène capillaire.

En général, lorsqu'on prend deux corps hétérogènes ou de même nature, et qu'on les rapproche, ces deux corps peuvent adhérer ; ce phénomène d'adhésion est encore un phénomène capillaire.

Enfin lorsqu'on prend des tubes cylindriques, et qu'on les plonge dans l'eau, après en avoir préalablement mouillé l'intérieur, on voit l'eau s'élever à une hauteur plus ou moins grande, variable avec le diamètre du tube. Cette élévation de l'eau dans les tubes est, à proprement parler, ce qu'on a appelé dans l'origine un phénomène capillaire, et on donnait à ce phénomène l'épithète de capillaire, parce qu'il se manifestait d'une manière plus frappante dans des tubes dont la finesse se rapprochait de celle d'un cheveu. Mais ce phénomène n'est pas borné à des cylindres qui seraient d'un très petit diamètre ; il s'étend aux surfaces d'un corps quelconque. Ainsi, quand on plonge une lame de verre dans de l'eau et qu'on observe ce qui se passe, ou même quand on observe ce qui se passe dans un vase en verre qui renferme ce liquide, on remarque que la surface plane vers le centre, s'élève ensuite à mesure qu'on se rapproche des parois. Cette élévation de l'eau au-dessus de son niveau vers les parois du vase qui la renferme est due à un phénomène capillaire ou à cette attraction qui produit de simples phénomènes d'adhérence, sans qu'il y ait changement de propriétés, changement de nature. Cette ascension de l'eau ne peut se concevoir que comme le résultat d'une action ou attraction entre le verre et l'eau ; de sorte que le verre attire d'abord les couches qui sont immédiatement en contact et détermine l'ascension d'un certain nombre de molécules. Mais au-delà de ces molécules, nous avons d'autres couches ; et, comme l'affinité chimique dont nous avons parlé et dont nous avons énoncé la loi ne s'exerce qu'à des distances très petites, il en résulte que des couches qui ne sont pas immédiatement en contact avec le verre ne peuvent être soulevées par l'action du verre. Mais si nous divisons la masse liquide en une série de couches minces, la première sera élevée par le verre, la seconde par celle qui est adhérente au verre, la troisième par la seconde, ainsi de suite ; de manière que le phénomène a lieu alors entre les molécules du liquide lui-même. En général, nous définissons les phénomènes capillaires des phénomènes d'adhésion, d'affinité réciproque entre les molécules des corps, modifiés par la forme des surfaces qui sont en contact.

Les principaux phénomènes capillaires sont l'élévation et l'abaissement des liquides au-dessus ou au-dessous de leur niveau. Nous allons exposer comment on parvient à mesurer exactement cette élévation ou cet abaissement. Étant donné un tube que nous supposerons d'un diamètre assez étroit, car, sans cela, le phénomène dont nous parlons se bornerait à l'élévation, sur la paroi intérieure du tube, d'une quantité de liquide qui ne serait pas plus sensible que celle qui s'élève sur les parois des vases ; pour que le phénomène soit bien marqué, il ne faut pas que le tube ait plus d'un ou deux millimètres de diamètre intérieur ; étant, dis-je, donné un tube, on le plonge dans un liquide que l'on colore, pour qu'on puisse mieux apercevoir le phénomène ; on remarque que le liquide s'élève dans ce tube au-dessus de son niveau. Plus le diamètre du tube est petit, plus l'élévation du liquide est grande. On a même découvert à cet égard une loi qu'on peut vérifier facilement par l'expérience, et que la théorie est parvenue à démontrer, savoir, que l'élévation d'un liquide dans des tubes de même nature, comme le verre, est en raison inverse des diamètres, c'est-à-dire que si l'eau, dans un tube d'un millimètre de diamètre intérieur, s'élevait à la hauteur de 30 millimètres, ce qui est vrai, dans un tube qui aurait un dixième de millimètre, la hauteur de l'eau serait dix fois plus grande, c'est-à-dire qu'elle serait de 300 millimètres ; si le tube n'avait qu'un centième de millimètre, l'eau s'élèverait à 3,000 millimètres, ou à 3 mètres.

Relativement à la mesure de l'élévation ou de la dépression du liquide dans les tubes, voici comment il faut procéder. Il faut prendre un tube dont le diamètre soit connu ; on le détermine avec une grande précision en le remplissant de mercure, ou dans la totalité de sa longueur, ou entre deux points dont on connaît parfaitement la distance. On pèse ensuite la quantité de mercure, que l'on peut réduire facilement en eau, en multipliant le poids du mercure par 13, 6. Connaissant le poids du mercure, on en déduit le volume ; on a, de plus, la hauteur du tube. De ces deux données il est facile de conclure la base et le rayon du tube. On détermine ainsi le diamètre des tubes d'une manière beaucoup plus précise qu'en prenant le diamètre des bases. Dans ce cas, on serait exposé à commettre de graves erreurs, attendu qu'il n'existe pas de tubes parfaitement cylindriques, tandis que, par la méthode que nous avons indiquée, on obtient la moyenne, en quelque sorte, puisque l'on suppose le tube cylindrique dans toute l'étendue qu'on considère.

Cela posé, et avant d'indiquer comment on peut déterminer avec précision la hauteur du liquide, je dois vous faire remarquer que les phénomènes capillaires, c'est-à-dire l'élévation de l'eau dans les tubes, pourraient ne pas avoir lieu, si l'on n'avait préalablement la précaution de nettoyer le tube en y passant des dissolutions alcalines, ou bien de l'alcool. Si le tube n'était pas propre et qu'il fût un peu gras, au lieu d'y avoir une élévation, il pourrait même arriver qu'il y eût dépression. Lors même que le tube serait propre, si l'on s'en servait pour la première fois, qu'il n'eût pas été humecté, l'ascension qu'on obtiendrait serait peu sensible, et même il pourrait y avoir dépression ; tandis qu'en ayant la précaution de mouiller le tube, ce qui se fait en l'enfonçant dans le liquide et en le retirant ensuite, l'eau se maintiendra constamment à la même hauteur.

Il s'agit maintenant de mesurer cette hauteur. A cet effet, on se sert d'une petite lunette qui peut monter ou descendre le long d'une règle parfaitement divisée. On détermine, au moyen de cette lunette, le point de la règle correspondant à la surface de la petite colonne soulevée et le point correspondant à la surface du liquide dans le grand réservoir. Il y a une attention à avoir pour avoir ce dernier point : comme le liquide s'élève vers les parois du vase, il cache la surface, qu'on ne peut, par conséquent, observer avec exactitude. Pour éviter cette cause d'erreur, on emploie, comme dans le baromètre à niveau constant de Fortin, une pointe mobile qu'on fait descendre jusqu'à ce qu'elle effleure la surface du liquide. La surface faisant miroir, on ne peut commettre une erreur plus grande qu'un vingtième de millimètre, ce qui est une quantité extrêmement faible par rapport à une hauteur totale de 3o millimètres. Lorsqu'on a ainsi déterminé le niveau d'une manière précise, on enlève, au moyen d'une pipette, une certaine quantité du liquide. On dirige alors la lunette vers la pointe qui se trouve maintenant au-dessus de la zone liquide qui cachait le niveau. La différence entre les deux divisions correspondantes à l'extrémité de la pointe, et à la surface du liquide dans le tube, donne la hauteur véritable, c'est-à-dire l'ascension de la colonne liquide dans le tube. On répète l'opération dans une autre portion du tube; on retourne même ce tube; et, en prenant la moyenne de tous les résultats obtenus, on a une hauteur qu'on peut regarder comme la véritable.

C'est ainsi qu'on a trouvé que, pour un tube qui a un millimètre de diamètre, et à la température de 10°, car les résultats varient suivant les températures, le liquide s'élevait à la hauteur de 3o millimètres, et que, dans des tubes dont le diamètre était variable, l'élévation était toujours en raison inverse du diamètre.

Ces phénomènes sont tout-à-fait indépendans de la pression de l'air, car ils ont également lieu dans le vide; c'est une action moléculaire dans laquelle l'air ne joue aucun rôle.

Ces phénomènes sont aussi indépendans de l'épaisseur des tubes dont on se sert. Ainsi, qu'on prenne un tube dont les parois soient très épaisses, ou un tube qu'on ait tiré à la lampe de manière que ses parois n'aient presque plus d'épaisseur, le résultat sera absolument le même. Comme il serait assez difficile de faire l'expérience avec des tubes d'une aussi grande finesse, on peut employer des lames ou de talc, ou de verre; la chose se passe de même qu'en prenant des tubes; et la masse d'eau soulevée par une plaque mince est absolument égale à celle soulevée par une plaque épaisse.

De ce que le phénomène capillaire est indépendant de l'épaisseur des surfaces, nous conclurons que l'action qui produit ce phénomène ne s'étend qu'à des distances infiniment petites. C'est là précisément la loi des phénomènes chimiques. Si l'on prend deux corps qui s'attirent chimiquement, comme

35*

un acide et un alcali, qu'on les suspende à de très longs fils pour leur donner une grande mobilité, quelque petite que soit la distance qui les sépare, tant qu'il n'y aura pas contact entre les deux corps, il n'y aura pas action, et les deux boules ne seront pas poussées l'une vers l'autre.

L'analyse s'est emparée de ce genre de phénomènes, les a soumis au calcul, et est parvenue à déterminer d'avance les plus légères circonstances, les plus légères modifications auxquelles ils pouvaient se prêter.

Cette théorie de la capillarité due à M. Laplace, et qu'on peut regarder comme prouvée aujourd'hui, est entièrement fondée sur la supposition que l'attraction moléculaire ne s'exerce qu'à des distances infiniment petites ou, pour mieux dire, à des distances imperceptibles. Tous les calculs fondés sur cette supposition se trouvent parfaitement vérifiés par le résultat des expériences les plus délicates. Or, puisque la théorie fondée sur cette supposition embrasse tous les phénomènes, il faut que la supposition sur laquelle cette théorie est fondée soit exacte. Réciproquement cette théorie donne un très grand appui à cette loi admise en chimie que les actions ne s'exercent qu'à de très petites distances.

Puisque c'est réellement l'attraction moléculaire qui est cause des phénomènes capillaires, il faut chercher à se rendre raison de cette attraction. Représentons-nous une masse liquide. Bien que les molécules jouissent d'une très grande mobilité, il y a entre ces molécules une adhérence, une attraction réciproque, incomparablement plus grande que la pesanteur à la surface de la terre. C'est ce que démontre évidemment le seul fait de la suspension d'une goutte d'eau à un tube de verre. En effet, si vous regardez comme incontestable que l'attraction moléculaire ne s'étend qu'à des distances infiniment petites, vous reconnaîtrez que l'extrémité de la goutte qui est suspendue, étant trop loin du verre pour en être attirée, est suspendue par l'action moléculaire. En supposant la goutte divisée en deux parties, la partie inférieure se trouve soutenue par l'action moléculaire, contre la pesanteur. Par conséquent cette force moléculaire est prépondérante, et, si vous concevez la goutte divisée en une infinité de couches, vous reconnaîtrez que la pesanteur est infiniment plus petite que l'attraction qui soutient la somme de toutes ces couches, et les tient suspendues au verre.

Dans une masse liquide, les molécules sont attirées réciproquement. Examinons les molécules qui sont dans la partie supérieure, celles qui forment la surface. Ces molécules sont toutes attirées par les molécules inférieures, comme à leur tour elles attirent les molécules inférieures. L'action est réciproque.

Si donc nous concevons une molécule placée en un point quelconque d'une surface liquide, cette molécule est attirée perpendiculairement et obliquement à la surface par toutes les molécules inférieures ; de sorte que la masse des attractions que nous pouvons concevoir tend à faire descendre la molécule en bas. A son tour, cette molécule tend à soulever les molécules inférieures; mais comme elle a une masse très petite, le résultat de l'attraction moléculaire est de faire descendre la molécule. On peut comparer cet effet à celui qui a lieu pour un corps placé à la surface de la terre. Ce corps est attiré par toutes les molécules de la terre, et à son tour il attire ces molécules; mais en raison de sa petite masse, c'est lui qui cède et tombe. De même la molécule en raison de ces attractions tend à descendre; elle ne le fait pas, retenue par les molécules placées immédiatement au-dessous. De cette attraction qui sollicite les molécules placées à la surface à se porter vers le bas, doit résulter nécessairement une pression exercée par les molécules supérieures sur la masse du liquide.

Si maintenant nous concevons une molécule placée au-dessous de la surface, cette molécule se trouvant entre les molécules supérieures et inférieures, est attirée par les unes et par les autres. Imaginons un plan qui soit placé à la même distance au-dessous de la molécule que la surface supérieure l'est au-dessus de cette même molécule. En faisant abstraction de tout ce qui est au-dessous du plan inférieur, tout sera égal de part et d'autre, et la molécule sera également attirée vers le bas et vers le haut; par conséquent elle restera en équilibre.

Dans la réalité ce plan inférieur n'existe pas, et les couches inférieures agissent sur la molécule et tendent à la faire descendre. Ainsi donc, dès que la molécule qu'on considère sera à une certaine profondeur, cette molécule sera attirée par les molécules inférieures. Mais l'action ne s'exerçant qu'à des distances infiniment petites, à une distance sensible au-dessous de la surface, les molécules sont également attirées dans le haut et dans le bas.

D'après cela, si nous considérons une masse liquide, fig. 1, traversée par un canal fictif que nous pouvons concevoir et qui vient s'ouvrir à la surface, l'attraction des molécules de la masse liquide sur les molécules à la surface, produit une pression qui, si rien ne s'opposait à l'effet de cette pression, mettrait les molécules en mouvement ; mais comme tout est égal de part et d'autre, le liquide restera parfaitement en équilibre dans le canal.

Au lieu d'une masse terminée par une surface plane, examinons ce qui aurait lieu si elle était terminée par une surface concave ou convexe. Nous sommes obligés de nous livrer à l'examen de ce qui arriverait dans ces diverses circonstances ; parce que vous allez voir que tous les phénomènes capillaires se réduisent à l'observation des formes de la surface du liquide en contact avec le corps. C'est par la considération de ces surfaces que l'on explique tous les phénomènes qui peuvent se présenter. Il faut par conséquent nous faire une idée nette du phénomène à cet égard.

Supposons que nous ayons dans une masse d'eau, fig. 2, un canal qui se termine d'un côté à la surface du liquide par une surface plane, tandis que de l'autre côté, par une cause quelconque, le liquide, au lieu de se terminer par une surface plane, se termine par une surface convexe ; dans ce cas, il ne pourra plus y avoir équilibre dans les deux branches du canal, et le liquide devra s'abaisser d'une certaine quantité dans le canal, jusqu'à ce que la différence de pression compense précisément l'action du *ménisque* ; c'est par ce nom qu'on désigne la surface convexe de la colonne soulevée.

Si au contraire le liquide, par une cause quelconque, est terminé par une surface concave, fig. 3, il ne peut plus également y avoir équilibre entre la surface plane et la surface concave, qu'autant que le liquide s'élève à une hauteur telle que l'élévation de la colonne d'eau fasse équilibre à l'action du ménisque.

Ainsi nous avons trois cas qui peuvent se représenter dans les phénomènes capillaires. Si la surface reste parfaitement plane, il en résulte une action qui tend à porter toutes les molécules du haut vers le bas. Ensuite, si la surface est convexe, il en résulte une action plus grande que si la surface était plane ; et si la surface est concave, il en résulte une action moindre, précisément d'une quantité égale à ce dont l'action est trop grande dans l'autre cas.

Qu'est-ce qui produit ces surfaces différentes dont nous venons de parler ? Si l'on considère les forces qui agissent dans ces circonstances, on voit qu'il y a l'attraction des molécules du liquide, et ensuite l'attraction du verre ou du corps solide pour le liquide. Ainsi lorsqu'on met une lame de verre dans de l'eau, il y a l'adhérence de l'eau pour elle-même, et l'adhérence de l'eau pour le verre. Il peut se présenter plusieurs cas. Ou l'attraction du verre pour l'eau est égale à la moitié de l'attraction de l'eau pour elle-même ; dans ce cas, il n'y aura ni abaissement, ni élévation ; l'eau restera parfaitement de niveau : ou bien l'attraction du verre pour l'eau est plus grande que la demi-attraction du liquide pour lui-même ; dès lors la surface est concave, et il y a élévation du liquide : ou enfin, l'attraction du verre pour l'eau est plus petite que la moitié de l'attraction de l'eau pour elle-même, et alors la surface du liquide est convexe, et il y a abaissement de ce liquide au-dessous du niveau.

Il s'agit de savoir maintenant quelle sera la forme des courbures. M. Laplace a démontré que l'action d'un corps terminé par une surface courbe sur un canal infiniment étroit, se composait de trois termes : le premier qui est plus grand que les deux autres exprime l'action d'un corps supposé terminé par une surface plane. Le second terme est une fraction qui a pour numérateur une constante dépendant de la nature du corps, c'est-à-dire de l'intensité de la force, et pour dénominateur le plus petit rayon de courbure. Le troisième terme est une autre fraction qui a son numérateur égal au numérateur du second terme, et qui, au lieu d'avoir pour dénominateur le plus petit rayon de courbure, a, au contraire, le plus grand : ce sont les second et troisième termes seuls qui produisent les phénomènes capillaires.

Si nous prenons des tubes cylindriques, comme cas le plus simple, nous remarquerons que puisque l'action qui a lieu ne s'étend qu'à une distance infiniment petite, il est évident que dans un canal très large ou très étroit, la surface du liquide ira rencontrer les parois du tube sous le même angle. La courbure ne dépend uniquement que du rapport des forces d'attraction du verre pour l'eau, et de l'eau pour elle-même.

Si l'on prend deux plans séparés par des fils métalliques d'un diamètre connu, et qu'on les plonge dans un liquide, on trouve que le liquide ne s'élève qu'à la moitié de la hauteur à laquelle il s'élèverait dans un tube qui aurait pour diamètre la distance entre les deux points.

Si l'on prend deux tubes concentriques, en faisant monter le liquide dans l'espace qui les sépare, l'élévation aura lieu comme entre deux plans ; de sorte que le liquide s'élèvera à une hauteur moitié de celle à laquelle il s'élèverait dans un tube qui aurait pour diamètre la distance entre les deux tubes.

Si l'on prenait deux plans qui se réunissent en formant un

angle, le liquide ne s'élèverait pas partout à la même hauteur; ce serait en effet le même cas que si l'on avait une série de tubes dont le diamètre irait croissant; or nous avons vu que l'élévation est en raison inverse des diamètres. Si on exécute en effet l'expérience avec deux plans disposés comme dans la fig. 4 , le liquide en s'élevant entre ces deux plans, formera une courbe qui sera une véritable parabole.

Depuis long-temps on avait fait des expériences d'un très grand intérêt, qui paraissaient ne pas s'accorder aveo ce que l'on savait alors sur les phénomènes capillaires, mais qui se trouvent parfaitement expliquées par la théorie dont je viens de parler. Voici en quoi consiste l'une de ces expériences : Supposez un tube large et un tube étroit communiquant l'un avec l'autre; si l'on verse du liquide dans le premier tube, ce liquide s'élève dans le tube étroit à une hauteur moindre que dans le large tube. Cette hauteur dépend du diamètre des tubes, suivant la loi que nous avons indiquée. Si l'on continue à verser du liquide, la différence de hauteur du liquide dans les deux tubes disparaît, et il finit par être de niveau lorsque le petit tube se trouve rempli. Cela paraît d'abord offrir une contradiction, mais si l'on remarque ce qui s'est passé, on verra que la surface de la petite colonne qui était concave, est devenue plane. Or nous avons vu que quand un canal est terminé à la surface du liquide par deux surfaces planes, il y a équilibre, et les deux surfaces sont de niveau. Enfin si l'on continue à verser du liquide, il s'élève dans le large tube, au-dessus du niveau du petit tube, précisément d'une quantité égale à celle qui existait primitivement. Si on examine ce qui s'est passé dans cette dernière circonstance, on verra que la surface du liquide dans le petit tube n'est pas restée plane, qu'elle est devenue convexe.

Ces résultats, extrêmement curieux, font voir clairement que le phénomène s'explique uniquement par la considération de la nature de la surface.

D'après cela, si l'on prend un syphon formé par une branche large et terminé par un tube capillaire, fig. 5, en plongeant la large branche du syphon dans un vase rempli d'eau, de manière qu'il y eût une différence de niveau assez grande, on pourrait croire qu'il y aurait, dans ce cas, écoulement du liquide. Il sera très possible que l'écoulement n'ait pas lieu; il suffira, pour cela, que le liquide renfermé dans la petite branche du syphon soit terminé par une surface convexe. Par conséquent, si, dans le syphon, la différence de niveau ne surpasse pas le double de l'élévation du liquide dans le tube étroit, il n'y aura pas écoulement.

On explique encore par là ce phénomène qui consiste en ce que, si l'on renferme dans un tube conique, fig. 6, un peu de liquide terminé par deux surfaces concaves, ce liquide monte contre l'action de la pesanteur. Cela vient de ce que l'action du ménisque qui a le petit diamètre exerce une plus grande action que le ménisque qui a un diamètre plus grand. On peut, en inclinant le tube, trouver une position d'équilibre, parce qu'on parvient à compenser par la pesanteur l'action du ménisque.

Le mercure, au lieu de s'élever dans les tubes, se déprime, en suivant toujours la même loi, c'est-à-dire que, plus les diamètres seront petits, plus les dépressions seront grandes. On peut également avec le mercure faire l'expérience que nous avons faite pour l'eau, en nous servant de deux tubes, l'un large, l'autre étroit, communiquant ensemble, et faire en sorte que le mercure, au lieu d'être déprimé dans le petit tube, s'élève au contraire au-dessus du niveau du large tube. Il suffit, pour cela, d'incliner l'appareil de manière que le mercure s'élève d'une certaine quantité dans le petit tube, et ensuite de le faire descendre tout doucement. C'est cet effet qui se produit dans le baromètre, et qui oblige à le frapper un peu toutes les fois qu'on veut le consulter.

Les phénomènes capillaires ne se bornent pas à ceux que nous avons considérés. Si l'on prend deux plaques de verre ou d'une substance quelconque, et qu'on les plonge dans l'eau, l'eau s'élèvera suivant la loi que nous avons citée. Dans ce cas, il y aura entre les deux plaques une attraction en vertu de laquelle elles tendent à se rapprocher, attraction qui croîtra en raison inverse du carré de la distance entre les deux plans. C'est en effet ce qui arrive lorsqu'on prend deux plaques de verre bien polies, qu'on mouille légèrement, et qu'on applique l'une contre l'autre. Elles adhèrent avec une force extrêmement grande, et il est difficile de les séparer. pourvu qu'on les tire également, et qu'on ne soulève pas l'une en laissant l'autre.

Dans le cas où il y a dépression dans les tubes, comme cela a lieu pour le mercure, il y a également attraction.

Ainsi, soit qu'il y ait ascension, soit qu'il y ait dépression, les deux plans tendront à se rapprocher. De même, s'il s'agit de tubes, les parois de ces tubes tendront aussi à se rapprocher.

Si l'un des plans est mouillé tandis que l'autre ne l'est pas, c'est-à-dire s'il y a ascension d'un côté et dépression de l'autre, dans ce cas, au lieu d'y avoir attraction entre les deux plans, il y aura répulsion.

Cela nous conduit à expliquer ce qui arrive lorsqu'on met sur l'eau des corps dont les uns sont mouillés, et dont les autres ne le sont pas. Si, par exemple, on place sur l'eau deux boules de liége qu'on a préalablement mouillées, ces deux boules, placées à une distance qui ne soit pas trop grande, tendent à se rapprocher, et finissent en effet par se réunir et ne plus se séparer. De même, lorsque ces corps ne se trouvent pas trop éloignés du bord du vase, ils s'en rapprochent et finissent par toucher les parois qu'ils ne quittent plus. C'est un phénomène que vous pouvez avoir remarqué à l'égard des grosses bulles qui se forment sur l'eau. Ces bulles finissent presque toujours par se réunir sur les bords.

Si nous prenons des corps gras qui ne soient pas mouillés, c'est le cas du mercure; dans ce second cas, il y a encore attraction. Mais si l'on prend deux corps dont l'un soit susceptible d'être mouillé, c'est-à-dire que l'eau s'élève autour de ce corps, et dont l'autre ne se mouille pas, c'est-à-dire qu'il y ait dépression au-dessous de ce corps, dans ce cas, ces corps rapprochés l'un de l'autre vont se fuir.

Ces attractions et ces répulsions, qui ont lieu sur l'eau, s'expliquent par les mêmes principes que les attractions et les répulsions qui ont lieu entre deux plaques.

IMPRIMERIE DE E. DUVERGER,
RUE DE VERNEUIL, N° 4

COURS DE PHYSIQUE.

LEÇON TRENTE-SIXIÈME.

(Mardi, 18 Mars 1828.)

SUITE DES PHÉNOMÈNES CAPILLAIRES.

Nous avons défini les phénomènes capillaires des phénomènes d'adhésion modifiés par la forme des surfaces en contact. Vous avez vu que dans tous les phénomènes capillaires,
et particulièrement dans ceux où un liquide s'élève ou s'a-
baisse au-dessous de son niveau, ou reste stationnaire, la
surface devient, dans le premier cas, concave, dans le second cas, convexe; et enfin, dans le troisième cas, le liquide conserve sa surface plane.

Vous avez vu ensuite que la forme de la surface qui termine le liquide dépend des forces attractives qui déterminent
ce genre de phénomènes. Vous avez vu que, lorsque l'attraction du corps solide sur le liquide est égale à la moitié
de l'attraction réciproque des molécules entre elles, le liquide
conserve son niveau; que, lorsque l'attraction du solide
pour le liquide est plus grande que la moitié de l'attraction
réciproque des molécules du liquide, il y a élévation; et
qu'enfin, lorsque l'attraction du solide pour le liquide est
plus petite que la moitié de l'attraction des molécules liquides
entre elles, il y a dépression.

Nous sommes entrés dans le développement de ces divers
principes, et nous avons examiné quelques-uns des principaux phénomènes capillaires.

Il nous reste encore à examiner quelques-uns de ces phénomènes.

Nous avons exposé dans le temps le principe d'Archimède,
et nous avons dit que lorsqu'un corps est plongé entièrement
dans un liquide, il y perd une portion de son poids égale au
poids du volume liquide qu'il déplace. Ce principe énoncé

ainsi, toutes les fois que le corps est complètement immergé, ne souffre pas d'exceptions. Nous avons dit aussi que lorsque le corps n'était pas complètement immergé, le poids de la portion du liquide déplacé par le corps était égal au poids total du corps. Les phénomènes capillaires nous obligent de modifier cet énoncé. Car si l'on suppose un corps mouillé par un liquide, par exemple une boule de liége, dans ce cas, il y a élévation du liquide qui forme autour de la boule une espèce d'anneau, fig. 1. Le poids de cette zone liquide ainsi soulevée s'ajoute au poids propre du corps auquel elle est suspendue et adhérente par l'attraction exercée par ce corps. Il en résulte évidemment que le corps doit alors s'enfoncer davantage, et déplacer par conséquent un poids de liquide plus grand que son propre poids.

Ce n'est que lorsqu'il n'y a ni élévation, ni dépression autour du corps, fig. 2, que le poids du liquide déplacé est rigoureusement égal au poids total du corps.

Si le corps n'est pas mouillé, si, par exemple, on met sur un liquide une boule de liége qui aura été vernie, dans ce cas le liquide se déprime tout autour, fig. 3, et au lieu d'y avoir augmentation de poids, il y a diminution. En effet, comme il y a un vide tout autour du corps, il faut nécessairement que le poids du liquide qui manque soit compensé par la légèreté spécifique du corps. Par conséquent, le corps doit sortir de l'eau d'une quantité précisément égale au poids du volume d'eau qui remplirait le vide autour de la boule.

Ce résultat nous conduit à concevoir comment il se fait que des corps qui ont une densité sept à huit fois plus grande que l'eau, peuvent cependant rester suspendus sur ce liquide. C'est ainsi qu'on peut placer sur l'eau, sans qu'elle s'y enfonce, une aiguille d'acier, d'argent, d'or même, substance qui est extrêmement pesante. La suspension de cette aiguille s'explique précisément par les principes dont nous venons de parler. Dans le cas où l'on place ainsi sur l'eau une aiguille de métal, si l'on observe ce qui se passe, on remarque une dépression autour de cette aiguille, comme il y en a une autour d'une balle de liége vernie. Comment se fait-il que l'eau se courbe ainsi autour de l'aiguille? C'est que l'aiguille n'est pas mouillée, soit parce qu'elle est recouverte d'un corps gras, soit parce qu'il y a une couche d'air adhérente qui empêche le contact. Dans ce cas, l'aiguille devient plus légère de tout le poids de l'eau qui serait contenue dans le vide qui se trouve de chaque côté.

Cette expérience est facile à faire; il ne s'agit que de poser l'aiguille très doucement ; car la plus légère secousse suffit pour la faire sombrer.

Ce phénomène nous explique les irrégularités que présentent quelquefois les aréomètres. Vous savez que les aréomètres sont des instrumens destinés en général à donner les densités des liquides dans lesquels on les plonge. On pourrait commettre des erreurs très graves avec les aréomètres, si l'on n'était prévenu d'une cause d'erreur qui tient à un phénomène capillaire.

Lorsqu'on gradue un instrument qui doit donner les quantités d'alcool contenues dans un liquide, on a soin que le tube de l'aréomètre soit très propre, et que le liquide le mouille très bien. Dans ce cas il se forme un petit anneau, fig. 4, et l'endroit où la courbe s'arrête est déterminé par un petit point brillant. Ce sera, par exemple la 50e division. Maintenant il peut arriver qu'en plongeant l'instrument, une fois gradué, dans le même liquide, le liquide au lieu de s'élever autour du tube, reste de niveau, ou même qu'il se déprime. Dans ces deux cas, quoique le liquide soit absolument le même, il y aura une différence dans les indications de l'instrument, et la 50e division, au lieu de se trouver au niveau du liquide, se trouverait au-dessus. Cet inconvénient a rarement lieu avec l'alcool, parce que ce liquide mouille en général très bien.

Il n'en est pas de même de l'eau ; aussi est-il assez difficile de prendre le point zéro pour les aréomètres dans l'eau pure, car dans ce cas, on peut avoir des variations qui iront à un degré de Beaumé et même au-delà, et cela parce que le liquide ne mouillera pas parfaitement ; de sorte que tantôt on aura le niveau, tantôt élévation, et tantôt dépression.

Il faut bien prendre garde à cette cause d'erreur, et avoir l'attention de bien essuyer les tubes, et même de les laver avec de l'esprit de vin ou de l'alcali.

Puisque le mercure se déprime dans les tubes de verre, et d'autant plus que ces tubes sont plus étroits, vous concevez que les tubes barométriques qui auront des diamètres différens n'indiqueront pas rigoureusement la même hauteur. Par conséquent on conclurait des pressions différentes pour la même colonne d'air ; ce qui serait absurde. Lorsque les tubes ont un diamètre de 2 millimètres, la dépression va à plus de 8 millimètres. On ne fait pas des baromètres avec des tubes aussi étroits ; mais on peut en faire avec des tubes ayant 4, 5, 6 millimètres de diamètre ; et dans ces divers cas, il y aurait des différences très grandes dans les indications de ces instrumens. On a construit des tables d'après lesquelles on peut corriger les hauteurs apparentes, et avoir les hauteurs réelles. Dans un tube de 4 millimètres, la dépression est de 2 millimètres, 04, dans un tube de 10 millimètres, la dépression est de 0^{millim.} 42. Il faut aller jusqu'à 20 millimètres pour qu'il ne soit plus nécessaire de faire des corrections; car alors la dépression n'est plus que de trois centièmes de millimètres, quantité qu'on peut négliger.

Ainsi vous voyez la nécessité de tenir compte des effets capillaires dans les opérations barométriques, lorsqu'elles doivent avoir une grande exactitude.

Dans le baromètre à syphon que nous supposerons formé par un tube parfaitement cylindrique, des phénomènes semblables ont lieu; mais comme ils se produisent dans la petite comme dans la grande branche, les corrections deviennent inutiles, car si dans le haut le mercure se tient trop bas, cette dépression se trouve compensée par celle qui a également lieu dans la petite branche. C'est là ce qui rend les baromètres à syphon préférables aux baromètres à cuvette.

Il y a beaucoup de phénomènes dans la nature qui ne sont que des phénomènes capillaires. Ainsi il y a dans l'économie animale, et dans la physiologie végétale, des effets qui dépendent de la capillarité; mais on doit mettre beaucoup de réserve dans les explications qu'on donne de ces effets.

Si une masse terreuse est humide par le bas, peu à peu l'eau doit s'élever à des hauteurs qui seront pour ainsi dire indéfinies, en raison de la distance qui existera entre les molécules. Pour nous convaincre de cet effet, il suffit de prendre un tube de verre rempli de cendre et de le plonger dans l'eau par une de ses extrémités; on verra l'eau monter à des hauteurs considérables par affinité capillaire.

De même lorsque la terre se trouve, après de longues pluies, imprégnée d'humidité, et qu'il vient un temps sec qui dessèche la surface du sol, on voit peu à peu l'eau qui avait pénétré à de grandes profondeurs, monter successivement pour remplacer celle qui a disparu; jusqu'à ce qu'enfin il ne reste, pour ainsi dire, que ce qui est nécessaire pour humecter la terre sans remplir les vides qui se trouvent entre les molécules; car dans ce cas l'effet capillaire disparaît.

Dans un tube d'un millimètre de diamètre, l'eau s'élève à 30 millim., à la température de 10°; d'après la loi que nous avons citée, elle s'élèverait à 300 millim. dans un tube dix fois plus petit; elle s'élèverait à 3,000 millim. ou 3 mètres dans un tube cent fois plus petit; or un centième de millimètre est une distance qu'on peut appeler sensible, et il y a réellement dans la nature des canaux, des fibres creuses, dont le diamètre est encore plus petit. Si l'on conçoit une série de ces petits tubes communiquant par le bas avec une masse liquide, ils seront terminés par une petite surface convexe. Si les tubes ont le contact de l'air, l'évaporation aura lieu ; il y aura par conséquent perte continuelle d'un côté, et de l'autre renouvellement continuel.

C'est ainsi que dans les mèches formées par des filamens qui laissent entre eux des espaces capillaires, l'eau peut s'élever à des hauteurs considérables.

La température a une grande influence sur l'élévation des liquides dans les tubes. Ainsi de l'eau qui est à 2° au-dessus de zéro, dans un tube qui aurait 1,$^{millim.}$3, donnerait une élévation de 23,$^{millim.}$5. Si la température vient à 19°, l'élévation est seulement de 22,$^{millim.}$8. En général, plus le liquide est froid et plus l'élévation est grande, et en comparant, au moins pour l'eau, la densité à cette élévation, on voit que la hauteur est sensiblement proportionnelle à la densité.

La hauteur est, comme on le conçoit, différente pour chaque liquide. Ainsi, à la température de 10°, dans un tube de 1,$^{millim.}$29, où l'eau s'élève à 23,$^{millim.}$16, l'alcool dont la densité est exprimée par 819 millièmes, ne s'élève qu'à 8,$^{millim.}$19 ; l'essence de térébenthine s'élève à 8,$^{millim.}$9 ; le mercure s'abaisse de 8,$^{millim.}$2. Lorsqu'on ajoute du sel à l'eau, son élévation diminue.

Il est assez remarquable que parmi tous les liquides c'est l'eau dont l'élévation est la plus grande. Par conséquent, toutes les fois qu'on ajoute à l'eau quelque autre substance, l'élévation est moindre. C'est ce que l'on voit particulièrement pour l'alcool et pour l'essence.

Il faut remarquer ensuite que la nature du corps solide ne fait rien relativement à l'élévation ou à la dépression du liquide, lorsque ce corps est parfaitement mouillé par le liquide. En effet, qu'est-ce qui arrive lorsqu'un corps est mouillé par un liquide ? Une couche du liquide devient adhérente au solide, et ensuite, en raison du décroissement si rapide des attractions capillaires, qui sont des attractions chimiques, les couches suivantes de liquide ne sont plus soulevées par le corps solide, elles sont soulevées par le liquide lui-même. Ainsi, prenez des tubes faits avec du verre, du plomb, de l'or, du bois, en un mot avec une substance quelconque ; pourvu que les tubes soient mouillés par l'eau, l'eau s'élèvera à la même hauteur dans tous.

L'eau une fois qu'elle est appliquée sur un corps y adhère avec une force extrême : ainsi, je prends un tissu assez lâche, par exemple une toile de tamis, je la plonge dans de l'eau, et lorsque je la retire je vois que chaque maille se trouve remplie par une gouttelette d'eau. Cette eau est tellement retenue par son adhérence à la matière propre du tamis, et par son adhésion pour elle-même, qu'en plaçant le tamis sur un bain d'eau et même en l'enfonçant à une certaine profondeur, ce qui a pour effet de comprimer l'air renfermé sous le tamis, cet air ne s'échappera pas.

On a tiré parti, pour les voiles des navires, de cette adhérence de l'eau pour les corps. Vous savez que ces voiles se font en toile très serrée ; car si elles étaient formées d'un tissu lâche, les filets d'air trouvant un passage à travers les mailles de la toile, ne produiraient aucun effet. Mais quelque serré que soit le tissu des voiles, lorsqu'elles sont parfaitement sèches, elles laissent toujours quelques trous par où l'air peut passer. Il suffit alors de les arroser pour qu'elles forment un tissu compacte que l'air ne peut traverser en aucune façon.

En chimie il y a une foule de phénomènes qui sont dus à des actions capillaires. Nous citerons particulièrement ceux qui sont connus sous le nom de *efflorescence*, de *grimpement*. Le mot *effloreseence* est peut-être impropre, mais il est consacré. Le mot de *efflorescence* exprime la propriété qu'ont certains corps d'abandonner de l'eau et de tomber en poussière ; comme le sulfate de soude, le phosphate de soude qui, formant des cristaux très transparens, tombent en poussière, après avoir été quelque temps exposés à un air sec.

Voici un autre cas où l'on se sert du mot de *efflorescence*. Lorsqu'on prend une dissolution saline, qu'on la laisse s'évaporer à l'air, on remarque que la dissolution saline s'élève par action capillaire ; à mesure qu'elle s'élève, l'eau s'évapore et laisse la matière saline. Le sel qui se forme sert d'appui à une nouvelle quantité de liquide qui s'évapore à son tour, et abandonne une nouvelle quantité de sel. Quelquefois il se forme un vide, une espèce de canal, entre les parois du vase et les parois de la matière saline ; de manière que la partie de sel soulevée forme une espèce de végétation. C'est encore là un phénomène capillaire. On peut arrêter cette efflorescence, ce grimpement, en couvrant les parois du vase d'une matière qui ne se laisse pas mouiller, comme, par exemple, un corps gras.

Quand on recueille des gaz, bien que les gaz soient produits constamment avec la même vitesse dans l'appareil, on remarque que leur écoulement n'est pas continu; il a lieu par bulles intermittentes. C'est encore là un effet de l'action capillaire.

Enfin il y a une foule d'autres phénomènes qui dépendent de la capillarité, que le temps ne nous permet pas d'examiner. Mais on peut toujours, au moyen des principes que nous avons exposés, s'en rendre parfaitement raison.

ÉLASTICITÉ, COMPRESSIBILITÉ, DILATABILITÉ.

Nous allons maintenant jeter un coup d'œil rapide sur quelques phénomènes assez intéressans qui se rapportent à la *compressibilité*, à *l'élasticité* des corps.

Vous vous rappelez que les forces attractives et répulsives auxquelles sont soumises les molécules des corps produisent les phénomènes chimiques, produisent aussi les phénomènes capillaires. Ces mêmes forces produisent encore d'autres phénomènes, d'après leur rapport, leur état d'équilibre. Ainsi un même corps peut être ou solide, ou liquide, ou fluide élastique, suivant le rapport des forces attractives aux forces répulsives. C'est une chose assez obscure que cet équilibre des forces attractives et répulsives, qu'on doit admettre, puisque leur existence est démontrée par l'expérience. Ainsi les molécules des corps, comme dans les solides principalement, s'attirent d'un côté et se repoussent de l'autre; de sorte que l'attraction et la répulsion sont simultanées, existent en même temps dans les corps; ce qui semble un paradoxe et ce qui est pourtant exact. Pour le prouver, il suffit de citer pour exemple la glace dont les molécules sont fixées, retenues par des forces attractives; cela est incontestable. Cependant la glace s'évapore, et on ne peut pas dire que ce soit par affinité pour l'air; nous avons démontré que le phénomène de l'évaporation était indépendant de l'action de l'air, puisqu'il avait lieu dans le vide comme dans un espace occupé par de l'air. Cette évaporation, puisque les molécules adhèrent très fortement ensemble, ne pourrait se concevoir, si ces molécules n'étaient soumises en même temps à des forces répulsives.

Dans les solides, les forces attractives l'emportent de beaucoup sur les forces répulsives, et c'est là ce qui constitue proprement l'état solide.

Dans les liquides, il y a aussi évidemment des forces attractives; j'ai cité comme preuve de l'existence de ces forces, la suspension d'une goutte d'eau, qui ne peut rester ainsi suspendue que par suite de l'attraction entre ses molécules. Cette attraction dans les liquides est beaucoup plus faible que dans les solides. On peut regarder l'état liquide comme étant déterminé par l'état d'équilibre des forces attractives et répulsives.

Enfin, nous concevons que dans l'état de fluide élastique, ce sont au contraire les forces répulsives qui l'emportent sur les forces attractives. Cependant ces forces attractives sont toujours présentes, en quelque sorte, et aussitôt qu'elles deviennent prépondérantes, les molécules se réunissent et peuvent former des corps solides, comme cela a lieu pour de l'eau qui peut, par un certain abaissement de température, passer à l'état de glace.

Ainsi nous voyons que les trois états des corps dont nous avons parlé dépendent du rapport des forces attractives et répulsives. Dans cet état d'équilibre, les molécules des corps sont à une certaine distance les unes des autres, et on peut, par des moyens mécaniques, par la compression, rapprocher ces molécules, les forcer à occuper un espace plus petit. C'est une propriété qui appartient à tous les corps; tous sont plus ou moins compressibles en raison de leur nature et de leur état particulier.

Si l'on conçoit que les molécules des corps peuvent se rapprocher, on peut concevoir aussi qu'elles peuvent s'écarter. C'est, en effet, ce que nous avons vu pour l'air et les fluides élastiques en général. En les prenant dans des circonstances déterminées, sous la pression ordinaire de l'atmosphère, on peut, en diminuant la pression, écarter les molécules. Il n'y a pas de limite à cet égard.

Il en est de même pour les solides. Si l'on tire un morceau de gomme élastique, elle s'allonge; si ensuite l'action de la force vient à cesser, la gomme revient à son état primitif. Si vous prenez un fil d'une matière rigide, il a une certaine longueur; si vous le tirez par ses deux extrémités, il s'allonge. Cela arrive pour tous les métaux. Vous prenez une lame d'acier et vous la courbez; il est évident, puisqu'il n'y a pas rupture, que les molécules se sont écartées à l'extérieur de la courbure, tandis qu'elles se sont rapprochées dans l'intérieur.

Il en est de même des liquides, on peut aussi les comprimer, et par conséquent l'on peut concevoir que la réciproque a lieu. En effet, lorsqu'un liquide a été fortement comprimé, si l'action de la force comprimante cesse, le liquide revient à son volume primitif.

Ainsi les molécules des corps, dans des circonstances déterminées, pour un état particulier dans lequel on les considère, sont en général susceptibles de pouvoir être rapprochées, comme aussi d'être écartées, ou, en d'autres termes, on peut diminuer la distance des molécules, comme aussi on peut l'augmenter.

Cette propriété qu'ont les corps de pouvoir être comprimés ou de pouvoir être dilatés, et de revenir ensuite à leur état primitif, lorsque les forces perturbatrices viennent à cesser, cette propriété, dis-je, est celle qu'on a désignée par le nom d'*élasticité*. La distinction que j'ai faite est importante; si l'on se bornait à dire que tous les corps peuvent être comprimés, sans exiger qu'ils revinssent à leur premier état, on n'aurait pas l'idée de l'élasticité.

Ainsi donc tous les corps jouissent de l'élasticité, mais cette élasticité ne s'exerce pas dans des limites également étendues pour tous les corps. Si je prends une masse d'air, je puis la forcer à n'occuper que le 500ᵉ de son volume ; et elle revient toujours à ce volume, lorsque la compression cesse. Je puis également dilater cette masse d'air, et elle revient à son état primitif. Les limites dans lesquelles le corps peut être dilaté ou comprimé, sont extrêmement éloignées, pour tous les fluides élastiques.

Pour les liquides, nous ne pouvons assigner d'autres limites à la compression que celles qui sont déterminées par les moyens physiques. Si nous comprimons de plus en plus, les molécules se rapprochent ; la limite est assez étendue, mais l'est beaucoup moins que dans les fluides élastiques.

Pour les corps solides, les limites sont beaucoup plus rapprochées ; nous ne pouvons écarter leurs molécules, et ensuite leur permettre de revenir à leur premier état, que dans des limites très circonscrites. En effet, il n'y a point de masse solide qui ne doive être considérée comme étant un assemblage de petits cristaux placés dans un ordre symétrique. Si l'on n'écarte les molécules que de fort peu de leur position déterminée, elles pourront y revenir ; mais si le déplacement est considérable, elles peuvent sortir de leur sphère d'activité, et ne plus revenir.

Il y a pour les corps solides une très grande différence à cet égard. Une lame d'acier peut être très courbée, et dans le cas de cette courbure, il y a écartement des molécules extérieures, et rapprochement des molécules inférieures ; et cette lame d'acier ainsi courbée peut ensuite revenir parfaitement à sa première position. Par conséquent la limite de l'élasticité sera très éloignée pour l'acier. Pour une lame d'acier moins pur, la limite sera plus rapprochée. Si on prend une lame de verre, elle ne peut être courbée que d'une très petite quantité sans se briser. Si enfin, on prend une lame de plomb et qu'on la courbe, on voit qu'elle ne revient pas à sa position primitive. En conclura-t-on que le plomb n'est point élastique ? Non, car si l'on prend une bande de plomb qu'on la fixe fortement dans un étau, par une de ses extrémités, et qu'on appuie sur l'autre extrémité, de manière à faire fléchir cette bande, si le déplacement des molécules a été peu considérable, la bande revient à sa position primitive. Par conséquent le plomb est élastique comme les autres corps.

Cela posé, nous allons nous proposer d'examiner suivant quelle loi a lieu le rapprochement des molécules d'un corps, lorsqu'on le charge de poids. C'est un résultat intéressant qui nous conduira à donner en deux mots, la théorie d'un instrument d'un grand usage pour l'électricité et pour le magnétisme, instrument connu sous le nom de *balance de torsion*, ou de *balance de Coulomb*.

Le cas le plus simple serait de charger le corps d'un poids. Mais faites attention qu'en prenant un corps dans l'état d'équilibre, s'il faut une certaine force pour rapprocher ses molécules d'une quantité déterminée, il faudra pour les écarter de la même quantité employer une force égale. Ainsi, étant donné un fil de fer supposé parfaitement rigide, concevons-le droit et chargé d'un poids. Le poids va faire diminuer le fil en le comprimant d'une certaine quantité, par exemple d'un millimètre. Au lieu de presser sur le fil, concevons que le poids soit attaché à l'extrémité de ce fil. Dans ce cas, au lieu d'y avoir rapprochement, compression des molécules, il y aura traction, écartement de ces molécules, et la quantité dont le fil sera allongé dans ce second cas, sera absolument égale à celle dont il se serait raccourci dans le premier.

Ainsi pour connaître la mesure de l'élasticité du fil de fer, il s'agit de chercher la quantité dont il s'allonge pour les poids qu'on lui fait supporter. Cette expérience est extrêmement simple. On a un châssis au haut duquel est suspendu un fil métallique, celui qu'on veut éprouver. Dans le bas, le fil est pincé et lié d'une manière intime avec un cylindre de métal portant un index, fig. 5 ; cet index auquel on peut adapter un vernier glisse le long d'une règle divisée en millimètres.

On regarde le point où s'arrête l'index avant qu'on ait mis les poids, et on appelle ce point zéro. On met ensuite un hectogramme, par exemple, et il y a un certain allongement. L'index ne correspond plus à la même division, et il descend je suppose d'un millimètre. Je mets un second hectogramme, et le nouvel allongement qui a lieu est égal au premier, c'est-à-dire, que le fil se trouve allongé de deux millimètres; je mets un troisième hectogramme, et l'allongement est de 3 millimètres. Il ne faut pas croire néanmoins qu'on pourrait aller ainsi indéfiniment; car en continuant à mettre des poids, on finirait par dépasser la limite dans laquelle le corps abandonné à lui-même reviendrait à sa première dimension. Long-temps même avant que le corps soit comme déchiré, son élasticité est détruite ou au moins diminuée d'une manière irrégulière. Pour pouvoir dire que le corps est élastique, il faut qu'en ôtant ces poids, le corps reprenne ses dimensions premières. Nous n'admettons l'élasticité que là où un corps ayant été soumis à certaines forces, revient à son état primitif, lorsque l'action de ses forces vient à cesser. En nous tenant dans cette limite, nous observons cette loi, que les augmentations de longueur sont constantes pour des poids constans, et que pour des augmentations de poids, en progression arithmétique, il y a des allongemens également en progression arithmétique. Ce résultat simple a lieu non-seulement pour les fils métalliques, mais pour tous les corps solides.

Dans ce phénomène, de quoi se compose l'allongement total du fil ? De la somme des écartemens de toutes les molécules. Car les molécules étant elles-mêmes censées ne pouvoir s'allonger, c'est la distance entre ces molécules qui augmente. Pour des poids égaux, la distance entre les molécules croit proportionnellement aux poids ; c'est la traduction de l'effet dont nous venons de parler.

Maintenant que nous avons démontré que les molécules, dans le sens de la longueur, s'écartent de quantités constantes pour des poids constans, voyons si cet écartement des molécules suivra la même loi, lorsqu'au lieu d'écarter les molécules dans le sens de la longueur du fil, nous les écarterons dans toute autre direction. Il en est une qui importe beaucoup, c'est celle en hélice, c'est celle déterminée par la torsion. Ainsi, je fixe un fil par sa partie supérieure, et je le tords par son autre extrémité; dans ce cas, la torsion se fera également sentir dans toute l'étendue du fil. En effet, si la torsion n'était pas la même partout, si elle était plus grande d'un côté que de l'autre, rien n'empêcherait que l'endroit trop tordu ne se détordît, et que celui qui ne le serait pas assez, se tordît davantage.

On peut mesurer la torsion au moyen d'un petit appareil, fig. 6, qui consiste dans un simple fil suspendu à un point fixe par l'une de ses extrémités, et portant à l'autre extrémité une aiguille dont la pointe parcourt les divisions d'un cadran. Ce fil abandonné à lui-même prend une position où il ne tend à aller d'aucun côté. Si on tord le fil, l'aiguille vient s'arrêter sur une des divisions, et lorsqu'ensuite la force qui avait produit la torsion vient à cesser, l'aiguille revient à sa première position. Dans ce cas, l'arc décrit par l'aiguille est la mesure de la torsion, et il faut concevoir que cet arc de cercle est la somme de tous les mouvemens circulaires qui ont lieu dans les diverses molécules ; de même que l'allongement total du fil de fer qui a fait le sujet d'une expérience précédente, était la somme de tous les écartemens entre les molécules.

Pour nous rendre raison du phénomène de la torsion, concevons un fil, fig. 7, que nous supposerons assez gros pour rendre la chose plus sensible ; concevons, dis-je, ce fil divisé en tranches très rapprochées les unes des autres, et qui sont parallèles entre elles et perpendiculaires à la longueur. Considérons les molécules placées sur une même arête du cylindre, par exemple, la ligne $A B$, faisons tourner la première tranche d'un degré ; toutes les tranches inférieures vont être transportées également d'un degré. Faisons ensuite tourner la seconde tranche, et les tranches inférieures se trouveront transportées de la même quantité, ainsi de suite. De sorte qu'ayant ainsi conçu le fil coupé en une série de tranches, on voit dans la fig. 7 que la seconde tranche a dépassé la première d'un degré ; la seconde a dépassé la troisième également d'un degré, ainsi de suite, et nous avons dans l'angle de déviation totale la somme de toutes les déviations partielles des molécules l'une par rapport à l'autre.

Puisque nous avons vu que pour les corps solides, en restant dans les limites où l'élasticité se maintient parfaitement, les déplacemens des molécules sont proportionnels aux poids ou bien aux forces en général, la même loi doit exister ici, et nous pourrons dire que les déplacemens des molécules sont aussi proportionnels aux poids ou aux efforts qu'il faut faire pour opérer ces déplacemens ; efforts que nous désignons par le nom de *forces de torsion*. En effet, les molécules sont déplacées d'une manière proportionnelle aux efforts qu'elles éprouvent, c'est-à-dire aux forces de torsion. L'angle total de torsion n'est autre chose que la somme de tous ces déplacemens ; par conséquent, les angles de torsion sont proportionnels aux forces de torsion. Ainsi une certaine force produisant un angle de torsion de 10°, une force double, produira un angle de 20°, une force triple, un angle de 30°, ainsi de suite.

Quand on a ainsi écarté l'aiguille de sa position, et qu'on a produit une certaine torsion, l'aiguille abandonnée ensuite à elle-même fait des oscillations, des allées et des venues, comme un pendule. Cela se conçoit très bien. L'aiguille en se détordant acquiert une certaine vitesse, et, au moment où l'aiguille est revenue à son point de départ, la vitesse acquise doit produire une torsion égale et en sens contraire de celle qui avait eu lieu. D'après les principes qui ont été exposés en traitant du pendule, il est facile de concevoir que les oscillations, qui ont lieu dans le cas que nous examinons, doivent être isochrones, c'est-à-dire, doivent se faire dans le même temps.

Si l'on prend un fil de même grosseur, mais de longueur différente, alors les forces de torsion, pour les mêmes angles de torsion, sont en raison inverse des longueurs, c'est-à-dire que, si nous prenons un fil double, l'angle de torsion restant le même, les molécules étant deux fois plus nombreuses, il est clair que les écartemens doivent être deux fois moindres.

Lorsque les fils changent de diamètre, lorsqu'ils deviennent plus gros, dans ce cas, la loi varie très rapidement, et les forces de torsion sont proportionnelles à la quatrième puissance des diamètres.

Ces effets simples, dont nous venons de parler, donnent la théorie de la *balance de Coulomb*. Je n'ai qu'un mot à dire sur cette balance, que vous concevrez beaucoup mieux par ses applications à l'électricité.

Cette balance, fig. 8, se compose d'un fil d'argent très fin, fixé par son extrémité supérieure. Ce fil traverse un tube creux et se prolonge dans une cage en verre destinée à garantir des oscillations de l'air. Ce même fil, tendu par un petit poids, porte à sa partie inférieure un levier horizontal. Autour de la cage sont collées des bandes de papier, sur lesquelles on a tracé les degrés du cercle. La cage étant carrée, il faut supposer qu'on ait prolongé les rayons du cercle jusqu'à ce qu'ils soient venus rencontrer les parois de la cage.

On connaît l'angle de torsion par la déviation du levier ou de l'aiguille. Ainsi je suppose que l'aiguille soit à 90°, et que par une cause quelconque, comme une répulsion électrique, elle vienne correspondre à 30°; l'angle de torsion sera, par conséquent, de 60 degrés. Pour pouvoir, quand on veut,

avoir des torsions beaucoup plus grandes, des torsions de
566° et même au-delà, la partie de l'appareil qui soutient le
fil est mobile et porte un index qui tourne autour d'un cadran,
également mobile, sur lequel sont tracées les 360 divisions
du cercle; de manière qu'on connaît de combien de degrés
on fait tourner l'aiguille. Au moyen de ce mécanisme on peut
produire la torsion dans la partie supérieure au lieu de la
produire dans la partie inférieure.

Les liquides jouissent de la même propriété que nous venons d'examiner dans les solides. Nous allons établir en effet
que les liquides sont compressibles, et qu'ensuite ils reviennent exactement à leur état primitif. Nous ne pouvons assigner à cette élasticité des liquides d'autres limites que celles
de la force mécanique nécessaire pour les comprimer, tandis
que dans les solides, lorsqu'on a dépassé une certaine limite,
il se forme un nouvel état d'équilibre, et le corps ne revient
plus à ses dimensions primitives.

Nous ne pouvons déterminer la loi de l'élasticité des liquides, qu'après avoir déterminé suivant quelle loi ils se
compriment. C'est, par conséquent, de la compression dont
nous allons d'abord nous occuper.

Il y a déjà fort long-temps que les académiciens de Florence
ont cherché à s'assurer si les liquides étaient compressibles.
Dans l'année 1657, ils enfermèrent de l'eau dans une boule
d'argent qu'ils fermèrent exactement, et qu'ils soumirent ensuite à une forte pression. La boule se déforma, devint tout-
à-fait irrégulière, et ils aperçurent en même temps des gouttelettes d'eau. Les académiciens de Florence conclurent de là
que l'eau résistait à la compression.

D'autres essais furent faits plus tard, mais également sans
succès. Les premières expériences qui ont conduit à des données précises sur ce sujet sont dues à Kanton. Son expérience
consiste à prendre une boule, fig. 9, terminée par un tube
étroit, divisé en parties connues relativement à la capacité
totale; à placer cette boule sous le récipient de la machine
pneumatique, et à faire le vide ou à laisser entrer l'air après
qu'on a fait le vide. Dans le premier cas on voit le liquide s'élever,
et dans le second on le voit baisser, de manière que l'abaissement est précisément égal à l'élévation.

L'expérience se fait encore au moyen de tubes, fig. 10,
qu'on a remplis de liquide, à l'exception d'un espace dans
lequel on a fait le vide, et qu'on a fermés ensuite à la lampe.
En cassant l'extrémité de ces tubes, ce qui permet à l'air de
rentrer, on voit le liquide baisser aussitôt; ce qui prouve évidemment que le liquide est compressible.

Les académiciens de Florence avaient employé un appareil fort ingénieux, et on ne peut concevoir qu'ils n'aient pas aperçu la compression, qu'en supposant qu'ils ont fait l'expérience dans des circonstances qui n'étaient pas bien déterminées.

Leur appareil consistait dans deux boules, fig. 11, communiquant par un tube. Les boules étaient remplies de liquides, et il y avait de l'air entre les deux liquides. Je suppose qu'on veuille savoir si le liquide est compressible ; on le maintient à une température constante, dans l'une des boules, tandis que dans l'autre on le chauffe, de manière qu'il se produise une vapeur qui, s'élançant dans le tube, comprime l'air et par suite le liquide de l'autre boule. Dans ce cas, il doit y avoir une diminution de volume très sensible.

Kanton a trouvé ce résultat remarquable, que l'eau de pluie se contracte, pour une atmosphère, de 46 millionièmes de son volume ; l'eau de mer de 40 millionièmes, l'huile d'olive de 48, et enfin le mercure de 3. Ces résultats qu'on trouve dans les volumes 52 et 54 de la Société royale de Londres, ont été très peu modifiés, particulièrement pour l'eau , par les expériences nombreuses faites par d'autres physiciens.

Œrstedt a imaginé un appareil très simple pour mesurer la compression des liquides. Cet appareil, fig. 12, consiste dans une espèce de thermomètre *a*, qu'on remplit du liquide qu'on veut soumettre à la compression. On met ensuite pardessus ce liquide un petit index de mercure, afin d'isoler le liquide intérieur de celui qui doit l'envelopper. Pour connaître la pression qu'on exerce sur le liquide, on adapte à l'appareil un tube *b*, divisé en parties égales. Le tout se place sous un large tube en cristal, qui doit être très solide. Dans la partie supérieure de ce tube, il y a un piston qui est en contact avec l'eau dont ce large tube est rempli. Ce piston s'avance au moyen d'une vis dont les pas sont très rapprochés, ce qui permet d'exercer une pression considérable, en n'employant qu'un effort assez faible.

A mesure qu'on enfonce le piston, on voit l'index s'enfoncer dans le tube où est renfermé le liquide soumis à l'expérience, et comme ce tube est divisé en parties connues relativement à la capacité totale , on a le rapport de la diminution de volume au volume total.

D'une autre part, on connaît par la diminution du volume de l'air renfermé dans le tube *b*, quelle est la pression que l'on a exercée. C'est par une expérience semblable qu'Œrstedt a constaté que la compression des liquides était sensiblement proportionnelle au nombre d'atmosphères. Il est allé jusqu'à 72 atmosphères, et il a trouvé que la loi se maintenait.

Ce résultat a été confirmé récemment par les expériences de Coladon.

On a soumis divers liquides à l'expérience, et on a trouvé des résultats différens pour chaque liquide. Ainsi l'alcool se contracte de 45 millionièmes de son volume; Kanton avait trouvé 46. L'éther sulfurique se comprime trois fois plus que l'alcool, et il est deux fois aussi compressible que le sulfure de carbone. Le mercure ne se contracte que d'un millionième; Coladon a trouvé une contraction plus grande; il a trouvé le nombre cinq.

Le verre étant aussi susceptible de se comprimer, il a été nécessaire de faire une correction. Enfin de nombreuses expériences rendent incontestable que les divers liquides sont susceptibles de compression.

Dans ces diverses expériences, la chaleur dégagée n'est pas sensible, à moins qu'on ne fasse subir aux liquides une compression très subite.

IMPRIMERIE DE E. DUVERGER,
RUE DE VERNEUIL, N° 4.

TABLE

DES MATIÈRES CONTENUES DANS LA PREMIÈRE PARTIE.

FIN DE LA TABLE DE LA PREMIÈRE PARTIE.

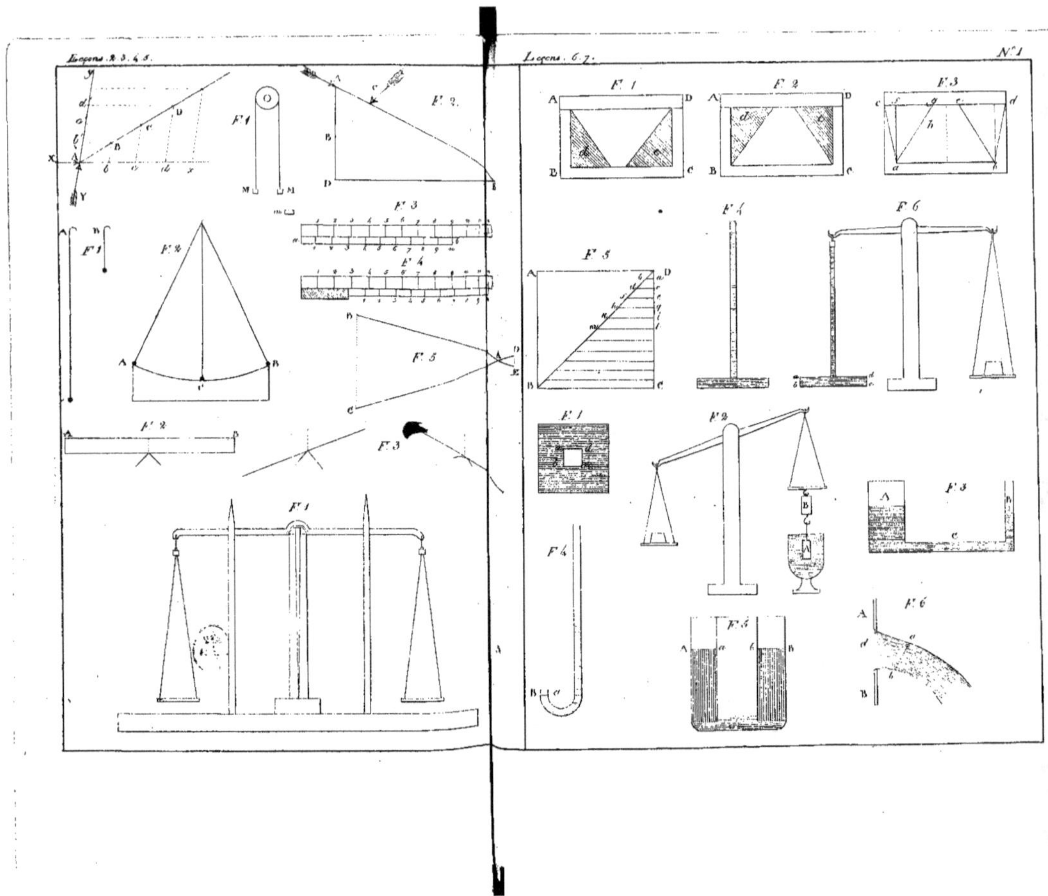

3,

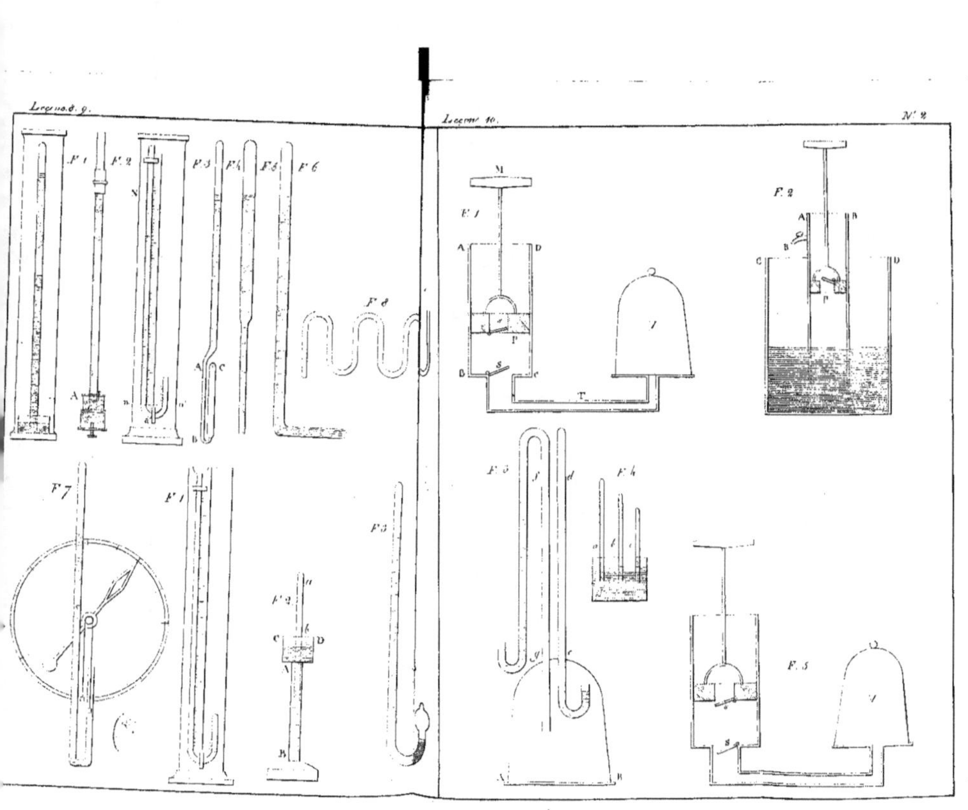
F. 1
F. 2
F. 3
F. 4
F. 5
F. 6
F. 7
F. 8
F. 9
M
A
B
C
D
P
S
T

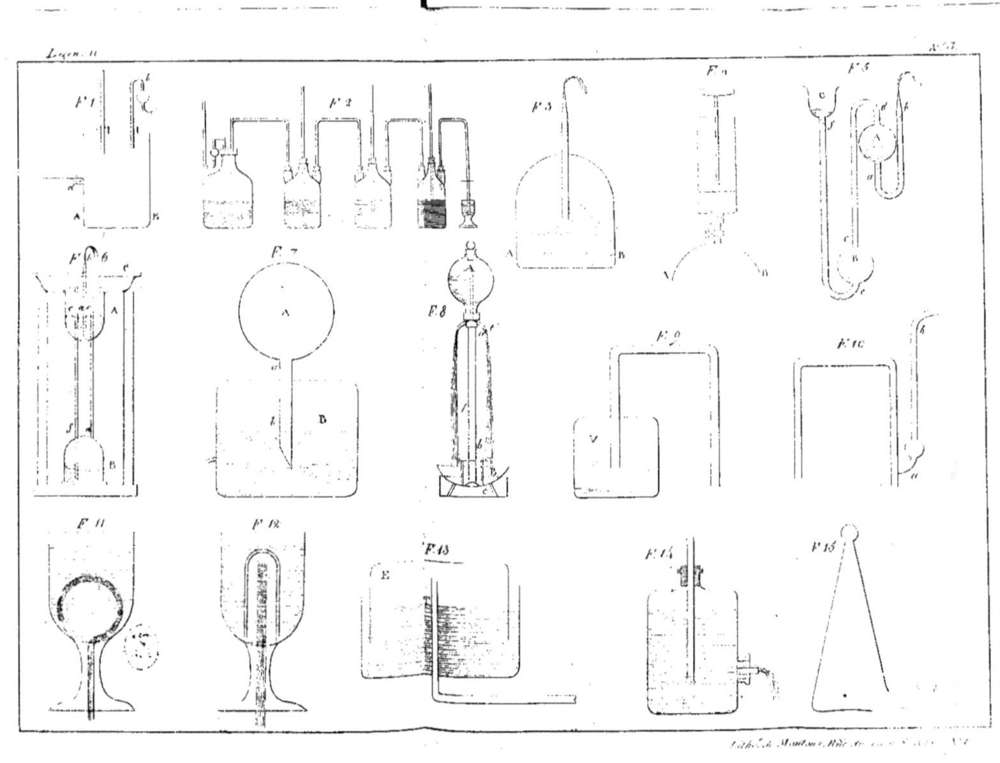
F.1
F.2
F.3
F.4
F.5
F.6
F.7
F.8
F.9
F.10
F.11
F.12
F.13
F.14
F.15

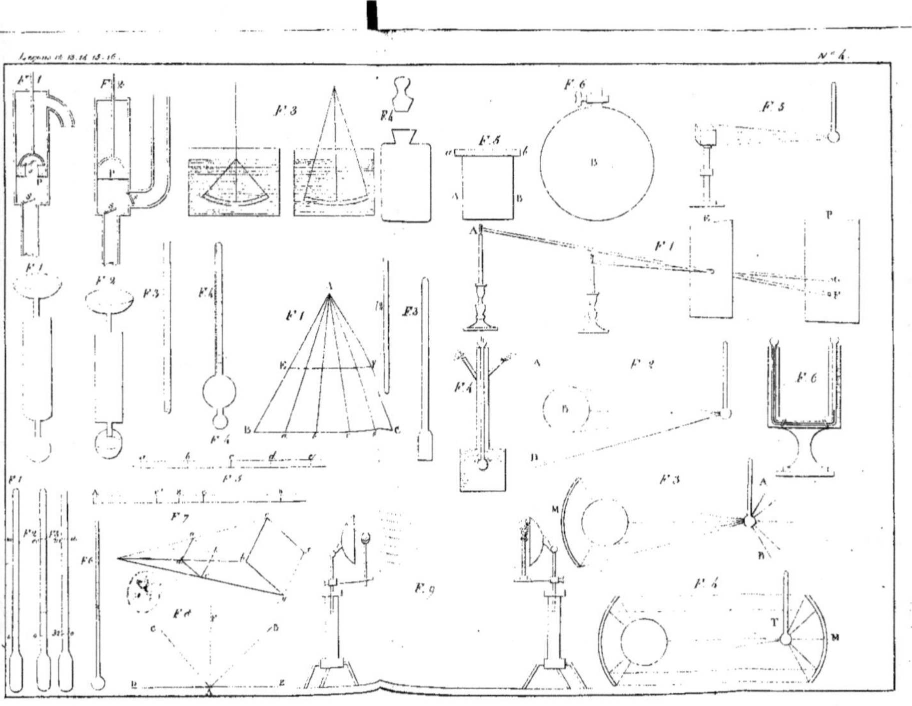

F. 1
100
0

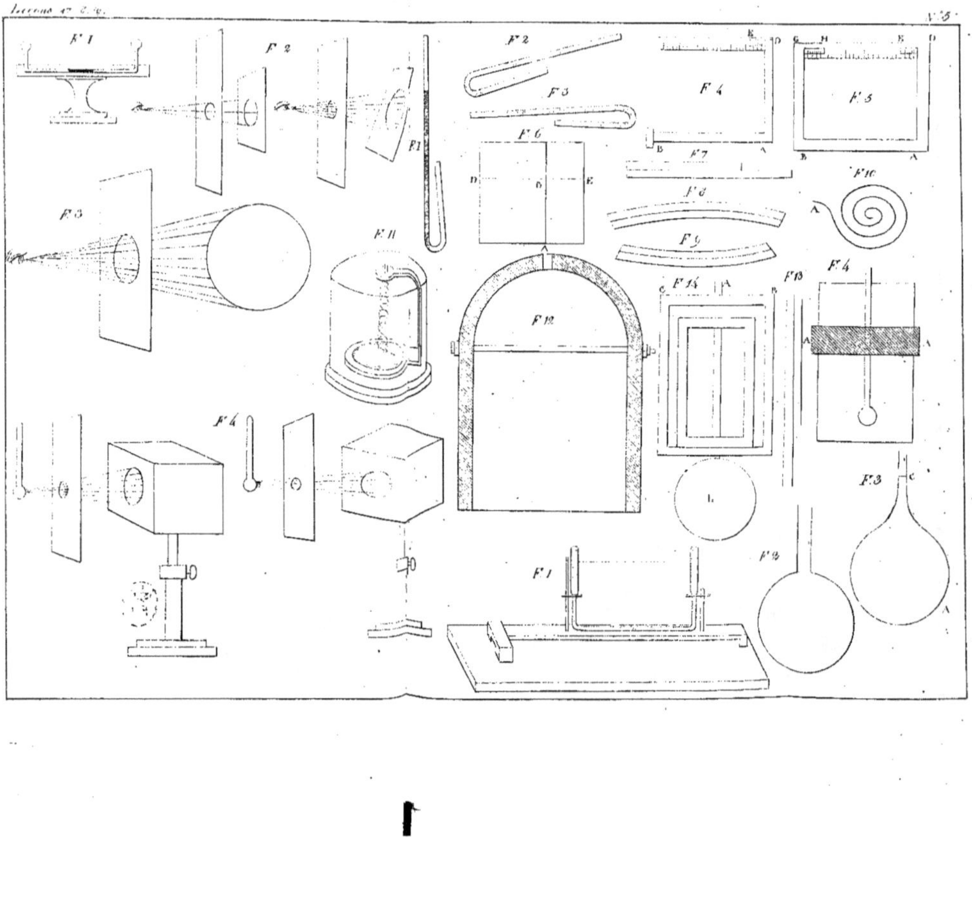
F. 1
F. 2
F. 3
F. 4
F. 11
F. 1
F. 2
F. 3
F. 4
F. 5
F. 6
F. 7
F. 8
F. 9
F. 10
F. 12
F. 13
F. 14
F. 4
F. 3
F. 2
F. 1

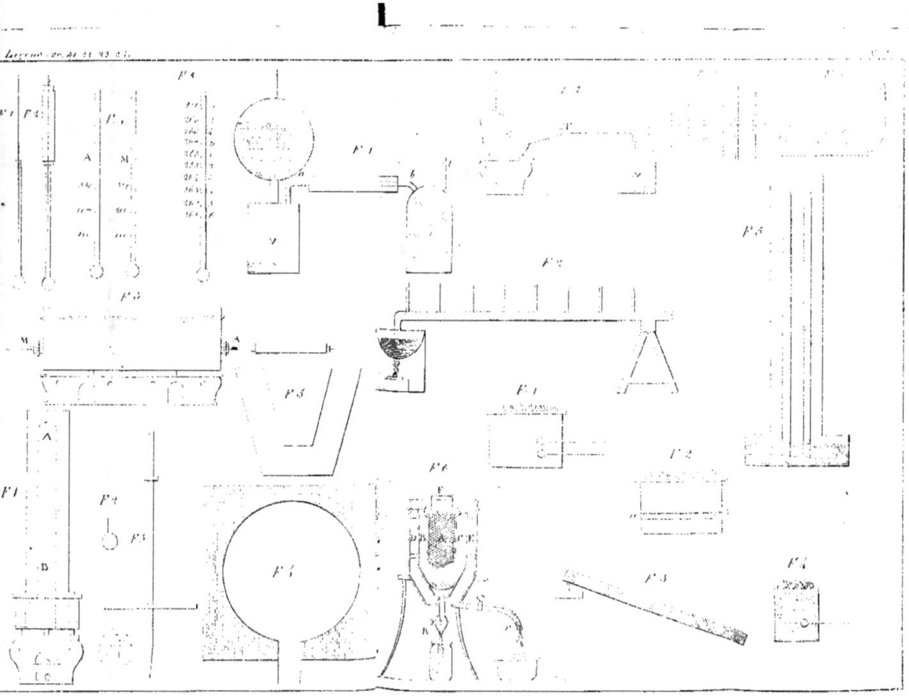

M
J

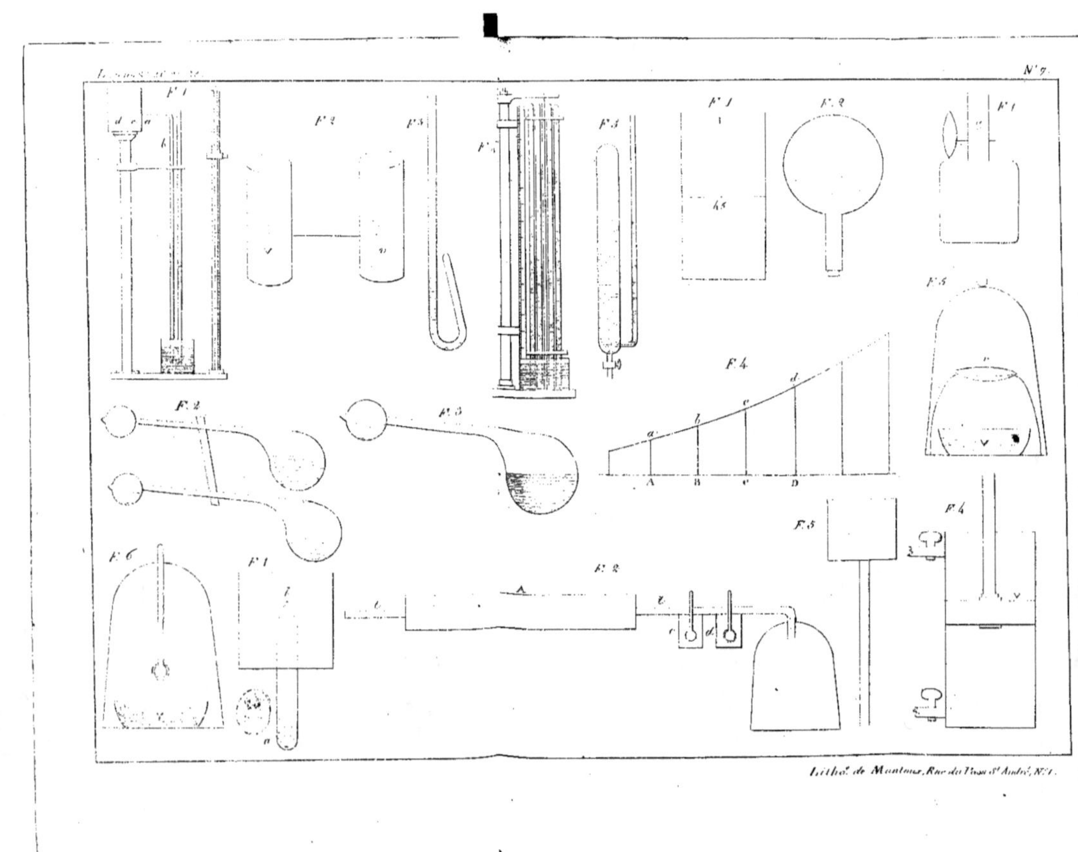

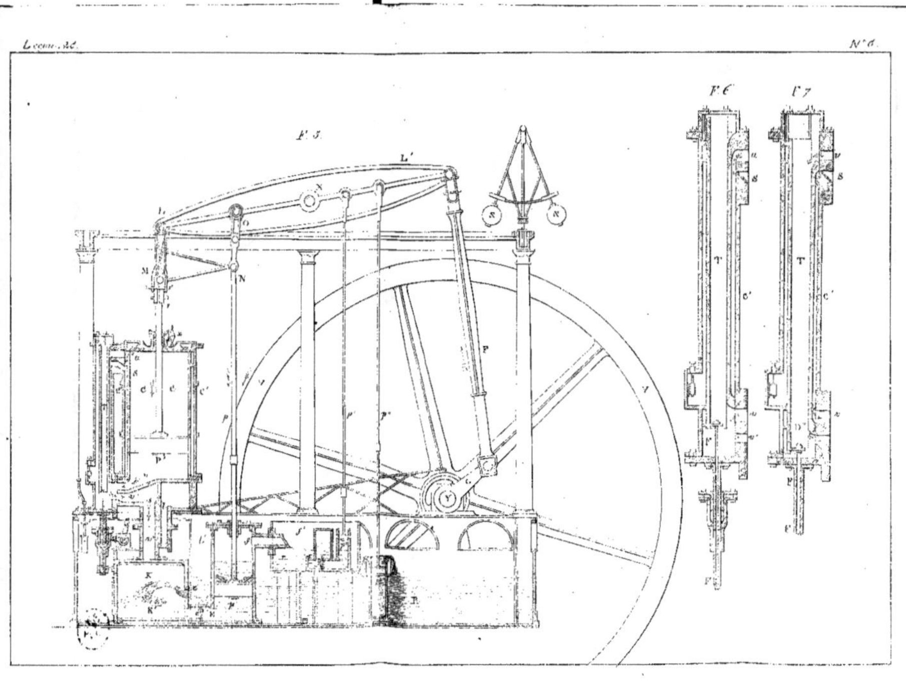

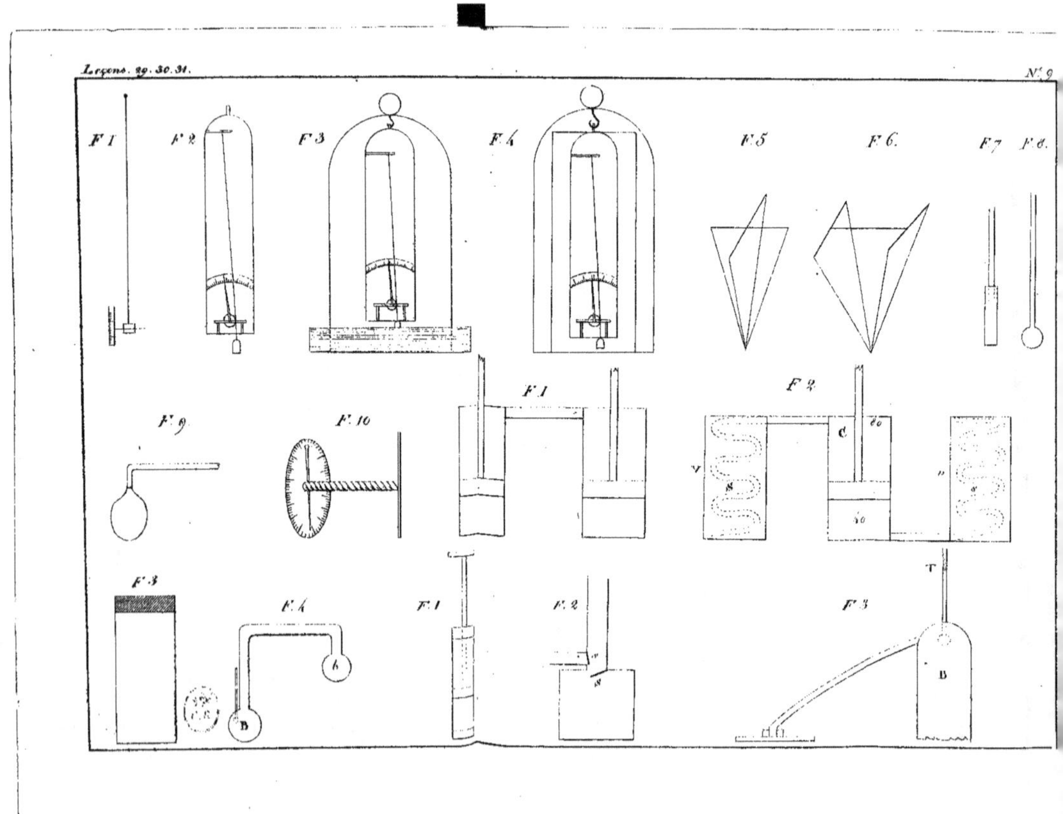
F.1
F.2
F.3
F.4
F.5
F.6
F.7
F.8
F.9
F.10
F.1
F.2
F.3
F.4
F.1
F.2
F.3
B
b
B
V
S
C
D
T

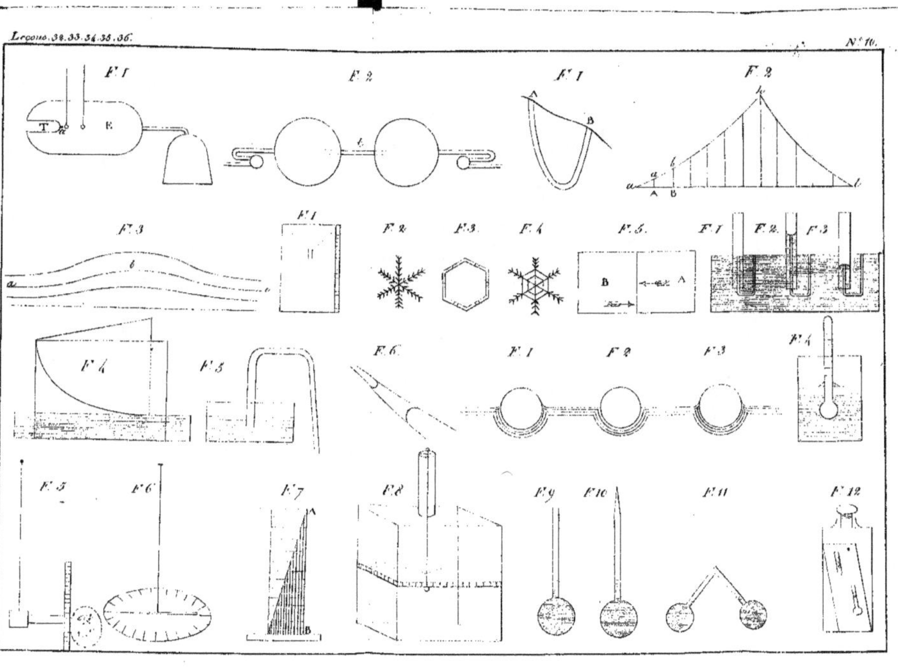
F. 1
F. 2
F. 1
F. 2
T
E
A
B
a
b
F. 3
F. 1
F. 2
F. 3
F. 4
F. 5
F. 1
F. 2
F. 3
a
b
B
A
F. 4
F. 5
F. 6
F. 1
F. 2
F. 3
F. 4
F. 5
F. 6
F. 7
F. 8
F. 9
F. 10
F. 11
F. 12
A
B